DEUTSCHE DEMOKRATISCHE REPUBLIK
DEUTSCHE AKADEMIE DER LANDWIRTSCHAFTSWISSENSCHAFTEN ZU BERLIN
INSTITUT FÜR LANDWIRTSCHAFTLICHE INFORMATION UND DOKUMENTATION

Landwirtschaftliches Zentralblatt

ABTEILUNG II

PFLANZLICHE PRODUKTION

9. JAHRGANG
1964

AKADEMIE-VERLAG · BERLIN

LZ. II PFLANZLICHE PRODUKTION • JG. 1964 • NR. 1 • SEITE 1—292 • BERLIN • JANUAR 1964

LANDWIRTSCHAFTLICHES ZENTRALBLATT

ABTEILUNG PFLANZLICHE PRODUKTION

ACHTUNG SYSTEMÄNDERUNG!

Das bisher für das Kapitel V „Bodenmelioration und Bodenschutz“ des Landwirtschaftlichen Zentralblattes, Abt. Pflanzliche Produktion, gültige System wird ab Jahrgang 1964 durch ein neues, der UDK angeglichenes System ersetzt. Die Systematisierung innerhalb des Kapitels „Landbautechnik. Meliorationswesen“ erfolgt nunmehr nach folgender Klassifikation:

System-Nr. LZ. II	UDK-Zahl	
500	631.6	**V. LANDBAUTECHNIK. MELIORATIONSWESEN**
501	631.60	A. Zusammenfassende Darstellungen über das Gesamtgebiet des Meliorationswesens.
510	631.61	B. Urbarmachung. Ödlandkultur. Komplexmelioration einschl. Mechanisierung (komplexe Planung, Wirtschaftlichkeit und Folgeinvestitionen).
511	.611	von Ödland im allgemeinen, von Steppen, Prärien, Heide u. a. terrestrischen Standorttypen (außer Steinwüsten und Sandwüsten)
512	.612	von steinigem und felsigem Land
513	.613	von Gebirgsödländereien, von Abhängen, Terrassen usw.
514	.614	von Urwald und Busch
515	.615	von Sumpfland, Mooren u. a. semiterrestrischen Standorttypen
516	.616	von Land unter dem Wasserspiegel (subhydrische Standorte). Polder. Auflandung
517	.617	von Steinwüsten und Sandwüsten
519	.619	von sonstigem Ödland.
	.1:626.877	Kultivierung von Abraumhalden (Kippenrekultivierung)
520	631.62:626.86	C. Entwässerung. Dränung
521	.860	Allgemeines. Vorarbeiten. Vorflut
523	.861	Entwässerung durch offene Gräben
525	.862	Unterirdische Entwässerung. Dränung
530	631.67:626.81/85	D. Bewässerung
531	.81	Allgemeines. Planung. Wirtschaftlichkeit. Wasserbeschaffung
532	.810	Wirkung des Wassers auf Pflanze und Boden
533	.811/.813	Wasserbeschaffung
534	.67:626.82	Wasserzuleitung. Wasserverteilung
535	:626.83	Bewässerungspumpwerke
536	:626.84	Arten der Bewässerung (Klarwasser)
537	:626.85	Bewässerung der verschiedene Kulturarten mit Klarwasser
538	.671	Wasserbeschaffenheit. Wasserbedarf
539	.672:628.3	Abwässer (Regen-, Schmutz- und Mischwässer)
540	.673	Ableitung und Verwertung von Abwässern aus landwirtschaftlichen Produktionsstätten
550	631.63	E. Melioration des Bodengefüges und Bodenchemismus
560	631.64	F. Landwirtschaftlicher Wegebau

System-Nr. LZ. II	UDK-Zahl		
570	631.68	G.	Meliorative Landschaftsgestaltun
571	.681		Zusammenfassende Darstellungen. Allgemeine Probleme
572	.682		Grundlagen der meliorativen Landschaftsgestaltung
573	.683		Spezielle Landschafts- und Standortschäden und deren Melioration
574	.684		Hecken- und Strauchrodung
575	.685		Flurneuordnung. Flurbereinigung. Konsolidation
576	.686		Ingenieurbiologische Bauweisen
577	.687		Meliorativer Flurholzanbau
580	631.69	H.	Planung und Nutzung von Meliorationsmaßnahmen

INHALTSVERZEICHNIS

Bibliographische Angaben von Büchern und Dissertationen am Schluß eines jeden Kapitels

NAMENVERZEICHNIS

2–64/01–0001 bis 1177

Ab Jahrgang 1964 beziehen sich die hinter dem Autorennamen angegebenen Zahlen auf die Signatur des Dokumentationsmaterials

Signatur in [Klammer] bedeutet Bibliographie, mit Stern * bedeutet Buchbesprechung

LANDWIRTSCHAFTLICHES ZENTRALBLATT
ABTEILUNG PFLANZLICHE PRODUKTION

1964 **NR. 1** **JANUAR**

Hinweis der Redaktion

Mit Beginn des Jahrganges 1964 werden Referate, Titel, Übersetzungsnachweise, Buchbesprechungen und bibliographische Angaben mit einer Signatur versehen, die Angaben über Abteilung, Jahrgang, Heftnummer und lfd. Nummer in folgender Anordnung enthält:

2 - 64 / 01 - 0001

Abteilung — 2

Jahrgang — 64

Heftnummer — 01

lfd. Nummer im Heft — 0001

Diese Signatur erscheint in halbfetter normaler Schrift am Anfang der ersten Zeile der Referate-ff-Überschrift.

Mit Einführung dieser Signatur ist es möglich, die Referate — insbesondere wenn sie zum Aufbau einer Kartei herausgeschnitten wurden — wieder eindeutig zu identifizieren. Auch von Seiten der Redaktion wird diese Signatur bei Hinweisen und Zitaten verwendet werden. Weiterhin stellt sie die Grundlage für die zukünftige maschinelle Bearbeitung von Sach- und Autorenregister dar.

I. ALLGEMEINES

A. Geschichte der Pflanzlichen Produktion und der Kulturpflanzen einschließlich Palaeobotanik

2-64/01-0001 Staveren, J. M. van; Wageningen, Int. Inst. voor Landaanwinning en Cultuurtechn. De toekomstige wereldvoedselbehoefte met betrekking tot de factoren grond en water. **(Der zukünftige Weltbedarf an Nahrungsmitteln mit Berücksichtigung der Faktoren Boden und Wasser.)** Landbouwkund. Tijdschr. **75** (1963) Nr. 5. S. 231–245. – 7 Abb., 11 Lit.
Vf. teilt die Welt in die sog. Entwicklungsländer (Asien, Afrika und Südamerika -1-) und in die entwickelten Länder (Europa mit UdSSR, Nordamerika, Australien -2-) ein. In 1 arbeiten 60-80% der gesamten Bevölkerung in der Landwirtschaft. Jedoch sind die landwirtsch. Betriebe klein, dienen in 1. Linie der Selbstversorgung und besitzen nur eine geringe Produktivität. Daraus resultiert der Mangel an Lebensmitteln in diesen Gebieten. Mittel zur Steigerung der landwirtsch. Erzeugung sind Vergrößerung der Anbaufläche und intensivere Bewirtschaftung der bereits kultivierten Flächen. Die Erträge weichen bei derselben Frucht in den verschiedenen Teilen der Welt stark voneinander ab. Folgende Ursachen sind hierfür maßgebend: a) Verschiedenheit der Agrarstruktur und der Besitzverhältnisse, b) Klima- und Bodenverhältnisse, c) Anbaumethoden, d) Verwendung von Kunstdünger, e) Wasserverhältnisse (Be- und Entwässerungsmaßnahmen). Die ausführliche Besprechung dieser Tatsachen führt zu dem Schluß, daß die Produktion der Weltlandwirtsch. um das 5- bis 6fache gesteigert werden kann, in 1. Linie durch c) und d). Für e) wird ein großzügiges Programm bis zum Jahre 2000 entworfen. Diese mögliche Produktionssteigerung gilt für 1 und 2, hat jedoch natürlich für 1 größere Bedeutung. E. M. Ardelt. 1.

2-64/01-0002 Wolfe, H. S.; Gainesville, Univ. of Florida. The mango in Florida – 1887 to 1962. **(Mango in Florida — 1887-1962.)** Proc. Florida State horticult. Soc. **75** (1962, hrsg. 1963) S. 387–391. 10.

B. Biographien, Persönliches und Nachrufe

2-64/01-0003 Bear, Firman E. Ivan Vladimirovich Tiurin (1892–1962). **(Ivan Vladimirovič Tjurin [1892-1962].)** Soil Sci. **95** (1963) Nr. 5. S. 293. – 1 Abb.
I. V. Tjurin (Bodenkundler) war bis zu seinem plötzlichen Tode Direktor des Dokučaev-Inst. für Bodenkunde der Akad. der Wissenschaften der UdSSR. Er ist Autor von mehr als 200 wiss. Publikationen, die sich vor allem mit Fragen der org. Bestandteile des Bodens befassen. Tjurin war Präsident der Gesellschaft für Bodenkunde der UdSSR, Herausgeber der Zeitschrift „Počvovedenie" und Vorsitzender der Kommission IV beim 7. Internat. Kongreß für Bodenkunde, der 1960 in Madison, USA stattfand.
E. M. Ardelt. 50.

2-64/01-0004 Janert. **Gedenkrede anläßlich der am 3. Mai 1962 in der Aula der Ernst-Moritz-Arndt-Universität zu Greifswald stattgehabten Gedenkfeier für Professor Dr. Werner Rothmaler.** Wiss. Z. Ernst Moritz Arndt-Univ. Greifswald, math.- naturwiss. R. **11** (1962) Nr. 3/4. S. 305–313.
Der 1908 in Sangerhausen bei Eisleben Geborene studierte nach einer Gärtnerlehre an der Univ. Jena. Nach Arbeitsjahren in Spanien und Portugal wurde er 1942 wiss. Assistent am Kaiser-Wilhelm-Inst. für Biologie in Berlin-Dahlem. Nach dem Kriege war er einer der Gründer des Inst. für Kulturpflanzenforschung in Gatersleben, dort baute er die systematische Abteilung auf. Seit 1950 war er Prof. mit Lehrauftrag an der Univ. Halle, 1953 erfolgte seine Berufung als Prof. mit vollem Lehrauftrag an die Univ. Greifswald, später wurde er Direktor des dortigen Inst. für Agrobiologie. Er war Heraus-

geber mehrerer Zeitschriften und organisierte die Bearbeitung der „Flora Europaea“, an der fast alle eur. Länder mitarbeiten. Die Vollendung dieses Werkes erlebte er nicht mehr. Er starb am 13. 4. 1962. Ein Verzeichnis der Veröffentlichungen Rothmalers (193 Nummern) ist beigefügt.
E. M. Ardelt. 50.

2-64/01-0005 Baltzer, F.; Bern. **Theodor Boveri und die Entwicklung der Chromosomentheorie der Vererbung. Zu Boveris 100. Geburtstag am 12. Oktober 1962.** Naturwissenschaften **50** (1963) Nr. 5. S. 141–146. – 5 Abb., 8 Lit.
Der Biologe Theodor Boveri promovierte 1883 mit einer Arbeit über den Bau der Nervenfaser an der Münchner Philosophischen Fak. und begann dann am Zoologischen Inst. zu arbeiten. In den folgenden Jahren arbeitete er an dem Aufbau der Chromosomentheorie der Vererbung so maßgeblich mit, daß er heute als deren Begründer angesehen wird. 3 Etappen sind bis zu ihrer endgültigen Formulierung zu unterscheiden: 1. Theorie der Chromosomenindividualität. Zusammen mit Rabl sagt Boveri, daß die Chromosomen auch während der Interkinese als individuelle Gebilde bestehen bleiben. Nach eingehenden mikroskopischen Analysen der Kernteilungen des furchenden *Ascaris*-Eies betrachtet er die Chromosomen als „elementarste Organismen, die in der Zelle ihre selbständige Existenz führen.“ Diese Individualitätslehre mußte er gegen prominente Fachkollegen, z. B. auch gegen O. Hertwig, verteidigen. 2. wies er am doppelt befruchteten Seeigelei nach, daß die Chromosomen als Erbträger verschiedenwertig sind. Diese Dispermieversuche „brachten auch den lang gesuchten strengen Beweis für den unmittelbaren Einfluß des Kerns (der Chromosomen) auf Formbestimmung und Entwicklung“, kommentierte E. B. Wilson (1925). 3. ist von Boveri der Zusammenhang zwischen Chromosomentheorie der Vererbung und den wiederentdeckten Mendelschen Regeln (Henking, Montgomery, Button, Correns, de Vries) sehr stark vertreten worden. Seine Schriften enthalten Voraussagen der später nachgewiesenen Genkopplung und des Stückaustausches.
K. Bellmann. 50.

C. Ausstellungen, Tagungen, Mitteilungen aus den Instituten

2-64/01-0006 Maugini, Armando; Firenze, Ist. Agronomico per l'Oltremare. Il congresso mondiale dell'alimentazione Washington 4–18 giugno 1963. **(Der Weltkongreß für Ernährung [Washington 4.-18. Juni 1962].)** Riv. Agric. subtrop. trop. **57** (1963) Nr. 1/3. S. 3–11. – Zus. in Engl., Franz.
Vf. behandelt Probleme der Unterernährung, unter der ein großer Teil der Weltbevölkerung, besonders in den Tropen, zu leiden hat. Seit 1960 organisiert die FAO einen Feldzug gegen den Hunger. In vielen Staaten, die in den letzten Jahren ihre Unabhängigkeit erworben haben, bestehen Pläne zur wirtsch. Entwicklung des Landes. Die Landwirtsch. profitiert hiervon meistens nur wenig, da die Erzeuger sich in den wenigsten Fällen mit dem Anbau von Nahrungspflanzen abgeben, sondern landwirtsch. Produkte erzeugen, die mehr Profit abwerfen. Das augenblickliche Problem besteht darin, Entwicklungspläne aufzustellen, durch die das Gleichgewicht der einzelnen Wirtschaftszweige hergestellt wird. Außerdem gilt es, Gebrauch von den bestehenden internat. Ernährungshilfsprogrammen zu machen.
E. M. Ardelt. 100.

2-64/01-0007 Kerguelen, M.; Rouen, Lab. de Rech. sur les Plantes Fourragères. Conférence européenne des herbages de montagne, Suisse, 1962. **(Europäische Konferenz über Futtergräser im Gebirge, Schweiz, 1962.)** Ann. Amélioration Plantes **13** (1963) Nr. 2. S. 167–172. 100.

2-64/01-0008 Leveck, Henry H. 75 th annual report Mississippi Agricultural Experiment Station. **(75. Jahresbericht der Landwirtschaftlichen Ver-**

suchsstation von Mississippi.) Mississippi agric. Exp. Stat., annu. Rep. Nr. 75 (1962) S. 1–115. – 28 Abb., 4 Tab.
Der Jahresbericht (1. 7. 1961–30. 6. 62) der Landwirtsch. Versuchsstation von Mississippi ist gleichzeitig der 75. Bericht, der erscheint. Die Versuchsstation umfaßt folgende Abteilungen: Landwirtsch. Betriebswirtsch., Landtechnik, Agronomie (Bodenkunde, Acker- und Pflanzenbau), Tierkrankheiten, Tierzucht, Chemie, Milchviehhaltung, Entomologie, Forstwirtsch., Hauswirtsch., Gartenbau, Pflanzenpathologie und -physiologie, Geflügelzucht und Soziologie. Außerdem unterstehen der Versuchsstation 10 Zweigstationen, die ebenfalls über ihre Arbeit berichten. Eine Liste der Publikationen und der zukünftigen Forschungsvorhaben vervollständigt den Bericht.
E. M. Ardelt. 100.

2-64/01-0009 Anonym. Experiments in progress. **(Versuchstätigkeit.)** Annu. Rep. Grassland Res. Inst. Hurley, Near Maidenhead, Berkshire **15** (1961/62, hrsg. 1963) S. 1–87. – 6 Abb., 74 Tab.
Der traditionelle Institutsbericht des größten Grasland-Inst. Großbritannien enthält neben den üblichen personellen Angaben und der Liste der Veröffentlichungen kurze Einschätzungen der Versuchstätigkeit folgender Abt.: Feldfutterbau, Pflanzenphysiol., Kleegrasbau, Mikrobiologie, Biochem. und Tierernährung, Ökologie Gras/Tier, Tierhaltung, Biometrie, Außenstationen und der Bibliothek. Als wesentliche Erkenntnisse der Berichtszeit (April 1962 bis März 63) werden u. a. herausgestellt: die ausreichende Winterhärte importierter Gräser aus Nordafrika zur Gewinnung von Winterweide, insbesondere bei *Festuca arundinacea*, wobei die N-Gabe im Herbst nicht zu stark sein darf, die chem. Bekämpfung unerwünschter Gräser in Kleegrasbeständen und die unterschiedliche N-Verwertung hoher N-Gaben bei verschiedenen Sorten derselben Grasart (*Lolium perenne* 'S 24' gegenüber 'Irish').
H. Pätzold. 100.

2-64/01-0010 Vlček, K.; Prag, Inst. für Wiss.-Techn. Inform. in der Land-, Forst- und Wasserwirtsch. **Aufbau und Arbeit des Instituts für Wissenschaftlich-Technische Information in der Land-, Forst- und Wasserwirtschaft Prag.** S.-B. dtsch. Akad. Landwirtsch.-Wiss. Berlin **12** (1963) Nr. 8. S. 5–18. 100.

2-64/01-0011 Siegmund, K.; Berlin, Dtsch. Akad. der Landwirtsch.-Wiss., Inst. für Landwirtsch. Inform. und Dokumentation. **Über die Dokumentation und Information in der Landwirtschaft der Deutschen Demokratischen Republik.** S.-B. dtsch. Akad. Landwirtsch.-Wiss. Berlin **12** (1963) Nr. 8. S. 19–29. 100.

2-64/01-0012 Gericke, S.; Essen-Bredeney. **35 Jahre Landwirtschaftliche Versuchsanstalt der Thomasphosphatfabriken 1927-1962.** Phosphorsäure **23** (1963) Nr. 1/2. S. 1–15. 100.

2-64/01-0013 *Málek, Ivan.* **Die Bedeutung der biologischen Wissenschaften in der sozialistischen Gesellschaft.** Berlin: Akademie-Verlag. 1962. (23 S.) 21,5 × 14,5 cm. DM 2,30 = Sitzungsberichte der Deutschen Akademie der Wissenschaften zu Berlin Klasse für Chemie, Geologie und Biologie, Jahrgang 1962 Nr. 8. Vf. vertritt einleitend die These, daß eine proportionale Entwicklung der biol. Wissenschaften erst in der sozialistischen Gesellschaft möglich ist und daß im Kapitalismus militärische und industrielle Interessen zu Disproportionen in dieser Hinsicht führen. Deshalb werden auch großartige Entdeckungen, die das Leben der Menschheit verbessern können, nicht verwirklicht. So habe z.B. der Amerikaner Sabin den Impfstoff gegen *Poliomyelitis* entwickelt, jedoch sei bis heute ein unentgeltliches Impfen aller Kinder dort noch nicht eingeführt worden. Von größter Bedeutung für die Entwicklung der Biologie ist die Anwendung der dialektischen Methode, die bes. in den sozialistischen Ländern gepflegt wird. In der CSSR hat die Biologie in Zukunft die wiss. Grundlage für die landwirtsch. und medizinischen Wissenschaften zu erarbeiten. Schlüsselprobleme sind dabei die Erforschung makromol. Systeme (Eiweißforschung) und die Zellforschung (Teilung und Vermehrung von Zellen, Zelldifferenzierung bei höheren Organismen, Gärungsvorgänge). Neben dieser Grundlagenforschung werden Maßnahmen mehr angewandter Natur zur direkten Förderung der landwirtsch. Forschung ergriffen (Entwicklung der Bodenmikrobiol., Pflanzenphysiol., Phytopathologie, Tierphysiol. und -genetik, Fragen der Erzeugung von Eiweißfuttermitteln). Schließlich haben die biol. Wissenschaften auch Anteil an der Fürsorge um die Gesundheit der Bevölkerung (Entdeckung von Infektionserregern) und an der Schaffung einer schönen Lebensumgebung (großräumige Naturgestaltung). H. Kretschmer.

2-64/01-0014 *Stubbe, H.* **Rudolf Mansfeld zum Gedächtnis.** Berlin: Akademie-Verlag. 1962. (410 S. m. 121 Abb., 23 Tab., 13 Taf.) 8°. DM 87,– = Die Kulturpflanze Beiheft 3 (1962). Von dem Direktor des Instituts für Kulturpflanzenforschung Gatersleben der DAW (langjährige Wirkungsstätte des Verstorbenen), Professor Dr. Dr. h.c. Hans Stubbe, wird eingangs ausführlich über das Leben und Wirken Professor Dr. Mansfelds berichtet, dem eine Aufstellung seiner wissenschaftlichen Arbeiten folgt. Im ständigen Bemühen um eine Verbesserung der Pflanzenklassifikation entstanden 110 Publikationen. Anschließend wird Mansfelds letzte, 26 Seiten lange, Arbeit „Über ‚alte' und ‚neue' Systematik der Pflanzen" publiziert. Den Hauptteil des Buches bilden 18 Veröffentlichungen über Themen, die in Beziehung zur Pflanzensystematik stehen. Das Buch ist mit zahlreichen und z.T. farbigen Bildern ausgestattet. K. Bellmann.

2-64/01-0015 *Manojlenko, Ksenija Viktorovna.* **A. F. Batalin. — Vydajuščijsja russkij botanik 19 veka.** (A. F. Batalin. – Hervorragender russischer Botaniker des 19. Jahrhunderts.) Moskva: Leningrad; Izd. Akad. nauk SSSR. 1962. (130 S.) 8°. (1963 A 481)

2-64/01-0016 *Pataky, Ernö.* **Tudományos vívmányok alkalmazása a mezögazdaságban.** (Anwendung wissenschaftlicher Errungenschaften in der Landwirtschaft.) Budapest: Akad. kiadó. 1962. (118 S.) 8°. (1963 A 283)

2-64/01-0017 *Podwińska, Zofia.* Hrsg.: Inst. historii kultury materialnej Polsk. akad. nauk. **Technika uprawy roli v Polsce średniowiecznej.** (Die Anbautechnik im mittelalterlichen Polen.) Wrocław: Zakład narod. im. Osselińskich wyd. Polsk. akad. nauk. 1962. (388 S.) 8°. (1963 A 307.)

2-64/01-0018 *Ržanova, Evdokija Ivanovna.* **Istoričeskij obzor vzgljadov na ontogenez rastenij. Lekcija iz kursa „Biologija razvitija rastenij".** (Historischer Überblick zur Ontogenese der Pflanzen.) Moskva: Izd. Moskovskogo univ. 1962. (55 S.) 8°. (1963 A 632)

2-64/01-0019 **Agricultural scientific institutes in the Popular Republic of Bulgaria.** (Landwirtschaftswissenschaftliche Institute in der VR Bulgarien.) Sofia: Bulg. Acad. of Sciences. 1958. (22 SS.) 8°. (1963 A 319)

II. NATURWISSENSCHAFTLICHE GRUNDLAGEN

A. Systematik der Pflanzen

2-64/01-0020 Leroy, Jean F. Sur les caféiers sauvages des îles Mascareignes. **(Über die Wildkaffeearten der Maskarenen.)** C. R. hebd. Séances Acad. Sci. **256** (1963) Nr. 13. S. 2897–2899. – 1 Lit.
Die Kaffeearten der Maskarenen und Comoren wurden bisher folgendermaßen klassifiziert: I. *Mauritianae* A. Chev.: *Coffea mauritiana* Lamk. (Mauritius, Réunion); *C. humblotiana* Baill. (Comoren); *C. nossicumbaensis* A. Chev. (Nossi-Kumba). VII. *Macrocarpae* A. Chev.: *C. macrocarpa* A. Rich. (Mauritius und Réunion). Nach den Ergebnissen einer Sammelexpedition scheinen unter dem Namen *C. mauritiana* 3 Arten zusammengefaßt zu sein. Vf. schlägt daher folgende botanische Einteilung vor: Serie *Mauritianae* A. Chev. – Réunion und Nossi-Kumba – : *C. mauritiana* Lamk. (mehrere Rassen); – Mauritius – : *C. campaniensis* J. F. Ler., *C. vaughanii* J. F. Ler., *C. macrocarpa* A. Rich. sensu lato, *C. bernardiniana* J. F. Ler. Serie *Humblotianae* J. F. Ler. – Große Comoren – : *C. humblotiana* Baill. V. Ehrenpfordt. 201.

2-64/01-0021 Savile, D. B. O.; Ottawa, Centr. Exp. Farm, Plant Res. Inst. Taxonomic disposition of Allium. **(Taxonomische Stellung von Allium.)** Nature [London] **196** (1962) Nr. 4856. S. 792. 201.

2-64/01-0022 Souster, J.; Kew, Roy. Bot. Gardens. Notes on some cultivated veronicas 'aoira'. **(Bemerkungen zu einigen kultivierten Veronica 'aoira'.)** J. Roy. horticult. Soc. **88** (1963) Nr. 8. S. 357–359. 201.

B. Morphologie der Pflanzen

2-64/01-0023 Kordan, H. A.; Los Angeles, Univ. of California, Dep. of Bot. and Plant Biochem. Growth characteristics of citrus fruit tissue in vitro. **(Charakteristisches Wachstum von Citrusfruchtgewebe in vitro.)** Nature [London] **198** (1963) Nr. 4883. S. 867–869. – 7 Abb. 211.

2-64/01-0024 Hunter, R. E. und Presley, J. T.; Stillwater, Oklahoma State Univ., Agric. Exp. Stat., Dep. of Bot. and Plant Pathol.; Beltsville, Md., U. S. Dep. of Agric., A. R. S. Morphology and histology of pinched root tips of Gossypium hirsutum L. seedlings grown from deteriorated seeds. **(Morphologie und Histologie der schmalen Wurzelspitze bei Setzlingen von Gossypium hirsutum L. aus entarteten Samen.)** Canad. J. Plant Sci. **43** (1963) Nr. 2. S. 146–150. — 8 Abb., 4 Lit. 211.

C. Physiologie der Pflanzen

2-64/01-0025 Kramer, Paul J.; Durham, N. C., Duke Univ. Water stress and plant growth. **(Wasserdefizit und Pflanzenwachstum.)** Agronomy J. **55** (1963) Nr. 1. S. 31–35. — 54 Lit.
In dieser theoretischen Abhandlung wird die Bedeutung des Wasserdefizits für das Pflanzenwachstum hervorgehoben und die Wasserbalance in der Pflanze im Hinblick auf die Feuchtigkeitsverhältnisse im Boden diskutiert. Das Wassergleichgew. im Pflanzeninnern hängt einerseits vom Wasserverlust (Transpiration) und andererseits von der Wasserabsorption (aus dem Boden) ab. Infolge der erschwerten Wasserbewegung im Wurzelgewebe bleibt die Absorption häufig (insbesondere in der Mittagszeit) hinter der Transpiration zurück. Das auf diese Weise entstehende Wasserdefizit wird durch geringe Bodenfeuchtigkeit verschärft. Da die Wasserbalance im Pflanzeninnern sämtliche physiol. Prozesse kontrolliert, ist die Bestimmung des Wasserdefizits in der Pflanze von großer Bedeutung. Einige Methoden, die diesem Zweck dienen, wie Bestimmungen des Wassergehalts der Pflanzenorgane, des Sättigungsdefizits, der rel. Turgeszenz, des osmotischen Druckes und des Diffusionsdruckdefizits (Saugkraft), werden diskutiert.
H. Naumann. 221.

2-64/01-0026 Tanner, C. B.; Univ. of Wisconsin, Dep. of Soils. Plant temperatures. **(Pflanzentemperaturen.)** Agronomy J. **55** (1963) Nr. 2. S. 210 bis 211. — 2 Abb., 1 Lit.
Die Temperatur der die Pflanze umgebenden Luft kann keineswegs als repräsentativ für die Temperatur der Pflanze angesehen werden. Unter den Bedingungen eines starken solaren und thermalen Strahlungsaustausches sind Pflanzen während des Tages oft wärmer und während der Nacht kühler als die umgebende Luft. Durch die Entwicklung der IR-Wärmemeßtechnik ist es möglich, die Wärmeabstrahlung sämtlicher Pflanzenoberflächen zu bestimmen. Vf. geht auf die Zusammenhänge zwischen Transpiration (als Wärmeaustauschgröße) und Pflanzentemperatur ein. — Mit Hilfe eines empfindlichen Strahlungsthermometers wurden in 2 Perioden Messungen in einem Luzerne-*Bromus*-Bestand, in einem Kartoffelfeld und in einem Grasbestand durchgeführt. Die Ergebnisse zeigen deutliche Unterschiede zwischen Pflanzen- und Lufttemperaturen (nachts 5–10° unter, am Tage 5–10° über der Lufttemperatur.) Mit einem Transpirationshemmstoff behandelte Pflanzen zeigten nur wenig erhöhte Temperaturen. H. Naumann. 221.

2-64/01-0027 Taranov, O. N. Ontogenetičeskie izmenenija fiziologičeskich processov u tverdoj i mjagkoj pšenic. **(Ontogenetische Veränderung physiologischer Prozesse in Hart- und Weichweizen.)** Trudy Instituta botaniki. Akademija nauk Kazachskoj SSR, Alma-Ata **12** (1962) S. 39–51. — 6 Tab., 18 Lit.
Dynamische Untersuchungen an 'Hordeiforme 10' und 'Milturum 321' ergaben, daß in der 1. Hälfte der Vegetationsperiode, in der hauptsächlich die vegetativen Organe gebildet werden, die unteren Blätter (2. und 3. Zyklus), z. Z. der Kornformierung und -bildung die oberen Blätter (4. und 5. Zyklus) entscheidend für die Ernährung sind. Aus den Blättern werden hauptsächlich N-Verbindungen in die Ähre transportiert, aus den Stengeln Kohlenhydrate.

In den vegetativen Organen des Hartweizens wurde zu Ende der Vegetation keine so starke Senkung des Gehaltes an N-Verbindungen und Kohlenhydraten festgestellt wie im Weichweizen. Die geringe Mobilisierung der Vorratsstoffreserve zur Kornbildung ist ein Grund für die geringe Produktivität der Hartweizensorte. Die Aufgabe in der Agrotechnik und bei der Selektion des Hartweizens besteht u. a. auch darin, ein besseres Verhältnis zwischen den vegetativen und reproduktiven Organen zu schaffen. J. Birke. 221.

2-64/01-0028 Klozová, E.; Praha, Czechoslovak Acad. of Sci., Inst. of Exp. The production of anthocyanins in Impatiens balsamina L. blossoms after akute irradiation of the uncoloured petals. **(Anthozyanbildung in Blüten von Impatiens balsamina L. nach akuter Bestrahlung nichtgefärbter Petalen.)** Biol. Plantarum [Praha] **5** (1963) Nr. 2. S. 120–123. – 1 Tab., 5 Lit. Zus. in Russ., Tschech.
Vf. verfolgt die direkte Wirkung der Bestrahlung auf die Anthozyanbildung in isolierten nichtgefärbten Balsaminenpetalen, die in vitro gezüchtet wurden. Im vorliegenden Falle stellten sich nach der Bestrahlung keine qualitativen Veränderungen ein. Der quantitative Gehalt an Anthozyanen hat sich kurz nach der Bestrahlung i. allg. auch nicht verändert. Jedoch zeigte sich nach Ablauf von 3 Wochen eine auffallende Abnahme des quantitativen Anthozyangehaltes. ČSSR/ÚVTI. 221.

2-64/01-0029 Raman, C. V. Floral colours and their spectral composition. **(Blütenfarben und ihre spektrale Zusammensetzung.)** Current Sci. [Bangalore] **32** (1963) Nr. 4. S. 147–151. 221.

2-64/01-0030 Buttrose, M. S. Physiology of cereal grain. III. Photosynthesis in the wheat ear during grain development. **(Physiologie des Getreidekorns. 3. Mitt. Photosynthese in der Weizenähre während der Kornentwicklung.)** Austral. J. biol. Sci. **15** (1962) Nr. 4. S. 611–618. – 1 Abb., 7 Lit. 2. Mitt. vgl. LZ. Abt. II **5** (1960) Nr. 3. S. 527.
Der Beitrag der Photosynthese der Ähre am Wachstum des Weizenkorns (*Triticum vulgare* cv. Grabo) wurde zwischen Anthese und Reife untersucht. Als Folge der angewendeten Versuchstechnik (Defoliation und Stengelbeschattung) wurde in allen Fällen die Kornmasse erniedrigt. In den ersten 3 Wochen nach der Blüte, wenn das Korn langsam wächst, tragen die Blütchen täglich ungefähr 0,2 mg zur Tr.-Subst.-Bildung bei, das sind 50% der gebildeten Trockensubstanz. Setzt die Behandlung erst 35 Tage nach der Blüte ein, wenn die Kornmasse schneller zunimmt, so beträgt der Beitrag durch die Blütchen 0,6 mg/Tag gleich 60% des Zuwachses. Die Versuchstechnik wird diskutiert und darauf hingewiesen, daß verschiedene Vorkehrungen erforderlich sind, wenn zuverlässige Meßergebnisse erhalten werden sollen.
W. Franzke. 222.

2-64/01-0031 Meer, Q. P. van der und Wassink, E. C.; Wageningen, Agric. Univ., Lab. of Plant Physiol. Res. Preliminary note on photosynthesis in green plum fruits. **(Vorläufige Bemerkungen über die Photosynthese in Früchten grüner Pflaumen.)** Meded. Landbouwhogeschool Wageningen **62** (1962) Nr. 12. S. 1–9. – 7 Abb., 1 Tab., 9 Lit.
Im Versuch stand die Sorte ‘Reine Claude verte’. Die CO_2-Produktion der Früchte sinkt in der Zeit vom 24. 6. bis zum 3. 8. auf 1/3 ihres ursprünglichen Wertes. Vom 3. 8. bis zum 23. 8. erfolgt wieder ein geringer Anstieg. In Abhängigkeit von der Lichtintensität ist bei Intensitäten von $2 \cdot 10^{-5}$erg/cm²s keine CO_2-Ausscheidung zu registrieren. Erhalten die Früchte nur 1/4 dieser Intensität und noch weniger, so beginnt die Atmung merklich anzusteigen. Bei 1/16 dieser Intensität wird die Hälfte der Dunkelatmung erreicht. In normaler Luft wird CO_2 zum begrenzenden Faktor. Auch die Fähigkeit der Assimilation nimmt mit zunehmender Reife ab. W. Hiller. 222.

2-64/01-0032 Heber, U. und Willenbrink, J.; Bonn, Univ., Inst. für Landwirtsch. Bot.; Bot. Inst. **Die Kinetik des ^{14}C-Einbaues in Chloroplasten und Zytoplasma unter kurzdauernder Photosynthese.** Naturwissenschaften **50** (1963) Nr. 14. S. 506. — 4 Lit. 222.

2-64/01-0033 Porter, H. K. und Bird, I. F.; London, Imperial Coll. of Sci. and Technol., A. R. C. Unit of Plant Physiol. Assimilation and respiration by tobacco leaf tissue. A quantitative study using ^{14}C. **(Assimilation und Respiration bei Tabakblattgewebe, eine quantitative Untersuchung mit ^{14}C.)** Indian J. Plant Physiol. **5** (1962) Nr. 1/2. S. 5–32. — 5 Abb., 15 Tab., 16 Lit.

Vff. setzen abgeschnittene oder an der Pflanze belassene Tabakblätter einer $^{14}CO_2$-Atmosphäre aus. In dem in Alkohol unlöslichem Material der Blätter befindet sich mehr ^{14}C als in dem löslichen. Werden die Blätter nach vorangegangener Assimilationsperiode (Lichtphase) 17 Std. Dunkelheit ausgesetzt, so verschwinden ca. 50% des ^{14}C aus den Blättern durch einen Wegtransport. Nur 5% erscheinen wieder als $^{14}CO_2$ infolge Veratmung. Der Einbau des ^{14}C erfolgt in erster Linie in Zucker und Stärke und kaum in Zellulose oder Proteine. Org. Säuren, Aminosäuren, Lipide und Pigmente sind kaum mit ^{14}C markiert. Tabakblattgewebe ist in der Lage, Glutamin zu oxydieren. Durch Zusatz von 5% Glucoselösung wird die Oxydation auf das Doppelte gesteigert. W. Hiller. 222.

2-64/01-0034 Sekioka, Hakobu. The effect of some environmental factors on the translocation and storage of carbohydrate in the sweet potato, potato and sugar beet. I. Relationships between the translocation of carbohydrate or radioisotopes and the soil and air temperatures. **(Die Wirkung einiger Umweltfaktoren auf den Transport und die Einlagerung von Kohlenhydraten in der Süßkartoffel, der Kartoffel und der Zuckerrübe. 1. Mitt. Beziehungen zwischen dem Transport von Kohlenhydraten oder Radioisotopen und den Boden- und Lufttemperaturen.)** Sci. Bull. Fac. Agric., Kyushu Univ. **20** (1963) Nr. 2. S. 107–118. — 7 Abb., 4 Tab., 38 Lit. Orig.: jap., Ausz.: engl.

Untersucht wurde die Süßkartoffel. Bei 15std. Dunkelheit stiegen die Tr.-Subst.- und Kohlenhydratverluste in den Blättern durch Respiration progressiv mit der Temperatur (10–40 °C). Das Optimum des Transportes von Kohlenhydraten aus den Blättern lag zwischen 20–30 °C, während in der Wurzel bei 20 °C mehr Kohlenhydrate eingelagert wurden als bei 30 °C. Bei Blattapplikation stieg die Aufnahme von ^{32}P innerhalb 15std. Dunkelheit ebenfalls mit der Temperatur progressiv. an. Der aufgenommene, markierte P wurde hauptsächlich in die Wurzel und in den Stengel unterhalb des behandelten Blattes transportiert. Dabei übte die Bodentemperatur einen größeren Einfluß aus als die Lufttemperatur. ^{14}C-Saccharose wurde bei Blattapplikation innerhalb 12std. Dunkelheit bei 15, 20 und 25 °C hauptsächlich in die Wurzel und die Stengelspitze transportiert. Dabei hatte die Lufttemperatur auf die ^{14}C-Akkumulation in der Wurzel einen größeren Einfluß als die Bodentemperatur. Bei niederer Temperatur war die Einlagerung in die Wurzel stärker, während im Blatt der Gehalt an ^{14}C mit sinkender Temperatur abnahm. W. Franzke. 222.

2-64/01-0035 Oertli, J. J.; Los Angeles, Univ. of California. Effects of fatty alcohols and acids on transpiration of plants. **(Der Einfluß von Fettalkoholen und Säuren auf die Transpiration von Pflanzen.)** Agronomy J. **55** (1963) Nr. 2. S. 137–138. — 3 Tab., 4 Lit.

Die Versuche wurden mit Gerste und Bohnen in Nährlösungskulturen (Hoagland), denen Metylalkohol, Stearylalkohol, Oleylalkohol und Stearinsäure in verschiedenen Konz. (0,1–10%) zugesetzt wurden, durchgeführt. Diese Subst. bilden einen monomol. Film auf der Wasseroberfläche. Die Transpirationsintensität der Versuchspflanezn war niedriger als bei den Kontrollpflanzen, aber die Versuchspflanzen waren auch kleiner, so daß die geringere Transpiration in der kleineren Blattfläche begründet ist. I. Frommhold. 222.

2-64/01-0036 Polevoj, V. V. Vlijanie geteroauksina na pogloščenie vody kornjami v svjazi s aktivaciej gazoobmena. **(Einfluß von Heteroauxin auf die Wasseraufnahme durch die Wurzeln im Zusammenhang mit der Aktivierung des Gasstoffwechsels.)** Trudy Vostočno-Sibirskogo filiala. Akademija nauk SSSR. Sibirskoe otdelenie. Vostočno-Sibirskij biologičeskij institut, Moskva **1962** Nr. 35. S. 3–11. – 4 Abb., 2 Tab., 14 Lit.
10std. Behandlung der Wurzelsysteme von Tomate und Kürbis, die in Wasserkultur angezogen wurden, mit 0,001% Heteroauxin erhöht die Transpiration und verstärkt die Wurzelatmung sowie die Wundsaftabgabe. 0,01% Heteroauxin verstärkt die Atmung, hemmt jedoch die Transpiration und die Wundsaftabgabe. Der Wuchs der mit 0,001% behandelten Pflanzen wird bei 17 bis 19 °C verstärkt und bei Temperaturen über 22 °C gehemmt.
J. Birke. 222.

2-64/01-0037 Wassink, E. C. und Elk, B. C. M. van; Wageningen, Agric. Univ., Lab. of Plant Physiol. Res. An apparent inhibition by "CIPC" of respiration in germinating pea seeds, simulated by a morphogenetic reaction. **(Eine scheinbare Hemmung der Atmung durch „CIPC" in keimenden Erbsensamen bei einer gleichzeitigen morphogenetischen Reaktion.)** Meded. Landbouwhogeschool Wageningen **61** (1961) Nr. 17. S. 1–14. – 10 Abb., 10 Lit.
Erbsensämlinge zeigen bei Anwendung von CIPC (N-m-Chlorphenylcarbaminsäureisopropylester, **I**) eine starke scheinbare Atmungshemmung. Die Hemmung erfolgt während einer Keimperiode von 200 Stunden. Dieser Effekt ist keine direkte Hemmwirkung der Atmung, sondern darauf zurückzuführen, daß durch den **I**-Einfluß die Gewebe mit verringerter Atmung (Kotyledonen) stärker wachsen als die Gewebe mit stärkerer Atmung (Keimling). Vff. nehmen als **I**-Wirkung eine Entkopplung an, so daß die in den Kotyledonen durch Atmung freiwerdende Energie nicht mehr für den Keimprozeß genutzt werden kann. W. Hiller. 222.

2-64/01-0038 Korzunova, E. D. Vlijanie gornogo klimata Zailijskogo Alatau na uglevodnyj obmen i okislitel'no-vosstanovitel'nye processy u kartofelja. **(Der Einfluß des Gebirgsklimas vom Sailiski Alatau auf den Kohlenhydratmetabolismus und die Redoxprozesse in der Kartoffel.)** Trudy Instituta botaniki. Akademija nauk Kazachskoj SSR, Alma-Ata **12** (1962) S. 178–195. – 6 Tab., 42 Lit.
Die Überführung von Kartoffeln aus der Ebene in die Gebirgsregion führt im 1. Jahr des Anbaues zu einer starken Steigerung des Blattgehaltes an löslichen Zuckern und Stärke. Der weitere Anbau läßt deren Gehalt wieder absinken. Die Knollen besitzen in allen Phasen ihres Wachstums einen erhöhten Gehalt an löslichen Zuckern und Stärke. In den Blättern und Knollen von jungen Pflanzen ist die Phosphorylaseaktivität geringer, während in der 2. Hälfte der Vegetation die Aktivität gegenüber den in der Ebene wachsenden Pflanzen erhöht ist. Die Amylaseaktivität ist in den Blättern niedriger und in den Knollen höher. Die Knollen besitzen einen erhöhten Ascorbinsäuregehalt und eine erhöhte jodreduzierende Aktivität. Die weiteren Reproduktionen in der Gebirgsregion führen jeweils zu einer Verjüngung der Pflanze. Hochwertiges Saatgut unter den Bedingungen Südkasachstans kann nur durch mehrmaligen Anbau in der Gebirgsregion gewonnen werden.
J. Birke. 222.

2-64/01-0039 Maro, Marta S., Pomeranz, Y. und Shellenberger, J. A.; Kansas State Univ. The effects of gibberellic acid on alpha-amylase in wheat endosperms. **(Die Wirkungen von Gibberellinsäure auf die α-Amylase im Wei-**

zenendosperm.) Phyton [Vicente López, Argentina] **20** (1963) Nr. 1. S. 59 bis 64. – 2 Abb., 2 Tab., 18 Lit.

Die stärkelösenden Eigenschaften der α-Amylase aus Weizenendospermhälften wurden nach Zufuhr von Gibberellinsäure (GS) untersucht. Dafür wurden 4 verschiedene abs. pilzfreie Weizensorten ausgewählt. Das Fehlen meßbarer Amylasemengen in diesen Endospermhälften und die starke vorhandene enzymatische Aktivität nach GS-Zufuhr kann als Testmethode für GS Verwendung finden. Unter 30 °C nimmt diese Aktivität stark ab. Bei G-Zufuhr der optimalen Konz. von 10 mg/ml zu ganzen Samen war die α-Amylaseaktivität wesentlich höher als in unbehandelten Kontrollen, bei halbierten Samen etwas stärker als bei abgetrenntem Endosperm.
H.-L. Pätzold. 222.

2-64/01-0040 Gopalachari, N. C.; Tirupati, India, Sri Venkateswara Univ. Coll., Dep. of Bot. Changes in the activities of certain oxidizing enzymes during germation & seedling development of Phaseolus mungo & Sorghum vulgare. **(Veränderungen in den Aktivitäten gewisser oxydierender Enzyme während der Keimung und Sämlingsentwicklung von Phaseolus mungo und Sorghum vulgare.)** Indian J. exp. Biol. **1** (1963) Nr. 2. S. 98–100. – 3 Tab., 22 Lit.

Die Ascorbinsäureoxydase tritt in allen Teilen von *Sorghum vulgare* (**I**) und den Kotyledonen von *Phaseolus mungo* (**II**) erst am zweiten Tag der Keimung auf, danach erfolgt jedoch ein steiles Absinken zu einem niedrigen konstanten Niveau. Polyphenoloxydase ist anfänglich nur in geringen Mengen vorhanden, zeigt aber am 4. Tage der Keimung eine hohe Aktivität mit späterem langsamen Absinken bei **I** und **II**. Für die Peroxydase ist ein steiler Anstieg am 4. Tag der Keimung in den Wurzeln und Kotyledonen von **II** typisch, in Hypokotyl und Epikotyl ist die Aktivität jedoch konstant gering. Bei **I** ist das Enzym in allen Teilen gleich aktiv. Die Katalase zeigt bei **II** eine hohe Aktivität in Kotyledonen und Epikotyl, jedoch wurde ein erheblicher Anstieg nur in den Kotyledonen bemerkt. Bei **I** ist, im Gegensatz zur Polyphenoloxydase eine abfallende Tendenz am 4. Tag zu beobachten, dennoch bleibt im Endosperm die allg. Aktivität hoch. Die Enzymaktivitäten in Embryonal- und Speicherorganen werden verglichen und diskutiert. K. Arlt. 222.

2-64/01-0041 Chang, Chong W.; East Lansing, Michigan State Univ.; Dep. of Bot. and Plant Pathol. Incorporation of phosphorus-32 into nucleic acids during embryonic development of barley. **(Einbau von Phosphor 32 in die Nucleinsäuren während der embryonalen Entwicklung der Gerste.)** Nature [London] **198** (1963) Nr. 4886. S. 1167–1169. – 2 Abb., 2 Tab. 222.

2-64/01-0042 Hertel, R. und Leopold, A. C.; Lafayette, Ind., Purdue Univ., Agric. Exp. Stat., Dep. of Horticult. **Versuche zur Analyse des Auxintransportes in der Koleoptile von Zea mays L.** Planta **59** (1963) Nr. 5. S. 535 bis 562. – 11 Abb., 5 Tab., 65 Lit.

Der Auxintransport wurde mit ^{14}C-IES (Donator-Akzeptor-Block) in Sproß, Blatt und Wurzel von Bryophyten, Pteridophyten und Spermatophyten studiert. Dieser Transport verläuft aktiv im Parenchym, die Polarität ist in Wurzeln nicht immer gewahrt. Die Geschwindigkeit ist fast konzentrations- und temperaturunabhängig, wechselt aber je nach Gewebe. In Maiskoleoptilen beträgt sie 1,5 cm/Std. Die Auxinabgabe aus transportierendem Gewebe wird durch TIBA und NPA gehemmt. Aus diesen und anderen Tatsachen schließen Vff. auf eine aktive Sekretion. Die Richtung des Auxintransportes kann durch die Schwerkraft nicht umgekehrt werden, aber durch Inversstellung tritt eine Reduktion bis zu 20% ein. Abschließend wird ein Modell beschrieben, bei dem der Auxintransport als Sekretion von Zelle zu Zelle erfolgt, wobei bewegliche Partikelchen – Statolithen – die Sekretion zu beeinflussen vermögen. H.-L. Pätzold. 222.

2-64/01-0043 Rubinstein, B. und Leopold, A. C.; Lafayette, Ind., Purdue Univ. Analysis of the auxin control of bean leaf abscission. **(Analyse der Auxinsteuerung im abgetrennten Bohnenblatt.)** Plant Physiol. **38** (1963) Nr. 3. S. 262–267. – 6 Abb., 3 Tab., 13 Lit. 222.

2-64/01-0044 Scurfield, G.; Canberra, C. S. I. R. O., Div. of Plant Ind. The effects of temperature on the early vegetative growth of Phalaris canariensis L. and P. tuberosa L. **(Die Wirkungen der Temperatur auf das frühe vegetative Wachstum von Phalaris canariensis L. und P. tuberosa L.)** Austral. J. agric. Res. **14** (1963) Nr. 2. S. 165–179. – 2 Abb., 4 Tab., 11 Lit.
Der Einfluß von 16 Kombinationen verschiedener Tages- und Nachttemperaturen auf die erste vegetative Wachstumsphase, die durch schwache Triebbildung und geringe Tr.-Subst.-Zunahme charakterisiert ist, wurde in Gefäßversuchen unter natürlichen Kurztagbedingungen untersucht. – Für die Tr.-Subst.-Bildung war die Kombination 24/18–19 °C optimal. Die beste Triebbildung wurde erreicht, wenn die Nachttemperaturen höher als die Tagestemperaturen waren (z. B. 19/22 °C) oder letztere gesteigert wurden. Durch die verschiedenen Temperaturbedingungen wurden Größe und Gestalt der Blätter etwas verändert, nicht beeinflußt wurden N-Gehalt der Sprosse sowie Länge und Breite der Blätter. Bei niederen Temperaturen (z. B. 12/9 °C oder 12/18 °C) erwies sich ein Stamm von *P. tuberosa* aus Israel besser wachstumsfähig als ein australischer oder algerischer Stamm. Optimal für Tr.-Subst.- und Triebbildung sowie Blattgröße war eine Temperatur von 20 °C, bei der die Wurzeln von *P. canariensis* in einer Nährlösung gehalten wurden.
G. Ballin. 230.

2-64/01-0045 Simmonds, N. W.; New Haven, Conn., Agric. Exp. Stat. Correlated seed and tuber dormancy in potatoes. **(Korrelierte Samen- und Knollenruhe bei Kartoffeln.)** Nature [London] **197** (1963) Nr. 4868. S. 720–721. – 1 Abb., 5 Lit.
In der Commonwealth Potato Collection wurden von offen abgeblühten Feldpflanzen kultivierter diploider Kartoffeln (2 n = 24) und tetraploider Formen der Andigena Gruppe (2 n = 48) Samen geerntet und diese auf kurze und lange Keimruhe selektiert. Es wurden 2 diploide und 2 tetraploide Linien entwickelt und durch Geschwisterkreuzung oder Selbstung weitergeführt. Von den 2 Linien mit kurzer Keimruhe keimten in der 3. Generation mehr als 90%; von den Linien mit langer Keimruhe keimten bei der diploiden Form nur noch 40% und bei der tetraploiden etwa 1%. Diese erfolgreiche Selektion auf Keimruhe der Samen bewirkte eine parallele Reaktion der Knollen. Die Linien mit kurzer Keimruhe hatten Knollen, die ungefähr nach 2–3 Wochen (diploid) bzw. 4–5 Wochen (tetraploid) keimten; die Knollen der Linien mit langer Keimruhe keimten ungefähr nach 8–9 Wochen (diploid) bzw. 12 Wochen (tetraploid). Die Keimruhe der Knollen scheint mit der Reaktion der Samen korreliert zu sein. Es wird daraus geschlossen, daß die Samen- und Knollenkeimruhe unter einer gemeinsamen biochem. Kontrolle steht. Außerdem hat die Selektion auf Keimruhe der Samen eine große Bedeutung für die Kartoffelzüchtung in den verschiedenen Gebieten mit unterschiedlichen Ansprüchen an die Keimruhe der Knollen. Ch. Pfeffer. 230.

2-64/01-0046 Hussey, G.; Bayfordbury, Hertford, Herts., John Innes Inst. Growth and development in the young tomato. I. The effect of temperature and light intensity on growth of the shoot apex and leaf primordia. **(Wachstum und Entwicklung junger Tomatenpflanzen. 1. Mitt. Der Einfluß von Temperatur und Lichtintensität auf das Wachstum der Sproßspitze und der Blattprimordien.)** J. exp. Bot. **14** (1963) Nr. 41. S. 316–325. – 9 Abb., 1 Tab., 14 Lit.
Tomatensämlinge wurden bei konstanter Temperatur (15° oder 25 °C) und verschiedenen Lichtintensitäten (12 Std. Licht; 400, 800 oder 1600 f. c.) ge-

halten. In Abständen von 2–4 Tagen wurden Proben entnommen, getrennt in Blätter, Blattprimordien und Apex, und deren Tr.-Gewicht bestimmt. – Bildung und Wachstum der Blätter waren bei der höheren Temperatur und bei höheren Lichtintensitäten gesteigert, wobei die Temperatur besonders das Blattwachstum beeinflußte. Die Vergrößerung des Apex wurde durch steigende Lichtintensität gefördert, dagegen durch höhere Temperatur verzögert, möglicherweise als Folge einer Konkurrenz mit den sich entfaltenden Blättern um Assimilate. Die Länge der vegetativen Phase wurde durch geringe Lichtintensitäten merklich verlängert, durch die Temperatur jedoch kaum beeinflußt. Pflanzen, die bei 25 °C kultiviert wurden, legten aber vor der Blütenbildung mehr Laubblätter an als solche, die bei 15 °C wuchsen.
G. Ballin. 230.

2-64/01-0047 Hussey, G.; Bayfordbury, Hertford, Herts., John Innes Inst. Growth and development in the young tomato. II. The effect of defoliation on the development of the shoot apex. **(Wachstum und Entwicklung junger Tomatenpflanzen. 2. Mitt. Die Wirkung einer Entblätterung auf die Entwicklung der Sproßspitze.)** J. exp. Bot. **14** (1963) Nr. 41. S. 326–333. – 3 Abb., 1 Tab., 10 Lit. 1. Mitt. vgl. vorst. Ref.
Vf. bestätigt seine Vermutung (vgl. 1. Mitt.), daß die Ursache für die Verzögerung der Entwicklung der Sproßspitze junger Tomatenpflanzen bei 25 °C eine Konkurrenz zwischen den sich entfaltenden Blättern und dem Apex ist. – 6 Tage alten Pflanzen (Anzucht bei 15 °C oder 25°, 12 Std. Licht, 800 f. c.) wurden die Kotyledonen oder das erste Laubblattpaar entfernt. Die Entfernung des ersten Blattpaares der Pflanzen bei 25 °C förderte die Blattbildung und die Vergrößerung des Apex; die Blütenbildung wurde beschleunigt. Eine Entblätterung der Pflanzen, die bei 15 °C gehalten wurden, war praktisch wirkungslos. Wurden den letzteren aber die Kotyledonen entfernt, dann wurden Blattbildung und Entwicklung der Sproßspitze völlig unterbunden. Zur Zeit der Entblätterung war das erste Laubblattpaar noch auf die Zufuhr von Assimilaten aus den Kotyledonen angewiesen, wie durch entsprechende Tr.-Gewichtsbestimmungen belegt wurde.
G. Ballin. 230.

2-64/01-0048 Kittlitz, E. von; Hohenheim, Inst. für Pflanzenbau und Pflanzenzücht. **Ein Beitrag zum Problem des photoperiodischen Verhaltens einiger Frühkartoffelsorten.** Z. Acker- u. Pflanzenbau **117** (1963) Nr. 1. S. 3–20. – 10 Tab., 12 Lit. Zus. in Engl.
In den Jahren 1957–59 wurden 'Comtessa', 'Oberarnbacher Frühe', 'Sirtema' und 'Planet' bei 9 und 12 Std. (Kurztag = KT) bzw. 15, 18, 21 und 24 Std. (Langtag = LT) Tageslänge und im Freiland untersucht. Alle geprüften Sorten waren photoperiodisch beeinflußbar. Die Ausbildung der Blüten wurde durch den KT völlig gehemmt, die Stolonenentwicklung und das Triebwachstum durch den LT stark begünstigt. Auf Knollenbildung, Ertrag und Stärkegehalt hatte die Tageslänge weniger Einfluß. Auf Grund der Ergebnisse kann angenommen werden, daß sich Umwelteinflüsse (wie Witterung) in der verlängerten Knollenbildungsperiode des LT bemerkbar machen d. h. die Ertragssicherheit war bei den KT-Varianten größer; bei den in dieser Hinsicht empfindlichen Sorten 'Sirtema' und 'Comtessa' lag die „kritische Tageslänge" zwischen 12 und 15 Std. Innerhalb der LT zeigten sich Merkmalsunterschiede beim 18-Std.-Tag. – Während die Hohenheimer Untersuchungen mit den Ergebnissen vieler anderer Autoren übereinstimmten, ließ sich die These Steinecks von der „kritischen Tageslänge" in bezug auf die Knollenbildung nicht bestätigen (Knollenbildung fand bei allen Tageslängen, also auch im LT statt). Die unterschiedlichen Ergebnisse könnten sorten- oder ernteterminbedingt, evt. aber auch auf die Herkunft des Pflanzgutes (photoperiodische Einflüsse vor Versuchsbeginn) zurückzuführen sein. R. Kämmerer. 230.

2-64/01-0049 Umhaerus, Magnhild; Svalöf, Swed. Seed Assoc. Chemical composition, flowering and morphological development of red clover under photoperiodic treatments and at different latitudes. **(Chemische Zusammensetzung, Blüh- und morphologische Entwicklung von Rotklee bei photoperiodischer Behandlung in verschiedenen Breiten.)** Acta Agric. scand. 8 (1963) Nr. 1. S. 17–64. – 17 Abb., 22 Tab., 30 Lit.
Zum Anbau gelangten die 3 schwedischen Rotkleesorten 'Merkur', 'Ultuna' und 'Offer' bei tägl. Lichtdauer von 12, 18 bzw. 24 Std. Außerdem wurden diese Sorten noch im Freiland zwischen dem 56. und 70. Breitengrad geprüft. – Die Blühfreudigkeit nahm mit zunehmender Belichtungsdauer zu, wobei auch der Zeitpunkt des Blühbeginns bei 24 Std. Licht beträchtlich vorverlegt wurde und die Wuchshöhe der Gesamtpflanze förderte (Zahl der Blütenköpfe 'Merkur', 1960 bei 12 Std. Licht: 58, bei 18 Std.: 257, bei 24 Std.: 383). Der Anteil der Blätter nahm jedoch mit zunehmender Lichtdauer ab. Den höchsten Gehalt an Rohprotein erzielten die Sorten bei 12 Std. Lichteinwirkung, wobei der Rohfaseranteil, der Gehalt an löslichen Zuckern und Stärke die tiefsten Werte aufwiesen. – Beim Anbau unter normalem Tageslicht in verschiedenen Breiten gab es keine klaren Unterschiede bezüglich der Inhaltsstoffe, lediglich der Zuckergehalt war in den nördlichen Gebieten höher.
H. Pätzold. 230.

2-64/01-0050 Šul'gin, I. A., Kuperman, F. M. und Mercalov, S. M. Vlijanie spektral'nogo sostava, intensivnosti radiacii, prodolžitel'nosti fotoperiodov na razvitie, rost i morfogenez rastenij. **(Einfluß der spektralen Zusammensetzung und der Intensität der Lichteinstrahlung sowie der Länge der Photoperiode auf Entwicklung, Wuchs und Morphogenese der Pflanze.)** Vestnik sel'skochozjajstvennoj nauki, Moskva 8 (1963) Nr. 4. S. 21–33. – 4 Abb., 4 Tab., 57 Lit. Zus. in Engl., Franz., Dtsch.
Versuche an Radieschen zeigten, daß eine Entwicklungshemmung nicht nur unter Kurztagbedingungen sondern auch bei 17 bzw. 24std. Tag auftritt, wenn nicht die spektrale Zusammensetzung des Lichtes die Entwicklung beschleunigt. Letzteres erfolgt unter Einwirkung von blauem Licht. Bei niedrigen Lichtintensitäten (20-30% des Tageslichtes) erreichten die Pflanzen unter 24std. Belichtung mit blauem Licht das größte Gew., bei hohen Lichtintensitäten wird dies durch rotes Licht erreicht. Das Blattgew. ist unter Blaulicht höher als unter Rotlicht. Die Radieschenbildung ist um so effektiver, je höher die Lichtintensität, unabhängig von der Tageslänge, ist. Bei gleicher Lichtintensität besitzen die Tageslänge und die spektrale Lichtzusammensetzung den größten Einfluß. Rotorange verzögert die Entwicklung und verstärkt die Radieschenbildung. J. Birke. 230.

2-64/01-0051 Chouard, Pierre. Quelques réflexions sur la physiologie de la florainson. **(Einige Betrachtungen zur Physiologie des Blühens.)** Bull. Soc. bot. France **109** (1962) Nr. 9. S. 219–241. – 7 Abb., 35 Lit.
Vf. gibt einen Überblick über seine eigenen und die Arbeiten seiner Mitarbeiter. Dabei wird die Bedeutung der physiologischen Wirkung der Vernalisation gestreift. Die Erscheinungen des Rückfalls aus der reproduktiven in die vegetative Phase werden ausführlich behandelt. Ferner werden Erkenntnisse über die photoperiodischen und stofflichen Einflüsse auf die Blütenbildung, die an *Scrofularia arguta* Sol. gewonnen wurden, besprochen und der Komplex der Ursachen der floralen Morphogenese bei Tabak dargestellt.
K. Arlt. 230.

2-64/01-0052 Köhler, Diethard; Darmstadt, TH, Bot. Inst. **Langtag und Blühinduktion bei Cannabis sativa.** Naturwissenschaften **50** (1963) Nr. 5. S. 158. – 1 Abb., 1 Tab., 2 Lit.
Zwischen blühinduzierende Kurztage eingeschaltete Langtage (24 Std. Licht) wirken beim Hanf weder blühfördernd noch blühhemmend. G. Ballin. 230.

2-64/01-0053 Kadman-Zahavi, Avishag; Rehovot, Nat. and Univ. Inst. of Agric. Effects of ligth, kinetin and gibberellic acid on flower initiation in Pharbitis nil chois. **(Die Einflußnahme von Licht, Kinetin und Gibberellinsäure auf den Blühbeginn bei Pharbitis nil chois.)** Bull. Res. Council Israel, Sect. D **11 D** (1963) Nr. 4. S. 191–197. – 4 Tab., 9 Lit. 230.

2-64/01-0054 Wada, Kiyomi; Shizuoka, Japan, Univ., Fac. of Liberal Arts and Sci., Biol. Inst. Inhibition of flower initiation of Pharbitis nil by gamma-irradiation (preliminary report). **(Hemmung des Blühbeginns bei Pharbitis nil durch Gamma-Bestrahlung. Vorl. Mitt.)** Bot Mag., Tokyo **75** (1962) Nr. 894. S. 483–484. – Orig.: engl. 230.

2-64/01-0055 Curth, P.; Kleinwanzleben, Inst. für Pflanzenzücht. **Über die Modifikation des kälte- und lichtinduzierten Blüheffektes bei Zuckerrüben durch Anwendung des Wirkstoffes AMO-1618.** Flora [Jena] **153** (1963) Nr. 1. S. 87–89. – 2 Abb., 2 Lit.
Methode und Ergebnisse eines mit 4 verschiedenen AMO-Konz. durchgeführten Versuches zu vernalisierten Zuckerrübenstecklingen werden beschrieben. Die Stecklinge zeigen sowohl eine blühemmende (Konz. 10^{-2} und 10^{-3}) als auch eine blühfördernde Reaktion (Konz. 10^{-5}). Die vom Vf. einleitend geäußerte These der Modifizierbarkeit des kälte- und lichtinduzierten Blüheffekts von Zuckerrüben mittels des Wirkstoffes AMO-1618 konnte damit bestätigt werden.
P. Curth. 230.

2-64/01-0056 Gamburg, K. Z. Vlijanie auksina i osmotičeskoj koncentracii sredy na rost otrezkov koleoptilej kukuruzy. **(Einfluß von Auxin und der osmotischen Konzentration der Nährlösung auf den Wuchs von Koleoptilschnitten des Maises.)** Trudy Vostočno-Sibirskogo filiala. Akademija nauk SSSR. Sibirskoe otdelenie. Vostočno-Sibirskij biologičeskij institut, Moskva **1962** Nr. 35. S. 12–20. – 5 Abb., 1 Tab., 27 Lit.
Werden wassergesättigte Schnitte von Maiskoleoptilen in 2- und 6%ige Saccharose- bzw. 0,4 mol. Mannitlösung gebracht, so wird eine bestimmte Zeit für die osmotische Adaption der Gewebe benötigt. Die Dauer dieser ist abhängig von der Konz. der Außenlösung und unabhängig vom Vorhandensein von Auxin (5 mg/l) in letzterer. Nach Wiederaufnahme des Wachstums der Koleoptilen sinkt die Konz. des Zellsaftes in der hypotonischen Saccaroselösung und erhöht sich in der hypertonischen Lösung. Auxin bewirkte in beiden Fällen eine Senkung der Zellsaftkonz. im Vergleich zur Kontrolle. Der plastische (nicht umkehrbare) Wuchs des Gewebes, gemessen nach Plasmolyse, wird z. Z. der osmotischen Adaption nicht eingestellt, obwohl in dieser kein Wasser aufgenommen wird. Auxin verursachte keine Änderung der rel. Plastizität des Zuwachses, sondern vergrößerte nur dessen abs. Höhe. Vf. schließt, daß das Wachstum der Zellwände in der Periode der Streckung ein aktiver und die Wasseraufnahme ein sekundärer, passiver Prozeß ist.
J. Birke. 230.

2-64/01-0057 Laloraya, Mamohan M. und Rai, Vinay K.; Allahabad, Univ., Bot. Dep. Growth of the seedling of Phaseolus mungo L. as affected by auxin and gibberellic acid. **(Das Wachstum von Phaseolus mungo-Keimlingen unter dem Einfluß von Auxin und Gibberellinsäure.)** Indian J. Plant Physiol. **5** (1962) Nr. 1/2. S. 218–229. – 4 Abb., 6 Tab., 15 Lit.
Die gequollenen Samen von *Phaseolus mungo* wurden 3 Std. lang mit Auxin (Indolylbuttersäure, IBS) bzw. Auxin-Gibberellinmischungen behandelt, dann abgespült und in Erde gelegt. Die Keimung erfolgt epigäisch. 100 ppm IBS hemmt das Hypokotylwachstum; diese Hemmung wird durch GS aufgehoben; die wirkungsvollste Konz. ist 5 ppm. Das Wachstum der Primärwurzel wird durch IBS reduziert, Seitenwurzeln werden reichlicher angelegt. Diese Erscheinungen lassen sich aber nicht durch GS beseitigen. Kinetin-

zusatz in Kombination mit Auxin ist wirkungslos. Das physiol. Verhalten des Hypokotyls entspricht einer Mittelstellung zwischen Wurzel und Epikotyl, ähnlich dem anatomischen Bau. H.-L. Pätzold. 230.

2-64/01-0058 Loos, Walter; Kempten, Allgäu, Chem.-Pharmaz. Fabrik Cefak. **Wirkungen des Gibberellins in Kombination mit anderen Stoffen.** Phyton [Vicente López, Argentina] **20** (1963) Nr. 1. S. 65–72. – 1 Abb., 4 Tab., 23 Lit.
Das Wachstum von Kressepflanzen (*Lepidium sativum*) wurde nach Besprühen mit Gibberellin-, Zink- und Cerlösungen gefördert, auch die Infloreszenzanlagen wurden beeinflußt. G. und Zink wirkten in diesen Versuchen synergistisch. Buschbohnen (*Phaseolus vulgaris*) wiesen nach G.-Zufuhr verstärktes Internodienwachstum auf und begannen zu winden. Da windende Pflanzen allg. viel G. enthalten, hält Vf. die Buschbohne für eine Mutante, die zu wenig dieser Subst. enthält. Bei dieser Art waren Zink- und Cerlösungen ohne Einfluß. Zwischen G. und Harnstoff konnte eine noch nicht näher erklärbare konz. abhängige Wechselwirkung beobachtet werden.
H.-L. Pätzold. 230.

2-64/01-0059 Misra, G. und Sahu, G.; Cuttack, India, Ravenshaw Coll., Dep. of Bot. Effect of gibberellic acid on rice. **(Die Wirkung von Gibberelinsäure auf Reis.)** Phyton [Vicente López, Argentina] **20** (1963) Nr. 1. S. 29–33. – 6 Tab., 12 Lit.
Der GS-Einfluß auf eine frühe und eine späte Reisvarietät wurde studiert. Die Körner wurden 72 Std. in versch. Konz. angequollen, und später wurden auch wöchentl. die Blätter dieser Pflanzen mit der jeweiligen Konz. besprüht. 1, 10 und 100 ppm beschleunigten den Blühvorgang, 500 ppm verzögerten ihn. 100 und 500 ppm wirkten auf die Verzweigung und Blattbildung hemmend, besonders bei der späten Art. Das Längenwachstum wurde bei diesen Konz. beträchtlich gefördert. Einen günstigen Einfluß auf den Ertrag hatte die Behandlung mit 1 und 10 ppm GS. H.-L. Pätzold. 230.

2-64/01-0060 Misra, G. und Sahu, G.; Cuttack, India, Ravenshaw Coll., Dep. of Bot. Effect of maleic hydrazide on rice. **(Der Einfluß von Maleinsäurehydrazid auf Reis.)** Phyton [Vicente López, Argentina] **20** (1963) Nr. 1. S. 35–39. – 6 Tab., 14 Lit.
Versuchspflanzen waren eine frühe (N136) und eine späte (J192) Varietät. Die Samen wurden 72 Std. in Maleinsäurehydrazidlösungen (1, 10, 100, 500 ppm) eingeweicht, und später wurden die aus diesen Samen hervorgegangenen Pflanzen mit der jeweils entspr. Konz. weiter behandelt (Besprühen der Blätter). Konz. von 500 ppm hatten sofort nach der Keimung ein Absterben zur Folge. Eine geringe, aber signifikante Beschleunigung des Ährenschiebens wurde bei Verabfolgung von 1 ppm MH, besonders bei der frühen Varietät beobachtet; 100 ppm bewirkten bei der frühen und späten Art eine Verzögerung. Überhaupt zeigte die ganze Wuchsform gewisse Hemmerscheinungen; Reifegrad und Ernteertrag wichen allerdings nicht von denen der Kontrolle ab. H.-L. Pätzold. 230.

2-64/01-0061 Little, E. C. S. und Blackman, G. E.; Oxford, Univ., Dep. of Agric. The movement of growth regulators in plants. III. Comparative studies of transport in Phaseolus vulgaris. **(Die Bewegung von Wachstumsregulatoren in Pflanzen. 3. Mitt. Vergleichende Studien des Transportes in Phaseolus vulgaris.)** New Phytologist **62** (1963) Nr. 2. S. 173–197. – 10 Abb., 5 Tab., 30 Lit. 2. Mitt. vgl. LZ. Abt. II **8** (1963) Nr. 11. S. 2893.
Krümmungsbeginn und -verlauf des Blattstieles und Sprosses von *Phaseolus* nach Zufuhr von 2.4-D und 2.4.5-T und IES wurden studiert. Folgende 3 Methoden der Wuchsstoff-Darbietung fanden Anwendung: Der Regulator wurde (a) der Blattoberfläche eines Primärblattes zugeführt, (b) nur einer kurzen

herausgeschnittenen Zunge der Mittelrippe und (c) dem Kotyledonarknoten. Abgesehen von der Darbietungsmethode bestehen zwischen den Auswirkungen 2.4-D und 2.4.5-T keine wesentlichen Unterschiede. IES-Zufuhr erfordert dagegen bei den gleichen Effekten eine geringere Konz. und die Reaktion erfolgt schneller. Versuche mit ^{14}C in der Carboxylgruppe ließen erkennen, daß der Eintritt durch die Zunge der Mittelrippe innerhalb von 5 Min. erfolgt. Die Wanderungsgeschwindigkeit im Phloem wurde für 2.4-D und 2.4.5-T mit 10–12 cm/Std. und für IES mit 20–24 cm/Std. ermittelt. Auch die Verteilung von 2.4-D in periodischen Abständen bis zu 27 Std. wurde untersucht. H.-L. Pätzold. 230.

2-64/01-0062 Chinoy, J. J.; Ahmedabad, Gujarat Univ., Univ. School of Sci., Bot. Dep. Formation and utilization of ascorbic acid in the shoot apex of wheat as factors of growth and development. **(Bildung und Ausnutzung von Ascorbinsäure in den Sproßspitzen von Weizen als Faktoren von Wachstum und Entwicklung.)** Indian J. Plant Physiol. **5** (1962) Nr. 1/2. S. 172–201. – 9 Abb., 6 Tab., 118 Lit.
Konz. und Ausnutzung der Ascorbinsäure (**I**) steigt beim Übergang der Sproßspitze von der vegetativen zur reproduktiven Phase. Der Anstieg setzt sich bei der folgenden reproduktiven Differenzierung weiter fort. Der Auxinspiegel zeigt im Vergleich zur **I** eine gegenläufige Bewegung. Vernalisation und Langtagbedingungen bewirken einen früheren Anstieg des **I**-Gehaltes und einen früheren Übergang von der vegetativen zur generativen Phase und damit eine frühere Blüte. Die Stoffwechselaktivität der Pflanze ist abhängig von der **I**-Konz. und der **I**-Ausnutzung. Vf. nimmt an, daß die Bildung und Ausnutzung von **I** in den Sproßspitzen die Nucleinsäuresynthese stimuliert, die die Grundlage der Proteinsynthese ist. Durch die vermehrte Proteinsynthese werden weitere Prozesse beschleunigt. W. Hiller. 230.

2-64/01-0063 Makovcová, Olga und Vaculík, Pavel; Prag, Tschechoslow. Akad. der Wiss., Inst. für Exp. Bot., Phytopathol. Abt. **Über die Beziehungen zwischen der Wirksamkeit und der chemischen Struktur einiger Phenoxyessigsäuren.** Biol. Plantarum [Praha] **5** (1963) Nr. 2. S. 129–134. – 1 Abb., 13 Lit. Zus. in Russ., Tschech.
Die wachstumsstimulierende Wirkung von 20 bisher an Pflanzen nicht ausprobierten Substitutions- und Funktionsderivaten der Phenoxyessigsäure VII bis XXVI wird im Vergleich mit der Wirksamkeit der 2.4-Dichlorphenoxyessigsäure (**I**) festgestellt, deren Struktur und Wirksamkeit als grundlegend betrachtet werden. Die Unwirksamkeit der geprüften Verbindungen in Konz. von 10^{-6} mg/l auf die keimenden Senfpflanzen (*Sinapis alba* L.) wird mit den Strukturveränderungen in bezug auf **I** in Zusammenhang gebracht, und zwar besonders mit der Art und Anzahl von Substituenten am Phenylrest. ČSSR/ÚVTI. 230.

2-64/01-0064 Briggs, Winslow R.; Stanford, Calif., Stanford Univ., Dep. of Biol. Sci. Mediation of phototropic responses of corn coleoptiles by lateral transport of auxin. **(Vermittlung phototropischer Reaktionen in Getreidekoleoptilen durch Seitentransport von Auxin.)** Plant Physiol. **38** (1963) Nr. 3. S. 237–247. – 10 Tab., 45 Lit. 235.

2-64/01-0065 Lutz, Albert; Strasbourg, Fac. des Sci., Inst. Bot.; Centre de Rech. Nucléaires, Dép. des Applications Biol. Description d'une technique d'isolement cellulaire en vue de l'obtention de cultures de tissus végétaux provenant d'une cellule unique. **(Beschreibung einer Technik zur Isolierung von Zellen im Hinblick auf die Gewinnung von pflanzlichen Gewebekulturen aus einer Zelle.)** C. R. hebd. Séances Acad. Sci. **256** (1963) Nr. 12. S. 2676 bis 2678. – 2 Lit.

Bei diesem Verfahren wird die Eigenschaft von locker strukturierten *Nicotiana-tabacum*-Gewebekulturen, in das Kulturmedium Einzelzellen abzustoßen, ausgenutzt. Diese Zellen werden mit einer lang ausgezogenen Mikropipette unter mikroskopischer Beobachtung abgesaugt. Ungefähr 8% der isolierten Zellen bilden wieder Gewebekolonien. K. Arlt. 239.

2-64/01-0066 Slavík, Bohdan und Čatský, Jiří; Praha, Czechoslovak Acad. of Sci., Inst. of Exp. Bot. Differentially measuring infrared analyzer with an air-conditioned exposure chamber for photosynthetic rate measurements. **(Differentialschaltung eines infraroten Analysators mit klimatisierter Expositionskammer zum Intensitätsmessen der Photosynthese.)** Biol. Plantarum [Praha] **5** (1963) Nr. 2. S. 135–142. – 3 Abb., 12 Lit. Zus. in Russ., Tschech.
Vff. beschreiben eine gasometrische Laboratoriumsvorrichtung zur Bestimmung der Intensität der Photosynthese unter gesteuerten Bedingungen. Durch Differentialschaltung des infraroten Analysators wird eine große Genauigkeit bei der Bestimmung des CO_2-Konzentrationsunterschiedes zwischen der Kontrolluft und der um das assimilierte CO_2 ärmer gewordenen Luft erzielt. Der infrarote Analysator ist in der Weise eingeschaltet, daß durch das Rohr stets die Kontrolluft und durch das andere die verarmte Versuchsluft strömt, so daß der Ausschlag des Registriergerätes, der bedeutend verstärkt werden kann, direkt dem Verarmungswert und infolgedessen bei bekanntem Durchfluß direkt der Intensität der Photosynthese entspricht. Auf diese Weise wird der Durchschnittsfehler bei der Bestimmung der Intensität der Photosynthese durch den Bestimmungsfehler der CO_2-Konz. des Gerätes bei angewandter Verstärkung in Prozenten der Differenz und nicht in Prozenten der mehrfach höheren abs. CO_2-Konz. bestimmt, wie dies bei der abs. Schaltung der Fall ist. Die evtl. Schwankungen der CO_2-Konz. in der Kontrolluft werden durch einen 2. infraroten Analysator registriert, der auf normale Weise d. i. abs., eingeschaltet ist. Während des Versuches wird die Pflanze in einer einfachen Klimakammer mit gesteuerter Temperatur ($\pm$ 0,2 °C) und Feuchtigkeit ($\pm$ 2 bis 5% rel. Luftfeuchtigkeit) bei regulierter hoher stabiler Beleuchtungsintensität (bis $3:2:10^5$ erg. cm^{-2}. sec^{-1}) und mit der möglichen Steigerung der CO_2-Konz. in der Luft exponiert. ČSSR/ÚVTI. 239.

D. Chemie der Pflanzen

2-64/01-0067 Haag, H. P., Mello, F. A. F., de Mello, H. A., Brasil Sobrinho, M. O. C. do und Veiga, A. A.; Piracicaba, São Paulo, École Supérieure d'Agric. „Luiz de Queiroz". Composition chimique de l' Eucalyptus grandis (mill) maiden. **(Chemische Zusammensetzung von Eucalyptus grandis (mill) maiden.)** Fertilité **1963** Nr. 18. S. 9–14. – 5 Tab., 6 Lit. 240.

2-64/01-0068 Long, W. G.; Lake Alfred, Florida Citrus Exp. Stat. The relationshpis among several physical and chemical measurements made on oranges. **(Die Beziehungen zwischen verschiedenen physikalischen und chemischen Messungen bei Orangen.)** Proc. Florida State horticult. Soc. **75** (1962, hrsg. 1963) S. 292–294. – 5 Tab. 240.

2-64/01-0069 Bigwood, E. J.; Brussels, Univ. Aminoacid content of vegetable products as determined by column chromatography. Some typical features and difficulties of the analytical problem. **(Aminosäuregehalt von pflanzlichen Produkten, bestimmt durch Säulenchromatographie. Einige typische Gesichtspunkte und Schwierigkeiten des analytischen Problems.)** Qualitas Plantarum Mater. vegetabiles [Den Haag] **10** (1963) Nr. 1/4. S. 266–275. – 1 Tab., 12 Lit.
Die Aminosäurezusammensetzung von Baumwollsaatmehl-, Weizenmehl- und Heuproben wurde mit Hilfe einer 1953 entwickelten Methode der Ionenaustausch-Säulenchromatographie untersucht und die Ergebnisse mit denen in

der Lit. angegebenen verglichen. – Bei einem Vergleich der Aminosäurezusammensetzung (freie + gebundene AS) von Milch, Fleisch, weißem Weizenmehl, Heu und Erdnußkuchen wurde eine gewisse Ähnlichkeit i. allg. Aminosäuremuster dieser Produkte festgestellt. Dabei traten im Anteil gewisser Aminosäuregruppen Unterschiede hervor, und zwar starke bei den basischen AS, Glutaminsäure und Asparaginsäure und den S-haltigen AS (Streuungsbereich 83–140%) und geringe bei solchen AS wie Tyrosin, Phenylalanin oder Serin (Streuungsbereich 25–29%), Die Abweichungen im Gehalt der anderen AS liegen dazwischen. K. Koepke. 244.

2-64/01-0070 Shinde, V. A., Agarwal, I. P., Verma, S. C. L. und Jain, R. K.; Gwalior ,G. R. Med. Coll., Dep. of Anatomy and Pharmacol. A modified technique for the separation of overlapping amino-acids. **(Ein modifiziertes Verfahren zur Trennung von überlappenden Aminosäuren.)** Current Sci. (Bangalore] **32** (1963) Nr. 3. S. 118–119. – 1 Abb., 4 Lit.
Anhand einer Zeichnung beschreiben Vff. eine Vorrichtung, die es erlaubt, überlappende Aminosäuren von Rundfilterchromatogrammen einfach und schnell zu trennen. Die Aminosäuren werden vom Chromatogrammabschnitt auf einen 2,5 cm breiten Papierstreifen, der waagerecht in einem Stahlrahmen befestigt ist, übertragen und dort aufgetrennt. K. Koepke. 244.

2-64/01-0071 Janicki, Józef; Poznań, Landwirtsch. Hochschule, Inst. für Landwirtsch. Technol. **Über den Lysingehalt und den einiger anderer Aminosäuren im polnischen Weizen und Roggen.** Qualitas Plantarum Mater. vegetabiles [Den Haag] **10** (1963) Nr. 1/4. S. 292–300. – 3 Tab., 28 Lit.
Der Lysingehalt von 2 in West-Polen angebauten Wi-Weizensorten lag zwischen 3,5 und 3,6 g/100 g Eiweiß, der von 2 So-Weizensorten zwischen 2,9 und 3,2 g. In Ost-Polen enthielt der Wi-Weizen nur 2,1 g Lysin/100 g Eiweiß, der So-Weizen 1,9-2,4 g. Im Roggen waren in West-Polen 3,4 g, in Ost-Polen 3,2 g Lysin/100 g Eiweiß enthalten. Der Gehalt der untersuchten Weizen- und Roggenproben an 8 weiteren essentiellen bzw. semiessentiellen Aminosäuren wird ebenfalls angegeben. K. Koepke. 244.

2-64/01-0072 Schuphan, W.; Geisenheim/Rh., Bundesanst. für Qualitätsforsch. Pflanzl. Erzeugnisse. **Essentielle Aminosäuren und B-Vitamine als Qualitätskriterien bei Nahrungspflanzen unter besonderer Berücksichtigung tropischer Leguminosen.** Qualitas Plantarum Mater. vegetabiles [Den Haag] **10** (1963) Nr. 1/4. S. 187–204. – 2 Abb., 4 Tab., 10 Lit.
Die Blattspreitenflächen von Spinat und Grünkohl sind eiweißreicher als die Blattrippen und Stiele. Das Eiweiß dieser Blattspreiten ist gleichzeitig hochwertiger. Für Kartoffelknollen aus mehrjährigen Sorten-, Standort- und Düngungsversuchen wurden EAS-Indices von 61–89 bestimmt (Mittelwert von 258 Einzelbestinmumgen = 75). Untersuchungen an reifen Erbsen zeigten, daß einige Sorten höhere Methioningehalte aufweisen. Diese sollten als Grundlage von Neuzüchtungen Beachtung finden, damit der die Qualität des Erbseneiweißes begrenzende Gehalt an essentiellen S-haltigen Aminosäuren gesteigert wird. Der Rohproteingehalt von reifen Erbsen blieb bei der Lagerung 2 Jahre konstant, der Gehalt an essentiellen Aminosäuren, insbesondere an Lysin und Methionin, ging bereits im 1. Jahr sehr stark zurück. In Kongo angebaute Bohnensorten wiesen beträchtliche Schwankungen im Gehalt an Rohprotein und der Summe der essentiellen Aminosäuren auf. Auch hier trat eine sortenbedingte Variation im Methioningehalt auf. Reife Erbsen übertreffen in ihrem Gehalt an Vitamin B_1 und B_2 den Weizen, der Niacingehalt liegt dagegen im Weizen höher als in Erbsen. K. Koepke. 244.

2-64/01-0073 Etten, C. H. Van, Rackis, J. J., Miller, Roger W. und Smith, A. K.; Peoria, Ill., Northern Regional Res. Lab. Amino-acid composition of safflower kernels, kernel protein, and hulls, and solubility of kernel

nitrogen. **(Aminosäurezusammensetzung der Samen, Samenschalen und des Samenproteins sowie Löslichkeit des Stickstoffs der Samen von Färber-Saflor.)** J. agric. Food. Chem. **11** (1963) Nr. 2. S. 137–139. – 1 Abb., 3 Tab., 23 Lit.
Die Aminosäurezusammensetzung der Samen und Samenschalen von Färber-Saflor (*Carthamus tinctorius*), einer im Westen der USA immer häufiger angebauten Ölfrucht, wurde säulenchromatographisch untersucht. Der Anteil an Methionin, Cystin, Lysin und Tryptophan pro 16 g N betrug in den Samen 1,5; 1,7; 3,2 und 0,9 g. Im Vergleich zu den Samen anderer Arten wurde höherer Arginin- und Valin- sowie niedrigerer Lysin-Gehalt gefunden. Die Samenschalen enthielten Hydroxyprolin, der Glycin-Gehalt betrug $^1/_3$ des Gehalts von Sojabohnenhülsen. In Extraktionsversuchen wurde aus dem entfetteten Samenmehl bei pH 9 die größte Menge N extrahiert. Durch Ansäuern mit n HCl bis pH 4 wurde aus diesen Extrakten ein Rohprotein (45 g/100 g trockenes entfettetes Mehl) erhalten, das in seiner Zusammensetzung dem im Samen enthaltenen Protein entsprach. Unterhalb pH 4 nimmt die Löslichkeit des Samen-N ab, was auf die Bildung unlöslicher Protein-Phytat-Komplexe zurückgeführt wird. Nach saurer Hydrolyse lag der Samen-N im wesentlichen in löslicher Form vor, während dies beim Schalen-N nur zu 70% der Fall war. P. Stoß. 244.

2-64/01-0074 Bandemer, Selma L. und Evans, Robert John; East Lansing, Mich., Univ., Dep. of Biochem. The amino composition of some seeds. **(Die Aminosäurezusammensetzung einiger Samen.)** J. agric. Food Chem. **11** (1963) Nr. 2. S. 134–137. – 1 Abb., 3 Tab., 32 Lit.
Die Aminosäurezusammensetzung einiger für Fütterungszwecke verwendeter Samen sowie die durch Erhitzen beeinflußte Veränderung der Zusammensetzung wurden mit Hilfe von Ionenaustauschchromatographie untersucht. Die Behandlung der Samen entsprach den beim Kochen der Futtermittel auftretenden Bedingungen. Die Aminosäure-Verluste durch Erhitzen betrugen 0,5 (Reis) bis 10% (Sojabohnen) und traten vorwiegend bei den basischen Aminosäuren auf. Daneben wurde in einigen Samen auch ein rel. großer Verlust von Tyrosin festgestellt. Nach dem Erhitzen wurde bei den meisten untersuchten Samen ein geringfügig höherer Proteingehalt gefunden. Dagegen lag der NH_3-N-Gehalt in jedem Falle infolge der Aminosäureverluste höher als vor dem Erhitzen. Der Gehalt der Samen an Histidin, Phenylalanin, Leucin, Isoleucin, Threonin und Valin entsprach den Empfehlungen für optimales Kückenwachstum des Nat. Res. Council, während bei den übrigen Aminosäuren bes. nach dem Kochen die Bedingungen nicht immer erfüllt wurden. P. Stoß. 244.

2-64/01-0075 Fritz, Hans-Georg und Röttger, Bernd; Tübingen, Max-Planck-Inst. für Virusforsch. **Die Ermittlung von Ribonucleinsäure im Pflanzenmaterial.** Z. Naturforsch. **18b** (1963) Nr. 2. S. 124–132. – 6 Abb., 1 Tab., 15 Lit.
Ausgehend von der Methode von Schmidt-Thannhauser wurde ein Verfahren erarbeitet, das es gestattet, neben der Absolutbestimmung der Ribonucleinsäure (RNS) auch das Molverhältnis der 4 Mononucleotide und eine Absolutbestimmung der Desoxyribonucleinsäure (DNS) in Pflanzenmaterial durchzuführen. Dazu wird die Pflanzensubstanz nach Entfernung der säurelöslichen Phosphate, der Lipoide und eines Teils der Farbstoffe 22 Std. mit n KOH bei 37 °C hydrolysiert. Das Hydrolysat wird mit $HClO_4$ angesäuert, der Niederschlag abzentrifugiert und darin die DNS-Bestimmung vorgenommen. Nach Abscheiden der $HClO_4$ durch Neutralisation mit KOH werden die Mononucleotide durch Säulenchromatographie auf Dowex 1×10 aufgetrennt, wobei HCOOH z. T. im Gemisch mit NH_4HCOO als Extraktionsmittel dient, und durch Extinktionsmessung bei 260 und 280 nm bestimmt. Da unter den angegebenen Hydrolysebedingungen neben Cytidylsäure auch

Adenylsäure und Uridylsäure teilweise zerstört werden, sind Korrekturfaktoren notwendig. Die Methode kann für Routinebestimmungen angewandt werden. Testanalysen mit Tabak und *Epilobium parviflorum* erbrachten einen mittleren Fehler von ±5%. K. Koepke. 244.

2-64/01-0076 Stegemann, Hermann und Loeschcke, Volkmar; Hannoversch-Münden, Biol. Bundesanst., Inst. für Biochem. **Gewinnung pflanzlicher Proteine und Viren durch Drucktau-Verfahren und Gel-Filtration.** Z. Naturforsch. **18b** (1963) Nr. 3. S. 195–198. – 1 Abb., 10 Lit.

Zur Gewinnung der gelösten Proteine pflanzlicher Gewebe in möglichst ursprünglicher Form wird das Pflanzenmaterial bei –5 °C gefroren, darauf in einem Filtertuch aus Polyestergewebe in der hydraulischen Presse unter einem Druck von mindestens 200 kg/cm² der Saft ausgepreßt und direkt auf eine Sephadex-Säule (Dextran-Gel-Säure) laufen gelassen, die ihn nach Molekülgröße fraktioniert. Die Gelfiltration bewirkt eine schnelle Abtrennung der hochmol. Phenoloxydasen und Peroxydasen und verhindert damit Enzymreaktionen und Sekundärprozesse mit anderen Proteinen. Das Verfahren wird am Beispiel der Aufbereitung von Kartoffelknollen beschrieben und die Auftrennung der Inhaltsstoffe anhand eines Fraktionierungsdiagramms dargestellt. K. Koepke. 244.

2-64/01-0077 Zenk, M. H. und Scherf, H.; München, Univ., Bot. Inst. **D-Tryptophan in höheren Pflanzen.** Biochim. biophysica Acta [Amsterdam] **71** (1963) Nr. 3. S. 737–738. 244.

2-64/01-0078 Nitsch, Colette und Nitsch, J. P.; Gif-sur-Yvette, Lab. du Phytotron. Étude du mode d'action de l'acide gibbérellique au moyen de gibbérelline A_3 marquée. I. Action sur les substances de croissance du haricot nain. **(Studien über die Wirkungsweise von Gibberellinsäure mit markiertem Gibberellin A_3. 1. Mitt. Der Einfluß auf die Wuchsstoffe der Buschbohne.)** Bull. Soc. bot. France 110 (1963) Nr. 1/2. S. 7–17. – 6 Abb., 1 Tab., 6 Lit. Zus. in Engl.

Gibberellin A_3 (GA) wurde den Sproßspitzen einer Buschbohnen-Zwergvarietät zugeführt und diese 1, 2 und 3 Tage nach der Behandlung mit kaltem Äthanol extrahiert. Nach dem Chromatographieren wurden die Streifen halbiert und auf biol. Aktivität und Radioaktivität untersucht. Vff. bestimmten die vorhandenen Wuchsstoffe und ferner auch auf IES synergistisch wirkende Stoffe. Die extrahierte GA nimmt zwischen dem 1. und 2. Tag nach der Behandlung um das 5–6fache ab, dafür zeigt aber das Chromatogramm 3 andere, kleinere radioaktive Zonen; die größte scheint keine biol. Aktivität zu besitzen, aber zwischen Rf 0,1–0,22 wurde die äußerst aktive Substanz B aufgefunden. H.-L. Pätzold. 245.

2-64/01-0079 Mer, C. L., Choudhury, S. H., Dattaray, P. und Hafeez, U.; London, Imperial Coll. of Sci. and Technol., A. R. C. The influence of light and temperature on the estimation of auxins by a straight growth technique. **(Der Einfluß von Licht und Temperatur auf die Auxinbestimmung im Zuwachstest.)** Indian J. Plant Physiol. **5** (1962) Nr. 1/2. S. 97–116. – 7 Abb., 3 Tab., 11 Lit.

Testpflanzen waren Weizenkeimlinge der Varietät 'Heine VII' oder 'Jufy'. Die Anzucht erfolgte in mit feuchter Luft durchströmter Dunkelkammer bei 22 °C. Bei einer Länge von 3½–4 cm wurden die Koleoptilen im Licht (orange) von Endosperm und Wurzeln getrennt und vertikal in Glaszylindern, auf feuchtem Filtrierpapier stehend, im Dunkeln 2 Tage auf 2–4 °C abgekühlt und anschließend 1 Std. auf 4 °C erwärmt. Alsdann wurden 10 mm lange Zylinder herausgeschnitten und in der Kontrollserie mit 0,5 ml Zucker-Pufferlösung versehen. Die Vergleichsserie enthielt außerdem folgendeIES-Konz.: 10^{-2}, $5 \cdot 10^{-2}$, 10^{-1}, $5 \cdot 10^{-1}$, 10^{0} mg/l. Bei der Testserie wurden nach chromatographischer Trennung die Wuchsstoffe mit Wasser eluiert und der

Zuckerlösung zugesetzt. Die quantitativen Auxinmengen, aus dem Tr.-Gew. des extrahierten Materials und den Zuwachsraten bestimmt, werden in µg/100 mg Tr.-Gew. angegeben. – Bei der Untersuchung des Licht- und Temperatureinflusses auf den Gehalt an natürlichem Auxin in den Koleoptilen ergab sich, daß das Licht keine oder wenig Auswirkung hat, aber hohe und niedrige Temperaturen den Gehalt an nativem Auxin beträchtlich herabsetzen. H.-L. Pätzold. 245.

2-64/01-0080 Macmillan, J., Seaton, J. C. und Suter, P. J.; Frythe, Welwyn, Herts., England, Imperial Chem. Ind., Ltd. Isolation and structures of gibberellins from higher plants. **(Isolierung und Strukturen der Gibberelline bei höheren Pflanzen.)** Advances Chem. Ser. **1961** Nr. 28. S. 18–25. – 5 Abb., 4 Tab., 18 Lit. 245.

2-64/01-0081 Dahlstrom, Robert V. und Sfat, Michael R.; Manitowoc, Wis., Rahr Malting Co. Relationship of gibberellic acid to enzyme development. **(Beziehung zwischen Gibberellinsäure und Enzymentwicklung.)** Advances Chem. Ser. **1961** Nr. 28. S. 59–70. – 8 Abb., 5 Tab., 31 Lit. 245.

2-64/01-0082 Vines, H. M. und Oberbacher, M. F.; Lake Alfred, Florida Citrus Exp. Stat.; Florida Citrus Commiss. Citrus fruit enzymes. I. Ascorbic acid oxidase in oranges. **(Enzyme in Citrusfrüchten. 1. Mitt. Ascorbinsäureoxidase in Orangen.)** Plant Physiol. **38** (1963) Nr. 3. S. 333–337. – 5 Abb., 18 Lit. 245.

2-64/01-0083 Vines, H. M. und Oberbacher, M. F.; Lake Alfred, Florida Citrus Exp. Stat.; Florida Citrus Commiss. Ascorbic acid oxydase on citrus. **(Ascorbinsäureoxidase in Citrus.)** Proc. Florida State horticult. Soc. **75** (1962, hrsg. 1963) S. 283–286. – 7 Abb., 2 Tab. 245.

2-64/01-0084 Promekanon, Y., Barat, G. K. und Das, N. B.; New Delhi, Indian Agric. Res. Inst., Div. of Soil Sci. and Agric. Chem. Distribution of phosphatases in leaf, stem & root of wheat plant during the reproductive period. **(Verteilung der Phosphatasen in Blatt, Stengel und Wurzel der Weizenpflanze während der reproduktiven Periode.)** Indian J. exp. Biol. **1** (1963) Nr. 2. S. 95–97. – 2 Tab., 13 Lit.
Im Vorblütenstadium zeigt β-Glycerophosphatase (**I**) und alkalische Pyrophosphatase (**III**) im Blatt und saure Pyrophosphatase (**II**) im Stengel die höchste, in der Wurzel dagegen die geringste Aktivität. Während des Blühstadiums ist die Aktivität von **I** in Blatt, Stengel und auch der Wurzel bedeutend, von **II** und **III** in Blatt und Wurzel nur leicht erhöht, im Stengel aber stark herabgesetzt. Im Nachblütestadium erfolgt wieder Herabsetzung der Phosphatasekonz. in den Wurzeln; in Blatt und Stengel ist **I**, wie in allen Perioden weiterhin hoch. Blattapplikation von Phosphaten hat größere Phosphatasenakkumulation als Bodenapplikation zur Folge. Das trifft besonders für **I** im Blatt zu. K. Arlt. 245.

2-64/01-0085 Šikina, A. P. Aktivnost' fosforilazy, fosfogljukomutazy i amilazy v kartofele v zavisimosti ot uslovij pitanija rastenij. **(Die Aktivität von Phosphorylase, Phosphoglukomutase und Amylase in der Kartoffel in Abhängigkeit von den Ernährungsbedingungen.)** Trudy Instituta botaniki. Akademija nauk Kazachskoj SSR, Alma-Ata **12** (1962) S. 169–177. – 4 Tab., 13 Lit.
Verschiedene Organe der Kartoffel werden durch ein bestimmtes Verhältnis der 3 genannten Fermente chakterisiert. Die Blätter besitzen im Gegensatz zu den Knollen eine geringere Phosphorylase- (**I**), und eine erhöhte Phosphoglukomutase- (**II**) sowie Amylaseaktivität (**III**). **I** erreicht in Knolllen und Blättern ihr Maximum während der Blüte. Junge Blätter besitzen eine hohe **II**. Die höchsten Werte wurden in jungen Knollen gefunden. Organisch-minerali-

sche Volldüngung führte unter den Bedingungen des Alma-Ataer-Gebietes zur Senkung von **I** und **III** sowie zur Erhöhung von **II** in den Knollen. Durch die Verschiebung des Fermentverhältnisses wurde in den Knollen keine Steigerung des Stärkegehaltes hervorgerufen. J. Birke. 245.

2-64/01-0086 Guilbot, A. und Drapron, R. Évolution de l'activité alpha-amylasique du grain de blé au cours de sa maturation. Influence des radiations lumineuses. **(Die Entwicklung der α-Amylaseaktivität in Weizenkörnern während der Reife. Einfluß von Licht.)** Ann. Physiol. végétale **5** (1963) Nr. 1. S. 5–18. – 4 Abb., 5 Tab., 18 Lit. Zus. in Engl.
Die Enzymaktivität erreichte zu Beginn der Reife ein Maximum, fiel dann etwas ab, nahm wieder wenig zu und fiel schließlich zum normalen Erntezeitpunkt stark ab. Sie wurde durch Chlorophyll und Beschattung zum Teil gefördert. UV-Bestrahlung brachte je nach den Belichtungsbedingungen einen Abbau oder eine Aktivierung des Enzyms. Es wird die Hypothese aufgestellt, daß α-Amylase durch photochem. Reaktionen während der Reife abgebaut und dabei durch Riboflavin sensibilisiert wird. W. Franzke. 245.

2-64/01-0087 Seshadri, T. R. und Sood, M. S.; Delhi, Univ., Dep. of Chem. Photodynamically active plant produkts. **(Photodynamisch aktive Substanzen.)** Current Sci. [Bangalore] **32** (1963) Nr. 5. S. 195–201. – 51 Lit.
Übersicht über photodynamisch wirksame Subst. sowie den Zusammenhang zwischen chem. Konstitution und photodynamischer Aktivität.
W. Franzke. 245.

2-64/01-0088 Drozdov, N. A. und Pavlov, V. S.; Leningrad, Landwirtsch. Inst. Vlijanie proizvodnych benzimidazola i jantarnoj kisloty na rost i urožaj kukuruzy. **(Einfluß von Benzimidazolderivaten und Bernsteinsäure auf Wuchs und Ertrag von Mais.)** Vestnik sel'skochozjajstvennoj nauki, Moskva **8** (1963) Nr. 4. S. 44–47. – 4 Tab. Zus. in Engl., Franz., Dtsch.
Maissaatgut wurde 1 bis 2 Tage mit 0,01%iger Bernsteinsäurelösung; 0,01 γ 2-Methyl-5-Nitrobenzimidazol bzw. 2-Methyl-5-Aminobenzimidazol oder 0,1 γ 2-Diäthylaminobenzimidazol behandelt (jeweils 15 l Lösung/dt Saatgut). Als Kontrolle diente Wasserbehandlung. Außerdem wurden mit diesen Lösungen (400 l/ha) im 5blattstadium Blattspritzungen durchgeführt. Das behandelte Saatgut wies eine höhere Keimstärke und Atmungsintensität und eine erhöhte Wasseraufnahme auf. Die Pflanzen verstärkten das Wachstum, den Kolbenansatz und beschleunigten die Entwicklung. Die Aktivität von Polyphenoloxydase, Katalase und Peroxydase wurde in den behandelten Pflanzen erhöht, die Nährstoffaufnahme verstärkt und die Blattfläche vergrößert. Die Behandlung führte, bezogen auf Tr.-Subst., zu einer Ertragssteigerung von 11 bis 24%. J. Birke. 245.

2-64 01-0089 Hjarde, W., Hellström, V. und Åkerberg, E.; Copenhagen, Nat. Vitamin Lab.; Stockholm, Nat. Inst. of Public Health; Svalöv, Swed. Seed Assoc. The contents of tocopherol and carotene in red clover as dependent on variety, conditions of cultivation and stage of development. **(Der Gehalt an Tocopherol und Carotin im Rotklee in Abhängigkeit von der Sorte, den Anbaubedingungen und dem Entwicklungsstadium.)** Acta Agric. scand. **8** (1963) Nr. 1. S. 3–16. – 8 Tab., 2 Lit.
Rotklee wurde 1958 und 61 in Svalöv, Ultuna und Lännäs angebaut. Der Einfluß des Anbauortes, der Sorte ('Merkur', 'Ultuna', 'Ulva', 'Offer'), des Entwicklungsstadiums und der Tageslänge auf den Gehalt an Carotin und Tocopherol wurde ermittelt. Die Vitamingehalte waren vom Erntetermin abhängig, wobei sich aber keine Beziehungen zum Alter des Klees und dem Entwicklungsstadium ergaben. Sortenunterschiede und Relationen zum Anbauort zeigten sich nicht. Eine Verkürzung der Tageslänge (1958 einmalig geprüft) auf 10 Std. erhöhte den Gehalt an Carotin und Tocopherol.
W. Franzke. 246.

2-64/01-0090 Quackenbush, F. W., Firch, Jean G., Brunson, A. M. und House, L. R.; Lafayette, Ind., Dep. of Biochem. Carotenoid, oil, and tocopherol content of corn inbreds. **(Carotinoid-, Fett- und Tocopherolgehalt in Getreidezüchtungen.)** Cereal Chem. **40** (1963) Nr. 3. S. 250–259. – 3 Tab., 12 Lit.
125 Getreidezüchtungen wurden untersucht. Methode und Untersuchungsmaterial wurden beschrieben. Die Werte lagen im folgenden Bereich: Fettgehalt: 1,2–5,7%, Jodzahl: 111–151, Tocopherol: 0,03–0,33% im Öl, Gesamtfarbstoff: 0,2–57,9 γ/g, biologisch aktive Carotinoide (als β-Carotin berechnet): 0,3–7,3 γ/g, β-Carotin: 0,1–5,0 γ/g, Lutein: 2–33 γ/g, Phytoene: 5,6–42,7 γ/g, Phytofluene: 0,8–10,2 γ/g, β-Zeacarotin: 0,0–4,7 γ/g, Zeacarotin: 0,0–4,2 γ/g, Zeinoxanthin: 0,0–5,9 γ/g, Kryptoxanthin: 0,3–5,1 γ/g, Zeaxanthinester: 0,3 bis 4,1 γ/g, Zeaxanthin: 0,6–27,4 γ/g, Polyoxyfarbstoffe: 0,0–3,2 γ/g.
M. Hoffmann. 246.

2-64/01-0091 Danilenko, I. A. und Kalinina, A. A.; Charkow, Forsch.-Inst. für Tierzucht des Waldsteppen- und Polessje-Gebietes der Ukrain. SSR. Soderžanie karotina v kukuruze, bobovych kul'turach i sacharnoj sveklc. **(Carotingehalt in Mais, Hülsenfrüchten und Zuckerrübe.)** Vestnik sel'skochozjajstvennoj nauki, Moskva **8** (1963) Nr. 4. S. 71–74. – 7 Tab. Zus. in Engl., Franz., Dtsch.
Maiskörner enthalten 0,5–3,91 mg Carotin/kg. Der Gehalt in den Blättern ist mit 110–241 mg/kg Tr.-Subst. z. Z. der Kornbildung am höchsten. Hülsenfrüchte enthalten z. Z. der Knospenbildung 197–379 und der Blüte 135–232 mg/kg Tr.-Subst. Zuckerrüben enthalten im Rübenkörper kein Carotin, im Blatt 129 mg/kg Tr.-Substanz. J. Birke. 246.

2-64/01-0092 Wong, E.; Palmerston North, New Zealand, Dep. of Sci. and Ind. Res., Plant Chem. Div. Isoflavone contents of red and subterranean clovers. **(Gehalte an Isoflavonen bei Rotem und Bodenfrüchtigem Klee.)** J. Sci. Food Agric. **14** (1963) Nr. 6. S. 376–379. 246.

2-64/01-0093 Rahman, W., Ilyas, M. und Khan, A. W.; Aligarh, India, Muslim Univ., Dep. of Chem. Flower pigments: flavonoids from Daucus carota, Linn. D. vulgaris. **(Blütenpigmente: Flavonoide aus Daucus carota, linn. D. vulgaris.)** Naturwissenschaften **50** (1963) Nr. 13. S. 477. – 8 Lit. 246.

2-64/01-0094 Gill, St. und Steinegger, E.; Bern, Univ., Pharmaz. Inst., Pharmakognost. Abt. **Die Alkaloide von Cytisus praecox Bean.** Sci. pharmac. [Wien] **31** (1963) Nr. 2. S. 135–140. 246.

2-64/01-0095 Srivastava, R. M. und Khare, M. P.; Lucknow, Uttar Pradesh, Lucknow Univ., Dep. of Chem. Water-soluble alkaloids of the root bark of Cissampelos pareira „Linn". **(Wasserlösliche Alkaloide in der Wurzelrinde von Cissampelos pareira ‚Linn.'.)** Current Sci. [Bangalore] **32** (1963) Nr. 3. S. 114. – 9 Lit. 246.

2-64/01-0096 Schreiber, Klaus und Aurich, Otto; Gatersleben, Kreis Aschersleben, Inst. für Kulturpflanzenforsch. der Dtsch. Akad. der Landwirtsch.-Wiss. zu Berlin. **Solanum-Alkaloide. 25. Mitt. Identifizierung von Tomatin als ein Hauptalkaloid der Wildkartoffel Solanum demissum Lindl.** Z. Naturforsch. **18b** (1963) Nr. 6. S. 471–475. 246.

E. Pflanzenökologie

2-64/01-0097 Wang, J. Y.; Univ. of Wisconsin, Dep. of Meteorol. and Soils. Methods of crop response studies (emphasis on thermal effects). **(Methoden von Erntebeeinflussungsuntersuchungen [unter besonderer Berücksichtigung**

von Wärmewirkungen].) Agronomy J. **55** (1963) Nr. 1. S. 39–44. – 6 Abb., 1 Tab., 5 Lit.

Verschiedene Methoden werden geprüft, die den Temperatureinfluß auf die Ertragsleistung von Kulturpflanzen zu bewerten gestatten und die besten Verfahren zur Prüfung der Abhängigkeit der Pflanzenleistung von einzelnen Umweltfaktoren erläutern. Bereits in älteren Untersuchungen hatte es sich gezeigt, daß zwischen Pflanzenreaktion und Temperatur nur eine nichtlineare Korrelation besteht. Daher kommt der Analyse der wirksamen Umweltfaktoren mit Hilfe sogenannter Gruppierungsplänen (sorting devices) eine große Bedeutung zu; bei dieser Methode werden die weit über bzw. unter den Normalwerten liegenden Erträge, Wachstumswerte usw. für den Beobachtungszeitraum (mehrere Jahre) in Abhängigkeit von Niederschlägen, Ertragsregentagen, wirksamer Tagestemperatur und Tagestemperaturschwankungen eingetragen und in einen positiven, einen negativen und einen Überschneidungsbereich gegliedert. Mehrfaktorielle Analysen werden ebenfalls dargestellt. Eine weitere Analysenmethode, die Herstellung eines Wärmereaktionsmodells, wird am Beispiel des Zuckermaises gleichfalls diskutiert. Bei der Untersuchung der Umwelteinflüsse auf den Pflanzenertrag kann man sich auch der Synthesemethode bedienen; hierbei werden 2 oder mehr Umweltfaktoren graph. zu einer Pflanzenreaktion (z. B. Ertrag) in Beziehung gesetzt. Eine Bestimmung des gesamten Wärmehaushaltes des Thermalfelds einer Pflanze oder eines Bestandes ist vorläufig aus methodischen Gründen noch nicht möglich. H. Naumann. 249.

2-64/01-0098 Waggoner, Paul E., Moss, D. N. und Hesketh, J. D.; New Haven, Connecticut Agric. Exp. Stat., Dep. of Soils and Climatol. Radiation in the plant environment and photosynthesis. **(Strahlung in der Pflanzenumwelt und bei der Photosynthese.)** Agronomy J. **55** (1963) Nr. 1. S. 36–39. – 3 Abb., 9 Lit.

Der Einfluß verschiedener Lichtintensität und CO_2-Menge auf die Photosynthese (Ph.) wurde untersucht. Die chem. Theorie der Ph. läßt erwarten, daß mit zunehmender Lichtintensität (Li.) die Ph.-Leistung ansteigt: andererseits setzt die Diffusionstheorie der Ph. voraus, daß der gleiche Effekt bei steigender Umwälzung von CO_2 eintritt. Vff. beobachteten an Zuckerrohrpflanzen, daß die Ph. bei Lichteinstrahlung von 1,2 bis 1,6 $cal/cm^2 \cdot min$ (entspricht der Mittagseinstrahlung) noch zunahm, selbst wenn nur 200 ppm CO_2 bei unbewegter Luft geboten wurden. Demgegenüber reichte für *Cornus florida* ein Viertel der gebotenen Tages-Li. (0,4 $cal/cm^2 \cdot min$) aus, um eine max. Ph.-Leistung zu erzielen. Wie Zuckerrohr reagierten auch Mais und Sonnenblumen. Die Reaktion der Ph.-Leistung auf die Einstrahlung ist im Bereich geringer Li. am stärksten. In Beständen sind die Meßergebnisse infolge gegenseitiger Beschattung weniger deutlich als bei Einzelblättern. Aus Untersuchungen an *Pinus banksia* geht hervor, daß die Ph.-Leistung auch von der Bodenfeuchtigkeit beeinflußt wird. H. Naumann. 249.

2-64/01-0099 King, J.; Edinburgh, Hill Farming Res. Organization. Ecotypic differentiation in Trifolium repens. **(Ökotypische Differenzierung bei Trifolium repens.)** Plant and Soil [The Hague] **18** (1963) Nr. 2. S. 221–224. – 2 Tab., 3 Lit.

An 20 verschiedenen Standorten in *Festuca-agrostis*-Weiden gesammelte Weißklee-Wildpflanzen unterschieden sich von denen der Zuchtsorte 'Aberystwyth S 184' durch schmalere Blätter, einen weniger aufrechten Wuchs, geringere Internodienlänge und geringeren Dmr. der Gesamtpflanze. Sie blühten im Mittel 6 Tage früher als die Zuchtsorte. Die innerhalb der Wildpflanzen von verschiedenen Standorten vorhandenen Unterschiede werden auf unterschiedliche Intensität der Beweidung zurückgeführt. V. Koepke. 249.

2-64/01-0100 Lambert, J. M. und Williams, W. T. Multivariate methods in plant ecology. IV. Nodal analysis. **(Häufig abgeänderte Methoden in der Pflanzenökologie. 4. Mitt. Knotenananlyse.)** J. Ecol. **50** (1962) Nr. 3. S. 775 bis 802. 249.

F. Pflanzensoziologie

2-64/01-0101 Brun, Jorge M. und Box, Thadis W.; Buenos Aires, Inst. Nac. Technol. Agropecuaria; Utah State Univ. A comparison of line intercepts and random point frames for sampling desert shrub vegetation. **(Ein Vergleich zwischen „line intercept"- und „point frame"- Methode zur Erfassung der Strauchwüstenvegetation.)** J. Ranger Management **16** (1963) Nr. 1. S. 21–25. – 2 Abb., 3 Tab., 11 Lit.

Unter „line intercept" wird eine 50 ft. lange ausgespannte Leine verstanden. Sämtliche Pflanzen, über die diese Leine führt, werden aufgezeichnet. „Point frame" ist ein 5 ft. langes Gerüst, in das 10 senkrechte Stäbe in Abständen von 6 in. eingefügt sind. Die Prozentzahl der von den Stäben getroffenen Pflanzen gibt die Bedeckung an. Die Frequenz wird aus den Prozenten der Treffer pro Art berechnet. Mit der „point frame"-Methode wurde in den 2 untersuchten Pflanzenges. eine höhere Arbeitsgeschwindigkeit bei gleicher Genauigkeit erzielt. Dieses Ergebnis wird statistisch begründet. Zwischen den mit beiden Methoden ermittelten Artenfrequenzen besteht kein signifikanter Unterschied. K. Arlt. 252.

2-64/01-0102 Ripley, Thomas H., Johnson, Frank M. und Moore, William H. A modification of the line intercept method for sampling understory vegetation. **(Eine Modifikation der „line intercept"-Methode zur Erfassung der bodennahen Vegetation.)** J. Ranger Management **16** (1963) Nr. 1. S. 9–11. – 3 Abb., 5 Lit.

Vff. modifizieren die „line intercept"-Methode, ein Linientaxations-Verfahren, in der Weise, daß die bodennahe Vegetation bis zu etwa 4,5 ft. Höhe entlang einer vertikalen Fläche aufgezeichnet wird. Protokollierungs- und Auswertungsschemata werden angegeben. Durch die Methode soll bes. der für Weidezwecke wichtige Triebzuwachs im unteren Bereich der Vegetation erfaßt werden. K. Arlt. 252.

G. Pflanzengeographie

2-64/01-0103 Rațiu, O., Gergely, I. und Silaghi, Gh. Date noi asupra răspîndirii unor specii rare in flora RPR. **(Neue Daten über die Verbreitung einiger seltener Arten in der Flora der RVR.)** Studia Univ. Babeș-Bolyai, Cluj, Ser. II **2** (1961) S. 62–66. – 13 Lit. Zus. in Russ., Franz.

Vff. sammelten und bestimmten 180 Arten (1956–1960), von denen 52 an neuen Orten gefunden wurden. *Carex supina* und *Mimulus moschatus* var. *sessilifolius* erwiesen sich als neu in der Dobrudsha und im Banat. Südöstlich von Luncavita wurden folgende seltene Pflanzen gefunden: *Silene compacta* Fisch. f, *elatior* Gusul., *Achillea prodan*, Deg. (*coareata* x *cellina*), *Onobrychis gracilis* Bess. Abschließend erwähnen Vff. *Mimulus moschatus* Dougl. var. *sessilifolius* Gray (syn. *Mimulus inodorus* Greene), eine aus Nordamerika stammende Pflanze, die in Europa als Zierpflanze, in Rumänien, in den Westkarpaten, zum ersten Mal im Jahre 1933 von Prof. Al. Borza aufgefunden wurde. C. V. Roske. 262.

I. SPEZIELLE AGRARGEOGRAPHIE

2-64/01-0104 Zohary, M.; Jerusalem, Hebrew Univ. On the geobotanical structure of Iran. **(Über die geobotanische Struktur des Iran.)** Bull. Res. Council Israel, Sect. D **11D** (1963) Suppl. S. 1–113. 283.

2-64/01-0105 Gillet, H. Végétation, agriculture et sol du centre Tchad. Feuilles de Mongo – Melfi – Bokoro – Guera. **(Vegetation, Landwirtschaft und Bodenverhältnisse von Mittel-Tschad. Die Gegend von Mongo – Melfi – Bokoro – Guera.)** J. Agric. trop. Bot. appl. **9** (1962) Nr. 11/12. S. 451–501. – 9 Abb.

Vf. bespricht die Gegend von Mittel-Tschad in Franz.-Äquatorialafrika an Hand der Landkarten von Mongo (1), Melfi (2), Bokoro (3) und Guera (4). 1. Die Böden sind lehmig und kalkreich, die jährl. Niederschlagsmenge beträgt ca. 800 mm. Die hauptsächlich angebauten Pflanzen sind Hirse, *Sorghum*, Mais, Erdnuß. Daneben besteht ein geringer Anbau von *Vigna*, *Hibiscus*, Sesam, Tabak und Gurke. 2. Die natürliche Landschaft ist eine Savanne, Baumbestand kommt vor. Die Landwirtsch. erzeugt *Sorghum*, Erdnüsse und Baumwolle, in geringem Umfang wird Batate, *Vigna*, Sesam und Tabak angebaut. 3. Klimatische und Bodenbedingungen entsprechen den von 1. Da mehrere Seen in diesem Gebiet liegen, gehören viele feuchtigkeitsliebende bzw. Wasserpflanzen zur natürlichen Vegetation. Angebaut werden die gleichen Früchte wie in 1. 4. Hier befindet sich das höchste Bergmassiv von Tschad. Die dominierenden Pflanzen sind *Combretum*, *Terminalia Brownii* und die für die Savannen dieser Gebiete typischen *Hymenocardia acida* Tul. Bäume erreichen nur Höhen von 2–5 m. Regulärer Feldbau kann nicht betrieben werden.

E. M. Ardelt. 284.

K. Agrarmeteorologie

2-64/01-0106 Weickmann, L.; Kairo, VAR, ICAO Middle East Office. Meteorological and hydrological relationships in the drainage area the Tigris River North of Baghdad. **(Meteorologische und hydrologische Beziehungen im Abflußgebiet des Tigris nördlich von Bagdad.)** Meteorol. Rdsch. **16** (1963) Nr. 2. S. 33–38. – 3 Abb., 7 Tab., 14 Lit.

Mit Hilfe türkischer, irakischer und iranischer Niederschlagskarten versucht der Vf. eine Gleichung für das hydrologische Gleichgew. des Tigrisabflußgebietes nördlich von Bagdad zu berechnen. Die Abflußmengen betragen die Hälfte der Niederschlagsmengen und sind größer als es in diesen Breitenzonen üblich ist. Die Niederschlagsmengen stehen in enger Beziehung zur Zahl der die südöstliche Türkei überziehenden Tiefdruckgebiete.

T. v. Wilamowitz-Moellendorff. 293.

2-64/01-0107 Trautmann, Ernst. **Die mittlere Hagelhäufigkeit in Bayern 1952-1961.** Ber. dtsch. Wetterdienstes **12** (1963) Nr. 89. S. 89/3–89/16. – 4 Abb., 13 Tab., 293.

2-64/01-0108 Valle, Otto und Carder, A. C. Comparison of the climate at Tikkurila, Finland, and at Beaverlodge, Alberta, Canada, with particular reference to the growth and development of cereal crops. **(Vergleich zwischen dem Klima von Tikkurila, Finnland und dem in Beaverlodge, Alberta, Canada, mit besonderer Beachtung des Wachstums und der Entwicklung von Getreide.)** Suomen maataloustieteellisen Seuran Julkaisuja [Acta agral. fenn.] **100** (1963) Nr. 1. S. 1–31. – 18 Abb., 3 Tab., 12 Lit.

In dieser methodische Wege aufzeigenden Arbeit werden zuerst Klimawerte verglichen, die agrarklimatische Aussagekraft besitzen. Dann folgen Studien über klimatische Besonderheiten und Abweichungen bei den Untersuchungsorten an den 5 Jahresreihen 1954–58. Im 3. Hauptteil wird in beiden Stationen das Verhalten meist gleicher Sorten der So-Getreidearten geprüft. Hinsichtlich der agrarklimatischen Bedingungen zeigten sich folgende Ergebnisse: Die photoperiodische Dauer war während der Wachstumszeit in Tikkurila länger, die Mitteltemperatur etwas höher und die Niederschlagsmenge erheblich größer. Dagegen war in dem südlicher gelegenen, ausgesprochen kontinentalen Beaverlodge die tägliche Spanne zwischen Maximum- und Minimumtemperatur größer, wie auch die Anzahl der Sonnenscheinstd. und das Sättigungsdefizit. Die Beobachtungen an So-Getreide ergaben, daß die Wachstumszeit von Gerste, So-Weizen und Hafer an dem kanadischen Ort länger als an dem in Südfinnland war. In dieser Hinsicht fand man für Tikkurila die Anordnung Gerste, Weizen, Hafer und für Beaverlodge Gerste, Hafer, Weizen. In trockenen und warmen Sommern war die Wachstumszeit an beiden Stationen kürzer. Die kürzere Phase Saat-Ährenschieben in Tikkurila wird hauptsächlich durch längere Belichtung verursacht, während höhere Sommertemperaturen in Beaverlodge eine kürzere Spanne Ährenschieben-Reife bewirken. T. v. Wilanowitz-Möllendorff. 296.

2-64/01-0109 Thompson, Louis M.; Iova State Univ. Evaluation of weather factors in the production of grain sorghums. **(Berechnung der Wetter-Faktoren bei der Produktion von Körnerhirse.)** Agronomy J. **55** (1963) Nr. 2. S. 182–185. – 1 Abb., 2 Tab., 4 Lit.
Der Hirseertrag der USA (1948–1957 = 20,8 bu.) ist in den letzten Jahren erheblich gestiegen (1959, 60, 61 = 37,3, 39,8 und 43,8 bu.). Dies liegt am raschen Vordringen von Hybridsorten seit 1958, der Einschränkung des Maisanbaus und damit gleichzeitiger Ausweitung der Hirsefläche auf bessere und z. T. bewässerte Böden, zum größten Teil aber auch an der jeweiligen Jahreswitterung sowie mehrjähr. guten oder schlechten Wetterperioden. – Um den Fortschritt durch Sorte und Anbaumethode, unbeeinflußt von der Witterung, zu erfassen, wurde die Abhängigkeit der Durchschnittserträge in 5 amer. Staaten von 6 Witterungsfaktoren (Niederschläge bzw. Temperaturen für jeweils Juni, Juli, Aug.) in 27 Jahren (1935–61) mit Hilfe einer multiplen Regressionsanalyse unter Verwendung eines „schnellen" Elektronenrechners eliminiert. Wegen der rel. großen Witterungsdifferenzen mußten neben den linearen Funktionen auch die quadratischen und kubischen Gleichungen berechnet werden. Die letzten brachten aber keine signifikant besseren Ergebnisse mehr, so daß für den Trend der Erträge die quadratischen Kurven verwandt werden konnten. Im ganzen wurden durch Zeit- und Wetterfaktor 92% der Variabilität der Erträge erfaßt. Der Trend der „Technologie" erklärt Ertragssteigerungen für z. B. Missouri von 13 auf 45 bu. und die Witterungskurve einen weiteren Mehrertrag um 16% in den günstigen letzten 4 Jahren. Demgegenüber waren die Jahre 1951–56 in allen Staaten sehr ungünstig (Erträge unter der Trendkurve). Die Witterung der einzelnen Monate hatte in den verschiedenen Staaten einen unterschiedlichen, z. T. auch von Jahr zu Jahr verschiedenen Einfluß. In langgestreckten Gebieten (Texas) glichen sich die Witterungseffekte weitgehend aus, so daß besser mit kleineren Standorteinheiten gearbeitet werden sollte.
V. Ehrenpfordt. 296.

2-64/01-0110 Berbigier, A.; Clermont-Ferrand, Puy-de-Dome, Centre de Rech. Agronomiques du Massif-Centr., Stat. d'Amélioration des Plantes. Dégâts de froid sur une collection d'orges au cours de l'hiver 1961–1962. **(Frostschäden an einem Gersten-Sortiment im Verlauf des Winters 1961–1962.)** Ann. Amélioration Plantes **13** (1963) Nr. 1. S. 83–87. – 1 Abb., 2 Tab.
In Zentralfrankreich gab es im Dez. 1961 einen ungewöhnlichen Temperatursturz, dessen Wirkung auf 69 Wi-Gersten-Sorten und -Stämme untersucht wurde. Bis 14. Dez. gab es Tages-Temperaturmittel um 10 °C, also wachstumförderndes Wetter. Vom 18. bis 21. Dez. lagen die Minima während mehrerer Std./Tag unter –10 °C. Die Gersten hatten 2 bis 3 Blätter pro Pflanze. Am 26. Dez. und 3. Jan. wurden die Blätter bonitiert: 0 = kein, 5 = totaler Schaden. Je 7 Gersten fielen unter 0 bis 0.5 und 4 bis 4.5. Am 23. Jan. und 14. März 1962 wurden die überlebenden Pflanzen gezählt. Im Jan. gab es 14 Gersten mit $>90\%$ und 7 mit $<40\%$. Bis März gingen bei den wenig geschädigten meist nur ein paar Pflanzen zusätzlich ein, während die

7 mit < 40% im Jan. nachher ganz auswinterten. Zwischen Blattschäden und Überwinterung besteht eine enge Beziehung. Die Mehrzahl der besonders resistenten Gersten waren deutsche, holländische und russische, die seit Jahren in Clermont-Ferrand nachgebaut werden. G. Kretschmer. 299.

2-64/01-0111 Grunow, Johannes; Hohenpeißenberg. **Zur Registrierung winterlicher Niederschläge.** Meteorol. Rdsch. **16** (1963) Nr. 3. S. 78–82. – 3 Abb., 2 Tab., 8 Lit. 299.

2-64/01-0112 **Materialy po fiziologii i biochimii rastenij.** (Material über die Physiologie und Biochemie der Pflanzen.) Hrsg.: Akademija nauk Kazachskoj SSR. Alma-Ata: Izdatel'stvo Akademii nauk Kazachskoj SSR. 1962. (272 S. m. 40 Abb., 105 Tab. u. 345 Lit.) 8°. Rbl. 1,42. = Trudy Instituta botaniki. Akademija nauk Kazachskoj SSR, Alma-Ata Bd. 12. Es werden Arbeiten des Bot. Inst. der Akad. der Wiss. der Kasachischen SSR über die Physiologie und Biochemie der Kulturpflanzen veröffentlicht. Sie behandeln Fragen des Wasserhaushaltes des Maises, der ontogenetischen Veränderungen von Weizen in Abhängigkeit von der Sorte und der Ertragsbildung, des Einflusses verschiedener Salzbodenmeliorationen auf die physiol. Prozesse des So-Weizens, des Einflusses der Düngung und des Gebirgsklimas auf den Kohlenhydratstoffwechsel und die Redoxprozesse in Kartoffeln, der Biochemie des Reifens von Äpfeln, des Einflusses von Mikroelementen auf Tabak u.a. J. Birke.

2-64/01-0113 *Soó, R.* **Növényföldrajz.** (Pflanzengeographie.) Budapest: Tankönyvkiadó. 1962. (183 S.) – Aus: Ung. Agrar-Rdsch. **1963** Nr. 2. Im vorliegenden Buch wird über die pflanzengeographische Disziplin und die Ergebnisse der ungarischen pflanzengeographischen Forschungen berichtet. (Frühere Ausgaben: 1945, 53, 56). Das erste Kap. behandelt die Beziehung zwischen Pflanze und Umgebung auf Grund der mitteleuropäisch-sowjetischen ökologischen Richtung. Neben den abiotischen und biotischen Faktoren werden hier Klimadiagramme, klimatische Zonen und das genetische System der Böden (nach Kubiena) sowie die ökologischen Artengruppen besprochen. – Im 2. Kap. werden die Grundbegriffe der Pflanzenzönologie erörtert, wobei es neue Begriffe und Abschnitte über Methodik, Produktions-, pragmatische, experimentelle und angewandte Zönologie gegenüber früheren Auflagen beinhaltet. Im weiteren bespricht Vf. die Pflanzenassoziationen der Erde und insbesondere Ungarns im Spiegel des neuen zönologischen Systems. Das 3. Kap. ist den Gesetzmäßigkeiten der Verbreitung der Pflanzen, den Grundbegriffen der floristischen Pflanzengeographie gewidmet und gibt eine modernisierte Kennzeichnung der Florengebiete der Erde. Im 4. Kap. befaßt sich Vf. mit der Geschichte der Pflanzendecke der Erde unter Berücksichtigung der diesbezüglichen neueren Theorien. Neu ist hier die moderne Aufteilung des Pleistozäns bzw. der seitdem verflossenen Perioden. Die Ausbildung der Pflanzendecke Ungarns und ihr heutiges Bild mit den gegenwärtigen Assoziationen auf Grund der neusten Forschungsergebnisse werden im letzten Kap. dargestellt. Das Buch ist reich illustriert.

2-64/01-0114 *Bodur, Süleyman.* **Agrargeographische und wirtschaftliche Verhältnisse der türkischen Landwirtschaft.** Diss. Landw. Fak. Gießen. 1962. (116 S.) 8°. (Diss. 9127)

2-64/01-0115 *Furman, Aleksej Evgenevič.* **Vozniknovenie i formirovanie dialektičeskoj koncepcii razvitija v biologii.** (Entstehung und Bildung einer dialektischen Konzeption der Entwicklung in der Biologie.) Moskva: Izd. Moskovskogo univ. 1961. (282 S.) 8°. (1962 A 1708)

2-64/01-0116 *Gončarik, Michail Nikolaevič.* Hrsg.: Akad. nauk Beloruss. SSR, Inst. Biologii. **Vlijanie ėkologičeskich uslovij na fiziologiju kul'turnych rastenij.** (Der Einfluß der ökologischen Bedingungen auf die Physiologie der Kulturpflanzen.) Minsk: Izd. Akad. nauk BSSR. 1962. (246 S.) 8°. (1963 A 466)

2-64/01-0117 *Hegnauer, R.* **Chemotaxonomie der Pflanzen. 1. Thallophyten, Bryophyten, Pteridophyten und Gymnospermen.** (Eine Übersicht über die Verbreitung und die systematische Bedeutung der Pflanzenstoffe.) Basel; Stuttgart: Birkhäuser. 1962. (517 S.) 8° = Chemische Reihe. Bd. 14. (SR 1100, 14)

2-64/01-0118 *Heywood, V. H.* and *Löve, Askell.* **Symposium on biosystematics. Org. by The International Organization of biosystematics, Montreal, oct. 1962.** Utrecht, Netherlands: Intern. Ass. for plant Taxonomy. 1963. (72 S.) 8° = Regnum vegetabile Vol. 27. (SR 348,27)

2-64/01-0119 *Karasev, Grigorij Maksimovič.* **Botaničeskij park „Askanija-Nova".** (Der botanische Garten Askanija-Nowa.) Kiev: Gossel'chozizdat USSR. 1962. (200 S.) 8°. (1963 A 468)

2-64/01-0120 *Kuminova, Aleksandra Vladimirovna.* Hrsg.: Akad. nauk SSSR, Sibirskoe otdelenie biol. inst. **Rastitel'nyj pokrov Altaja.** (Die Pflanzendecke des Altai.) Novosibirsk: Izd. Sibirsk. otdelenija Akad. nauk SSSR. 1960. (449 S.) 4°. (1963 B 35)

2-64/01-0121 *Mel'nikov, N. N.* und *Baskakov, Ju. A.* **Chimija gerbicidov i reguljatorov rosta rastenij.** (Chemie der Herbizide und Regulatoren des Pflanzenwachstums.) Moskva: Goschimizdat. 1962. (723 S.) 8°. (1963 A 483)

2-64/01-0122 *Novak, František A.* **Horské rostliny.** (Gebirgspflanzen.) Praha: Nakl. Československ. akad. věd. 1963. (24 S. m. 115 Abb.) (1963 A 594)

(**2-64/01-0123** *Olszewski, Tadeusz.* **Geograficzne warunki rolnictwa chińskiej prowincji Kiangsu.**) (Die geographischen Bedingungen für die Landwirtschaft in der chinesischen Provinz Kiangsu.) Łódź. 1962. (201 S. m. 22 Abb., 35 Tab. u. 18 Kt.) 8°. = Łódzkie Towarzystwo naukowe, Wydział III. Łódź, Państwowe Wydawnictwo Naukowe Nr. 72. (1963 A 38)

2-64/01-0124 *Pilát, Albert* und *Ušák, Otto.* **Atlas rostlin.** (Pflanzenatlas.) Praha: Státní pedag. naklad. 1960. (77 S.) 8°. (1963 A 209)
2-64/01-0125 *Schroeder, Klaus.* **Agrarlandschaftsstudien im südlichsten Texas (Lower Rio Grande Valley).** Frankfurt/M.; Kramer. 1962. (185 S.) 8°. = Frankfurter Geographische Hefte. 38. (SR 2079, 38)
2-64/01-0126 *Szalai, István* und *Frenyó, Vilmos.* **Növenyélettani kisérletek.** (Pflanzenphysiologische Versuche.) Budapest: Tankönyvkiado. 1962. (699 S.) 8°. (1962 A 1620)
2-64/01-0127 **Atlas sel'skogo chozjajstva SSSR.** (Agraratlas der UdSSR.) Moskva: Glav. upravl. geodezii i kartografii Minist. geologii i ochrany NEDR SSSR. 1960. (308 S.) 4°. (1963 B 77)
2-64/01-0128 **Principy i metody geobotaničeskogo kartografirovanija.** (Prinzipien und Methoden geobotanischer Kartographierung.) Hrsg.: Akad. nauk SSSR, Botan. inst. im. V. L. Komarova. Moskva: Izd. Akad. nauk SSSR. 1962. (299 S.) 4°. (1963 B 9)
2-64/01-0129 **A kemizálás szerepe a mezögazdaságban.** (Die Rolle der Chemisierung in der Landwirtschaft.) Budapest: Földmüvelesügyi miniszt. 1962. (47 S.) 8°. (DA 1478)
2-64/01-0130 **Literatur über die Wirkungsweise von Simazin, Atrazin und Azaplant.** Hrsg.: WTZ f. Pflanzenschutz- und Schädlingsbekämpfungsmittel b. VEB Fahlberg-List. Magdeburg. (Lit.-Nr. 74/63. Titelanzahl: 68. Ber.-Zeit: 1956-1963.)
2-64/01-0131 **Mechanisms in biological competition.** Cambridge: Univ. Pr. 1961. (VI, 365 S.) 8° = Symposia of the society for experimental biology. 15. (SR 1519, 15)

III. BODENKUNDE

A. Allgemeine Literatur, Berichte, Statistiken u. a.

2-64/01-0132 Anonym. VIIIe congrès international de la science du sol. **(8. internationaler, bodenkundlicher Kongreß.)** Bull. Assoc. franç. Étude Sol **1963** Nr. 5. S. 256–265. 301.

2-64/01-0133 Hein, L. B.; New York, Olin Mathieson Chem. Corporation. Symposium on chemical reactions and movement of fertilizers in soil. **(Symposium über chemische Reaktionen und Bewegung der Düngemittel im Boden.)** J. agric. Food Chem. **11** (1963) Nr. 3. S. 182. 301.

2-64/01-0134 Gelpe, J. Dialectique et pédologie. **(Dialektik und Bodenkunde.)** Bull. Assoc. franç. Étude Sol **1963** Nr. 3. S. 109–116.
Eine philosophische Betrachtung über Dialektik und Bodenkunde, bei der das Einteilungsprinzip nach G. Gurvitch angewendet wird. B. Große. 301.

B. Grundlagen zur Bodenkunde

2-64/01-0135 Stejskal, Jan; Katedra Geol. a Mechaniky Zemin. Hodnocení minerální síly matečních hornin pro lesní stanoviště. **(Bewertung der Mineralkraft der Muttergesteine für forstliche Standorte.)** Sborník lesnické Fak. Vysoké Školy zemědělské Praze **4** (1961) S. 51–82. – 13 Tab., 76 Lit. Zus. in Russ., Dtsch.
Zur Charakteristik des forstlichen Standortes gehört auch die Bestimmung des Muttergesteins, das hier den Grundfaktor darstellt, der für den Standort unmittelbare Bedeutung hat, weil die Waldböden in der Regel nicht mit Nährstoffen über Düngemittel versorgt werden, wie es in der Landwirtschaft der Fall ist. Wegen der Unzulänglichkeit der bisherigen Klassifikationen des Muttergesteins führt Vf. zu diesem Zweck einen neuen Begriff ein, und zwar die „Mineralkraft“ der Muttergesteine. Damit kann die geologisch-petrographische Unterlage bewertet werden, auf deren Verwitterungsresten der Boden entsteht. Die Gesamtklassifizierung erfolgte auf Grund der aufgestellten 7stelligen Klassifikationsskala nach den Nährstoffgehalten.
ČSSR/ÚVTI. 322.

2-64/01-0136 Hervieu, J.; Madagaskar, ORSTOM – IRSM. Sur l'altération des basaltes crétaces dans l'ouest de Madagascar. **(Über die Verwitterung der Basalte aus der Kreidezeit im Westen Madagaskars.)** Bull. Assoc. franç. Étude Sol **1963** Nr. 1. S. 59–72. – 3 Abb., 2 Tab., 12 Lit.
Ein charakteristisches Bodenprofil am Rand eines Plateaus im Bezirk Bebao ist folgendermaßen gekennzeichnet: Humus – der Anteil org. Subst. im Boden unterschreitet 1% – ist infolge der starken Erosion und dunkler Bodenfarbe

nicht zu unterscheiden. Die oberen Horizonte sind rotbraun bis rotviolett gefärbt, sehr tonreich, quarzfrei und schwach durchwurzelt (Prärie). Sie sind mit Ausnahme von Ca arm an austauschbaren Kationen. Von **4**,5–15 m Tiefe wird rotgelbes Material, zwischen 15 und 25 m Tiefe verwittertes Basaltgestein gefunden. In einigen Fällen werden in etwa 2 m Tiefe in einer Mächtigkeit von rund 25 cm Fe-haltige Konkretionen von 0,5 cm Dmr. festgestellt. Das pH des gesamten Profils liegt bei 5. Die Tonfraktion besteht aus einem Mineral vom Kaolinittyp, Hämatit und Hydrargillit. Bei Jahresniederschlägen von 900–1400 mm und einer Temperatur zwischen 26,5 und 28 °C müßte der Prozeß der Ferrallitisierung nur rel. schwach ausgeprägt sein. Möglicherweise handelt es sich hier um paläoklimatische Reliktböden. Schließlich werden andere auf Basalt gebildete Bodentypen Madagaskars bez. der Pedogenese zum Vergleich herangezogen. W. Schulze. 325.

2-64/01-0137 Schatz, Albert; Fairlawn, N. J., Radburn Res. Inst. Soil microorganisms and soil chelation. The pedogenic action of lichens and lichen acids. **(Bodenmikroorganismen und Bodenchelatierung. Die pedogenetische Wirkung von Flechten und Flechtensäuren.)** J. agric. Food Chem. **11** (1963) Nr. 2. S. 112–118. – 7 Abb., 2 Tab., 38 Lit.,
Der Einfluß verschiedener Flechten und Flechtensäuren auf die Verwitterung von Granit, Muskovit und Mergel wurde untersucht. Die Mineralproben wurden zur Entfernung austauschbarer Basen mit 0,002 n HCl und aqua dest. behandelt. 5 g der Proben wurden mit 0,5 g Flechten und 50 ml H_2O bzw. mit 50 ml 0,067 mol. Phosphatpuffer (pH 7,4), gesättigt, mit den Flechtensäuren, vermischt und bei Raumtemperatur 1 Woche täglich 8 Std. geschüttelt. Danach wurden die Mischungen zentrifugiert und die klaren überstehenden Lösungen spektrophotometrisch analysiert. In einigen Fällen wurde bereits nach wenigen Stunden eine auf Chelatbildung beruhende Färbung der Mischung beobachtet. Die Ergebnisse zeigen, daß die Flechten eine wesentliche Rolle in den frühen Stadien der Pedogenese spielen. Die pedogenetische Aktivität der Flechten ist dabei auf die Flechtensäuren zurückzuführen, die auf Grund ihrer Struktur in hohem Maße zur Komplexbildung geeignet sind.
P. Stoß. 325.

2-64/01-0138 *Strohbusch, Dieter.* **Bodenbildung auf Diabas und Schalstein mit unterschiedlicher Lößauflage.** Diss. Landw. Fak. Gießen. 1962. (79 S.) 8°. (Diss. 9137)

C. Bodenchemie

2-64/01-0139 Kudrin, S. A. Srednij chimičeskij sostav osnovnych tipov počv evropejskoj časti SSSR po valovym analizam. **(Chemische Zusammensetzung der Hauptbodentypen des europäischen Teils der UdSSR.)** Počvovedenie, Moskva **1963** Nr. 5. S. 21–25. – 5 Tab., 12 Lit. 330.

2-64/01-0140 Perigaud, S.; Clermond Ferrand, Stat. d'Agronomie. La dynamique de l'azote dans les sols hydromorphes. **(Die Stickstoffdynamik in den hydromorphen Böden.)** Bull. Assoc. franç. Étude Sol **1963** Nr. 1. S. 1–56. – 1 Abb., 152 Lit.
Umfangreiche Literaturarbeit, die folgende Komplexe behandelt: charakteristische Eigenschaften hydromorpher Böden (Luft, Struktur, pH-Wert, Sekundärfaktoren), N-Kreislauf im Boden, N-Aufnahme durch die Pflanze und zusammenfassende Betrachtung des Systems Boden – Pflanze. Nach Ansicht des Vf. sollten sich die künftigen Forschungen auf folgende Probleme konzentrieren: a) Bodenphysik: Die Frage der Bodenbelüftung muß weniger unter dem Gesichtspunkt der Luftzusammensetzung als vielmehr der Luftzirkulation gesehen werden. Bei schlecht strukturierten Böden ist die Frage der Abtrocknung wichtig b) Biochemie: Bei verminderter O_2-Zufuhr sowie

bei alternierenden anaeroben und aeroben Bedingungen ist der Mineralisierungsverlauf zu bestimmen. c) Mikrobiologie: Es sind bessere Kenntnisse zu erwerben über den Einfluß von Belüftung und Bodenreaktion auf die Mikroflora. Weitere Forschungen sollten dem Redoxpotential gelten.

P. Schäfer. 330.

2-64/01-0141 Pfaff, C.; Ludwigshafen, Badische Anilin- und Soda-Fabrik, Landwirtsch. Versuchsstat. Limburgerhof. **Das Verhalten des Stickstoffs im Boden nach langjährigen Lysimeterversuchen. 1. Mitt.** Z. Acker- u. Pflanzenbau **117** (1963) Nr. 1. S. 77–99. – 19 Tab., 18 Lit.

Lysimeterversuche mit durchlässigen Sand- und Lehmböden verschiedener Reaktion (1 m Füllhöhe, mittlerer Niederschlag 570 mm) haben zu folgenden Vorstellungen über das Verhalten des N im Boden geführt: 1. Auf ungedüngten Böden werden alljährlich 1–2% des Gesamt-N durch Mineralisation frei (Entzug und Auswaschung im Mittel von 15 Jahren). 2. Die N-Auswaschung (fast ausschl. NO_3) erhöht sich bei N-Düngung in der Mehrzahl der Jahre gegenüber ungedüngt nur um etwa 10% und i. allg. ohne deutliche Abhängigkeit von der Art des Düngemittels. In feuchten Jahren können N-Dünger – vor allem Nitrate – allerdings einer beträchtlichen Auswaschung unterliegen. 3. N, im Frühherbst gemeinsam mit einer Strohdüngung verabreicht, wird in erheblichem Maße ausgewaschen. 4. Sachgemäße Beregnung führt infolge intensiverer N-Aufnahme seitens des Pflanzenbestandes zu geringeren N-Verlusten. 5. In dem an sich niederschlagsärmeren Winterhalbjahr sind die Sickerwassermengen und die darin enthaltenen N-Mengen größer als im Sommerhalbjahr. Hier bestehen jedoch Ausnahmen (Beregnung u. a.). 6. Bedeutungslos ist die N-Auswaschung unter Grünland oder bei Anbau von Zwischenfrüchten, rel. hoch dagegen unter Reben. 7. Bei regelmäßigem Anbau von Kartoffeln betrug die N-Aufnahme 8,2, die Auswaschung 4,5 g/m²; bei Wi-Roggen und Hafer war die Auswaschung mit 7,4 bzw. 6,0 g/m² etwas größer als die Aufnahme mit 5,5 g/m². Die Summen unterschieden sich nur wenig. 7. Eine wesentliche Rolle für die Auswaschung spielen die im Boden verbleibenden Wurzelmengen und der Verlauf ihrer Mineralisation. 8. Die N-Bilanz der Lysimeter war bei NPK-Düngung ausgeglichen, sofern man eine Zufuhr von 25 kg/ha N durch die Niederschläge annimmt; bei PK-Düngung ergab sich eine negative Bilanz (2–3 g/m²), bei Stalldung eine positive Bilanz (7 g/m²).

J. Garz. 330.

2-64/01-0142 Pfaff, C.; Ludwigshafen, Badische Anilin- und Soda-Fabrik, Landwirtsch. Versuchsstat. Limburgerhof. **Der Verhalten der Phosphorsäure und der Alkalien im Boden nach langjährigen Lysimeterversuchen. 2. Mitt.** Z. Acker- u. Pflanzenbau **117** (1963) Nr. 1. S. 100–113. – 13 Tab., 6 Lit. 1. Mitt. vgl. vorst. Ref.

Die Auswaschung des P ist auch auf den durchlässigen Böden mit 0,5–1,2 g/m² P_2O_5 ziemlich geringfügig gegenüber den Entzügen durch die Pflanzen mit 4,4–5,8 g/m². Sie ist bei Sandböden meist höher als bei den Lehmböden und wird durch hohe Niederschläge relativ stark gefördert. Im Unterschied zu anderen Nährstoffen nimmt mit steigenden Sickerwassermengen die P-Konz. darin zu. Alle Faktoren, die das Pflanzenwachstum und damit P-Entzug und Transpiration fördern, vermindern die Auswaschungsverluste. Eine NPK-Düngung blieb ohne Einfluß auf die P-Auswaschung. Ähnliches gilt auch für K, seine Auswaschung erhöht sich nur bei PK-, nicht aber bei NPK-Gaben. Kalkdüngung und Beregnung blieben ohne Einfluß auf die ausgewaschenen K-Mengen. Zu 60–100% ausgewaschen wird das Na der Kalisalze und des $NaNO_3$. – Die K-Bilanz der Lysimeter war mit wenigen Ausnahmen (PK-Düngung) negativ. Die Ausgangsböden enthielten allerdings so hohe Mengen an aufnehmbarem K, daß die K-Düngung nicht zu Ertragssteigerungen führte.

J. Garz. 330

2-64/01-0143 Pfaff, C.; Ludwigshafen, Badische Anilin- und Soda-Fabrik, Landwirtsch. Versuchsstat. Limburgerhof. **Über die Auswaschung von Calcium, Magnesium, Chlorid und Sulfat aus dem Boden (Lysimeterversuche). 3. Mitt.** Z. Acker- u. Pflanzenbau **117** (1963) Nr. 2. S. 117–128. – 10 Tab., 6 Lit. 2. Mitt. vgl. vorst. Ref.

Im Gegensatz zu N, P und K betragen beim Ca die Auswaschungsverluste regelmäßig ein Mehrfaches der Entzüge seitens der Pflanzen (das 2–10fache). Bodenart, Ca-Sättigungsgrad, Durchfeuchtung (Pflanzenbestand, Niederschlag, Beregnung), Ca-Gehalt und physiol. Reaktion der angewandten Düngemittel u. a. sind dafür im einzelnen bestimmend. Beim Mg entsprechen die Auswaschungsverluste etwa den Entzügen seitens der Pflanzen. Eine ausgesprochen positive Wirkung auf die Ca- und Mg-Bilanz der Lysimeter hatten regelmäßige Stallmistgaben. – Hinsichtlich des Cl und SO_4 ist bemerkenswert, daß die mit der Düngung zugeführten Mengen sehr bald ausgewaschen werden, soweit sie nicht von den Pflanzen sorbiert werden. Der von den Pflanzen sorbierte Anteil ist beim Cl in der Regel größer als beim SO_4. Allerdings ist die Zufuhr an Cl i. allg. auch wesentlich geringer als die an SO_4. Die S-Bilanz der Lysimeter blieb ausgeglichen, obwohl die Verluste durch Pflanzen und Sickerwasser keineswegs durch die Zufuhr mit der Düngung aufgewogen wurden. Hier wird der Zufuhr aus der Atmosphäre eine bes. Rolle beigemessen. Ähnliches gilt, wenn auch in viel geringerem Maße, für Cl. J. Garz. 330.

2-64/01-0144 Bredakis, E. J. und Steckel, J. E.; Amherst, Mass., Agric. Exp. Stat. Leachable nitrogen from soils incubated with turfgrass fertilizers. **(Auswaschbarer Stickstoff von Böden bei Bebrütung mit Rasen-Düngemitteln.)** Agronomy J. **55** (1963) Nr. 2. S. 145–147. – 3 Abb., 2 Tab., 7 Lit.

Ein feinsandiger Lehmboden wurde mit Zusätzen von $(NH_4)_2SO_4$, Harnstoff, Rizinustrester, „Milorganite" und 2 Ureaform-Düngemitteln (Uramite und Nitroform mit Aktivitätsindizes von 56 bzw. 37) bebrütet und die N-Verfügbarkeit durch 3wöchentliche Auswaschung bestimmt. Die N-Verfügbarkeit nahm in der genannten Reihenfolge ab. Sie war bei allen 6 Düngemitteln in den ersten 3 Wochen am größten. Aus den durch Kalkung auf pH 6,7 gebrachten Proben wurde im gesamten Zeitraum (15 Wochen) mehr N ausgewaschen als bei pH 5,5. V. Koepke. 330.

2-64/01-0145 Njøs, A. und Steenberg, K.; Vollebekk, Norges Landbrukshøgskole, Inst. for Jordkult.; Isotoplab. The effect of different tillage implements on the horizontal transfer of radioactive $NH_4H_2PO_4$ in soil. **(Der Einfluß verschiedener Bodenbearbeitungsgeräte auf den horizontalen Transport von radioaktivem $NH_4H_2PO_4$ im Boden.)** J. agric. Engng. Res. **7** (1962) Nr. 4. S. 342–344. – 1 Abb., 2 Tab., 1 Lit.

Auf einem sandigen Lehmboden wurde auf einem 1 m breiten Streifen eine mit ^{32}P markierte $NH_4H_2PO_4$-Lösung versprüht und nach 3 Tagen über diesen Streifen hinweg nebeneinander eine Bearbeitung mit 8 verschiedenen Geräten vorgenommen. Messungen der Radioaktivität von Bodenproben führten zur Feststellung einer beachtlichen horizontalen Verlagerung von ^{32}P mit dem Boden als Folge der Bearbeitung. Die geringste Verschleppung bewirkten Fräse, Schleppe, Scheibenegge und Pflug. Durch diese Geräte wurden $<10\%$ des ^{32}P bis zu einer Entfernung von 1 m von dem besprühten Streifen ermittelt. Kultivatoren und Eggen, insbes. bei Ausrüstung mit Federzinken, hatten eine wesentlich stärkere Verlagerung verursacht, sowohl bez. der Menge an ^{32}P als auch hinsichtlich der Entfernung vom markierten Streifen. Vff. folgern, daß Randstreifen von 50 cm bei Düngungsversuchen nicht ausreichen, um Versuchsfehler durch Nährstofftransport bei der Bearbeitung auszuschalten. V. Koepke. 330.

2-64/01-0146 Dvorník, J. Příspěvek k poznání uvolňování P_2O_5 při prohlubování půd černozemního typu. **(Beitrag zur Erkenntnis des Freiwerdens von P_2O_5 bei Vertiefung von Böden des Schwarzerdetyps.)** Sborník Vysoké Školy zemědělské Brně, Řada A **1963** Nr. 1. S. 61–69. – 3 Tab., 6 Lit. Zus. in Russ., Dtsch.

Schwarzerde weist einen hohen Gehalt an P auf, der jedoch organisch gebunden und daher den Pflanzen unzugänglich ist. Vertiefung der Krume führt zu einer besseren Durchlüftung des Bodens und steigert die mikrobielle Tätigkeit, bes. der Aerobionten, die P in eine pflanzenverfügbare Form überführen, was in 2jährigen Versuchen festgestellt werden konnte (Untergrundlockerung, Pflugfurche 40 und 25 cm tief). Der Gehalt an lactatlöslicher Phosphorsäure erhöht sich mit zunehmender Tiefe der Pflugfurche. Die Umwandlung von P in Formen, die den Pflanzen zugänglich sind, spielt sich auch in einer Tiefe von 40–60 cm ab, doch ist dort dieser Prozeß nicht so ausgeprägt wie in der 0–40-cm-Schicht. ČSSR/ÚVTI. 330.

2-64/01-0147 Niederbudde, E. A.; Hannover-Kirchrode, Landwirtsch. Forsch.-Anst. Büntehof. **Kaliumfixierung, ihre Beeinflussung durch Kali-Düngung und K-Entzug.** Kali-Briefe, Fachgeb. **16** (1963) Nr. 6. S. 1–9. – 4 Tab.

Die Versuchsergebnisse lassen erkennen, daß es nicht ratsam ist, sich auf tonhaltigen Böden an zu niedrigen Grenzwerten von austauschbarem K zu orientieren. Von den austauschbaren Nährstoffmengen kann nur ein geringer Teil als pflanzenverfügbar gelten. Die Verfügbarkeit des K innerhalb einer Vegetationsperiode ist abhängig von der Geschwindigkeit, mit der der Vorrat an austauschbaren Nährstoffen aus nicht austauschbarer Verbindungsform aufgefüllt wird. Hierzu muß bemerkt werden, daß auf Böden, die nicht laufend mit K gedüngt werden, sich die Nachlieferung von nativem K verlangsamt und eine weitere Zunahme der K-Fixierung erfolgt, die die Wirkung einer später verabreichten K-Düngung mehr oder weniger stark beeinträchtigt. H. Masche. 330.

2-64/01-0148 Kanwar, J. S., Sehgal, J. L. und Bhumbla, D. R.; Ludhiana, Punjab, Government Agric. Coll. Relationship between some indices of saline-sodic soils. **(Beziehungen zwischen einigen Kennwerten von Alkali-Salzböden.)** J. Indian Soc. Soil Sci. **11** (1963) Nr. 1. S. 39–44. – 4 Abb., 13 Lit.

An Bodenproben aus Profilen im Karnal-Bezirk (Punjab) ergaben sich folgende positive Korrelationen: 1. pH – austauschbares Na + K ($r = 0{,}98$, hochsignifikant); 2. pH – % lösl. Carbonat ($r = 0{,}76$, signifikant); 3. Summe der leichtlösl. Kationen – elektrische Leitfähigkeit ($r = 0{,}98$, hochsignifikant) und 4. austauschbares Na + K – Gipsbedarf ($r = 0{,}97$, hochsignifikant). Auf Grund dieser Zusammenhänge kann der Gipsbedarf dieser Böden in einfacher Weise aus dem pH und/oder der elektrischen Leitfähigkeit hergeleitet werden. H. Kretschmer. 330.

2-64/01-0149 Mital, O. P. und Roy, S. D.; Pusa, Bihar, Sugarcane Res. Inst. Micronutrient status of soils of white sugar belt of Bihar. I. Distribution of iron and manganese. **(Mikronährstoffzustand der Böden in White Sugar Belt von Bihar. 1. Mitt. Verteilung von Eisen und Mangan.)** J. Indian Soc. Soil Sci. **11** (1963) Nr. 1. S. 17–22. – 4 Tab., 9 Lit.

In 74 Oberbodenproben (0–30 cm) des Gebietes (pH 7,5–8,7; 2,4–27,3% $CaCO_3$) wurden folgende Gehaltsbereiche festgestellt: Gesamt-Fe: 2,0–3,3%; Gesamt-Mn: 8,6–566 ppm; austauschbares Mn: 3,4–17,7 ppm; wasserlösl. Mn: 0,2–0,6 ppm; reduzierbares Mn: 55–368 ppm und aktives Mn: 72,9–372,6 ppm. Die tonigen Böden von Süd-Bihar enthielten die höchsten Mengen aller Mikronährstofformen. H. Kretschmer. 330.

2-64/01-0150 Jones, H. P. und Handreck, K. A.; Melbourne, Univ., C.S.I.R.O., Div. of Plant Ind. Effects of iron and aluminium oxides on silica in solution in soils. **(Wirkungen von Eisen- und Aluminiumoxyden auf die in Lösung befindliche Kieselsäure von Böden.)** Nature [London] **198** (1963) Nr. 4883. S. 852–853. – 2 Abb., 11 Lit.

Während amorphe Kieselsäure in wäßrigen Lösungen ziemlich unabhängig vom pH (1–9) eine Löslichkeit von 100–140 ppm SiO_2 (Mono- und Dimere der Orthokieselsäure) besitzt, betragen die Konz. in Bodenlösungen nach Untersuchungen der Vff. nur 6–67 ppm. Bes. gering ist die Konz. in Böden mit hohem Gehalt an freien Sesquioxyden und hohem pH-Wert. Bei Modelluntersuchungen (Zusatz von Al- bzw. Fe-Oxyden unterschiedlichen Kristallisationsgrades zu Kieselsäurelösungen von 120 ppm) zeigten sich die gleichen Beziehungen. Al-Oxyde senkten die SiO_2-Konz. im neutral-alkalischen Bereich (pH 7–10) bis zu 25 ppm, im schwach sauren (pH 4–7) etwas weniger. Unterhalb pH 4 und oberhalb pH 10 blieb die ursprüngliche Konz. erhalten. Der Einfluß der Al-Oxyde nahm mit zunehmendem Kristallisationsgrad ab. Die Fe-Oxyde zeigten eine wesentlich geringere Wirksamkeit als die entsprechenden Al-Präparate. J. Garz. 330.

2-64/01-0151 Schroeder, D. und Dümmler, H.; Kiel, Univ., Inst. für Pflanzenernähr. **Tonminerale in Böden Schleswig-Holsteins.** Z. Pflanzenernähr., Düng., Bodenkunde **101** (1963) Nr. 2. S. 129–140. – 4 Abb., 24 Lit.

Beckenton, Geschiebelehm, Geschiebemergel und Seeschlick, die Ausgangsmaterialien für die recht verschiedene Bodenbildung in den einzelnen Landschaftsräumen Schleswig-Holsteins, weisen in der mineralogischen Zusammensetzung ihrer Tonfraktion eine bemerkenswerte Einheitlichkeit auf: Neben rund 10% Kaolinit und einem etwas größeren Anteil an Montmorillonit überwiegt bei weitem Illit; 14-Å-Minerale fehlen. Die Unterschiede, die sich zwischen den untersuchten Böden (91 Bodenproben von 44 Standorten) ergaben, dürften daher erst im Zuge der Bodenbildung entstanden sein. Die jüngsten Bodenbildungen, die Seemarschen, sind im mineralogischen Aufbau ihrer Tonfraktion kaum von den Ausgangsmaterialien verschieden. Mit zunehmender Dauer und Intensität der Verwitterung (Aueböden, Braunerden $<$ Braunerde-Podsol $<$ Podsol) aber nehmen die Illit- und bes. der Montmorillonitanteile ab. Dafür finden sich größere Anteile eines noch nicht endgültig charakterisierten 14-Å-Minerals. J. Garz. 332.

2-64/01-0152 Mumbrum, L. E. de.; Howardstown, Ky. Montmorillonite-vermiculite interstratification in clays from eocene chalk soils. **(Montmorillonit-Vermiculit-Wechsellagerung in Tonen eozäner Kreideböden.)** Science [Washington] **140** (1963) Nr. 3563. S. 187–188. – 2 Tab.

Bei den genannten Tonen treten an die Stelle der sonst häufigen 14- und 18-Å-Reflexe (Mg-Sättigung, Glycerinbehandlung) oft scharfe 16-Å-Reflexe. Hitzebehandlung (500 °C) nach K-Sättigung verlagert den Reflex in den 10-Å-Bereich. Vf. führt die 16-Å-Reflexe – gelegentlich treten auch 15- und 22-Å-Reflexe auf – auf zufällige und geordnete Montmorillonit-Vermiculit-Wechsellagerungen zurück. J. Garz. 332.

2-64/01-0153 Scharpenseel, H. W., Gewehr, H. und Beckmann, H.; Bonn, Univ., Inst. für Bodenkunde. **Die Herstellung radioaktiven Montmorillonits und seine Verwendung zu bodenchemischen wie morphologischen Studien.** Z. Pflanzenernähr., Düng., Bodenkunde **101** (1963) Nr. 2. S. 122 bis 129.

Für die Markierung von Tonmineralen erscheint das Isotop ^{55}Fe am geeignetsten. Die Synthese eines markierten Montmorillonits (nach Noll) und seine anschließende Reinigung mit Dithionit werden kurz beschrieben. J. Garz. 332.

2-64/01-0154 Jonas, Edward C.; Austin, Univ. of Texas, Dep. of Geol. Ion exchange at edge and interlayer in montmorillonites differing in size. **(Ionenaustausch an Kanten und Zwischenräumen von Montmorilloniten unterschiedlicher Größe.)** Science [Washington] **140** (1963) Nr. 3562. S. 75–76. – 1 Abb., 1 Tab., 6 Lit.
Die Titrationskurven zweier Korngrößenfraktionen eines H-Montmorillonits zeigen in ihrem 2stufigen Verlauf deutliche Unterschiede. Die erste Neutralisationsstufe im sauren Bereich ist bei der feineren Fraktion (Dmr. 0,02 bis 0,05 μm) stärker ausgeprägt als bei der gröberen Fraktion (Dmr. 0,3–0,4 μm); mit der 2. Stufe im neutralen Bereich verhält es sich umgekehrt. Offensichtlich hängt diese Erscheinung damit zusammen, daß die austauschbaren H-Ionen an den Kanten des Montmorillonits stärker dissoziieren als in den Zwischenschicht-Oberflächen und daß mit der feineren Zerteilung der Anteil der an den Kanten sorbierten Ionen zunimmt. J. Garz. 332.

2-64/01-0155 El-Baradi, T. A. und ElDamaty, A. Halim. Soil organic matter in the permanent experiment at Batheem. **(Organische Substanz des Bodens im Dauerversuch von Batheem.)** Ann. agric. Sci., Fac. Agric., Ain Shams Univ., Cairo **4** (1959) Nr. 2. S. 53–55. – 2 Tab., 1 Lit.
In Böden, auf denen 1919 ein Düngungsversuch angelegt wurde (org. und anorg. Düngemittel), stieg der Gehalt an org. Subst. von 1% auf 1,48%.
H. Hamdi. 333.

2-64/01-0156 Metha, N. C., Dubach, P. und Deuel, H.; Zürich, Eidg. TH, Agrikulturchem. Inst. **Abbau von Huminstoffen. II. Oxydation mit Chlordioxyd, Wasserstoffperoxyd und Perjodat.** Z. Pflanzenernähr., Düng., Bodenkunde **101** (1963) Nr. 2. S. 147–152. – 2 Tab., 12 Lit. 1. Mitt. vgl. LZ. Abt. II 8 (1963) Nr. 1. S. 45.
Mit ÄDTE bei pH 7 aus dem B_h-Horizont eines Podsols extrahierte Huminsäuren (HS) wurden unter verschiedenen Reaktionsbedingungen der Oxydation mit ClO_2, H_2O_2 und $NaJO_4$ unterworfen. Dabei verblieb nach dem Abbau ein wasserunlöslicher Rückstand zwischen 0% (0,47 mol. $NaJO_4$, 100 °C, 2 Std.) und 66% (3%iges ClO_2 + $CaCO_3$, 5 Tage). Während mit $NaJO_4$ bei 100 °C die HS nach 2 Std. vollständig zu CO_2 abgebaut waren und mit H_2O_2, bes. höherprozentigem, große Mengen an CO_2 gebildet wurden, konnte bei Oxydation mit ClO_2 kein Substanzverlust durch CO_2-Bildung festgestellt werden. Papierchromatographisch wurden unter den ätherlösl. Abbauprodukten, die bis zu 5% der HS ausmachten, neben Spuren anderer Säuren und Phenole vor allem Maleinsäure (0,5% der HS) und Oxalsäure (2%) bei der Oxydation mit ClO_2, Malonsäure (1,5%) bei Oxydation mit H_2O_2 und Phthalsäure (0,3%) sowie Milchsäure (0,5%) bei der Oxydation mit $NaJO_4$ gefunden.
K. Koepke. 333.

2-64/01-0157 Lefebvre-Drouet, Elisabeth und Mériaux, Suzanne; Dijon, Côte d'Or, Centre de Rech. agronomique du Centre-Est, Stat. d'Agronomie. Bilan des cations échangeables en sols lessivés. **(Bilanz der austauschbaren Kationen in ausgelaugten Böden.)** Ann. Inst. nat. Rech. agronom., Sér. A **14** (1963) Nr. 3. S. 239–260. – 5 Abb., 8 Tab., 28 Lit. Zus. in Russ., Engl., Dtsch.
Für die Böden der Saone-Ebene wurden bedeutende Abweichungen zwischen Basensättigungsgrad und pH beobachtet. An einem charakteristischen Profil (Pseudoglei) wurde festgestellt, daß bis zum B-Horizont die Gehalte an Fe und Ton (damit verbunden die Kationenaustauschkapazität), bes. stark aber die Kationengehalte (was sich in zunehmendem Sättigungsgrad ausdrückte) zunahmen, während die pH-Werte nur von 4,8 auf 5,3 anstiegen. An Hand von Sättigungskurven war zu ersehen, daß die zur Neutralisation der Proben aus allen Horizonten erforderlichen Ca-Mengen nicht wesentlich voneinander abwichen. Die vorherrschenden Tonminerale bestanden vermutlich aus

Mischungen von Illit und Kaolinit und konnten nicht zu Erklärung der Diskrepanz zwischen Sättigungsgrad und pH herangezogen werden. Auf Grund von Bestimmungen der Austauschacidität in gepufferten und nicht gepufferten Lösungen war hierfür vor allem das Verhalten des Al verantwortlich. – Die Acidität von Böden mit pH-Werten um 5 wird durch austauschbares Al bewirkt; die Summe der Ca-, Mg-, K-, Na- und Al-Ionen entspricht etwa der Kationenaustauschkapazität. Der Sättigungsgrad bei pH 7 ist im Oberboden geringer als im Unterboden. Die Größe der Austauschkapazität hängt also offenbar von permanenten und pH-bedingten Ladungen ab. Diese sind im A-Horizont infolge der Anwesenheit org. Subst. viel höher als im C-Horizont.

W. Schulze. 335.

2-64/01-0158 Schouwenburg, J. Ch. van und Schuffelen, A. C.; Wageningen, Agric. State Univ., Lab. of Soils and Fertilizers; Groningen, Inst. for Soil Fertility. Potassium-exchange behaviour of an illite. **(Kaliumaustauschverhalten eines Illits.)** Netherl. J. agric. Sci. **11** (1963) Nr. 1. S. 13–22. – 4 Abb., 2 Tab., 12 Lit.

Die Spezifität der K-Adsorption an Illit gegenüber 2wertigen Kationen kann durch die Annahme der Existenz von 3 verschiedenen Typen von Austauschpositionen (auf der Kristallebene, an den Kristallkanten und im Kristallgitter) erklärt werden. An diesen laufen gleichzeitig und unabhängig voneinander normale Austauschvorgänge ab, die der Gaponschen Austauschgleichung gehorchen. Der K-Austausch eines Illits läßt sich dann mathematisch als die Summe dieser 3 Prozesse erfassen. Durchgeführte Versuche ergaben die Richtigkeit dieser Auffassung.

P. Stoß. 335.

2-64/01-0159 Liwerant, J.; Toulouse/Haute Garonne, Stat. d'Agronomie. Relations entre le degré d'acidité et le nivea unutritif des sols d'alluvions anciennes de la Garonne. **(Beziehungen zwischen dem Aciditätsgrad und dem Nährstoffniveau von älteren Alluvialböden der Garonne.)** Ann. agronom. **14** (1963) Nr. 2. S. 227–238. – 2 Abb., 4 Tab., 6 Lit. Zus. in Russ., Engl., Dtsch.

Auf einem Schlag im oberen Garonnebecken mit einheitlicher Bodentextur und seit 30 Jahren mit bestimmter Fruchtfolge, aber unterschiedlichen pH-Werten wurden 25 Parzellen angelegt. Aus diesen wurden Proben des Oberbodens entnommen. Für die Extreme der gefundenen pH-Werte – 6,8 und 5,75 – wurden jeweils folgende Analysenwerte in % der Feinerde ermittelt: CaO-Bedarf (nach Hutchinson und MacLennan) 0,084–0,350; pflanzenaufnehmbare P_2O_5 (Extraktion mit 2%iger Citronensäure) 0,241–0,182, Regressionskoeffizient je 0,1 pH = 8 mg/kg; austauschbare Kationen (Extraktion mit Ammoniumacetat): K_2O 1,93 – 1,21, CaO 2,44 – 1,70, MgO 0,274 - 0,197, Regressionskoeffizient analog 10, 69 und 8; C (Oxydation mit Chromschwefelsäure 10,4–9,4; Gesamt-N (Kjeldahl) 1,09–0,92, Regressionskoeffizient analog 20. Das C/N-Verhältnis schwankt um 10 und bleibt etwa konstant. Die fortschreitende Versauerung des Bodens ist eng mit dem Absinken des Nährstoffniveaus korreliert und vermindert die Bodenfruchtbarkeit. Außerdem neigen die saueren Böden zu Verschlechterungen der Struktur.

W. Schulze. 337.

2-64/01-0160 *Kloke, Adolf.* **Die Humusstoffe des Bodens als Wachstumsfaktoren.** Berlin; Hamburg: Paul Parey. 1963. (96 S. m. 19 Abb. u. 27 Tab.) 15,5 × 23 cm. DM 22,80. Vf. beginnt mit einführenden Kapiteln (Wandlung der Ansichten über die Bedeutung der Humusstoffe des Bodens für die Ernährung der Pflanze; org. Verbindungen im Boden und ihre physiol. Wirkung) und umreißt dann seine Problemstellung durch die folgenden Fragen: 1. Werden Stoffe mit Wirkstoffcharakter im Boden gebildet und von der Pflanze aufgenommen? 2. Ist der Einfluß auf die Ertragsbildung so groß, daß er sich ermitteln läßt? 3. Besteht die Möglichkeit, diese Stoffe chem. zu charakterisieren? Zur Klärung dieser Fragen wählt Vf. folgenden Arbeitsweg: Zusatz steigender Mengen verschiedener Pflanzenmehle zu einem Boden, der längere Zeit bei konstanter Feuchtigkeit und Temperatur gehalten wird; Aufschwemmung der gleichen Pflanzenmehle in Wasser, um zu sehen, ob die Bildung von Wirkstoffen auch ohne den Boden erfolgt; Keimversuche und Mitscherlich-Gefäßversuche mit Extrakten bzw. Filtraten aus diesen Substraten; infrarotspektrographische und chromatographische Untersuchung der Extrakte und Filtrate. Ergebnisse: Org. Wirkstoffverbindungen werden bei der Rotte von Pflanzenmaterial im Boden und in wäßriger Aufschwemmung auf mikrobiol.-chem. Wege gebildet. Aus dem Boden sind solche Stoffe mit Wasser extrahierbar. Sie können z.T. aber auch wasserunlösl. sein. Art und Menge der gebildeten Stoffe sind bei den einzelnen Pflanzenmaterialien verschieden. Gleiche Konz. und Arten eines Stoffes beeinflussen sowohl die Entwicklung von Wurzel und Sproß einer Pflanze als auch verschiedener Pflanzen unterschiedlich. Die Pflanze nimmt org. Verbindungen auf und baut sie sofort oder nach Umwandlung in die Pflanzensubstanz ein. Wirkstoffe können direkt in physiol. Pflanzenprozesse eingreifen. Die UV- und Sichtbarbereichs-Spektrographie von Rottelösungen ist wenig aussagekräftig, dagegen führt die IR-Spektrographie bei guter Vortrennung der Untersuchungssubstanzen zu brauchbaren Ergebnissen. H. Kretschmer.

2-64/01-0161 *Guljakin, Ivan Vasil'evič* und *Judinceva, E. V.* **Radioaktivnye produkty delenija v počve i rastenijach.** (Radioaktive Spaltprodukte im Boden und in den Pflanzen.) Moskva: Gos. izd. lit. 1962. (275 S.) 8°. (1963 A 564)

D. Bodenphysik

2-64/01-0162 Canarache, A. Cercetări asupra proprietăților mecanice și rezistenței la arat a unor soluri din Cîmpia Romînă. **(Untersuchungen über die mechanischen Eigenschaften und den Widerstand beim Pflügen einiger Böden der rumänischen Donauebene.)** An. Inst. Cercetări agronom., Ser. A **29** (1961, hrsg. 1962) S. 69–92. – 12 Abb., 6 Tab., 27 Lit. Zus. in Russ., Franz.

Die Schwankungen des spez. Bearbeitungswiderstandes des Bodens entsprechen in Abhängigkeit vom Wassergehalt den Formeln einer Parabel 2. Grades. Die Wechselbeziehungen zwischen dem Bearbeitungswiderstand einerseits und dem Durchlässigkeitswiderstand andererseits erlauben die indirekte Bestimmung des Bearbeitungswiderstandes, jedoch ist die praktische Bedeutung dieser Bestimmung gering. G. Obrejanu. 340.

2-64/01-0163 Miller, D. E., Bunger, W. C. und Proebsting jun., E. L.; Pullman, Wash., Agric. Exp. Stat.; U. S. Dep. of Agric., A. R. S. Soil and Water Conserv. Res. Div. Properties of soil in orchard as influenced by travel and cover crop management systems. **(Eigenschaften des Bodens in der Obstplantage unter dem Einfluß des Befahrens und des Anbausystems von Unterkulturen.)** Agronomy J. **55** (1963) Nr. 2. S. 188–191. – 3 Abb., 3 Tab., 6 Lit.

Der zwischen den Baumreihen einer Pfirsichplantage durch Herbicide brach gehaltene Boden (feinsandiger Lehm) wies als Folge des Befahrens mit Pflege- und Erntegeräten in der oberen Bodenschicht ein höheres Vol.-Gew. auf als der mit Knaulgras, Luzerne oder Winterzwischenfrucht-Roggen (im Frühjahr eingescheibt) bebaute. Die Krümelstabilität war im unbebauten Boden nicht signifikant geringer. Dagegen wiesen alle bebauten Streifen in der Schicht von 0–15 cm einen wesentlich höheren Gehalt an org. Subst. auf. Die Wasserinfiltration war in dem befahrenen Teil der ganzjährig bebauten Streifen höher als in dem des Brachestreifens. V. Koepke. 340.

2-64/01-0164 Birke, J.; Müncheberg, Inst. für Acker- und Pflanzenbau der Dtsch. Akad. der Landwirtsch.-Wiss. zu Berlin. **Bodenstrukturuntersuchungen auf Börde-Schwarzerde.** Albrecht-Thaer-Arch. **7** (1963) Nr. 9. S. 699 bis 720. – 13 Abb., 3 Tab., 19 Lit. Zus. in Russ., Engl. – nach Zus.

Auf Börde-Schwarzerde (hauptsächlich L_1 Löß 96/98 und 95/97) wurden 1957 bis 1959 an 8 Profilen und auf 23 Feldgemüseschlägen Untersuchungen über die Strukturverhältnisse an Hand des Porenvolumens, des Krümelgehaltes, der Krümelstabilität und über die biol. Aktivität des Bodens durchgeführt. Die natürlich gelagerte Schwarzerde und das Ausgangsgestein Löß besitzen hauptsächlich Raumgewichtswerte von 1,250–1,360 g/cm³ und PV-Werte von 50–53%. In der Schicht von 22–34 cm treten verbreitet plattige Bodenverdichtungen auf. Sie werden durch Raumgewichtswerte über 1,360 g/cm³ bzw. PV-Werte unter 47–48% charakterisiert. Die Verdichtungen werden im Zusammenhang mit einer Krumendegradation hauptsächlich durch zu flache und immer in einer Tiefe durchgeführte Pflugarbeit hervorgerufen. Die Ackerkrume besitzt trotz festgestellter Degradation noch gute Struktureigenschaften. Die Dynamik der Krümselstabilität und der Bodenatmung unterliegt einer starken Beeinflussung durch die Jahreszeit, die konkreten meteorologischen Bedingungen und den Standort. Die untersuchten Feldgemüsearten beeinflussen kaum PV, Krümelanteil und Krümelstabilität. Die biol. Aktivität ist z.T. recht stark von der Wurzelatmung abhängig. Stallmistdüngung erhöht die biol. Aktivität, das Porenvolumen und die Krümelstabilität. Dieser Einfluß bleibt auf das Jahr der Anwendung beschränkt und zeigt eine starke Abhängigkeit von den konkreten Witterungsbedingungen. Auf die große Bedeutung einer kontinuierlichen org. Düngung zur Strukturverbesserung der degradierten Ackerkrume der Schwarzerde wird hingewiesen. 344.

2-64/01-0165 Obrejanu, Gr., Canarache, A., Moţoc, Eugenia, Teodoru, O., Thaler, Rozalia, Trandafirescu, T., Axionova, Irina, Măianu, Al., Paşa, Victoria, Bărbulescu, Viorica, Cucută, Volumnia, Oanea, N., Puiu, Şt. und Sandu, Gh. Cercetări asupra proprietăţilor hidrice ale solurilor din Bărăgan, in perspectiva extinderii irigaţiilor. **(Untersuchungen über die Wasserverhältnisse der im Baragan gelegenen Böden in Hinsicht auf die Erweiterung der Bewässerungsanlagen.)** An. Inst. Cercetări agronom., Ser. A **29** (1961, hrsg. 1962) S. 37–54. – 9 Abb., 8 Tab., 17 Lit. Zus. in Russ., Franz.
42 charakteristische Bodenprofile wurden hinsichtlich ihrer hydrophys. Verhältnisse untersucht. – Direkte, lineare Wechselbeziehungen bestehen zwischen dem Gehalt an Ton und dem Hygroskopizitäts- oder Welkekoeffizienten bzw. der Feldkapazität, indirekte, lineare Wechselbeziehungen sind zwischen dem Gehalt an Ton und der Wasserkapazität vorhanden. Die Möglichkeiten zur Vereinfachung der herkömmlichen Methode zur Bestimmung der Feldkapazität werden mitgeteilt. G. Obrejanu. 346.

2-64/01-0166 *Richtscheid, Peter.* **Methylzellulosen und Karboxymethylcellulosen als Strukturverbesserer von Böden.** Diss., Landwirtsch. Fak. Gießen. 1962. (107 S.) 8°. (Diss. 9122)
2-64/01-0167 *Serafimov, Vasil N.* **Chidrologičeskata rolja na dubovite gori.** (Die hydrologische Rolle der Eichenwälder.) Sofija: Izd. na Bŭlg. akad. na naukite. 1962. (229 S.) 8°. (1963 A 494)

E. Bodenbiologie

23-64/01-0168 Abd el Malek, Y., Monib, M., Abdel Salam, A. und Elhadidy, Tomader T. Bacteriological & chemical changes resulting from addition of certain organic materials to calcareous soils of the Mediterranean coastal region. **(Durch Verabfolgung gewisser organischer Materialien hervorgerufene bakteriologische und chemische Veränderungen in Kalkböden der Mittelmeerküste.)** J. Soil Sci. United Arab Republ. **1** (1961) Nr. 1. S. 24–40. – 7 Abb., 2 Tab., 10 Lit.
Durch Zugabe von org. Subst. (Stärke, Gerste, Stroh, getrocknete Blätter, Schafmist und Klee) zu einem Kalkboden (Gefäßversuche) erhöhte sich die Anzahl der Nitratbildner, der Cellulose-Zersetzer, der N-fixierenden Bakterien (*Azotobacter* und *Clostridium*). Die Gesamt-N-Menge stieg um 9–125%. H. Hamdi. 350.

2-64/01-0169 Kiss, S. Unele probleme ale enzimologiei solului. **(Einige Fragen der Bodenenzymologie.)** Centr. exp. Îngrăşăminte bacteriene, Lucrări ştiinţ. **3** (1960, hrsg. 1961) S. 335–348. – 100 Lit. Zus. in Russ., Engl., Franz.
Literaturübersicht, in der über die Enzyme des Bodens berichtet wird. Die Methoden, mit denen die Enzyme nachgewiesen wurden, werden beschrieben, oder die Substrate, auf denen der Nachweis gelang. Eine Klassifizierung der Bodenenzyme wird gegeben. V. Severin. 350.

2-64/01-0170 Naumann, K.; Aschersleben, Inst. für Phytopathol. der Dtsch. Akad. der Landwirtsch.-Wiss. zu Berlin. **Bodenatmungsmessungen mit der Warburg-Apparatur.** Zbl. Bakteriol., Parasitenkunde, Infektionskrankh. Hyg., II. Abt. **116** (1963) Nr. 5. S. 502–510. — 7 Abb., 2 Tab., Lit.

Die Anwendung der Warburg-Methode zur Messung der Bodenatmung bzw. zur Messung anderer Stoffwechselvorgänge wird beschrieben. Die Beeinflussung der Bodenatmung durch Pflanzenschutzmittel konnte durch die manometrische Methode deutlich festgestellt werden. Parathion und ein xanthogenathaltiges Mittel steigerten den O_2-Verbrauch, andere, wie Captan und eine phenolhaltige Verbindung, hemmten ihn zeitweise. Parathion verursachte im Lehmboden eine Steigerung der Bodenatmung, in gleicher Dosis aber im frischen Sandboden eine langandauernde Hemmung. K. E. Lindner. 350.

2-64/01-0171 Chandra, Purna; Corvallis, Oregon, Lab. of Plant Physiol. Influence of gibberellic acid application on oxygen uptake by rhizosphere & fallow soil microorganisms. **(Einfluß von Gibberellinsäureapplikation auf die Sauerstoffaufnahme durch Mikroorganismen der Rhizosphäre und des Brachlandes.)** Indian J. exp. Biol. **1** (1963) Nr. 2. S. 108–109. — 2 Abb., 6 Lit.

Im Brachland wurde durch Gibberellinsäure (50, 100, 200 ppm) die O_2-Aufnahme durch Mikroorganismen stimuliert. In einem mit *Festuca arundinacea* Schreb. bewachsenen Boden führten in der Rhizosphäre dieser Pflanzen gleiche Gibberellingaben zu einer Depression der O_2-Aufnahme. Die Konz. beeinflußte nur die Rhizosphärenorganismen. K. E. Lindner. 350.

2-64/01-0172 Meyer, Franz H.; Reinbek, Bundesforsch.-Anst. für Forst- und Holzwirtsch., Inst. für Weltforstwirtsch. **Laccaria amethystina (Bolt. ex Fr.) Berk. et Br., ein zur Mykorrhizabildung an der Buche befähigter Pilz.** Ber. dtsch. bot. Ges. **76** (1963) Nr. 3. S. 90–96. — 1 Abb., 30 Lit. 350.

2-64/01-0173 Wright, Ernest; Corvallis, Oregon State Univ., Forest Res. Lab. Ectotrophic mycorrhizae on pine seedlings in Oregon. **(Ektotrophe Mycorrhiza an Kiefernsämlingen in Oregon.)** Ecology **44** (1963) Nr. 1. S. 173–175. 350.

2-64/01-0174 Stewart, W. D. P.; Nottingham, Univ., Dep. of Bot. The effect of combined nitrogen on growth and nodule development of Myrica and Casuarina. **(Die Wirkung gebundenen Stickstoffs auf Wachstum und Knöllchenentwicklung von Myrica und Casuarina.)** Z. allg. Mikrobiol., Morphol., Physiol., Ökol. Mikroorganismen **3** (1963) Nr. 2. S. 152–156. — 2 Tab., 13 Lit.

Untersuchungen in Wasserkultur ergaben, daß bei Anwesenheit von gebundenem N beide Pflanzenarten besser wuchsen als in einem N-freien Medium. Hohe Gaben von gebundenem N verringerten Knöllchenzahl und Knöllchentrockengewicht. Aus den erhaltenen Ergebnissen läßt sich ableiten, daß unter Feldbedingungen die in den Böden enthaltenen Mengen an gebundenem N kaum wesentlich die Knöllchenbildung bei *Myrica gale* und *Casuarina cunninghamiana* beeinflussen können. Beide Pflanzengattungen sind anderen N-bindenden Nichtleguminosen physiologisch ähnlich. K. E. Lindner. 350.

2-64/01-0175 Vintiková, Hana; Ruzyně, Výzkumný Ústav Rostlinné Výroby, Mikrobiol. Oddělení. Hloubková kultivace rhizobií. **(Tiefenkultivierung von Rhizobien.)** Rostlinná Výroba **8(35)** (1962) Nr. 5. S. 725–740. — 3 Abb., 12 Tab., 8 Lit. Zus. in Russ., Engl., Dtsch.

Laborstämme von *Rhizobium meliloti*, *Rh. trifolii* und *Rh. leguminosarum* wurden submers in Glaszylindern von 30–70 l Inhalt und in einer halbtechnischen Station, die mit Tankgefäßen von 25–300 l Kapazität ausgestattet war, kultiviert. Der Nährboden bestand aus einem Erbsenabsud mit Zusatz verschiedener Zucker. In einigen der 13 Versuchsvarianten durchfloß das Medium allmählich die Gefäße, oder die Kulturen wurden sukzessiv aus kleineren in größere Gefäße überführt. Die günstigsten Kultivierungsbedingungen sind bei Temp. von 28–30 °C und einem pH-Wert von 7 gegeben, der während der Kultivierung ohne Schaden bis auf pH 6 sinken kann. Das Schäumen des Mediums muß verringert und eine einwandfreie Lüftung garantiert werden. Das opt. Volumenverhältnis der Impfmenge zum Nährmedium ist 1:10. Ein Penicillinzusatz von 100 IE/ml stört das Wachstum der *Rh.*-Kulturen nicht, verhindert jedoch die Entwicklung der meisten kontaminierenden Mikroorganismen. Z. Šesták. 352.

2-64/01-0176 Szelényi, F. und Helmeczi, B. Az antibiozis kérdésének vizsgálata azotobactereknél. **(Untersuchung des Antibioseproblems bei Azotobacter.)** Debreceni mezőgazdasági Akad. tudományos Évkönyve [Jb. landwirtsch.-wiss. Akad. Debrecen] **1961** S. 41–47. — Aus: Ung. Agar-Rdsch. **1963** Nr. 3.
Mit Hilfe der Scheibchenmethode wurde die Wirkung der Antibiotica Aureomycin, Chloromycetin, Erythromycin, Penicillin, Polymixin B., Streptomycin und Terramycin auf *Azotobacter-chroococcum*-Stämme verschiedenen Usprungs geprüft. Es konnte beobachtet werden, daß Penicillin und Chloromycetin die Vermehrung der geprüften *A.*-Stämme nicht, alle übrigen Antibiotica jedoch stark hemmten. Mit den Beobachtungen der Scheibchenmethode übereinstimmend, zeigte sich in weiteren Versuchen, daß Streptomycin am stärksten hemmend auf *A.-chroococcum*-Stämme wirkte, *A.* aber gegenüber Penicillin am besten resistent war. Die rel. Resistenz gegenüber Penicillin wirft die Frage auf, ob es nicht zweckmäßig wäre, zur Verhinderung der Kontamination der für Bodeninokulation gezüchteten *A.*-Kulturen das Penicillin in einer solchen Konz. zu verwenden, die die *A.*-Entwicklung nicht schädlich beeinflußt, die Vermehrung anderer Mikroorganismen jedoch hemmt. 352.

2-64/01-0177 Toskov, N. Njakoi fiziologični osobenosti na različnite štamove azotobakter, izolirani ot bŭlgarski počvi. **(Einige physiologische Eigenschaften der verschiedenen, aus bulgarischen Böden isolierten Azotobacter-Stämme.)** Naučni trudove. Visš selskostopanski institut „Vasil Kolarov". Lozaro-gradinarski fakultet, Plovdiv **12** (1962, hrsg. 1963) S. 207–217. — 5 Tab., 18 Lit. Zus. in Russ., Dtsch.
Es wurde festgestellt, daß *Azotobacter* in den Böden Bulgariens weit verbreitet ist. Die 18 isolierten Stämme konnten nach ihrer Oxydationsaktivität in 2 Hauptgruppen eingeteilt werden: in Stämme, die sich schnell entwickeln und hohe Oxydationsaktivität besitzen (**I**) und in Stämme, die sich langsam entwickeln und nur eine schwache Oxydationsaktivität besitzen (**II**). Jede Hauptgruppe zerfällt in je 2 Untergruppen: a) Stämme mit intensivem N-Bindungsvermögen (**I** = 10,55–12,66 mg N/g verbrauchten Zuckers, **II** = 12,65 bis 18,96 mg N/g verbrauchten Zuckers), b) Stämme mit geringem N-Bindungsvermögen (**I** = 7,08–9,78 mg, **II** = 7,01–8,22). Die aus typischen ausgelaugten Tschernosemen, typischen Tschernosem-Smolnitza- und einigen Alluvial-Wiesen- sowie entwässerten Wiesen-Moor-Böden isolierten Stämme zeigten eine hohe, die aus Carbonat-, einigen typischen Tschernosem-Smolnitza-, zimtfarbigen Carbonat-, Wiesen- und Salzböden isolierten eine schwache N-bindende Aktivität. K. Tschanew. 352.

2-64/01-0178 Vîntu, O. Dinamica fixării azotului molecular şi a consumului de glucoză în culturi de Azotobacter chroococcum. **(Die Dynamik der molekularen Stickstoffbindung und des Glucoseverbrauches in Kulturen von Azotobacter chroococcum.)** Centr. exp. Îngrăşăminte bacteriene, Lucrări ştiinţ. **2** (1959, hrsg. 1960) S. 75–79. — 1 Abb., 1 Tab., 5 Lit. Zus. in Russ., Engl., Franz.
Azotobacter chroococcum, Stamm 100, wurde in flüssigen Nährlösungen nach Ashby, Fedorov, Vinogradskij, Omeljanskij kultiviert. Innerhalb

von 9 Tagen fixierte der Stamm 14,5 mg N/100 ml Nährlösung und verbrauchte dabei 1 g Glucose. Vom 3.–7. Tage war die N-Fixierung am intensivsten. Zwischen dem Verbrauch an Glucose und der fixierten N-Menge bestanden bis zum 9. Tag nach der Beimpfung proportionale Beziehungen.
V. Severin. 352.

2-64/01-0179 Gheorghiu, V., Mănucă, L., Vîntu, O. und Stoian, M. Rezultatele preliminare în legătură cu păstrarea culturilor de Azotobacter chroococcum. **(Vorläufige Ergebnisse hinsichtlich Aufbewahrung der Kulturen von Azotobacter chroococcum.)** Centr. exp. Îngrăşăminte bacteriene, Lucrări ştiinţ. 2 (1959, hrsg. 1960) S. 29–40. – 4 Tab., 14 Lit. Zus. in Russ., Engl., Franz.
Die Aufbewahrung von *A.*-Kulturen durch Lyophilisierung erwies sich allen Methoden überlegen. Die *A.*-Kulturen konnten 10–17 Mon. lang aufbewahrt werden, ohne daß sie ihre ursprünglichen Merkmale veränderten. Die Aufbewahrung der Kulturen in Paraffinöl gewährleistete nicht deren Reinheit. Die bei 28 °C in Paraffinöl aufbewahrten Kulturen fixierten jedoch mehr N als die bei 5 °C in Paraffinöl aufbewahrten. Kulturen, die bei 5 °C ohne Paraffinöl gehalten und nachfolgend überimpft wurden, assimilierten noch weniger N. – Ungeachtet der Aufbewahrungstemperatur, behielten alle Kulturen, die periodisch auf Ashby-Agar überimpft wurden, ihre ursprünglichen Merkmale.
V. Severin. 352.

2-64/01-0180 Moore, C. B.; Edmonton, Univ. of Alberta, Dep. of Soil Sci.; Wageningen, Agric. Univ., Lab. for Microbiol. Nitrogen fixation by bacillus strains isolated from Nigerian soils. **(Stickstoffbindung durch Bacillus-Stämme, die aus nigerianischen Böden isoliert wurden.)** Nature [London] **198** (1963) Nr. 4883. S. 915–916. – 2 Tab., 9 Lit.
Bei Untersuchungen über das Vorkommen freilebender N-bindender Bakterien in nigerianischen Böden konnten einige *Bacillus*-Stämme isoliert werden, für die der Nachweis der aeroben und anaeroben N-Bindung gelang. Isolierung, Kultivierung, morpholog. und biochem. Eigenschaften der Stämme, die der Gruppe „*Aerobacillus*“ zuzuordnen sind, werden besprochen.
K. E. Lindner. 352.

2-64/01-0181 Swart, H. J.; Johannesburg, Univ. of Witwatersrand, Dep. of Bot. Further investigations of the mycoflora in the soil of some mangrove swamps. **(Weitere Untersuchungen der Mycoflora der Böden einiger Mangrove-Sümpfe.)** Acta bot. neerl. **12** (1963) Nr. 1. S. 98–111. – 6 Abb., 5 Tab., 5 Lit.
Seewasser hemmt anscheinend das Wachstum einer *Absidia*-Art; es ist jedoch nicht der einzige Faktor, der das geringe Wachstum im Mangrove-Schlamm verursacht. Eine wesentliche Rolle für die Pilzverteilung spielt die Salzkonzentration. Hinsichtlich der Verbreitung verschiedener *Fusarium*-Arten sind die erhaltenen Ergebnisse schwer zu erklären. Isolierungen bei 35 °C erzielten höhere *Aspergillus*-Zahlen als bei 25 °C, die Zahlen aller anderen Pilze wurden jedoch bei höherer Temperatur reduziert. K. E. Lindner. 352.

2-64/01-0182 Gasdorf, Edgar C. und Goodnight, Clarence J.; Lafayette, Ind., Purdue Univ., Dep. of Biol. Sci. Studies on the ecology of soil arachnids. **(Untersuchungen über die Ökologie der Arachniden des Bodens.)** Ecology **44** (1963) Nr. 2. S. 261–268. 352.

2-64/01-0183 Buchar, Jan. Příspěvek k arachnofauně louky. **(Beitrag zur Arachnofauna der Wiese.)** Rozpravy českoslov. Akad. Věd, přírodní Vědy **72** (1962) Nr. 7. S. 101–110. – 2 Abb., 1 Tab. Zus. in Dtsch.
Im Jahre 1957 wurde die Arachnofauna einer Wiese analysiert. Von 2393 gefangenen Gliedertieren waren 1756 Spinnen (*Araneae*), die 22 Arten bzw. 5 Familien (*Lycosidae*, *Tetragnathidae*, *Micryphantidae*, *Linyphiidae* und *Thomi-*

sidae) angehörten. Am stärksten war die Familie *Lycosidae* vertreten (73% der Gesamtzahl). Zu dieser Familie zählten auch die meisten vorherrschenden Arten, die übrigen 2 überwiegenden Arten gehörten der Familie *Tetragnathidae* an. Eingehend wurde das Auftreten der wichtigsten Arten studiert.
ČSSR/ÚVTI. 352.

2-64/01-0184 Novák, Bohumír; Prag-Ruzyne, Tschechoslow. Akad. der Landwirtsch.-Wiss., Inst. für Pflanzenbau., Mikrobiol. Abt. **Beziehungen zwischen der Respiration und dem Stickstoffgehalt des Bodens.** Zbl. Bakteriol., Parasitenkunde, Infektionskrankh. Hyg., II. Abt. **116** (1963) Nr. 5. S. 469 bis 477. – 3 Abb., 6 Tab., 5 Lit.
Die Mineralisierung des org. Boden-N ist vom Verhältnis des verfügbaren C zum N abhängig. Dieses Verhältnis wird mit der rel. Atmungsfähigkeit des Bodens für N charakterisiert. Diese entspricht einem Koeffizienten der N-Ausnutzung durch die Mikroflora. Bei Gleichheit des Koeffizienten mit der N-Wirkung ist die N-Mineralisierung von der Gesamtgeschwindigkeit der Mineralisierung org. Stoffe im Boden abhängig (aktuelle Atmungsfähigkeit). Der Korrelationskoeffizient für die aktuelle Atmungsfähigkeit und die N-Mineralisierung ist bei demselben Koeffizienten der N-Ausnutzung um so höher, je weniger bisher unzersetzte org. Stoffe im Boden vorhanden sind.
K. E. Lindner. 356.

2-64/01-185 Dommergues, Y.; Hann-Dakar, l'O.R. S. T. O. M., Centre de Pédol. Evaluation du taux de fixation de l'azote dans un sol dunaire reboise en filao (Casuarina equisetifolia). **(Bestimmung des Grades der Stickstoffbindung eines durchgeforsteten Dünenbodens durch Casuarina equisetifolia.)** Agrochimica [Pisa] **7** (1963) Nr. 4. S. 335–340. – 2 Tab., 9 Lit. – nach Zus.
Das Studium des N-Kreislaufes eines Dünenbodens in der Nähe des Cap Vest hat ergeben, daß im Jahr unter einer Vegetation von *Casuarina equisetifolia* 58 kg/ha N gebunden werden. 356.

2-64/01-0186 Hirte, Wolfgang; Großbeeren, Inst. für Gartenbau der Dtsch. Akad. der Landwirtsch.-Wiss. zu Berlin. **Der Einfluß von Mikroorganismen auf die Phosphatmobilisierung in Niedermoorböden.** Zbl. Bakteriol., Parasitenkunde, Infektionskrankh. Hyg., II. Abt. **116** (1963) Nr. 5. S. 485–501. – 5 Abb., 5 Tab., 18 Lit.
Modellversuche an Böden mit extrem unterschiedlicher Mikrobentätigkeit zeigten, daß bei intensiver Mikroorganismentätigkeit die Werte an Fe-gebundenem P zurückgingen. Der Gehalt an lactat- und wasserlöslicher Phosphorsäure erhöhte sich gleichzeitig. Mit *Bac. mycoides* infizierte Böden enthielten größere Mengen an lactatlöslicher Phosphorsäure als die mit *Penicillium nigricans* infizierten. Nach Abtöten der Mikroben nahm der Gehalt an Fe-gebundener Phosphorsäure wieder zu. Die Übertragbarkeit dieser Ergebnisse auf natürliche Verhältnisse wird diskutiert. K. E. Lindner. 358.

2-64/01-0187 *Klapp, Ernst* und *Wurmbach, Hermann*, Hrsg. **Die Beeinflussung der Bodenfauna durch Düngung. Unters. auf dem Dauerdüngeversuch Dikopshof bei Bonn.** Hamburg; Berlin: Parey. 1962. (167 S.) 8° = Monographien zur angewandten Entomologie. Nr. 18. (SR 517, 18)

2-64/01-0188 *Schmidt, Hans.* **Antagonistische Beziehungen zwischen Actinomyceten und Ophiobolus graminis Sacc. und deren Bedeutung für die Schutzwirkung.** Diss. Landw. Fak. Gießen. 1962. (61 S.) 8°. (Diss. 9128)

F. Bodensystematik und Bodengenese

2-64/01-0189 Guitian-Ojea, F. und Coppenet, M.; Santiago de Compostela, España, Centro de Edafol. y Biol. Vegetal; Quimper, Finistère, Stat. d'Agronomie. Étude des principaux types de sols de Bretagne. **(Beitrag zu den wich-**

tigsten Bodentypen der Bretagne.) Ann. agronom. **14** (1963) Nr. 2. S. 195–218. – 6 Abb., 15 Lit. Zus. in Russ., Engl., Dtsch.,
Das Jahresmittel der Niederschläge innerhalb der westlichen Bretagne schwankt zwischen 600 und 1200 mm (Sickerwasser bis 500 mm), die mittlere Jahrestemperatur liegt bei 11–12 °C. Granite und Granulite verschiedener Typen sind vorherrschend, daneben kommen Schiefer und (armorikanische) Sandsteine vor. 16 Bodenprofile werden beschrieben und Korngrößen, pH, org. Subst., N, C, Austauschkapazität sowie freie Fe-Oxyde bestimmt. Es handelt sich um 3 Braunerden, 5 podsolierte Braunerden, 3 Humus-Fe-Podsole, je 2 Braun- und Rotlehme und 1 Auenboden (Vega). Von den Humusformen erscheint der Typ „Moder" in den Klimaxböden, doch ist eine erhebliche Variationsbreite in Abhängigkeit vom Ausgangsgestein und damit vom Bodentyp festzustellen. Bei Sand und Quarziten tritt der Typ „Mor" (Rohhumus), bei Braun- und Rotlehmen der Typ „Mull" auf. W. Schulze. 362.

2-64/01-0190 *Matyšuk, Igor Vladimirovič.* Hrsg.: Inst. počvovedenija Akad. nauk Kazachskoj SSR. **Obrabotka i plodorodie kaštanovych počv Central'nogo Kazachstana.** (Die Bearbeitung und die Fruchtbarkeit der kastanienfarbigen Böden in Kasachstan.) Alma-Ata: Izd. Akad. nauk Kazachskoj SSR. 1962. (164 S.) 4°. (1962 B 300)

2-64/01-0191 *Németh, Kálmán.* **Die genetische Gliederung der Böden Ungarns.** Diss. Landw. Fak. Gießen. 1962. (12 S.) 8°. (Diss. 9126)

G. Bodenuntersuchung

2-64/01-0192 Dupuis, M.; Arras, Stat. Agronomique. Directive pour l'étude des sols sur le terrain et au laboratoire. 6ème note. **(Anweisung für die Untersuchung von Böden im Gelände und im Laboratorium. 6. Mitt.)** Bull. Assoc. franç. Étude Sol **1963** Nr. 3. S. 117–147. – 6 Abb. 5. Mitt. vgl. LZ. Abt. II 8 (1963) Nr. 11. S. 2942.
Vf. gibt eine Zusammenstellung von Richtlinien für die Beschreibung der Bodenprofile und der phys. Eigenschaften. B_1 gilt als Anreicherungshorizont für Humus, während B_2 einen Horizont mit einem Maximum an Ton und Fe oder mit einem prismatischen bzw. klumpigen Gefüge darstellt. Mit dem Symbol „g" wird ebenfalls ein pseudovergleiter und mit „t" ein mit Ton angereicherter Horizont bezeichnet, während ein vergrabener Horizont durch „b" (= buried) ausgewiesen wird. Für die Bezeichnung der Bodenfarbe werden die Munsell Soil Color Chart und die Farbtafel nach Cailleux und Taylor empfohlen. Bei der Ansprache der Bodenarten werden noch die verschiedenen, sehr unterschiedlichen Einteilungssysteme und Dreiecksdiagramme aufgeführt.
B. Große. 370.

2-64/01-0193 Dupuis, M.; Arras, Stat. Agronomique. Directive pour l'étude des sols, au terrain et au laboratoire. 7 ème note. **(Anweisung für die Untersuchung von Böden im Gelände und im Laboratorium. 7. Mitt.)** Bull. Assoc. franç. Étude Sol **1963** Nr. 4. S. 169–209. – 35 Abb., 5 Tab. 6. Mitt. vgl. vorst. Ref. 370.

2-64/01-0194 Brown, D. A. und Bryan, B. B. An undisturbed soil core sampler that is portable and battery-operated. **(Ein transportabler und mit Batterie arbeitender Bohrer, mit dem ungestörte Bodenproben entnommen werden können.)** Arkansas Farm Res. **12** (1963) Nr. 1. S. 3. – 1 Abb., 1 Tab. 370.

2-64/01-0195 Raouf, M. S.; Wageningen, Netherlands, Agric. Univ., Lab. of Technol. Continuous mixing of solids. **(Kontinuierliche Mischung von Flüssigkeiten.)** Meded. Landbouwhogeschool Wageningen **63** (1963) Nr. 4. S. 1–73. – 33 Abb., 8 Tab., 43 Lit. 370.

2-64/01-0196 Wells, C. B.; Adelaide, C. S. I. R. O., Div. of Soils. Stabilizing experimentally leached soil columns with synthetic resins. **(Stabilisierung experimentell durchwaschener Bodensäulen mit Kunstharzen.)** Nature [London] **198** (1963) Nr. 4883. S. 916. – 1 Abb., 2 Lit.

Um Bodensäulen von Austausch- oder Auswaschungsversuchen nach Abschluß der Experimente einer mikroskopischen Betrachtung zugänglich zu machen, empfiehlt es sich, sie mit Kunstharzbildnern zu durchtränken und anschließend durch Polymerisation (Hitzebehandlung) zu verfestigen. Es lassen sich dann ohne weiteres Dünnschliffe anfertigen. Vor der Durchtränkung mit dem Harzbildner, die am besten von oben her und mit leichtem Überdruck erfolgt, ist das Wasser aus dem noch feuchten Boden mit Aceton und anschließend das Aceton mit Styrol zu verdrängen. J. Garz. 370.

2-64/01-197 Göhler, F.; Großbeeren, Inst. für Gemüsebau der Dtsch. Akad. der Landwirtsch.-Wiss. zu Berlin. **Die Bestimmung des Nährstoffgehaltes gärtnerischer Erden im Betriebslaboratorium mittels chemischer Schnellteste.** Arch. Gartenbau **11** (1963) Nr. 4. S. 283–311. — 10 Abb., 10 Tab., 27 Lit. Zus. in Russ., Engl. — nach Zus.

Zur Beurteilung des Nährstoffzustandes gärtnerischer Erden reicht für praktische Zwecke eine Bestimmung des leichtlöslichen Nitrat-N-, P-und K-Gehaltes der Reaktion und des wasserlöslichen Gesamtsalzgehaltes aus. Es wird nachgewiesen, daß die volumenmäßige Abmessung naturfeuchter Erdproben der gewichtsmäßigen Einwaage vorzuziehen ist. Die Ergebnisse werden dann direkt, auf die Volumeneinheit bezogen, erhalten, was in Anbetracht der sehr unterschiedlichen Vol.-Gew. der gärtnerischen Erden vom Gesichtspunkt der Pflanzenernährung Vorteile bietet. Auch vom chem. Standpunkt ist die volumenmäßige Abmessung der Erdproben als günstiger anzusehen, da dabei das Verhältnis zwischen dem T-Wert der abgemessenen Erde und dem Extraktionsmittelvolumen konstanter ist als bei gewichtsmäßiger Einwaage. Zur volumenmäßigen Abmessung der Erdproben wird ein Verfahren angegeben, das dem natürlichen Vol.-Gew. der Erden gut entspricht. Als Extraktionslösung für NPK wird die bekannte Morgan-Lösung, jedoch mit verringertem Na-acetat-Gehalt (6,7 h/l) verwendet, da sie gegenüber anderen Extraktionslösungen die Vorteile einer kurzen Extraktionszeit, einer guten Pufferkapazität und einer geringen Eigenfärbung der Extrakte in sich vereinigt. Die Extraktion erfolgt in einem Verhältnis von 1:10. Als chem. Schnellmethoden werden die bereits für die Nährlösungsuntersuchung vorgeschlagenen Methoden beibehalten. Die chem. Reaktionen werden durch die im Erdextrakt enthaltenen Fremdstoffe nicht gestört. Bezieht man die Ergebnisse der Schnelluntersuchungsmethoden auf die bisher üblichen exakten Nährstoffbestimmungsmethoden, so stimmen die Ergebnisse bei NO_3-N und K_2O gut überein. Bei P_2O_5 betragen die Werte nur 50% der Lactatwerte, was bei dem Vorschlag von Grenzwerten zu berücksichtigen ist. Auf der Grundlage von Düngungsversuchen und Erfahrungswerten werden vorläufige Richtwerte für den optimalen Nährstoffgehalt im Gemüsebau unter Glas gegeben, die durch weitere Untersuchungen ergänzt werden müssen. Neben einer zusammenfassenden Arbeitsvorschrift für die Untersuchung gärtnerischer Erden auf Hauptnährstoffe werden einige Erfahrungen über die Arbeitsweise von Betriebslaboratorien mitgeteilt. 372.

2-64/01-0198 Meščerjakov, A. M.; Duschanbe, Forsch.-Inst. für Landwirtsch. Razloženie počv sernoj i chlornoj kislotami dlja opredelenij azota i fosfora. **(Aufschluß des Bodens mit Schwefel- und Chlorsäure zur Stickstoff- und Phosphorbestimmung.)** Počvovedenie, Moskva **1963** Nr. 5. S. 96–101. — 3 Tab., 7 Lit.

Die vorgeschlagene Methode ermöglicht die gleichzeitige Bestimmung des N und P in einer Bodeneinwaage sowie eine bedeutende Verkürzung der Aufschlußzeit. 1–2 g Boden werden in einem 100-ml-Aufschlußkolben mit 2,5 bzw. 5 ml H_2O durchfeuchtet und nach Zugabe von 5 bzw. 10 ml konz. H_2SO_4 30 Min. stehengelassen. Es werden 4–6 Tropfen konz. $HClO_4$ (50–60%ig) zugesetzt, und die Mischung wird unter mehrmaliger tropfenweiser Zugabe von $HClO_4$ bis zum Klarwerden erhitzt. Nach dem Erkalten wird der Inhalt entweder sofort in einen Destillierkolben zur N-Bestimmung nach Kjeldahl überspült bzw. in einen 100-ml-Meßkolben, der bis zum Eichstrich mit H_2O aufgefüllt wird. Das Ganze wird filtriert, und in aliquoten Teilen des Filtrats werden N nach Kjeldahl bzw. colorimetrisch und P_2O_5 colorimetrisch bestimmt. Ch. Bachmann. 372.

2-64/01-0199 Askinazi, D. L., Ginzburg, K. E. und Lebedeva, L. S.; Moskau, Bodenkundl. Dokutschajew-Inst. der Akad. der Wiss. der UdSSR. Mineral'nye formy fosfora v počve i metody ich opredelenija. **(Mineralische Phosphorformen im Boden und Methoden ihrer Bestimmung.)** Počvovedenie, Moskva **1963** Nr. 5. S. 6–20. – 9 Tab., 26 Lit. Zus. in Engl.
Die von Jackson vorgeschlagene Methode zur Bestimmung der P-Formen des Bodens wurde überprüft und weiterentwickelt. Zur Lösung der Aluminiumphosphate erwies sich 0,5 n NH_4F-Lösung mit einem pH-Wert von 8,5 am geeignetsten. In den NH_4F- und Laugenauszügen wurden neben den mineral. auch die org. P-Formen bestimmt. Zur Beseitigung der störenden Wirkung der F-Ionen bei der colorimetrischen P-Bestimmung wurde der Meßreihe statt Borsäure 50%ige $Al_2(SO_4)_3$-Lösung zugefügt. Diese von den Vff. weiterentwickelte Methode-ausführliche Beschreibung der einzelnen Analysengänge wird gegeben – wurde in der UdSSR mit Erfolg zur Charakterisierung der P-Formen der wichtigsten Bodentypen angewandt.
Ch. Bachmann. 372.

2-64/01-0200 Ráb, F. Komplexometrický rozbor zemin. Stanovení fosforečnanů a síranů. **(Komplexometrische Analyse der Erdarten. Phosphat- und Sulfatbestimmung.)** Sborník Vysoké Školy zemědělské Brně, Řada A **1963** Nr. 1. S. 55–60. – 7 Tab., 8 Lit. Zus. in Russ., Dtsch.
Bei der Bestimmung der Phosphate wird zunächst mit Hilfe eines Mg-Salzes das Magnesium-Ammonium-Orthophosphat (Mg NH_4 PO_4) aus der NH_3-Lösung ausgefällt, dann abfiltriert und in verdünnter HCl gelöst. Die Lösung wird auf Eriochromschwarz T mit Chelaton 3 oder 4 titriert. Im NH_3-Medium können die Phosphate bei Zusatz von Äthyl- oder Methylalkohol mit Hilfe der $MgCl_2$-Lösung auf Eriochromschwarz T titriert werden (1 ml 0,02 mol. $MgCl_2$ entspricht 1,42 mg P_2O_5). In analoger Weise werden die Sulfate durch Titrierung mit Hilfe einer $BaCl_2$-Lösung bei Anwesenheit 40%igen Alkohols und anschließender Rücktitrierung mit Chelaton 4 bestimmt (1 ml 0,05 mol. $BaCl_2$-Lösung entspricht 0,96 mg SO_4). ČSSR/ÚVTI. 372.

2-64/01-0201 Hagin, J. und Dovrat, A.; Rehovot, Israel, Nat. and Univ. Inst. of Agric. Note on methods for determination of available soil potassium. **(Bemerkung über Methoden zur Bestimmung des verfügbaren Boden-Kaliums.)** Empire J. exp. Agric. **31** (1963) Nr. 122. S. 186–188. – 1 Tab. 372.

2-64/01-0202 Skobec, E. M. und Ručko, G. V. Poljarografičeskoe opredelenie pogloščennych osnovanij počvy po metodu Kappena-Gil'kovica. **(Polarographische Bestimmung der adsorbierten Basen des Bodens nach der Kappen-Gilkowiz-Methode.)** Naučn. dokl. vysš. školy. Biol. n. **1961** Nr. 3. S. 189 bis 192. – Aus: Referativnyj žurnal. Biologija, Moskva **1962** Nr. 7. D 108. S. 18.
Die bei der Neutralisation der adsorbierten Basen nicht verbrauchte 0,1 n HCl wurde mit Phenolphthalein, Methylorange und polarographisch bestimmt. Die Titrationswerte, die bei Anwendung von Methylorange bzw. Phenolphthalein festgestellt wurden, unterscheiden sich um $< 4,3$ mval bzw. $< 11,7$ mval/ 100 g Boden von den mit Hilfe der polarographischen Methode ermittelten Werten für adsorbierte Basen. Die polarographische Bestimmung von H- und Al-Ionen bei ihrer gemeinsamen Anwesenheit ist möglich, wenn im HCl-Auszug ein Säureüberschuß vorhanden ist.
übersetzt v. G. Boetticher. 372.

2-64/01-0203 Chopra, Sant Lal; Ludhiana, Punjab, Government Agric. Coll., Dep. of Chem. Determination of elemental sulphur in soils. **(Bestimmung von elementarem Schwefel in Böden.)** J. Indian Soc. Soil Sci. **11** (1963) Nr. 1. S. 33–38. – 1 Abb., 2 Tab., 8 Lit.

2 g getrockneter und gepulverter Boden werden 15 Min. mit 20 ml 20%igem H_2O_2 bei Raumtemperatur behandelt, 30 Min. zentrifugiert (2000 U/min) und nach Abgießen der überstehenden Flüssigkeit mit 20 ml reinem Benzol 5 Min. geschüttelt. Nach erneutem Zentrifugieren (15 Min. bei 2000 U/min) werden 5 ml Extrakt mit 0,2 g Raney-Ni und etwas Propanol-2 versetzt. Die Mischung wird aufgeheizt und langsam ca. 30 Min. mit reinem N_2 (1 Bläschen pro 5 Sek.) durchspült. Das Gas wird in einem Absorber (Aceton/NaOH) von entstandenem H_2S befreit. Nach Beendigung der Reduktion wird der Absorber durch einen 50-ml-Meßkolben mit 35 ml 2%iger Zn-acetatlösung ersetzt. Die H_2S-haltige Lösung wird tropfenweise unter gleichzeitiger N_2-Spülung bei 55–60 °C mit 5 ml 6 n H_2SO_4 versetzt. Nach 20 Min. werden zur H_2S-haltigen Zn-acetatlösung 1,5 ml p-Aminodimethylanilin und nach guter Durchmischung 0,5 ml $FeCl_3$-Lösung (10 g $FeCl_3 \cdot 6\,H_2O$ in 100 ml H_2O) gegeben. Der Inhalt der Kolben wird heftig geschüttelt, 15 Min. auf 25–35 °C gehalten, auf 50 ml verdünnt und bei 670 nm photometriert.

P. Stoß. 372.

2-64/01-0204 Lingane, James J., Lingane, Peter James und Morris, Michael; Cambridge, Mass., Harvard Univ., Dep. of Chem. Gravimetric determination of cobalt as presumed $K_3CO(NO_2)_6$. **(Gravimetrische Bestimmung des als $K_3CO[NO_2]_6$ vorliegenden Kobalts.)** Analyt. chim. Acta [Amsterdam] **29** (1963) Nr. 1. S. 10–21. 372.

2-64/01-0205 Magee, Robert J. und Witwit, Adnan S.; Belfast, Great Britain, Queen's Univ., Dep. of Chem. Spectrophotometric determination of molybdenum with 8-mercaptoquinoline. **(Spektrophotometrische Bestimmung des Molybdäns mit 8-Mercaptochinolin.)** Analyt. chim. Acta [Amsterdam] **29** (1963) Nr. 1. S. 27–30. 372.

2-64/01-0206 Ehrenburg, J. P. und Smit, G. B.; Arnhem, Netherlands, Keuring van Electrotechn. Materialen, Lab. de la N.V. Méthode continue pour le dosage de l'acide carbonique en faibles concentrations. **(Methode für die kontinuierliche Bestimmung von Kohlensäure in geringen Konzentrationen.)** Analyt. chim. Acta [Amsterdam] **29** (1963) Nr. 1. S. 1–9. 372.

2-64/01-0207 Schönberg, W.; Schöneiche bei Berlin, Inst. für Meliorationswes. **Über Beziehungen der Methylenblau-Sorption zu anderen Bodenkennwerten (UK, Humusgehalt und Bodentextur).** Albrecht-Thaer-Arch. **7** (1963) Nr. 9. S. 721–731. – 8 Abb., 3 Tab., 7 Lit. Zus. in Russ., Engl. – nach Zus.

An Bodenproben aus Ackerkrumen und humusfreien Unterbodenhorizonten wurden die Beziehungen der Methylenblau-Sorption zur Umtauschkapazität, zum Humusgehalt und zur Bodentextur untersucht. Zwischen Umtauschkapazität und MB-Sorption besteht eine deutlich ausgeprägte und hochsignifikante Korrelation. Das Verhältnis der UK-Werte zu den MB-Werten ist bei Unterbodenproben enger als bei Krumenproben. Nach Zerstörung der org. Subst. in den Krumenproben zeigten Krumen- und Unterbodenproben gleicher Umtauschkapazität annähernd gleiche MB-Werte. Die MB-Sorption der org. Bodenkomponente lag bedeutend niedriger als ihre Umtauschkapazität. Die Ergebnisse lassen erkennen, daß unter sonst gleichen Bedingungen das Verhältnis UK:MB davon abhängig ist, ob die Bodenproben Humus enthalten oder nicht. Bei humushaltigen Bodenhorizonten ist das Verhältnis weiter als bei humusfreien. Die Beziehungen der Sorptionswerte zur Bodentextur sind zwischen der MB-Sorption und dem Tongehalt straffer als zwischen MB und abschlämmbaren Teilchen. Die Ergebnisse weisen darauf hin, daß die Methylenblaumethode die Sorptionskapazität von Böden besser kennzeichnet, wenn der MB-Wert in konzentrierterer Methylenblaulösung bestimmt wird. 372.

2-64/01-0208 Franken, Ernst; Hamburg. **Über den Streuungsbereich bei der Messung der Erdbodentemperaturen und seine Ursachen.** Meteorol. Rdsch. **16** (1963) Nr. 2. S. 40–45. – 5 Abb., 3 Tab., 5 Lit.
Bei Bodentemperaturmessungen muß man sich eine Vorstellung schaffen, wie die Streuung der Werte auf kleinem Raume ist. Der Konstruktion der Thermometer und den Unterschieden zwischen Quecksilber- und Widerstandsthermometern wird von Primault große Bedeutung beigemessen, und als Ergänzung zu dessen Arbeit sind die Untersuchungen des Vf. anzusehen. – Am Nachmittag ist die Streuung größer als morgens, am größten vor Erreichen der Maximaltemperatur. Die Streuung der Abweichung nimmt mit der Bodentiefe ab, sie ist in 10 und 20 cm Tiefe etwa gleich. Bei Tiefen von 2 und 5 cm ist die Streuung sehr groß, weshalb durch Angaben mehrerer Meßinstrumente ein Mittelwert zu bilden ist. Bei geländeklimatischen Untersuchungen sind deshalb Messungen in 10 cm Tiefe angebracht. Die Untersuchungen wurden auf sandigem Boden in ozeanischem Klima, hauptsächlich im Sommer, durchgeführt. Im Herbst und bei wechselhafter Witterung gleichen sich die Temperaturen weitgehend einander an. In schwerem, zu Rissen austrocknendem Boden hat man wahrscheinlich andere Verhältnisse, dort ist wohl die Streuung bei Quecksilberthermometern, an denen die Erde aufreißt, größer als bei Widerstandsthermometern, über deren Meßkörpern der Boden sich nicht so leicht verändert.
T. v. Wilamowitz-Moellendorff. 374.

2-64/01-0209 Duval, L.; Quimper, Finistère, Stat. d'Agronomie. Application de la méthode densimétrique aux sols de Bretagne. **(Anwendung der densimetrischen Methode auf die Böden der Bretagne.)** Ann. agronom. **14** (1963) Nr. 2. S. 219–226. – 3 Tab., 2 Lit. Zus. in Russ., Engl., Dtsch.
Eine Korngrößenbestimmung ist erst nach vollständiger Zerstörung der organ. Subst. (durch H_2O_2) möglich. Die Menge des benötigten H_2O_2 muß um so größer sein, je höher der Tongehalt des Bodens ist. Es wurden die Fraktionen 50–20 μm, 20–2 μm und < 2 μm bestimmt. Die untersuchten Böden entwickelten sich hauptsächlich auf Granit, Granulit, Schiefer und Sandstein. Ein Vergleich der hier angewandten densimetrischen Methode nach Mériaux mit der Pipettmethode nach Robinson ergab für diese etwa 5% höhere Werte bei der Fraktion < 20 μm. Ähnliche Vergleichswerte wurden in den meisten Fällen für die Siebmethode gefunden. Wird densimetrisch gearbeitet, muß die Temperatur bei der Sedimentation zwischen 18 und 22 °C betragen, sonst ist eine Korrektur nötig. Bei dieser Methode werden charakteristische Kurven für die untersuchten Böden erhalten, sie ist leicht zu handhaben und gibt innerhalb der genannten Fraktionen zuverlässige Werte.
W. Schulze. 374.

2-64/01-0210 Kuipers, H. und Ouwerkerk, C. van; Wageningen, State Agric. Univ., Soil Tillage Lab.; Groningen, Inst. for Soil Fertility. Total pore-space estimations in freshly ploughed soil. **(Bestimmungen des Gesamt-Porenvolumens in frisch gepflügtem Boden.)** Netherl. J. agric. Sci. **11** (1963) Nr. 1. S. 45–53. – 6 Abb., 3 Tab., 5 Lit.
Zur Bestimmung des Porenvolumens (PV) im frisch gepflügten Boden und des danach vor sich gehenden Absetzungsverlaufs werden das PV vor dem Pflügen, die Pflugtiefe und die Aufschüttungshöhe mit dem Reliefmeßgerät ermittelt und daraus das PV errechnet. Das Verfahren wird eingehend beschrieben. Die Genauigkeit der Methode entspricht der Stechzylindermethode beim Arbeiten in abgesetztem Boden. An 4 Marschböden mittlerer Textur und 1 schweren Meeresgrund-Boden durchgeführte dynamische Messungen

der Höhe der Bodenoberfläche über der Furchensohle mit dem Reliefmeßgerät erbrachten den Nachweis für die verdichtende Wirkung der Frühjahrs-Bodenbearbeitung, den großen Einfluß von Niederschlägen auf die Absetzungsgeschwindigkeit, die auflockernde Wirkung von Frost und die geringe Beeinflussung der Bodenoberflächenrauheit durch Frost. V. Koepke. 374.

2-64/01-0211 Varga, L. Egyszerü módszer a talajlakó mikrofauna vizsgálatához. **(Ein einfaches Verfahren zur Untersuchung der Bodenmikrofauna.)** Agrokém. és Talajtan [Agrochem. u. Bodenkunde] **11** (1962) Nr. 2. S. 247–256. – Aus: Ung. Agrar-Rdsch. **1963** Nr. 2.
Die Anwendbarkeit des Verfahrens (Verwendung von Nährböden nach Fedorov, Ashby, Pantos, Vinogradskij) wird demonstriert durch die Bestimmung von Protozoen, die aus verschiedenen ungar. Böden isoliert wurden. Das rel. einfache Anzuchtverfahren eignet sich nicht nur zur wissenschaftlichen Untersuchung der bodenbewohnenden Mikrofauna, sondern auch zur gelegentlichen Demonstration bei mikrobiol. Vorträgen. 376.

2-64/01-0212 Bauernfeind, A. und Poschenrieder, H.; München, Bayr. Landesanst. für Landkult. und Moorwirtsch., Mikrobiol. Abt. **Erfahrungen mit 2,3,5-Triphenyl-Tetrazoliumsalz bei der Keimzählung.** Zbl. Bakteriol., Parasitenkunde, Infektionskrankh. Hyg., II. Abt. **116** (1963) Nr. 5. S. 453 bis 456. – 1 Abb., 1 Tab., 3 Lit.
Die Untersuchungen hinsichtlich der Konz. und Hemmwirkung von 2.3.5-TTC bei der Keimzählung zeigten, daß die Zahlen der vegetativen Keime bei Anwendung von 10^{-4} bzw. 10^{-3}%igen TTC-Konz. nach 72std. Bebrütung 18 bzw. 21,5% unter denen der Kontrollen ohne TTC-Zusatz lagen. Die Hemmung war signifikant. Sporen wurden weniger gehemmt. K. E. Lindner. 376.

2-64/01-0213 Otto, G.; Dresden-Pillnitz, Inst. für Obst- und Zierpflanzenbau der Dtsch. Akad. der Landwirtsch.-Wiss. zu Berlin. **Kennzahlen des Faserwurzelwachstums, eine Voraussetzung für die Prüfung des Einflusses von Mikroorganismen auf das Wurzelwachstum.** Zbl. Bakteriol., Parasitenkunde, Infektionskrankh. Hyg., II. Abt. **116** (1963) Nr. 5. S. 512–516. – 4 Tab., 2 Lit.
Der Wurzelquotient, d. i. das Verhältnis der Wurzellänge bestimmter Wurzelordnungen zur Anzahl der entspr. Wurzelspitzen, wird unter bestimmten Bedingungen durch Mikroben oder deren Stoffwechselprodukte beeinflußt und stellt somit ein Wertmaß (von vielen) für die Wechselbeziehungen zwischen Bodenmikroorganismen und höheren Pflanzen dar.
K. E. Lindner. 376.

2-64/01-0214 Peterson, N. V. und Astaf'eva, E. V.; Lwow, Inst. für Landwirtsch. K metodike opredelenija sacharaznoj aktivnosti počv. **(Zur Methodik der Bestimmung der Saccharaseaktivität der Böden.)** Mikrobiologija, Moskva **31** (1962) Nr. 5. S. 918–922. – 3 Tab., 15 Lit. Zus. in Engl.
Vff. prüften die von Hofmann und Seegerer angewendete Methode zur Bestimmung der Saccharaseaktivität. Die Versuche zeigten, daß Toluol, auch wenn höhere Mengen, als von den genannten Autoren angegeben, verwendet werden, keinen hemmenden Einfluß auf die Mikroorganismen ausübt. Auch die Angaben über die hemmende Wirkung hoher Saccharosekonz. auf die Mikroorganismen bestätigten sich nicht. Selbst bei einer Saccharosekonz. von 20% vermehrten sich die Mikroorganismen. Vff. empfehlen, durch Zugabe von größeren Mengen an Toluol zur Probe und Anwendung von höheren Temperaturen eine Autolyse der im Boden befindlichen Keime herbeizuführen und danach erst die Bestimmung durchzuführen. Zu 20 g Boden (<2 mm) (in einem Meßkolben) werden 10 ml Toluol gegeben. Der Kolben bleibt 3 Std. bei 50 °C im Thermostaten. Danach werden 10 ml Phosphatpuffer (pH = 5,5)

und 10 ml 20%ige Saccharoselösung zugefügt. Nach 24 Std. Inkubation bei 37 °C erfolgt die weitere Bestimmung wie üblich. Wenn auch die Mikroorganismenentwicklung nicht verhindert wird, so wird ihre Zahl doch gesenkt. Die erhaltenen Werte liegen etwas höher als die von Hofmann erhaltenen Werte, da auch die Fermente der im Moment der Probenahme im Boden befindlichen und autolysierten Keime miterfaßt werden H. Winkler. 376.

2-64/01-0215 Hirte, Wolfgang; Kleinmachnow, Inst. für Mikrobiol. der Humboldt-Univ. Berlin. **Bemerkungen zur Bestimmung der Dehydrogenaseaktivität im Boden.** Zbl. Bakteriol., Parasitenkunde, Infektionskrankh. Hyg., II. Abt. **116** (1963) Nr. 5. S. 478–484. – 4 Tab., 7 Lit.

Vf. empfiehlt eine breitere Anwendung der DHA-Bestimmung und zeigt ihre Anwendungsgrenzen auf. Die DHA stimmt nicht in jedem Falle mit der durch andere Methoden ermittelten Mikrobentätigkeit überein (z. B. Keimzahl). Da die DHA eine allg. Fermentreaktion des oxydativen Abbaus ist, scheint sie ein besserer Maßstab zu sein als z. B. die mit großen Fehlern behaftete Keimzahlbestimmung. K. E. Lindner. 376.

2-64/01-0216 Kozová, Jaroslava; Prag-Ruzyne, Tschechoslow. Akad. der Landwirtsch., Inst. für Pflanzenbau, Mikrobiol. Abt. **Mikrobiologische Zellulosezersetzung unter natürlichen Bodenverhältnissen.** Zbl. Bakteriol., Parasitenkunde, Infektionskrankh. Hyg., II. Abt. **116** (1963) Nr. 5. S. 459–468. – 3 Tab., 10 Lit.

Mit Filterpapierstreifen, die mit Hilfe einer Metallhülse in die Ackerkrume eingebracht werden, kann der Celluloseabbau in vertikaler Verteilung ohne Verletzung des Bodenprofils verfolgt werden. Die Einbringung von Filterpapierscheiben ist vor allem nach bestimmten agrotechnischen Eingriffen (Stoppelumbruch, Pflügen u. a.) zu empfehlen. Durch Anreicherung der Cellulose mit NH_3-N ist es möglich, dessen Verwertung beim Celluloseabbau festzustellen (Messung der potentiellen Aktivität). K. E. Lindner. 376.

2-64/01-0217 Unger, Horst; Jena, Inst. für Landwirtsch. Versuchs- und Untersuchungswes. **Ermöglicht der Zellulosetest neben der Erfassung quantitativer Unterschiede gleichzeitig qualitative Aussagen?** Zbl. Bakteriol., Parasitenkunde, Infektionskrankh. Hyg., II. Abt. **116** (1963) Nr. 5. S. 457–458. – 4 Lit.

Auf Grund der verschieden gefärbten Restwatten (mikrobielle Farbstoffe) soll es in vielen Fällen möglich sein, ohne Isolierung und Züchtung auf Art und Anteil cellulosezersetzender Mikroben zu schließen. Voraussetzung für diese zusätzliche qualitative Aussage des „Gazebeuteltestes" ist eine kurze Eingrabezeit, weil hierbei die besten Farbunterschiede auftreten. Es wird weiterhin darauf hingewiesen, daß die Gazebeutel unter Verwendung anderer org. Subst. als Fangbeutel für Mikroorganismen Verwendung finden können. K. E. Lindner. 376.

2-64/01-0218 Gericke, S.; Essen-Bredeney. **Aufgabe und Bedeutung der Bodenuntersuchung.** Kali-Briefe, Fachgeb. 1 6 (1963) Nr. 7. S. 1–6. – 3 Abb.,

Gleichbleibend hohe Erträge werden nur erzielt, wenn hohe P-Gaben jährlich verabreicht werden. Mit normalen P-Gaben von 60 kg/ha wird der P-Zustand des Bodens nur nach langer Zeit verbessert. 90 und 120 kg/ha führen schneller zum gewünschten Erfolg. Auf P-armen Böden können sogar noch größere Mengen verabreicht werden, auf P-reichen Böden genügt es, den augenblicklichen P-Zustand zu erhalten. Für die Steigerung der Bodenfruchtbarkeit und für die Leistungsfähigkeit der angebauten Kulturpflanzen sind regelmäßig durchzuführende Bodenuntersuchungen dringend notwendig. H. Masche. 378.

2-64/01-0219 Kick, H und Groß-Brauckmann, E.; Bonn, Univ., Agrikulturchem. Inst. **Gefäßversuch über den Nährstoffversorgungszustand eines chilenischen Bodens im Vergleich zu Feldversuchen unter den Standortbedingungen Südchiles.** Phosphorsäure **23** (1963) Nr. 1/2. S. 77–81. 378.

2-64/01-0220 **Talaj- és trágyavizsgálati módszerek.** (Boden- und Düngeruntersuchungsmethoden.) Budapest: Mezögazdasági kiadó. 1962. (411 S.) 8°. (1962 A 1661)

H. Bodenfruchtbarkeit

2-64/01-0221 Obrejanu, Gr., Vintilă, Irina, Băjescu, Irina, Canarache, A., Chiriac, Aurelia, Moţoc, Eugenia, Popa, M., Teodoru, O., Thaler, Rozalia und Trandafirescu, T. Caracterizarea agroproductivă a solurilor dinpartea de est a Cîmpiei Romîne. **(Fruchtbarkeit der im östlichen Teil der rumänischen Donauebene gelegenen Böden.)** An. Inst. Cercetări agronom., Ser. A **29** (1961, hrsg. 1962) S. 9–36. – 9 Abb., 7 Tab., 22 Lit. Zus. in Russ., Franz.

Die Arbeit ist ein Beitrag zur Kenntnis der Fruchtbarkeit der wichtigsten Böden, die im östlichen Teil der Donauebene vorkommen. Die Böden, größtenteils auf lößähnlichen Materialien gebildet, zeichnen sich durch guten Fruchtbarkeitszustand aus. Die Fruchtbarkeit der rotbraunen Waldböden ist, bedingt durch geringeren Nährstoffgehalt und veränderte phys. Eigenschaften, geringer als die der Tschernoseme. Die Ernteerträge, hauptsächlich auf Steppen- und Waldsteppenböden, werden in hohem Maße durch den Wasserhaushalt der Böden während des Pflanzenwachstums bestimmt.
G. Obrejanu. 380.

2-64/01-0222 **Programm zur Steigerung der Bodenfruchtbarkeit im Bezirk Rostock.** Rostock: Bezirkslandwirtschaftsrat. 1963. (8 S.) 4°. (DB 148)

IV. BODENBEARBEITUNG

C. Spezielle Fragen der Bodenbearbeitung

2-64/01-0223 Zweckmäßige Bodenbearbeitung im Zweit- und Zwischenfruchtbau auf verschiedenen Böden Thüringens. Jena, Inst. Pflanzenernähr. Dtsch. Akad. Landwirtsch.-Wiss. Berlin Plan-Nr.: 1701 27 h 2–04/0. Abschlußber. (20/6. 1963).

Versuche zur Erhöhung der Ertragssicherheit im Stoppelfrucht- und Zweitfruchtanbau wurden auf schweren Böden durchgeführt. Bei der Ackervorbereitung zu Stoppelfrüchten lieferte die Bodenfräse bei scholligen Pflugfurchen eine bessere Saatbettstruktur, aber nur geringfügig höhere Erträge wurden erzielt als mit der Scheibenegge. Der Umbruch eines untergesäten Kleegrasgemisches hatte keinen Einfluß auf die Saatbetterrichtung. Im Zweitfruchtanbau war die Fräsenbearbeitung ebenfalls bei ungünstigen Bodenverhältnissen den herkömmlichen Verfahren überlegen. Der gemeinsame Anbau von Stoppelfrüchten und Winterzwischenfrüchten brachte nur im Versuchsjahr 1960/61 einen Herbst- und Frühjahrsertrag. 430.

2-64/01-0224 Kunze, A.; Müncheberg, Inst. für Acker- und Pflanzenbau der Dtsch. Akad. der Landwirtsch.-Wiss. zu Berlin. **Die Wirkung des meliorativen Pflügens auf Struktur und Wasserhaushalt eines leichten Sandbodens. 1. Mitt. Der Einfluß des meliorativen Pflügens auf die Bodenstruktur.** Albrecht-Thaer-Arch. **7** (1963) Nr. 9. S. 673–698. – 17 Abb., 4 Tab., 32 Lit. Zus. in Russ., Engl. – nach Zus.

Zur nachhaltigen Verbesserung leichter Sandböden wurde im o. g. Inst. das meliorative Tiefpflügen entwickelt. Die erste Mitteilung gibt einen Überblick über die Veränderungen der Strukturverhältnisse in den ersten 4 Jahren nach Durchführung der Tiefenbearbeitung und -düngung. Sowohl mit der Stechzylindermethode als auch mit einer Rammsonde konnte nachgewiesen werden, daß durch die 45–50 cm tiefe Pflugfurche im Vergleich zur normalen Krumenbearbeitung eine intensive und nachhaltige Auflockerung der verdichteten Unterbodenschichten erfolgte. Diese Lockerungswirkung war im 1. Jahr nach der Tieffurche am stärksten, sie konnte jedoch auch im 4. Jahre nach Versuchsanlage noch deutlich nachgewiesen werden. Während im 1. Versuchsjahr die Schicht 25–30 cm bei normaler Bearbeitung ein Porenvolumen von 38,3% aufwies, betrug es bei meliorativer Bearbeitung 45,2%. Im 4. Versuchsjahr betrug das PV der gleichen Bodenschicht bei normaler Bearbeitung 37,8 und nach meliorativem Pflügen 40,9%. Noch deutlicher kam der Unterschied in der Lagerungsdichte des Unterbodens der beiden Bearbeitungsvarianten bei den Messungen mit einer Rammsonde zum Ausdruck. Die hierbei ermittelten Werte betrugen im 4. Versuchsjahr bei tiefer Bearbeitung nur etwa 30% von dem auf der normal gepflügten Variante gemessenen Bodenwiderstand. In der Ackerkrume trat durch die meliorative Bearbeitung nur im 1. Jahr eine zusätzliche Auflockerung ein. Untersuchungen der Dynamik der Lagerungsdichte ergaben enge Beziehungen zum Verlauf des Feuchtegehaltes des Bodens, die in einem unbestellten Modellversuch bes. deutlich aufgezeigt werden konnten. Zunahme der Bodenfeuchte führte zu höheren Vol.-Gew. und zur Abnahme des Sondenwiderstandes, wobei die Unterschiede zwischen den Bearbeitungsvarianten erhalten blieben. 435.

2-64/01-0225 Szepesi, L. A suhángkiemelö ekék nemzetközi összehasonlító vizsgálatának tapasztalatai. **(Erfahrungen bei der Internationalen Vergleichsprüfung der Heisteraushebepflüge.)** Erdészeti Kutatások [Forstwirtsch. Forsch.] **58** (1962) Nr. 1/3. S. 165–196. — Aus: Ung. Agrar-Rdsch. **1963** Nr. 3.
Die Vergleichsprüfung wurde durch das Inst. für Forstwissenschaften — im Sinne des Beschlusses der Ständigen Arbeitsgruppe für Mechanisierung und Elektrifizierung der Landwirtschaft im Rat für Gegenseitige Wirtschaftshilfe — vom Aug. 1960 bis Mai 1961 nach der durch den RGW genehmigten Methodik ausgeführt. — Geprüft wurden insgesamt 4 Heisteraushebepflüge, und zwar der sowj. „UPN-2“, der tschechoslowak. „VON“ sowie die ungar. Pflüge „Szolnok“ und „Györ“. Die ausführlich besprochenen Prüfungsergebnisse beweisen, daß, von einigen Mängeln abgesehen, alle Heisteraushebepflüge auf leichten und mittleren Böden ihrer Bestimmung entsprechen. Es wäre jedoch zweckmäßig, in der Zukunft die besten Eigenschaften der geprüften Pflüge zu vereinigen und je einen Typ für leichte und mittlere Böden bzw. für alle Bodenverhältnisse zu entwickeln. Bei diesen sollen die Gleichgewichtsverhältnisse unbedingt besser gestaltet werden, da die jetzigen Gleichgewichtseinrichtungen entweder zu viel Zugkraft benötigen oder zu einer starken einseitigen Inanspruchnahme des Schleppers führen. 435.

V. LANDBAUTECHNIK. MELIORATIONSWESEN

A. Zusammenfassende Darstellungen über das Gesamtgebiet des Meliorationswesens

2-64/01-0226 Franke, P. **Entwicklung und Erfahrungen im wasserbaulichen Versuchswesen.** Österr. Wasserwirtsch. **15** (1963) Nr. 3–4. S. 70–76.
Zunächst gibt Vf. einen vom Altertum (2500 v.u.Z.) bis in die Neuzeit reichenden Überblick über wasserwirtschaftliche Bauten, ihren Umfang und ihre kulturellen Auswirkungen. In einem weiteren Abschnitt wird die Entwicklung der Hydraulik und des Versuchswesens unter Benennung der hiermit verbundenen wissenschaftlichen Fachkräfte dargelegt. Von diesen Erläuterungen ausgehend, gelangt Vf. zu den Strömungsproblemen, zu deren Erkundung er 2 Gruppen (1. Modellversuche für Gestaltung von Bauwerken und 2. Untersuchungen über die reine Grundlagenforschung) bildet, die infolge ihrer Ver-

wandtschaft gemeinschaftlich bearbeitet werden sollten. Die Notwendigkeit der Modellversuche wird in ihren Grundlagen aufgezeigt.
R. Paetel. 501.

2-64/01-0227 Hoffmann, Wolfgang; Tübingen. **Die Bedeutung wasserwirtschaftlicher Maßnahmen für die Entwicklung Afghanistans.** Wasserwirtschaft **53** (1963) Nr. 5. S. 184–191. 501.

2-64/01-0228 Colas, René; Paris. **Wasserwirtschaftliche Verhältnisse in Frankreich.** Städtehygiene **14** (1963) Nr. 5. S. 83–88. 501.

2-64/01-0229 Anonym. **Jahresbericht der Wasserwirtschaft Rechnungsjahr 1962.** Wasser u. Boden **15** (1963) Nr. 3/4. S. 72–139. – 58 Abb., 1 Tab.
Der Gesamtbericht gibt einleitend eine Übersicht über die Finanzierung wasserwirtsch. und kulturtechn. Arbeiten unter bes. Berücksichtigung der vom Bund und von den Ländern gegebenen oder gelenkten Mittel. Im Bericht werden 2 Ereignisse hervorgehoben: der Abschluß der neuen Wassergesetzgebung und die Sturmflut vom Febr. 1962 mit ihren weitgehenden Auswirkungen. In den anschließenden Einzelberichten der Länder finden sich u. a. Ausführungen über Gewässerkunde und wasserwirtsch. Rahmenplanung, Flurbereinigung und Flurneuordnung, landwirtsch. Wasser- und Wegebau, Wasserversorgung und Abwasserbeseitigung, Wildbachverbauung und Hochwasserschutz, Ent- und Bewässerung sowie Ausblicke auf das Jahr 1963.
E. v. Wangenheim. 501.

2-64/01-0230 **Festschrift aus Anlaß der Vollendung seines 60. Lebensjahres dem Ordinarius für Wasserbau und Wasserwirtschaft, Heinrich Press, gewidmet von seinen Mitarbeitern und Schülern.** Berlin: Techn. Univ. 1961. (127 S.) 4° = Institut für Wasserbau und Wasserwirtschaft. Mitteilung. 55. (SR 3068, 55)

B. Urbarmachung. Ödlandkultur. Komplexmelioration

2-64/01-0231 Horn, S.; Lüneburg. **Meliorationen.** Wasser u. Boden **15** (1963) Nr. 6. S. 228–231. 510.

2-64/01-0232 Schwarz, K. **Die Bedeutung der Melioration für die Steigerung der Bodenfruchtbarkeit.** Wiss.-techn. Fortschr. Landwirtsch. **4** (1963) Nr. 3. S. 105–107.
Mit vorstehendem Bericht klärt und umreißt Vf. die Begriffe: Hydro-, Gefüge-, Oberflächen- und Flurmelioration und gibt einen Überblick über die Meliorationsauswirkung auf den verbesserungsbedürftigen Flächen der DDR, wobei auf die Verteilung der speziellen Maßnahmen und ihre Vordringlichkeit in den einzelnen Gebietsteilen hingewiesen wird. Bes. geht Vf. auf den Ministerratsbeschluß vom 21. 6. 1962 ein, der die Maßnahmen des Meliorationswesens beinhaltet, wobei der Aufgaben- und Wirkungsbereich der Meliorationsgenossenschaften und die Tätigkeit der Meliorationsbetriebe herausgestellt werden.
R. Paetel. 510.

2-64/01-0233 Vidal, H.; München, Bayer. Landesanst. für Landkult. und Moorwirtsch. **Ergebnisse vergleichender Abfluß- und Grundwasserbeobachtungen auf einer unberührten bzw. kultivierten Hochmoorfläche in den südlichen Chiemseemooren im Abflußjahr 1961.** Bayer. landwirtsch. Jb. **39** (1962) Nr. 7. S. 819–835. – 6 Abb., 4 Tab., 10 Lit.
Verglichen wurden die hydrologischen Verhältnisse zweier Hochmoore, von denen das eine nicht kultiviert (**I**) ist, das andere seit 50 Jahren entwässert und als Grünland genutzt wird (**II**). Die Niederschlagssumme lag 1961 174 mm unter dem 7jähr. Mittel, die mittlere Abflußspende von **I** bei 24,4, von **II** bei 21,5 l/s km². Kleine Abflußspenden traten bes. bei **I** auf, wobei an 33 Tagen überhaupt kein Abfluß erfolgte. Die Wasserführung bei **II** lag schwerpunktmäßig im Niedrigwasserbereich bei Werten zwischen 5 und 10 l/s km².
H. Pätzold. 515.

2-64/01-0234 Puffe, D. und Groß-Brauckmann, E.; Bremen, Staatl. Moorversuchsstat. **Mikromorphologische Untersuchungen an Torfen.** Z. Kulturtechn. **4** (1963) Nr. 3. S. 159–188. – 5 Abb., 1 Tab., 59 Lit.
Die auf Hochmooren (unter Grünlandnutzung) durchgeführten Untersuchungen betrafen die sekundären Zersetzungsvorgänge in der oberen, als „Weißtorf" bekannten Hochmoor- oder Bleichmoostorfschicht. – Durch Milben wird das oberflächennahe Torfmaterial zerfressen und allmählich in Losung verwandelt, die eine dicht gelagerte, feinkrümelige Struktur aufweist. An diesen aeroben Zersetzungsvorgängen sind außerdem Pilze stark beteiligt, ferner Regenwürmer, soweit eine Kalkung vorausging. Allmählich bildet sich eine stark zersetzte Schicht zwischen dem Wurzelfilz der Narbe und dem darunter befindlichen, älteren Torf, die als „Hochmoor-Moder" bezeichnet wird. Bei der häufig zu beobachtenden Verdichtung kann ein Umbruch mit Ackerzwischennutzung und anschließender Neuansaat nützlich sein.
H. Pätzold. 515.

2-64/01-0235 Knabe, O. und Knabe, Brigitte; Paulinenaue, Inst. für Grünland- und Moorforsch. **Heuqualität in Niedermoorgebieten.** Tierzucht **16** (1962) Nr. 4. Grünland/Feldfutter **3** S. 13–16.
200 Heuproben vom 1. Wiesenschnitt, je 50 aus dem Gebiet des Havelländischen Luchs, des Rhinluchs, der Friedländer Großen Wiese und der Lewitz, wurden auf ihren Gehalt an org. Nährstoffen, Mineralstoffen und Mikronährstoffen untersucht. 60% der Proben hatten <9% Rohprotein, 60% < 0,48% P_2O_5, 100% < 1% CaO, 85% < 7,5 mg/kg Cu, 59% < 100 mg/kg Mn und 62% < 0,08 mg/kg Co. Der Gehalt an Zn und Mo war günstig. – Danach ist die Qualität des Wiesenheus dieser Gebiete unzureichend, und neben einer rechtzeitigen Mahd wird die Düngung mit Thomasmehl und Kupfersulfat bzw. Kupferschlacke empfohlen. O. Leisner. 515.

2-64/01-0236 *Grabovskaja, O. A.* (unter d. Red. v. *Antipov-Karataev, I. N.* und *Kerzum, P. A.*) Hrsg.: Akademija nauk Tadžikskoj SSR; Institut počvovedenija. **Processy rassolenija počv dolin Južnogo Tadžikistana pri melioracii.** (Prozesse der Versalzung der Niederungsböden im südlichen Tadshikistan bei der Melioration.) Stalinabad: Izd. Akademii nauk Tadžikskoj SSR. 1961. (272 S. m. 54 Abb., 142 Tab. u. 320 Lit.) 8°. Rbl. 2,39 = Trudy. Akademija nauk Tadžikskoj SSR. Institut počvovedenija, Stalinabad Bd. 10 Nr. 1. Vf. gibt einen Überblick über den Versalzungsprozeß der Niederungsböden Tadshikistans, schildert die wichtigsten chem. und phys. Eigenschaften der Salzböden und erläutert sehr eingehend den Vorgang der Entsalzung sowie die wichtigsten erforderlichen meliorativen Maßnahmen. W. Görtler.

2-64/01-0237 *Kil'dema, Kallio Tynisovič.* **Ob uluččenii ispol'zovanija kamenistych zemel'.** (Über die verbesserte Ausnutzung steiniger Böden.) Leningrad; Moskva: Sel'chozizdat. 1962. (116 S.) 8°. (1962 A 1606)
2-64/01-0238 *Sommerfeldt, Helmut.* **Meliorationen im Küstengebiet.** Untersuchungen über Ergebnisse und Kosten von Maßnahmen des niedersächsischen Küstenplanes. Hiltrupp/Münster: Landwirtschaftsverl. 1960. (74 S.) 8° = Landwirtschaft – angewandte Wissenschaft Nr. 102. (SR 509,102)
2-64/01-0239 **Soil conservation and the planning of land use.** Papers read in the conservation section of the 10th New Zealand science congress. Wellington: Soil Conservation and rivers control council. 1963. (52 S.) 8°. (1963 A 694)

C. Entwässerung. Dränung

2-64/01-0240 Ouwerkerk, J. H. van. De drainageformule van Don Kirkham. **(Die Formel für die Dränung von Don Kirkham.)** Tijdschr. Kon. nederl. Heidemaatschappij **74** (1963) Nr. 3. S. 119–126. – 3 Abb., 1 Lit.
Don Kirkham stellte 1940 eine Formel für die Dränung auf. Zu beachten ist, daß diese Formel für einen sog. idealen Drän abgeleitet wurde. Darunter wird ein Drän verstanden, bei dem das Wasser allseitig einströmen kann, d. h. ein Drän mit einem völlig porösen Mantel. In der Praxis wird das kaum möglich sein. E. M. Ardelt. 525.

2-64/01-0241 Jürgens-Gschwind, S. **Pionierarbeit für die rationelle Ent- und Bewässerung.** Wasser u. Nahr. **8** (1963) Nr. 1. S. 36–38. – 5 Abb.

Die Verlegung von Kunststoff-Dränrohren mit Hilfe eines neuentwickelten Dränpfluges wird beschrieben. Der Rohrpflug wird von einem 90-PS-Schlepper gezogen. Er durchschneidet den Boden V-förmig bis zu einer Tiefe von 1,40 m. Im Innern der Schare besitzt er Führungen, die das flexible, endlose Kunststoffrohr und etwa erforderliches Filtermaterial in die Kiellinie des Pfluges bringen und dort ausmünden lassen. Die Steuerung erfolgt durch Verstellen des Schnittwinkels der Schare. 100 m Drän werden in 2½ Min. verlegt. Für die Bedienung sind 1 Traktorist, 1 AK zur Steuerung des Pfluges und 1 Helfer erforderlich. D. Voigt. 525.

2-64/01-0242 Olbertz, M. H., Titze, E. und Klietz, H.; Rostock, Univ., Inst. für Meliorationswes. **Die Entwicklung und versuchsmäßige Erprobung der Rostocker Plasterohrdränpflüge.** Arb.-Ber. Inst. Meliorationswes. Univ. Rostock **1962** Nr. 1. S. 15–29. – 13 Abb., 20 Lit.
Die am Inst. für Meliorationswesen der Univ. Rostock im Jahre 1962 konstruierten und versuchsmäßig eingesetzten Plasterohr-Dränpflüge Typ FP1 und FP 2 ermöglichen eine vollmechanisierte Herstellung sowohl der Dränsauger als auch Dränsammler nebst zugehörigen Anschlüssen und Ausmündungssicherungen. Die gleichzeitige Filterung der Dränrohre in beliebiger Höhe – gegebenenfalls bis zur Erdoberfläche – verbessert die Dränwirkung bes. in tagwasservernäßten oder druckwasserführenden Böden. Die Gefälleausbildung der mit dem Dränpflug FP 1 in Drahtseilzug eingebrachten Plastrohrdräns weist z. Z. die höchste Genauigkeit auf. 525.

2-64/01-0243 Knobloch, H.; Limburgerhof, Landwirtsch. Versuchsstat. **Dränung mit neuen Möglichkeiten.** Z. Kulturtechn. **4** (1963) Nr. 3. S. 157 bis 158. – 4 Abb.
Beschrieben wird die vollmechanisierte Dränung mit einem Rillen-Rippenrohr aus Hart-PVC (Fränkisches SBF-Dränrohr, DGM) mit seitlichen Eintrittsöffnungen für das Bodenwasser. Dieses Rohr zeichnet sich durch hohe Querfestigkeit und große Biegsamkeit aus und wird aus Teilstücken von je 5 m mühelos zusammengesetzt. Der Rohrpflug (Konstruktion Willner/Münster) arbeitet bis zu 1,40 m Tiefe und wird von einer 90-PS-Raupe gezogen. Arbeitsleistung: 100 m in 2½ Min., Arbeitskräftebedarf: 3 AK.
H. Pätzold. 525.

2-64/01-0244 Olbertz, M. H., Wertz, G. und Köster, H.; Rostock, Univ., Inst. für Meliorationswes. **Ein Verfahren zur Rekonstruktion von Dränanlagen.** Arb.-Ber. Inst. Meliorationswes. Univ. Rostock **1962** Nr. 1. S. 2–13. – 6 Abb., 1 Tab., 7 Lit. – nach Zus.
Rekonstruktion und laufende Instandhaltung von Dränanlagen sind gegenwärtig eine der wichtigsten Aufgaben der Meliorationsgenossenschaften und -betriebe. Am Inst. für Meliorationswesen der Univ. Rostock wurde ein Gerät entwickelt, mit dessen Hilfe sich sowohl Wiederauffindung (einschl. Ortung lokaler Verstopfungen) als auch Reinigung der Dränsysteme ermöglichen lassen. Das Gerät besteht aus einer am RS 09/15 angesetzten Hochdruckpumpe des Sprüh- und Stäubegerätes S 293/2 oder 293/3, einem 100 m langen Decelithschlauch (13 mm lichte Weite) mit eingesetztem Spülkopf sowie aus einem Zusatzgerät zur Funkortung. Für den Einsatz des Gerätes werden 2 Arbeitskräfte benötigt. 525.

2-64/01-0245 Spencer, W. F., Patrick, R. und Ford, H. W.; Lake Alfred, Florida Agric. Exp. Stat.; Citrus Exp. Stat. The occurrence and cause of iron oxide deposits in tile drains. **(Das Vorkommen und die Ursache von Eisenoxyd-Ablagerungen in Dränrohren.)** Proc. Soil Sci. Soc. America **27** (1963) Nr. 2. S. 134–137. – 2 Abb., 2 Tab., 13 Lit.
In einigen Dränrohren unter *Citrus*-Beständen wurden rötlich gefärbte, schlammartige Ablagerungen gefunden, die das normale Funktionieren des

Systems durch Blockierung des Durchflusses behinderten. Das Auftreten dieser Ablagerungen, die einen hohen Anteil org. Subst. enthielten (Bakterienleiber und deren sekundäre Abbauprodukte) und unabhängig von der Art des verwendeten Materials (bitumöse oder Tonrohre, mit Sägemehlfilter oder Fiberglas installiert) auftraten, konnte auf die Wirkung von „Eisenbakterien" zurückgeführt werden, die für Oxydation und Fällung des reduzierten Fe im Dränwasser verantwortlich zu machen waren (die anorg. Anteile waren in der Hauptsache hydratisierte Fe- und Al-Oxyde). Die rel. Menge der örtlich wechselnden Ablagerungen stand in enger Beziehung zur Konz. des aus dem Boden mit Hilfe von 2%igen $AlCl_3$-Lösungen extrahierbaren reduzierten Fe. Hauptsächlich gefunden wurden: *Gallionella, Leptothrix, Thiotrix, Thiobacillus, Crenothrix* und *Chladothrix*. H. E. Freytag. 525.

D. Bewässerung

2-64/01-0246 Schultz, W. M. South Dakota irrigation. **(Bewässerung in Süddakota.)** South Dakota Farm Home Res. **13** (1962) Nr. 3. S. 6–9. 19. – 5 Abb., 8 Tab.

In den letzten 20 Jahren hat die Bewässerungspraxis in Süddakota sowohl an Quantität als auch an Qualität stark und stetig zugenommen, wobei das „East-River-Projekt" einen bes. Anteil hat, denn es stellt das erforderliche Wasser billig und reichlich zur Verfügung. E. v. Wangenheim. 530.

2-64/01-0247 Wolf, J. de. Irrigatie in Mexico. **(Bewässerung in Mexiko.)** Tijdschr. Kon. nederl. Heidemaatschappij **74** (1963) Nr. 3. S. 86–92. – 4 Abb.

Mexiko liegt etwa auf dem gleichen Breitengrad wie Ägypten, Syrien, Israel, Südiran und Südirak. 77% der Oberfläche haben ausgesprochen arides bis semiarides Klima. Die übrigen 23% der Oberfläche besitzen günstigere Niederschlagsbedingungen. Für die meisten Gebiete ist Bewässerung für die Landwirtschaft lebensnotwendig. Es besteht ein bis 1980 reichendes Programm der Regierung, das vorsieht, die gesamte bewässerte Oberfläche auf 5,5 Mill. ha zu erhöhen. Einige der vorgesehenen Aufgaben sind: Das „Verkleiden" der Bewässerungskanäle, wobei Boden und Böschung mit einer Abdichtungsschicht versehen werden, um die Perkolation zu verhindern. Um eine optimale Wirkung der Bewässerung zu erreichen, werden die einzelnen Parzellen auf eine einheitliche Größe gebracht und in jeder Provinz Dienststellen zur Überwachung der Be- und Entwässerung und zur Beratung eingerichtet. Die Landbesitzer werden z.T. die Investierungs- und Instandsetzungskosten der Bewässerungseinrichtungen tragen. Maßnahmen der Flurbereinigung, die die Bildung von Bewässerungsbetrieben, die kleiner als 10 ha sind, ausschließen, sind vorgesehen. E. M. Ardelt. 530.

2-64/01-0248 Klatt, Fritz. **Vorplanung von 2000 ha Beregnungsflächen im mittleren Bodegebiet.** Vorplanung Humboldt-Univ. Berlin, Inst. für Acker- und Pflanzenbau **1957** (eing. 26/2. 1963) 32 S. – 7 Tab.

Das Bewässerungsgebiet liegt beiderseits der mittleren Bode von Thale bis Staßfurt. Die Beregnungsflächen sind nicht zusammenhängend. Das Bewässerungswasser entstammt überwiegend der Bodetalsperre. Bodenart: Überwiegend schwarzerdeähnlicher Aueboden. Grundwasserstand: 3–5 m. Eine weitere Steigerung der bereits hohen Intensität ist z.Z. infolge Arbeitskräftemangels nicht möglich. Daher wird nur Ertragssteigerung bei den angebauten Früchten angestrebt. Im einzelnen werden ausgewiesen: Akademiegüter Hadmersleben (800 ha) und Amt Hadmersleben (700 ha), VEG Unseburg (514,5 ha), VEG Quedlinburg (72 ha), MTS Egeln Nord (530 ha), MTS Gröningen (200 ha) und MTS Wegeleben (200 ha). Es wird mit einem Nettomehrertrag von 263 DM/ha und einer Wirtschaftlichkeit von 19% gerechnet. 531.

2-64/01-0249 **Der Einfluß der Bewässerung mit Abwasser und Klarwasser auf die Bodenzoologie leichter und schwerer Böden.** Halle/Saale, Institut für Grünland und Meliorationswesen der Martin-Luther-Universität Halle-Wittenberg Plan-Nr.: 2155 23/1–09/1. 29 S. Wiss. Ber. (24/4. 1963).
Die Wirkung der Klar- und Abwasserverregnung auf die terricole Mesofauna (Milben und Collembolen) eines sandig-lehmigen Grünlandstandortes unter Berücksichtigung der phys. und chem. Bodenverhältnisse sowie der Ertragsleistung wurde untersucht. Es handelt sich um nur einjährige Versuchsergebnisse, die besprochen werden. 532.

2-64/01-0250 Bolsenkötter, Hugo. **Vergleichende Betrachtung der Methoden zur Beurteilung der Grundwasser-Neubildung.** Wasserwirtschaft **53** (1963) Nr. 3. S. 66-69.
Zur Beurteilung der Grundwasser-Neubildung gibt Vf. eine vergleichende Darstellung der heute gebräuchlichsten Methoden. Danach werden zu den Ermittlungen herangezogen: Verdunstungswerte, Abflußkurven, Kleinstabflußspenden, Grundwasserdurchfluß, Grundwasserzufluß, mittlere Grundwasserspende, Lysimetermessungen und Grundwasserschwankungen. Die einzelnen Methoden werden kritisch betrachtet und erläutert.
R. Paetel. 533.

2-64/01-0251 Work, R. A. Snow water. **(Schneewasser.)** Soil Conservat. **28** (1963) Nr. 10. S. 212–213. – 4 Abb. 533.

2-64/01-0252 Gruhler, Joachim Friedrich; Dresden, TU, Inst. für Stadtbauwes. und Straßenbau. **Die Berücksichtigung des Speichervermögens von Regenwasserkanalisationen.** Gesundheits-Ing. **84** (1963) Nr. 6. S. 168–175. 533.

2-64/01-0253 Akay, Gejza; Bratislava, Riaditel'stvo Vodohospodárského Rozvoja. Údolné nádrže pre pol'nohospodárstvo. **(Stauseen für die Landwirtschaft.)** Vodní Hospodářství **13** (1963) Nr. 1. S. 30–32. – 2 Abb., 3 Tab.
Nach dem Ausbau der Bewässerungsanlagen werden nicht einmal die größten Flüsse (mit Ausnahme der Donau) imstande sein, diese Anlagen dauernd mit Wasser zu versorgen, da im Fluß neben dem Bewässerungswasser eine min. Wassermenge für Industrie, Reinhaltung des Flußbettes und für den allg. Verbrauch verbleiben muß. Man wird daher gezwungen sein, große Stauseen zu errichten, um die Wasserbedürfnisse der Landwirtschaft zu befriedigen. Es wird angegeben, wie solche Behälter zu berechnen sind, wenn sie für einen bestimmten Bewässerungsverbrauch am ökonomischsten sein und nach Bedarf die natürlichen Wasserläufe ergänzen sollen. Die vorgeschlagene Berechnungsmethodik wird an einem Beispiel erklärt. Die Berechnung geschieht auf Grund der durchschnittl. Durchflüsse im Monat. Das ganze Jahr wird in das Vegetationshalbjahr mit Bewässerung Apr.–Sept., wobei jeder Monat separat in Betracht gezogen wird, und in das zweite Halbjahr Okt.–März eingeteilt, wo es genügt, die Summe der durchschnittl. Monatsdurchflüsse festzustellen. Von diesen Ziffern wird die Durchflußgabe, die für die Bewässerung nicht zur Verfügung steht, abgezogen. ČSSR/ÚVTI. 533.

2-64/01-0254 Beck, Karl; Trier. **Wasserwerk und Automatisierung.** Wasserwirtschaft **53** (1963) Nr. 5. S. 191–196. 534.

2-64/01-255 Böhm, Adolf. **Die Verwendung von Ecepolenrohren (Polyäthylenrohre) in der Wasserwirtschaft.** Wasserwirtsch.-Wassertechn. **13** (1963) Nr. 2. S. 77-79.
Vf. weist auf die Überlegenheit der aus Polyäthylen bestehenden „Ecepolen"-Rohre gegenüber dem KWK-Rohr hin. Die Arbeit enthält Angaben zum Material und zu den hydraulischen Eigenschaften des Ecepolenrohres

sowie Vorschläge für seinen Einsatz in Industrie und Wasserwirtschaft. Abschließend wird die Verlegung der Rohre besprochen. Auf die Möglichkeit, diese Rohre ohne Dichtungsmittel miteinander oder mit Metallrohren zu verbinden, wird hingewiesen. R. Paetel. 534.

2-64/01-0256 Kunze, Philipp; Berlin, KDT. **Wasserverluste und Eigenverbrauch.** Wasserwirtsch.-Wassertechn. **13** (1963) Nr. 2. S. 80–82. – 1 Tab. 534.

2-64/01-0257 Mindner, Dieter und Wolf, Günter; Dresden, KDT; Heidenau. **Das Rohrbruchsuchgerät RS 1 — Wirkungsweise und Anwendung.** Wasserwirtsch.-Wassertechn. **13** (1963) Nr. 3. S. 118–121. – 11 Abb. 534.

2-64/01-0258 Schwille, Friedrich und Werner, Julius. **Pumpversuche mit dem Druckluftwasserheber in engen Kernbohrlöchern.** Dtsch. gewässerkundl. Mitt. **7** (1963) Nr. 3. S. 57–65. – 10 Abb., 11 Lit. 535.

2-64/01-0259 Andreas, Bernd; Berlin. **Beregnung und Berieselung.** Wasser u. Nahr. **8** (1963) Nr. 1. S. 53–54. 536.

2-64/01-0260 Schwarz, K. **Zur Versuchstätigkeit auf dem Gebiete der Beregnung und der Übertragung ihrer Ergebnisse in die Praxis.** Z. Landeskult. **3** (1962) Nr. 3. S. 199–206. 536.

2-64/01-0261 Phillips, Edgar. **Letzte Neuheiten im Bewässerungswesen.** Wasser u. Nahr. **8** (1963) Nr. 1. S. 38–40.
Auf der Royal Smithfield Show in London wurde ein Taschenmanometer für Betriebsdruckmessungen in Beregnungsanlagen mit einem Skalenbereich von 0–3,5 kg/cm² gezeigt. Eine weitere Neuentwicklung der Firma Right-Rain ist eine Standrohr-Schnellkupplung. Wenn das Standrohr ausgebaut wird, verschließt ein Ventil unter Wasserdruck wieder die Öffnung. Ein neuer Schwenkrohrregner, der speziell für die Verteilung von Schlamm, Jauche und Abwässern konstruiert wurde, hat eine Spezialdüse aus Gummi, die sich nicht zusetzt. Schließlich wird eine auf einem Schlepper montierte Kreiselpumpe für die Förderung von Abwasser beschrieben. D. Voigt. 536.

2-64/01-0262 Klatt, F.; Berlin, Humboldt-Univ., Inst. für Meliorationen. **Erfolge und Erfahrungen mit der Feldberegnung 1962.** Dtsch. Landwirtsch. **14** (1963) Nr. 5. S. 227–230. – 3 Tab., 2 Lit. – nach Zus.
Obwohl das Jahr 1962 für den Berger Raum etwas feuchter als normal war, erzielte man bei vielen Pflanzen wirtsch. Beregnungserfolge. Bes. hoch waren die Erfolge bei den Pflanzen, die ihren Beregnungszeitraum im Juni hatten, denn dieser Monat wies die einzige Hitzeperiode des Jahres auf und brachte unternormale Niederschläge. Demzufolge war die Beregnung bei Frühblumenkohl, Frühmöhren, Frühkartoffeln und Ackerbohnen bes. wirkungsvoll. Bei ähnlich gelagerten Witterungsverhältnissen mußten die praktischen Beregnungsbetriebe in diesem Zeitraum und zu den Frühkulturen ihre Beregnungsanlagen unbedingt einsetzen. Bei den Pflanzen, die ihren Hauptwasserbedarf in der 2. Hälfte der Vegetationszeit hatten, war eine Wirtschaftlichkeit der Beregnung nicht immer gegeben, so daß den praktischen Beregnungsbetrieben im mittleren und nördlichen Teil der DDR kein Vorwurf gemacht werden kann, wenn sie ihre Anlagen in diesem Zeitraum nicht einsetzten. Insgesamt bestätigen die Versuche des Jahres 1962 die außerordentlich hohe Wirkung von Beregnungsgaben, wenn diese kurz vor bzw. zu Beginn oder in der 1. Hälfte plötzlich auftretender Hitzeperioden verabfolgt werden. 536.

2-64/01-0263 Uzunov, B. und Kuzmanov, V. Dŭždduvaneto na selskostopanskite kulturi i problemite, koito vŭzniknacha pri negovoto prilagane u nas. **(Die Beregnung der landwirtschaftlichen Kulturen und die bei ihrer**

Anwendung bei uns auftretenden Probleme.) Chidrotechnika i melioracii, Sofija 7 (1962) Nr. 10. S. 304–307.
Eine Analyse der 2jährigen Nutzung der halbstationären Beregnungsanlage „Belyj Lom" auf einer Fläche von 31 000 ha wird gegeben. Es wurde festgestellt, daß in den Grundzügen alle Kennziffern und technischen Lösungen gut im Projekt ausgearbeitet waren. Andererseits hat eine Reihe von Elementen des Beregnungssystems ihre positiven und negativen Seiten gezeigt. Die Erfahrungen haben bewiesen, daß dieses System die größte Zukunft hat, da die Möglichkeit besteht, den Bewässerungsprozeß zu mechanisieren und zu automatisieren und die höchste Arbeitsproduktivität bei niedrigsten Selbstkosten des Wassers zu erreichen. U.a. wird empfohlen, die transportablen Metallsiphons durch Hanf- und Kunststoffschläuche zu ersetzen, neue Regner zu konstruieren und die Anlagen mit verschiedenen Düsen auszurüsten.
NRB/ZSNTI. 536.

2-64/01-0264 Boeker, P. und Kmoch, H. G.; Bonn, Inst. für Pflanzenbau. **Grundwasserstands-Versuche in der Boeker Heide, Kreis Paderborn. 1. Mitt. Anlage und erste Ergebnisse der Versuche.** Z. Kulturtechn. 4 (1963) Nr. 3. S. 142–156. — 2 Abb., 6 Tab., 12 Lit.
Zur Ermittlung der „optimalen" Grundwasserhöhe wurden auf terrassiertem Gelände 5 je 0,25 ha große Versuchsflächen mit Grundwasserständen von 30, 50, 70, 90 und 120–150 cm unter Flur geschaffen und 1959 mit gleichen Kleegrasmischungen besät (*Festuca pratensis*, *Lolium perenne*, *Phleum pratense*, *Poa pratensis*, *Trifolium repens*, *Tr. pratense* und *Lotus corniculatus*). 1960 und 1961 wurden diese Flächen teils als Wiese, teils als Weide genutzt. Die Parzellen mit einem Grundwasserstand von 90 cm brachten in den beiden rel. feuchten Jahren die höchsten Erträge (Wiese: 190,2, Weide: 113,2 dt/ha Tr.-Subst. in 2 Jahren). Die Weideerträge der anderen Grundwasservarianten differierten nur geringfügig (zwischen 92 und 99,1 dt/ha), stärker jedoch auf der Wiese, wo auf „30 cm" mit 127,4 dt/ha die geringsten Erträge erzielt wurden. Die Rohproteinerträge zeigten eine ähnliche Tendenz. — Die Gehaltszahlen an Mineralstoffen nahmen mit zunehmender Lebensdauer ab. — Anstelle der hier früher üblichen Berieselung wird das arbeitssparende Anstauverfahren empfohlen. H. Pätzold. 537.

2-64/01-0265 Klatt, F.; Berlin, Humboldt-Univ., Inst. für Meliorationswes. **Die Beregnung der Getreidearten an Hand 10jähriger Beregnungsversuche.** Z. Landeskult. 4 (1963) Nr. 1. S. 3–34. — 4 Abb., 28 Tab., 13 Lit. — nach Zus.
An Hand 10jähr. Beregnungsversuche wurden für Wi-Roggen, Wi-Weizen, So-Gerste und Hafer die Beregnungszeiträume und die wirtschaftlichsten Zusatzregenmengen ermittelt sowie weitere Gesichtspunkte für die Getreideberegnung aufgezeigt. Die Beregnungszeiträume reichen i.allg. vom Schossen bis kurz nach dem Ährenschieben. Die wirtschaftlichste Zusatzregenmenge liegt bei mittleren Böden und den beschriebenen Klimaverhältnissen im Durchschnitt der Jahre zwischen 30 und 40 mm. Die Versuche zeigten weiterhin, daß die höchsten Beregnungserfolge bei Wi-Weizen und Futter-Sommergerste erzielt werden. Hafer und Wi-Roggen fallen leistungsmäßig etwas ab. Beregnungsbetrieben ist deshalb zu raten, in ihren Beregnungsfruchtfolgen Weizen und standfeste Futter-Sommergersten aufzunehmen. 537.

2-64/01-0266 Lunin, J., Gallatin, M. H. und Batchelder, A. R.; Norfolk, Va., U. S. Dep. of Agric., A. R. S., Soil and Water Conserv. Res. Div.; Virginia Truck Exp. Stat. Saline irrigation of several vegetable crops at various growth stages. I. Effect on yields. **(Bewässerung verschiedener Gemüsepflanzen mit Salzwasser in verschiedenen Wachstumsstadien. 1. Mitt. Einfluß auf Erträge.)** Agronomy J. 55 (1963) Nr. 2. S. 107–110. — 5 Abb., 3 Tab., 10 Lit.

Zur Prüfung der Empfindlichkeit von 6 Gemüsearten gegenüber Salzwassergaben in verschiedenen Entwicklungsstadien wurden 2, 4 bzw. 6 Wochen nach der Aussaat in Gefäßen mit schwach saurem sandigen Lehmboden Gaben von 2,5 mm synthetischem Meerwasser mit einer elektr. Leitfähigkeit von 5, 10, 20, 30, 40 bzw. 50 m Ω^{-1}/cm verabreicht. Die Ertragsdepression als Folge der Wassergaben war bei Tomaten, Spinat, Zwiebeln und Pfeffer um so stärker, je früher der Zusatz erfolgte, bei Rübenblatt und Spargelkohl war kein Einfluß des Bewässerungstermins feststellbar. Steigende Salzkonz. verursachte eine gleichartig zunehmende Ertragsabnahme, lediglich bei Tomaten und Pfeffer war die Schädigung durch steigende Konz. bei später Gabe im Vergleich zur frühen geringer. Die Bildung von Früchten bzw. Speicherorganen und das vegetative Wachstum wurden nicht gleichartig beeinflußt.

V. Kloepke. 537.

2-64/01-0267 Batchelder, A. R., Lunin, J. und Gallatin, M. H.; Norfolk, Va., U. S. Dep. of Agric., A. R. S., Soil and Water Conserv. Res. Div.; Virginia Truck Exp. Stat. Saline irrigation of several vegetable crops at various growth stages. II. Effect on cation composition of crops and soils. **(Bewässerung verschiedener Gemüsepflanzen mit Salzwasser in verschiedenen Wachstumsstadien. 2. Mitt. Einfluß auf die Kationenzusammensetzung von Pflanzen und Böden.)** Agronomy J. **55** (1963) Nr. 2. S. 111–114. — 1 Abb., 5 Tab., 11 Lit. 1. Mitt. vgl. vorst. Ref.

Zusatz von synthetischem Meerwasser mit zunehmender Salzkonz. zu einem neutralen sandigen Lehmboden führte zu einem geringen Abfall des pH-Wertes, einer Änderung des Verhältnisses zwischen den austauschbaren Kationen und einer Anreicherung an löslichen Kationen im Boden. Die in diesem Boden gezogenen Gemüsepflanzen hatten deutlich erhöhte Gehalte an Ca, Mg und K und einen sehr hohen Na-Gehalt. Der Zeitpunkt der Verabreichung des Salzwassers (2, 4 bzw. 6 Wochen nach der Aussaat) blieb i.allg. ohne Einfluß auf den Kationengehalt der Pflanzen. V. Koepke. 537.

2-64/01-0268 Kale, V. R. und Dastane, N. G.; New Delhi, Indian Agric. Res. Inst. Methods of scheduling irrigations. **(Bestimmungsmethoden für Bewässerungsbedürftigkeit.)** Poona agric. Coll. Mag. **53** (1963) Nr. 3/4. S. 18–24. — 23 Lit.

Die Bewässerungsbedürftigkeit ist abhängig von der Pflanzenart, dem Bodenzustand und den Witterungsverhältnissen. Bei den Pflanzen gibt es Möglichkeiten zur Bestimmung des Welkepunktes, der Blattfarbe, der Turgeszenz, des Wassergehaltes der Gesamtpflanze und der Benutzung wasserempfindlicher Indikatorpflanzen, um den günstigsten Zeitpunkt zusätzlicher Wasserzufuhr festzustellen. Verschiedene Methoden der Bodenfeuchtebestimmung werden zur Ermittlung der Bewässerungsbedürftigkeit angeführt. Bei der Ermittlung von Witterungsdaten wird auf die Wasserbilanz (water balance method) verwiesen, wobei die Berechnungsmethoden von Blaney und Criddle, Thornthwaite und Penman miteinander verglichen werden. Für eine ökonomische Nutzung künstlich zugeführten Wassers in Indien wird die Notwendigkeit einer einfachen Berechnung gefordert. H. Pätzold. 538.

2-64/01-0269 Džuninski, Bojan.; Sofia, Ingenieurbauinst. Mnogogodišen režimna napojavaneto. **(Mehrjähriger Bewässerungshaushalt.)** Selskostopanska nauka, Sofija **1(7)** (1962) Nr. 7/8. S. 719–726. — 3 Abb., 5 Lit. Zus. in Russ., Engl.

Die Analyse hat ergeben, daß nicht nur die Bewässerungsnormen, sondern auch die jahreszeitliche Verteilung der Wassermengen sehr unterschiedlich ist. In manchen Jahren wird mit kleinen Bewässerungsnormen ein hoher Wirkungsgrad erreicht. Der mehrjährige Bewässerungshaushalt ist für die Planung und Nutzung der Bewässerungssysteme von großer Bedeutung.

M. Miltschew. 538.

2-64/01-0270 Okun, D. A., Weiss, C. M., Alspaugh, T. A., Berger, B. B., Chasick, A. H., Clark, H. F., Connel, C. H., Martini, F. E. de, Dobbins, W. E., Engelbrecht, R. S., Ettinger, M. B., Foulke, D. G., Furman, T. de S., Gaffney, P. E., Gellman, I., Gloyna, E. F., Harding, H., Ingols, R. S., Ingram, W. M., Kabler, P. W., Katz, M., Kittrell, F. W., Lamb, J. C., Lardieri, N. J., Luley, H. G., Lynn, W. R., McGaughey, P. H., Steffen, A. J., Straub, C., Surber, E., Symons, J. M., Tarzwell, C. M., Trebler, H. A., Tsivoglou, E. C., Vath, C., Westgarth, W. C., Woodward, R. L. und Yahn, I. G. A review of the literature of 1962 on wastewater and water pollution control. **(Rückblick auf die Literatur von 1962 über Abwasser und Wasserverunreinigungs-Kontrolle.)** J. Water Pollut. Control Federat. **35** (1963) Nr. 5. S. 553bis 559. – 61 Lit. 539.

2-64/01-0271 Cerny, Adolf; Wien, TH, Inst. für Verfahrenstechn.' **Schwefelwasserstoff und Sulfide in Gewässern und Abwässern.** Wasser u. Abwasser [Wien] **1958** Beitr. zur Gewässerforsch. S. 377–394. – 2 Abb. 539.

2-64/01-0272 Skougstad, M. W. und Fishman, M. J.; Denver, Colo., U. S. Geol. Survey. Water analysis. **(Wasseranalyse.)** Analyt. Chem., annu. Rev. **35** (1963) Nr. 5. S. 179 R–204 R. – 533 Lit.
Ein Überblick über die wichtigsten im Zeitraum von Aug. 1960 bis Sept. 1962 erschienenen Arbeiten auf dem Gebiete der Wasseranalyse wird gegeben. Bes. Beachtung wurde dabei dem immer größere Bedeutung zukommenden Gebiete der Analyse von Detergents, Phenolen, org. Säuren und anderen org. Verbindungen geschenkt. Gleichzeitig wird auf andere das Gebiet der Wasseranalyse berührende Zusammenfassungen, Handbücher und andere Publikationen hingewiesen. P. Stoß. 539.

2-64/01-0273 Anders, Heinz; Ludwigshafen/Rh. **Was sind Ionen und was versteht man unter Ionenaustausch in der Wasseraufbereitung?** Städtehygiene **14** (1963) Nr. 6. S. 116–118. 539.

2-64/01-0274 Kittner, H.; Dresden, KDT. **Zur Situation der Filtertechnik in der Wasseraufbereitung.** Wasserwirtsch.-Wassertechn. **13** (1963) Nr. 2. S. 73–76. – 7 Abb., 6 Lit. 539.

2-64/01-0275 Anders. **Ionenaustauscher für Beizerei-Abwässer.** Städtehygiene **14** (1963) Nr. 3. S. 47–48. 539.

2-64/01-0276 Ullrich, Hans; Berlin, KDT. **Behandlung der sauren Abwässer aus galvanischen Betrieben.** Wasserwirtsch.-Wassertechn. **13** (1963) Nr. 2. S. 90–91. – 1 Tab. 539.

2-64/01-0277 Knie, Karl, Gams, Heinz und Matejka, Hilde. **Über die Ausfällung von Kupfer in Gewässern.** Wasser u. Abwasser [Wien] **1958** Beitr. zur Gewässerforsch. S. 354–376. – 5 Abb., 6 Lit. 539.

2-64/01-0278 Henriksen, Arne; Blindern, Norway, Inst. for Water Res. Laboratory studies on the removal of phosphates from sewage by the coagulation process. **(Laboratoriumsuntersuchungen über die Entfernung von Phosphaten aus Abwässern durch Koagulationsvorgänge.)** Schweiz. Z. Hydrol. **24** (1962) Nr. 2. S. 253–271. – 9 Abb., 1 Tab., 19 Lit.
Gelöste Phosphate werden beim hydrolytischen Zerfall von Fe-(**I**) oder Al-Sulfaten (**II**) ausgefällt. Vf. ermittelte die günstigsten Fällungsbedingungen, bei denen diese Reaktion abläuft. Bei Verwendung von **II** war im Laborversuch der pH-Bereich von 5,6–6,5, für **I** 3,1–7,4 am günstigsten. Die molare Kapazität war unter optimalen pH-Bedingungen und bei 17 mg PO_4/l am besten, wobei etwa 1,5–2,5 mmol. **I** oder **II**/l verwendet wurden. Eine Variation der PO_4-Konz. ergab, daß die Adsorption der Phosphat-Ionen praktisch linear

ansteigt, bis der Sättigungswert des Fällungsmittels erreicht wird. Die Versuche wurden unter Verwendung von häuslichen Abwässern wiederholt, dabei konnten die oben beschriebenen Versuchsergebnisse im wesentlichen bestätigt werden. D. Nehring. 539.

2-64/01-0279 Möller, Friedrich. **Chemische und biologische Untersuchungen über die Selbstreinigung in Flußstauseen.** Wiss. Z. Karl-Marx-Univ. Leipzig, math.-naturwiss. R. **12** (1963) Nr. 1. S. 269–316.
Untersucht wurden die Flußstauseen a) Rötha, b) Windischleuba, c) Bösdorf, d) Elsterbecken Leipzig (Regattastrecke), e) Stausee Glauchau; sie gehören in die Flußgebiete der Pleiße (a, b), der Weißen Elster (c, d) und der Zwickauer Mulde (e). Wasserwirtschaftlich-landeskulturell sind folgende Ergebnisse von bes. Interesse: 1. Die Reinigungswirkung ist weitgehend porportional der Aufenthaltsdauer als wesentlichem Faktor des biol. Geschehens. 2. Die Untersuchungen bestätigen die von Liebmann bereits getroffenen Aussagen, daß in Flußstauseen β-mesosaprobe bis α-mesosaprobe Verhältnisse nicht überschritten werden dürfen. 3. Der Gebrauch der Flußstauseen als biol. Kläranlagen für abwasserbelastete Flußwässer erfordert im Hinblick auf die Phytoplanktonentwicklung, eine Aufenthaltszeit des Wassers von 14 Tagen vorzusehen und eine regelmäßige Beräumung der Schlammablagerungen durchzuführen. 4. Windbewegung und kurze Aufenthaltsdauer verursachen nur ausnahmsweise Vertikalschichtungen des Wassers in den untersuchten flachen Flußstauseen, wie an Stillwasserbuchten und in stark verkrauteten Abschnitten. 5. Treibende Abwasserpilze führen nach Sedimentation infolge sofortiger Zersetzung zu einer Sekundärbelastung des Gewässers und Schlammes. 6. Verkrautungspflanzen können verstärkte Schlammbildungen ursächlich bedingen. Die durch Planktonmassenentwicklungen bedingten Sekundärverunreinigungen sind in der Regel nur geringfügig. 7. Für das Fließgewässer außerordentlich vorteilhaft ist die nach einer abwasserbedingten Verödung mögliche Wiederbesiedlung an Organismen des Stausees. D. Kramer. 539.

2-64/01-0280 Schertz, G. und Schweisfurth, R. **Halbtechnische Versuche über die biologische Reinigung von Kokereiabwässern nach dem Nocardia-Verfahren.** Gesundheits-Ing. **84** (1963) Nr. 5. S. 145–149. – 7 Abb., 3 Tab. 539.

2-64/01-0281 Klapper, Helmut; Magdeburg, Wasserwirtsch.-Direktion; Leipzig, Karl-Marx-Univ., Zool. Inst. **Zu einigen Problemen der biologischen Wasseranalyse. Nach Untersuchungen im Einzugsgebiet Mittlere Elbe-Sude-Elde.** Int. Rev. ges. Hydrobiol. **48** (1963) Nr. 1. S. 9–34. – 14 Abb., 35 Lit.
Die biol. Wasseranalyse bringt das Ergebnis der Einwirkung zahlreicher phys., chem. und biol. Einflüsse auf den „Organismus Gewässer" zum Ausdruck. Als regionale Faktoren, die den Saprobiegrad mitbestimmen, sind bei der biol. Analyse die biogeograph., geolog.-chem. und regional-hydrograph. Bedingungen zu berücksichtigen. Jahreszeitliche Unterschiede im Saprobiegrad haben natürliche (Entwicklungsrhythmen der Organismen, Selbstverunreinigung) und künstliche (Kampagneverschmutzungen, Winterbetrieb der Kläranlagen) Ursachen. Die verschiedenen Gewässertypen zeigen infolge ihres unterschiedlichen Charakters verschiedene biol. Reaktionsweise auf Abwasserbelastungen. Die Korrelationen zwischen Wasserinhaltsstoffen und der Saprobie sind bei verschiedener Art der Verschmutzung nur sehr lose.
M.-L. Albrecht. 539.

2-64/01-0282 Schwarz, K. **Ergebnisse mehrjähriger Abwasserverregnungsversuche der Versuchsstation Neustrelitz.** Z. Landeskult. **3** (1962) Nr. 3. S. 207 bis 223. 539.

2-64/01-0283 Frank, E. **Ergebnisse mehrjähriger Abwasserberegnungsversuche beim Dauergrünland auf Grenzstandorten im Havelländischen Luch in**

den Jahren 1958–1960. Z. Landeskult. **3** (1962) Nr. 3. S. 294–315. – 3 Abb., 6 Tab., 40 Lit. Zus. in Russ., Engl.
3 Niedermoorstandorte (Neuansaaten) mit hohem Grundwasserstand wurden beregnet (Abwasser der Stadt Nauen). Die Beregnung ergab im Durchschnitt der 3 Versuchsjahre auf „Unberegnet" 298,3, auf „Beregnet" 568,0 dt Grünmasse je ha. Nährstofferträge und Zusammensetzung des Pflanzenbestandes wurden nicht untersucht. Die kurze Versuchsdauer läßt keine endgültigen Folgerungen zu. W. Schönherr. 539.

2-64/01-0284 Schmauder, G. und Dietze, J.; Jena, Inst. für Landwirtsch. Versuchs- und Untersuchungswes. **Ergebnisse mehrjähriger Abwasserberegnungsversuche in Thüringen.** Z. Landeskult. **3** (1962) Nr. 3. S. 254–266. – 3 Abb., 6 Tab., 5 Lit. Zus. in Russ., Engl.
Von 1952–59 wurde auf 4 Standorten mit mittleren bis schweren Böden die Abwasserwirkung zu verschiedenen Früchten untersucht. Günstig war die Beregnung bei Futter- und Zuckerrüben, ungünstig bei Kartoffeln. Die Getreide- und Rapsberegnung war meist ohne Erfolg. Grünland und Feldfutter erwiesen sich als gute Abwasserverwerter. Die schwache Gabe hatte gegenüber der starken einen höheren Ertragszuwachs. In manchen Fällen verursachte die starke Beregnungsgabe ein Sinken des Tr.-Subst.-Ertrages. W. Schönherr. 539.

2-64/01-0285 Schwarz, K. und Patscheke, G.; Jena, Friedrich-Schiller-Univ., Inst. für Meliorationswes. und Grünland; Eberswalde, Inst. für Chem. der Forstwirtsch. Fak. der Humboldt-Univ. Berlin. **Einfluß ganzjährig verabfolgter Abwassergaben auf die Ertragsentwicklung sowie den Zellulose- und Aschegehalt zweier Pappelsorten unter den Bedingungen einer podsoligen Braunerde im Raume Neustrelitz.** Z. Landeskult. **4** (1963) Nr. 1. S. 35–57. – 13 Abb., 7 Tab., 13 Lit. – nach Zus.
Aus den dargelegten Untersuchungen ergeben sich unter dem Vorbehalt des kurzen Beobachtungszeitraumes folgende Zwischenergebnisse: Die standortsverbessernde Wirkung einer Abwasserzufuhr auf leichten, skelettreichen Böden zeigt sich in deutlicher Weise in der Förderung des Längen- und Durchmesserzuwachses der überprüften beiden Pappelsorten *P. engenii* und *P. robusta*. Bereits aus dem 4jähr. Ergebnis dürfte der Vorteil einer Einbeziehung von Pappelanpflanzungen für den Ausgleich in der Abwasserabnahme klar hervorgehen. – Die geringen Unterschiede zwischen den beiden an die Belange der ganzjährigen Abwasserunterbringung angepaßten Bewässerungsvarianten lassen jedoch erkennen, daß die Erwartungen auf eine produktive Ausnutzung bes. starker Abwassergaben während der vegetationslosen Zeit zumindest im Jugendstadium nicht zu hoch veranschlagt werden dürfen. – Kleinere, in den einzelnen Jahren festgestellte Sortenunterschiede beeinflussen das bisherige Gesamtertragsbild nicht. – Die an Astholz durchgeführten Analysen zeigten eine Erhöhung des Cellulosegehaltes als Folge der durch die Abwasserzufuhr erhöhten Wachstumszunahme oder als unmittelbares Ergebnis einer Verschiebung in der Holzzusammensetzung sowie eine Abnahme des Aschengehaltes als Folge der geringeren Aststärke der unbewässerten Proben und der größeren Wuchsleistung der bewässerten Proben. Unterschiede innerhalb der beiden Sorten sowie der Bewässerungsvarianten traten ebenfalls auf. Die Analysenergebnisse und ihr Vergleich mit Bewässerungsversuchen in Wroclaw lassen die Astanalyse als Frühtest für Veränderungen der Zusammensetzung des Stammholzes sinnvoll erscheinen. 539.

2-64/01-0286 *Israelsen, Orson W.* and *Hansen, Vaughn E.* **Irrigation principles and practices** Third ed. New York; London: John Wiley & Sons. 1962. (IX, 447 S. m. Abb., Tab. u. Index) 8°. 83 s. Das Buch wendet sich auch in seiner 3. Auflage bes. an die Studierenden der Landwirtschaft und des Ingenieurwesens, aber auch an alle anderen Interessenten, denen es die Grundlagen der Bewässerung und das Verständnis für die weitgehenden Zusammenhänge zwischen

Landwirtschaft und Technik auf diesem Gebiet vermitteln will. In 18 Kapiteln werden bes. folgende Fragen eingehend behandelt: Bewässerung als weltweites Anliegen, Beschaffung und Speicherung von Wasser, Nutzung von Quellen für die Bewässerung, Pumpanlagen für Be- und Entwässerung, Beförderung und Leitung von Bewässerungs- und Dränagewasser, Wassermessung, Beziehungen zwischen Boden und Wasser, Bestimmung der Bodenfeuchtigkeit, Wasserbewegung im Boden, Salzprobleme, Größe der Wassergaben, Bewässerungserfolge, ober- und unterirdische Bewässerung, Beregnung, Dränage bewässerter Flächen, gesetzliche und ökonomische Aspekte. Im Anhang sind auf zahlreichen Tab. wertvolle techn. Daten zusammengefaßt. E. v. Wangenheim.

2-64/01-0287 *Csávás, Imre, Mihályfalvy, István* und *Toth, Mihály*. **Az öntözés technikája és szervezése.** (Die Technik und Organisierung der Beregnung.) Budapest: Mezögazdasági kiadó. 1962. (227 S.) 8°. (1962 A 1648)
2-64/01-0288 *Hartyányi, László* und *Marjai, Gyula.* **Öntözömunkások könyve.** (Das Buch der Beregnungsarbeiten.) Budapest: Mezögazdasági kiadó. 1962. (92 S.) 8°. (1962 A 1644)
2-64/01-0289 *Musterle, Theodor.* **Wasser verwendet, verschwendet.** Leipzig: Dt. Verl. f. Grundstoffindustrie. 1962. (96 S.) 8°. (1962 A 871)
2-64/01-0290 **Az esöztetö öntözö-berendezések és üzemük.** (Beregnungsanlagen und ihr Betrieb.) 2., erg. Aufl. Budapest: Mezögazdasági kiadó. 1962. (318 S.) 8°. (1962 A 1640)
2-64/01-0291 **Hydrology and land management.** Proceedings of a technical symposium held under the auspices of the council at Canterbury agricultural college, Lincoln, Christchurch. 14-16 may 1962. Wellington, New Zealand: Soil conservation and river control council. 1963. (V, 172 S.) 4°. (1963 B 103)

F. Landwirtschaftlicher Wegebau

2-64/01-0292 Schubenz, D. **Hinweise zur Planung und rationellen Ausführung von Wirtschaftswegen.** Wasser u. Boden **15** (1963) Nr. 2. S. 44–47. – 5 Abb., 1 Tab., 4 Lit.
Im Zuge der ständig steigenden Mechanisierung kommt dem Ausbau und der Befestigung der Wirtschaftswege große Bedeutung zu. Erfahrungen zeigen, daß die Betondecke eine der dauerhaftesten und rentabelsten Deckenbauweisen ist. Sie ist für den Ausbau von Hauptwegen genau wie für befestigte Nebenwege zu empfehlen und kann als Voll- oder Spurbahn gebaut werden. Einige rationelle Ausführungsmethoden werden besprochen. E. M. Ardelt. 560.

2-64/01-0293 Freudenberg, G. **Die Bodenstabilisierung — bestimmende Bauweise für Wirtschaftswege.** Wiss.-techn. Fortschr. Landwirtsch. **4** (1963) Nr. 3. S. 121–122.
Ohne die einzelnen Verfahren der Bodenstabilisierung näher zu erläutern, gibt Vf. eine Übersicht über die bei derartigen Vorhaben zu beachtenden Punkte. Der Bericht behandelt die Notwendigkeit der Befestigung der Wirtschaftswege und die Prinzipien sowie den Begriff der Bodenstabilisierung, wobei körnige und bindige Böden unterschieden und die danach anzuwendenden Maßnahmen dargelegt werden. Der Bericht schließt mit den vor Inangriffnahme der Arbeiten durchzuführenden Untersuchungsrichtungen und einem Überblick über den Umfang der zur Ausführung notwendigen technischen Einrichtungen und Geräte. R. Paetel. 560.

2-64/01-0294 *Makovník, S.* **Stavba lesných ciest.** (Bau von Feldwegen.) Bratislava: Slov. vyd. pôdoshosp. lit. 1963. (286 S.) 8° = Edícia lesnictva a polovnictva. Zväzok č. 67. (SR 3072, 67)

G. Meliorative Landschaftsgestaltung

2-64/01-0295 Bopp, Eberhard. **Warum man in Baden-Württemberg keine Naturparke schafft.** Natur u. Landschaft **38** (1963) Nr. 5. S. 71–72. 571.
2-64/01-0296 Meyer, K.; Hannover, TH. **Der ländliche Raum im Rahmen der Raumordnung.** Z. Kulturtechn. u. Flurbereinig. **4** (1963) Nr. 3. S. 129–141. – 34 Lit.
In einer entwickelten Industriegesellschaft erfüllt der ländliche Raum folgende Funktionen: Er ist Standort der Erzeugung von Nahrungsgütern und Rohstoffen, Wohn- und Siedlungsgebiet, Landreserve für Siedlungszwecke, Industrie- und Verkehrsanlagen, Erholungsgebiet der städt. Bevölkerung und

dient der Naturerhaltung. – Die wechselseitige Beziehung dieser Funktionen macht eine Planung im ländlichen Raum erforderlich. Der Arbeitsplan sollte folgende 3 Hauptpunkte beinhalten: 1. Erfassung des allgemeinen Strukturbildes, 2. Leitbild für die Neuordnung des Raumes, 3. Durchführung (mit Zeitplan), Kosten und Finanzierungsmöglichkeiten. Gedanken optimaler Raumausnutzung werden mitgeteilt. H. Pätzold. 572.

2-64/01-0297 Krummsdorf, Albrecht. **Landwirtschaftlich-landeskulturelle Grundlagen für die Experimentalplanungsarbeiten.** Wiss. Z. Karl-Marx-Univ. Leipzig, math.-naturwiss. R. **12** (1963) Nr. 1. S. 139–146.

Die für die landwirtsch. Produktion und die Perspektive planungswichtigen natürlichen Faktoren werden aufgeführt. Die Aufnahme landeskultureller Verhältnisse des Gebietes wird von der standortgebundenen Aussage über lokale Gegebenheiten und Zusammenhänge unterschieden. Hierbei wird nach Grob- und Feinanalyse differenziert. Zur Verfügung stehende bzw. erforderliche Unterlagen werden genannt oder besprochen. Einige Untersuchungsergebnisse aus dem MTS-Bereich Taucha erläutern das Vorgehen. Es werden Entwicklungsvorschläge erarbeitet, die der landeskulturellen Planung und den Maßnahmen der meliorativen Landschaftsgestaltung zugrunde liegen. D. Kramer. 572.

2-64/01-0298 Spengler, Rüdiger. **Wasserhaushalt und Wasserwirtschaft im Parthegebiet.** Wiss. Z. Karl-Marx-Univ. Leipzig, math.-naturwiss. R. **12** (1963) Nr. 1. S. 159–166.

Die Parthe mit einem Einzugsgebiet von 366 km² gehört zum Flußgebiet der Pleiße, in die sie im Stadtgebiet Leipzig einmündet. Ihr kommt u.a. wasserwirtschaftlich bes. Bedeutung im mitteldeutschen Trockengebiet zu. Von bes. Interesse ist die bestehende enge Wechselwirkung zwischen Grund- und Oberflächenwasser, die den Vf. folgern läßt, daß der Oberflächenwasserabfluß am Pegel Leipzig/Thekla nur eine Art stark variierender Überfluß eines fast konstanten unterirdischen Abflusses darstellt. Alle veränderlichen Faktoren, die den Wasserhaushalt beeinflussen, werden in einem synoptischen Wasserhaushaltsplan für die Einzelmonate der Jahresreihe 1941–55 zusammengefaßt und diskutiert. Hierbei werden die bisherigen Vorstellungen zum Wasserhaushalt des Gebietes kritisch behandelt, da sie den Grundwasserabfluß offensichtlich nur unvollständig erfassen. D. Kramer. 572.

2-64/01-0299 Meissner, Hans und Zwicker, Wilhelm; Stuttgart, Regierungspräsidium Nordwürttemberg, Abt. VB. **Speicher und Rückhaltebecken zur Regelung des Wasserhaushaltes eines Flußgebietes.** Wasser u. Nahr. 8 (1963) Nr. 1. S. 14–20. – 3 Abb. 572.

2-64/01-0300 Ley, Norbert. **Raumplanung und Wald.** Natur u. Landschaft 38 (1963) Nr. 7. S. 97–100. – 2 Abb. 572.

2-64/01-0301 Thomasius, H. **Die Waldstandorte des Leipziger Tieflandes unter besonderer Berücksichtigung der Belange der Landschaftsgestaltung.** Wiss. Z. Karl-Marx-Univ. Leipzig, math.-naturwiss. R. **12** (1963) Nr. 1. S. 147 bis 157.

Die Standortverhältnisse des Leipziger Tieflandes (Lage, Klima, geolog. und pedolog. Bedingungen und natürliche Waldgesellschaften) werden beschrieben. Davon ausgehend werden die im Raum Leipzig vorhandenen Standortformen behandelt und die sich ergebenden waldbaulichen Schlußfolgerungen, bes. hinsichtlich der Baumartenwahl dargelegt. Eine betonte Erläuterung finden die Standortformen, die die Landschaftsgestaltung bes. interessieren. Es wird darauf hingewiesen, daß die Bedeutung des Waldes keineswegs seinem Flächenanteil proportional ist, sondern diese Effekte mit abnehmenden Bestandeswerten stärker ansteigen. D. Kramer. 572.

2-64/01-0302 Papánková, Ludmila; Zvolen, VŠLD. Vodohospodárske a produkčné poslanie lesov. **(Die Rolle des Waldes in wasserwirtschaftlicher und produktiver Hinsicht.)** Les 9 (1963) Nr. 2. S. 41–44. – 3 Abb., 5 Tab.

Die Forstwirtschaft eines bestimmten Gebietes wird dadurch beeinflußt, ob die Bestände eine überwiegend produktive oder wasserwirtschaftliche Bedeutung haben. Um die wirtsch. Bestimmung der Bestände richtig beurteilen zu können, muß man sich auf objektive Kennziffern stützen. Eine solche Kennziffer ist die Klassifizierung der Bestände vom Gesichtspunkt der Niederschläge auf dem Waldboden. Die Niederschläge in der ČSSR sind keine Funktion des Waldreichtums, sondern eine Funktion der Überseehöhe. Die wasserwirtsch. Bedeutung der Wälder beruht vor allem darauf, daß die Waldbestände überwiegend höher gelegene Standorte bedecken, wo die Wasserretention am wichtigsten ist. Die 2. Kennziffer ergibt sich aus der Klassifizierung der Waldbestände nach ihrer Produktionsfähigkeit. Die Anwendung der beiden Kennziffern führt zu 16 Typen der Waldwirtschaft, die vom Gesichtspunkt der wirtsch. Bestimmung des Waldes in 3 Kategorien eingeteilt werden. Eine graphische Darstellung erlaubt auf einfache Weise die wirtsch. Bestimmung der Bestände. Diese Methode ist eine verläßliche, wenn auch nicht ausschl. Richtschnur, da man für die definitive Bestimmung des Waldes auch noch andere spez. Umstände, wie z. B. die geologische Unterlage, Erosionsgefahr, Rücksicht auf Talsperren usw., in Betracht ziehen muß. ČSSR/ÚVTI. 572.

2-64/01-0303 Schoenefeldt, Otto. **Sturzregenabfluß und Abflußbeiwerte bei geneigtem Gelände.** Dtsch. gewässerkundl. Mitt. 7 (1963) Nr. 3. S. 65–70. – 7 Abb., 8 Tab., 10 Lit. 573.

2-64/01-0304 Biolčev, As. und Džingov, Al. Razvitie na linejno-erozionnija proces. **(Der Verlauf des linearen Erosionsprozesses.)** Izvestija na Naučnoizsledovatelskija institut po počvoznanie i agrotechnika „Nikola Puškarov“, Sofija 5 (1962) S. 73–99. – 18 Abb., 4 Tab., 5 Lit. Zus. in Russ., Engl.

Bez. der Erweiterung des Querprofils der Schluchten werden 2 Stadien unterschieden: das asymmetrische und das symmetrische Profil. Eine Klassifizierung der Schluchten auf Grund ihrer Lage in den alten Erosionsformen wird vorgeschlagen. Ferner werden ein Koeffizient der abs. Intensität der linearen Erosion $\left(F_{abs.} = \frac{W}{L} = m^3/m\right.$, wobei W der Umfang des erodierten Materials aus der Schlucht in m^3, L die Gesamtlänge der Schlucht in m ist$\left.\right)$ und ein Koeffizient der rel. Intensität der linearen Erosion gegeben $\left(P_{rel} = \frac{P_{abs.}}{F} = m^3/m/ha\right.$, wobei F die Fläche des Wassereinzugsgebietes in ha ist$\left.\right)$. Auf der Grundlage des 2. Koeffizienten wird festgestellt, daß die rel. lineare Erosion am intensivsten in kleinen Schluchten ist, die eine entscheidende Bedeutung für die Erosionsbilanz des Landes haben. Für die einzelnen Stadien der Schluchten werden verschiedene erosionshemmende und -bekämpfende Maßnahmen vorgeschlagen. NRB/ZSNTI. 573.

2-64/01-0305 Biolčev, A.; Sofia, Höheres Forsttechn. Inst. Lesotechničeski meroprijatija za borba s erozijata na NR Bŭlgarija. **(Forsttechnische Maßnahmen zur Erosionsbekämpfung in der VR Bulgarien.)** Meždunarodno selskostopansko spisanie, Sofija 6 (1962) Nr. 4. S. 51–56. – 4 Abb., 1 Tab.

Ursachen für die großen Ausmaße der Bodenerosion in Bulgarien sind der hügelig bis gebirgige Charakter der Landschaft, das kontinentale Klima und die in der Vergangenheit herrschenden gesellschaftlich-wirtschaftlichen Verhältnisse. Als grundsätzliche Methoden der Erosionsbekämpfung im Waldbestand des Landes werden die forstkulturellen und hydrotechnischen Maßnahmen hervorgehoben. In der Volksrepublik Bulgarien werden jährlich 13mal mehr künstliche Waldbegründungen und 10mal mehr Verbauungen durchgeführt als früher. M. Miltschew. 573.

2-64/01-0306 Mehta, K. M., Sharma, V. C. und Deo, P. G. Erodibility investigations of soils of Eastern Rajasthan. **(Untersuchungen zur Erosionsneigung der Böden in Ostrajasthan.)** J. Indian Soc. Soil Sci. **11** (1963) Nr. 1. S. 23–21. – 5 Tab., 16 Lit.

An Hand von 5 repräsentativen Bodenprofilen aus dem bes. erosionsgefährdeten Sawai-Madhopur-Distrikt in Ostrajasthan (Indien) wurden die phys., phys.-chem. und chem. Eigenschaften der in ähnlicher Weise zur Erosion neigenden Böden untersucht. In einer Übersicht werden die 5 Profile (P_1–P_5) gekennzeichnet. Bis auf P_3 überwiegen als gemeinsames Charakteristikum gerade in der obersten Schicht (0–12 in.) lehmige Sande, woraus die Erosionsneigung (Winderosion!) resultiert. Als Gegenmaßnahmen bewähren sich das Anlegen von Konturstreifen und der streifenweise Anbau tiefwurzelnder Kulturen (Windschutz) sowie die Anwendung org. Düngemittel. In P_2 und P_4 treten Erosionschäden durch Auswaschungen (Gießbachrinnen) auf. Diesen Schäden kann durch Grassoden zur Stabilisierung der ausgewaschenen Stellen vorgebeugt werden. E. v. Wangenheim. 573.

2-64/01-0307 Todorov, T.; Sofia, Höheres Landwirtsch. Dimitrow-Inst. Vŭrchu vetrovata erozia na počvata v NR Bŭlgarija. **(Über die Winderosion in der VR Bulgarien.)** Naučni trudove. Visš selskostopanski institut „Georgi Dimitrov". Agronomičeski fakultet, Sofija **11** (1962) S. 183–209. – 10 Abb., 2 Tab., 11 Lit. Zus. in Russ., Engl.

Die Böden von 1609 Ortschaften Bulgariens wurden bez. ihrer Gefährdung durch Winderosion untersucht. Am häufigsten und stärksten wurden Erosionsschäden durch Fallwinde in den südlichen Ausläufern des Balkangebirges verursacht. Im Febr., März und Apr. wird am stärksten Boden abgetragen. Flurschützende Waldstreifen und Waldgürtel, Bewässerung und einige agrotechn. Maßnahmen wirken der Winderosion entgegen. M. Miltschew. 573.

2-64/01-0308 Anonym. **Frostschutz bei Frühkartoffeln und Frühgemüse.** Wasser u. Nahr. **8** (1963) Nr. 1. S. 30–32. 573.

2-64/01-0309 Schulz, Heinz und Meyn, Günter; Hamburg, Bundesanst. für Wasserbau, Außenstelle Küste. **Sandwanderungsuntersuchungen mit radioaktiven Isotopen im deutschen Küstengebiet der Nord- und Ostsee in den Jahren 1961/62.** Dtsch. gewässerkundl. Mitt. **7** (1963) Nr. 2. S. 29–34. 573.

2-64/01-0310 Kaupert, Walter; Bad Schwartau. **Beseitigung von Altölen und Ölabfällen.** Städtehygiene **14** (1963) Nr. 6. S. 114–116. – 2 Abb., 4 Lit. 573.

2-64/01-0311 Rensink, J. H.; Arnhem. De waterverontreiniging in Nederland. **(Die Wasserverunreinigung in den Niederlanden.)** Landbouwvoorlichting **19** (1962) Nr. 12. S. 651–666. – 8 Abb., 1 Tab., 6 Lit.

Infolge der wachsenden Bevölkerungszahl und der schnell fortschreitenden Industrialisierung wird immer mehr das Oberflächenwasser in den Niederlanden mit Abfallstoffen verunreinigt. Bes. durch die Dezentralisierung der Industrie hat auch auf dem Lande die Verschmutzung der Bäche und Kanäle beängstigende Formen angenommen, so daß vielerorts die Benutzung des Wassers für landwirtsch. Zwecke, vor allem für das Tränken der Tiere, unmöglich geworden ist. Da einerseits die landwirtsch. Bevölkerung an gesundem Oberflächenwasser interessiert ist, andererseits auch landwirtsch. Industriebetriebe für die Wasserverunreinigung verantwortlich sind, wurde

1948 der Rijks Zuivel-Agrarische Afvalwaterdienst (RAAD) ins Leben gerufen. Obwohl in den meisten Fällen Abwässer für die Beregnung ungeeignet sind, wurden mit der Verregnung von Molkereiabwässern gute Erfolge erzielt. Bei einer jährlichen Gabe von 300 mm werden dem Boden 150 kg P_2O_5, 225 kg K_2O und 240 kg N je ha zugeführt. Da das Verhältnis $N:K_2O:P_2O_5$ im Abwässer nicht übereinstimmt mit dem Grünlandbedarf, soll sich die Abwassermenge nach dem Phosphatbedarf richten. Die fehlenden K_2O- und N-Mengen können dann durch Düngergaben ergänzt werden. M. Lüpnitz. 573.

2-64/01-0312 Hartig, Edmund; Wien. **Die Reinhaltung der Gewässer.** Österr. Wasserwirtsch. **15** (1963) Nr. 1/2. S. 1–9. – 3 Lit.
Durch zunehmende Industrialisierung sowie die größere Siedlungs- und Wohndichte ist auch in Österreich der Wasserverbrauch und damit gleichzeitig die Abwassererzeugung enorm angestiegen. Aufbauend auf das BWRG aus dem Jahre 1934 wurde im Herbst 1959 ein neugefaßtes WRG veröffentlicht, das erstmalig der Reinhaltung der Gewässer – dem Gewässerschutz – einen eigenen Abschnitt widmet. Hierin trat anstelle des früheren Verunreinigungsverbotes die allgemeine Reinhaltepflicht (§ 30). Im § 31 wird jedermann die Verpflichtung einer allgemeinen Sorge für die Reinhaltung der Gewässer auferlegt. Der § 32 behandelt die Bewilligungspflicht und § 33 die bes. Reinhaltungspflichten einschl. der Verbindlichkeit zur Sanierung unguter Verhältnisse. Die §§ 34, 35 und 37 schließlich befassen sich mit dem Schutze der Wasserversorgung und den Heilquellen. Die einzelnen Paragraphen werden eingehend erläutert. D. Nehring. 573.

2-64/01-0313 Lengyel, Anneliese. **Untersuchungen an durch Braunkohlentagebau entstandenen Seen.** Wasser u. Abwasser [Wien] **1958** Beitr. zur Gewässerforsch. S. 157–184. – 4 Abb., 3 Tab., 11 Lit. 573.

2-64/01-0314 Olschowy, Gerhard; Bonn, Univ. **Landschaftspflegerische Rekultivierung des Abbaugebietes Frimmersdorf-Süd (Erfttal) im Rheinischen Braunkohlenrevier.** Natur u. Landschaft **38** (1963) Nr. 3. S. 34–45. – 15 Abb., 14 Lit.
Vf. berichtet über die umfassende Neugestaltung eines durch Braunkohlenabbau zerstörten Teiles der Tallandschaft der Erft nach modernen landeskulturellen Gesichtspunkten. Hauptziel der Planung war die Wiederherstellung und Schaffung einer ökologisch gesunden Kulturlandschaft mit hohem landwirtsch. Produktionspotential unter Berücksichtigung der bergbaulichen und verkehrstechnischen Erfordernisse sowie der Belange der betroffenen Gemeinden. Der zielgerichtete Wandel im Wirkungsgefüge der Standortfaktoren basiert auf den ehemaligen naturräumlichen Verhältnissen des 1300 ha großen Plangebietes, nutzt deren Vorteile und schaltet negative Gegebenheiten (Bodenerosion!) aus. So werden die z. T. leistungsschwachen Böden dieses Gebietes ersetzt durch eine 2 m mächtige Überdeckung des Abraumes mit einem Gemisch aus Löß und Lößlehm, dessen Ertragspotential unter dem Einfluß pfleglicher Bewirtschaftung in einigen Jahren dem gewachsener Lößböden nahekommt. Die Begrünung der rekultivierten Flächen erfolgt auf der Grundlage der natürlichen Pflanzengesellschaften. Eingehend werden die Probleme bei der Gestaltung des Talraumes, der Kippenhochfläche sowie der Verkehrsbauten und Gewässer erläutert. D. Werner. 573.

2-64/01-0315 Pelz, Eberhart, Beyer, Horst und Bleyer, Gerhard; Dresden, TU, Fak. für Forstwirtsch. **Untersuchungen zur Diagnose und Wirkung von Rauchschäden in der Umgebung einer Bleihütte.** Wiss. Z. Techn. Univ. Dresden **12** (1963) Nr. 1. S. 209–216. – 4 Abb., 2 Tab., 10 Lit.
Die angewandten Diagnosemethoden (Liesegang-Verfahren, Konimeter-Staubmessungen, Trübungstest nach Härtel) erwiesen sich auch unter den

extremen Rauchemissionsverhältnissen einer Bleihütte als brauchbar. Die Ursache der sich in Werksnähe nach der Windfrequenz verteilenden Schadensschwerpunkte sind die unkontrolliert aus den Werksanlagen entweichenden Schadstoffe und nicht die Emissionen der Hochesse. Bes. ungünstige Verhältnisse für das Pflanzenwachstum sind bei kombiniertem Auftreten von gasförmigem SO_2 und staubförmigem As_2O_3 gegeben. Laubbäume, insbes. Birken, halten den Abgasen wesentlich besser stand als Nadelbäume. Die Schäden klingen bereits in 1000 m Entfernung von der Schadensquelle stark ab.

H. Kretschmer. 573.

2-64/01-0316 Matev, Cvetan; Stara-Sagora, Bulgarien, Hydromeliorative Versuchsstat. Golemina i forma na seitbooborotnite poleta s ogled ikonomičeski raj-izgodnata gŭstota na pŭtnata mreža v polivnite rajoni. **(Größe und Form der Felder innerhalb der Fruchtfolge in Hinblick auf die wirtschaftlich günstigste Dichte des Wegenetzes in den Bewässerungsgebieten.)** Selskostopanska nauka, Sofija **1(7)** (1962) Nr. 7/8. S. 727–738. – 5 Abb., 3 Tab., 5 Lit. Zus. in Russ., Engl.

Auf Grund einer mathematischen Analyse wurde der Einfluß der Ausmaße und der Verteilung der Felder auf die Wegenetzdichte unter Bewässerungsverhältnissen studiert. Untersucht wurden Schläge von 10, 20, 40, 70 und 100 ha bei einem Verhältnis ihrer Längsseiten zum Wegenetz von 1–4. – Die Untersuchungen ergaben, daß die geringste Wegenetz- und Bewässerungskanaldichte bei Quadratform der Schläge erzielt wird. Am niedrigsten liegt der Koeffizient der Wegenetzdichte bei einer Größe der Schläge von 40–100 ha. Ferner wird auch das günstigste Seitenlängenverhältnis der Felder bestimmt, wobei die Zeiteinsparung bei Transporten berücksichtigt wird.

M. Miltschew. 575.

2-64/01-0317 Volný, Stanislav; Brno, Lesnická Fak. VŠZ. Kořenový systém jalovce obecného (Juniperus communis L. ssp. communis) ve vztahu k ochraně půdy. **(Das Wurzelsystem des Wacholders [Juniperus communis L. ssp. communis] in Beziehung zum Bodenschutz.)** Lesnický Časopis [Praha] **9(36)** (1963) Nr. 2. S. 89–110. – 10 Abb., 11 Tab., 26 Lit. Zus. in Russ., Franz., Dtsch.

An mehreren Orten wurden die Wurzelsysteme des Wacholders erforscht. – Das Wurzelsystem des Wacholders, das atypisch ist, paßt sich auch den durchaus extremen Bodenverhältnissen an. Auf allen Standorten sind die meisten Wurzeln unterhalb des Kronenbereiches konzentriert. Gewisse Abweichungen in der Entwicklung der Wurzelsysteme bewirken vor allem phys.-mechan. und humusbedingte Bodenverhältnisse, Seehöhe, Geländekonfiguration und Exposition. Der Wacholder bildet eine Pfahlwurzel, und hinsichtlich Bewurzelungsintensität, Anpassungsfähigkeit an die Geländeneigung usw. kann er als ein Strauch bewertet werden, der die oberen Bodenschichten gut befestigt und zusammenhält, wodurch Erosionsprozesse verhindert oder gehemmt werden.

ČSSR/ÚVTI. 577.

2-64/01-0318 Gančev Georgiev, Georgi. Vlijanie na njakoi faktori vŭrchu količestvoto i dinamikata na povŭrchnostnija voden ottok i razvitieto na ploščna erozija v Sandanski rajon. **(Einfluß einiger Faktoren auf die Menge und die Dynamik des Oberflächenwasserabflusses und die Entwicklung der Flächenerosion im Gebiet Sandanski.)** Izvestija na Naučnoizsledovatelskija institut za gorata, Sofija **11** (1962) S. 105–139. – 11 Abb., 14 Tab., 8 Lit. Zus. in Russ., Franz.

Die Abflußrate des Oberflächenwassers auf den Flächen wurde merklich erhöht, wenn Vieh weidete. Von den mit Wacholder bestandenen Flächen fließt nur wenig Oberflächenwasser ab. Niederstamm-Hainbuchen-Eichenanpflanzungen zeichnen sich durch verhältnismäßig gute wasserregulierende und erosionshemmende Eigenschaften aus, obwohl das Wachstum der Bestände nicht

befriedigt. Nach Kahlschlag dieser Bestände erhöht sich der Abfluß ungefähr um das Neunfache. Eichenwälder haben sich als weniger günstig erwiesen.
NRB/ZSNTI. 577.

2-64/01-0319 *Lammel, K.* **Lejtős terűletek müvelése.** (Die Bestellung von Abhängen.) Budapest: Mezőgazdasági Kiadó. 1962. (348 S.) – Aus: Ung. Agrar-Rdsch. **1963** Nr. 3. Das Buch, das jetzt in zweiter, erweiterter und neu bearbeiteter Auflage erschien, unterstützt die Fachleute bei der Entwicklung von bodenschützenden Anbaumethoden auf Hangflächen und bei der Lösung von Mechanisierungsfragen. Die Erosion unter verschiedenen Bedingungen wird eingehend analysiert. Der Kampf gegen die Bodenerosion kann mit den beschriebenen Pflanzenbauverfahren, Kulturmethoden und Bodenschutzmaßnahmen erfolgreich aufgenommen werden. Im 3. Abschnitt des Buches sind die Richtlinien für die Einführung der bodenschützenden Bewirtschaftung eingehend dargelegt, wobei die Planungs- und Ausführungsarbeiten einer unter Anleitung des Vf. bearbeiteten Probefläche mit Karten und Bildmaterial illustriert werden. Nach einer Zusammenfassung der Betriebserfahrungen über die Mechanisierung wird die praktische Anwendung des horizontalen und Streifenanbaus sowie der Terrassierung erörtert. Das abschließende Kapitel des Buches faßt die Erfahrungen beim Bau von Erdwegen auf den abhängigen Gebieten zusammen.

2-64/01-0320 *Bauer, Adolf-Friedrich.* **Untersuchungen zur landwirtschaftlichen Windschaden- und Feldheckenproblematik im Rahmen aktueller Aufgabenstellungen der praktischen Windschutzplanung in norddeutschen Schwerpunktbereichen der Deutschen Demokratischen Republik unter spezieller Berücksichtigung der Flugsandschäden und Reliktheckenvorkommen in der mecklenburgischen Agrarpraxis.** Diss. Landw. Fak. Rostock. 1962. (XXV, 74 S.) 4°. (Diss. 9072)

2-64/01-0321 *Cablík, J.* und *Juva, K.* **Protierozní ochrana půdy.** (Schutz gegen Bodenerosion.) 2., verb. u. erw. Aufl. Praha: Státní zeměd. naklad. 1963. (324 S.) 8°. (1963 A 597)

2-64/01-0322 *Gračanin, Zlatko.* **Verbreitung und Wirkung der Bodenerosion in Kroatien.** Diss. Landw. Fak. Gießen. 1961. (54 S.) 8°. (Diss. 9114)

H. Planung und Nutzung von Meliorationsmaßnahmen

2-64/01-0323 Wegener, Heinz; Berlin, KDT. **Die internationale sozialistische Zusammenarbeit auf dem Gebiet der Wasserwirtschaft.** Wasserwirtsch.-Wassertechn. **13** (1963) Nr. 3. S. 107–108. 580.

2-64/01-0324 Berg, Karl; Wiesbaden. **Rahmenplan zur Ordnung der Wasserwirtschaft.** Wasserwirtschaft **53** (1963) Nr. 5. S. 129–135. 580.

2-64/01-0325 Henning, H.; Rostock, Univ. Inst. für Meliorationswes. **Kennziffern und Maßstäbe zur Beurteilung des Nutzeffektes von landwirtschaftlichen Meliorationen (außer Bewässerung).** Z. Landeskult. **4** (1963) Nr. 1. S. 73–90. — 13 Lit. — nach Zus.
Im vorliegenden Beitrag werden die Kennziffern des ökonomischen Nutzeffektes auf ihre Aussagekraft im Meliorationswesen überprüft. Die Kennziffern werden nach ihrem „Zuverlässigkeitsgrad“ in 3 Gruppen unterteilt: 1. Kennziffern des Investitionsaufwandes, 2. des Variantenvergleiches, 3. des Ertrags-Kostenvergleiches. Den ersten beiden Gruppen wird ein vertretbarer Zuverlässigkeitsgrad zugesprochen. Die Kennziffern der 3. Gruppe, in der die wichtigsten Kennziffern des ökonomischen Nutzeffektes enthalten sind, besitzen im Meliorationswesen nur eine geringe Aussagekraft auf Grund der unzureichenden Methoden zur Errechnung der Grunddaten. Es werden spezielle Kennziffern vorgeschlagen und Tendenzen aufgezeigt, die in 2 ökonom. Beurteilungsrahmen ihren Niederschlag gefunden haben. Mit den Beurteilungsrahmen wird gleichzeitig angestrebt, die indirekte Auswirkung von Meliorationen mit zu erfassen. Beide Rahmen werden hier zur Diskussion gestellt.
580.

2-64/01-0326 Anonym. **Sozialistisches Wassergesetz verabschiedet.** Wasserwirtsch.-Wassertechn. **13** (1963) Nr. 3. S. 102–105 580.

2-64/01-0327 Dornheim, C.; Essen. **Die Benutzung von Gewässern durch Wasser- und Bodenverbände.** Wasser u. Boden **15** (1963) Nr. 6. S. 210–212. — 12 Lit. 580.

VI. PFLANZENERNÄHRUNG UND DÜNGUNG

A. Allgemeine Literatur, Berichte, Statistiken u.a.

2-64/01-0328 Anonym. Séance consacrée à l'aspect physiologique de la nutrition-minérale. **(Tagung über Fragen der Physiologie der Mineralstoffernährung.)** Bull. Soc. franç. Physiol. végétale 8 (1962) Nr. 3. S. 73–94. – 9 Abb., 7 Tab., 6 Lit.

Am 26. Mai 1962 fand an der Faculté des Sciences de l'Université Libre de Bruxelles eine Tagung statt, auf der Fragen der Pflanzenernährung behandelt wurden. Im Hauptreferat berichteten M. V. Homes und G. H. van Schoor über jüngste Forschungsergebnisse bei der Ernährung der Zuckerrübe: In Nährlösungsversuchen wurde das Anionen- (NO_3, SO_4, PO_4) und Kationenverhältnis (K, Ca, Mg) im Verlauf der Vegetationszeit verfolgt. Untersuchungen erfolgten 26, 47, 69, 109 und 180 Tage nach Versuchsbeginn. Während die Kationenoptima ziemlich konstant blieben, trat bei den Anionenoptima nach der 3. Ernte eine starke Verschiebung ein (Wurzelbildung). Weiter berichteten J. R. Ansiaux über „Kationenzusammensetzung der Früchte und Körner"; J. Crabbe über „Quantitative Blühstimulation bei Rettich durch unterschiedliche NP-Ernährung"; Th. van den Driessche über „Ernährung und Ölgehalt der Baumwolle"; M. V. Homes und R. Dejaegere über „Einfluß von Isotopen in der Kulturlösung auf das Pflanzenwachstum" (Baumwolle); L. Neirinckx über „Wirkungen verschiedener Anionen-/Kationenverhältnisse sowie der Nährstoffdosierung (Anionen + Kationen) auf den Baumwollertrag" und G. van Schoor und A. Delvaux über „Entwicklung und Mineralstoffzusammensetzung bei *Zebrina pendula* Schnitzl unter dem Einfluß einer Belüftung der Kulturlösung". P. Schäfer. 601.

2-64/01-0329 Anonym. Séance consacrée à l'aspect écologique de la nutrition minérale. **(Tagung über Fragen der Ökologie der Mineralstoffernährung.)** Bull. Soc. franç. Physiol. végétale 8 (1962) Nr. 3. S. 95–104. – 1 Abb., 4 Tab., 2 Lit.

Vf. berichtet über den Abschluß der Tagung in Brüssel am 26. Mai 1962 mit zwei Vorträgen über den Nährstoffgehalt verschiedener Pflanzenspecies unter natürlichen Wachstumsbedingungen. 1. P. Duvigneaud: „Die Pflanzenwelt Katangas in Beziehung zum Kupfergehalt der Böden". – Bes. auf höher gelegenen Gebieten Katangas sind manche Böden so Cu-reich, daß sich eine spezifische Cu-Flora herausgebildet hat. Der Gesamt-Cu-Gehalt der Böden schwankt (nach Absiebung durch ein 2-mm-Sieb) zwischen 500 und 100000 ppm. Entspr. der Pflanzenreaktion unterscheidet man zwischen a) Eucuprophyten, b) lokalen Cuprophyten, c) Cuprophilen und d) Cuproresistenten. Während die Blätter von d im Mittel 10–30 ppm. Cu aufweisen, können die Blätter von b Werte zwischen 60 und 2000 ppm Cu erreichen. 2. P. Duvigneaud und S. Denayer-de Smet: „Die Verteilung bestimmter Mineralstoffelemente (K, Ca und N) unter natürlichen Vegetationsdecken". Vergleichende Untersuchungen bei unterschiedlichen Waldbeständen in Belgien und Katanga. Unter Berücksichtigung ökol., bodenkundlicher und klimatischer Gegebenheiten, wird der Gehalt der Blätter an K, Ca, K/Ca, N und Asche mitgeteilt. P. Schäfer. 601.

B. Pflanzenernährung

2-64/01-0330 Ballantyne, A. K.; Saskatoon, Saskatchewan, Canada Dep. of Agric. Tolerance of cereal crops to saline soils in Saskatchewan. **(Die Empfindlichkeit des Getreides auf Salzböden in Saskatchewan.)** Canad. J. Soil Sci. **42** (1962) Nr. 1. S. 61–67. – 4 Tab., 5 Lit.

Von 26 in verschiedenem Versalzungszustand befindlichen Feldern mit Weizen, Hafer und Gerste wurden vor der Reife des Getreides Bodenproben aus unterschiedlichen Tiefen entnommen und in den wäßrigen Extrakten die Leitfähigkeit, der pH-Wert sowie der Kationen- und Anionengehalt bestimmt. Die Werte wurden zum Getreidewachstum in Beziehung gesetzt. – Hohe Leitfähigkeit war mit hohem Salzgehalt und schlechtem Getreidewachstum verbunden. Gerste erwies sich als wenig empfindlich, Hafer und bes. Weizen als empfindlich gegenüber hohem Salzgehalt bzw. großer Leitfähigkeit. Die Leitfähigkeit ist niedrig bei Böden mit hohem Carbonatgehalt und bei Böden mit hohem Gehalt an wasserlöslichem Na bei gleichzeitig niedrigem Ca-Gehalt. Hoch ist sie bei Böden, die Gipskristalle in ihrem Profil haben. Salzböden ohne Getreidewachstum hatten einen pH-Wert von 8,6, jene mit mehr oder weniger gutem Getreidewachstum 8,4 und weniger. Hoher Gehalt an löslichem Na deutete nicht auf einen hohen pH-Wert. E. Linke. 625.

2-64/01-0331 Činčerová, Alena; Praha, Karls-Univ., Lehrstuhl für Pflanzenphysiol. und Bodenbiol. **Der Einfluß von Huminsäure auf Wachstum und Veränderungen des freien Zuckergehaltes bei Winterweizenpflanzen, die im Dunkeln kultiviert wurden.** Biol. Plantarum [Praha] **5** (1963) Nr. 2. S. 109 bis 119. – 3 Abb., 24 Lit. Zus. in Russ., Tschech.

Huminsäure (Erzeugnis der Riedel-de Haën AG, Seelze-Hannover) als K-Humat in dest. Wasser wirkte stimulierend auf Frisch- und Trockengewicht sowie Sproßlänge bei Weizen. Sowohl im Dunkeln als auch im Licht war die Wachstumsförderung mit deutlich niedrigerem Zuckerspiegel verbunden. Das Wurzelwachstum wurde nur im Licht gefördert, wobei der Zuckerspiegel erhöht war. Im Dunkeln war das Wurzelwachstum nicht gefördert, und der Zuckerspiegel war erniedrigt. Anwesenheit von Mineralstoffen in der Nährlösung verwischte die wachstumsfördernde Wirkung der Huminsäure. Huminsäure in Nährlösung führte stets zur Senkung des Zuckerspiegels, die Unterschiede waren jedoch nur bei reiner Humatlösung (ohne Mineralstoffe) in aqua dest. signifikant. Die Befunde werden im Zusammenhang mit dem Stoffwechselgeschehen und mit dem Einfluß des Lichtes diskutiert.
ČSSR/UVTI. 625.

2-64/01-0332 Passioura, J. B.; Melbourne, Australia, Univ., School of Agric. A mathematical model for the uptake of ions from the soil solution. **(Ein mathematisches Modell für die Ionenaufnahme aus der Bodenlösung.)** Plant and Soil [The Hague] **18** (1963) Nr. 2. S. 225–238. – 4 Abb., 1 Tab., 9 Lit.

Unter den Voraussetzungen, daß der Boden als unendliches, ungestörtes poröses Medium aus fester, flüssiger und gasförmiger Phase (mit nur in flüssiger Phase auftretenden Ionen) aufgefaßt, daß die Heterogenität des Bodens vernachlässigt werden kann, daß die Wurzeln in ihrem Verhalten gegenüber den Ionen wie zylindrische „Sinkgefäße" anzusehen sind, daß der Ionenfluß quer zur Oberfläche dieses zylindrischen Einströmgefäßes direkt proportional ihrer Konz. erfolgt und daß die Diffusionskoeffizienten dieser Ionen konstant bleiben, wird ein mathematisches Modell entwickelt, das beide für die Ionenbewegung in Frage kommenden Möglichkeiten (sowohl das Einfließen mit dem Massenfluß des Wassers zur Wurzel hin als auch die Diffusion entspr. der Konzentrationsgradienten) umfaßt. Nach Diskussion der Gültigkeit der gen. 5 Bedingungen werden die Möglichkeiten experimenteller Nachprüfungen erörtert (z. B. Pflanzen-Boden-System im Gefäßansatz mit einer bestimmten Zahl von „Durchschnittswurzeln" und sich nicht zu sehr überlagernden Zylinderbereichen zur Überprüfung der Parameter durch Beeinflussung des Nitrat-Zuflusses infolge Transpirationshinderung [H_2O-Aufnahme gegen Null gehen lassen]). H. E. Freytag. 630.

2-64/01-0333 Wiersum, L. K.; Groningen, Inst. voor Bodemvruchtbaarh. Opneming van voedingsstoffen in samenhang met beworteling en bodemstructuur. **(Aufnahme von Nährstoffen im Zusammenhang mit Bewurzelung und Bodenstruktur.)** Fruitteelt **53** (1963) Nr. 2. S. 46–47. 49. – 4 Abb. 630.

2-64/01-0334 Ivanov, V. P.; Moskau, Pflanzenphysiol. Timirjasew-Inst. der Akad. der Wiss. der UdSSR. Vozmožno li samootravlenie rastenij kornevymi vydelenijami? **(Ist die Selbstvergiftung von Pflanzen durch Wurzelausscheidungen möglich?)** Doklady Akademii nauk SSSR, Moskva **149(31)** (1963) Nr. 6. S. 1446–1449. — 2 Abb., 2 Tab., 14 Lit.
Mit Hilfe von $^{14}CO_2$ (4–8 μc je Pflanze) wurde gezeigt, daß sich gemischte Ansaaten von Mais und Futterbohnen durch ihre Wurzelausscheidungen günstig beeinflussen. Auch die von Pflanzen der gleichen Art aufgenommenen Wurzelausscheidungen werden in den Stoffwechsel einbezogen und wirken nicht toxisch. Nach Vf. sind die Wurzelausscheidungen keineswegs die Ursache für die systematische Ertragsminderung bei Monokultur. Diese Erscheinung wird vielmehr durch die Einwirkung artspezifischer pathogener Mikroorganismen, verstärktes Auftreten von Begleitunkräutern, die an die Lebensweise dieser oder jener Kulturpflanze angepaßt sind, durch Verschlechterung des Luft- und Wasserhaushaltes sowie durch einseitigen Nährstoffentzug hervorgerufen. G. Graul. 630.

2-64/01-0335 Schneider, B.; Gießen, Justus-Liebig-Univ., Inst. für Pflanzenbau und Pflanzenzücht. **Die Bestimmung der Parameter im Ertragsgesetz von E. A. Mitscherlich. 1. Mitt. Die Methode der kleinsten Quadrate.** Biometr. Z. **5** (1963) Nr. 2. S. 78–95. — 1 Tab., 23 Lit.
Unter Zugrundelegung des Ertragsgesetzes von E. A. Mitscherlich (Wirkungsgesetz der Wachstumsfaktoren) werden Verfahren erörtert, die zu einer hinreichend genauen Bestimmung der Parameter bzw. Schätzwerte führen und eine reale Beschreibung von Ertragskurven erlauben. Mit Hilfe der Methode der kleinsten Quadrate entwickelt Vf. ein modifiziertes Verfahren, mit dem — unter bestimmten Voraussetzungen — auch bei nichtlinearer Regression Normalgleichungen aufgestellt werden können, aus denen sich Schätzwerte berechnen lassen. Durch Transformation der Parameter $\alpha = A$, $\beta = A \cdot 10^{-cb}$ und $\varrho = 10^{-c}$ ergibt sich die Gleichung $y = \alpha - \beta \varrho^x$, aus der α und β ohne Schwierigkeiten (linear) sowie ϱ iterativ bestimmt werden können. An einem Gefäßversuch (Hafer mit 5 N-, P- und K-Stufen; Intervall fix) wird das Verfahren mit Hilfe der N-Steigerungsreihe praktisch erläutert. In einem abschließenden Vergleich mit der Methode von Stevens (Asymptotic regression, vgl. Biometrics **7** [1951] S. 247.) werden Vor- und Nachteile beider Methoden erörtert. P. Schäfer. 635.

2-64/01-0336 Welch, L. F., Adams, W. E. und Carmon, J. L.; Watkinsville, Ga., Southern Piedmont soil Conserv. Field Stat.; Athens, Univ. of Georgia. Yield response surfaces, isoquants, and economic fertilizer optima for Coastal bermudagrass. **(Ertrag — Wirkung — Flächen, Isoquanten und wirtschaftliche Düngungs-Optima bei Bermudagras.)** Agronomy J. **55** (1963) Nr. 1. S. 63–67. — 7 Abb., 4 Tab., 7 Lit.
Vff. stellen sich die Aufgabe, mit Hilfe mehrfacher Regressionsanalysen für Bermudagras eine Ertragsgleichung aufzustellen. Als quadratisches Modell für den Ertrag Y benutzen sie die Gleichung $Y = b_0 + b_1 N + b_2 P + b_3 K + b_4 N^2 + b_5 P^2 + b_6 K^2 + b_7 NP + b_8 NK + b_9 PK + b_{10} NPK$, vernachlässigen aber dann den letzten Term. Ertrag — Wirkung — Flächen geben sie an für Versuchsdaten aus den Jahren 1955–57 und zeichnen außerdem die Linien gleichen Ertrags (Isoquanten) auf. Abschließend gehen sie auf wirtschaftliche Betrachtungen ein und geben die in dieser Hinsicht optimalen Düngungsmethoden für Bermudagras an. G. Reißig. 635.

2-64/01-0337 Strebeyko, Pjotr; Warszawa, Univ., Inst. für Pflanzenphysiol. **Das Schwanken des Wassergehaltes in den Laubblättern der Kulturpflanzen unter natürlichen Feldbedingungen.** Wiss. Z. Karl-Marx-Univ. Leipzig, math.-naturwiss. R. **12** (1963) Nr. 1. S. 317–321. — 15 Abb., 3 Tab., 18 Lit.

Die Schwankungen des Wassergehaltes der Blätter von 10 verschiedenen Kulturpflanzenarten wurden an 8 klimatisch verschiedenen Orten Polens im Verlauf von 3 Jahren untersucht. Die Probeentnahmen an den Untersuchungstagen erfolgten um 6, 12 und 17 Uhr. Es zeigte sich, daß die artbedingten Unterschiede größer waren als die klimabedingten. Die Pflanzen mit dem höheren Wassergehalt wiesen die geringsten Schwankungen auf, die jedoch bereits zu Ertragsdepressionen führten. Es wurde deshalb in den Jahren 1954 und 1955 der Einfluß des Wasserdefizits des Bodens auf den Wassergehalt der Blätter in Gefäßversuchen untersucht. Dabei ergab z. B. bei Hafer die Senkung der WK des Bodens von 50% auf 30% eine Abnahme im Wassergehalt der Blätter von nur 2%, aber eine starke Reduktion im Wachstum und Ertrag. Da keine Unterschiede in der Transpirationsintensität sowie hinsichtlich der Inhaltsstoffe N, P, K, Ca, Mg gefunden werden konnten, wird vermutet, daß die Ursache mit der physikal. Struktur des Protoplasten verbunden ist. Auch bei Zuckerrübe war eine positive Korrelation zwischen Ertrag und Wassergehalt zu verzeichnen. I. Frommhold. 640.

2-64/01-0338 Haertl, E. J.; Midland, Mich., Dow Chem. Co. Metal chelates in plant nutrition. **(Metallchelate in der Pflanzenernährung.)** J. agric. Food Chem. **11** (1963) Nr. 2. S. 108–111. – 2 Abb., 3 Tab., 20 Lit.
Über die handelsüblichen synthetischen Chelatbildner und deren praktische Anwendung wird ein Überblick gegeben. Für praktische Zwecke werden vorwiegend Fe-, Zn-, Mn-, Cu- und Mg-Komplexe eingesetzt. Während bei den höheren Pflanzen umfangreiche Forschungen durchgeführt werden, wurde der Bedeutung der Metalle in wichtigen Enzymen, die mit dem Stoffwechsel der Bodenmikroorganismen zusammenhängen, bisher nur ungenügende Beachtung geschenkt. Die Anwendung von Me^{II}-Chelaten im Boden ist infolge deren geringerer Stabilitätskonstante gegenüber Fe^{III}-Chelaten problematisch, weshalb häufig Besprühen der Blätter mit den Chelaten empfohlen wird. Die Behebung des Mangels an dem entspr. Mikronährstoff ist nicht unbedingt allein einer Zunahme des Gehalts im Pflanzengewebe zuzuschreiben, sondern wird vermutlich gleichermaßen von einem Gleichgewicht im Gewebe abhängen.
P. Stoß. 645.

2-64/01-0339 Drew, D. H.; Wellesbourne, Warwick, Nat. Vegetable Res. Stat. A nutrient requirement for optimum water absorption by intact root systems. **(Ein Nährstoffbedürfnis für optimale Wasserabsorption durch unversehrte Wurzelsysteme.)** Nature [London] **199** (1963) Nr. 4888. S. 93–94. – 1 Abb., 1 Tab., 4 Lit.
Mais (*Zea mays* L.), Sorte 'North Star', wurde in Sand angekeimt, und nach 18 Tagen wurden die Sämlinge in Nährlösung (Long-Ashton-Lösung, in der $NaH_2PO_4 \cdot 2\,H_2O$ teilweise durch K_2HPO_4 ersetzt war, um den pH-Wert zu erhöhen) gebracht. Nach 3 Wochen wurde die bisherige Nährlösung durch Lösungen unterschiedlicher Konz. ersetzt, die einen osmotischen Druck von 0 (Regenwasser) bis 3 atü besaßen. Die Wasserabsorption wurde alle 24 Std. ermittelt; die Messungen erstreckten sich über 7 Tage. Am Ende der 1. Periode zeigte das Versuchsglied mit der 3-atü-Lösung einen Rückgang in der Wasserabsorption, während nach der 2. Periode aus dem Regenwasser beträchtlich weniger Wasser absorbiert worden war. Die Beziehungen zwischen Wasserabsorption und Wurzel- sowie Sproßgewicht wurden durch Berechnung der Regressionskoeffizienten erfaßt und zeigten linearen Verlauf. Aus den Werten geht eindeutig hervor, daß pro Gewichtseinheit der Wurzel oder des Sprosses aus dem Regenwasser ein signifikant geringeres Wasservolumen absorbiert wurde als aus der Lösung mit dem osmotischen Druck von 0,5 atü. Dieses Ergebnis wurde durch Versuche mit *Triticum aestivum* L., Sorte 'Jufy 1', erhärtet, in denen die optimale Nährlösung einen osmotischen Druck von 0,1 atü besaß. Es wird gefolgert, daß durch unversehrte Wurzelsysteme die

maximale Wasserabsorptionsrate nur in Gegenwart von Nährstoffionen erreicht werden kann. G. Loßner. 645.

2-64/01-0340 MacKay, D. C. und Leefe, J. S.; Kentville, Nova Scotia, Canada Dep. of Agric. Optimum leaf levels of nitrogen, phosphorus and potassium in sweet corn and snap beans. **(Der optimale Gehalt an Stickstoff, Phosphorsäure und Kalium in Blättern von Mais und Phaseolusbohnen.)** Canad. J. Plant Sci. **42** (1962) Nr. 2. S. 238–246. – 2 Abb., 3 Tab., 26 Lit.
In 2jähr. Feldversuchen mit Mais und *Phaseolus*-Bohnen wurde der Einfluß der einzelnen Jahre, verschieden starker Bewässerung, unterschiedlicher Entwicklungsstadien und verschieden hoher N-, P- und K-Gaben auf den Nährstoffgehalt der Blätter untersucht. – Die einzelnen Versuchsjahre hatten keinen wesentlichen Einfluß auf den Nährstoffgehalt. Dagegen bewirkte eine optimale und im Übermaß vorgenommene Bewässerung einen Anstieg des N-Gehalts der Blätter bei Mais und Bohnen, einen Anstieg des K-Gehalts bei Mais, aber keine Veränderung des P-Gehalts. Mit fortschreitender Entwicklung vom 6. bzw. 7. Blatt bis zur männlichen Blüte nahm der P-Gehalt der Maisblätter zu, der K-Gehalt ab, während der N-Gehalt sich kaum veränderte. Durch steigende N-, P- und K-Gaben nahm der Nährstoffgehalt sowohl bei Mais als auch bei Bohnen laufend zu. Die Erträge stiegen mit der N-Düngung zunächst an, nahmen dann aber nach Überschreitung eines Kulminationspunktes wieder ab. Steigende P-Gaben bewirkten einen Anstieg der Erträge. Mit zunehmender K-Gabe stiegen die Maiserträge an, während bei Bohnen kein Einfluß zu verzeichnen war. Der bei dem höchsten Ertrag vorhandene Nährstoffgehalt wurde als optimaler Gehalt bezeichnet. E. Linke. 645.

2-64/01-0341 Hagemann, Otto; Halle/S., Martin-Luther-Univ. Halle-Wittenberg, Landwirtsch. Fak. **Mineralstoffernährung und Mineralstoffumsatz der Kartoffel.** Diss. Halle **1962** 56 S. – 1 Abb., 18 Tab., 60 Lit.
Die Aufnahme von K, Na, Ca, Mg und P durch die Kartoffel und die Umlagerung dieser Nährstoffe aus den Mutterknollen (**I**) in die Sprosse und aus den Sprossen (**II**) in die Tochterknollen (**III**) wurden an Hand von Feld- und Gefäßdüngungsversuchen mit Probenahmen während der Vegetationszeit untersucht. K wird aus den **I** fast vollständig ausgelagert, der Gehalt nimmt rel. (% d. Tr.-Subst.) und abs. (mg/Knolle) mit der Vegetationszeit ab. In **II** wird es bis zur Blüte angehäuft, mit der Bildung von **III** setzt eine Abnahme ein. Rel. nimmt der Gehalt stetig ab. In **III** nimmt die Menge je Staude mit dem Wachstum stetig zu. P verhält sich ähnlich K. Ca wird in **I** eingelagert, der Gehalt nimmt rel. und abs. (das 7fache der Ausgangsmenge) zu. Ebenso erfolgt eine Anhäufung in den Sprossen. In **III** nimmt der rel. Gehalt ab, die abs. Menge mit dem Wachstum zu. Mg wird bei Mg-armem Nährsubstrat aus **I** ausgelagert, bei normalem Angebot verändert sich die Menge je Mutterknolle unwesentlich, bei hohem Angebot wird es in die Mutterknolle eingelagert. Hohes Angebot vermindert die Einlagerung von Ca in **I**. Na wird in **I**, **II** und **III** eingelagert, eine Umlagerung wurde nicht festgestellt, die Gesamtaufnahme ist sehr gering. Hohes Na-Angebot vermindert die Ca-Anhäufung in **I**. Die Untersuchung des Bindungszustandes des Ca in der Knolle zeigt, daß der überwiegende Teil in H_2O oder Neutralsalzlösung löslich ist. Nur etwa 10% sind säurelöslich (CH_3COOH und HCl), nach dem Auspflanzen erhöht sich dieser Teil auf etwa 28%. Ein Wasserkulturversuch und 2 Keimungsversuche zeigen, daß bei extremem Ca-Mangel oder Ca-freiem Substrat Ca aus **I** in den wachsenden Sproß verlagert wird. – Im 3. Teil der Arbeit wird die Wirkung der Kationen auf den Ertrag und den Mineralstoffgehalt der Kartoffel beschrieben. Steigende K-Gaben (Feldversuch) steigern den Ertrag, mindern den Tr.-Subst.-Gehalt, erhöhen den Gehalt an Ca, Mg und Na. Steigende Na-Gaben (Gefäßversuch) bewirken eine Wachstumsverzögerung, 0,3 g Na_2O/Gefäß bringen gegenüber der 0-Variante einen Mehrertrag, höhere

Na-Gaben wirken sich nicht auf den Ertrag aus. Der K-Gehalt (%) wird erhöht, der Ca-Gehalt vermindert. Steigende Ca-Gaben (Feldversuch) beeinflussen den Ertrag nicht, der Gehalt an K, Mg und P wird etwas vermindert. Bei gestaffelten Mg-Gaben bewirkte nur 0,2 g MgO/Gefäß einen Ertragsanstieg gegenüber der 0-Variante. Bei 1,8 g MgO/Gefäß tritt eine Wachstumshemmung auf. B. Effmert/Groß-Lüsewitz. 645.

2-64/01-0342 Millikan, C. R.; Burnley, Victorian Dep. of Agric., Biol. Branch. Effects of different levels of zinc and phosphorus on the growth of subterranean clover (Trifolium subterraneum L.). **(Die Wirkung unterschiedlichen Zink- und Phosphorgehalts auf das Wachstum des Bodenfrüchtigen Klees [Trifolium subterraneum L.].)** Austral. J. agric. Res. **14** (1963) Nr. 2. S. 180–205. – 16 Tab., 56 Lit.

Die Wirkung verschiedener Kombinationen von gestaffelten Zn- und P-Gaben auf das Wachstum der Sorten 'Clare' und 'Edenhope' des Bodenfrüchtigen Klees und das Auftreten von Mangelerscheinungen wurde 1959–61 in Gefäßversuchen geprüft. Ein Vorversuch mit der Sorte 'Dwalganup' war 1952 durchgeführt worden. Zn ist für die Verwertung von P durch die Pflanzen sehr wichtig. Bei einer für die normale Entwicklung ungenügenden Zn-Versorgung traten nach Erhöhung des P-Angebots Wachstumsdepressionen und Verstärkung der Zn-Mangelsymptome auf. Bei ausreichender Zn-Versorgung begünstigte die höhere P-Gabe das Wachstum, wobei die oberirdischen Teile der Pflanze stärker beeinflußt wurden als die Wurzel. Die kritische Höhe des Zn-Gehalts ist nicht von der Zn-Konz., sondern vom Alter der Pflanze und vom P/Zn-Verhältnis abhängig. Die Sorte 'Edenhope' hatte einen größeren P-Bedarf als 'Clare', die einen hohen Zn-Gehalt im Substrat besser als jene vertrug. 'Clare' zeigte trotz ausreichenden Nitratanteils in der Lösung Symptome von P-Toxizität, bei 'Edenhope' führte hoher Zn-Gehalt zur Zn-Vergiftung. Th. Hoffmann. 645.

2-64/01-0343 Martin-Prével, P. und Charpentier, J.-M. Symptômes de carences en six éléments minéraux chez le bananier. **(Symptome des Mangels an sechs Mineralstoffen bei der Banane.)** Fruits d'outre Mer **18** (1963) Nr. 5. S. 221–247. – 18 Abb., 4 Tab. 645.

2-64/01-0344 Heinsdorf, D.; Eberswalde, Arbeitsgruppe Forstdüng. und -melioration des Inst. für Forstwiss. der Dtsch. Akad. der Landwirtsch.-Wiss. zu Berlin. **Beitrag über die Beziehungen zwischen dem Gehalt an Makronährstoffen N, P, K, Mg in Boden und Nadeln und der Wuchsleistung von Kiefernkulturen in Mittelbrandenburg.** Albrecht-Thaer-Arch. **7** (1963) Nr. 4. S. 331–353. – 17 Abb., 3 Tab., 23 Lit. Zus. in Russ., Engl. – nach Zus.

In Mittelbrandenburg wurden auf 12 Sandstandorten unterschiedlicher Trophie zu 3–6jähr. Kiefernkulturen Düngungsversuche angelegt. Für diese Standorte werden die Beziehungen zwischen dem Nährstoffvorrat des Bodens an N, P, K und Mg, dem Nährstoffgehalt der Kiefernnadeln sowie dem Kiefernwachstum vor Versuchsanlage beschrieben. Für die Beurteilung der unterschiedlichen Nährkraft der Standorte war die Bausch-Analyse gut geeignet. Der Humusvorrat des Bodens schwankte auf den Versuchsflächen zwischen 28–100 t/ha. Zur Beurteilung der N-Ernährung der Kiefer erwiesen sich die abs. N-Vorräte des Bodens unter gleichzeitiger Berücksichtigung des N-Gehaltes des Humus als geeignet. Auf degradierten Sandstandorten vorliegender N-Mangel kann über die Bodenvegetation erfaßt werden. Auf Standorten des Flechten- und Flechtenheidetyps wurde bereits 1 Jahr nach der mineral. Düngung ein beträchtlicher Zuwachs im mittleren Schaftvolumen beobachtet. Eine alleinige N-Düngung scheint bes. auf Sandböden angebracht zu sein, die über höhere K-Vorräte verfügen und stark oder mäßig degradiert sind. Während N auf den meisten Standorten Minimumfaktor ist, trat P auf keinem Standort als wachstumsbegrenzender Faktor auf. Bereits 3 mg in NH_4Cl austauschbares K genügten auf einigen Standorten für gutes Kiefernwachstum. Es wird angenommen, daß eine K-Düngung erst dann wirksam wird, wenn der N-Mangel beseitigt ist. Mit latentem Mg-Mangel wird bei Blattspiegelwerten $<0{,}08\%$, mit sichtbarem Mg-Mangel bei solchen $<0{,}06\%$ gerechnet. Mg ist jedoch offenbar nur auf einigen Sonderstandorten Minimumfaktor. H. J. Fiedler. 645.

2-64/01-0345 Birnbaum, D. **Der Stickstoffhaushalt bewurzelter Kartoffelblätter.** Wiss. Z. Ernst-Moritz-Arndt-Univ. Greifswald, math.-naturwiss. R. **11** (1962) Nr. 3/4. S. 315–320. – 4 Abb., 1 Tab., 17 Lit.
Zur Prüfung der Anfälligkeit von Kartoffelblättern gleichen Alters gegenüber der Infektion durch *Phytophthora infestans* in Abhängigkeit vom N-Gehalt wurden frische Blätter und Sproßspitzen der Sorten 'Erstling' und 'Capella' bewurzelt und unterschiedlich mit N ernährt. Die in Nährlösung kultivierten und zusätzlich mit Harnstoff besprühten, den höchsten N-Gehalt aufweisenden Blätter zeigten die größte Ausbreitung der Krankheitssymptome. Die Blätter und Sprosse von 'Erstling' waren stärker befallen als die von 'Capella'. Zwischen den in Nährlösung ohne Blattspritzung und den in reinem Wasser kultivierten Blättern waren keine Unterschiede im *Phytophthora*-Befall feststellbar. K. Koepke. 654.

2-64/01-0346 Blanc, Denise; Antibes, Alpes-Maritimes, Stat. d'Agronomie et de Physiol. Végétale. Synthèse comparée d'azote organique par Dactylis glomerata L. cultivé en milieu nitrique et en milieu ammoniaco-nitrique. **(Vergleichende Synthese des organischen Stickstoffs bei Dactylis glomerata L. bei alleiniger Nitrat- und kombinierter Ammonium-Nitrat-Versorgung.)** C.R. hebd. Séances Acad. Sci. **256** (1963) Nr. 12. S. 2692–2694. – 1 Abb., 1 Tab., 2 Lit.
In nicht näher beschriebenen Gefäßversuchen (Sandsubstrat mit Nährlösungsbehandlung) wurden pro l Nährlösung 2, 4, 6, 8, 10, 12 und 14 mval N hinzugesetzt. Während in der ersten Versuchsreihe (**I**) nur NO_3 gegeben wurde, erfolgte in der zweiten und dritten Reihe ein teilweiser Ersatz durch 2 mval NH_4 (**II**) oder 4 mval (**III**). Nach 7 Wochen Versuchsdauer wurde die Grünmasse geerntet, getrocknet, und die N-Fraktionen wurden nach Blanc (vgl. Ann. Physiol. végétales **1959** S. 165.) bestimmt. – Mit steigendem NH_4-Anteil in der NO_3-Grundlösung nahm die Gesamtmenge an org. N in der Pflanze zu. Der Nitratanteil (in% der Tr.-Subst.) nahm z. B. bei 10 mval NO_3 in der Nährlösung von 2,01 durch NH_4-Ersatz kontinuierlich ab (1,89 bei **II** und 1,72 bei **III**). P. Schäfer. 654.

2-64/01-0347 Carpena, O. und Costa, F.; Segura, Centro de Edafol. y Biol. Apl. Influencia del suelo sobre la evolucion des nitrogeno en la hoja del limonero. **(Einfluß des Bodens auf die Entwicklung des Stickstoffgehalts in den Blättern von Zitronenbäumen.)** Agrochimica [Pisa] **7** (1963) Nr. 4. S. 341–352. – 3 Abb., 9 Tab., 3 Lit. Zus. in Engl., Franz., Dtsch. – nach Zus.
Die jährliche Entwicklung des N-Gehaltes von Blättern der Zitronensorte 'Verna' auf drei verschiedenen Böden wurde untersucht. Anhand der Ergebnisse konnten Daten für die optimalen N-Werte im Boden und zuweilen für die Düngung bestimmt werden. 654.

2-64/01-0348 Oberländer, H.-E.; Wien, Landwirtsch.-Chem. Bundesversuchsanst. **Die thermodynamischen Größen der Aktivierung der Phosphationenaufnahme durch Gerstenwurzeln.** Experientia [Basel] **19** (1963) Nr. 6. S. 298–299. – 2 Abb., 9 Lit.
Ausgehend von der logarithmischen Form der Arrhenius-Gleichung (in der von Eyring formulierten Fassung) wurde die Aktivierungsenthalpie

$\triangle H^*$ und die Aktivierungsentropie $\triangle S^*$ aus der Temperaturabhängigkeit der Geschwindigkeitskonstanten k_2 (die Ionen im Zellinneren freisetzender, irreversibler Zerfall des Trägerkomplexes) für die abgetrennten Wurzeln von 7 Tage alten Gerstenpflanzen errechnet. Die Ermittlung der Temperaturabhängigkeit von k_2 erfolgte durch Messung der Radioaktivität der gewaschenen und veraschten Wurzeln, nachdem diese für die Zeit von $t = 3-18$ Min. sich mit einem Volumen von 200 cm³ einer 0,001 mol. $KH_2{}^{32}PO_4$-Lösung (pH 4,5) bei den Temperaturen $T = 30, 20, 10$ und 4 °C in Kontakt befanden (k_2 [sec^{-1}] aus Anstieg der Geraden: [Mol $PO_4{}^{3-}$/0,5 g Wurzeln] $= f(t)$, mit der jeweiligen Temperatur als Parameter). Die so ermittelten k_2-Werte ergaben bei Auftragung von $\ln k_2 = \psi\left(\frac{1}{T}\right)$ eine Gerade (allerdings nur annähernd) mit dem Anstieg $-\triangle H^*/R$, woraus sich $\triangle H^*$, mit ihm $\triangle S^*$ und schließlich, mit Hilfe der bekannten Beziehung $\triangle G^* = \triangle H^* - T\triangle S^*$, auch $\triangle G^*$ (freie Aktivierungsenthalpie) errechnen ließ. Ähnlich wie beim Zerfall von Enzym-Substratkomplexen lagen auch hier die thermodynamischen Größen für $\triangle H^*$ bei 11700 [cal · Mol^{-1}], $\triangle S^*$ bei -28 [cal · $Grad^{-1}$ · Mol^{-1}] und $\triangle G^*$ bei 19900 [cal · Mol^{-1}]. H. E. Freytag. 656.

2-64/01-0349 Richards, F. J. und Rees, A. R.; Kent, Wye Coll., A.R.C. Unit of Plant Morphogenesis and Nutrit. Effects of phosphate on the growth of barley under conditions of potassium deficiency. (**Wirkungen des Phosphats auf das Wachstum der Gerste unter Kaliummangelbedingungen.**) Indian J. Plant Physiol. **5** (1962) Nr. 1/2. S. 33–52. — 5 Abb., 6 Tab., 20 Lit.
Um die Ursachen der schädlichen Wirkungen hoher P-Versorgung auf K-Mangelpflanzen zu klären, prüften Vff. einen weiten Bereich der P-Versorgung bei Gerste, die in Sandkultur bei gleicher, jedoch zu geringer K-Versorgung gezogen wurde. Hierbei kamen 2 Typen von Nährlösungen zur Anwendung; so wurden in der einen Serie die Nitrate und Phosphate als Na-Salze gegeben, während beim Typ 2 diese Anionen als Ca-Salze appliziert wurden. Maximales Pflanzenwachstum trat im mittleren Bereich der P-Versorgung auf, in den Na-Lösungen jedoch bei niedrigerer P-Stufe als in den Ca-Lösungen. Die in Trichloressigsäure lösliche P-Fraktion und anorg. Phosphat waren bes. dort stark akkumuliert, wo es zu schädlichen Wirkungen auf das Pflanzenwachstum kam. Bei der Bestimmung der Atmungsaktivität grüner Blätter zeigte sich, daß der CO_2-Verlust mit zunehmendem Gehalt an anorg. Phosphat bis zu einem Maximum anstieg. Der durch den hohen Phosphatgehalt der K-Mangelpflanzen bedingte Atmungsverlust wirkt sich deshalb bes. schädlich aus, weil diese Pflanzen infolge ihrer herabgesetzten Photosynthesetätigkeit bereits an Kohlenhydratmangel leiden. G. Loßner. 656.

2-64/01-0350 McKell, Cyrus M. und Wilson, Alma M.; Davis, Univ. of California. Effects of temperature on S^{35} uptake and translocation by rose and subterranean clovers. (**Temperaturwirkungen auf die ^{35}S-Aufnahme und -Verlagerung bei Trifolium hirtum All. und Trifolium subterraneum L.**) Agronomy J. **55** (1963) Nr. 2. S. 134–137. — 4 Abb., 11 Tab.
Die beiden Kleearten erhielten in Wachstumskammern bei 50, 60 und 70 °F 5, 20 und 80 lb./acre S als K_2SO_4-Lösung (mit einer bestimmten Menge an $H_2{}^{35}SO_4$ in HCl versetzt). In den oberirdischen Pflanzenteilen stieg der S-Gehalt sowohl mit der S-Gabe als auch mit der Temperatur an (bei 50 °F von $< 0,1$ auf 0,3% S, bei 70 °F von ca. 0,1 auf 0,5% S). In den Wurzeln stieg der S-Gehalt ebenfalls mit der Höhe der S-Gabe an (von 0,25 auf 0,8% S), sank aber mit steigender Temperatur ab. H. Kretschmer. 658.

2-64/01-0351 Sedlák, Jozef, Michajlovskij, Nikolaj und Kaločai, Štefan; Bratislava, ČSAV, Endokrinol. Ústav Slovenskej Akad. Vied. Vplyv zníženého príjmu síranov na utilizáciu síry v zimnej kapuste. Závislost strumigénnosti rastlín od utilizácie síry. IV. sděl. **(Einfluß der verminderten Sulfataufnahme auf die Schwefelausnützung durch Winterkohl. Abhängigkeit der strumigenen Eigenschaften der Pflanzen von der Schwefelanwendung. 4. Mitt.)** Biológia [Bratislava] **18** (1963) Nr. 3. S. 210–218. – 2 Abb., 5 Tab., 18 Lit. Zus. in Russ., Engl., Dtsch.

In Gefäßversuchen wurde die Frage untersucht, ob es möglich ist, Wirsingkohl zu erzeugen, der keine strumigenen Stoffe enthält. Je l Nährlösung wurden 1 oder 25 mval SO_4^{--} gegeben. In einem Feldversuch wurde die gleiche Frage untersucht. An den Pflanzen wurden Analysen auf Tr.-Subst., Ca, Mg, N, Vitamin C und S-Verbindungen (mineral. S sowie SCN- und SH-Gruppen). – Geringes SO_4^{--}-Angebot führte zur durchgreifenden Senkung des Sulfatgehaltes, wobei die Nährstoffwerte unverändert blieben. Im Feldversuch gab es infolge sehr starken Regens keine Unterschiede. ČSSR/ÚVTI. 658.

2-64/01-0352 Venema, K. C. W. Some notes regarding the function of the sulphateanion in the metabolism of oil producing plants, especially oil palms. **(Einige Bemerkungen hinsichtlich der Funktion des Sulfatanions im Stoffwechsel von Ölpflanzen, bes. Ölpalmen.)** Potash trop. Agric. [Amsterdam] **6** (1963) Nr. 1. S. 4–20. – 29 Tab., 98 Lit. 658.

2-64/01-0353 Steineck, O.; Wien, Hochschule für Bodenkult., Inst. für Pflanzenbau u. Pflanzenzücht. **Die spezifische Wirkung des Nährstoffes Kali auf das Wachstum der Pflanze.** Kali-Briefe, Fachgeb. 2 **6** (1963) Nr. 5. S. 1–9. – 5 Tab., 15 Lit.

Vf. stellt einleitend fest, daß für die Erkennung der Wirkung eines Nährstoffes auf die Entwicklung der Pflanze dieser der Nährstoff während der Dauer des Versuches in stets gleichbleibender Konz. angeboten werden muß. Dies ist der Fall bei der vom Vf. entwickelten Wechsellösungskultur, bei der durch ständige Erneuerung der Nährstofflösung das Nährstoffangebot stets in ursprünglicher Höhe gehalten wird. Da die Nährstoffe in Ionenform aufgenommen werden, ist das mg-Atom die brauchbarste Maßeinheit. Die Steigerung des Nährstoffangebotes entspricht einer Verkürzung des Ionenabstandes in der Lösung. Der Zusammenhang zwischen Konz. und Ionenabstand ist in einer Tab. dargestellt. Nach dieser Methode wurden Versuche mit Kopfsalat, Tomate und So-Gerste angestellt. Die Ausgangslösung enthielt an N, K, P, Ca und Mg je 0,1 mg-Atom, gesteigert wurden K und N in 8 Stufen bis auf 1,65 mg-Atom. Bei der Basis N_1 wurde durch steigende K-Menge die Wurzelentwicklung gefördert, bei Basis N_8 jedoch nicht. Die Wurzelentwicklung wurde durch steigende N-Gaben beeinträchtigt. Im Gegensatz dazu wurde die Sproßentwicklung durch N stark begünstigt, auf Basis K_8 stärker als auf Basis K_1. Der Einfluß steigender K-Gaben war demgegenüber nur gering und mittelbar. Es zeigte sich, daß N von der Pflanze für das Sproßwachstum nur dann voll verwertet wird, wenn genügend K zugegen ist.
W. Lesch. 660.

2-64/01-0354 Epstein, Emanuel, Rains, D. W. und Elzam, O. E.; Davis, Univ. of California, Dep. of Soils and Plant Nutrit. Resolution of dual mechanisms of potassium absorption by barley roots. **(Aufklärung des doppelten Mechanismus bei der Kaliumabsorption durch Gerstenwurzeln.)** Proc. nat. Acad. Sci. USA **49** (1963) Nr. 5. S. 684–692. – 5 Abb., 19 Lit

Vff. untersuchten die Absorptionsmechanismen bei der K- und Rb-Absorption durch Gerstenwurzeln. Die Versuche wurden mit ^{42}KCl und $^{86}RbCl$ bei 30 °C durchgeführt. Der Konzentrationsbereich dieser Ionen erstreckte sich von 0,002–50 mMol/l. Mit Hilfe einer einfachen Gleichung, die aus der Summe zweier Michaelis-Menten-Terme besteht, konnte mit großer Genauigkeit die Beziehung zwischen den K- oder Rb-Konz. in denVersuchslösungen und den absorbierten Mengen dieser Ionen durch Gerstenwurzelgewebe ermittelt werden. Die erhaltenen Versuchsergebnisse werden unter der Voraussetzung interpretiert, daß die Ionen durch verschiedene, diskrete „carrier"-Plätze gebunden und transportiert werden. Der eine Mechanismus wirkt bei der niedrigen äußeren Konz. von 0,018 mMol/l mit sehr geringer Affinität zu Na, der 2. bei 16 mMol unter starker Beeinflussung durch Na. Der letztere Mechanismus wird empfindlich gestört, wenn das Cl-Anion durch Sulfat ausgetauscht wird. G. Loßner. 660.

2-64/01-0355 Hiatt, A. J.; Lexington, Univ. of Kentucky, Dep. of Agronomy. Varietal differences in potassium uptake by excised roots of Nicotiana tabacum. **(Sortenunterschiede in der Kalium-Aufnahme durch abgeschnittene Wurzeln von Nicotiana tabacum.)** Plant and Soil [The Hague] **18** (1963) Nr. 2. S. 273–276. – 1 Abb., 1 Tab., 5 Lit.

Bei der Messung der K-Aufnahme durch die abgeschnittenen Wurzeln verschiedener *Nicotiana-tabacum*-Pflanzen aus $2{,}5 \cdot 10^{-4}$ mol. KCl-Lösungen innerhalb einer 3std. Kontaktzeit ergab sich für die Sorten 'Bur 21' und 'Kentucky 41 A' eine um etwa 36–40% höhere K-Aufnahme als für 'Ex 4'. Diese Unterschiede werden auf Differenzen in der K-Absorptionsfähigkeit der Wurzeln zurückgeführt. Dabei hatte die gewählte Lösungskonz. einen erheblichen Einfluß auf die sich herausbildenden Unterschiede in der K-Aufnahme, wie sich aus Versuchen mit 'Bur 21' und 'Ex 4' bei stufenweise veränderten K-Konz. zeigte: Die Differenzen in der K-Aufnahme (mval/100 g) wurden mit steigender Konz. immer geringer und gingen schließlich bei $1{,}6 \cdot 10^{-2}$ Mol KCl/l gegen Null. H. E. Freytag. 660.

2-64/01-0356 Agerberg, Lars S., Nommik, Hans und Roots, Leo; Uppsala. Försök med mangan. III. **(Versuche mit Mangan. 3. Mitt.)** Kungl. Lantbrukshögskolan Statens Lantbruksförsök, Statens Jordbruksförsök, Medd. **1962** Nr. 138. S. 1–59. – 37 Abb., 7 Lit. Zus. in Engl. 2. Mitt. vgl. LZ. Abt. II **8** (1963) Nr. 7. S. 1761.; Nr. 8. S. 2103.

Die Arbeit ist ein Abschlußbericht über Methoden und Mittel zur Beseitigung von Mn-Mangel. Vorläufige Ergebnisse deuten an, daß ein aus Superphosphat und $MnSO_4$ zusammengesetztes Granulat günstiger als ein aus beiden Komponenten gemischtes Düngemittel wirkt. Ebenso wirkten Granulate aus verschmolzenem $MnSO_4$ und S (im Verhältnis 1:1 oder 1:3) geringfügig besser als $MnSO_4$. – In mehreren Versuchen wurde die Wirkung von pulverisiertem S (300 bzw. 900 kg/ha) allein und kombiniert mit 50 kg/ha $MnSO_4$ geprüft. Eine S-Wirkung wurde nur auf einem kalkreichen Seggentorf beobachtet. Auf einem humusarmen, schwach lehmigen Sand nahm durch die S-Gabe der Gehalt an lösl. Mn zu und der pH-Wert ab; der Ertrag wurde nicht beeinflußt. Durch die S- und $MnSO_4$-Gaben wurde der prozentuale Haferanteil in Gerste-Hafer-Gemisch deutlich erhöht, ebenso nahm die TKM des Hafers zu. – Die Beeinflussung der Mn-Löslichkeit im Boden durch mikrobiellen Abbau von org. Material wurde in mehreren Versuchen auf humusarmem Sandboden geprüft. Dazu wurde gehäckseltes Stroh entweder untergepflügt oder als Bodenbedeckung für Kartoffeln in Verbindung mit Mn-Dünger angewandt. Die Kartoffelerträge wurden durch die Mn-Gaben beträchtlich erhöht, durch die Strohanwendung deutlich gesenkt. Die Mn-Löslichkeit wurde durch das Stroh nicht beeinflußt. – In Feld- und Gefäßversuchen wurden verschiedene Methoden der Saatgut-Behandlung, das Einweichen, das Beizen und das Umhüllen der Samen mit $MnSO_4$ in verschiedenen Konz. mit Hafer untersucht. Im Vergleich zur Mn-Düngung erwies sich das Beizen als am wirksamsten. Für die praktische Anwendung der Beizung werden 50 ml einer gesättigten $MnSO_4$-Lösung je kg Saatgut empfohlen. – Die statistische Auswertung von 586 Versuchen mit 1617 Einzelvergleichen hinsichtlich Einfluß verschiedener äußerer Faktoren auf die Mn-Wirkung brachte folgende Ergebnisse: Die Mn-Anwendung in Form der Spritzung war der Ausbringung von Pulver oder Dünger vor der Saat in den Boden überlegen. In den meisten Fällen wurde durch Spritzen von 500 l/ha einer 1%igen $MnSO_4$-Lösung die beste Wirkung erzielt, bei Kartoffeln mit 1000 l dieser Lösung. 400 l/ha einer 3%igen $MnSO_4$-Lösung wirkten schwächer. Die Mn-Spritzung war in trockenen Jahren, die Mn-Düngung in Jahren mit hohen Niederschlägen am wirksamsten. Die Wirkung der Mn-Düngung nahm auf mineral. Böden mit zunehmendem Humusgehalt zu, auf org. Böden ab. Die Differenz in der Wirkung zwischen Spritzen und Düngen war bes. auf humusarmen Böden recht deutlich. Mit steigendem pH-Wert nahm die Mn-Wirkung, bes. auf org. Böden, bei Düngung zu, bei Spritzung wurden die besten Ergebnisse bei pH 6,0 und 6,9 erzielt. Die Mn-Wirkung nahm mit höherem Basen-Gehalt des Bodens zu. Auf Böden mit höherer P-Versorgung nahm die Mn-Wirkung ab. Es wird angenommen, daß P-reiche Böden auch ausreichend mit Mn versorgt sind. Ähnliche Beziehungen ergaben sich auch zwischen Mn-Wirkung und K-Gehalt des Bodens. O. Knabe. 665.

2-64/01-0357 Evans, E. J. und Dekker, A. J.; Ottawa, Ontario, Canada Dep. of Agric. Comparative Sr^{90} content of agricultural crops grown in a contaminated soil. **(Vergleich des ^{90}Sr-Gehaltes der in einem verunreinigten Boden gewachsenen landwirtschaftlichen Kulturen.)** Canad. J. Plant Sci. **42** (1962) Nr. 2. S. 252–258. – 3 Tab., 9 Lit.
In Polyäthylengefäßen mit je 2,5 kg Lehmboden wurden nach NPK-Düngung jedem Gefäß 51,6 μc ^{90}Sr verabfolgt und 36 Pflanzenarten, darunter Getreide, Futterpflanzen und Gemüse, auf ihre ^{90}Sr-Aufnahme untersucht. – Es zeigte sich, daß der ^{90}Sr-Gehalt (I) der verschiedenen Pflanzenarten bei gleichen morphol. Pflanzenteilen ungefähr konstant war und eine direkte Beziehung zwischen dem I und dem Ca-Gehalt bestand. Die Getreidekörner hatten sowohl bei Berechnung auf die Tr.-Subst. als auch bei Berechnung auf den Ca-Gehalt einen niedrigeren I als das Getreidestroh. Leguminosen enthielten höhere Mengen an Ca und ^{90}Sr als Gräser (Rotklee z. B. 91,30 nc ^{90}Sr/g Tr.-Subst.). Futtergräser und Getreidestroh hatten etwa den gleichen I. Auf die Tr. Subst. bezogen, hatten die Blätter der Wurzelfrüchte einen höheren I als die Wurzeln, bei Berechnung auf den Ca-Gehalt war es jedoch umgekehrt. Kartoffelknollen und Getreidekörner hatten mit 3,09 bzw. 1,25 (Weizenkorn) nc ^{90}Sr/g Tr. Subst. den niedrigsten I der untersuchten Proben.
E. Linke. 665.

2-64/01-0358 Evans, E. J. und Dekker, A. J.; Ottawa, Ontario, Canada Dep. of Agric. The influence of soil properties and soil amendments on the Sr^{90} content of oats grown in selected Canadian soils. **(Der Einfluß von Bodeneigenschaften und Bodenverbesserungen auf den ^{90}Sr-Gehalt von Hafer auf einigen kanadischen Böden.)** Canad. J. Soil Sci. **42** (1962) Nr. 1. S. 23–30. – 6 Tab., 11 Lit.
In Gefäßversuchen unter Verwendung von 6 verschiedenen, z.T. mit Ca-Salzen behandelten Böden wurde zu jedem Gefäß ^{90}Sr entspr. 37,7 μc zugegeben und die ^{90}Sr-Aufnahme durch Hafer in Abhängigkeit vom pH-Wert, der org. Subst., der Kationenaustauschkapazität (I), dem austauschbaren Ca und dem Ca-Sättigungsgrad geprüft. – Es zeigte sich eine hochsignifikante negative Korrelation (r = 0,99) zwischen dem ^{90}Sr-Gehalt des Hafers sowohl im Korn als auch im Stroh und dem Gehalt der Böden an austauschbarem Ca. Dagegen waren die entspr. Beziehungen zwischen der ^{90}Sr-Konz. des Hafers und der I nicht gesichert. Mit der zu sauren Böden erfolgten Zugabe von Ca-Salzen bis zur Höhe der I nahm die ^{90}Sr-Konz. des Hafers laufend ab. Dabei konnte durch $CaCO_3$ ein Rückgang der ^{90}Sr-Konz. auf $^1/_7$, durch $CaCl_2$ auf $^1/_3$ und durch $CaSO_4$ auf die Hälfte erzielt werden (berechnet auf μc ^{90}Sr/g Ca im Hafer). Die Zugabe von Ca-Salzen über die I hinaus hatte keinen nennenswerten Einfluß. Entscheidend für eine niedrige ^{90}Sr-Konz. in der Pflanze war nicht der

pH-Wert, die org. Subst. oder die I, sondern der Gehalt an austauschbarem Ca bzw. der Ca-Sättigungsgrad. E. Linke. 665.

2-64/01-0359 Jones, L. H. P. und Milne, A. A.; Melbourne, Australia, Univ., Women's Coll., C. S. I. R. O., Div. of Plant Ind. Studies of silica in the oat plant. I. Chemical and physical properties of the silica. **(Studien über die Kieselsäure in der Haferpflanze. I. Chemische und physikalische Eigenschaften der Silicium-Verbindungen.)** Plant and Soil [The Hague] **18** (1963) Nr. 2. S. 207–220. – 5 Abb., 4 Tab., 22 Lit.

Auf ½ in. zerschnittene, reife Haferpflanzen wurden zwecks Beseitigung von anhaftenden Mineralpartikeln gründlich gewaschen, bei 105 °C getrocknet und zur Erfassung der Kieselsäure sowohl trocken (12 Std. bei 450 bzw. 550 °C im Muffelofen) als auch naß (im Gemisch von HNO_3 und $HClO_4$) verascht, wonach die quantitative Bestimmung für beide nach Glühen im Pt-Tiegel in Form von SiO_2 erfolgte. Die durch nasse Verbrennung abgetrennte Fraktion entspricht ganz der festen Kieselsäure der Pflanze und liegt in Form von Opal mit Refraktionswerten (n_{Na} bei 25 °C) zwischen 1,427–1,440 und Adsorptionsoberflächen von 14,4 m^2/g vor (Proben bei 100 °C und 0,01 Torr entgast, Adsorptionsisotherme mit Äthanol aufgenommen und Oberflächenberechnung auf Basis: 0,33 mg monomolekulare Äthanol-Schicht $\triangleq$ 1 m^2). Die durch trockene Veraschung gewonnene Fraktion zeigte bei Anwesenheit von Na, K, Ca, Mg, Mn und Fe sowohl chem. als auch physikal. Unterschiede, bes. die Kristallisation geringer Opalanteile zu Cristobalit (die bei rel. niedrigeren Temperaturen nur in Gegenwart von Alkali- oder Erdalkali-Ionen erfolgt), einen Anstieg im Refraktionsindex und einen erheblichen Rückgang in der aktiven Oberfläche. H. E. Freytag. 665.

2-64/01-0360 Chesnin, Leon; Lincoln, Nebr., Univ., Dep. of Agronomy. Chelates and the trace element nutrition of corn. **(Chelate und die Spurenelementernährung von Mais.)** J. agric. Food Chem. **11** (1963) Nr. 2. S. 118 bis 122. – 9 Abb., 7 Lit.

Der Einfluß von Fe- und Zn-Chelaten auf das Wachstum von Mais wurde in Gewächshausversuchen untersucht. Fe wurde mit Nährlösung als EDTA-, DTPA-, HEDTA- und EDDHA-Komplex zugeführt. Bei optimalen Fe-Konz. nahm der Ertrag an Tr.-Subst. der oberen Pflanzenteile in der Reihenfolge HEDTA > EDTA > DTPA > EDDHA ab. Der Anteil des von den Wurzeln aufgenommenen und zur Pflanzenspitze transportierten Fe war je nach Form und Konz. des angebotenen Fe verschieden. Zn wurde den Pflanzen auf einem Zn-armen Boden in Form von EDTA, DTPA, HEDTA, Oxalat und Rayplex (modifizierter Polyflavonoid-Komplex) und $ZnSO_4$ (als Standard) zugeführt. Dabei wurden mit org. Zn-Verbindungen stärkeres Wachstum und höherer Zn-Gehalt der Pflanzen erhalten als mit $ZnSO_4$. Zwischen der Wirksamkeit der verschiedenen org. Zn-Verbindungen bestanden Unterschiede. P. Stoß. 665.

2-64/01-0361 Ezdakova, L. A.; Samarkand, Univ. Vlijanie litievych podkormok na fotosintez i dychanie list'ev tabaka. **(Einfluß einer Lithium-Düngung auf Photosynthese und Atmung von Tabakblättern.)** Naučn. dokl. vysš. školy. Biol. n. **1962** Nr. 2. S. 137–142. – Aus: Referativnyj žurnal. Biologija, Moskva **1962** Nr. 22. G 67. S. 10.

Im Institut Samarkand untersuchte man den Einfluß von Li auf die Intensität der Photosynthese und Atmung von Tabakblättern. Li wurde als $LiNO_3$ zusammen mit dem Bewässerungswasser in einer Menge von 0,115 g Salz und 350 ml Wasser je Pflanze in den Boden eingebracht. In der gesamten Vegetationsperiode erhielten die Tabakpflanzen 7 $LiNO_3$-Düngungen. Das Li erhöhte die Intensität der Photosynthese der Pflanzen. Die Gesamtmenge an CO_2, die von 1 dm^2 Blattfläche absorbiert wurde, betrug bei den Kontrollpflanzen 13,53 mg, bei den Pflanzen, die Li erhalten hatten, 18,69 mg. Die Atmungsintensität der Tabakblätter entspricht nicht immer dem Verlauf der Photosynthese. Li stimuliert stark den Atmungsprozeß der Tabakblätter im Licht. Bei Gegenwart von Li wurde eine bessere Wasseraufnahme der Blattgewebe beobachtet. Durch $LiNO_3$-Düngung erhöhte sich der Li-Gehalt im Pflanzensaft um das 2–3fache. übersetzt v. E. Fröhmcke. 665.

2-64/01-0362 Ross, R. G. und Stewart, D. K. R.; Kentville, Nova Scotia, Canada Dep. of Agric. Movement and accumulation of mercury in apple trees and soil. **(Wanderung und Anhäufung von Quecksilber in Apfelbäumen und im Boden.)** Canad. J. Plant Sci. **42** (1962) Nr. 2. S. 280–285. – 3 Tab., 8 Lit.

Phenylquecksilberacetat (I) wurde auf Apfelblätter gesprüht und festgestellt, daß die Hg-Wanderung hauptsächlich durch Umlagerung und weniger durch Verdunstung erfolgte. Das Hg wurde von den besprühten Blättern zu den Stellen intensiven Wachstums, nämlich den Früchten und jungen Blättern, umgelagert. Mit der Erhöhung der Konz. des angewandten **I** stieg auch die in den Blättern gefundene Hg-Menge. Wenn dem mit Apfelbäumen bestandenen Boden oder Sand **I** verabfolgt wurde, dann verkümmerte zwar das Laubwerk, aber in den Wurzeln konnte kein Hg gefunden werden. In den Obstgärten, in denen mit **I** gesprüht wurde, war bis zu 2 in. Bodentiefe eine Anreicherung von Hg festzustellen. E. Linke. 665.

2-64/01-0363 Singh, M. P. und Agrawal, K. C.; Saharanpur, Horticult. Res. Inst. Studies on dying-back in citrus. II. The effect of zinc and copper spray in mandarin (C. reticulata Blanco) var. Srinagar. **(Untersuchungen über „dying-back" von Citrus. 2. Mitt. Die Wirkung des Sprühens von Zink- und Kupfer-Präparaten auf die Mandarine [C. reticulata Blanco] Sorte 'Srinagar'.)** Indian J. Horticult. **18** (1961) Nr. 4. S. 295–301. – 6 Tab., 1 Lit. 1. Mitt. vgl. Indian J. Horticult. **10** (1953) Nr. 1. S. 1–8.

Da man vermutete, daß das in Indien bei *Citrus* stark verbreitete „dying-back" eine Mangelkrankheit ist, wurden bei der Mandarine, Sorte 'Srinagar', Versuche mit dem Sprühen von Cu-, Zn- bzw. Cu- + Zn-Lösungen gemacht. Die Behandlung setzte im Febr. 1955 ein, als die Bäume 2 Jahre lang an ihrem Standort waren. Jeder Baum wurde 4 ×/Jahr besprüht (Febr., Mai, Aug., Nov.). 3 verschiedene Behandlungen kamen zur Anwendung: $CuSO_4 \cdot 5H_2O$ 0,1% (a), $ZnSO_4 \cdot 7H_2O$ 0,2% (b), $ZnSO_4 \cdot 7H_2O$ 0,2% + $CuSO_4 \cdot 5H_2O$ 0,1% (c). Der Einfluß auf verschiedene Faktoren wurde untersucht. b steigerte die allg. Lebenskraft der Bäume, während a leicht toxisch wirkte. Das Absterben der Zweige wurde durch b eingedämmt, während a mehr totes Holz an den Bäumen verursachte, als die nicht behandelten Kontrollen aufwiesen. Die krankhafte Verfärbung der Blätter hörte durch b völlig auf, während sie durch a noch vermehrt wurde. Die Erträge wurden in den Jahren 1959 und 1960 überprüft. Die Unterschiede waren nicht signifikant, jedoch wurden die Maximalerträge bei b erreicht. Auf Grund der Versuche war festzustellen, daß „dying-back" auf Zn-Mangel beruht und daß dieses Element für die Mandarine, Sorte 'Srinagar', lebensnotwendig ist. Für nordindische Verhältnisse wird 2maliges Sprühen pro Jahr mit einer $ZnSO_4$-Lösung im Febr. und Okt. empfohlen. E. M. Ardelt. 665.

2-64/01-0364 Martin, Georges; Paris, Conservatoire Nat. des Arts et Métiers, Lab. de Chim. Agric. et Biol. Différences spécifiques entre les besoins quantitatifsen chlore de Lemna minor, L. perpusilla et Spirodela polyrrhyza. **(Spezifische Unterschiede zwischen dem Chlor-Bedürfnis von Lemna minor, L. perpusilla und Spirodele polyrrhyza.)** Plant and Soil [The Hague] **18** (1963) Nr. 2. S. 258 bis 266. – 1 Abb., 2 Tab., 16 Lit.

Sowohl *Lemna minor*, L. (**I**), *L. perpusilla* Torr. (**II**) als auch *Spirodella polyrrhyza* (**L.**) Schleide (**III**) reagieren auf Halogenmangel mit sehr ähnlichen

Symptomen, jedoch ist der Cl-Bedarf sowohl von **I** als auch **II** beträchtlich geringer als der von **III**. Während für einen 50% Maximalbetrag für **I** 7 und für **II** 3 μg Cl^-/l benötigt wurden, war für **III** (mit rel. geringeren Ansprüchen an die natürlichen Wuchsbedingungen als **I** und **II**) eine Menge von 27 μg Cl^-/l erforderlich, weshalb **III** bes. für derartige Untersuchungen (Halogenmangel-Teste) empfohlen wird. H. E. Freytag. 665.

2-64/01-0365 Bachy, A. Diagnostic foliaire: relations entre cations. **(Blattdiagnose: Beziehungen zwischen Kationen.)** Oléagineux **18** (1963) Nr. 6. S. 381–385. – 4 Abb., 3 Tab., 3 Lit.
Das günstigste Nährstoffverhältnis von N:P ist für jede Pflanze ein anderes. Für die Kationen K, Ca und Mg ist nach Blattdiagnosen zudem bei normaler Ernährung ein Antagonismus zwischen K und Ca sowie Mg und demnach ein Zusammenwirken von Ca und Mg bekannt. Bei der Ölpalme blieb die Summe K + Ca + Mg konstant bei 2%, und diese Erkenntnis führte zu einer dreieckigen Darstellung der Beziehungen. Aus den Graphiken geht hervor, daß mit der Änderung des Anteils eines Nährstoffs die beiden anderen nach bestimmten Gesetzmäßigkeiten variieren. Die Beziehungen zweier Nährstoffe sind je nach der Versorgung mit dem kritischen Nährstoff oder nach dem Standort aber in vielen Fällen unterschiedlich, d.h. sie korrelieren im niedrigen Bereich z.B. positiv, im hohen Abschnitt negativ. Zur Analyse dieser Zusammenhänge hat sich die Korrelationsrechnung wegen der rel. geringen Zahl verfügbarer Werte bewährt. Bes. aufschlußreich ist weiterhin die Berechnung von Teilkorrelationen (Bereinigung der Wirkung eines Faktors von Nebenwirkungen anderer). Vf. demonstriert das Gleichgewicht und die Beziehungen von K, Ca, Mg am Beispiel der Ölpalme und zeigt das unterschiedliche Verhalten der Nährstoffe bei verschiedener Konz. bei Kokospalmen. Zur Erklärung der gefundenen Beziehungen erscheint Vf. die Theorie von Epstein zur Ionenabsorption und damit Transport bei hoher und niedriger Nährstoffkonz. geeignet. V. Ehrenpfordt. 667.

2-64/01-0366 Bould, C., Bradfield, E. G. und Clarke, G. M.; Bristol, Long Ashton Res. Stat., Dep. of Agric. and Horticult. Leaf analysis as a guide to the nutrition of fruit crops. II. Distribution of total N, P, K, Ca and Mg in the laminae and petioles of raspberry (Rubus idaeus L.) as influenced by soil treatments. **(Blattanalyse als Hilfe bei der Ernährung von Obstkulturen. 2. Mitt. Die durch Bodenbehandlung beeinflußte Verteilung von Gesamt-N, P, K, Ca und Mg in den Blattspreiten und Blattstielen der Himbeere (Rubus idaeus L.)** J. Sci. Food Agric. **14** (1963) Nr. 5. S. 359–364. – 7 Tab., 4 Lit. 1. Mitt. vgl. LZ. Abt. II **7** (1962) Nr. 5. S. 1289.
Die Verteilung der Makronährstoffe in den Blattspreiten (**I**) und Blattstielen (**II**) von nicht fruchttragenden Himbeersträuchern in Abhängigkeit von der Düngung (Mist, NPK, PK, NK und NP) wurde ermittelt. Der N-Gehalt von **I** war bes. im unteren Drittel höher als der von **II** und auch besser durch N-Düngung beeinflußbar. Es konnte nicht ermittelt werden, welche Organe am besten auf P-Düngung ansprachen, da keine Reaktion auf P-Düngung eintrat. Die Untersuchungen ergaben bei allen Varianten einen gegenüber **II** höheren P-Gehalt von **I**. Der K-Gehalt von **I** und **II** wurde durch K-Düngung erhöht, wobei **II** die größere Empfindlichkeit aufwiesen. Die Abhängigkeit des Ca- und Mg-Gehalts von der Ca- und Mg-Düngung wurde nicht untersucht. Nach den Untersuchungsergebnissen zu urteilen, scheinen **I** (mittleres bis unteres Drittel) am besten auf N- und K-Düngung anzusprechen und Vorhersagen über die Beziehung Nährstoffversorgung-Ertrag an Früchten zu gestatten. P. Stoß. 667.

2-64/01-0367 MacKay, D. C. und Bishop, R. F.; Kentville, Nova Scotia, Canada Dep. of Agric. A comparison of acetic acid-soluble and total nutrient levels in plant tissue as indicators of nutritional status. **(Vergleich des Ge-**

halts an essigsäurelöslichen und Gesamtnährstoffen im Pflanzengewebe als Ausdruck des Ernährungszustandes.) Canad. J. Plant Sci. **42** (1962) Nr. 2. S. 229–237. – 3 Abb., 7 Tab., 9 Lit.
Als Untersuchungsmaterial dienten die obersten reifen Blätter von Mais aus einem 4jähr. Feldversuch mit 4 Bewässerungsbehandlungen und mit 5 Düngungsstufen der Hauptnährstoffe N, P und K. – Mit zunehmender N-Düngung nahm der Gesamt-(**I**)-N-Gehalt zu, während der essigsäurelösliche (**II**)-N-Gehalt bis auf eine Ausnahme (1956 bei der höchsten N-Gabe) kaum verändert wurde. Die Übereinstimmung zwischen den Jahren war bei dem **I**-N-Gehalt besser als bei dem **II**-N-Gehalt. Mit steigender P-Düngung war sowohl ein Anstieg des **I**-P-Gehalts als auch des **II**-P-Gehalts zu verzeichnen, wobei die Abweichungen des **II**-P-Gehalts etwas größer waren. Die zunehmende K-Düngung bewirkte in allen Fällen eine gleichmäßige Erhöhung des **I**-K-Gehalts, während der **II**-K-Gehalt in einem Jahre nur bei der 1. Düngungsstufe zunahm, dann aber im wesentlichen unverändert blieb. Das Ansteigen des P-Gehalts war mit einer Zunahme des **I**-Ca-Gehalts und bis zu einem gewissen Grade auch mit einer Zunahme des **II**-Ca-Gehalts verbunden. Abschließend stellen Vff. fest, daß für die Nährstoffe N, K, Ca und Mg der **I**-Gehalt als Ausdruck für den Ernährungszustand geeigneter als ist der **II**-Gehalt, während für den Nährstoff P weder der **I**- noch der **II**-Gehalt geeignet ist. E. Linke. 667.

2-64/01-0368 Curth, P. und Sommer, E.; Kleinwanzleben, Inst. für Pflanzenzücht. **Methodische Voruntersuchungen zur Blattapplikation von Makronährstoffen bei Zuckerrüben.** Z. Acker- u. Pflanzenbau **117** (1963) Nr. 2. S. 170–180. – 10 Abb., 7 Lit.
In der Einleitung wird auf den Anlaß zu vorliegender Arbeit sowie auf das Wesen der angewandten Methoden einschl. der Bonitierungen, Ertragsfeststellungen und chem. Analysen eingegangen. Die aus Vegetationszylindern und Sammelflaschen bestehende Versuchsanlage sowie die entwickelte Wurzel- und Blatternährungsmethode werden eingehend beschrieben. Das wichtigste Ergebnis ist der gegenüber den unbesprühten Kontrollen signifikant erhöhte Blattkaliumgehalt aller Blattzufuhrvarianten, der sich jedoch weder auf Ertrag noch auf Tr.-Subst.- und Zuckergehalt auswirkt. Eine eindeutige Steigerung des K-Gehaltes der Blätter durch Verschiebung des Sprühzeitraumes zum Versuchsende hin ist nur zwischen der ersten und zweiten Spritzvariante festzustellen. Die beobachteten K-Mangelsymptome sind ausführlich beschrieben und durch Abb. belegt. Eine signifikante Differenzierung zwischen den Varianten „besprüht“ und „unbesprüht“ ist dabei allerdings nicht feststellbar. In der Diskussion werden die wichtigsten Resultate besprochen. Es wird die Schlußfolgerung gezogen, daß sich die entwickelten Versuchsanlagen und Methoden zur Klärung von Blattdüngungsfragen eignen, daß die erzielten Ergebnisse andererseits nicht zu Hoffnungen berechtigen, durch ausschl. Blattzufuhr von K-Salzen die Erträge von Zuckerrüben steigern zu können. P. Curth. 667.

2-64/01-0369 Bingley, J. B.; Parkville, Victoria, Australia, C. S. I. R. O., Div. of Animal Health, Animal Health Res. Lab. Determination of molybdenum in biological materials with dithiol. Control of copper interference. **(Bestimmung von Molybdän in biologischen Materialien. Unterdrückung der Kupferstörung.)** J. agric. Food Chem. **11** (1963) Nr. 2. S. 130–131. – 3 Tab., 7 Lit.
Die Probe wird mit H_2SO_4, $HClO_4$ und HNO_3 aufgeschlossen (vgl. LZ. Abt. II **5** [1960] Nr. 3. S. 545.). Nach Zufügen von KJ wird entstandenes J_2 durch tropfenweise Zugabe von 5%iger Ascorbinsäurelösung entfernt, worauf 0,25 ml 50%ige Weinsäure- und 2 ml 10%ige Thioharnstofflösung zugegeben werden. Nach guter Durchmischung wird mit 2 ml 0,2%iger Dithiollösung versetzt, 30 Min. stehengelassen und nach Zugabe von 5,0 ml i-Amylacetat 30–40 s

heftig geschüttelt. Die org. Schicht wird abgetrennt und zur Entfernung von H_2O-Tröpfchen zentrifugiert. Die Absorption wird bei 680 nm in einer 1 cm-Küvette bestimmt. Die Zugabe von Thioharnstoff schaltet die Cu-Störungen aus und gestattet die Direktbestimmung von Mo ohne vorherige Abtrennung von Cu, das in Konz. bis zu 2000 ppm vorliegen kann. P. Stoß. 667.

C. Düngemittel, ihre Gewinnung und Anwendung

2-64/01-0370 Drouineau, G.; Antibes, I. N. R. A. Cas de exploitations sans betail. **(Viehlose Landwirtschaft.)** Bull. Assoc. franç. Étude Sol **1963** Nr. 2. S. 85–108. — 3 Abb., 26 Lit.

Literaturübersicht über die Bedeutung der organ. und mineralischen Düngung auf Boden und Pflanzenertrag unter besonderer Berücksichtigung von zwei langjährigen Düngungsversuchen in Mittelfrankreich. Versuch 1: a) Mineraldüngung, b) 23 t/ha Stroh, c) 50 t/ha Stalldung und d) 40 t/ha Schafdung. Zu den seit 1947 angebauten Gemüsekulturen wurden im Mittel 275 kg/ha N, 120 kg/ha P_2O_5 und 400 kg/ha K_2O verabfolgt (a). Allgemein zeigte sich, daß über 13 Jahre die Mineraldüngung den 3 anderen org. Düngern ertragsmäßig überlegen war. Im 2. Versuch (a Mineraldüngung, b Stroh + mineral. N + P + K, c Stroh + mineral. P + K und d 31 t/ha Stalldung) wurden ähnliche Ergebnisse erzielt, wobei die Kombination b mit fortschreitender Versuchsdauer an der Spitze lag. Die Mineraldüngung betrug im 2. Versuch im Mittel 160 kg/ha N, 60 kg/ha P_2O_5 und 150–200 kg/ha K_2O. Die org. Düngung wurde, wie im 1. Versuch, alle zwei Jahre verabfolgt. Unter Berücksichtigung der Humus- und Nährstoffbilanzen werden abschließend allg. Düngungsempfehlungen für Getreidearten und Hackfrüchte, Reben, Obst und Gemüse gegeben. P. Schäfer. 671.

2-64/01-0371 Kohlmaier, Hans. **Die Mineraldüngung in Österreich im Düngejahr 1961/62.** Förderungsdienst [Wien] **11** (1963) Nr. 6. S. 194–200. — 8 Tab. 671.

2-64/01-0372 Michael, G.; Stuttgart-Hohenheim, Landwirtsch. Hochschule. **Einfluß der Düngung auf Eiweißqualität und Eiweißfraktionen der Nahrungspflanzen.** Qualitas Plantarum Mater. vegetabiles [Den Haag] **10** (1963) Nr. 1/4. S. 248–265. — 5 Abb., 8 Tab., 20 Lit.

Hohe N-Düngung erhöht in Kartoffeln die lösliche N-Fraktion stärker als die übrigen N-Fraktionen, woraus ein Absinken der biol. Wertigkeit der Kartoffel resultiert. Bei Getreide vermehren sich unter dem Einfluß hoher N-Düngung, auch bei später zusätzlicher N-Gabe, fast ausschließlich die Glutelin- und die Prolaminfraktion, die als Speicher- oder Reserveeiweiße des Korns bezeichnet werden können. Der Gehalt an diesen beiden Eiweißfraktionen unterliegt auch im Laufe der Pflanzenentwicklung in Abhängigkeit von der N-Ernährung den stärksten Schwankungen, während sich der Gehalt an lösl. N, an Albumin und Globulin kaum ändert. Unter den einzelnen Getreidearten bestehen insofern Unterschiede, als z. B. bei Gerste und Weizen nach N-Düngung sowohl Glutelin- wie auch Prolamineiweiß zunehmen. Bei Hafer und Reis tritt Prolamin gänzlich zurück, und es wird Glutelin allein angereichert. Die Aminosäurezusammensetzung der einzelnen Eiweißfraktionen ändert sich als Folge der N-Düngung nicht. Aus der Zunahme der rel. lysinarmen Reserveeiweiße, bes. des Prolamins, resultiert jedoch ein geringes Absinken der biol. Wertigkeit. K. Koepke. 671.

2-64/01-0373 Dornelles, Carlos M.; Rio Grande do Sul, Brasil, Secrétariat à l'Agric. de l'État. Premiers résultats d'un essai de fertilisation sur orangers. **(Erste Ergebnisse eines Versuches zur Düngung von Orangenbäumen.)** Fertilité **1963** Nr. 19. S. 25–30. — 6 Tab. 671.

2-64/01-0374 Will, G. M. Modifications de croissance de jeunes plants d'eucalyptus dues à des carences en éléments nutritifs. **(Modifikationen des Wachstums junger Eukalyptuspflanzen unter dem Einfluß von Nährstoffmangel.)** Fertilité **1963** Nr. 19. S. 3–12. – 7 Abb., 1 Tab., 8 Lit. 671.

2-64/01-0375 Bunting, A. H.; Harpenden, Herts., Rothamsted Exp. Stat., Chem. Dep. Experiments on organic manures, 1942–49. **(Versuche mit organischen Düngemitteln, 1942–49.)** J. agric. Sci. **60** (1963) Nr. 1. S. 121–140. – 1 Abb., 21 Tab., 13 Lit.

In 113 Versuchen an 56 Orten wurde im Verlauf von 8 Jahren die Wirkung von Stallmist, Klärschlamm und Strohkomposten mit Klärschlamm oder mineral. N sowie von frischem Stroh mit Klärschlamm und mineral. N untersucht. Stallmist und Strohkompost erwiesen sich im Vergleich zu Klärschlamm als bessere Düngemittel. Dieser Unterschied kann durch die abweichenden physikal. Eigenschaften der strohigen Düngemittel von denen des Klärschlammes verursacht sein, aber es kann auch eine unterschiedliche Nährstofflieferung für die Pflanzen eine Rolle spielen. Das Überwiegen des letztgenannten Faktors wird dadurch belegt, daß Stroh allein nicht die gleiche Wirkung hatte wie Stroh-Klärschlamm-Kompost oder Stallmist. Die Wirkung der org. Düngung wurde durch mineral. Beidüngung in der Regel vermindert. Ein zusätzlicher Effekt der org. Düngung neben mineral. Volldüngung war nur bei Stallmist- und Stroh- bzw. Strohkompost-Düngung vorhanden. Er war am ausgeprägtesten auf leichten Böden. V. Koepke. 671a.

2-64/01-0376 Ridley, A. O. und Hedlin, R. A.; Winnipeg, Univ. of Manitoba. Effect of mineral fertilizers and manures on the phosphorus content of a clay soil and on crop yields and quality in a long-term crop rotation. **(Wirkung von Mineraldüngern und Stallmist auf denPhosphorgehalt eines Tonbodens und auf die Erträge und die Qualität in einer langjährigen Fruchtfolge.)** Canad. J. Soil Sci. **42** (1962) Nr. 1. S. 137–149. – 8 Abb., 4 Tab., 15 Lit.

In einem 38jähr. Fruchtfolgeversuch auf Tonboden mit Sommerbrache, Weizen, Mais und Gerste erfolgte die Düngung in Höhe von 5 und 47 lb./acre N, 86 lb. P_2O_5 und 96 lb. K_2O allein und in verschiedenen Kombinationen vor der Saat des Weizens für das gesamte Fruchtfolgeglied. Außerdem wurden Kalk, Stallmist und Gründüngung gegeben. – Die nach Versuchsende durchgeführte Untersuchung der Bodenproben aus 0–6 in. Tiefe ergab, daß der Gesamt-P-Gehalt sowie der anorg. und austauschbare ($NaHCO_3$) P des Bodens mit der Phosphatdüngung signifikant zunahm. Gleiches trifft für die Stallmistdüngung und für die Rotklee-Gründüngung bezüglich des Gesamt-P-Gehaltes zu. Der Gehalt an org. P wurde nicht beeinflußt. In der Tiefe von 6–12 in. wurde bei der Variante Stallmist + P_2O_5 der anorg. P und bei den Varianten Stallmist + P_2O_5 sowie Stallmist allein der austauschbare P statistisch gesichert erhöht. Dies zeigt, daß auch auf schwerem Boden eine Abwärtsbewegung des P stattfand. Die 12jähr. Durchschnittserträge des Weizens wurden durch 86 lb./acre P_2O_5 und durch Stallmistdüngung erheblich gesteigert, durch 47 lb./acre N jedoch geringfügig gesenkt. Umgebrochenes Grünland und untergepflügter Rotklee (zur Sommerbrache) hatten keine Ertragssteigerung bei Weizen bewirkt. Bei der an letzter Stelle der Rotation stehenden Gerste hatte die zu Weizen vorgenommene Düngung mit 47 lb./acre N erhebliche und laufend zunehmende Ertragssteigerungen zur Folge. P- und K-Gaben ohne N ließen die Gerstenerträge absinken. Durch Stalldung und bes. durch Rotklee wurden durch Freisetzung von N im Laufe der Rotation erhebliche Mehrerträge an Gerste erzielt. Der Eiweißgehalt des Weizens wurde durch 47 lb./acre N signifikant erhöht. Obwohl Stallmist eine Ertragssteigerung bewirkte, hatte er keinen Einfluß auf den Eiweißgehalt.

E. Linke. 671a.

2-64/01-0377 Skrjabin, F. A.; Taschkent, Landwirtsch. Inst. Značenie navoza pri osnovnom vnesenii pod chlopčatnik. **(Die Bedeutung des Stalldungs als Grunddünger zu Baumwolle.)** Chlopkovodstvo, Moskva **13** (1963) Nr. 1. S. 17–20. – 2 Tab.
In vornehmlich auf Grauerden ausgeführten Feldversuchen wurde eine hohe Wirksamkeit von Stalldunggaben zur Herbstfurche in Höhe von 8–12 t/ha auf den Baumwollertrag beobachtet. Der Wert der Anwendung org.-mineral. Dünger als Kopfdüngung soll jedoch durch diese Beobachtungen nicht herabgesetzt werden. Als empfehlenswert wird bei einer üblichen Höhe der N-Gabe von 100 kg/ha die Herbsteinbringung von 70–80 dt/ha Stalldung zusammen mit 70 kg/ha N und der entspr. Menge P-Dünger angesehen. Bei der üblichen Gabe von 140 kg/ha N wird die Anwendung von 100–120 dt/ha Stalldung und die Herabsetzung der N-Gabe auf 100 kg/ha vorgeschlagen.
H. Winkler. 671a.

2-64/01-0378 Miller, M. H. und Vij, V. N.; Guelph, Ontario, Agric. Coll. Some chemical and morphological effects of ammonium sulphate in a fertilizer phosphorus band for sugar beets. **(Einige chemische und morphologische Wirkungen von Ammoniumsulfat in einem Phosphorsäure-Banddüngungsversuch zu Zuckerrüben.)** Canad. J. Soil. Sci. **42** (1962) Nr. 1. S. 87–95. – 3 Abb., 2 Tab., 12 Lit.
In mit Boden gefüllten Plastikzellen wurden die Löslichkeit und Beweglichkeit des P von Superphosphatgranulaten mit und ohne Ammoniumsulfat(**I**)-Beimengung bestimmt und in Spezialgefäßen mit einer Banddüngungsvorrichtung das Zuckerrübenwachstum sowie die Phosphataufnahme untersucht. – Die **I**-Zugabe bewirkte eine Abnahme der Menge an wasserlöslicher Phosphorsäure sowohl in den Granulaten als auch im Boden der Zellen. Dagegen wurde die Beweglichkeit des Granulatphosphates durch **I** erhöht. Während **I** keine signifikante Zunahme des Zuckerrüben-Blattertrages bewirkte, wurde das Wurzelgewicht nach 8- und 10wöchiger Versuchsdauer verdoppelt. Der P-Gehalt in den Zuckerrübenblättern erhöhte sich durch die **I**-Beimengung zu den Superphosphatgranulaten nach 8 Wochen ebenfalls um das Doppelte. Die P-Menge in den Zuckerrübenblättern dürfte nach Ansicht der Vff. von der Größe der Blätter, der Größe des aufnehmenden Wurzelsystems und der pflanzenverfügbaren P-Menge abhängig sein. E. Linke. 671b.

2-64/01-0379 Madraimov, I.; Unions-Forsch.-Inst. für Baumwollanbau, Abt. für Düng. Vlijanie sootnošenija pitatel'nych veščestv na urožaj chlopka. **(Einfluß des Nährstoffverhältnisses auf den Ertrag an Baumwolle.)** Chlopkovodstvo, Moskva **13** (1963) Nr. 2. S. 18–19. – 2 Tab.
Der Einfluß von N, P und K auf den Ertrag an Baumwolle wurde in Feld- und Vegetationsversuchen untersucht. Bei Zugabe von 140–150 kg/ha N nahmen die Erträge mit steigendem P-Gehalt des Bodens zu. Versuche über K-Düngung auf Böden mit hohem Gehalt an verfügbarem P ergaben, daß bei K-Mangel die Mangelerscheinungen an den Pflanzen (Fleckenbildung auf den Blättern, Einrollen der Blätter, anormale Entwicklung der Hülsen, Verschlechterung der Eigenschaften der Baumwolle) 10–20 Tage eher als bei normalen P/K-Verhältnissen auftraten und um so schneller sichtbar wurden, je höher der P-Gehalt lag. Alleinige Düngung mit P erbrachte bei Böden mit hinreichendem K-Gehalt keine Ertragssteigerung, sofern nicht auch gleichzeitig K-Düngung erfolgte. Ein P/K-Verhältnis = 1 ist als optimal anzusehen. So wurden nach Düngung mit 200 kg P und 200 kg K/ha die höchsten Erträge erzielt. Bei Düngung mit N sollte gleichzeitig auch mehr P und K zugegeben werden. P. Stoß. 671b.

2-64/01-0380 Mulvaney, D. L.; Elwood, Dixon, Univ. of Illinois, Agric. Exp. Stat. Soybeans: a good green manure crop! **(Sojabohnen: eine gute Gründüngungspflanze.)** Soybean Digest **23** (1963) Nr. 8. S. 16. 18. – 1 Abb. 672.

2-64/01-0381 Geering, J. **Über den Nutzwert von Klärschlamm und Müllkompost in der Landwirtschaft.** Grüne [Zürich] **91** (1963) Nr. 22. S. 676–683.
Auf der Grundlage der in einigen Gefäß- und Feldversuchen ermittelten Nährstoffausnutzung von Klärschlamm, Frischmüll, Müllkompost, „Biohum", „Humotin", Stallmist und Gülle wird deren Düngerwert für landwirtsch. Zwecke in sfr./t berechnet. 675.

2-64/01-0382 Keller, P. **Die Herstellung von Kompost aus Siedlungsabfällen.** Grüne [Zürich] **91** (1963) Nr. 22. S. 659–665. 676.

2-64/01-0383 Hasler, A. **Eigenschaften und Anwendung von Müllkompost im Landbau.** Grüne [Zürich] **91** (1963) Nr. 22. S. 666–676. 676.

2-64/01-0384 Schmid, G.; München, Bayer. Landesanst. für Bodenkult., Pflanzenbau und Pflanzenschutz. **Beziehungen zwischen Kalkung und Ertrag auf magmatischen und metamorphen Gesteinsverwitterungsböden des Bayerischen Waldes.** Landwirtsch. Forsch. **16** (1963) Nr. 2. S. 97–106. – 8 Tab.
Bei den im Jahre 1961 durchgeführten Versuchen auf Granit- und Gneisverwitterungsboden wurden folgende Varianten geprüft: a) ohne Kalkung, b) Erhaltungskalkung (5 dt/ha), c) Aufkalkung nach der Methode Schachtschabel, d) Kalkdüngung bis zur 80%igen Ca-Sättigung. Die NPK-Düngung wurde bei allen Versuchsgliedern konstant verabreicht. – Die Korn-Stroherträge von Hafer wurden durch die Erhaltungskalkung gegenüber a nur unwesentlich verändert. Die Aufkalkung erhöhte die Kornerträge um 48 und 37%, die Kalkung bis zur 80%igen Sättigung um 55 und 58%. Die Stroherträge stiegen um 71 und 58% bei c und um 81 und 62% bei d. Bei c und d war auf beiden Standorten die Rohproteinleistung erheblich höher. Die Kalkung führte zu einer Mobilisierung des gesamten Nährstoffkapitals im Boden und damit zu einem erheblichen Anstieg der N-, K-, P-, Ca- und Mg-Aufnahme durch die Pflanzen. H. Masche. 678.

2-64/01-0385 Long, F. Leslie und Volk, G. M.; Florida Agric. Exp. Stat. Availability of nitrogen contained in certain condensation products of reactions of urea with formaldehyde. **(Verfügbarkeit des in einigen Kondensationsprodukten der Reaktion von Harnstoff mit Formaldehyd enthaltenen Stickstoffs.)** Agronomy J. **55** (1963) Nr. 2. S. 155–158. – 1 Abb., 3 Tab., 7 Lit.
Die Verfügbarkeit des unlöslichen N verschiedener Ureaforme für Hafer und Hirse in Gefäßen mit Feinsand nahm mit enger werdendem Molarverhältnis von Harnstoff zu Formaldehyd ab. Die Tr.-Subst.-Erträge nach Ureaformdüngung waren im Vergleich zu den Varianten mit mineral. N nur wenig vermindert, der N-Gehalt und damit die N-Ausnutzung waren aber wesentlich geringer. Bei Kalkung verlief die Nitrifikation von unlöslichen Ureaformen langsamer, die der NH_4-Verbindungen wurde gefördert. In Methylendiharnstoff, Dimethylentriharnstoff, Trimethylentetraharnstoff und Hexamethylentetramin-phosphat war der N ebenso gut aufnehmbar wie im löslichen Mineraldünger-N. Die Nitrifikation dieser Verbindungen verlief ähnlich der von Harnstoff, lediglich das Hexamethylentetramin-phosphat wurde nur im gekalkten Boden bei pH 6,3 nitrifiziert; bei pH 5,6 hemmte es die Nitrifikation.
V. Koepke. 680.

2-64/01-0386 Davidescu, D. und Hera, K. **Die Verwendung von flüssigen Stickstoffdüngemitteln.** Int. Z. Landwirtsch. [Sofia/Berlin] **1963** Nr. 2. S. 65 bis 69. – 9 Tab.
In mehrjähr. Versuchen wurde die Wirkung von flüssigen N-Düngemitteln (wasserfreies Ammoniak und Ammoniakwasser) im Vergleich zu Ammoniumnitrat überprüft. Gleichzeitig erfolgten Untersuchungen über Verteilung und Nitrifikation des eingebrachten N im Boden. Durch die Düngung von 80 kg/ha N als Ammoniakwasser oder wasserfreies Ammoniak wurden Mehrerträge bei

Zuckerrüben von 20% und bei Grünmais von 11% erzielt. Bei gleichzeitiger Bewässerung waren die Ertragssteigerungen wesentlich höher (zwischen 30 bis 50%). In fast allen Versuchen waren die flüssigen N-Dünger wirksamer als die festen. Auch in Versuchen mit Hafer und Wi-Weizen konnten große Ertragssteigerungen durch die Flüssigdünger erzielt werden, die auf allen Böden höher als bei Düngung mit Ammonsalpeter waren. Die Unterteilung der N-Gaben hatte nur bei gleichzeitiger Bewässerung eine bessere Wirkung zur Folge. H. Ansorge. 680.

2-64/01-0387 Wagner, G. H.; Columbia, Mo., Univ., Coll. of Agric., Agric. Exp. Stat. Nitrogen fertilization of soybeans. **(Stickstoffdüngung der Sojabohnen.)** Univ. Missouri, Coll. Agric., agric. Exp. Stat., Res. Bull. **1962** Nr. 797. S. 1–23. – 26 Tab., 9 Lit.

Vf. führte über 3 Jahre N-Düngungsversuche zu Sojabohnen durch. Verwendung fanden die Sorte 'Clark' und eine knöllchenlose Sorte; als N-Lieferanten wurden $(NH_2)_2CO$, $(NH_4)_2SO_4$, NH_4NO_3 und $NaNO_3$ geprüft, der verwendete Boden war ein mexikanischer Schlufflehm. Vor Versuchsbeginn erhielten die Parzellen eine Ca-, K-, P-Grunddüngung. Bei 'Clark' wurde durch N-Düngung keine Ertragssteigerung erzielt, die knöllchenlose Sorte dagegen reagierte auf N-Zufuhr mit einem signifikanten Ansteigen der Erträge, ohne jedoch die Erträge zu übertreffen, die die Sorte 'Clark' ohne Zusatz-N-Düngung lieferte. Die Samengewichte zeigten sich durch die N-Behandlung bei 'Clark' nicht beeinflußt, bei der knöllchenlosen Sorte kam es zu einem Anstieg um max. 10% In bezug auf N- und Fettgehalt verhielten sich beide Sorten ebenfalls unterschiedlich. Während die bei 'Clark' hier aufgetretenen Differenzen nicht auf die unterschiedliche N-Düngung bezogen werden konnten, erwiesen sich N- und Fettgehalt der knöllchenlosen Sojabohnen durch diese Behandlung als signifikant beeinflußt. I. allg. korrelierte der N-Gehalt (%) positiv und der Fettgehalt negativ mit der verabreichten N-Gabe. G. Loßner. 680.

2-64/01-0388 Bradley, G. A., Bowden, H. L. und Smittle, Doyle E. Methods of supplying nitrogen to green crops. **(Methoden der Stickstoffdüngung zu grünen Nutzpflanzen.)** Arkansas Farm Res. **12** (1963) Nr. 2. S. 11. – 2 Tab. 680.

2-64/01-0389 Kaltofen, H.; Paulinenaue, Inst. für Grünland- und Moorforsch. der Dtsch. Akad. der Landwirtsch.-Wiss. zu Berlin. **Zur Frage der Anwendung von Ureaform unter besonderer Berücksichtigung des Grünlandes.** Z. Landeskult. **4** (1963) Nr. 1. S. 91–102. – 3 Tab., 10 Lit. – nach Zus.

An Hand von Versuchsergebnissen von Ansorge sowie eigener experimenteller Befunde wird erörtert, ob die Anwendung von Ureaform Vorteile mit sich bringt. Sowohl beim Getreide als auch beim Deutschen Weidelgras und auf dem Grünland war die N-Wirkung des Ureaforms merklich geringer als diejenige der üblichen leichtlöslichen N-Düngemittel. Auch die Nachwirkung des Ureaforms im Jahre nach der Verabreichung war nicht sonderlich hoch. Der von Ansorge herausgestellte günstige Einfluß des Ureaforms auf den Verlauf des Weidewuchses bzw. auf die jahreszeitliche Verteilung des Grasanfalles trat nur in sehr geringem Maße in Erscheinung und ist praktisch als bedeutungslos anzusehen. Auf Grund dieser Tatsachen ist die Anwendung der kostspieligen Ureaform-Präparate in der Landwirtschaft, bes. auch auf dem Grünland, nicht vertretbar. Bei der Bewirtschaftung des Grünlandes kommt es vielmehr darauf an, die günstigen Wachstumsbedingungen im Frühjahr und Frühsommer durch entspr. Gaben leichtlöslicher N-Düngemittel voll auszunutzen. Dem jahreszeitlich wechselnden Futteranfall auf den Weiden ist durch Mahd von Teilflächen und sinnvolle Weideführung Rechnung zu tragen. Die erfolgreiche Anwendung von Ureaform ist vielleicht auf Zierrasenflächen möglich. 680.

2-64/01-0390 Datta, N. P. und Dev, Gautam; New Delhi, Indian Agric. Res. Inst., Div. of Soil Sci. and Agric. Chem. Soil and fertilizer phosphorus uptake by ragi. **(Boden- und Düngemittel-Phosphoraufnahme durch Eleusine coracana.)** J. Indian Soc. Soil Sci. **11** (1963) Nr. 1. S. 45–50. – 1 Abb., 3 Tab., 11 Lit.
In Gefäßversuchen zu *Eleusine coracana* mit 2 neutralen Böden wurden 2 Phosphatgaben (0 und 60 lb./acre P_2O_5) mit 2 P-Quellen (Superphosphat und Dicalciumphosphat) und 3 N-Staffelungen (0, 60 und 120 lb./acre N) in 2 Formen (Harnstoff und Natriumnitrat) kombiniert. Die K-Gabe lag einheitlich bei 60 lb./acre K_2O. Die P-Düngemittel waren markiert (0,15 mc ^{32}P/g P_2O_5). Auf beiden Böden erhöhte die P-Düngung den P-Gehalt der Pflanzensubstanz, im Ertrag zeigten sich aber unterschiedliche Tendenzen. Auch die P-Ausnutzung aus beiden Düngemitteln war etwa gleich. Ungefähr 30% des aufgenommenen P stammten aus den Düngemitteln, der übrige Anteil aus dem Boden.
H. Kretschmer. 682.

2-64/01-0391 Shaw, M. E. Quelques aspects de la nutrition potassique de la canne à sucre cultivée sur un sol argileux lourd en Jamaique. **(Einige Aspekte der Kali-Ernährung von Zuckerrohr bei Anbau auf schwerem Tonboden in Jamaika.)** Fertilité **1963** Nr. 19. S. 13–24. – 2 Abb., 4 Tab., 17 Lit. 684.

2-64/01-0392 Lavy, T. L. und Barber, S. A.; Lafayette, Purdue Univ., Agric. Exp. Stat. A relationship between the yield response of soybeans to molybdenum applications and the molybdenum content of the seed produced. **(Eine Beziehung zwischen der Ertragsbeeinflussung durch Molybdängaben und dem Molybdängehalt des erzeugten Samens bei Sojabohnen.)** Agronomy J. **55** (1963) Nr. 2. S. 154–155. – 1 Abb., 1 Tab., 4 Lit.
In Zusammenarbeit mit mehreren Farmern Indianas wurde Sojabohnensaatgut, meist mit niedrigem Mo-Gehalt, vor der Saat mit Mo behandelt und so ausgedrillt, daß mehrere Reihen behandelter neben mehreren Reihen unbehandelter Samen in mehrfacher Wiederholung nebeneinander lagen. Die Mo-Behandlung bewirkte Mehrerträge bis zu 8 bu./acre, wenn sich der Mo-Gehalt des Saatgutes unterhalb 2 ppm bewegte. Oberhalb 3,5 ppm Mo war keine Ertragssteigerung mehr nachweisbar. H. Kretschmer. 689.

2-64/01-0393 Agerberg, Lars S. und Roots, Leo; Uppsala, State Agric. Res. Stat. Fertilisation of seed-clover plots with boron. **(Bordüngung von Samenkleeparzellen.)** Boron in Agric. **1963** Nr. 61. S. 3–16. – 1 Abb., 1 Tab.
Auf einer größeren Anzahl von Böden erhöhte eine B-Düngung (zwischen 5 und 40 kg/ha Borax) die Kleesamenerträge gegenüber „ohne B“ um 7–58 kg/ha (4–29%). Der höchste Ertragszuwachs ergab sich bei den niedrigeren Boraxgaben. Allerdings waren die Böden vorher nicht auf B untersucht worden, so daß eine Deutung der Ergebnisse nicht möglich erscheint. In einigen Fällen konnte durch die mittleren Boraxgaben eine geringfügige Erhöhung der TKM und der Keimfähigkeit erreicht werden. H. Kretschmer. 689.

2-64/01-0394 Gheorghiu, V., Popescu, G., Piescu, I. und Mănucă, L. Rezultate preliminare cu privire la producerea îngrăşămîntului bacterian Azotobacterin sub forma uscată. **(Vorläufige Ergebnisse über Herstellung des Bakteriendüngemittels „Azotobacterin“ als Trockenpräparat.)** Centr. exp. Îngrăşăminte bacteriene, Lucrări ştiinţ. **2** (1959, hrsg. 1960) S. 41–55. – 5 Tab., 11 Lit. Zus. in Russ., Engl., Franz.
Die Frage der Erzeugung der Bodenimpfpräparate Nitragin und Azotobakterin als Trockenpräparat wurde bisher noch nicht ganz gelöst. Zur Vermehrung von *Azotobacter* gebrauchte man die Medien a) nach Ashby und b) nach Bytschkowskaja (flüssig oder als Agar) mit verschiedenen Energiequellen, wie Natriumbenzoat, Saccharose, Stärke, Dextrin. Medium b ergab bei der Kultur von *Azotobacter chroococcum* zwar eine höhere Überlebens-

rate beim Trocknen, jedoch einen geringeren Kulturertrag als a. Bei b fällt die Überlebensrate der Keime nach dem Trocknen in Abhängigkeit vom Anstieg der Natriumbenzoatmenge. Die in der Dobrudsha isolierten Stämme (Dürregebiet) zeigten die höchste Überlebensrate nach dem Trocknen. Die Lebensfähigkeit der Keime nach dem Trocknen steigt parallel mit dem Alter der Kulturen. Trockene Kulturen ohne Trägerstoffe ergaben die besten Resultate. Die besten Grundstoffe für Träger-Subst. waren Kaolin, Glimmer und Kreide. V. Severin. 689.

2-64/01-0395 *Kämmerer, Hanns-Dietrich.* **Untersuchungen über den funktionalen Zusammenhang zwischen der Höhe der Stickstoffdüngung und dem Ertrag von Silomais in Stickstoffsteigerungsversuchen.** Diss. Landw. Fak. Halle-Wittenberg. 1963. (144 S.) 4°. (Diss. 9055)

2-64/01-0396 *Friis, Nielsen, Bodil.* **Plant production transpiration ration and nutrient ratios as influenced by interactions between water and nitrogen.** Diss. Land. Fak. København. 1963. (161 S.) 8°. (Diss. 9028)

VII. PFLANZENBAU AUF DEM ACKER

A. Allgemeine Literatur, Berichte, Statistiken u.a.

2-64/01-0397 Eichholz, W.; Kleinwanzleben, Inst. für Pflanzenzücht. **„Zucker-Periodica". Eine Titelzusammenstellung von periodisch, teilweise auch in zwangloser Folge in deutscher, englischer, französischer, holländischer, irischer, italienischer, japanischer, polnischer, russischer, schwedischer, spanischer, tschechischer, türkischer oder ungarischer Sprache erscheinenden und abgeschlossenen Zeitschriften sowie Reihen der Fachgebiete Beta-Rüben, Zucker, Zuckerindustrie, Zuckerrohr und Zuckerwirtschaft.** Zuckererzeugung 7 (1963) Nr. 6. Beil. 1. S. 1–28.

Die Zeitschriftentitel sind in Gruppen nach den angegebenen Sprachen zusammengefaßt und jeweils alphabetisch nach der gegebenen Wortfolge (sog. mechan. Ordnung) geordnet. Außer bibliogr. Angaben (Originaltitel, Erscheinungsort, Erscheinungsweise, erster/letzter Jg.) ist ein Zitiertitel (Kurztitel) angeführt, um das Zitieren der Zeitschriftentitel zu erleichtern und eine möglichst einheitliche Zitierweise anzuregen. Insges. wurden 599 Titel (einschließl. Titeländerungen) ermittelt, die sich auf folgende Sprachen verteilen: Deutsch 138, Englisch 233, Französisch 53, Holländisch 22, Irisch 1, Italienisch 6, Japanisch 12, Polnisch 8, Russisch 44, Schwedisch 4, Spanisch 51, Tschechisch 17, Türkisch 3, Ungarisch 7. W. Eichholz. 701.

2-64/01-0398 *Jahas, József* und *Rázsó, Imre.* **Mezögazdaság számokban.** (Landwirtschaftliche Faustzahlen.) 2., erw. Aufl. Budapest: Mezögazdasági kiadó. 1962. (959 S.) 8°. (1962 A 1659)

B. Fruchtwechsel und Fruchtfolgen

2-64/01-0399 Ksens, I. **Erbsen in der Hackfruchtfolge.** Int. Z. Landwirtsch. [Sofia/Berlin] **1963** Nr. 1. S. 40–44.

Auf dem Staatsgut „Petrowski", Gebiet Lipezk, werden seit 1958 Körnererbsen mit großem Erfolg angebaut. Es sind in der Hauptsache Schwarzerdeböden mittlerer Mächtigkeit vorhanden. Die jährl. Niederschläge bewegen sich um 500 mm. Versuche ergaben, daß hohe Erträge – bis 52 dt/ha – mit Aussaatstärken von 300 kg/ha im Engdrill und mit Superelite Sorte 'Ramonskaja 77' erzielt wurden. Als beste Vorfrüchte haben sich Mais und Gerste erwiesen. In der 10feldrigen Hackfruchtfolge rangieren die Erbsen zu je 50% nach So-Getreide und Mais und nehmen 15% der Anbaufläche ein. Sie dienen zu 75% dem Wi-Getreide als Vorfrucht. Da die Erbsen 10–12 Tage vor dem Getreide reifen, bleibt genügend Zeit, um den Boden zur Winterung vorzubereiten. Die Erbsen hinterlassen nach Angaben von Forschungsinstituten 140 kg/ha N, entspr. einer Düngung mit 300 dt/ha Stallmist. Da das Wurzelsystem der Erbsen bei geeigneten Voraussetzungen in untere Schichten vor-

dringt, ist eine tiefe Herbstfurche erforderlich. Eine angehängte Egge fördert die Gare im Frühjahr und erhält dem Boden die Feuchtigkeit. Die Erbsen werden früh als erste Fruchtart gedrillt und der Boden zur Saat 8–9 cm tief gegrubbert. Hinter der Drillmaschine folgt eine gekerbte Holzwalze. Leichte Eggen zerstören die Bodenkrusten und sorgen für eine Durchlüftung des Bodens. Der Erbsenkäfer (*Bruchus pisorum* L.) wird rechtzeitig mit DDT vom Flugzeug aus bekämpft. Vf. schildert ein entwickeltes Düngesystem, durch welches 1962 die Erträge bei Getreide auf 28, bei Rübensamen auf 23, bei Zuckerrüben auf über 300 und bei Silomais auf 420–450 dt/ha gesteigert werden konnten. Gegenüber dem Trawopolnajasystem (1953) mit 2288 Futtereinheiten/ha stiegen dieselben nach Einführung der Hackfruchtfolge 1961 auf 3573 an und erreichten damit einen 2,5fachen wirtsch. Nutzen. An verdaulichem Eiweiß übertreffen die Erbsen den Mais und die Sonnenblumen fast um das Doppelte und die Gerste um das 4fache. Infolgedessen lagen die Selbstkosten der Erbsenfuttereinheiten um 27% unter denen der Gerste, um 9% unter denen des Körnermaises und waren sogar um 40% niedriger als bei den Rüben. Bei Schaffung der angeführten Voraussetzungen sollte daher der Erbse wenigstens 12–15% Flächenanteil in der Hackfruchtfolge eingeräumt werden.
C. Freyer. 716.

2-64/01-0400 White, G. A. und Schmid, A. R.; St. Paul, Univ. of Minnesota, Dep. of Agric. and Plant Genetics. Influence of certain forage grasses on the yield of the following crop. **(Der Einfluß einiger Futtergräser auf den Ertrag der nachfolgenden Frucht.)** Agronomy J. **55** (1963) Nr. 2. S. 191–192. – 4 Tab., 4 Lit.

Als Vorfrucht standen Sudangras, Lieschgras oder Trespe, als Nachfrucht Hafer oder Mais mit unterschiedlicher N-Düngung. Die Kornerträge wurden durch den vorjähr. Grasanbau nicht beeinflußt. Wurde Hafer als Heu geerntet, waren Ertrag und Proteingehalt gegenüber den Kontrollen (Hafer als Vorfrucht) niedriger. Im 2. Jahr konnte diese Depression nicht mehr beobachtet werden. Die Höhe der N-Gaben erwies sich auf Heuertrag und Proteingehalt ausschlaggebender als die Vorfrucht Gras. Ch. Janke. 716.

2-64/01-0401 Cazzaro, Coralia. Influenţa plantei premergătoare asupra gradului de îmburuienire a grîului de toamnă. **(Der Einfluß der Vorfrucht auf den Verunkrautungsgrad des Winterweizens.)** Comun. Acad. Republ. Populare romîne **12** (1962) Nr. 10. S. 1137–1142. – 2 Tab., 8 Lit. Zus. in Russ., Franz.

Der nach Mais angebaute Wi-Weizen war weniger verunkrautet (54,7%) als der nach So- oder Wi-Weizen bestellte (66,9–100%). Im Wi-Weizen herrscht einjähr. Unkraut vor. Der Besatz mit perennierendem Unkraut war nach Wi-Weizen höher (85 Unkrautpflanzen/m²) als nach Mais (17 Unkrautpflanzen/m²). Die nach Wi-Weizen bestimmte Zahl der Unkrautsamen schwankte ebenfalls unter dem Einfluß der Vorfrucht. Die höchste Zahl an Unkrautsamen wurde nach Wi- und So-Weizen (52288–40617/m²), die niedrigste nach Mais (28188 Samen/m²) festgestellt. C. Ilchievici. 716.

2-64/01-0402 Morgan, G. W. und Hanna, W. J. Effect of a rye winter cover crop on soil fertility and on the succeeding sweet corn crop. **(Wirkung der Winterzwischenfrucht Roggen auf die Bodenfruchtbarkeit und den nachfolgenden Zuckermais.)** Agronomy J. **54** (1962) Nr. 5. S. 396–399. – 7 Tab., 18 Lit.

Die Düngung des Roggens erfolgte im Herbst oder Frühjahr, die des Maises vor der Aussaat. Die Grünmasse des Roggens wurde entweder einschl. der Wurzeln untergepflügt oder Wurzeln oder Grünmasse allein. Frühjahrsdüngung bewirkte gegenüber Herbstausbringung und ungedüngt höhere Roggenerträge und einen höheren Gehalt des Roggens an N, P und K. Das Einpflügen der Wi-Zwischenfrucht mit und ohne Düngung verbesserte gegenüber der Variante ohne Wi-Zwischenfrucht das Angebot an Nitrat-N, P und K während der Vegetationszeit des Maises nicht. Auch der Ertrag des Maises und der Gehalt an N, P, K wurden nicht erhöht. Vf. sieht deshalb den Wert des Wi-Zwischenfruchtanbaues für das Gebiet an der Atlantischen Küste im Erosionsschutz und in der Bodenverbesserung. Die Düngung der Wi-Zwischenfrüchte zur Verbesserung ihres Wachstums und zur Verbesserung des Nährstoffangebotes der Folgefrucht muß als unökon. angesehen werden. Ch. Janke. 716.

2-64/01-0403 Vetter, H.; Kiel, Univ. Inst. für Pflanzenbau und Pflanzenzücht. **Grassamenbau und Fruchtfolge.** Bayer. landwirtsch. Jb. **39** (1962) Nr. 7. S. 792–806. – 10 Abb., 6 Tab., 15 Lit.
Auf Grund zahlreicher Untersuchungen kommt Vf. im vorliegenden Sammelreferat zu dem Ergebnis, daß sich die Vorfrucht- und Überfruchtansprüche von Gras in modernen getreidereichen Fruchtfolgen gut befriedigen lassen. Frühräumende Blattfrüchte sind jedoch günstiger zu beurteilen als Getreideüberfrüchte. Der Vorfruchtwert des Samengrases ist bei entspr. Wirtschaftsweise besser als der von Getreide. Das umso mehr, je tätiger die Böden sind, je früher und besser der Umbruch gelingt und je weiter die Umsetzung der Grasrückstände bis zum Tiefpflügen und bis zum Anbau der Folgefrucht vorangetrieben wird. Zerkleinern und flaches Einbringen der Narbenreste mit dem Scheibenschälpflug haben sich gut bewährt. So-Früchte stehen nach Samengras besser als Wi-Früchte, Hackfrüchte und großkörnige Leguminosen besser als Halmfrüchte. Der wichtigste Vorteil des Grassamenbaues liegt in seiner humusmehrenden und damit langfristigen bodenverbessernden Wirkung. Mit den Ernterückständen eines 1jähr. Grasbestandes wird etwa die gleiche org. Masse in den Boden gebracht wie mit 200 dt/ha Stalldung. Da der N-Gehalt in der Graswurzelmasse niedrig ist (im Mittel etwa 1% N der Tr.-Masse), hat sich eine N-Zusatzdüngung von 30–40 kg/ha beim Zerkleinern der Ernterückstände bewährt. W. Lampeter. 718.

C. Saat- und Pflanzgut

2-64/01-0404 Gawłowski, Karol. Przyspieszenie i usprawnienie realizacji programu nasiennego. II. **(Beschleunigung und Verbesserung der Durchführung des Samenbau-Planes. 2. Mitt.)** Nowe Rolnictwo **12** (1963) Nr. 4. S. 12–15. – 1 Tab.
Die Samengewinnung der Kulturpflanzen erfordert mit Ausnahme der der 4 Hauptgetreidearten sehr großen Aufwand. Infolge der großen Ertragsschwankungen muß das Saatgut als Reserve einige Jahre aufbewahrt werden, was das Vorhandensein großer Lagerhäuser voraussetzt. In den letzten Jahren wurde eine erhebliche Steigerung der Samenproduktion und des Samenexports erreicht. Ein ernstes Problem bilden die groß- und kleinkörnigen Leguminosen, deren Erträge erheblich schwanken. Deshalb ist die Haltung großer Reserven notwendig. Dies betrifft auch die Samen der Ölpflanzen, von denen wegen der häufig verspäteten Ernte und früher Aussaat erhebliche Reserven aus dem Vorjahr für die Ansaat zur Verfügung stehen müssen. Die Züchtung ist auf den Erhalt neuer, ertragreicher und resistenter Sorten mit kürzerer Vegetationsdauer ausgerichtet. Das Ziel der Zuckerrübenzüchter ist es, ertragreiche polyploide und einkeimige Sorten von mittlerem Zuckergehalt zu erhalten. Es wird ferner angestrebt, männlich sterile sowie bei niedrigen Temperaturen keimfähige Formen zu erzielen. Weitere Fortschritte in der Samenproduktion sind von einer Vergrößerung der Zahl der Lager und ihrer Ausrüstung mit entspr. Maschinen abhängig. Im Rahmen des RGW ist eine verstärkte Spezialisierung der poln. Samenproduktion bei einigen Arten von Hackfrüchten und Leguminosen möglich.
PRL/CBR. 720.

2-64/01-0405 Balašov, I. S.; Irkutsk, Landwirtsch. Versuchsstat. O dopustimoj vlažnosti semjan pšenicy, zaražennych fuzariozom. **(Über den zulässigen Feuchtigkeitsgehalt bei mit Fusarium befallenem Weizensaatgut.)** Selekcija i semenovodstvo, Moskva **28** (1963) Nr. 1. S. 79–80.
Während bei gesundem Weizensaatgut der Standard 17% Feuchtigkeitsgehalt vorsieht, ist bei *Fusarium*-Befall der Feuchtigkeitsgehalt auf 13% zu senken. Die Versuche wurden mit den Sorten 'Milturum 321' und 'Hordeiforme 10' durchgeführt (ausführliche Versuchsbeschreibung). Zum Aussaattermin betrug bei 'Hordeiforme 10' (16,7% Feuchtigkeitsgehalt während der Lagerung) die Keimfähigkeit nur 7%, bei Trocknung auf 12,6% Feuchtigkeit dagegen 39%. G. Jury. 720.

2-64/01-0406 Gritton, Earl T. und Atkins, R. L.; Raleigh, North Carolina State Coll., Field Crops Dep. Germination of sorghum seed as affected by dormancy. **(Keimung von Sorghumsaat in Abhängigkeit von der Keimruhe.)** Agronomy J. **55** (1963) Nr. 2. S. 169–174. – 5 Tab., 8 Lit.
Die Kenntnis der Dauer der Keimruhe spielt eine Rolle, wenn zur schnellen Vermehrung einer Sorte mehrere Generationen in einem Jahr (z.T. im Gewächshaus) angezogen werden sollen. – Vff. prüften Saatgut aus Selbstungen von 33 Sorten und 48 Kombinationen von Hybriden aus 6 ♀ mit 8 ♂ Stämmen auf seine Keimfähigkeit 2, 4 und 12 Wochen nach der Reife. Weiterhin wurden Maßnahmen zur Verhinderung des Eintritts der Keimruhe (Spritzung mit K-Gibberellinat) oder zu ihrer Aufhebung (Ritzen, Kälte- bzw. Wärmebehandlung) überprüft. – Die Keimruhe ist weitgehend genotypisch bedingt und zeigt von Sorte zu Sorte große Unterschiede. Nach 14 Tagen wurden z.B. Kf.-Werte von 14–100% festgestellt, nach 3 Mon. fanden sich aber keine Differenzen mehr. Das Ausmaß der Keimruhe war mit der Blütezeit (späte Blüte = starke Keimruhe), nicht aber der Samenfarbe oder dem Samengewicht korreliert. Ritzen des Samens von Hand oder mit Maschine erwies sich als wirksam zur Aufhebung der Keimruhe. Die Kf. dreier Sorten stieg dabei z.B. von 25, 34 bzw. 42% auf 74, 80 bzw. 86%. Wärmebehandlungen wirkten nicht so günstig, und andere Maßnahmen lohnten kaum. Da sowohl Ritzung als auch Wärmebehandlung einen Einfluß zeigten, wird angenommen, daß die Keimruhe z. T. auf der Eigenschaft des Embryos, z. T. aber auch auf einer mechan. Keimhemmung durch die Samenschale beruht.
V. Ehrenpfordt. 720.

2-64/01-0407 Bianchi, Angelo. Alcuni aspetti genetici della produzione delle sementi. **(Einige genetische Aspekte der Saatguterzeugung.)** Sementi Elette [Milano] 8 (1962) Nr. 6. S. 8–14.
In der modernen Saatguterzeugung werden außer Sortenkenntnissen auch genet., zytol. und blütenbiol. Kenntnisse, und zwar z.B. bei der Erzeugung von Hybridsaatgut in Verbindung mit ♂-sterilen Linien, bei der Ausnutzung der Heterosis und erblicher Eigenschaften angewendet. Anhand von Beispielen (Hybridsaatgut von Mais, Hirse, Zwiebel, Wassermelone, Zuckerrüben; Erzeugung samenloser Wassermelonen und polyploider Zuckerrüben) werden einige Probleme dargestellt. W. Stenz. 722.

2-64/01-0408 Lubkowski, Z. **Über einige Probleme der internationalen Sortenprüfungen.** Int Z. Landwirtsch. [Sofia/Berlin] **1963** Nr. 2. S. 107–110.
Im Jahre 1961 wurden in den Mitgliedsländern des RGW gemeinsame Sortenprüfungen der wichtigsten landwirtsch. Kulturpflanzenarten aufgenommen, um die für die einzelnen Gebiete geeignetsten Sorten zu ermitteln und die Züchterarbeit zu erleichtern. Die Organisation der Prüfungen muß noch verbessert werden. Zur richtigen Standortverteilung der Sortenprüfungen ist die Aufteilung in Zonen notwendig. Die Verteilung der Versuche muß so sein, daß sie die typischen Bedingungen des betr. Gebietes widerspiegeln. Die Zahl der Versuche muß erhöht werden; die Versuchsorte müssen während der gan-

zen Untersuchungsperiode beibehalten werden. Nur die in einheimischen Versuchen als bes. wertvoll erkannten Sorten sollten in den Mitgliedsländern des RGW geprüft werden. Eine einfache Methodik der Anlage und einheitliche und richtige Auswertung sind erforderlich. C. Tittel. 725.

2-64/01-0409 Spreafico, Luigi. L'uso dei raggi ultravioletti nell'analisi delle sementi. **(Die Anwendung ultravioletten Lichtes bei der Samenuntersuchung.)** Sementi Elette [Milano] 8 (1962) Nr. 6. S. 28–38.
Nach einer Betrachtung der Schwierigkeiten bei der Sortendiagnose wird festgestellt, daß der Anbau auf dem Felde die einzige sichere Methode ist. Andererseits hat die Schnelligkeit der Untersuchung ebenfalls Bedeutung, und in diesem Zusammenhang wird die Echtheitsuntersuchung von *Lolium* spp., *Pisum* spp., *Avena* spp., *Trifolium incarnatum*, *T. alexandrinum* und *T. squarrosum* mittels UV-Licht besprochen. W. Stenz. 725.

2-64/01-0410 Grebinskij, S. O. Radiostimuljacija rastenij. **(Radiostimulation von Pflanzen.)** Radiostimuljacija roslin, Dopovidi ta povidoml. L'vivśk. un-t. **1961** S. 118–119. – Orig.: ukrain. Aus: Referativnyj žurnal. Biologija, Moskva **1962** Nr. 22. G 1. S. 1.
Keimende und trockene Samen einer Reihe landwirtsch. Kulturpflanzen wurden mit Röntgenstrahlen im Apparat RUM-7 bestrahlt. Die stimulierenden Strahlendosen für Rüben, Radies, Spinat, Salat und andere Pflanzen wurden ermittelt. Eine Strahlendosis von 100 r erhöhte den Zuckerrübenertrag um 32–63%, verringerte jedoch den Zuckergehalt der Rüben um 0,9–3,8% je nach Sorte. Eine Bestrahlung mit stimulierenden Dosen verstärkte die Atmung und erhöhte den Ascorbinsäuregehalt. Hauptquelle der Radiostimulation sind die β- und γ-Strahlen, unter deren Einfluß die Zellteilung beschleunigt wird. übersetzt v. E. Fröhmcke. 726.

2-64/01-0411 Chudadatov, A. I. Nekotorye metodičeskie voprosy predposevnogo gamma-oblučenija. **(Einige methodische Probleme der Bestrahlung mit γ-Strahlen vor der Aussaat.)** Izv. AN AzerbSSR. Ser. biol. i med. n. **1961** Nr. 12. S. 33–37. – Orig.: russ., Ausz.: aserbaidshan. Aus: Referativnyj žurnal. Biologija, Moskva **1962** Nr. 20. G 214. S. 33.
Unter Laborbedingungen wurde der Einfluß der Intensität der Strahlen, des Intervalls vom Augenblick der Bestrahlung bis zur Quellung und der Feuchtigkeit von Gurken- und Maissaatgut auf den radiobiol. Effekt untersucht. Eine Bestrahlung über längere Zeit unterdrückte den Wuchs und die Entwicklung der Keimlinge stärker als eine kurz andauernde Bestrahlung gleicher Dosis. Eine Vergrößerung des Zeitraums von der Bestrahlung bis zur Befeuchtung des Saatguts verminderte die Wirksamkeit der γ-Strahlen. Die Wirkung der gleichen Bestrahlungsdosis bei verschiedenem Feuchtigkeitsgehalt des bestrahlten Saatguts ist unterschiedlich. Die physiol. Wirkung der ionisierenden Radiation erhält sich bei Aufbewahrung des bestrahlten Saatguts über eine Zeit von 5–6 Jahre. übersetzt v. E. Fröhmcke. 726.

2-64/01-0412 Salčeva, G.; Sofia, Inst. für Pflanzenbau. Vlijanie na prodălžitelnoto zamrazjavane na semenata na njakoi proletni kulturi vărchu energijata na pokălvane. **(Der Einfluß anhaltender Frostbehandlung der Samen einiger Sommerkulturen auf die Keimschnelligkeit.)** Selskostopanska nauka, Sofija **1(7)** (1962) Nr. 7/8. S. 869–871. – 3 Tab., 6 Lit.
Bei unterschiedlichen Temperaturen (–5, –10, –15 und –20 °C) wurde innerhalb von 50 Tagen Sonnenblumen-, Mais-, Bohnen- und Baumwollsaatgut behandelt und mit nichtbehandelten Samen verglichen. Die behandelten Samen zeigten bei niedriger Temperatur eine schroffe Erhöhung der Keimschnelligkeit. Am höchsten stieg sie bei Mais und Bohnen. Die geringste Erhöhung war bei Baumwolle zu beobachten. Die Entwicklung aller behandelten Samen nach dem Auflaufen verlief intensiver. K. Tschanew. 726.

2-64/01-0413 Pavlov, V. S.; Leningrad, Landwirtsch. Inst. Predposevnaja stimuljacija semjan. **(Stimulierung des Saatguts.)** Kukuruza, Moskva **8** (1963) Nr. 4. S. 16. – 1 Abb.

Das o. g. Inst. untersuchte 1960–62 die Stimulierung des Maissaatguts mit neuen Wuchsstoffen – Derivaten von Benzimidazol (Präparat Nr. 4. – 2-Methyl-5-Nitrobenzimidazol, Präparat Nr. 44 – 2-Methyl-5-Aminobenzimidazol, Präparat Nr. 28 – 2-Diäthylaminobenzimidazol). Das Saatgut wurde 1–2 Tage vor der Aussaat mit schwachen Lösungen dieser Stimulantien behandelt (die Präparate Nr. 4 und Nr. 44 in Konz. von 0,01 μg, das Präparat Nr. 28 in einer Konz. von 0,1 μg). Die Pflanzen aus behandelten Samen wuchsen energischer (sie wurden weniger von der Fritfliege befallen), ihre Blattfläche wuchs intensiver (bis zur Ernte). Der Grünmasseertrag war um 14–20%, der Ertrag an Tr.-Subst. um 2,3–9,6 dt/ha und der Proteinertrag um 1,04–2,21 dt/ha höher. Wachstumsstimulation ist wirksam und billig (15 Kop. pro dt Saatgut). L. Rang. 726.

2-64/01-0414 Čikašua, N. Vlijanie predposevnoj obrabotki zerna kukuruzy azotobakterom na urožaj. **(Einfluß der Azotobakterin-Behandlung von Maissaatgut auf den Ertrag.)** Tr. Tbilissk. un-ta **82** (1962) S. 143–157. – Orig.: grusin., Ausz.: russ. Aus: Referativnyj žurnal Moskva. Rastenievodstvo **1963** Nr. 1.55.110. S. 19.

Auf der Grusinischen Zuchtstation (Natachtari) wurden Versuche mit der Maissorte 'Kartuli-Krugi' durchgeführt. Die Impfung der Samen mit den vom Vf. isolierten Stämmen führte zu einer Erhöhung des Kolbengewichtes, zur Verlängerung des Kolbens sowie des abs. und Volumengewichtes des Korns. übersetzt v. G. Boetticher. 726.

2-64/01-0415 Čepigin, G. V., Jakobson, B. I. und Klimenko, Ja. I.; Dnepropetrowsk, Landwirtsch. Inst. Predposevnaja obrabotka semjan tokami vysokoj častoty. **(Behandlung von Maissaatgut mit Hochfrequenzstrom.)** Kukuruza, Moskva **7** (1962) Nr. 12. S. 38. – 4 Abb., 1 Tab.

Maissaatgut wurde mit Hochfrequenzstrom behandelt und anschließend auf Keimfähigkeit, Wachstum und Entwicklung sowie auf Feuchtegehalt bei der Ernte untersucht. Die Parameter der Saatgutbehandlung (8 Varianten) werden gegeben. Bei der günstigsten Variante stiegen die Erträge um 18%. Durch die Behandlung wurde das Wachstumstempo erhöht, die einzelnen Entwicklungsphasen und das Reifen beschleunigt und der Feuchtegehalt des Korns gesenkt. L. Rang. 726.

2-64/01-0416 Majsurjan, N. A. und Mordašov, A. I. Sposob vydelenija iz posevnogo materiala soi semjan, poražennych fuzariozom. **(Verfahren zur Trennung Fusarium-befallener Samen aus gesundem Sojasaatgut.)** Selekcija i semenovodstvo, Moskva **28** (1963) Nr. 1. S. 77–78. – 1 Abb.

Gesundes Saatgut unterscheidet sich durch die Quellgeschwindigkeit (4 Std. und länger) deutlich von mit *Fusarium* befallenen Samen (2 Std.). In Aussaatversuchen betrug die Keimfähigkeit der 2 Std. gequollenen Samen 1%, 4 Std. – 30% und länger als 4 Std. – 80%. Die Quellgeschwindigkeit der befallenen Samen beruht auf Beschädigung der Samenschale. Diese Methode läßt sich auch auf andere Kulturen übertragen. G. Jury. 726.

2-64/01-0417 Longo, G. La pregermogliazione dei tuberi nella coltivazione della patata precoce in Sicilia. **(Die Vorkeimung der Knollen beim Anbau von Frühkartoffeln auf Sizilien.)** Riv. Ortoflorofrutticolt. ital. **46(87)** (1962) Nr. 3. S. 294–303. 726.

2-64/01-0418 Salej, A. K.; Shitomir, Landwirtsch. Gebietsversuchsstat. Predposevnoe opudrivanie semjan l'na kak sredstvo bor'by s l'njanymi bloškami. **(Vorsaatpuderung von Leinsamen als Mittel zur Bekämpfung von Erd-**

flöhen bei Lein.) Len i konoplja, Moskva **8(25)** (1963) Nr. 4. S. 15. – 2 Tab.

Im Feldversuch wurden folgende Varianten des Bepuderns von Leinsaatgut erprobt: **I** ohne Behandlung, **II** TMTD mit der Gammaisomere des Hexachlorans, **III** TMTD mit 20%igem Heptachlor, **IV** 10%iges Heptachlor, **V** 12%iges Hexachlor. Die angewandten Mengen betrugen bei **II** und **III** 0,2 kg/dt Samen, **IV** und **V** 2,5 kg/dt. Das Ergebnis der Behandlung, ausgedrückt in der Anzahl der Larven/m², lag am 20.–25. Juli der Jahre 1960–62 bei 325 (**I**), 10 (**II**), 40 (**III** und **IV**), 32 (**V**). Als Nebenwirkung der Behandlung beobachtete man eine Erhöhung des Strohertrages (**I** 32,5 dt/ha, **IV** 34,4 dt/ha, **III** 40,6 dt/ha) und des Samenertrages (**I** 5,0 dt/ha, **III** 5,6 dt/ha, **V** 6,2 dt/ha) sowie eine Verbesserung der techn. Länge des Strohs (**I** 61,4 cm, **III** 61,5 cm, **V** 73,8 cm). W. Merfert. 726.

2-64/01-0419 Scapaccino, O., Pellizzi, G. und Colzani, G.; Milano, Univ., Ist. Sperimentale di Meccanica Agraria. Nuove ricerche su decuscutartrici elettromagnetiche. **(Neue Erfahrungen über elektromagnetische Maschinen für die Abtrennung des Teufelszwirns.)** Sementi Elette [Milano] **9** (1963) Nr. 4. S. 310–326. – 8 Abb., 10 Tab. – nach Zus.

Das Forsch.-Inst. für landwirtsch. Maschinen in Mailand hat im vergangenen Jahr in Zusammenarbeit mit dem E.N.S.E.-Verband bei Verbänden und Firmen seine Versuche mit 4 verschiedenen Maschinen-Typen für elektromagnetische Sortierung von *Trifolium pratense*- und *Medicagosativa*-Samen fortgesetzt. Nach einer kurzen Beschreibung der Maschinen und Versuche wird über die Ergebnisse hinsichtlich Arbeitsleistung, Kraftverbrauch und Einheitsstromverbrauch der Maschinen im Betrieb berichtet. Weiter werden die interessantesten Angaben über Laboratoriums-Analysen, die in bezug auf den Reinheitsgrad der Samen vor und nach der Sortierung durchgeführt wurden, wiedergegeben, unter bes. Berücksichtigung vorhandener Samen von schädlichen Pflanzen. Abschließend werden schließlich einige kritische Beobachtungen und Schlußfolgerungen beschrieben. 726.

2-64/01-0420 Kåhre, Lennart. Utsädeslagring i jute- och papperssäckar. Preliminär rapport. **(Lagerung von Samen in Jute- und Papiersäcken. Vorl. Mitt.)** Medd. Statens centr. Frökontrollanst. **1962** Nr. 37. S. 30–36. 727.

F. Konservierung und Lagerung des Erntegutes

2-64/01-0421 Thomas, A. Morris. Grain drying by through-circulation. **(Getreidetrocknung durch Luftzirkulation.)** J. agric. Engng. Res. **7** (1962) Nr. 4. S. 328–341. – 4 Abb., 6 Tab., 11 Lit.

Aufgabe der Untersuchung war es, Konstruktionsdaten und günstigste Bedingungen für die ökon. Arbeitsweise von vollelektrischen Getreidetrocknern zu ermitteln. Grundlage der Versuche bildeten Messungen an einem in der Praxis eingesetzten Trockner. Es wurde eine einfache empirische Gleichung für die Wechselbeziehungen zwischen Temperaturanstieg der Trockenluft, Luftgeschwindigkeit und durchschnittl. Trocknungsgeschwindigkeit bei Trocknung von künstlich angefeuchtetem Weizen (von 26,6 auf 17,6%) aufgestellt. Versuchsdaten über das Verhältnis von nachträglich angefeuchtetem und natürlich feuchtem Weizen sowie die Wärmeverluste im Trockner sind angegeben. Auf Grund der Analyse wurde die bekannte Leistung eines Sacktrockners nachgeprüft. 756.

2-64/01-0422 Bhatia, B. S., Kuppuswamy, S., Rao, R. Gururaja und Bhatia, D. S.; Mysore, Centr. Food Technol. Res. Inst. Dehydration of green peas. **(Trocknen von grünen Erbsen.)** Indian J. exp. Biol. **1** (1963) Nr. 6. S. 250–254. – 2 Abb., 2 Tab., 12 Lit. 756.

2-64/01-0423 Blatchford, S. M. und Hall, D. W.; Slough, Dep. of Techn. Co-operation; Trop. Stored Produce Liaison Dep., Pest Infestation Lab. Methods of drying groundnuts. I. Natural methods. **(Methoden der Trocknung von Erdnüssen. 1. Mitt. Natürliche Methoden.)** Trop. Sci. 5 (1963) Nr. 1. S. 7–33. 756.

2-64/01-0424 Lange, E.; Havelberg, Kreisleit. der SED, Büro für Landwirtsch. **Zur künstlichen Grünfuttertrocknung in Sandboden- und in Grünlandgebieten.** Dtsch. Landwirtsch. **14** (1963) Nr. 7. S. 346–348. 756.

2-64/01-0425 Feher, K.; Szarvas, Ungarn, Zuchtstat. **Einfluß des Maisstengels auf die Qualität des Silofutters und die Wirtschaftlichkeit des Transportes.** Dtsch. Akad. Landwirtsch.-Wiss. Berlin, Tagungsber. **1961** (hrsg. 1962) Nr. 47. S. 207–210. – 1 Tab. Zus. in Engl. – nach Zus.
Es ist bekannt, daß den bes. Wert des Silomaises sein StW.-Ertrag bildet. Dies ist bes. für die Körner charakteristisch. Die Blätter bilden ein wertvolles Futtermittel infolge der großen Menge an Vitaminen und Mineralsalzen, die auch während der Einsilierung nicht verlorengehen; außerdem enthält das Blatt einen bedeutenden StW., welcher günstig auf den Wert des Futters wirkt. – Der Wert des Silomaises wird vermindert durch das weite StW.-Protein-Verhältnis; dieser Mangel ist hauptsächlich durch den Stengel bedingt, der negativ auf die Qualität wirkt, da er viel Wasser und Rohfaser enthält. 758.

2-64/01-0426 Owen, F. G. und Webster, O. J. Effect of sorghum maturity at harvest and variety on certain chemical constituents in sorghum silages. **(Der Einfluß des Reifegrades zum Schnittzeitpunkt und der Sorte auf einige chemische Bestandteile in Sorghum-Silage.)** Agronomy J. **55** (1963) Nr. 2. S. 167–169. – 4 Abb., 1 Tab., 5 Lit.
Die Versuche wurden auf der Agronomy Farm der University of Nebraska in Lincoln gemacht (1957 und 1959). Verschiedene *Sorghum*-Sorten und -Hybriden wurden auf einem nichtbewässerten Feld angebaut und in wöchentlichen Abständen von der Blüte bis zum Zeitpunkt der Reife geschnitten und einsiliert. 4–6 Mon. danach wurden Proben entnommen und auf ihre chem. Zusammensetzung untersucht. Mit zunehmendem Reifegrad sank der Gehalt an Feuchtigkeit, Rohprotein und Rohfaser, während der Gehalt an N-freien Extraktstoffen anstieg. Die Sorten 'Rox' und 'Atlas' zeigten einen höheren Gehalt an N-freien Extraktstoffen, aber einen niedrigeren Prozentsatz an Rohprotein und Rohfaser als die Hybriden 'RS 301 F' und 'RS 303 F'. Sterile Formen der Hybriden hatten höhere Anteile an Feuchtigkeit und Rohfaser, aber einen niedrigeren Gehalt an N-freien Extraktstoffen als fruchtbare Formen. Der Aschegehalt stieg mit zunehmender Reife an und war bei den Hybriden etwas höher. E. M. Ardelt. 758.

2-64/01-0427 Markussen; Husum. **Grassilage — Gewinnung und Futterwert.** Tierzüchter **14** (1963) Nr. 19. S. 707. – 1 Abb., 3 Tab. 758.

2-64/01-0428 Janota, J. Metody konserwacji i suszenie zielonek w cukrowniach w Polsce. **(Verfahren für das Haltbarmachen und Trocknen von Grünmasse in den Zuckerfabriken Polens.)** Gaz. cukrownicza **71** (1963) Nr. 3. S. 90–94. – 3 Tab., 11 Lit. 759.

62-4/01-0429 Eaks, Irving L.; Riverside, Univ. of California, Citrus Exp. Stat. Techniques to evaluate injury to citrus fruit from handling practices. **(Technik zur Bestimmung von Schäden an Citrusfrüchten durch die Behandlung.)** Proc. Amer. Soc. horticult. Sci. **78** (1961) S. 190–196. 759.

2-64/01-0430 Rao, K. Sarveswara, Kapur, N. S., Subramanyam, H., Souza, S. d' und Srivastava, H. C.; Mysore, Centr. Food Techn. Res. Inst.

Gas storage of bananas. **(Lagerung von Bananen in Gas.)** J. sci. ind. Res. [New Delhi], Sect. D **21 D** (1962) Nr. 9. S. 331–335. 759.

2-64/01-0431 *Herrmann, Josef.* **Lehrbuch der Vorratspflege.** Haltbarmachen, Frischhalten und Lagern von Lebens- und Futtermitteln. Berlin: Dtsch. Landwirtschaftsverl. 1963. (XVIII, 988 S.) 8°. (1963 A 691)

2-64/01-0432 *Koch, H.* **Die Trocknung von Getreide, Hülsenfrüchten und Ölsaaten in den VEAB.** Zugest. von d. Mitarb. d. Zentralen Untersuchungsstelle f. Getreidelagerung u. -umschlag. Berlin: Staatl. Komitee f. Erfassg. u. Aufkauf landw. Erzeugnisse. 1963. (95 S.) 8° = Staatl. Komitee f. Erfassung u. Aufkauf landw. Erzeugnisse. 1962/63. (SR 2814, 62/63, 8)

2-64/01-0433 *Pinter, András* und *Jónis, Sándor.* **Nagyüzemi magtisztítás.** (Die Reinigung des Getreides im Großbetrieb.) Budapest: Mezögazdasági kiadó. 1962. (180 S.) 8°. (1962 A 1653)

G. Versuchswesen

2-64/01-0434 Oltmann, W.; Einbeck, Hannover, Kleinwanzlebener Saatzucht AG. **Die elektronische Verrechnung von Versuchsergebnissen.** Dtsch. Akad. Landwirtsch.-Wiss. Berlin, Tagungsber. **1961** (hrsg. 1962) Nr. 47. S. 121–123. – 1 Abb. 768.

2-64/01-0435 Thöni, H. P.; Bern, Schweiz, Univ., Bot. Inst. **Die nomographische Lösung des t-Testes.** Biometr. Z. **5** (1963) Nr. 1. S. 32–50. – 3 Abb., 3 Tab., 4 Lit. Zus. in Engl., Franz.
Die vorliegende Arbeit ist im Zusammenhang mit einer Preisaufgabe „Die Verwendung von Nomogrammen in der mathematischen Statistik" entstanden. Vf. hat sich die Aufgabe gestellt, ein Nomogramm zu entwickeln, das die Anwendung des t-Testes für eine festgelegte Versuchsanordnung erleichtert. Es handelt sich dabei um Stichproben mit je 50 Einzelwerten aus Reihenuntersuchungen zum „Schlauchwachstumstest" von Schwarzenbach. Vf. geht zunächst auf den einfachen, dann auf den multiplen t-Test ein und entwickelt ein Nomogramm. Anschließend führt er entspr. Untersuchungen mit transformierten Meßwerten durch. Das so entstandene Nomogramm gestattet, das Verhältnis zweier Durchschnitte zu prüfen. Mit Hilfe der vom Vf. vorgelegten Nomogramme gelangt der Experimentator ohne großen Aufwand an Rechenarbeit zu einer Entscheidung. G. Reißig. 769.

2-64/01-0436 Thöni, H.; Bern, Schweiz, Univ., Bot. Inst. **Die nomographische Bestimmung des logarithmischen Durchschnittes von Versuchsdaten und die graphische Ermittlung von Regressionswerten.** Experientia [Basel] **19** (1963) Nr. 4. S. 218–219. – 2 Abb. Zus. in Engl.
Durch Verwendung der Logarithmen der Meßwerte wird erreicht, daß die zu den Versuchsdaten gehörigen Punkte auf einer Geraden liegen. Zur Beschreibung des Versuchsergebnisses genügen dann zwei Parameter. Vf. entwickelt ein Nomogramm zur Bestimmung des logarithmischen Durchschnittes aus 4 Einzelwerten. Das Nomogramm besteht aus 5 parallelen Skalenträgern. Die Benutzung wird erläutert, und es werden Angaben über die Genauigkeit gemacht. G. Reißig. 769.

2-64/01-0437 Geidel, Hans. **Der Vorzeichentest als Sequentialtest.** Landbauforsch. Völkenrode **12** (1962) Nr. 1. S. 11–13. – 1 Abb., 3 Tab., 2 Lit.
Vf. geht davon aus, daß zwei verschiedene Behandlungen mit Hilfe des Vorzeichentestes miteinander verglichen werden sollen. Er führt den Leser zunächst in die theoretischen Grundlagen des Verfahrens ein und gibt in 2 Tab. die Wahrscheinlichkeiten für das Auftreten von genau oder höchstens k Minus- bzw. Plus-Zeichen bei $n (n \leq 25)$ Differenzen an. Die praktische Anwendung des Vorzeichentestes wird am Beispiel von Ertragsergebnissen zweier Sorten A und B erläutert. Für einen entspr. sequentiellen Test wird ein graphisches Verfahren angegeben. G. Reißig. 769.

2-64/01-0438 *Sebestyén, József.* **Matematikai módszerek alkalmazása a mezögazdasági termelés vizsgálatában.** (Anwendung von mathematischen Methoden in der Untersuchung der landwirtschaftlichen Produktion.) Budapest: Akad. kiadó. 1962. (134 S.) 8°. (1962 A 1616)

H. Pflanzen der gemäßigten Zone

2-64/01-0439 Demidenko, B. G.; Dnepropetrowsk, Unions- Inst. für Maisforsc . Intensivnost' rosta kornej i biologičeskie osobennosti kul'tur. **(Intensität des Wachstums der Wurzeln und biologische Merkmale der Kulturen.)** Vestnik sel'skochozjajstvennoj nauki, Moskva 7 (1962) Nr. 12. S. 107–110. – 5 Abb., 2 Tab. Zus. in Engl., Franz., Dtsch.
Unter den Bedingungen der Trockensteppe vermag das Wurzelwachstum der Wi-Wicke nicht mit dem des Wi-Roggens oder -Weizens Schritt zu halten. Gleichzeitige Aussaat der Mischungspartner hat eine sehr ungleiche Entwicklung der Partner mit ungünstigem Einfluß auf Ertrag und Qualität des Futters zur Folge. Um die Unterschiede in der Intensität des Wurzelwachstums auszugleichen, muß die Wicke 15–20 Tage früher als zum optimalen Aussaattermin für das Wintergetreide ausgesät werden. Im Hinblick auf die Züchtung einer Wi-Wicke mit gleicher Intensität des Wurzelwachstums wie Wi-Roggen und Wi-Weizen entwickelte Vf. eine Methode, die es gestattet, das Wurzelwachstum im Laufe der Vegetation zu beobachten, ohne die Pflanzen zu stören. Zu diesem Zweck wurden Röhren-Gefäße aus Glas mit einer Länge von 130–140 cm und einem Dmr. von 4,5 cm verwendet, die mit lufttrockener, gesiebter Erde gefüllt werden. Bis zur Mitte des Gefäßes reicht eine Metallröhre (2,5–3,0 mm Dmr.), die seitlich in Abständen von 10 cm Öffnungen aufweist und zur Bewässerung dient. Die Röhrengefäße werden unter einem Winkel von 7–8° in den Boden eingelassen, um zu erreichen, daß die Wurzeln dem positiven Geotropismus folgend nach der unteren Wand der Röhre streben und so gut beobachtet werden können. Mit Hilfe dieser Gefäße konnte ermittelt werden, daß die Wurzeln des Wi-Roggens 20 Tage und die des Wi-Weizens 29 Tage nach dem Auflaufen die doppelte Eindringungstiefe erreichten. L. Rösler. 770.

2-64/01-0440 Llewelyn, J. C. Crop variety testing. **(Prüfung von Nutzpflanzensorten.)** Univ. Nottingham, Rep. School Agric. **1962** (hrsg. 1963) S. 73–77. – 3 Tab. 770.

2-64/01-0441 Langen, Hubertus. **Die neueren Entwicklungstendenzen in der Getreideproduktion und Getreidevermarktung Baden-Württembergs.** Arb. landwirtsch. Hochschule Hohenheim **19** (1963) S. 1–261. – 38 Abb. 772.

2-64/01-0442 Pidoprygora, V. S. und Taran, A. V. Vplyv organo-mineral'nych dobryv na vrožajnist' ozymoï pšenyci ta kukurudzy na čornozemach zvyčajnych stepu URSR. **(Einfluß organisch-mineralischer Düngemittel auf die Erträge des Winterweizens und des Maises auf den gewöhnlichen Schwarzerdeböden der Ukrainischen Steppe.)** Nauk. praci. Zaporiśka derž. sil'śkogospod. dosl. st. **1962** Nr. 1. S. 3–7. – Orig.: ukrain., Ausz.: russ. Aus: Referativnyj žurnal Moskva. Rastenievodstvo **1963** Nr. 1.55.71. S. 13–14.
Die Einbringung org. und mineral. Düngemittel unter den im Gebiet Saporoshje herrschenden Bedingungen trug zu einer Steigerung der Standfestigkeit und Ertragfähigkeit des Wi-Weizens bei, der nach Silomais angebaut wurde. Die beste Wirkung wurde bei flacher Einbringung von 30 kg N, 45 kg P und 45 kg/ha K und 15 kg N, 15 kg P und 15 kg/ha K in die Drillreihen erzielt. Der Wirkung dieser Düngung kamen 3 t/ha kurzer Stallmist im Gemisch mit 15 kg P (Superphosphat) bei flacher Unterbringung und 15 kg/ha P in die Drillreihen gleich. Bei der Einbringung org.-mineral. Düngemittel zu Mais waren 5 t/ha kurzer Stallmist im Gemisch mit 40 kg/ha P (Superphosphat) am wirksamsten. übersetzt v. G. Boetticher. 772.

2-64/01-0443 Korovin, A. I., Dochunaev, V. N. und Il'ina, I. V. K voprosu o charaktere zaglublenija kornej zernovych kul'tur v različnych rajonach Severa. **(Über den Wurzeltiefgang von Getreidekulturen in verschiedenen**

Gebieten des Nordens.) Uč. zap. Jakutskogo un-ta **1962** Nr. 12. S. 43–49. – Aus: Referativnyj žurnal. Biologija, Moskva **1962** Nr. 22. G 173. S. 27.
In den gleichen geograph. Breiten Kareliens und Jakutiens ist der Charakter der Wurzeltiefe ein und derselben Sorte von Weizen, Gerste und Hafer grundverschieden. In Karelien konz. sich die Wurzeln im Horizont von 0–20 cm (90–97%), und nur ein unbedeutender Teil (3–10%) befindet sich im Horizont unter der Ackerkrume. In Jakutien konzentrieren sich im Horizont von 0–20 cm 40–65% der Wurzeln, während der Rest sich in den tiefergelegenen Horizonten befindet. In Karelien dringen die Wurzeln bis 40–55 cm in den Boden ein, in Jakutien bis 100–120 cm. Der Charakter der Wurzeltiefe hängt vom Reaktionszustand der unter der Ackerkrume liegenden Horizonte, von deren Nährstoffgehalt, vom Feuchtigkeitsgrad und von der Sonnenscheindauer ab. übersetzt v. E. Fröhmcke. 772.

2-64/01-0444 Brun, Lorens H. Forsøk med vårkveitesorter 1949–1960. **(Versuche mit Sommerweizensorten in den Jahren 1949–1960.)** Forskn. Forsøk Landbruket **14** (1963) Nr. 1. S. 1–28. – 9 Tab., 16 Lit. Zus. in Engl.
9 Sorten ('Snogg II', 'Norrøna', 'Lade', 'Nora', 'Apu', 'Ås', 'Fram II', 'Skirne' und 'Ås II') und 2 Linien ('F × H 92/48' und '01 × G 168/48') standen in den 12 Versuchsjahren in 92 Prüfungen (12 an der Versuchsstation Voll und 80 in Betrieben der Distrikte Møre og Romsdal und Trondelag). In Voll wurden weitere 15 Sorten und 5 Linien geprüft. Die einzelnen techn. Versuchsdaten und meteorol. Beobachtungen werden mitgeteilt. In den 12 Versuchsjahren wurde im Mittel eine um 0,3 °C zu niedrige Temperatur festgestellt. Nur in den wärmeren Lagen des Untersuchungsgebietes wird die Grenze eines erfolgreichen So-Weizenanbaues erreicht. Eine sichere Reife wies keine der in Voll geprüften Sorten auf. Ausländische Sorten reiften meist zu spät. Die Sorte 'Norrøna' als Vergleichssorte hatte in Voll den besten Ertrag und lag im Versuchsgebiet an 2. Stelle (370 bzw. 326 kg/10 a). Der Strohertrag lag für 'Norrøna' bei 545 bzw. 553 kg/10 a, wobei ein Teil der Sorten 'Norrøna' übertraf. Die Wachstumszeit von 'Norrøna' betrug etwa 130 Tage, 'Snogg II' reifte etwa eine Woche früher. Die Halmfestigkeit war bei keiner der geprüften Sorten sehr gut; dennoch konnte bei den neueren Sorten eine Verbesserung gegenüber den älteren festgestellt werden. In verschiedenen Jahren war der Einfluß der Witterung auf die Kornqualität ungünstig, so daß die Durchschnittswerte nur geringe Aussagekraft besitzen. In den Versuchen zur Kornfestigkeit mit dem Fallapparat zeigte sich 'Snogg II' den anderen Sorten unterlegen, 'Norrøna' und 'Nora' waren gut, den geringsten Ausfall wiesen 'Apu' und 'Lade' auf. 'Lade' als neue Sorte wird ausführlich beschrieben, für 'Norrøna', 'Nora', 'Apu', 'Snogg II' und 'Ås II' werden kurze Anbauhinweise gegeben. Auf die Bedeutung der älteren Sorten und der neueren Linien wird hingewiesen. Für das untersuchte Gebiet eignen sich die Sorten 'Lade', 'Norrøna' und 'Nora' am besten.
F. Beleites. 773.

2-64/01-0445 McKenzie, Hugh, Grant, M. N., Whiteside, A. G., McBean, D. S., Hurd, E. A. und Kusch, A. G.; Lethbridge, Alberta, Canada Agric. Res. Stat.; Ottawa, Ontario, Genetics and Plant Breeding Res. Inst.; Swift Current, Saskatchewan, Exp. Farm; Regina, Saskatchewan, Exp. Farm; Fort Vermilion, Alberta, Exp. Farm. Note on Cypress, a new hard red spring wheat. **(Bemerkung zu 'Cypress', einer neuen Sommer-Hartweizensorte.)** Canad. J. Plant Sci. **43** (1963) Nr. 2. S. 232–234. – 1 Tab.
773.

2-64/01-0446 Carrante, V.; Bari, Staz. Agraria Sperimentale. La produzione del grano duro nel mondo. **(Die Produktion von Hartweizen in der Welt.)** Genetica agraria [Pavia] **15** (1961) Nr. 1/2. S. 103–111. – 5 Tab. 773.

2-64/01-0447 Conti, C.; Catania, Staz. Sperimentale di Granicolt. per la Sicilia. I grani duri in Sicilia. **(Die Hartweizensorten in Sizilien.)** Genetics agraria [Pavia] **15** (1961) Nr. 1/2. S. 138–143. – 5 Lit. Zus. in Engl. 773.

2-64/01-0448 Kokolios, B.; Thessaloniki, Greece, Inst. of Plant Breeding. Durum and vulgare wheat varieties grown in Greece. **(Durum- und vulgare-Weizensorten im Anbau in Griechenland.)** Genetica agraria [Pavia] **15** (1961) Nr. 1/2. S. 198–202. 773.

2-64/01-0449 Luppi, Gaetano. Accertamento sperimentale del comportamento di nove cultivar autunnali di frumento tenero in semina a fine inverno. **(Ertragsversuche mit neun Winter-Weichweizensorten bei Aussaat am Ende des Winters.)** Sementi Elette [Milano] 8 (1962) Nr. 6. S. 40–50.
Von 9 geprüften Sorten waren 6 soweit anpassungsfähig, daß sie fast so hohe Erträge brachten wie bei normaler Herbstaussaat. 773.

2-64/01-0450 Lapcevič, G. P. und Cybul'ko, V. S.; Charkow, Ukrain. Forsch.-Inst. für Pflanzenbau, Zücht. und Genetik. Opredelenie glubiny zaleganija uzla kuščenija ozimoj pšenicy. **(Zur Ermittlung der Tiefenlage des Bestockungsknotens bei Winterweizen.)** Vestnik sel'skochozjajstvennoj nauki, Moskva 7 (1962) Nr. 12. S. 111–116. – 4 Tab., 14 Lit. Zus. in Engl., Franz., Dtsch.
Im Hinblick auf eine Vertiefung des Bestockungsknotens bei Wi-Weizen auf dem Wege der Züchtung vergleicht Vf. bekannte Methoden zur Ermittlung der Tiefenlage des Bestockungsknotens auf ihre Genauigkeit und Zuverlässigkeit. Die Methode des Abschneidens der oberirdischen Pflanzenteile in Höhe der Bodenoberfläche und des Messens des Abstandes zwischen Schnittfläche und Bestockungsknoten am unterirdischen Pflanzenteil erwies sich bedeutend genauer als die Methode des Messens des Abstandes zwischen der Grenze der Chlorophyllbildung und dem Bestockungsknoten. Die Grenze der Chlorophyllbildung ist durch Vorhandensein einer Übergangszone nicht eindeutig gekennzeichnet und erstreckt sich außerdem des öfteren ein Stück in den Boden. Da die Tiefenlage des Bestockungsknotens von der Tiefenlage des Saatkornes abhängig ist, empfiehlt sich eine Kontrolle durch Messen des Abstandes zwischen Schnittfläche und Korn. Messungen an Drillsaaten ergaben durch ungleichmäßige Saatablage infolge vertikalen Vibrierens der Säschare bedeutend größere Schwankungen in den Werten als bei mittels Legebrett gelegten Saaten, die durch gleichmäßige Saattiefe gekennzeichnet sind. Um die gleiche Zuverlässigkeit bei Drillsaaten wie bei Saaten mittels Brett zu erreichen, muß die 3fache Pflanzenzahl zur Messung herangezogen werden. L. Rösler. 773.

2-64/01-0451 Tjutjunnyk, B. A. und Taran, A. V. Obrobitok gruntu pid ozymu pšenycju pislja kukurudzy. **(Die Bearbeitung des Bodens zu Winterweizen nach Mais.)** Nauk. praci. Zaporiśka derž. sil'škogospod. dosl. st. **1962** Nr. 1. S. 13–15. – Orig.: ukrain., Ausz.: russ. Aus: Referativnyj žurnal Moskva. Rastenievodstvo **1963** Nr. 1.55.83. S. 15.
In den Jahren 1958–60 wurden die Methoden der Bodenbearbeitung zu Wi-Weizen nach Mais untersucht. Der höchste Wi-Weizenertrag (30 dt/ha) im 2jähr. Durchschnitt wurde auf Schlägen mit flacher Herbstfurche (10–12 cm), durch tiefes Schälen und doppeltes, 6–8 cm tiefes Tellern erzielt, der geringste Ertrag (26 dt/ha) nach der üblichen Herbstfurche.
übersetzt v. G. Boetticher. 773.

2-64/01-0452 Jakovlev, A. V.; Moskau, Bot. Hauptgarten der Akad. der Wiss. der UdSSR. Novyj sort jarovoj pšenicy pšenično-pyrejnyj gibrid 172. **(Die neue Sommerweizensorte 'Weizen-Quecken-Hybride 172'.)** Bjulleteń Glavnogo botaničeskogo sada, Moskva **1962** Nr. 47. S. 3–6. – 1 Abb., 5 Tab.

Die Sorte 'Weizen-Quecken-Hybride 172' (PPG-172) entstand aus einer Kreuzung der So-Weizensorte 'Skorospelka' mit der Wi-Weizensorte 'Weizen-Quecken-Hybride 599' (PPG-599). 'Skorospelka' ist das Produkt einer Kreuzung der So-Weizensorte 'Lutescens 62' mit *Agropyron glaucum*, deren F_1 mit Pollen der Wi-Weizensorte 'Kooperatorka' bestäubt wurde. 'PPG-172' gehört zur Abart Erythrospermum, ist trockenresistent und standfest, besitzt eine mittlere Reifezeit. Die neue Sorte ist resistent gegenüber Flugbrand sowie Gelbrost und wird nur schwach vom Braunrost befallen. Anbauversuche in Kirgisien, im Altai und im Kustanaier Gebiet ergaben, daß 'PPG-172' im Kornertrag in Abhängigkeit vom Prüfjahr 4,5–5,9 dt/ha, in Kasachstan sogar 2,5–10,8 dt/ha über den Standardsorten lag. I. Schilowa. 773.

2-64/01-0453 Piacsek, A. Nagyüzemi őszi buza kisérletek. **(Großflächenversuche mit Winterweizen.)** Nemesített Növényfajtákkal Végzett Országos Fajtakísérletek Eredményei [Ergebn. Landes-Sortenprüf. mit Zuchtsorten] **1961** (hrsg. 1962) S. 121–135. – Aus: Ung. Agrar-Rdsch. **1963** Nr. 3.

Die Versuche sollten über die Eigenschaften ausländ. Sorten unter den klimatischen und Großbetriebsbedingungen Ungarns Auskunft geben. Die Versuche wurden in 2 Serien angelegt. In Staatsgütern und in LPG kamen 2 ung. Sorten als Standardsorten, 3 ung. Neuzüchtungen, 2 sowjet. und 2 ital. Sorten zum Anbau. In intensiver wirtschaftenden Versuchs- und Lehrbetrieben erstreckte sich die Prüfung auf 2 ung. Sorten als Standardsorten, 2 sowjet., 3 ital., 2 franz. und 2 ČSSR-Sorten. Die Auswertung der Versuche erfolgte mit der Varianzanalyse. Die Erträge der ausländ. Sorten waren denen der ung. signifikant überlegen, nur 'Fertödi-293' bildete in dieser Beziehung eine Ausnahme. 'Étoile de Choisy' erwies sich als die ertragreichste Sorte, während 'Besostaja-4', 'Skorospelka-3b', 'Produttore', 'Autonomia', 'San Pastore' und 'Fertödi-293' keine wesentlichen Unterschiede aufwiesen. Die Ertragfähigkeit der Sorten 'Magdalena', 'Kasticka', 'B-1201' und 'Kompolti-169', 'Karcagi-522', 'U-8' war etwa gleich, aber signifikant niedriger als bei den Sorten der ersten Gruppe. Aus dem Vergleich der Erträge der in beiden Versuchen erprobten Sorten geht hervor, daß die Sorten auf verbesserte Anbaubedingungen mit einem Mehrertrag reagieren. Der Ertrag der ausländ. Sorten und der ung. Wi-Weizensorte 'Fertödi-293' war fast gleich. Der häufig angegebene Ertragsunterschied von 8–10 dt/ha konnte in den Versuchen nicht nachgewiesen werden. 773.

2-64/01-0454 Krafti, G. und Davidov, D.; Sofia, Höheres Landwirtsch. Dimitrow-Inst. Elementi na technikata na polivaneto po lechi zasjati s pšenica. **(Beetweise Bewässerung von Weizenbeständen.)** Naučni trudove. Visš selskostopanski institut „Georgi Dimitrow". Agronomičeski fakultet, Sofija **11** (1962) S. 255–283. – 14 Abb., 8 Tab., 5 Lit. Zus. in Russ., Dtsch.

Es wurden Bewässerungsversuche im Zentralen Forsch.-Inst. für Hydrotechnik und Meliorationen nahe Tschelopetschene bei Sofia durchgeführt. Bei der mathematischen Auswertung der Ergebnisse wurde eine Formel zur Bestimmung der Wassergaben in Abhängigkeit von der Stärke des Wasserstrahles, der zu bewässernden Bodenschicht/Std., der Geländeneigung und der Beetfläche aufgestellt. Nach dieser Formel wurde eine Tabelle zusammengestellt, die eine rasche und leichte Bestimmung der Bewässerungsnorm ermöglicht. Empfehlungen für die Benutzung der Tab. sind gegeben.
M. Miltschew. 773.

2-64/01-0455 Ramig, Robert E. und Rhoades, H. F.; Nebraska Agric. Exp. Stat. Interrelationships of soil moisture level at planting time and nitrogen fertilization on winter wheat production. **(Wechselbeziehungen zwischen dem Gehalt an Bodenfeuchtigkeit zur Zeit der Aussaat und der Stickstoff-**

düngung auf die Ertragsbildung von Winterweizen.) Agronomy J. 55 (1963) Nr. 2. S. 123–127. – 6 Abb., 3 Tab., 16 Lit.

In 3jähr. Feldversuchen auf Schwarzerdeboden konnte eine signifikante Abhängigkeit der Wirksamkeit einer N-Düngung zu Wi-Weizen vom Vorrat des Bodens an verfügbarem Wasser zum Zeitpunkt der Aussaat (durch Bewässerung wurde der Boden bis 0, 60, 120 bzw. 180 cm Tiefe bis zur Feldkapazität befeuchtet) nachgewiesen werden. Die Ausnutzung des Dünger-N stieg mit der Wasserversorgung des Bodens vor der Bestellung von 30 auf 55%. Die Backfähigkeit des Weizens nahm mit steigenden Wasservorräten des Bodens zu. N-Düngung führte zu einer stärkeren Ausnutzung des fester gebundenen Bodenwassers ($>$15 Atm.), bes. in den Varianten mit hohem Wasservorrat im Herbst. Auf der Grundlage der Ergebnisse wird errechnet, daß unter natürlichen Bedingungen max. Erträge an Weizen erzielt werden, wenn pro 6,5–7,5 mm aufnehmbaren Bodenwassers, die zum Zeitpunkt der Aussaat bis 180 cm Tiefe vorhanden sind, etwa 22 kg/ha Dünger-N verabreicht werden.
V. Koepke. 773.

2-64/01-0456 Gruev, Canko, Grueva, Rajna und Panov, Mitko. Torene na pšenicata pri polivni uslovija vŭrchu izlužen černozem. **(Das Düngen des Weizens bei Bewässerung auf ausgelaugtem Schwarzerdeboden.)** Selskostopanska nauka, Sofija 1(7) (1962) Nr. 11. S. 1189–1198. – 5 Tab., 8 Lit. Zus. in Russ., Engl.

In den Jahren 1957–59 wurden Düngeversuche zu Weizen (Sorte 'Nr. 301') mit 4 dt/ha granuliertem Superphosphat bei einer Grunddüngung von N und K in folgenden Varianten durchgeführt: ohne Düngung, Düngung vor der Aussaat, Düngung bei der Aussaat, P-Kopfdüngung, $\frac{1}{2}$ P vor der Aussaat und $\frac{1}{2}$ P bei der Aussaat, $\frac{1}{3}$ P vor der Aussaat, $\frac{1}{3}$ P bei der Aussaat und $\frac{1}{3}$ P als Kopfdüngung. Es wurde festgestellt, daß sich die Pflanzen bei der kombinierten Düngung mit 36 kg/ha P_2O_5 vor der Aussaat und 36 kg/ha P_2O_5 bei der Aussaat durch eine bessere allg. und produktive Bestockung auszeichneten, die Ähre war länger, die TKM hatte sich erhöht, der Bruttoertrag war um 13 dt/ha oder um 46,6% im Vergleich zur Kontrolle gestiegen. Die Düngung mit 4 dt/ha granuliertem Superphosphat bei der Aussaat sowie die Kopfdüngung mit derselben Menge hemmten das Wachstum der Pflanzen, und der Ertrag sank um 8–8,60 dt/ha oder 28–30%. 200 kg/ha granuliertes Superphosphat, bei der Aussaat gegeben, zeigte die höchste Wirkung. Beim Ausbringen von granuliertem Superphosphat vor dem Pflügen war der Ertrag durchschnittl. um 4,40 dt/ha niedriger als bei kombinierter Düngung.
NRB/ZSNTI. 773.

2-64/01-0457 Schrimpf, Karl. **Über den Einfluß von Düngung, Standweite, Standort und Jahreswitterung auf den Ertrag und den Rohproteingehalt zweier Sommergerstensorten.** Arb. landwirtsch. Hochschule Hohenheim 14 (1963) S. 1–122.

In den Jahren 1954–57 wurden in Hohenheim und auf der Alb faktorielle Versuche mit den So-Gerstensorten 'Breustedts Frisia' und 'Heines Pirol' durchgeführt, um die Ertragsleistung, den Rohproteingehalt und die Zusammenhänge zwischen Ertrag und Qualitätsmerkmale sowie den Einfluß von Standort, Witterung, Düngung und Standweite auf Ertrag und Rohproteingehalt zu untersuchen. Als Versuchsanlage wurde die Spaltanlage verwendet, die Verrechnung erfolgte nach den Grundlagen der Varianzanalyse. Als Ergebnis kann festgestellt werden, daß durch entspr. pflanzenbauliche Maßnahmen eine Sorte auch mit ungünstigem Ertragsaufbau zu guten Leistungen gebracht werden kann. 'Breustedts Frisia' brachte bei optimalen Produktionsverhältnissen hohe Leistungen. 'Heines Pirol' zeigte eine höhere ökol. Streubreite, und die Leistung wurde nicht so stark durch Anbaumaßnahmen beeinflußt. Die Düngung hat den Ertrag stark variiert. Die Wirksamkeit war bei engeren Standweiten höher als bei weiteren. Die Standweite beeinflußte nur in Verbindung mit der Düngung den Ertrag. 'Breustedts Frisia' zeigte die günstigste Düngerwirkung bei engen Standweiten, 'Heines Pirol' bei engen und weiteren Standweiten. Der Standort Hohenheim hatte eine höhere Produktivität als die Alb. 'Breustedts Frisia' konnte auf der Alb ihre Hohenheimer Leistungen nicht erreichen, dagegen sind die Erträge von 'Heines Pirol' ähnlich oder höher. Der Rohproteingehalt ist auf der Alb höher. Die Jahreswitterung hatte hohen Einfluß auf die Erträge. In Jahren mit guten Erträgen war der Rohproteingehalt niedrig, in Jahren mit geringeren war er höher. Die Jahreswitterung hatte einen stärkeren Einfluß auf den Rohproteingehalt als die Düngung. Als Schlußfolgerung für die Züchtung sind Neuzüchtungen am aussichtsreichsten, wenn der Ertrag gleichmäßig von mehreren Faktoren bestimmt wird. Faktorielle Versuche sind erforderlich, um das Ertragspotential einer Sorte festzustellen. P. Hahn. 777.

2-64/01-0458 Evans, K. H. und McGill, D. P.; Lincoln, Nebraska Agric. Exp. Stat. Response of some barley varieties to hardening and freezing during sprouting. **(Reaktion einiger Gerstensorten auf Abhärtung und Gefrieren während des Keimlingsstadiums.)** Agronomy J. **55** (1963) Nr. 2. S. 147–149. – 3 Tab., 6 Lit.
Die rel. Winterhärte von 16 Wi-Gersten, 1 So-Gerste und 1 Wi-Weizen ist nach dem Verhalten an fast 50 Stationen in den Jahren 1959 und 1960 bekannt. Dieselben 18 Sorten wurden als Keimlinge im Koleoptilenstadium in Kühlzellen auf Frostresistenz geprüft. Die Technik war ähnlich wie die von Andrews sowie Dantuma und Andrews benutzte (vgl. LZ. Abt. II **4** [1959] Nr. 6. S. 1226.; **6** [1961] Nr. 5. S. 1167.). Die Abhärtungsdauer (5, 6½ oder 8 Wochen bei 1,5 °C) ergab nur bei einigen bes. resistenten Sorten signifikante Unterschiede der Frostschäden. Nach Gefrieren bei -8, $-9{,}5$ oder -11 °C während 12 Std. zeigten sich hochsignifikante Unterschiede der Schädigung bei allen Sorten. Die Sortenreihenfolge, die sich aus diesen Gefrierversuchen ergab, stimmt weitgehend, aber nicht vollständig mit der der Freilandprüfungen überein. Solche Gefrierversuche mit Keimpflanzen geben also eine für die praktische Züchtung brauchbare Auskunft über die Frostresistenz bzw. Winterhärte von Gerstenzuchtstämmen. Mögliche Gründe für die Unterschiede der Reihenfolge nach Gefrierversuche und Freilandprüfungen werden kurz besprochen. G. Kretschmer. 777.

2-64/01-0459 Elliott, C. S. und Gregg, A. S. Winter oat variety trials, 1955–58. **(Winterhafersortenversuche 1955–58.)** J. nat. Inst. agric. Bot. **9** (1963) Nr. 2. S. 119–125. – 6 Tab., 4 Lit. 779.

2-64/01-0460 Bell, R. A. M. Spring oat variety trials, 1954–60. **(Sommerhafersortenversuche 1954–60.)** J. nat. Inst. agric. Bot. **9** (1963) Nr. 2. S. 126 bis 138. – 9 Tab., 3 Lit. 779.

2-64/01-0461 Müller, H. W.; Bernburg/S., Inst. für Pflanzenzücht. der Dtsch. Akad. der Landwirtsch.-Wiss. zu Berlin. **Die Verwendung von Importsorten verschiedener Herkunft und deren Anbauwert.** Dtsch. Akad. Landwirtsch.-Wiss. Berlin, Tagungsber. **1961** (hrsg. 1962) Nr. 47. S. 107–112. – 7 Abb. Zus. in Russ. – nach Zus. Vgl. 2-64/01-0465.
In Ergänzung zu Mayerls Ausführungen wird der Wert einer exakten Reifegruppenbestimmung auch für züchterische Auslesen nachgewiesen. – Der Zusammenstellung der in Bernburg seit 1950 geprüften Maiszüchtungen ist zu entnehmen, daß der Anteil der Hybriden ständig zugenommen hat und gegenwärtig 76% aller Sorten ausmacht. Trotz scharfer Vorauslese nahm der Anteil der in der DDR benötigten Sorten der frühen und mittelspäten Reifegruppe nicht wesentlich zu. – Die Jugendentwicklung als wichtiger Maßstab der Anbauwürdigkeit wird durch die Reifegruppe unwesentlich, vom

Herkunftsland nicht beeinflußt. Zur leistungsgerechten Beurteilung wird die Bewertung nach dem Tr.-Subst.-Ertrag unter Berücksichtigung des Kolbenanteils empfohlen. 782.

2-64/01-0462 Korolev, A. S. Sravnitel'naja urožajnost' različnych sortov i gibridov kukuruzy v proizvodstvennych uslovijach. **(Die relative Ertragsfähigkeit verschiedener Maissorten und -hybriden unter Produktionsbedingungen.)** Tr. Ul'janovskogo s.-ch. in-ta **9** (1962) Nr. 1. S. 56–63. – Aus: Referativnyj žurnal Moskva. Rastenievodstvo **1963** Nr. 1.55.109. S. 19.
Unter den Bedingungen des Gebietes Uljanowsk fand eine Maissortenprüfung statt. Nach dem Kolbenertrag zeichneten sich folgende Sorten und Hybriden aus: 'Nowo-Urenski 3', 'Besentschukskaja 41', 'Spassowskaja' und 'Woroneshskaja 76'. Nach Grünmasseertrag (Milchwachsreife) standen folgende mittelfrühe Sorten und Hybriden an erster Stelle: 'Bukowinski 1', 'Uspech' und die spätreifen 'WIR 42' und 'Krasnodarskaja 1/49'. Nach Futtereinheiten je Hektar zeichneten sich 'Bukowinski 1', 'Uspech', 'WIR 42' und 'Woroneshskaja 76' aus. übersetzt v. G. Boetticher. 782.

2-64/01-0463 Beaty, E. R. und Giddens, Joel; Univ. of Georgia, Coll., Exp. Stat. Effect of various method of seedbed preparation and cultivation on yields of corn grown following rye. **(Die Wirkung verschiedener Methoden der Saatbettvorbereitung und Pflege auf den Ertrag von nach Roggen angebautem Mais.)** Agronomy J. **54** (1962) Nr. 5. S. 431–432. – 1 Abb., 2 Tab., 13 Lit.
In Georgia werden viele Kulturen nach Roggen als Wi-Zwischenfrucht angebaut. Aus ökon. Gründen ist man bestrebt, die zur Zweitfrucht erforderlichen ackerbaulichen Maßnahmen möglichst einzuschränken. Von 1958–61 wurden folgende Varianten geprüft: a) gepflügt und gescheibt, 2–3 Wochen vor Aussaat; b) gescheibt, zum gleichen Termin; c) Roggen gemäht und entfernt zur Zeit der Aussaat; d) gemäht und gemulcht, einige Tage nach der Aussaat; e) keinerlei Arbeitsgänge außer der Aussaat. Bei jeder Variante wurde eine mech. (1–2mal) oder keine Unkrautbekämpfung durchgeführt. Die Varianten a, b und d brachten die besten Erträge, c und e reduzierten sie signifikant. Ohne Unkrautbekämpfung fielen die Erträge gleichfalls ab. In Georgia kann Mais demnach nach Roggen bei sehr geringem ackerbaulichen Aufwand angebaut werden, sofern eine Unkrautbekämpfung durchgeführt wird.
Ch. Janke. 782.

2-64/01-0464 Doren jun., D. M. van und Ryder, Gordon J.; Wooster, O., Agric. Exp. Stat.; Columbus, State Univ. Factors affecting use of minimum tillage for corn. **(Die die Anwendung eines Minimums an ackerbaulichen Maßnahmen zu Mais beeinflussenden Faktoren.)** Agronomy J. **54** (1962) Nr. 5. S. 447–450. – 2 Tab., 11 Lit.
Es wurde der Einfluß der Geländeneigung, der Niederschlagsmenge und der Unkrautbekämpfung auf den Ertrag von Mais bei der bisher üblichen Saatbettvorbereitung (a) und einem aus ökon. Gründen verringerten Aufwand an Ackerarbeiten (b) bei gleicher Pflanzenanzahl geprüft. Die durchschnittl. Ertragsdifferenz von 211 Vergleichspaaren betrug 4,8 bu./acre zugunsten von b, offenbar infolge geringerer Wasserverluste. Zu dem höheren Ertrag kommt die Ersparnis an Arbeits- und Kostenaufwand. Unkrautbekämpfungsmethoden, Bodentextur, Drainage und Vorfrucht beeinflußten die Ertragsdifferenz nicht. In Jahren mit wenig Niederschlägen war die Ertragsdifferenz auf hängigem Gelände von 3% Neigung und mehr 14,6 bu./acre größer als in Jahren mit ausreichenden Niederschlägen. Ch. Janke. 782.

2-64/01-0465 Mayerl, F.; Gleisdorf, Österreich, Landeskammer für Land- und Forstwirtsch. Steiermark, Saatzucht- und Versuchsanst. **Die Reifebestimmung bei Mais.** Dtsch. Akad. Landwirtsch.-Wiss. Berlin, Tagungsber. **1961** (hrsg. 1962) Nr. 47. S. 99–106. – Zus. in Russ., Engl. – nach Zus.

Der Begriff Vegetationsdauer müßte präziser definiert werden. Es wird vorgeschlagen, den Saattag als Beginn der Vegetationsdauer festzulegen, weil dadurch ein wichtiges Charakteristikum des Maises – die Cold-Tolerance – Berücksichtigung finden würde, und den Zeitpunkt des Erreichens der physiol. Reife – bei 40% Wasser im Korn – als Ende der Vegetationsdauer. Voraussetzung für eine international anwendbare Methode zur Reifebestimmung ist die Akzeptierung eines Schemas, durch das die 3 Kriterien Blüte, physiol. Reife und Erntereife, die für die Einteilung in Reifegruppen maßgebend sind, zum Ausdruck kommen. Vorgeschlagen wird die Kombination von 3 Ziffern, wobei die 1. Ziffer die Einteilung auf Grund des Blühdatums – wenn 80% der Rispen Pollen schütten – im Vergleich zum Standardhybrid bedeutet. Die Ziffer 1 bedeutet sehr frühe, die Ziffer 9 sehr späte Blüte. Die 2. Ziffer bringt den Zeitpunkt des Erreichens der physiol. Reife im Vergleich mit der Standardsorte zum Ausdruck. Aus der 3. Ziffer ist der Zeitpunkt des Erreichens der Erntereife und die Kornfarbe zu ersehen. Die Zahlenkombination bietet in ihrer Gesamtheit einen guten Überblick über die Reifeklasse, die einzelnen Ziffern über die einzelnen Kriterien. Ein Standardsortiment, das als Vergleichsbasis für die Einstufung neuer Hybriden zu dienen hat, müßte mit größter Sorgfalt zusammengestellt werden. Zur Feststellung des Wassergehaltes für die Ermittlung der physiol. Reife und der Erntereife werden 2 Methoden beschrieben, eine für eine beschränkte Anzahl von Hybriden und die 2. für Massenuntersuchungen. 782.

2-64/01-0466 Kopetz, L. M. **Die Maisbandkultur.** Förderungsdienst [Wien] **11** (1963) Nr. 3. S. 73–76.
Die Versuchswirtschaft Groß-Enzersdorf in Niederösterreich der Hochschule für Bodenkultur in Wien führte 1961/62 Versuche mit der Maisbandkultur durch. Hierbei wurden abs. Ertragssteigerungen, biol. Auflockerung der Fruchtfolge und Vorteile des Windschutzes für die Zwischenkulturen erzielt. Die größte Randpflanzenwirkung zeigte sich bei 4 Maisreihen, die bei Körnermais einen Reihenabstand von 80 und bei Silomais einen solchen von 60 cm hatten. Die Zwischenräume betrugen bei beiden 3,2–3,6 m. Die Erträge lagen bei Bandsaat bis zu 37% höher als bei Vollbestand. Auch ergaben bei Körnermais die Bandsaaten höhere Körnerzahlen, Kolbenlängen und TKM. Die in Vergleich gesetzte 6-Reihenbandsaat brachte ebenfalls rel. höhere Erträge als die Vollsaat, blieb jedoch wegen geringerer Randpflanzenwirkung hinter der 4-Reihen-Bandsaat zurück. An die Zwischenkulturen müssen bestimmte Anforderungen gestellt werden. Sie sollen ihre Wuchshöhe 40–50 cm nicht überschreiten und ihre Anbau- und Erntezeitpunkte sich dem Mais weitgehend anpassen. Als Zwischennutzungen kämen daher Tomaten als Feldkultur, Paprika, Gurken, Bohnen, Soja, Kartoffeln und Alexandrinerklee in Frage. Vf. leugnet nicht, daß Umstellungen und sehr exakte Drillarbeit im 2. Jahr erforderlich sind. Aufgrund wirtsch. und biol. Vorteile hofft er jedoch, daß diese Kulturmethode Eingang in die Praxis finden wird. C. Freyer. 782.

2-64/01-0467 Timaru, Gh., Costache, I. und Petrovici, P. Rezultate experimentale privind cultura porumbului hibrid pe terenuri în pantă în regiunea Iaşi. **(Versuchsergebnisse über den Anbau von Hybridmais auf Hängen.)** Probleme agric. [Bucureşti] **14** (1962) Nr. 2. S. 25–33. – 8 Tab., 3 Lit. Zus. in Russ., Franz.
Die Versuche begannen 1956 und hatten die Verhinderung gefährlicher Bodenabschwemmungen aus Maiskulturen sowie die Erhöhung des Ertragspotentials von Erosionsböden zum Ziel. Die Versuche wurden auf gewöhnlichem Tschernosem-Hang mit 15–22% Neigung durchgeführt. Vor der Aussaat wurde geschält, danach beim Grünen des Unkrautes 15–18 cm tief gepflügt und 10 cm der Untergrund gelockert. Die beste Aussaatmethode für den Mais auf Hängen ist die Aussaat von 70 × 70 cm quer zum Hang. Für

die Pflege ist diese Aussaat ebenfalls vorteilhaft. Gedüngt wird mit 20 t/ha Stalldung und außerdem mit 450 kg Superphosphat, 100 kg Ammoniumnitrat und 80 kg/ha Kali. C. I. Milică. 782.

2-64/01-0468 Munteanu, N. Cum am obținut o producție de 5044 kg porumb boabe la ha. **(Wie konnte ein Ertrag von über 5044 kg Körnermais je ha erzielt werden.)** Probleme agric. [București] **14** (1962) Nr. 4. S. 86–87. – 1 Tab.

Vf. beschreibt agrotechnische Maßnahmen, die zur Erzielung eines Ertrages von 50,44 dt/ha Körnermais auf einer Fläche von 640 ha führten. Im Sommer wurde nach der Ernte der Halmfrüchte über 30 cm tief gepflügt, im Herbst folgten die Scheibenegge und der Unkrautstriegel; im Frühjahr wurde mit der Zinkenegge quer zur Furchenrichtung geeggt, danach 2mal der Grubber und einmal die Egge eingesetzt. Die Aussaat erfolgte im Verband 80 × 40 cm in 10 cm Tiefe. Die Schädlingsbekämpfung (gegen *Tanymacus*) erfolgte mit 20 kg 30%igem HCM-Staub in zwei Phasen. Die Pflegearbeiten wurden zuerst mit der Scheibenegge durchgeführt und anschließend mit der Hackmaschine. Einmal wurde von Hand gehackt. C. I. Milică. 782.

2-64/01-0469 Pardo, Raul Hector di. Produccion de semilla de maiz hibrido en la republica Argentina, en los años 1950 a 1960. **(Erzeugung von Hybridmais-Saatgut in Argentinien in den Jahren 1950–60.)** Rev. argentina Agronom. **29** (1962) Nr. 1/2. S. 42–50. – 2 Abb., 4 Tab., 11 Lit. 782.

2-64/01-0470 Żbikowski, J. Łakoma na nawozy. **(Das Düngen des Maises.)** Agrochemia [Warszawa] **1963** Nr. 4. S. 6–7. – 2 Abb., 2 Tab. 782.

2-64/01-0471 Anochin, A. S. Rol' podkormki pri gibridizacii kukuruzy. **(Die Rolle der Kopfdüngung bei der Maishybridisation.)** S. ch. Belorussii **1962** Nr. 1. S. 15. – Orig.: beloruss., Ausz.: russ. Aus: Referativnyj žurnal. Biologija **1962** Nr. 20. G 260. S. 39.

In der Brester Landwirtsch. Versuchsstat. wurde 1959/60 der Einfluß der Mineraldüngung auf das Wachstumstempo der Kolben und den Ertrag der Elternsorten der Maishybride 'Minskaja 1'–'Gloria Janezkogo' (mütterliche Form) und 'WIR-1094' untersucht. Verschiedene Verbindungen von Mineraldüngern beeinflußten den Kornertrag und das Reifen der Kolben unterschiedlich. Den größten Ertragszuwachs an Körnermais (5,6 dt/ha) erhielt man bei Ausbringung (Kopfdüngung) von 10 kg/ha N, 15 kg/ha P_2O_5 und 10 kg/ha K_2O. Die N-Kopfdüngung verlängerte die Vegetationsperiode beim Mais etwas und erhöhte den prozentualen Anteil nichtwachsreifer Kolben um 16,8%. Bei Kopfdüngung mit P und K verminderte sich bedeutend die Menge an unreifen Kolben. übersetzt v. E. Fröhmcke. 782.

2-64/01-0472 Narimanbejli, N. I. und Alekperov, A. Vlijanie neftjanogo rostovogo veščestva na urožaj kukuruzy. **(Einfluß von zyklischen Kohlenwasserstoff-Wuchsstoffen auf den Maisertrag.)** Soc. s.-ch. Azerbajdžana **1962** Nr. 4. S. 24–25. – Aus: Referativnyj žurnal. Biologija, Moskva **1962** Nr. 22. G 267. S. 38.

In Versuchen des Aserbaidschaner Forsch.-Inst. für Tierzucht erzielte man 1961 bei 12std. Anfeuchtung des Saatguts vor derAussaat und nachfolgender Besprengung mit 0,005%igen (**I**) und 0,01%igen (**II**) Lösungen von Wuchsstoffen zu Beginn der Blüte (1000 l/ha) einen Ertragszuwachs an Grünmasse von 85 bzw. 117,5 dt/ha. Die Pflanzenhöhe, die Länge der Kolben und Blätter erhöhten sich entspr. um 12 bzw. 16, 4 bzw. 6,5 und 6 bzw. 3 cm. Im Gehalt an Nicht-Eiweiß-Stoffen, Salzen, Ca und P übertraf **II** und bes. **I** die Kontrolle, im Zellulosegehalt lagen sie tiefer. Der Ertragszuwachs an Protein betrug bei **I** 4,9 und bei **II** 7,2 dt/ha. übersetzt v. E. Fröhmcke. 782.

2-64/01-0473 Petrunin, V. M.; Forsch.-Inst. für Wasserwirtsch. Razvitie kornevoj sistemy i urožaj kukuruzy v uslovijach orošenija. **(Entwicklung des Wurzelsystems und Ertrag bei Mais in Berieselungsgebieten.)** Vestnik sel'skochozjajstvennoj nauki, Moskva 8 (1963) Nr. 4. S. 34–39. – 2 Abb., 4 Tab., 6 Lit. Zus. in Engl., Franz., Dtsch.
Versuchsvarianten: unberegnet, 3 × beregnet mit insges. 219 mm, 4 × mit 260 mm, 7 × mit 440 mm. Wurzeluntersuchungsmethodik nach Kaschinskow durch Ausgraben, Auswaschen usw. Die bewässerten Pflanzen ergaben durchweg eine vergrößerte Wurzel- und Grünmasseproduktion, wobei der rel. Zuwachs für die oberirdische Masse größer war. Unberegnet ergab zwischen Wurzel- und oberirdischer Pflanzenmasse ein Verhältnis von 1:3,9, bei 4- bis 7maliger Bewässerung von 1:6,8 bzw. 7,5. Bei 2 × Bewässerung wurde vorwiegend die Wurzelmasse der Bodenschicht von 0–20 cm, bei 4 bzw. 7 × die der von 20–100 cm erhöht. Z. B. 2 × beregnet in 0–20 cm Zuwachs um 123%, 20–100 cm um 16%, bei 4 × dagegen in 0–20 cm um 83% und 20–100 cm um 133%. Auch auf die Ausbildung der Kolben nahm die Bewässerung Einfluß, indem Kolbenlänge, Kolbengewicht, Kolbenreihenzahl, TKM und Ertrag mit unterschiedlicher Intensität positiv beeinflußt wurden. Der Kornertrag erhöhte sich 1960 bis 450%, 1961 um 147% (1 × bewässert) und 252% (4 ×). Zwischen Bewässerung und Wasserabgabe der Pflanzen bestand eine gute positive Beziehung. Die Wirksamkeit mehrfacher Bewässerung wird insbes. darauf zurückgeführt, daß bei entwickelterem Wurzelsystem die Ausnutzung des Wassers besser ist. W. Roder. 782.

2-64/01-0474 Bočev, B.; Sofia, Forsch.-Inst. für Hydrotechn. und Meliorat. Vŭrchu njakoi osobennosti na cŭfteneto i oploždaneto na carevicata pri polivni uslovija. **(Über einige Eigenheiten des Blühens und der Befruchtung des Maises unter Bewässerungsverhältnissen.)** Izvestija na Naučnoizsledovatelskija institut po chidrotechnika i melioracii, Sofija 3 (1962) S. 93–115. – 7 Abb., 7 Lit. Zus. in Russ., Engl.
In den Jahren 1958–60 wurden Versuche mit den Doppelhybriden 'Ohio-C-92', 'Kansas-1859', 'WIR-42', den Einfachhybriden 'Pobeda' und 'Progress', der Sortenhybride 'A-26' × 'Shŭlta dobrudshanska' und einer Sortenlinienhybride (erhalten aus freier Bestäubung von 'Shŭlta dobrudshanska' mit Pollen aus 20 Maissorten) und den Sorten 'Tschirpan-96', 'Shŭlta dobrudshanska' und 'Slaten konski sŭb' angelegt. Als Kontrolle dienten die zur freien Bestäubung bis zum Blühabschluß ohne Isolation belassenen Kolben. Am stärksten änderte sich unter Bewässerungsverhältnissen der Blüh- und Befruchtungsvorgang. Die höchsten Erträge brachten 'Ohio-C-92', 'Kansas-1859' und 'Pobeda'. Die Bewässerung hat vor allem zur Vermehrung der Rispen, ihrer Verzweigungen und zur Verlängerung der Blütezeit beigetragen. Am gleichmäßigsten verliefen die Befruchtungsvorgänge bei 'Ohio-C-92', 'Kansas-1859' und 'Progress'. Die höchste Körnerzahl bei Bewässerung wiesen 'Ohio-C-92', 'WIR-42' und 'Pobeda', unter Trockenbedingungen dagegen 'Tschirpan-96', die Sortenlinienhybride und 'A-26' × 'Shŭlta dobrudshanska' auf. Bei bewässertem Mais wurde eine längere Blüh- und Befruchtungsperiode beobachtet als unter Trockenverhältnissen. K. Tschanew. 782.

2-64/01-0475 Vasileva, M., Pejčev, S. und Štŭrkova, P.; Sofia, Forsch.-Inst. für Pflanzenbau der Akad. der Landwirtsch.-Wiss. Sravnitelno sortovo izpitvane i opredeljane momenta na kositbata na proletnija fij. **(Sortenprüfung und Mahdterminbestimmung bei der Sommerwicke.)** Izvestija na Naučnoizsledovatelskija institut po rastenievŭdstvo, Sofija 14 (1962) S. 137–152. – 8 Tab., 10 Lit. Zus. in Russ., Dtsch.
Mit den Sorten 'Plowdiw M 135/794', 'Plowdiw B-61', 'Tschirpan 96', 'Tschirpan 267', 'Tschirpan 256', 'Russe 65' und 'Sofija Nr. 20' (als Standard) wurden 1958–60 in 2 Entwicklungsstadien Versuche (bei Vollblüte und Hülsen-

bildung) durchgeführt. Die in beiden Entwicklungsstadien geschnittene Standardsorte lieferte den höchsten Ertrag an Grünmasse (entspr. 217,7 und 197,5 dt/ha), gefolgt von 'Plowdiw M 135/794' mit entspr. 211,3 und 194,5 dt/ha. Den höchsten Heuertrag brachte bei beiden Schnitten die Sorte 'Nr. 135/794' (im 1. 50,5, im 2. 67,1 dt/ha), sie übertraf die Standardsorte um 6,5 bzw. 5,8%. Die übrigen Sorten waren der Standardsorte unterlegen. Bezügl. Tr.-Subst.-Gehalt stand die Standardsorte beim 1. Schnitt an erster, beim 2. an 3. Stelle. Den höchsten Gehalt an Rohprotein (10,10 dt/ha) sowie an Reinprotein (8,38 dt/ha) brachte die Sorte 'Nr. 135/794' bei der Mahd im Stadium der Hülsenbildung. Diese Sorte lieferte auch den höchsten Kornertrag — 21,7 dt/ha, um 10,2 dt mehr als der Standard. K. Tschanew. 798.

2-64/01-0476 Puerta Romero, Jose, Ruiz-Fornells, Rafael, Alonso, Amelia und Eugenio, Martin de; Madrid, Centro Cerealicult., Secc. Leguminosas. Ensayos de siembras escalonadas en el cultivo de la soja. **(Versuche mit Stufensaat bei dem Anbau von Soja.)** An. Inst. nac. Invest. agronom. **10** (1961) Nr. 4. S. 525–569. — 19 Abb., 24 Tab.

1957 und 58 wurden Saatzeitversuche mit 15 USA-Soja-Sorten an 24 über das spanische Festland verteilten Versuchsstationen durchgeführt. Die Feststellung des günstigsten Termins ist wichtig, weil in der Praxis die Aussaat in manchen Gegenden Spaniens irgendwann im Verlauf mehrerer Monate erfolgt. Den höchsten Ertrag von allen Sorten brachte meist 'Clarc', mehrmals 'Lincoln' (beide rel. spätreif) und 'Harosoy' (mittelfrüh). Mehrmals waren 2 Sorten gleichwertig. Unter den Sorten, welche bei verspäteter Aussaat die höchsten Erträge brachten, wird 'Harosoy' am häufigsten genannt. Als günstigster Zeitpunkt für die Aussaat erwies sich meist die 2. Apr.- oder 1. Mai-Hälfte, mitunter eine noch spätere Periode bis Mitte Juni. Die frühesten, Anfang Apr. ausgebrachten Saaten brachten niemals einen Höchstertrag. Für jeden Versuch werden geogr. und agronom. Einzelheiten mitgeteilt, aber keine Ertragszahlen. Die Abb. zeigen eine Landkarte und 18 graph. Darstellungen der Beziehungen zwischen Saat- und Ernteterminen bei 4–6 Sorten einer Prüfung. G. Kretschmer. 805.

2-64/01-0477 Puerta Romero, Jose, Ruiz-Fornells, Rafael, Alonso, Amelia und Eugenio, Martin de; Madrid, Centro Cerealicult., Secc. Leguminosas. Ensayos comparativos de variedades de soja (años 1958–1959–1960). **(Vergleichsprüfungen mit Soja-Sorten in den Jahren 1958–60.)** An. Inst. nac. Invest. agronom. **10** (1961) Nr. 4. S. 573–642. — 1 Abb., 47 Tab.

In Fortsetzung früherer Prüfungen wurden etwa 50 Sortenvergleichsprüfungen mit 23 USA-Soja-Sorten an 17 über das spanische Festland verstreuten Versuchsstationen durchgeführt. Eine Station war in allen 3 Jahren beteiligt, 4 in 2 Jahren, 12 nur einmal. Von den Sorten wurde jeweils nur eine Auswahl geprüft. Über morphol. Charakter der Sorten, Bodenbearbeitung, Düngung, Saatzeit usw. wird eingehend berichtet. Die Erträge waren bei den verschiedenen Sorten innerhalb einer Prüfung sehr verschieden. Die schwächste Sorte brachte mehrmals nur ein Viertel oder noch weniger vom Ertrag der besten. Die Erträge einzelner Sorten schwankten von einem Anbauort zum andern gleichfalls sehr. Am besten schnitt 'Clarc' ab mit einem über 26 Stationen gemittelten Ertrag von 17,19 dt/ha. In Navarra brachte 'Clarc' nur 4,32, in Valladolid 24,67 dt/ha. G. Kretschmer. 805.

2-64/01-0478 Vŭlev, V.; Tschirpan, Bulgarien, Forsch.-Inst. für Baumwolle. Rezultati ot izpitvane na bŭlgarski i sŭvetski sortove slunčogled. **(Ergebnisse der Prüfung bulgarischer und sowjetischer Sonnenblumensorten.)** Izvestija na Naučnoizsledovatelskija institut po pamuka — Čirpan, Sofija **2** (1962) S. 21–27. — 6 Tab. Zus. in Russ., Engl.

Auf Tschernosem-Smolnitza-Boden wurde 1959–61 ein Versuch mit den sowj. Sonnenblumensorten 'WNIIMK 6540' (Standard), 'Donski 695', 'Smjana 15636', 'Peredowik 15659', 'Armawirski 3479', 'WNIIMK 1646', 'WNIIMK 8883', 'WNIIMK 8931', 'Shdanowski 8281', 'C 1957' und der bulg. Sorte '2-19 IZR' durchgeführt. Den höchsten Samenertrag brachte die Sorte 'Donski 695' (Durchschnitt 21,30 dt/ha); sie übertraf den Standard um 1,80 dt/ha oder um 9%. Es folgte die Sorte 'C 1957' (mit 4,6% Mehrertrag). Die bulg. Sorte '2-19 IZR' brachte den niedrigsten Ertrag (18,40 dt/ha oder um 6% weniger als der Standard). Den höchsten Ölertrag (9,32 dt/ha) brachte die Sorte 'Peredowik 15659' (71 kg/ha oder 8,1% Mehrertrag), gefolgt von den Sorten 'C 1957' und 'Smjana 15636', die den Standard um 7,7 bzw. 7,1% übertrafen, den geringsten die Sorte '2–19 IZR' (um 8,4% weniger als die Standardsorte). Den niedrigsten Schalenanteil (24,5%) hatte 'Smjana', den höchsten 'WNIIMK' (32,11%). Den höchsten Ölgehalt in den Samen besaßen die Sorten 'Peredowik 15659' (65,3%), 'Smjana 15636' (65,2%) und 'C 1957' (65,1%), den geringsten die Sorte 'WNIIMK 1646' (58,53%). Als anbauwürdig für die Bedingungen von Stara-Sagora und zur Einführung werden die Sorten 'Peredowik 15659', 'Smjana 15636', 'C 1957' und 'Donski 695' empfohlen.
K. Tschanew. 820.

2-64/01-0479 Miller, Julian C., Fontenot, James F. und Young, W. A.; Louisiana State Univ. LaRouge and LaChipper two new potato varieties released by Louisiana. **(‚LaRouge' und ‚LaChipper', zwei für Louisiana neue Kartoffelsorten.)** Amer. Potato J. 40 (1963) Nr. 4. S. 130–132.
Im Okt. 1962 wurde durch die Agricultural Experiment Station von Louisiana in Baton Rouge die Zulassung der Sorten 'LaRouge' und 'LaChipper' bekanntgegeben. 'LaRouge' ist eine Selbstung aus 'LaSoda' × 'Progress'. Bei beachtlicher Schorfresistenz und guten Erträgen ist sie 10–14 Tage früher reif als die Standardsorte 'Red LaSoda'. 'LaChipper' geht auf eine Kreuzung zwischen 'Green Mountain' und 'Cayuga' zurück und weist eine sehr gute Eignung zur Herstellung von Chips auf. Beide Sorten werden ausführlich beschrieben. A. Hopfe / Groß-Lüsewitz. 832.

2-64/01-0480 Lehmann-Beckow, Werner; Halle/S., Martin-Luther-Univ. Halle-Wittenberg, Landwirtsch. Fak. **Möglichkeiten zur Gewinnung hochwertigen Kartoffelpflanzgutes in Abbaulagen.** Diss. Halle **1962** 97 S. — 42 Abb., 36 Tab., 133 Lit.
Es wurden an 3 verschiedenen Orten in der Nähe von Halle 4 unterschiedliche Pflanzgutvermehrungsverfahren (Neues Deutsches Verfahren, Holländer Methode, Blütezeiternte und Sommerpflanzung) und 3 Behandlungsarten (unbehandelt, mit einem systemischen Insektizid gespritzt und selektiert) in den Jahren 1957–59 geprüft. Es ergaben sich dabei, daß die Behandlung mit einem systemischen Insektizid, Vorkeimen, Früherntc bzw. Krautziehen und frühzeitige mehrmals wiederholte Selektion sowie Augenstecklingskontrolle zur Gesunderhaltung unerläßlich sind. D. Rothacker/Groß-Lüsewitz 832.

2-64/01-0481 Müller, K.; Hannover-Kirchrode, Landwirtsch. Forsch.-Anst. Büntehof. **Beziehungen zwischen Vegetationsentwicklung und Stärkeeinlagerung der Kartoffelpflanzen.** Kartoffelbau **14** (1963) Nr. 6. Stärkekartoffel 8 Nr. 2. S. 1–3. — 3 Abb.
Der Wachstumsverlauf der Kartoffelpflanze wird von 4 Vegetationsabschnitten bestimmt: 1. Keimung und Wurzelbildung (bei keimgestimmten oder vorgekeimten Knollen auch schon bei weniger als 8 °C Bodentemperatur; dadurch eine für den Stärkekartoffelanbau wesentliche Verlängerung bzw. Vorverlegung der Vegetationszeit möglich); 2. Stoffaufbau vor der Blüte (Pflege- und Düngungsmaßnahmen müssen auf anfängliche Schnellwüchsigkeit und vollständige Ausbildung des Blatt- und Stengelsystems bis zur Blüte ausgerichtet sein; entspr. Sorten sind auszuwählen, zu späte oder einseitig hohe N-

Düngung bzw. Stallmist im Frühjahr sind für Stärkekartoffeln zu vermeiden); 3. Knollenansatz und Blütezeit (generative Phase beginnt und beeinflußt Stärkebildung, -ableitung und -speicherung); 4. Stärkeeinlagerung in die wachsende Knolle und Abreife (Eiweiß—Stärke—Verhältnis verschiebt sich nach der Blüte zugunsten der Stärke; Stärkeeinlagerung verlangsamt sich mit zunehmender Abreife). Unabhängig von den Witterungsverhältnissen haben wir also die Möglichkeit, durch Sortenwahl und Pflanzgutvorbereitung sowie entspr. Anbau-, Pflege- und Düngungsmaßnahmen die Knollen- und Stärkeerträge günstig zu beeinflussen. R. Kämmerer. 832.

2-64/01-0482 Ulrich, G. **Die Eignung der Kartoffelsorten der DDR für einen vollmechanisierten Anbau und Schlußfolgerungen für die Kartoffelzüchtung.** Dtsch. Akad. Landwirtsch.-Wiss. Berlin, Inst. Landtechn. Potsdam-Bornim **1962** Nr. 17. S. 3–15. — 4 Abb., 3 Tab. Zus. in Russ., Engl. — nach Zus.
Zur Bewertung des Zuchtziels: „Besondere Eignung für vollmech. Ernte" wurden Untersuchungen durchgeführt in vollmech. bearbeiteten Parzellen. Über den Einfluß von Knollengröße, Knollenform, Schalenfestigkeit, Krauthängigkeit, Reifezeit und Krautwüchsigkeit werden Versuchsergebnisse gebracht. Ein Bonitierungsschlüssel gestattet, geeignete Kartoffelsorten, unter denen die Sorte 'Ora' an der Spitze steht, für die mech. Ernte auszuwählen. 832.

2-64/01-0483 Keller, E. R. und Baltensperger, H.; Zürich-Oerlikon Eidg. Landwirtsch. Versuchsanst. **Wie kann die Bestandespflege in Saatkartoffelfeldern wirksamer gestaltet werden?** Mitt. schweiz. Landwirtsch. **11** (1963) Nr. 6. S. 90–92. — 1 Abb., 1 Tab.
Durch frühzeitige Bereinigung kann die Virusübertragung nicht vollständig unterbunden werden, da der Frühjahrsflug der Blattläuse vielerorts schon vor Erkennbarkeit der kranken Pflanzen einsetzt; die Läuse können also Virus von kranken auf gesunde Pflanzen übertragen. 20 Versuche aus den Jahren 1961 und 1962 haben jedoch gezeigt, daß eine „verschärfte Bereinigung" (Entfernen der kranken Staude mit den beiden Nachbarpflanzen der gleichen Reihe) den Virusbefall des erzeugten Saatgutes erheblich zu senken vermag. Bei der verschärften Bereinigung war der Virusbefall 1961 um 37%, 1962 um 22% geringer; der Blattrollbefall nahm stärker ab als der Mosaikbefall. Die Methode ist nur zu empfehlen, wenn der Virusbesatz im Vermehrungsfeld nicht mehr als 2% beträgt (sonst größere Ertragsausfälle).
R. Kämmerer. 832.

2-64/01-0484 Maas, E. F.; Saanichton, Brit. Columbia, Exp. Farm. The effect of seed spacing and nitrogen levels on the size of netted gem potatoes. **(Der Einfluß von Pflanzabstand und Stickstoffdüngung auf die Größe von Kartoffeln der Sorte ‚Netted Gem'.)** Amer. Potato J. **40** (1963) Nr. 4. S. 133 bis 136. — 1 Tab., 5 Lit.
In Britisch Columbia wurden an 2 Orten Untersuchungen über den Anteil kleiner, mittlerer und großer marktfähiger und nicht marktfähiger Knollen der Sorte 'Russet Burbank' ('Netted Gem') durchgeführt. Variiert wurden die Pflanzabstände (12, 16, 20, 24 in.) und die N-Menge (55 und 110 lb./ arce). Bei 20 in. Abstand war der Marktwareertrag in beiden Orten am höchsten. Durch die erhöhte N-Düngung war nur an einem Ort der Anteil nicht marktfähiger Knollen signifikant höher. D. Rothacker/Groß-Lüsweitz. 832.

2-64/01-0485 Rowberry, R. G. und Johnston, G. R. Effect of treatment of pervious sod crop on yield and specific gravitiy of Sebago potatoes. **(Der Einfluß der Nachwirkung einer Behandlung der Grasnarbe auf Ertrag und spezifisches Gewicht bei der Kartoffelsorte ‚Sebago'.)** Amer. Potato J. **40** (1963) Nr. 4. S. 137–139. — 1 Tab.
Im südlichen Ontario sind folgende Bearbeitungen und Neubestellungen von abgeernteten Gras-Leguminosen-Feldern üblich: 1. Die Stoppel über Winter

liegen lassen und erst im Frühjahr pflügen; 2. Die Stoppel im späten Sommer pflügen und a) über Winter liegen lassen, b) mit Hafer bestellen oder c) mit Roggen bestellen. In einem Versuch wurde festgestellt, daß die 4 verschiedenen Behandlungsvarianten der abgeernteten Grasvorfrucht vor der Kartoffelbestellung auf Ertrag und spez. Gewicht der Sorte 'Sebago' keinen gesicherten Einfluß hatten. Nach den bisherigen Erfahrungen scheint aber das Pflügen der Grasstoppel und die darauffolgende Hafereinsaat im späten Sommer die besten Voraussetzungen für die Kartoffelnachfrucht zu liefern.
D. Rothacker./Groß-Lüsewitz. 832.

2-64/01-0486 Šavrin, S. und Stam, V.; Perm, Landwirtsch. Inst. Mašinnaja posadka jarovizirovannych klubnej. **(Maschinelles Pflanzen mit vorgekeimten Knollen.)** Kartofel' i ovošči, Moskva 8 (1963) Nr. 2. S. 15. — 1 Tab.
Im Laufe von 2 Jahren wurde untersucht, wie sich die Beschädigung (Abriß) der Keime beim Legen mit der Kartoffelpflanzmaschine Typ SN-4B auf den Ertrag auswirkt. Die durchschnittl. Länge der Keime betrug 11 mm (1961) und 14 mm (1962), die Vorkeimdauer 30 Tage. Die Knollen wurden nach dem Schema 70 × 35 cm ausgepflanzt. Der Bestand wurde geeggt, 2mal gehackt und einmal gehäufelt. Die Verluste beim maschin. Legen waren bedeutend niedriger als bei nicht vorgekeimten Knollen. Die nicht vorgekeimten Knollen brachten einen Ertrag von 142,5 dt/ha, die vorgekeimten, maschinell ausgelegten, 159,5 dt/ha und die vorgekeimten, von Hand ausgelegten, einen Ertrag von 168,5 dt/ha. Es wird empfohlen, die vorgekeimten Knollen mit den vorhandenen Kartoffellegemaschinen auszulegen. E. Kahn. 832.

2-64/01-0487 Amberger, A. und Wolf, L.; Weihenstephan, Inst. für Agrikulturchem. der TH München. **Düngung von Stärkekartoffeln unter Berücksichtigung verschiedener Bodenverhältnisse.** Kartoffelbau **14** (1963) Nr. 6. Stärkekartoffel 8 Nr. 2. S. 3–4. — 3 Tab.
Da für die Stärkekartoffel ihr Gehalt an Stärke qualitäts- und wertbestimmend ist, müssen alle Anbaumaßnahmen auf hohe Knollenerträge mit hohem Stärkegehalt ausgerichtet sein. Neben der Sortenwahl stellt die Mineraldüngung ein wirksames Mittel zur Ertragsbeeinflussung dar. N ist wesentlich am Aufbau von Chlorophyll und Eiweiß in den Blättern (Voraussetzung für Stärkebildung), P am Aufbau, Abbau und Umbau der Kohlenhydrate und K an der Regulierung des Wasserhaushaltes beteiligt; das N:P:K-Verhältnis soll sich nach den Ansprüchen der Pflanze und den Nährstoffbedingungen im Boden richten. Einseitige oder überhöhte N-Gaben, die ein zeitgerechtes Abreifen verhindern, sind zu vermeiden, weil nur reife Kartoffeln den höchstmöglichen Stärkegehalt erreichen. Die Bodenstruktur, die die Kartoffelerträge maßgeblich beeinflußt, ist durch org. Düngung günstig zu gestalten (bes. wichtig bei sehr leichten Sand- oder kalten, schweren Lehmböden).
R. Kämmerer. 832.

2-64/01-0488 Atanasov, S.; Kopriwschtiza, Bulgarien, Versuchsfeld. Srokove i normi za torene kartofite s mineralni torove na fona na oborskija tor. **(Düngerzeiten- und Düngermengenversuche zu Kartoffeln mit Mineraldüngern nach Stalldunggrunddüngung.)** Izvestija na Naučnoizsledovatelskija institut po rastenievŭdstvo, Sofija **14** (1962) S. 97–121. — 6 Abb., 12 Tab., 25 Lit. Zus. in Russ., Dtsch.
Mit vorgekeimten, Anfang Mai ausgelegten und nicht vorgekeimten, in der 2. Apr.-Hälfte ausgepflanzten Kartoffeln (Sorte 'Aquila') wurden 1957–59 verschiedene Düngungsversuche durchgeführt. Bei der Fruchtfolge Roggen, Kartoffeln, Hafer und So-Erbsen wurden 60 kg/ha N, 60 P_2O_5 und 60 K_2O (**I**) und Doppelgaben derselben Dünger (**II**) angewandt. **I** beschleunigte nach Stalldunggrunddüngung (40 t/ha) den Auflauf um 4–5, den Beginn der Knollenbildung um 5–9 Tage und verlängerte die Vegetationsperiode um 8–11 Tage. Bei **II** lagen diese Werte entspr. bei 4–6, 4–10 und 12–23 Tagen. **I** und **II** be-

wirkten eine Verminderung viruskranker Pflanzen um 1–2 und 1–3%. Die schäden durch Mehltau von 1 und 2 Bonitierungsstufen erhöhten dagegen den durch den gewöhnlichen Schorf hervorgerufenen Schaden um 1 Bonitierungspunkt. **II** lieferte den höchsten Knollenertrag mit 253,87 dt/ha oder 115,4% mehr als die ungedüngte Kontrolle, während **I** 191,8 dt/ha oder 62,8% mehr brachten. Im Stärkegehalt und den Geschmackseigenschaften wurden bei **I** und **II** keine Unterschiede festgestellt, die Lagerfähigkeit war etwas verschlechtert. Nach **I** war der Ertrag der Nachfrucht sehr gesteigert, nach **II** fast verdreifacht.
K. Tschanew. 832.

2-64/01-0489 Magnickij, K. P.; Wiss. Inst. für Düngemittel und Insektofungizide. Opyty po udobreniju kartofelja na legkich dernovo-pozolistych počvach. **(Düngung der Kartoffeln auf leichten, verrasten Bleicherdeböden.)** Vestnik sel'skochozjajstvennoj nauki, Moskva 7 (1962) Nr. 12. S. 34–39. – 4 Tab. Zus. in Engl., Franz., Dtsch.
Vf. prüfte in langjähr. Versuchen die Wirksamkeit verschiedener P-, K- und Mg-Dünger auf leichten Rasen-Podsolböden in verschiedenen Fruchtfolgen zu Kartoffeln. Bei der Fruchtfolge „Lupinen (Gründüngung) – Roggen – Kartoffeln – Hirse“ war die Wirksamkeit der P-Dünger in der 1. Rotation gering. Erst in der 2. und 3. Rotation stiegen die Erträge bei Thomas- sowie Phosphoritmehl beträchtlich an. Die alkalische Wirkung sowie der Mg-Gehalt dieser Dünger verbesserte die Mg-Ernährung. Bei Ersatz von Chlorkali durch Kalimagnesia wurden die Wirkung aller P-Dünger erhöht und Unterschiede zwischen ihnen ausgeglichen. Bei der Fruchtfolge „Zuckerrüben – Kartoffeln – Gras 2jähr. Nutzung – Hirse“ erwies sich die Wirkung der K-Dünger in der 1. Rotation als schwach. Lediglich Kalimagnesia und Carnallit brachten eine merkliche Erhöhung des Ertrages. Nach Kalkung wurde die Wirksamkeit aller K-Formen erhöht. Von geringster Wirkung erwies sich Sylvinit sowie 40%iges Kali auf Sylvinit-Basis, während Chlorkali, Carnallit sowie 40%iges Kali auf Carnallit-Basis sich am wirksamsten erwiesen. Die hohe Wirksamkeit des Carnallits wird auf seinen Mg-Gehalt zurückgeführt. Die Einbeziehung von Gras 2jähr. Nutzung in die Fruchtfolge brachte nicht den erwarteten Erfolg. Knollenertrag und Wirksamkeit des K wurden gesenkt. Eine Stalldunggabe von 20 t/ha zu jeder Kultur innerhalb der Fruchtfolge „Lupine (Gründüngung) – Roggen – Kartoffeln – Rüben“ ließ die Wirksamkeit des Kalis absinken. Nennenswerte Mehrerträge gegenüber der NP-Düngung brachten nur Kaliumsulfat und Kalimagnesia. Die Reaktion auf Mg war desto höher, je sauerer der Boden war. Langjähr. Anwendung von Ammoniak-N führte zu einer Verringerung der Wirksamkeit von Mg und gleichzeitig zu einer Zunahme seiner Bedeutung. In allen Fällen erhöhte eine Mg-Düngung den Stärkegehalt. Mg-Sulfat und Dolomit erwiesen sich in ihrer Wirkung als gleichwertig.
L. Rösler. 832.

2-64/01-0490 Stricker, Horst W.; Braunschweig. **Gründüngung im Kartoffelbau.** Kartoffelbau **14** (1963) Nr. 7. S. 178–179. – 2 Tab. 832.

2-64/01-0491 Hülsmann, Günter; Stade, Zuchthof Bockhorst. **Voraussetzungen und Empfehlungen für die Krautabtötung.** Kartoffelbau **14** (1963) Nr. 7. S. 180–182. – 1 Tab. 832.

2-64/01-0492 Anonym. **Empfehlung für den Zuckerrübenanbau 1963.** Wiss.-techn. Fortschr. Landwirtsch. 4 (1963) Nr. 4. Beil. S. 8–16.
Ausgehend von den hohen Nährstoffleistungen der Zuckerrüben je Flächeneinheit wird für das Jahr 1963 der Anbau von 40000 ha Zuckerrüben zu Futterzwecken in der DDR empfohlen. Um Höchsterträge zu erzielen, ist das Ziehen der Herbstfurche erforderlich. Eine Untergrundlockerung soll meist von Nutzen sein. Es werden Hinweise für die Saatbettvorbereitung im Frühjahr gegeben. 200 bis 300 dt/ha Stalldung und Mineraldüngergaben werden emp-

fohlen. Die Bedeutung des richtigen Aussaattermins wird hervorgehoben. Moderne Aussaatverfahren werden erläutert. Zur Pflege sollen der Ausdünnstriegel und der Rübenverziehkarren in größerem Umfang zum Einsatz gelangen. Auf geeignete Ernteverfahren wird hingewiesen. Abfuhrpläne sind eine wesentliche Voraussetzung für den reibungslosen Ablauf der Rübenernte. Um Ernteverluste zu vermeiden, ist volle Auslastung der technischen Produktionsmittel wichtig, des weiteren kommt es auf richtiges Bedecken der Rübenmieten an. Das Rübenkraut wird als wertvolles Futtermittel dargestellt und seine saubere Bergung gefordert. Abschließend finden sich Zusammenstellungen von einigen Produktionsverfahren, Wettbewerbsrichtlinien und technische Anleitungen zum Umbau der Maislegemaschinen.
H. Reichenheim/Kleinwanzleben. 834.

2-64/01-0493 Schultz, Gernot; Freiburg/Br., Univ., Inst. für Forstl. Ertragskunde. **Die Bedeutung der Blattfläche für die Trockensubstanzproduktion der Zuckerrüben.** Zucker **16** (1963) Nr. 11. S. 288–292. – 5 Abb., 16 Lit. Zus. in Engl., Franz.
Die Tr.-Subst.-Produktion der Zuckerrüben erreicht infolge zunehmender gegenseitiger Beschattung der Blätter im Bereich des Blattflächen-Index (= Blattflächen/Bodenflächen-Verhältnis) von 3–4 ein Optimum, nimmt also nicht linear mit dem Index zu. Damit hat eine Erhöhung des Index im Optimalbereich auf die Steigerung der Produktivität nur geringe Wirkung. Wenn diese eintritt, so ist sie durch andere Eigenschaften, z.B. höheres physiol. Assimilationsvermögen, bedingt. Dagegen kann eine Erhöhung des Blattflächen-Index im Bereich niederer Werte zu einer merklichen Steigerung der Produktivität führen, so bei Dürre, Schädlingsbefall, Hagel u.ä., wobei noch weitere, im einzelnen nicht geschilderte Einflusse berücksichtigt werden müssen.
P. Curth/Kleinwanzleben. 834.

2-64/01-0494 Gerdes, G., Bachmann, L., Röstel, H.-J. und Schulze, E.; Kleinwanzleben, Inst. für Pflanzenzücht. der Dtsch. Akad. der Landwirtsch.-Wiss. zu Berlin. **Die Standraumzumessung bei Zuckerrüben.** Dtsch. Landwirtsch. **14** (1963) Nr. 3. S. 134–135. 834.

2-74/01-0495 Vostruchina, N. P. O širine meždurjadij. **(Über die Reihenentfernung.)** Sacharnaja svekla, Moskva **8** (1963) Nr. 4. S. 9–11. – 3 Tab. 834.

2-64/01-0496 Zalgauckaja, I. K. Širokie meždurjad'ja snižajut zatraty truda. **(Weite Reihenentfernung senkt den Arbeitsaufwand.)** Sacharnaja svekla, Moskva **8** (1963) Nr. 4. S. 11–12. – 3 Tab. 834.

2-64/01-0497 Hills, F. J., Lange jun., W. H., Reed, J. L., Hall, D. H. und Loomis, R. S. Response of sugar beet to date of planting and infection by yellows viruses in Northern California. **(Die Reaktion von Zuckerrüben auf Ausaattermin und Infektion mit Vergilbungsviren in Nordkalifornien.)** J. Amer. Soc. Sugar Beet Technologists **12** (1962) Nr. 3. S. 210–215. – 3 Tab., 7 Lit.
Vff. berichten über einen Feldversuch mit 3 Aussaatzeiten (2. März, 29. März und 2. Mai). Zu jeder Aussaat wurde ein Teil der Parzellen im 10–14 Blattstadium künstlich mittels der Blattstückchenmethode mit dem westlichen und dem Rübenvergilbungsvirus infiziert. In den nicht infizierten Parzellen betrug der Vergilbungsbefall trotz wöchentlicher Spritzungen mit Demeton von der Früh- zur Spätsaat 100, 79 bzw. 6% und war bei den beiden ersten Ausaaten gleich hoch wie in den infizierten Parzellen. In den infizierten Parzellen der letzten Aussaat waren 43% der Pflanzen erkrankt. Der Rübenertrag wurde hier gegenüber nicht infiziert um 18%, der Zuckergehalt um 0,2 °S vermindert. Die nicht infizierten Parzellen der letzten Aussaat brachten gegenüber denen der Aussaaten vom 2. und 29. März einen Rübenmehrertrag von 15,7 bzw. 10,6 to/acre. K. Wiesner/Kleinwanzleben. 834.

2-64/01-0498 Woolley, D. G. und Bennett, W. H.; Logan, Utah Agric. Exp. Stat., Agronomy Dep. Effect of soil moisture, nitrogen fertilization, variety, and harvest date on root yields and sucrose content of sugar beets. **(Die Wirkung der Bodenfeuchtigkeit, Stickstoffdüngung, Sorte und Erntezeit auf den Rübenertrag und Zuckergehalt der Zuckerrüben.)** J. Amer. Soc. Sugar Beet Technologists **12** (1962) Nr. 3. S. 233–237. – 2 Abb., 1 Tab., 11 Lit.
2 Zuckerrübensorten wurden bei 3 Bewässerungsstufen (80%; 50%; 25% verfügbares Bodenwasser) und 3 N-Aufwandmengen (ohne N, 80 bzw. 250 lb./acre) zu 2 Terminen im Abstand von einem Monat geerntet. Neben signifikanten Sortenunterschieden ergab spätere Ernte signifikante Zuwüchse beim Rübenertrag und Zuckergehalt. Steigende Bodenfeuchtigkeit führte zum gleichen Ergebnis. Steigende N-Gaben erhöhten Rüben- und Zuckerertrag, ermäßigten aber den Zuckergehalt. Die Wechselbeziehungen ergaben bei bestimmten Bodenfeuchtigkeiten optimale N-Aufwandmengen.
W. Schinkel/Kleinwanzleben. 834.

2-64/01-0499 Davis, J. F., Nichol, Grant und Thurlow, Don. The interaction of rates of phosphate application with fertilizer placement and fertilizer applied at planting time on the chemical composition of sugar beet tissue, yield, percent sucrose, and apparent purity of sugar beet roots. **(Wechselwirkung zwischen Phosphorsäuregaben und unterschiedlicher Ausbringungsart von Frühjahrsvolldüngung auf die chemische Zusammensetzung des Krautes, den Ertrag, den Zuckergehalt und die Saftreinheit von Zuckerrüben.)** J. Amer. Soc. Sugar Beet Technologists **12** (1962) Nr. 3. S. 259–267. – 4 Tab.
In einem faktoriellen Versuch wurde der Einfluß der P-Düngung bei unterschiedlicher Zuführungshöhe und Einbringungsart der übrigen Nährstoffe im Frühjahr auf die Nährstoffaufnahme und die Leistung von Zuckerrüben geprüft. Erhöhte P-Düngung im Herbst war auch bei hohen Gaben eines Mehrnährstoffdüngers im Frühjahr in der Einzelpflanzenmasse nachweisbar. Laboruntersuchungen des Rübenkrautes ergaben, daß der P-Gehalt im Laufe der Wachstumszeit Schwankungen unterworfen ist, während die K- und Ca-Werte im gleichen Zeitraum fallende Tendenz aufwiesen. Der Zuckergehalt blieb nach den verschiedenen P-Düngungsgaben gleich und auch der technolog. Wert änderte sich nicht. Jedoch brachten jene Prüfglieder bessere Resultate, bei denen die Frühjahrsdüngung 3 in. unter die Saatreihe statt neben die Reihe in gleicher Tiefe gegeben wurde. L. Bachmann/Kleinwanzleben. 834.

2-64/01-0500 Peyer, K.; Zürich-Oerlikon, Landwirtsch. Versuchsanst. **Überlegungen zur Düngung der Zuckerrübe.** Mitt. schweiz. Landwirtsch. **11** (1963) Nr. 4. S. 49–53. – 2 Tab., 4 Lit.
Vf. bespricht den Verlauf der Nährstoffaufnahme der Zuckerrüben und die Möglichkeiten der praktischen Düngung, sich diesem Rhythmus anzupassen. Handelsdünger müssen aus arbeitstechn. Gründen stoßweise dann gegeben werden, wenn kein unmittelbarer Bedarf der Pflanzen besteht. Um Keimschädigungen und Luxuskonsum der Pflanzen vorzubeugen, werden intensives Einarbeiten der Düngemittel und Stoppeldüngung im Herbst empfohlen. Herbstdüngung mit Stallmist bedeutet N-Verluste. Kleine Gaben gut verrotteten Stallmistes im Frühjahr gegeben sowie mit geeigneten Geräten verteilt und in den Boden eingearbeitet sind zweckmäßiger. Wirtschaftl. Überlegungen zur Düngung der Zuckerrüben schließen die Arbeit ab.
W. Schinkel/Kleinwanzleben. 834.

2-64/01-0501 Dolja, V. S. Mikroėlementy povyšajut urožaj i kačestvo semjan svekly. **(Mikroelemente steigern Ertrag und Qualität des Zuckerrübensaatgutes.)** Sacharnaja svekla, Moskva 8 (1963) Nr. 4. S. 14–15. – 2 Tab.
834.

2-64/01-0502 Čunosova, V. N.; Kujan, Kabardino-Balkar. Landwirtsch. Versuchsstat. Diagnostirovanie srokov polivov sacharnoj svekly po koncen-

tracii kletočnogo soka. **(Bewässerungsdiagnostik der Zuckerrübe mittels Zellsaftkonzentration.)** Fiziologija rastenij, Moskva **10** (1963) Nr. 2. S. 234–237. – 1 Abb., 4 Tab., 8 Lit.
Unter den Bedingungen der Steppenzone des Nordkaukasus wurde eine Methode zur Bestimmung des Bewässerungszeitpunktes der Zuckerrübe mittels Zellsaftkonz.-Messungen in den Blattstielen ausgearbeitet. Zur Erzielung hoher Ernten darf die Zellsaftkonz. bis Sept. im Blattstiel des untersten Blattes 5,4% und im Blattstiel des 7. Blattes vom Vegetationspunkt 7% nicht überschreiten. Im Sept./Okt. kann die Konz. bis 6,5% bzw. 8% ansteigen. Die Untersuchungen erfolgten mittels Feldrefraktometer in 10facher Wiederholung.
J. Birke. 834.

2-64/01-0503 Anonym, Stoppelknollen 1963. **(Stoppelrüben 1963.)** Landbouwvoorlichting **20** (1963) Nr. 6. Ber. Rassenkeuze Nr. 341. S. 1–7. 836.

2-64/01-0504 Listvin, K. S. und Petrova, L. N. O formach fosfornych i kalijnych udobrenij pod len-dolgunec. **(Über die Formen der Phosphor- und Kalidüngung bei Faserlein.)** Len i konoplja, Moskva **8 (25)** Nr. 4. S. 21–22. – 1 Tab.
5jähr. Feldversuche auf Rasenpodsol schlossen folgende Varianten ein: **I** Kontrolle (30 kg/ha N, 60 K_2O), **II** Superphosphat, **III** fluorfreies Phosphat, **IV** Thermophosphat. In den Varianten **II–IV** wurden zu der Düngung der Variante **I** noch 45 kg P_2O_5 in entspr. Form gegeben. Der Langfaserertrag (dt/ha) betrug bei **I** 6,4, **II** 6,8, **III** 7,4, **IV** 7,5; der Samenertrag (dt/ha) bei **I** 7,2, **II** 8,1, **III** und **IV** 8,2. 3jähr. Feldversuche auf Rasenpodsol ließen erkennen, daß durch Düngung mit Chlorkali, K-Sulfat, Poligalit, Elektrolit, Schenit und angereichertem Sylvinit 10–10,8 dt/ha Faser und 7,7–8,3 dt/ha Samen zu erzielen sind. W. Merfert. 846.

2-64/01-0505 Žukov, M. S. und Bedak, G. R. Bornye udobrenija i ich primenenie pod konoplju. **(Bordüngung und ihre Anwendung bei Hanf.)** Len i konoplja, Moskva **8 (25)** (1963) Nr. 4. S. 24–25. – 1 Tab.
Die größten Ertragssteigerungen durch B-Düngung in Großversuchen wurden bei Hanf auf entwässerten Torfen erzielt (8–27% Stroh, 11–36% Samen), während auf Lehmböden im mittleren Kulturzustand kein Effekt zu bemerken war. In Feldversuchen stellte man fest, daß auf Torfen 60 kg P_2O_5 und 150 kg K_2O je ha 10,8 dt/ha Fasern erzeugen. Eine zusätzliche Düngung von 1,2 kg/ha B brachte dagegen 16,6 dt/ha, von 2,4 kg 12,5 dt, von 4,8 kg 12,4 dt, von 6,5 kg Cu 15,8 dt und von 6,5 kg Cu + 2,4 kg B 20,2 dt/ha Fasern. Dabei war die Festigkeit der Faser bei reiner Cu-Düngung am höchsten und bei der B-Düngung am niedrigsten. Es wird empfohlen, die B-Düngung auf Torfen und Rasenpodsol-Böden im schlechten Kulturzustand anzuwenden.
W. Merfert. 847.

2-64/01-0506 Buschbeck, E.; Leipzig, Drogenkontor. **Arzneipflanzen aus der Sowjetunion.** Pharmaz. Prax. **18** (1963) Nr. 5. S. 80–84.
Auf der iga 1961 in Erfurt gab die Sowjetunion einen Überblick über Gewinnung und Verwendung einheimischer Arzneipflanzen. Vf. machte sich die Mühe, einen Teil der in Erfurt gezeigten Pflanzen in der LPG „Einheit" Züschendorf bei Pirna weiter zu kultivieren. Gewinnung und Verwendung von *Rhaponticum carthamoides*, *Schizandra chinensis*, *Aralia mandshurica*, *Securinega suffruticosa*, *Delphinium elatum*, *Echinops sphaerocephalus* und *Erysimum canescens* werden beschrieben. Auf weitere in der Sowjetunion verwendete Arzneipflanzen wird hingewiesen. H. Schröder. 852.

2-64/01-0507 Ilieva, S., Jankulov, J. und Delčev, G.; Sofia, Forsch.-Inst. für Pflanzenbau. Vlijanie na rezitbata na cvetonosnite stŭbla vŭrchu dobiva i aktivnostta na korenite na valerianata (Valeriana officinalis L.). **(Einfluß des Ausschneidens der Blütentriebe auf Ertrag und Aktivität der Baldrian-**

wurzeln [Valeriana officinalis L.].) Izvestija na Naučnoizsledovatelskija institut po rastenievŭdstvo, Sofija **14** (1962) S. 159–166. – 2 Tab., 10 Lit. Zus. in Russ., Dtsch.

Baldrian, nach Roggen angebaut und auf 5 verschiedene Arten beschnitten, wurde auf Ertragsleistung geprüft. Vor der Winterfurche wurden 20 t/ha gut verrotteter Stalldung, 200 kg Superphosphat und 150 kg K-Sulfat, im Folgejahr vor der Blütentriebbildung 150 kg Ammonsalpeter und 100 kg Superphosphat verabreicht. Der Ertrag an Wurzelstöcken bei 3maligem Ausschneiden der Blütentriebe während der Knospenbildung übertraf die Kontrolle (nicht beschnittener Baldrianbestand) um 38,68%, bezügl. biol. Aktivität um 77,96% und im Gehalt an äther. Ölen um 35,42%. Bei 2maligem tiefem Schnitt während der Knospenbildung wurden im Vergleich zur Kontrolle 40,56% mehr Wurzelstöcke, eine um 44,06% höhere Aktivität und ein fast gleicher Gehalt an ätherischem Öl wie bei der ersten Variante erzielt. Als wirksamste Variante für die vegetative Vermehrung und die Auspflanzung im Frühjahr wird der hohe 3malige Schnitt während der Knospenbildung empfohlen. K. Tschanew. 852.

2-64/01-0508 Trampetič, Vladimir; Zagreb, Wiss. Lab. **Die Gewinnung von reinem ergometrinhaltigem Mutterkorn.** Naturwissenschaften **50** (1963) Nr. 5. S. 145. – 8 Lit.

Aus Wildmutterkorn wurden Stämme ausgelesen, deren Gehalt an wasserlöslichen Alkaloiden 40–50% des Gesamtgehaltes ausmachte. Es wurde anschließend ein Sklerotium gefunden, das nur Ergometrin enthält (0,048%). Die isolierte Ergometrinrasse dient als Grundlage für Erzeugung dieses Alkaloides. H. Schröder. 852.

2-64/01-0509 Skiendzielewski, J. Nowe odmiany tytoniu. **(Neue Tabaksorten.)** Wiadomości tytoniowe **7** (1963) Nr. 3. S. 40–42. – 6 Abb. 855.

2-64/01-0510 Spennemann, F.; Speyer. **Der Anteil der Tabaksorten an der Tabakanbaufläche in der Bundesrepublik in den Jahren 1956–1960.** Dtsch. Tabakbau **42** (1962) Nr. 14. S. 105–106. – 2 Tab.

In der Sortenschutzrolle des Bundessortenamtes waren 1960 6 Zigarrengut-Sorten, 1 Burley-Sorte und 4 Virgin-Sorten eingetragen. Davon wurden aber nur 4 Sorten in größerem Umfang in der Praxis angebaut: 'Badischer Geudertheimer' mit 40,4%, 'Havanna II c' mit 9,5%, 'Badischer Burley E' mit 28,0% und die Virginsorte 'SCR' mit 18,0% (gegen Y-Virus widerstandsfähige Sorte, Nachfolger von 'Virgin Gold A'). In geringerem Umfang waren 1960 noch die Zigarrengutsorten 'Tuta', 'Forchheimer Geudertheimer' und 'Hanica' sowie die Sorte 'Virgin Gold A' vertreten. Von der Gesamt-Tabakanbaufläche entfallen etwa 80% auf Baden und die Pfalz und 18% auf Franken, Nordwestdeutschland und Schleswig-Holstein. 1960 wurden rund 54% Zigarrengut-, 28% Burley- und 18% Virgin-Sorten angebaut. J. Merker. 855.

2-64/01-0511 Konczerewicz, A. Co mówia plantatorzy w sprawie terminu sadzenia tytoniu w polu. **(Was sagen die Tabakbauer zur Frage des Thermins für die Auspflanzung des Tabaks auf dem Felde.)** Wiadomości tytoniowe **7** (1963) Nr. 3. S. 42–44. – 2 Abb. 855.

2-64/01-0512 Markov, G.; Tschirpan, Bulgarien, Forsch.-Inst. für Baumwolle. Ustanovjavane na vremeto na seitba na njakoi mnogogodišni trevi pri nepolivni uslovija. **(Feststellung der günstigsten Aussaatzeit für mehrjährige Gräser unter Trockenbedingungen.)** Izvestija na Naučnoizsledovatelskija institut po pamuka – Čirpan, Sofija **2** (1962) S. 139–150. – 4 Abb., 5 Tab., 10 Lit. Zus. in Russ., Engl.

In den Jahren 1954–60 wurden zu 3 Aussaatzeiten (2. Sept.-Hälfte, Mitte Okt., März) Anbauversuche mit Luzerne-Reinsaat, Luzerne-Glatthafer-Gemenge und Esparsette-Reinsaat durchgeführt. Vorfrucht war jeweils Wi-Weizen. Luzerne und Esparsette brachten bei Aussaat im Sept. höhere Heuerträge als bei Aussaat im Frühjahr. Der Mehrertrag betrug 16 dt/ha (20%). Beim Luzerne-Glatthafer-Gemenge betrug er fast 10 dt/ha (12,3%), bei der Esparsette-Reinsaat lag er mit 18,9 dt/ha am höchsten (26,2%). Bei der Spätaussaat im Herbst laufen die Saaten spät auf, können sich nicht gut bestocken und gehen durch Ausfrieren zugrunde. K. Tschanew. 860.

2-64/01-0513 Kurnik, E. **Der Anbau von Futtergemengen mit Sonnenblumen.** Int. Z. Landwirtsch. [Sofia/Berlin] **1963** Nr. 1. S. 44-48.
Versuche des Landwirtsch. Forsch.-Inst. im südöstlichen Transdonaugebiet (Ungarn) ergaben, daß der günstigste Schnittzeitpunkt der Sonnenblumen zur Grünfutter- und Silagegewinnung zu Beginn der Knospenbildung liegt, da der Eiweißgehalt innerhalb zweier Wochen von der Knospe bis zur Blüte von 18 auf 12% sinkt. Auch haben die Pflanzen in der Knospe nur einen Rohfasergehalt von 10-14%, noch keine unangenehm schmeckenden Wachsstoffe gesammelt und ein günstiges Blatt-Stengelverhältnis von 45 zu 55%. Die Sonnenblumen enthalten als Heumehl denselben P-Gehalt wie Luzerneheumehl, bedeutend mehr Ca und einen höheren Carotingehalt als Möhren und Luzerne. Gemenge aus Erbsen und Sonnenblumen werden empfohlen. Um den geringen Eiweißgehalt des Maises zu erhöhen, finden seine Gemische mit Sonnenblumen (3:1) Verbreitung, sowohl als Haupt- als auch als Stoppelfrucht. Bei einem Verhältnis von 1:1 werden zwar 6-8% Grünmasse weniger erzeugt, jedoch der Eiweißgehalt um das 2,5fache gesteigert. Sonnenblumen als Stoppelfrucht werden meist nach Gerste und Weizen mit hochgehängten Drillscharen auf die Stoppel gesät und durch Gerätekombination eingescheibt und angewalzt. Das Erbsen-Sonnenblumengemenge wird von den Kühen bei starker Erhöhung der Milchproduktion gern gefressen. Sonnenblumen-Maisgemenge fällt, grün oder als Silage, in einer Zeit an, in der eiweißreiches Grünfutter fehlt. Stets wurde mehr Milch produziert als bei reiner Maisfütterung trotz Nährstoffausgleich. Auch färben die Sonnenblumen die Butter wegen ihres Carotingehaltes gelb. Mit Ausnahme der Blätter lassen sich Sonnenblumen schlecht trocknen, jedoch wurden Versuche auf Trocknungs-Anlagen durchgeführt. Fütterungsversuche mit Sonnenblumenmehl einerseits und entspr. Kraftfutter andererseits ergaben im Anfang der Laktationsperiode gleiche Milchleistungen und sogar um 11% höhere Milchproduktion im späteren Laktationsstadium. Vf. glaubt, daß noch nicht genügend bekannte biol. Aktivstoffe den günstigen Einfluß bewirken, Eine Tab. über die Zusammensetzung verschiedener Silagen zeigt die Überlegenheit der Sonnenblumen und ihrer Gemenge in bezug auf den Eiweißgehalt.
C. Freyer. 860.

2-64/01-0514 Feldfutterbau in Vorgebirgs- und Gebirgslagen. Leipzig, Inst. Chem. Landwirtsch. Dtsch. Akad. Landwirtsch.-Wiss. Berlin Plan-Nr.: 170130h/2-03. 10 S. Abschlußber. (10/5. 1963). — 5 Tab.
Der vorliegende Bericht über die im Rahmen des Forschungsauftrages „Feldfutterbau" bisher durchgeführten Arbeiten enthält die Ergebnisse des 1. Versuchsjahres (1962). Die bisher durchgeführte Versuchsarbeit gestattet lediglich die Auswertung eines umfangreichen Gefäßversuches mit unterschiedlichen N-Gaben zu Kleegrasgemischen, dessen Ergebnisse auf Grund der einjähr. Prüfung und der noch fehlenden Bestätigung im Feldversuch unter Praxisbedingungen keine abschließende Beurteilung der geprüften Fragen zulassen. Die erzielten Ergebnisse vermitteln lediglich einen Überblick, welchen Einfluß unter optimalen Bedingungen im Gefäßversuch die Höhe und zeitliche Verteilung der N-Gabe bei verschiedenen Aussaatgemischen von Kleegras auf die Ertragsleistung, den Kleeanteil im Erntegut, den N-Gehalt im Erntegut und die N-Ausnutzung ausüben. 860.

2-64/01-0515 Pleşa, I. Rezultate experimentale privind cultura porumbului pentru siloz şi a amestecului de porumb cu soia, în conditii de irigare, pe solul brun roşcat de pădure. **(Versuchsergebnisse über Silomaiskulturen und Gemenge von Mais mit Soja unter Bewässerungsverhältnissen auf rotbraunem Waldboden.)** Probleme agric. [Bucureşti] **14** (1962) Nr. 7. S. 23–33. — 3 Abb., 5 Tab., 7 Lit. Zus. in Russ., Franz.

Vf. untersuchte die Wirkung der Bewässerung und Düngung auf den Silomaisertrag (als Reinsaat und im Gemenge mit Soja). Es wurden 4 Bewässerungssysteme, 4 Düngungsvarianten und 4 Aussaatmengen auf dem rotbraunen Waldboden von Băneasa-Bucureşti erprobt. Durch Bewässerung wurden bedeutende Ertragssteigerungen erzielt. Als am wirksamsten erwies sich die Bewässerung bis auf 80% der Feldkapazität. Gedüngt wurde mit 3,00 dt/ha Ammonsalpeter bei einem Bestand von 80.000 Pflanzen. Silomais im Gemenge mit Sojabohne verbesserte die Qualität der Silage. N. Hulpoiu. 860.

2-64/01-0516 Anonym. A summary of alfalfa variety tests in North Carolina. **(Ein Bericht über Prüfungen von Luzernesorten in Nord-Carolina.)** North Carolina agric. Exp. Stat., Bull. **1962** Nr. 421. S. 3–15. — 2 Abb., 6 Tab., 1 Lit.

In der Zusammenfassung der Ergebnisse 20jähr. Luzernewertprüfungen, die an 3 Orten liefen (Küstenebene, Niederung und Gebirge), werden die rel. Durchschnittserträge des 1. bis 4. Erntejahres für die Prüfsorten mitgeteilt, wobei als Bezugsbasis stets das Mittel der Sorten 'Altantic' und 'Buffalo' diente. Der Bericht enthält weiter stichwortartige Angaben über die wichtigsten Eigenschaften jeder Sorte in bezug auf Resistenz, Toleranz und morphol. Merkmale. W. Lampeter. 863.

2-64/01-0517 Trentin, Alberto; Lonigo, Vicenza, Ist. di Genetica e Sperimentazione Agraria „N. Strampelli". La medica „Leonicena" e la nuova varietà „La Rocca". **(Die Luzerne 'Leonicena' und die neue Sorte 'La Rocca'.)** Sementi Elette [Milano] **9** (1963) Nr. 2. S. 102–107. — 4 Abb., 863.

2-64/01-0518 Zürn, F. und Rid, H.; Steinach bei Straubing, Bayern, Lehr- und Forsch.-Inst. **Pflanzenbauliche und bodenkundliche Untersuchungen über Luzernebau auf Pseudogleyböden.** Z. Acker- u. Pflanzenbau **116** (1962) Nr. 2. S. 181–204. — 8 Abb., 8 Tab., 18 Lit.

Auf einem weizen- und zuckerrübenfähigen Pseudogleyboden in Steinach/Nb. (Wertzahl etwa 60, pH 5,19) gelang es erst im 3. Jahr, nachdem 3mal mit 30 dt Ätzkalk je ha aufgekalkt worden war, einen Luzerneversuch anzulegen. Im Mittel der 5 Prüfjahre brachte die Luzernereinsaat 129 dt und die Luzernegrasvariante 137 dt Heu je ha und Jahr. In den Erntejahren 1959 und 1960 betrug der Rohprot.-Ertrag bei der Reinsaat 24,76 dt und bei den Luzernegrasgemischen im Mittel 25,31 dt/ha und Jahr. Durch die Grasbeisaat wurde der Mineralstoffgehalt im Futter bei Mg erhöht und der Ca-Gehalt gesenkt, während P und K kaum verändert wurden. Während die Luzerne-Reinsaat stark verunkrautete (20 bis 35% des Aufwuchses), zeigten die Luzernegrasgemische einen um 10–22% niedrigeren Besatz an Löwenzahn und Gemeiner Rispe. Der Luzerne-Anteil betrug in den Jahren bei der Reinsaat 65–80% und beim Luzernegras 60–73%. Die Luzernewurzeln vermochten nicht in den bei 90 cm unter Flur beginnenden Staukörper einzudringen und haben die Wasserdurchlässigkeit dieser Schicht nicht verbessert. Vf. folgert aus den Untersuchungen, daß ein erfolgreicher Luzerneanbau auf ähnlichen Pseudogleyböden möglich ist, wenn ausreichend mit Kalk, K_2O (200 kg/ha) und P_2O_5 (100 kg/ha) gedüngt wird, daß aber in niederschlagsreichen Jahren Stauwasser auftreten kann, daß in gefährlicher Weise den Wurzelraum der Luzerne einengt. W. Lampeter. 863.

2-64/01-0519 Matches, Arthur G., Mott, G. O. und Bula, R. J.; Lafayette, Ind., Purdue Univ., Dep. of Agric. The development of carbohydrate reserves in alfalfa seedlings under various levels of shading and potassium fertilization. **(Die Entwicklung von Kohlenhydratreserven in Luzernesämlingen bei verschieden starker Beschattung und unterschiedlicher Kalidüngung.)** Agronomy J. **55** (1963) Nr. 2. S. 185–188. – 2 Abb., 4 Tab., 16 Lit.
Für die 1958 an 3 Luzernesorten ('Du Puits', 'Vernal', 'Afrikan') durchgeführten Topfversuche wurde K-Mangel zeigender Boden verwendet, der mit 0, 125 oder 250 lb. K/2 Mill. lb. trockenen Bodens gedüngt wurde. Ab 28. Juli erhielten die 6 Wochen alten Pflanzen entweder volles Sonnenlicht oder nur 54 oder 31% des vollen Lichtes. Die Bestimmung der Kohlenhydrate (KH) in Wurzeln und Sproß erfolgte vom 11. Aug.–3. Nov. in 14täg. Abständen. Die Lichtreduktion beeinflußte den prozentualen KH-Gehalt der Wurzeln nicht, verminderte aber den KH-Ertrag in g je Topf. Von den 3 Sorten wies 'Afrikan' stets den höchsten KH-Gehalt der Wurzeln auf, doch im Ertrag/Topf zeigten alle 3 Sorten etwa gleiche Werte oder 'Afrikan' lag etwas unter 'Du Puits' und 'Vernal'. Die K-Gaben bewirkten nur eine geringe Steigerung des KH-Gehaltes und -Ertrages. Für den KH-Gehalt und den KH-Ertrag lag eine Wechselwirkung zwischen Termin und Lichtgabe, Termin und Sorte sowie K-Gabe und Sorte vor. Der KH-Gehalt im Sproß war um 66–75% niedriger als in den Wurzeln. Eine Beeinflussung durch Beschattung, Sorte oder K-Düngung lag hier nicht vor. Ch. Janke. 863.

2-64/01-0520 Štereva, R. Proučvane vlijanieto na meždüredovoto razstojanie vŭrchu njakoi elementi na dobiva pri ljucernata za seme i seno. **(Der Einfluß des Reihenabstandes auf einige Elemente des Ertrages bei Luzerne zur Samen- und Heugewinnung.)** Izvestija na Dobrudžanskija selskostopanski naučnoizsledovatelski institut-Tolbuchin, Sofija **3** (1962) S. 33 bis 55. – 3 Abb., 11 Tab., 40 Lit. Zus. in Russ., Engl.
In den Jahren 1956–59 wurden Standweitenversuche mit 12,5, 25 und 50 cm Reihenabstand, zweireihigem Lichtschachtverfahren (50 cm breiter Lichtschacht und 12,5 cm Reihenabstand) und Quadratnestpflanzverfahren 50 × 50 cm durchgeführt. Der größere Teil der Stengel des ersten Nachwuchses war unfruchtbar. Bei 12,5 cm Reihenabstand wurde zwar mehr Grünmasse und Heu geerntet, der Anteil unfruchtbarer Stengel war jedoch sehr hoch, demzufolge wurde auch weniger Samen gewonnen — 101 kg/ha beim ersten und 124,6 kg/ha beim zweiten Nachwuchs. Bei 25 und 50 cm Reihenabstand wurden weniger unfruchtbare Stengel (von 6,2 bis 27,5%) festgestellt, sie brachten weniger Grünmasse (im Durchschnitt 189,40 bzw. 175,60 dt/ha) jedoch mehr Samen (12,4 und 15,3 dt/ha beim 1. und 14,8 und 17,99 dt/ha beim 2. Nachwuchs). Bei allen Aussaatstärken nahm die Zahl der Pflanzen je m² mit jedem weiteren Nutzungsjahr ab, etwas stärker bei der Quadratnestaussaat. Als Ursache wird der durch Schädlinge hervorgerufene Schaden angegeben. In allen Versuchsvarianten wurden verfolgt: die Veränderungen in der Pflanzenhöhe, Zahl der Blütenstände je Stengel, der Prozentsatz der fruchtbaren Blütenstände, Zahl der Blütchen je Blütenstand, Zahl der Blüten und Hülsen je Stengel und die Samen je Hülse beim 1. und 2. Nachwuchs. K. Tschanew. 863.

2-64/01-0521 Skirde, Werner; Gießen, Justus-Liebig-Univ., Inst. für Grünlandwirtsch. und Futterbau. **Kaligabe, Nektarsekretion und Rotkleesamenertrag.** Saatgut-Wirtsch. **15** (1063) Nr. 5. S. 146–150. – 1 Abb., 1 Tab., 37 Lit.
Der Einfluß verschieden hoher K-Gaben auf den Kohlenhydrathaushalt der Rotkleepflanzen und auf die Nektarsekretion wurde untersucht. Dazu wurden Feld- und Gefäßversuche durchgeführt, in denen, ausgehend vom Mangelprinzip, die Grundnährstoffe in einem unterschiedlichen Verhältnis zueinander standen. Untersuchungen der Blütenbildung und des Blühverlaufs' des

Samenansatzes und -ertrages sowie der Saatgutqualität ergänzten die chem. Analysen der Pflanzensubst. und die Bestimmung der Nektarsekretion. Die K-Düngung brachte keine Förderung der Nektarsekretion und deshalb auch keine Erhöhung des Bienenbeflugs und Samenansatzes. Sie wurde nur dann wirksam, wenn sie extremen Nährstoffmangel beseitigte. Ausschlaggebend für die physiol. Vorgänge in der Pflanze ist das harmonische Nährstoffangebot. Th. Hoffmann. 863.

2-64/01-0522 Schmidt, H.-H. und Petersdorf, H.; Hamburg, Staatsinst. für Angew. Bot. **Bericht über den Probenanbau von Rotklee.** Saatgut-Wirtsch. **15** (1963) Nr. 6. S. 172–173. – 3.Tab.
Am 27. und 28. Apr. 1961 wurden 212 Proben von Import- und Handelssaatgutpartien aus 12 Herkunftsländern in je 2 Reihen à 4,20 m ausgesät. Trockene Witterung war die Ursache für das unterschiedliche Auflaufen auf dem Felde, obgleich alle Partien eine Mindestkeimfähigkeit von 85% hatten. Die Herkünfte aus Italien, Frankreich, England und z. T. aus Dänemark zeigten die besten, die aus Deutschland und der 'Altaswede'-Rotklee aus Kanada die schlechtesten Auflaufergebnisse. Die weitere Entwicklung verlief normal. Der Blühbeginn lag bei den Herkünften aus Italien, Frankreich, Rumänien und Jugoslawien am 20. Juli, aus England, Polen, der ČSSR, Ungarn und Luxemburg am 24. Juli, bei den deutschen Handelssaaten und vereinzelt bei den dän. Herkünften am 26. Juli und bei 'Altaswede' am 20. Aug. 11 Herkünfte wurden zweimal, 'Altaswede' nur einmal geschnitten. Das beste Nachwuchsvermögen wiesen die S-eur. Herkünfte auf. Zu Beginn des Winters betrug die durchschnittl. Pflanzenhöhe 6–15 cm. Starke Auswinterungsschäden nach einem für Hamburg durchaus normalen Winter zeigten außer den S- und SO-eur. Herkünften auch Partien aus Ungarn, England und Deutschland. Eine Anzahl Proben aus Dänemark, Vermehrungen aus deutscher Elite in Frankreich, einige nordfranz. und polnische Proben sowie 'Altaswede' überstanden den Winter gut. Der Wiederaustrieb der S-eur. Herkünfte war im 2. Jahre im Vergleich zum 1. gering. Bei der deutschen Handelssaat wurde, wie auch schon früher festgestellt worden war, Nachbau von Importsaaten mitgeliefert. Th. Hoffmann. 863.

2-64/01-0523 Kaddah, Malek T.; Alexandria, Egypt, Soil Salinity Lab. Tolerance of berseem clover to salt. **(Die Salztoleranz von Alexandrinerklee.)** Agronomy J. **54** (1962) Nr. 5. S. 421–425. – 1 Abb., 3 Tab., 13 Lit.
Alle 4 Varietäten des Alexandrinerklees (*Trifolium alexandrinum* L.) verhielten sich in Gefäßen gegenüber steigenden Salzkonz. (1:1-Mischungen von NaCl + $CaCl_2$ bzw. NaCl + $MgCl_2$) ähnlich. Geringe Salzmengen hatten manchmal sogar eine günstige Wirkung auf das Wachstum. Zuführung der Salzgaben in verschiedenen Stadien der einzelnen Aufwüchse hatte unterschiedliche Wirkungen. I. allg. nahmen die Erträge jedoch mit zunehmender Salzmenge ab. Die Konz. der einzelnen Elemente (überprüft wurden Ca, Mg, K, Na, Cl, P und N) in den oberirdischen Pflanzenteilen war abhängig von der zugeführten Salzmenge, ihrem Kationenverhältnis und dem Alter der Aufwüchse. Die Gesamtkationenmenge erfuhr jedoch mit zunehmender Salzzufuhr nur rel. geringe Veränderungen, da sich dann die Kationenverhältnisse änderten. Die Konz. von N und P in den einzelnen Aufwüchsen erfuhr durch variierte Cl-Ionen-Konz. keine Veränderungen.
J. Spanier. 863.

2-64/01-0524 Wilsie, C. P. Merit: a new ladino clover. **(Merit, ein neuer Ladinoklee.)** Iowa Farm Sci. 17 (1963) Nr. 8. S. 361–362. – 2 Abb., 4 Tab.
863.

2-64/01-0525 Pardee, W. D. und Lowe, C. C.; New York, Cornell Univ., Dep. of Plant Breeding. Seed production potential and management requirements of five improved forage grass varieties in the humid Northeast. **(Saatgut-Produktionsvermögen und Anbaumaßnahmen von 5 Futtergrassorten im humiden Nordosten.)** Agronomy J. **55** (1963) Nr. 2. S. 120–123. – 7 Tab., 3 Lit.

Je 2 Sorten von *Phleum pratense* und *Dactylis glomerata* sowie eine Sorte von *Bromus inermis* wurden 4jähr. auf Anbaumethoden und N-Düngung zur Samennutzung geprüft. Für Herbstansaat mit und ohne Deckfrucht Wi-Weizen bzw. Wi-Gerste zeigten sich *P. pratense* und *D. glomerata* geeignet; allerdings schoßte *D. glomerata* im 1. Nutzungsjahr nicht vollständig. *B. inermis* eignete sich besser zur Frühjahrsansaat, brachte dort mit 222 lb./acre Saat die weitaus höchsten Erträge. Deckfrucht Hafer wird empfohlen. – Im 1. Nutzungsjahr erwiesen sich N-Gaben im Frühjahr (bis zu 60 lb./acre), in älteren Beständen im Herbst als am günstigsten. – Reihensaat war der Breitsaat leicht überlegen, erforderte jedoch einen höheren Aufwand bei der Bearbeitung. – Entspr. dem Gesamtaufwand zum Samenertrag kann ein Grassamenbau in diesen humiden Gebieten nur für *P. pratense* empfohlen werden. H. Pätzold. 864.

2-64/01-0526 Austenson, H. M.; Puyallup, Western Washington Exp. Stat. Influence of time of harvest on yield of dry matter and predicted digestibility of four forage grasses. **(Der Einfluß der Schnittzeit auf Trockensubstanzertrag und theoretische Verdaulichkeit bei vier Futtergräsern.)** Agronomy J. **55** (1963) Nr. 2. S. 149–153. – 2 Abb., 4 Tab., 28 Lit.

Reinbestände von *Dactylis glomerata, Lolium perenne, Festuca arundinacea* und *Phleum pratense* wurden an 2 Standorten 3 Jahre lang zu 5 verschiedenen Entwicklungsstadien (zwischen dem 21. April und 10. Juli) geschnitten und jährl. mit 600 lb./acre eines 10:4,4:8,3%igen NPK-Düngemittels und zusätzlicher N-Gabe von 60 lb./acre gedüngt. Zusätzlich wurde jährl. ein 2. Schnitt gewonnen. – Den geringsten Jahresertrag bei allen Erntedaten brachte *L. perenne*, den höchsten bei den 3 frühen Schnittzeiten *F. arundinacea*, dicht gefolgt von *D. glomerata*. Beim spätesten Schnittzeitpunkt lag *P. pratense* an der Spitze, das sonst meistens den höchsten Rohprotein- und stets den niedrigsten Ligningehalt aufwies. Die berechnete Verdaulichkeit des Futters fiel vom 1. Schnittzeitpunkt mit 80,8% (am 21. Apr.) bis auf 51,2% bei *L. perenne* und 56% bei *P. pratense* am 10. Juli (*F. arundinacea* entspr. 54 und *D. glomerata* 51,2%). Ein Schnitt kurz vor der Blüte wird als am günstigsten angesehen. H. Pätzold. 864.

2-64/01-0527 Maslinkov, M. und Kojčev, T.; Plowdiw, Höheres Landwirtsch. Kolarow-Inst. Proučvane na njakoi biologičeski osobennosti i stopanski kačestva na po-važnite mnogogodišni trevi pri uslovijata na gr. Smoljan. **(Untersuchung einiger biologischer Besonderheiten und wirtschaftlicher Eigenschaften wichtiger mehrjähriger Gräser unter den Anbaubedingungen von Smoljan.)** Izvestija na Naučnoizsledovatelskija institut po furažite – Pleven, Sofija **2** (1962) S. 109–121. – 10 Tab., 12 Lit. Zus. in Russ., Engl.

Nach Vorfrucht So-Roggen wurde 1955–59 in einer Höhenlage von 1186 m NN eine Vergleichsprüfung vorgenommen. Die Ergebnisse zeigten, daß im zeitigen und kühlen Frühjahr die Nachwuchsgeschwindigkeit geringer, im späten und wärmeren dagegen größer ist. Durch Schnellwüchsigkeit zeichneten sich Klee und Luzerne aus, die in der Regel 3–4 Schnitte jährl. lieferten. Beste Wüchsigkeit zeigten Glatthafer und Welsches Weidelgras, die 2–3 Schnitte, während andere Gräser nur 2 Schnitte lieferten. Im Durchschnitt der Versuchsperiode zeigten die Gräser mehr Austriebe (1000 bis 2000/m²), der Glatthafer sogar bis zu 2397 je m², ebenso eine hohe Winterfestigkeit. Die Luzerne lieferte im Mittel 83,49 dt/ha Heu – das Doppelte der Wiesen des Gebietes. Den höchsten Heuertrag lieferten Glatthafer und Timothemit über 70,00 dt/ha. K. Tschanew. 864.

2-64/01-0528 Dessanti, A. und Visonà, L.; Milano, S. I. V. A. M.; Pavia, Univ., Ist. di Zool. Primo contributo alla produzione foraggere nell'Appennino Pavese. Prove di erbai nell'Appennino. Nota I. Confronto fra alcune foraggere in cultura pura e in miscugli per erbaio ed adattamento all'ambiente appenninico delle foraggere in esame. **(Erster Beitrag zur Futtererzeugung im Appenin bei Pavia. Prüfungen der Gräser im Appennin. 1. Mitt. Vergleich einiger Futterarten in Reinkultur und im Gemisch pro Flächeneinheit und hinsichtlich der Eignung der in Untersuchung befindlichen Futterarten für den Apennin-Boden.)** Genetica agraria [Pavia] **15** (1962) Nr. 3/4. S. 305–310. – 2 Tab., Zus. in Engl. 864.

2-64/01-0529 Dessanti, A. und Visonà, L.; Milano, S. I. V. A. M.; Pavia, Univ, Ist. di Zool. Primo contributo alla produzione foraggera nell'Appennino Pavese. Prove di erbai nell'Appennino. Nota II. Produttività in zona collinare Appenninica di alcuni erbai estivo-autunnali. **(Erster Beitrag zu Futtererzeugung im Appenin bei Pavia. Prüfungen von Gräsern im Appennin. 2. Mitt. Die Produktivität im Hügelgebiet des Apennin von einigen Sommer-Herbstgräsern.)** Genetica agria [Pavia] **15** (1962) Nr. 3/4. S. 311–313. – 1 Tab. Zus. in Engl. 1. Mitt. vgl. vorst. Titel. 864.

2-64/01-0530 Hugues, P. Les „Sorgho menu, herbe du Soudan, Sudangrass, sweet-Sudan". **(Das Sudangras.)** Progr. agric. viticole **159(80)** (1963) Nr. 11. S. 281–284.; Nr. 12. S. 310–313.; **161(80)** Nr. 13. S. 15–19. 864.

2-64/01-0531 Bätz, G.; Bernburg/S., Inst. für Pflanzenzücht. der Dtsch. Akad. der Landwirtsch.-Wiss. zu Berlin. **Einige Ergebnisse der Import- und Hauptprüfungen mit Silomaissorten 1958-1960.** Dtsch. Akad. Landwirtsch.-Wiss. Berlin, Tagungsber. **1961** (hrsg. 1962) Nr. 47. S. 125–133. – 3 Abb., 6 Tab., 4 Lit. Zus. in Russ., Engl. – nach Zus.
Es wird über einige Ergebnisse der Import- und Hauptprüfungen mit Silomaissorten berichtet, die in der DDR 1958–60 durchgeführt wurden. – An Hand der Ergebnisse für die Standardsorten von 4 Reifegruppen – 'Schindelmeiser', mittelfrühe; 'Bukowinski 3', spätere mittelfrühe; 'WIR 25', mittelspäte; 'MV 5', späte Reifegruppe – wird die Anbauwürdigkeit der Reifegruppen in den Maisanbaugebieten in Haupt- und Zweitfruchtstellung diskutiert. – Es werden schließlich die wichtigsten Ergebnisse der leistungsfähigsten Sorten und Neuzüchtungen erörtert. Als bes. geeignet für den Anbau in der DDR gelten neben den Standartsorten in der mittelfrühen Reifegruppe 'Bukowinski 1' (UdSSR), in der späteren mittelfrühen Reifegruppe 'KAZ' (ČSSR) und 'Siloma' (DDR, Stammbezeichnung 'Bernburg W 802'). In der mittelspäten Reifegruppe sind es 'MV 40' (Ungarn) und 'Dnjeprowski 56' (UdSSR). 864.

2-64/01-0532 Anonym. **Bericht über die Sonderprüfung mit Silomaishybriden (F_1- und F_2-Generation) 1960 und 1961.** Hrsg.: Regierung der Deutschen Demokratischen Republik, Ministerium für Landwirtschaft, Erfassung und Forstwirtschaft, Zentralstelle für Sortenwesen. 1963. (39 S.) [Maschinenschr. vervielfältigt].
In einer Sortenwertprüfung wurden die F_1- und F_2-Generationen der Maishybriden 'Bukowinski 3', 'Bernburg S 702', 'Bernburg S 704', 'WIR 25' und 'WIR 42' mit 'Schindelmeiser' verglichen. 1960 gab es bei den Qualitätsmerkmalen zwischen F_1 und F_2 nur sehr geringe Unterschiede, wobei die F_1 die Tendenz zur besseren Leistung zeigte, bis auf den Rohproteingehalt, wo die F_2 in der Mehrzahl höhere Werte aufwies. Im Grünmasseertrag gab es einen merklichen Abfall von F_1 zu F_2, ebenso bis auf eine Ausnahme im Tr.-Masseertrag. Der geringste Abfall war bei 'Bernburg S 702', der größte bei 'WIR 42' zu verzeichnen. Die gleiche Rangfolge zeigte der Rohproteinertrag. 1961 ergaben sich die gleichen Tendenzen wie 1960. Der geringste

Leistungsabfall von F_1 zu F_2 wurde wiederum bei 'Bernburg S 702', der größte bei 'WIR 25' festgestellt. Im Tr.-Masseertrag betrug der Leistungsabfall bei 'Bernburg S 702' 4, bei 'WIR 25' 23%. 'Schindelmeiser' waren im Tr.-Masseertrag unterlegen die F_2 von 'WIR 42', 'WIR 25' und 'Bukowinski 3' 1961, im Rohproteinertrag 'WIR 25', 'Bukowinski 3', 'WIR 42' und 'Bernburg S 704' 1960. Bes. günstig war 'Bernburg S 702'. P. Hahn. 864.

2-64/01-0533 Reichel, S. **Bericht über die Großversuche mit Silomais 1961.** Hrsg.: Regierung der Deutschen Demokratischen Republik, Ministerium für Landwirtschaft, Erfassung und Forstwirtschaft, Zentralstelle für Sortenwesen. 1962. (18 S.) [Maschinenschr. vervielfältigt].

Die Silomaissorten 'Bukowinski 3', 'Schindelmeiser', 'Siloma', 'MV 5', 'WIR 25' und 'MV 40' wurden in VEG und LPG in 23 Großversuchen auf ihre Anbaueignung untersucht. Die Hybride 'Siloma' wurde von allen Betrieben als am geeignetsten herausgestellt im Anbaugebiet II und in III auch für den Zweitfruchtanbau empfohlen. 'Schindelmeiser' wird mit gut bis geeignet bezeichnet und bes. als Zweitfrucht im Anbaugebiet II und III empfohlen. Bis auf einige Ausnahmen werden auch 'Bukowinski 3' und 'WIR 25' als geeignet befunden. 'MV 40' ist als Hauptfrucht im Anbaugebiet II und III geeignet, wird jedoch häufig abgelehnt. Die Sorte erwies sich wie 'MV 5' für den Grünmaisanbau gut geeignet. Zum Vergleich werden die Mittelwerte der Sortenwertprüfung von 24 bzw. 28 Orten aufgeführt. Die Großversuche bestätigen i. allg. die Ergebnisse der Sortenwertprüfung. P. Hahn. 864.

2-64/01-0534 Cešmeždiev, B. und Platikanov, N.; Sofia-Kostinbrod, Forsch.-Inst. für Tierzucht. Carevicata kato zelen, silažiran i zŭrnen furaž. **(Mais als Grün-, Gär- und Körnerfutter.)** Izvestija na Naučnoizsledovatelskija institut po životnovŭdstvo „Georgi Dimitrov" – Kostinbrod, Sofija **15** (1962) S. 191–203. – 10 Tab., 3 Lit. Zus. in Russ., Dtsch.

In einem Feldversuch mit Futtermais, Sorte 'Goldener Pferdezahn', der in verschiedener Weise gesät und in verschiedenen Vegetationsphasen geerntet wurde, stellten Vff. fest, daß der Mais bei Engsaat mit 14 cm Reihenabstand, ohne Vereinzeln (Aussaatmenge 100–120 kg/ha) und Ernte in der Blüte die höchsten Erträge an Grünmasse (424,3 dt/ha), Tr.-Subst. (74,85 dt/ha) und Protein (6,152 dt/ha) liefert. Hohe Erträge an Tr.-Subst. (66,87 dt/ha) und Rohprotein (4,938 dt/ha) erhält man auch bei Reihenabständen von 70 cm, mit Vereinzeln auf 20–25 cm Pflanzenabstand in den Reihen, und Ernte in der Wachsreife. In 19 Fütterungsversuchen (11 mit je drei Hammeln und 8 mit je drei Schweinen in der Gruppe) wurde die Zusammensetzung, die Verdaulichkeit und der energetische Nährwert der verschiedenen Futterarten aus dem im Feldversuch geernteten Mais bestimmt. Ergebnisse: Grünmais (Engsaat), bei 82–83% Wassergehalt, 0,17 FE; Silage aus demselben Mais, bei 85% Wassergehalt, 0,13 FE; Silage aus Maisstengeln in der Milchwachsreife, bei 77–78% Wassergehalt, 0,17 FE; Silage aus Maisstengeln in der Vollreife, bei 69% Wassergehalt, 0,20 FE; Silage aus milchwachsreifen Maiskolben, bei 69% Wassergehalt, 0,38 FE; Silage aus wachsreifen Maiskolben, bei 65% Wassergehalt, 0,47 FE; Maisschrot, bei 14% Wassergehalt, 1,33 FE. N. Platikanow. 864.

2-64/01-0535 Franzke, W. und Winkel, A.; Bernburg/S., Inst. für Pflanzenzücht. der Dtsch. Akad. der Landwirtsch.-Wiss. zu Berlin. **Zur Bewertung der Futterqualität von Maishybriden.** Dtsch. Akad. Landwirtsch.-Wiss. Berlin. Tagungsber. **1961** (hrsg. 1962) Nr. 47. S. 199–206. – 4 Abb., 2 Tab., 7 Lit. Zus. in Russ., Engl., – nach Zus.

Die Gültigkeit der in einem Saatzeitenversuch gefundenen Korrelationen zwischen dem Tr.-Subst.-Gehalt des Lieschkolbens und dem Tr.-Subst.- sowie

Nährstoffgehalt der gesamten Maispflanze wurde für extreme Maisformen (Zuckermaishybriden) überprüft. Die Ernte erfolgte nach physiol. Gesichtspunkten a) beim Kolbenansatz, b) in der Milchreife, c) in der Milch-Wachs-Reife, d) in der Wachsreife. Zwischen dem Tr.-Subst.-Gehalt des Lieschkolbens und dem der Gesamtpflanze ergab sich wie bei früheren Untersuchungen eine hochsignifikante Korrelation. Die früheren Ergebnisse hinsichtlich Tr.-Subst.-Gehalt des Lieschkolbens und dem Nährstoffgehalt der Gesamtpflanze konnten nur für den Fettgehalt und z.T. für den Rohfasergehalt bestätigt werden. Es wurden keine engsten Korrelationen zwischen dem Lieschkolbenanteil der Tr.-Masse und dem Nährstoffgehalt der Gesamtpflanze errechnet. Entgegen den bisherigen Beobachtungen wurde bei der vorliegenden Prüfung extremer Maisformen ein stärkerer Sorteneinfluß ermittelt. Daraus ergeben sich für die Qualitätszüchtung wichtige Hinweise. Die Ernte nach physiol. Gesichtspunkten ergab z. T. erhebliche Differenzen im Schnittermin der einzelnen Sorten. Die witterungsbedingten Schwankungen der Inhaltswerte können zur Schwächung der Korrelationen geführt haben. 864.

2-64/01-0536 Die Ökologie und die Anbautechnik des Maisanbaues in Mecklenburg. Rostock, Inst. Landwirtsch. Versuchs.- u. Untersuchungswes. Dtsch. Akad. Landwirtsch.-Wiss. Berlin Plan-Nr.: 1701 25 h-2-13/9Z. Abschlußber. (10/5. 1963).
Nachdem die Anbautechnik des Silomaises hinreichend geklärt ist, sollte der Einfluß org. und mineral. Düngung auf die Pflanzenentwicklung und den Gehalt an Inhaltsstoffen geprüft werden. Im Vordergrund dieser Untersuchungen stand die Prüfung der org. Düngung in Form von Stalldung, wobei die Höhe der Gaben variiert wurde. Außerdem sollte die Wirkung spez. kurzlebiger Gründüngungspflanzen auf die Ertragsleistung des Silomaises untersucht werden. Durch 200 dt/ha Stalldung wurde auf besserem Boden ein Mehrertrag von 10% Tr.-Masse, auf leichtem von 17% erreicht. Gleichzeitig nahm der Gehalt an Rohprotein, verdaul. Protein und Fett zu. Unter den geprüften Sorten erhöhten sich die Erträge bes. beim 'Schindelmeiser' (auf leichtem Boden) sowie bei 'KC-3' und 'Siloma'. 'WIR 25' brachte den geringsten Mehrertrag. Für Mecklenburg zu empfehlen ist danach der Anbau von 'Schindelmeiser' (auf besserem Boden), 'Bukowinski 3' (auf leichterem) und 'Siloma'. 'WIR 25' ist als Silomais nicht zu empfehlen. 864.

2-64/01-0537 Beuster, Karl-Heinz. **Untersaaten zur Herbstnutzung.** Kali-Briefe, Fachgeb. 4 7 (1963) Nr. 7. S. 1–5.
Die Zuchtstat. der NFG-Bremen in Klosterselte führte 1962 einen Untersaaten-Versuch zur Herbstnutzung durch, um den Einfluß der Untersaat auf den Deckfruchtertrag und umgekehrt und schließlich den Einfluß der Mischung der Untersaaten auf ihren Ertrag zu untersuchen. Es handelte sich nur um 1jährige Werte mit sehr späten Ernteterminen. Ein weiterer Versuch ergab, daß eine Untersaat (Rotkleegras in So-Gerste) um 6% ertragssteigernd auf die Deckfrucht wirkte, wobei der Vorteil der fein verteilten Wurzelrückstände und des zusätzl. Futters noch bes. in Rechnung gestellt werden muß. Unterschieden wurde nach hoch- und für den Mähdrusch geeigneten niedrig wachsenden Untersaaten. Zu ersteren gehörten Rotklee rein und mit Oldenburger Weidelgras und zu letzteren Weißklee rein und mit Dt. Weidelgras, während Weißklee mit Oldenburger Weidelgras eine Mittelstellung einnahm. Der Versuch ergab bei Weißklee rein und mit Dt. Weidelgras einen um 9 bzw. 4% höheren Ertrag der Deckfrucht. Offenbar entzogen die Grasanteile der Deckfrucht N, so daß hier die N-Gabe höher sein müßte. Die Untersaaten waren unter So-Gerste üppiger als unter Wi-Roggen. Unter letzterem brachten sie nur 66% der Grün- und 62% der Tr.-Masse der Erträge unter So-Gerste. Den Einfluß der Mischung auf den Ertrag der Untersaaten zeigte der am 19. Okt.

durchgeführte Stoppelschnitt. Er ergab ein Zurückbleiben der Erträge des Weißklees und seiner Mischungen um mehr als $^1/_3$ gegenüber denen des hochwachsenden Rotklees und seiner Mischungen. Trotzdem ist zu beachten, daß die Weißkleegras-Untersaaten bei entspr. Düngung noch lohnende Futtererträge bringen, günstige Fruchtfolgeeigenschaften haben und keine Störungen des Mähdrusches hervorrufen. C. Freyer. 867.

2-64/01-0538 *Binder, M.* u.a. **Mechanizace u lnu.** (Mechanisierung des Leinanbaus.) Praha: Státní zeměd. naklad. 1963. (223 S.) 8°. (1963 A 602)

2-64/01-0539 *Breunig, Willi.* **Gräser und Kleearten.** Berlin: Dt. Landwirtschaftsverlag. 1963. (128 S.) 8°. (1963 A 610)

2-64/01-0540 *Fridländer, Hansheinrich.* **Kosten und Einsatzbereiche moderner Zuckerrüben-Pflege- und -ernteverfahren unter wechselnden natürlichen und wirtschaftlichen Bedingungen.** Diss. Landw. Fak. Gießen. 1963. (88 S.) 8°. (Diss. 9131)

2-64/01-0541 *Gorelkin, Leonid Ivanovič.* (unter d. Red. v. *Dorožkin, N. A.*) **Puti povyšenija urožajnosti kartofelja v BSSR.** (Wege zur Ertragssteigerung der Kartoffel in der Belorussischen SSR.) Minsk: Gos. izd. sel'skochoz. lit. BSSR. 1962. (190 S.) 8°. (1963 A 565)

2-64/01-0542 *Krupp, Gerhard.* **Über ein technisch, ackerbaulich wie auch arbeitswirtschaftlich vertretbares Verfahren der Bestellung von Stoppelzwischenfrüchten.** Diss. Landw. Fak. Halle-Wittenberg. 1962 (101 S.) 4°. (Diss. 9054)

2-64/01-0543 *Martaus, Jozef* und *Staněk, Jaroslav.* **Mechanizace pestování a sklizěn kukuřice.** (Mechanisierung von Anbau und Ernte des Maises.) Praha: Státní zemědělské nakl. 1963. (207 S.) 8°. (1963 A 601)

2-64/01-0544 *Shaaban, Kamal.* **Der Einfluß der Düngung und des Nährstoffverhältnisses auf die Entwicklung und Ertragsleistung von Mais und Sorghum als Futterpflanzen.** Diss. Landw. Fak. Gießen. 1962 (164 S.) 8°. (Diss. 9119)

2-64/01-0545 *Stephan, Heinzdieter.* **Zur Reifesicherung von Körnermais unter den Klimabedingungen des Gebietes um Halle auf der Grundlage landtechnischer Maßnahmen.** Diss. Landw. Fak. Halle-Wittenberg. 1963. (102 S.) 4°. (Diss. 9058)

2-64/01-0546 **Sbornik annotacij naučno-techničeskoj literatury po zernobobovym kul'turam.** (Sammelband von Annotationen der wissenschaftlich-technischen Literatur über Körnerleguminosen). Moskva: Zagotizdat. 1962. (25 S.) 8°. (1963 A 464)

I. Pflanzen der Subtropen und Tropen

2-64/01-0547 Fröhlich, Gerd; Leipzig, Karl-Marx-Univ., Inst. für Trop. und Subtrop. Landwirtsch. **Probleme der Landwirtschaft in Westafrika am Beispiel der Republiken Guinea und Ghana.** Wiss. Z. Karl-Marx-Univ. Leipzig, math.-naturwiss. R. **12** (1963) Nr. 1. S. 355–365. – 4 Abb., 7 Lit.
Die Republiken Guinea und Ghana stehen z. Z. vor etwa den gleichen Aufgaben beim Ausbau der Landwirtschaft. Die Voraussetzungen sind in Ghana aber insofern günstiger, als ein ausgebautes Straßennetz und zahlreiche landwirtsch. Versuchsstationen und Schulen vorhanden sind. In beiden Ländern wird die Viehzucht ausschließlich als Hutung und getrennt vom Ackerbau betrieben. Der Feldbau läuft meist als Monokultur, etwas intensiver in Plantagenform bei Bananen, Kaffee und bes. in Ghana bei Kakao, dagegen nur als Hackbau und meist nur zur Selbstversorgung bei Hirse, Mais usw. Die größten Hemmnisse für eine Weiterentwicklung sind der akute Mangel an eigenen Fachkräften zur Ausbildung und Beratung sowie bei den Bauern der Mangel an Mitteln zum Ankauf der ersten Geräte, wie Pflug und Geschirr. Bes. in Guinea wird versucht, durch ein verzweigtes Organisations- und Beratungssystem sowie die Einrichtung von kleinen Staatsbetrieben durch gute Beispiele auf die Bauern einzuwirken. Weiterhin wird der Zusammenschluß in LPG gefördert, während in Ghana vorläufig die Entwicklung noch mehr in Richtung der Raiffeisen-Genossenschaften läuft. Generell muß die Landwirtschaft wegen des in letzter Zeit etwa auf das doppelte gestiegenen Lebensmittelkonsums, wegen des für eine zukünftige Industrialisierung vorerst erforderlichen hohen Exports und im Interesse der wirksamen Bekämpfung von Krankheiten usw. im Plantagenbau (z. B. rapider Ertragsrückgang der Bananenerträge durch *Cercospora*) unbedingt entscheidend verbessert werden. V. Ehrenpfordt. 870.

2-64/01-0548 Chandler jun., Robert F.; Los Banos, Laguna, Philippines, Int. Rice Res. Inst. Maximum yield potentialities for rice. **(Möglichkeiten**

zur Erzielung von Höchsterträgen bei Reis.) Philippine Agriculturist **46** (1962) Nr. 4. S. 167–174. — 2 Abb., 2 Tab., 6 Lit.

Die Reiserträge stiegen bes. im letzten Jahrhundert in verschiedenen Ländern stark an. Für Japan werden z. B. für die Jahre 700, 1500, 1900, 1925 und 1950 1100, 1700, 2200, 3400 und 4300 kg/ha angegeben. Andererseits weisen weite Gebiete, bes. in den Tropen, unzureichende Ernten auf (Indien 1300, Laos 800 kg/ha). Das liegt zu einem großen Teil an der Verwendung ungeeigneter und krankheitsanfälliger Sorten, schlechter Düngung, Bewässerung und Bewirtschaftung. Die höchsten Durchschnittserträge erzielten Länder mit geringer Anbaufläche (= nur auf besten Standorten), wie Australien mit 5950, Spanien 5770 und Italien 5240 kg/ha. Die Möglichkeiten guter Durchschnittsleistungen bei nur mittleren Standortbedingungen sind am Beispiel Japans mit 4750 kg/ha bei einer Anbaufläche von 3,3 Mill. ha erkennbar. Höchstertragsprüfungen führten an allen Standorten zu sehr hohen Ernten (Indien 126, Philippinen 125, Japan 119, Taiwan 87 dt/ha) und zeigten, daß alle acker- und pflanzenbaulichen Maßnahmen, bes. aber org. und mineral. Düngung, zur Steigerung der Erträge wichtig sind. Die Zahlen beweisen, daß in den meisten Reisanbauländern die Erträge in kurzer Zeit leicht verdoppelt und später sogar vervierfacht werden können. Da der Reis für über die Hälfte der Menschheit das Grundnahrungsmittel darstellt, kann schon auf diese Weise der erhöhte Nahrungsbedarf der sich in den kommenden 50 Jahren voraussichtlich verdoppelnden Menschheit zu einem großen Teil abgefangen werden. V. Ehrenpfordt. 872.

2-64/010-549 Kacarov, K. Vlijanie na sroka na seitba vŭrchu dobiva ot oriz. **(Der Einfluß des Aussaattermins auf den Reisertrag.)** Trideset godini Naučnoizsledovatelski institut za zelenčukovi kulturi „Marica". Jubileen sbornik — Plovdiv, Sofija **1962** S. 173–190. — 7 Abb., 8 Tab., 14 Lit.

In den Jahren 1953–56 wurden Versuche mit verschiedenen Aussaatterminen durchgeführt: am 10. und 25. Apr., am 10. und 25. Mai und am 10. Juni mit der Sorte 'Marteli' in einer Zweifelderfruchtfolge mit Futterpflanzen und Reis. Die Aussaat erfolgte von Hand, breitwürfig in das Wasser mit Samen in Keimstimmung und einer Aussaatnorm von 180 kg/ha. Es wurde festgestellt, daß der geeignetste Aussaattermin die erste Maidekade ist. Durschnittlich für die 4 Jahre lieferte die Kontrollvariante 4 304 kg/ha ungeschälten Reis (= 100%). Den höchsten Ertrag lieferte der am 10. Mai ausgesäte Bestand (+ 30%), danach folgten der am 25. Mai ausgesäte mit + 18,6% und der am 10. Juni ausgesäte Bestand mit + 14,6%. Den niedrigsten Ertrag lieferte der am 15. Apr. ausgesäte Bestand (— 1,56%). Bei später Aussaat verkürzt sich die Vegetationsperiode dieser Sorte. Das Reifen verlief jedoch unter ungünstigen Bedingungen, und der Ertrag ging zurück. Es wird darauf hingewiesen, daß der Reisertrag in hohem Maße von der durchschnittlichen Lufttemperatur während der Vegetationsperiode beeinflußt wird. NRB/ZSNTI. 872.

2-64/01-0550 Boerema, E. B. Fertilizers for rice. **(Düngemittel für Reis.)** Agric. Gaz. New South Wales **74** (1963) Nr. 3. S. 167–169. — 6 Abb., 1 Tab., 1 Lit. 872.

2-64/01-0551 Hall, Vernon, Bryan, Billy B., Engler, Kyle, Grant, Warren und Mullins, Troy. Plastic levels in rice irrigation. **(Plastikbegrenzungen bei der Bewässerung von Reis.)** Arkansas Farm Res. **12** (1963) Nr. 1. S. 4. — 2 Abb., 1 Tab. 872.

2-64/01-0552 Catherinet, M.-D., Dumont, S. und Mayaki, A. A. Le mil et le sorgho dans l'agriculture du Niger. **(Hirse und Sorghum in der Landwirtschaft von Nigeria.)** Agronom. trop. **18** (1963) Nr. 1. S. 108–125. — 2 Abb., 2 Tab. Zus. in Engl., Span.

In 3 Abschnitten werden Hirse- und *Sorghum*-Anbau in Nigeria besprochen. Hirse und *Sorghum* werden in großer Menge angebaut. Während Hirse besser in der Trockenheit gedeiht (400 mm Niederschläge), wird *Sorghum* dort angebaut, wo mehr Regen fällt. Beim Hirseanbau wird in den trockenen Boden gesät. Die Pflanzenanzahl pro ha liegt unter 10000 Stück. Die Fruchtfolge besteht aus 6 Gliedern mit 3 Ernten und 3 × Brache. Den Anbau hindern völliger Wassermangel, N-Mangel, Krankheiten, Unkräuter, Vögel, zu wenig Sonne. Der Anbau von *Sorghum* ist ähnlich, stellt aber höhere Ansprüche an Umwelt und Anbaubedingungen. Die Selektion der *Sorghum*-Sorten geschieht unter verschiedenen Gesichtspunkten: Anpassung an die Bodenverhältnisse, Länge des vegetativen Wachstums, Brauchbarkeit für die verschiedenen Anbaumethoden, Kocheigenschaften. Es werden 2 Beispiele für die Sortenverbesserung gegeben. Die Verbesserung der Hirsesorten ist eine vordringliche Aufgabe, da Hirse das Hauptnahrungsmittel in Nigeria ist. Die jährliche Produktion schwankt sehr und hat häufig Hungersnöte im Gefolge. Die Hauptanliegen einer Verbesserung des Hirseanbaues sind daher Ertragssteigerung, Frühreife, Krankheitsresistenz, organoleptische Qualität. Die züchterische Arbeit besteht in Verbesserung der Lokalsorten und in der Schaffung neuer Sorten durch Kreuzung. E. M. Ardelt. 873.

2-64/01-0553 Bouchet, P. Les mils et sorghos dans la république du Mali. **(Hirsen und Sorghumhirsen in der Republik Mali.)** Agronom. trop. **18** (1963) Nr. 1. S. 85–107. 873.

2-64/01-0554 Anonym. Situation actuelle de la production du sorgho et du mil au Sénégal. **(Die derzeitige Situation der Erzeugung von Sorghum und Hirse in Senegal.)** Agronom. trop. **18** (1963) Nr. 1. S. 7–32. 873.

2-64/01-0555 Tourte, R., Nicou, R. und Bonlieu, A.; Bambey, Sénégal, Centre de Rech. Agronomiques , Inst. de Rech. Agronomiques Trop. et des Cult. Vivrières. Quelques techniques de culture des mils et sorghos au Sénégal. Possibilités de la culture mécanique. **(Einige Anbaumethoden von Hirse und Sorghum in Senegal und Möglichkeiten der Mechanisierung.)** Agronom. trop. **18** (1963) Nr. 1. S. 65–72. – Zus. in Engl., Span.
Die verbreitetsten Böden in Senegal sind „dior" (Fe-reiche, leicht ausgelaugte, sandige Böden) und „dek" (hydromorphe, zeitweise schmierende, tonige Böden), die verschieden bearbeitet werden müssen. In Bambey wurden verschiedene Versuche angestellt. Bodenbearbeitung mit 2 Ochsen oder Traktor war überall möglich. In dior-Gebieten mit <800 mm Niederschlägen wird Hirseanbau empfohlen, wobei Bodenbearbeitung und Saat in der Trockenzeit vorgenommen werden. Auf „dek", wo > 800 mm Niederschläge fallen, wird für Hirse und *Sorghum* Bodenbearbeitung und Saat im feuchten Boden empfohlen. Die Bodenbearbeitung hat auf die Nährstoffaufnahme eine günstige Wirkung und kann zur Ertragsteigerung wesentlich beitragen. Die Mechanisierung ist möglich (Pflug, Düngerstreuer, Sämaschine, Hackmaschine). E. M. Ardelt. 873.

2-64/01-0556 Charreau, C. und Poulain, J.-F.; Bambey, Senegal, Centre de Rech. Agronomiques, Inst. de Rech. Agronomiques Trop. et des Cult. Vivrières. La fertilisation des mils et sorghos. **(Die Düngung von Hirse und Sorghum.)** Agronom. trop. **18** (1963) Nr. 1. S. 53–63. – 2 Tab., 20 Lit. Zus. in Engl., Span.
Hirse und *Sorghum* sind die Hauptnahrungspflanzen in Senegal. Ihre Ertragssteigerung ist eine vordringliche Aufgabe der Landwirtschaft. Seit 1950 wurden in Bambey verschiedene Düngungsversuche gemacht. Der Versuch, eine allg. gültige Düngeformel aufzustellen, schlug fehl, man muß neben der regelmäßigen Düngung eine zweckmäßige Fruchtfolge einführen. Bei Hirse

wurden im Versuch max. Erträge von 1500–2000 kg/ha erreicht, wenn optimal gedüngt und die Fruchtfolge beachtet wurde. Auch die Wasserzufuhr war optimal. Andererseits liegen Resultate vor, bei denen trotz optimaler ökol. Bedingungen die Ernte nicht befriedigte. Weitere Versuche müssen diese Umstände klären und vor allem die Bodenverbesserungssysteme untersuchen. Neben Bodenuntersuchungen müssen Blattanalysen in Zukunft bei den Versuchen stärker eingeschaltet werden. E. M. Ardelt. 873.

2-64/01-0557 Konišev, P. und Conev, C. Novi sortove pamuk na sadovskata opitna stancija. **(Neue Baumwollsorten der Versuchsstation Sadowo.)** Izvestija na Naučnoizsledovatelskija institut po rastenievŭdstvo, Sofija **15** (1963) S. 103–112. – 2 Abb., 5 Tab., 12 Lit. Zus. in Russ., Engl.

In den Jahren 1955–60 wurde eine Prüfung der Sorten '66–51-Sadowo', '75-51-Sadowo' und '2362 Tschirpan' (Standard) durchgeführt mit Wi-weizen als Vorfrucht und einer Grunddüngung von 20 dt/ha Stallmist (zur Winterfurche) und 300–400 kg/ha granuliertem Superphosphat. Die Aussaat erfolgte in der zweiten Aprilhälfte mit einer Aussaatnorm von 60 kg/ha Samen, die mit Schwefelsäure behandelt worden waren, in 60 cm Reihenabstand. Bei der Bildung des ersten und zweiten Blattes wurde der Bestand auf 100 000 Pflanzen je ha ausgedünnt und erhielt eine Kopfdüngung aus 100 kg granuliertem Superphosphat und 80–100 kg Ammonsalpeter sowie z. Z. der Knospenbildung eine weitere Kopfdüngung aus 100 kg /ha granuliertem Superphosphat. Im Mittel von 6 Jahren waren die Sorten '66-51-Sadowo' und '75-51-Sadowo' der Sorte '2362 Tschirpan' um 74 bzw. 104,5 kg/ha Rohbaumwolle überlegen und frühreifer, bes. in den für Baumwolle ungünstigen Jahren. Diese beiden Sorten sind in den wirtsch. und technol. Eigenschaften von '2362 Tschirpan' gleichzusetzen und werden zur Produktionsprüfung in allen Gebieten des Landes und bes. in den Baumwollanbaugebieten Nordbulgariens empfohlen. NRB/ZSNTI. 878.

2-64/01-0558 Milkovski, Jor. und Dušev, E. Vlijanie na posevnija srok vŭrchu dobiva i kačestvoto na pamuka. **(Der Einfluß des Anbautermins auf den Ertrag und die Qualität der Baumwolle.)** Izvestija na Naučnoizsledovatelskija institut po rastenievŭdstvo, Sofija **15** (1962) S. 63–83. – 4 Abb., 6 Tab., 18 Lit. Zus. in Russ., Engl.

In den Jahren 1955–59 wurde Baumwolle der Sorte '2362' zu 7 Terminen von Ende März bis Ende Mai alle 10 Tage ausgesät in einer Menge von 80 kg/ha enthaarter Samen (Schwarzerde-Smolnitza-Boden). Der geeignetste Aussaattermin lag im April. Bei früheren Terminen blieb das Baumwollsaatgut 30–40 Tage im Boden, dadurch sank die Keimfähigkeit, ein Teil der Samen starb ab, und der Bestand war um 30–40% dünner. Bei der Aussaat im Mai war die Reife verzögert, und die 1. und 2. Pflücke ergaben nur 0–22% der Gesamternte, während die Erträge der 1. und 2. Pflücke bei Aussaat im April 60–70% des Gesamtertrages ausmachten. Der höchste Ertrag an Rohbaumwolle wurde bei Aussaat im April erhalten, 12,1–12,7 dt/ha, mit hohen technol. Kennziffern der Faser. Die niedrigsten Erträge lieferten die im Mai ausgesäten Bestände mit 670–750 kg/ha bei schlechter Faserqualität. Als bester Aussaattermin für Baumwolle wird in Südbulgarien die 2. Aprilhälfte empfohlen, bes. die 3. Aprildekade. NRB/ZSNTI. 878.

2-64/01-0559 Jazykov, P. P., Achmedov, R. A. und Ašurmetov, M.; Unions-Forsch.-Inst. für Baumwollanbau. Vlijanie glubiny vspaški i srokov vnesenija udobrenij na urožaj chlopčatnika. **(Der Enfluß der Pflugtiefe und des Zeitpunktes der Düngung auf den Baumwollertrag.)** Chlopkovodstvo, Moskva **13** (1963) Nr. 1. S. 15–16. – 1 Tab.

Die Versuche wurden auf Grauerdeboden durchgeführt. Verglichen wurde a) die gewöhnliche Pflugfurche (28–30 cm) mit b) Zweischichtenbearbeitung

(0–15 cm und 15–30 cm) bei gleichzeitiger Lockerung bis 60 cm. Kombiniert wurde die unterschiedliche Pflugarbeit mit 6 Düngungsvarianten. Der Baumwollertrag war bei b) im Vergleich zu a) bei sonst gleichen agro-technischen Verhältnissen höher. Die Gabe der gesamten Düngung zur Herbstfurche war der geteilten Düngung (Herbstfurche und Kopfdüngung) unterlegen. Die schichtweise Einbringung des Düngers, verbunden mit zweimaliger Kopfdüngung, ergab bei b) keine klaren Vorteile gegenüber einer oberflächlichen Düngung zur Herbstfurche. H. Winkler. 878.

2-64/01-0560 Zajcev, V. und Chačaturov, N. Sroki proreživanija chlopčatnika. **(Termine für das Vereinzeln von Baumwollpflanzen.)** Soc. s. ch. Azerbajdžana **1962** Nr. 4. S. 18–20. – Aus Referativnyj žurnal. Biologija, Moskva **1962** Nr. 22. G 312. S. 43.

Das Vereinzeln im Keimblattstadium erbrachte den höchsten Ertrag an Rohbaumwolle gegenüber dem Vereinzeln im 2- und bes. im 5-Blatt-Stadium. Die Ertragsminderung bei späten Vereinzelungsterminen betrug im Gesamtertrag 5,1–8,0 dt/ha. übersetzt v. E. Fröhmcke. 878.

2-64/01-0561 Bruyn, L. P. de. Irrigation requirements of cotton. **(Bewässerungsbedürfnis von Baumwolle.)** Farming South Africa **39** (1963) Nr. 4. S. 39. 41. 42. – 1 Abb., 3 Tab. 878.

2-64/01-0562 Malinkin, N. P. O potreblenii chlopčatnikom azota, fosfora i kalija. **(Über den Bedarf der Baumwollpflanze an Stickstoff, Phosphor und Kalium.)** Chlopkovodstvo, Moskva **13** (1963) Nr. 1. S. 20–21. – 3 Tab. 878.

2-64/01-0563 Gaudio, Salvatore del. La produzione olivicola nel mezzogiorno, orientamenti e sviluppi. **(Darstellung und Entwicklung der Olivenerzeugung in Süditalien.)** Italia agric. **99** (1962) Nr. 9. S. 855–872. 880.

2-64/01-0564 Scaramuzzi, Franco; Pisa, Univ., Ist. di Coltivazione Arboree. Problèmes anciens et nouveaux de la multiplication de l'olivier. **(Alte und neue Probleme der Vermehrung des Ölbaums.)** Inform. oléicoles int. [Madrid] [N. S.] **1963** Nr. 21. S. 64–82. – 12 Abb., 8 Lit.

Seit langer Zeit wird der Ölbaum durch „direkte Einwurzelung" vermehrt, da er viele Stecklinge treibt, die sich leicht bewurzeln. Das Pfropfen ist ebenfalls eine alte Vermehrungsmethode und wird häufig empfohlen, da die aus Stecklingen oder Wurzeltrieben hervorgegangenen Ölbäume ziemlich krankheitsanfällig sind. Eine neue Methode ist die Stecklingsvermehrung mit der Sprühmethode. Sie wurde erfolgreich bei Zierpflanzen der Gattung *Olea* angewandt. Die Stecklinge werden mit Blättern unter optimalen Feuchtigkeitsbedingungen zur Wurzelbildung gebracht, was nach ca. 14 Tagen der Fall ist. Die optimale Feuchtigkeit wird durch ständiges Sprühen von Wasser erreicht. Die Kosten dieser Einrichtung sind ziemlich hoch, und dadurch hat die Methode vorerst nur für Institute Bedeutung. Die in der Praxis am häufigsten angewandte Methode ist die Pfropfung. Vf. ist der Meinung, daß durch gewissenhafte Selektionsarbeit eine weitgehende Verbesserung der italienischen Ölbaumkultur erreicht werden könnte. E. M. Ardelt. 880.

2-64/01-0565 Jacoboni, Nestore; Perugia, Univ., Inst. de Cult. Arbustive. Formes de conduite de l'olivier. **(Die äußeren Formen der Ölbäume.)** Inform. oléicoles int. [Madrid] [N. S.] **1963** Nr. 21. S. 17–38. – 7 Abb., 32 Lit.

Die Form des Ölbaums hängt von den 3 Faktoren Schnitt, Düngung und Pflege ab. Die traditionelle Form ist die des Hochstammes, während man gegenwärtig niedrigere Formung bevorzugt. In Perugia wurden Versuche gemacht, um für die verschiedenen Sorten geeigneten Schnittformen zu ermitteln. 2 große Gruppen sind zu unterscheiden: 1. Formen mit einem Hauptast, 2. Formen mit mehreren Ästen. Die Hauptform von 1. ist die Palmette, eine Form mit mehreren „Etagen". Auch die Spalierform gehört zu dieser

Gruppe. Von Morettini wird seit 1956 bes. die Buschform des Ölbaums propagiert, die dem natürlichen Wachstum am nächsten steht und große Vorteile für die Praxis bringt. E. M. Ardelt. 880.

2-64/01-0566 Baldini, Enrico und Pisani, Pierluigi; Bologna, Univ., Ist. die Coltivazione Arboree. Exigences hydriques de l'olivier et leur influence sur la technique culturale. **(Die Wasseransprüche des Ölbaums und ihr Einfluß auf die Anbautechnik.)** Inform. oléicoles int. [Madrid] [N. S.] **1963** Nr. 21. S. 39–63. – 16 Abb., 46 Lit.

Exakte Angaben über die Wasseransprüche des Ölbaums gibt es noch nicht. Durch Beobachtungen ist jedoch erwiesen, daß es Perioden im Jahre gibt, in denen der Ölbaum gegenüber Wassermangel sehr empfindlich ist. In Gegenden mit genügend jährlichen Niederschlägen ist es möglich, unter den Ölbäumen eine zweite Frucht (z. B. Luzerne) anzubauen. Um den Boden in einen guten Durchlüftungszustand zu versetzen und ihm die Fähigkeit zu geben, möglichst viel Wasser aufzunehmen, wird die Bearbeitung des Bodens zu den verschiedenen Jahreszeiten empfohlen. In Gegenden, in denen der natürliche Regenfall nicht ausreicht, ist künstliche Bewässerung die einzige Möglichkeit, um den Olivenanbau lohnend zu machen. In Italien ist Bewässerung der Ölbäume die Ausnahme, während sie in anderen Ländern der Welt üblich ist. Versuche in Italien zeigten, daß auch hier die Bewässerung imstande ist, die Produktion um das 2- bis 3fache zu steigern. Außerdem wird das Wachstum der Bäume gesteigert, und die geernteten Früchte sind größer als bei unbewässerten Bäumen. E. M. Ardelt. 880.

2-64/01-0567 Webster, O. J.; Lincoln, U. S. Dep. of Agric., A. R. S., Crops Res. Div. Effect of harvest dates on forage sorghum yields, percentages of dry matter, protein, and soluble solids. **(Der Einfluß der Erntedaten auf den Ertrag an Futter-Sorghum, den Gehalt an Trockensubstanz, Protein und löslichen Bestandteilen.)** Agronomy J. **55** (1963) Nr. 2. S. 174–177. – 2 Abb., 3 Tab., 7 Lit.

Die Futter-*Sorghum*-Sorten 'Atlas' und 'Rox' und die 2 Hybriden RS 301 F und RS 303 F wurden ab Blühbeginn in wöchentlichen Abständen geerntet (1957 und 1959). Dabei wurde der Ertrag a) bei normaler Befruchtung oder b) bei verhinderter Befruchtung (Papierbeutel) untersucht. Der Tr.-Subst.-Ertrag nahm im Durchschnitt von 2 Jahren wöchentlich folgendermaßen zu: a = 100, 127, 141, 159, 172, 176; b = 100, 115, 136, 144, 148, 154. Der Tr.-Subst.-Gehalt der Pflanzen stieg dabei von 20,4% auf 28,7% (a) bzw. von 20,0 auf 25,1% (b). Der Proteingehalt nahm ab, wenn die Pflanzen die Reife erlangten. Der Proteingehalt der Hybriden war um 1–2% höher als der der Sorten. RS 301 F hatte bei b einen etwas höheren Proteingehalt als bei a. Refraktometrische Messungen des Saftes zeigten bei b höheren Zuckergehalt als bei a. Vf. erörtert abschließend die Zusammenhänge zwischen Erntezeitpunkt und Einsatz von *Sorghum* in der Fütterung. U. Bergner. 885.

2-64/01-0568 Wright, Neal; Tucson, Ariz., U. S. Dep. of Agric., A. R. S., Crops Res. Div. Effects of management practices on forage yield and percent protein in blue panicgrass, Panicum antidotale Retz. **(Einfluß pflanzenbaulicher Maßnahmen auf Futterertrag und Eiweißgehalt von Panicum antidotale Retz.)** Agronomy J. **54** (1962) Nr. 5. S. 413–416. – 4 Tab., 12 Lit.

In 3 Versuchen wurde 2 bzw. 3 Jahre lang das Verhalten von *Panicum antidotale* Retz. bei steigenden N-Gaben (6 Stufen), verschiedener Schnitthöhe (3, 6, 9 und 12 in.), Ernte in verschiedenen Reifestadien (vor der Blüte, in der Blüte und in der Wachsreife der Samen) und Austrocknung des Bodens bis zu verschiedener Tiefe (6, 12, 18 und 24 in.) mit nachfolgender künstlicher Bewässerung untersucht. Mit steigenden N-Gaben nahmen Futterertrag und Eiweißgehalt mit Ausnahme des Futterertrages der letzten N-

Stufe signifikant zu und der Tr.-Subst.-Gehalt ab. Zwischen 2 aufeinanderfolgenden Jahren bestanden sowohl im Futterertrag als auch im Eiweißgehalt enge Korrelationen (r = +0,92 bzw. +0,75). Auch die Korrelationen zwischen Futterertrag und Eiweißgehalt waren hochsignifikant (r = +0,79 bzw. +0,77 für beide Jahre). Ein Einfluß der P- und K-Düngung und deren Wechselwirkung untereinander und mit N konnte nicht festgestellt werden. Die höchsten Erträge wurden beim Schnitt im frühen Stadium und mit hoher Stoppel erzielt. Zwischen Stoppelhöhe und Reifestadium bestand eine hochsignifikante Wechselwirkung. Dagegen konnte ein eindeutiger Einfluß der Austrocknungsversuche auf den Ertrag nicht festgestellt werden, woraus abgeleitet wird, daß *P. antidotale* eine rel. große Toleranz gegenüber dem Feuchtigkeitsgehalt im Boden aufweist. J. Spanier. 885.

2-64/01-0569 Black, J. N.; Adelaide, Univ., Waite Agric. Res. Inst. Defoliation as a factor in the growth of varieties of subterranean clover (Trifolium subterraneum L.) when grown in pure and mixed swards. **(Die Entblätterung, ein Faktor im Wachstum von Sorten des Bodenfrüchtigen Klees [Trifolium subterraneum L.] bei Anbau im Reinbestand oder im Gemisch.)** Austral. J. agric. Res. 14 (1963) Nr. 2. S. 206–225. – 8 Abb., 5 Tab., 19 Lit.
Im 1. Versuch wurde an 6 am 14. März 1961 mit gleicher Aussaatmenge in Samenkästen ausgesäten Sorten des Bodenfrüchtigen Klees ('Yarloop', 'Clare', 'Dwalganup', 'Tallarook', 'Bacchus Marsh' und 'Mt. Barker') in Reinsaat die Wirkung einer einmaligen starken Entblätterung untersucht. Am 21. Apr. wurden alle Blätter durch Schnitt am Stielgrund entfernt, so daß nur Blattansatz und „Krone" übrigblieben. Die rel. Leistungen der Sorten beim Wiederaufwuchs wurden nach dem Gewicht der Trockenmasse, der Anzahl der Blätter und dem Blattflächenindex festgestellt. 'Yarloop' und 'Clare' erholten sich langsam, 'Dwalganup' und 'Tallarook' wuchsen schnell nach, und 'Bacchus Marsh' sowie 'Mt. Barker' hielten sich etwa in der Mitte. Im 2. Versuch wurden die hochwüchsige Sorte 'Yarloop' und die niedrige 'Tallarook' im Schachbrettmuster im Okt. 1961 in 24 Kästen ausgesät. Die 3 Varianten umfaßten: a) ohne Schnitt, b) zwei Schnitte am 16. Nov. und 14. Dez. in Höhe der Sorte 'Yarloop', c) zwei Schnitte zum gleichen Zeitpunkt in Höhe beider Sorten. Der Anteil der 'Tallarook'-Pflanzen im Gemisch sank bei a ständig und war zuletzt gleich Null. Bei b stieg das Trockengewicht nach der 1. Entblätterung um etwa 15% und bei c um etwa 30% als Folge der besseren Lichtverhältnisse, nach dem 2. Schnitt gingen die 'Tallarook'-Pflanzen ständig zurück. Die Zahl der 'Yarloop'-Pflanzen nahm in allen Varianten vom ersten bis zum letzten Schnitt um etwa 15% ab. Aus dem Verhalten der Sorten in Reinsaat konnte man nicht auf die Gemische schließen. Das Ergebnis der Konkurrenz verschiedener Sorten des Bodenfrüchtigen Klees in Gemischen hängt davon ab, in welchem Maße eine Sorte über die andere hinauswachsen kann. Unterschiede in der Größe der Samen, in den rel. Aussaatmengen und im Grad der Entblätterung ändern durch Beschleunigung oder Verzögerung der Unterdrückung der niedrigeren Sorte das Verhältnis der Sorten zueinander. Th. Hoffmann. 885.

2-64/01-0570 Bolhuis, G. G.; Wageningen, Lab. voor Trop. Landbouwplantenteelt. Chenopodium quinoa en Chenopodium canihua, minder bekende voedingsgewassen. **(Chenopodium quinoa und Chenopodium canihua, zwei wenig bekannte Nahrungs- und Futterpflanzen.)** Landbouwkund. Tijdschr. **75** (1963) Nr. 8. S. 389–394. – 2 Abb., 4 Tab., 5 Lit. Zus. in Engl.
Die beiden in Südamerika beheimateten Pflanzen *Chenopodium quinoa* (Q.) und *Ch. canihua* (C.) wurden in den vergangenen Jahren in Wageningen angebaut. Die Samen dienten den Indianern in den peruanischen Anden früher in starkem Maße als Nahrung. Noch heute wird die jährliche Produktion in Peru auf 40000 t Körner von Q. und 10000 t von C. geschätzt. Bei den

Versuchen in Wageningen wurde im Herbst (Sept.-Nov.) in Reihen (Abstand 50–100 cm) gesät. Die Saatmenge betrug 10–20 kg/ha. Die Pflanzen gehen schon nach 8–10 Tagen auf und sind frostbeständig. Sie erreichen Höhen von 1–2,5 m. Die Erträge schwanken zwischen 600–1000 kg/ha, unter optimalen Bedingungen (guter Boden, Pflege, ausreichende Niederschläge und Düngung) können 3000 kg/ha erreicht werden. Die Samen enthalten 14–17% Protein. Fütterungsversuche zeigten, daß die Proteine eine sehr günstige Zusammensetzung der Aminosäuren besitzen. Futterrationen, die in der Hauptsache auf Q. und C. basierten, benötigten keine anderen Eiweißarten zur Ergänzung. Auch die Grünmasse ist zur Fütterung geeignet, wie Analysen bewiesen.
E. M. Ardelt. 885.

2-64/01-0571 Leon, J. de; Réhovot, Israel, Univ. d Agric., Inst. Nat. La culture du ricin en Israel. **(Der Anbau von Rizinus in Israel.)** J. Agric. trop. Bot. appl. **9** (1962) Nr. 11/12. S. 443–450. – 5 Abb., 2 Tab.
Seit 1921 wurden in Israel verschiedene Rizinusherkünfte und Sorten geprüft sowie Auslesen und Kreuzungen durchgeführt. Während der Ölgehalt der verfügbaren Sorten im Jahre 1923 38–46% betrug, lag er 1950 im Bereich von 47–57% (Gesamtkorn). Die klimatischen Bedingungen sind in Israel günstig, so daß ausdauernde Formen genutzt und auf große Standweite (bis 2×2 m) gestellt werden können. Die Erträge liegen auf größeren Flächen für neue Sorten bei 30–48 dt/ha Korn. Im Verlauf der Züchtung wurden neben Ölgehalt und Ertrag bes. die Form des Fruchtstandes (lang und dicht) und die Platzfestigkeit beachtet. Stachellose Sorten (französ. Herkunft) sind in den letzten Jahren stärker bearbeitet worden. Sie können aber erst nach längerer Auslese ertraglich befriedigen. Weiterhin wurden hochwüchsige Typen aus Abessinien eingeführt und geprüft. – Aus dem Rizinusöl stellen französische Firmen ein Superpolyamid, „Rilsan“, her, das wie die anderen Produkte dieser Gruppe zäh, löslich und elastisch ist und dabei die bisher leichteste und wasserabweisendste Faser darstellt.
V. Ehrenpfordt. 887.

2-64/01-0572 Brasil Sobrinho, M. O. C. do, Mello, F. A. F. de, Rodrigues, N. und Mello, H. A.; Piracicaba, São Paulo, École Supérieure d'Agric. „Luiz de Qeiroz“. Comparaison entre les divers modes de localisation des engrais à la plantation des eucalyptus (E. saligna, Smith). **(Vergleich zwischen verschiedenen Arten der Düngerplacierung in Plantagen von Eucalyptus [E. saligna Smith.].)** Fertilité **1963** Nr. 18. S. 15–21. – 5 Abb., 3 Tab., 2 Lit. 887.

2-64/01-0573 Campbell, C. W., Popenoe, J. und Ozaki, H. Y.; Homestead, Sub-Trop. Exp. Stat.; Ft. Lauderdale, Plantation Field Lab. Adaptation trials of tropical and subtropical fruits on sandy soils in Broward County, Florida. **(Versuche über die Anpassung tropischer und subtropischer Obstarten auf sandigen Böden in Broward County, Florida.)** Proc. Florida State horticult. Soc. **75** (1962, hrsg. 1963) S. 361–363. – 2 Tab. 893.

2-64/01-0574 Bruno, Antonio; Samaru-Zaria, Northern Nigeria, Min. of Agric., Regional Res. Stat. Sistematica di alcuni caratteri morfologici del frutto del mango. **(Systematik einiger morphologischer Merkmale von Mangofrüchten.)** Riv. Agric. subtrop. trop. **56** (1962) Nr. 7/9. S. 395–398. – 1 Abb, 3 Lit. Zus. in Engl.
Vf. beschreibt eine Methode für die Erfassung morphol. Merkmale von Mangofrüchten. Diese Methode beruht im wesentlichen darauf, daß man die Früchte symmetrisch in einzelne Sektoren sowohl vertikal als auch horizontal teilt. Dadurch läßt sich die große Formenmannigfaltigkeit der Früchte, z. T. hervorgerufen durch Düngungs- und anbautechnische Maßnahmen sowie durch den Boden, am sichersten erfassen. Die Früchte werden von der Basis betrachtet

in rund, oval, länglich eingeteilt; am Rande sind sie rund, vorspringend, leicht gedrückt; an der Spitze rund, gezähnt, länglich; am Rande rund, leicht gedrückt, vorspringend, gezähnt; die Epidermis glatt oder runzelig. G. Müller/Leipzig. 893.

2-64/01-0575 Singh, L. B.; Saharanpur, Uttar Pradesh, Horticult. Res. Inst. A new technique for inducing early fruiting in mango hybrids based on the movement of hormones. **(Eine neue Technik zur Erzielung frühen Fruchtens durch Hormonströme bei Mango-Hybriden.)** Proc. Florida State horticult. Soc. **75** (1962, hrsg. 1963) S. 410–412. – 1 Abb., 8 Lit.
Da es bis zu 10 Jahre dauert, bis Mango-Hybriden fruchten, versuchte Vf.. eine Methode aufzufinden, junge Pflanzen zum Blühen zu bringen. 1 Jahr alte Keimlinge wurden zwecks Nähr- und Hormonaustausch mit Zweigen erwachsener, fruchtender Bäume verbunden. Ringelung des „Hormonspenders" unterhalb der Verbindungsstelle führte zum Blühen und Fruchten der jungen Mangopflanzen, ein Zeichen, daß der von der Spitze abfließende Hormonstrom an der Ringelungsstelle gestoppt wird. Jedoch kam es nur dann zur Blütenbildung, wenn die Blätter des Keimlings entfernt worden waren, andernfalls nicht. H.-L. Pätzold. 893.

2-64/01-0576 Sen Gupta, P. K.; Calcutta, Univ., Dep. of Agric. Flowering and bearing habit with special reference to the mango (Mangifera indica L.). **(Blühen und fruchttragender Habitus mit besonderer Berücksichtigung des Mangobaumes [Mangifera indica L.].)** Indian J. Plant Physiol. **5** (1962) Nr. 1/2. S. 264–271. – 3 Abb., 16 Lit.
Es gibt periodisch und unterbrochen blühende und fruchtende Formen. Die wichtigsten Formen blühen jedoch nur einmal, und zwar im Frühling. Die neu erscheinenden Sprosse blühen im folgenden Jahr. Anschließend werden die Blütenstände beschrieben (vegetative, reproduktive, gemischte). In einem weiteren Kapitel führt Vf. die Beziehungen zwischen Wachstum und Blühen an. Der fruchttragende Habitus ist durch Kurztriebe und geringes vegetatives Wachstum ausgezeichnet. Das periodische Blühen und Fruchten in jedem zweiten Jahr wird durch bes. Klimabedingungen des öfteren durchbrochen. Sämlinge blühen erstmalig im 6.–7. Jahr. Die Regulierung des Blühens durch verschiedene Faktoren wird diskutiert. W. Hiller. 893.

2-64/01-0577 Sturrock, David; West Palm Beach. A progress report on some mango hybrids. **(Ein Fortschrittsbericht über einige Mangohybriden.)** Proc. Florida State horticult. Soc. **75** (1962, hrsg. 1963) S. 384–387. 893.

2-64/01-0578 Young, T. W., Koo, Robert C. J. und Miner, James T.; Homestead, Sub-Trop. Exp. Stat.; Lake Alfred, Citrus Exp. Stat.; Boynton Beach. Effects of nitrogen, potassium and calcium fertilization on Kent mangos on deep, acid, sandy soil. **(Einfluß von Stickstoff-, Kalium- und Calciumdüngung auf 'Kent'-Mangos auf tiefgründigem, saurem, sandigem Boden.** Proc. Florida State horticult. Soc. 75 (1962. hrsg, 1963) S. 364–371. – 3 Abb., 4 Tab. 893.

2-64/01-0579 Popenoe, John; Homestead, Sub-Trop. Exp. Stat. Summer avocado varieties. **(Sorten von Sommer-Avocados.)** Proc. Florida State horticult. Soc. **75** (1962, hrsg. 1963) S. 358–360. – 1 Tab. 893.

2-64/01-0580 Costantino, Fortinato. Una coltura subtropicale di grande interesse per il Mezzogiorno: l'Anona cherimolia. **(Eine subtropische Kultur großen Interesses für Süditalien: Anona cherimolia.)** Frutticoltura **25** (1963) Nr. 3. S. 243–247. 893.

2-64/01-0581 Chapot, Henri. Nouveaux clones et variétés d'agrumes au Maroc. **(Neue Klone und Sorten von Citrusfrüchten in Marokko.)** Fruits d'outre Mer **18** (1963) Nr. 5. S. 263–264. 894.

2-64/01-0582 Grosh, P. C.; Krishnagar, West Bengal, Horticult Res. Stat. Parthenocarpic fruit development in Trichosanthes dioica Roxb. by using growth regulators. **(Parthenokarpe Fruchtentwicklung bei Trichosanthes dioica Roxb. durch Anwendung von Wachstumsregulatoren.)** Sci. and Cult. [Calcutta] **29** (1963) Nr. 3. S. 146–147. – 2 Tab., 3 Lit.
Mit α-Naphtylessigsäure (NES) und 2.4.5-Trichloressigsäure (2.4.5-T) wurden die ♀ Blüten des in Bengalen so wichtigen Gemüses *Trichosanthes* 1 Std. vor dem Öffnen besprüht (in wäßriger Lösung in den Konz. 50, 100, 150 ppm). Bei normal bestäubten und mit NES besprühten Pflanzen war der Fruchtansatz etwa gleich stark, während die Kontrollpflanzen und die mit T versorgten keine Früchte aufwiesen. Bes. günstig hinsichtlich Fruchtgröße und Fruchtreife war Sprühen mit NES-Lösung von 100 ppm.
H.-L. Pätzold. 898.

2-64/01-0583 Liefstingh, G. Some aspects of Hevea rubber growing. Part. I. **(Einige Aspekte des Anbaus von Hevea. 1. Mitt.)** Ghana Farmer **6** (1963) Nr. 4. S. 162–169. 898.

2-64/01-0584 Mainstone, B. J. Manuring of Hevea. VI. Some long-term manuring effects, with special reference to phosphorus, in one of the Dunlop (Malaya) experiments. **(Düngung von Hevea. 6. Mitt. Einige langfristige Düngungseffekte, mit besonderer Berücksichtigung des Phosphors, in einem der Versuche in Dunlop [Malaya].)** Empire J. exp. Agric. **31** (1963) Nr. 122. S. 175–185. 898.

2-64/01-0585 *Philleps, L. J.* and *Norman, M. J. T.* **Fodder crop-cash crop sequences at Katherine, N.T.** Melbourne: Commonwealth Scient. and Industrial Research Organization. 1962. (12 S.) 8° = Division of land research and regional survey. Technical paper. 20. (SR 2685, 20)

VIII. GRÜNLAND

A. Allgemeine Literatur, Berichte, Statistiken u. a.

2-64/01-0586 Marschall, F.; Zürich-Oerlikon, Eidg. Landwirtsch. Versuchsanst. **Naturfutterbau — Kunstfutterbau.** Grüne [Zürich] **91** (1963) Nr. 20. S. 603–611. – 2 Abb.
Häufig wird noch der Naturfutterbau der höheren Berglagen als eine wenig intensive Form der Futterwirtschaft angesehen. Man glaubt, über die Neuansaat von einseitig zusammengesetzten Gras-Klee-Gemischen höhere Erträge erzielen zu können. Gegenwärtig nimmt in der Schweiz der Naturfutterbau infolge der besonderen klimatisch-topographischen Verhältnisse 80% der LN ein, der Kunstfutterbau dagegen nur 7%. Einen hohen Anteil von natürlichen Futterflächen haben auch Westdeutschland, Frankreich, England und Holland, während in Dänemark wiederum die Kunstwiesen überwiegen. Bei einem Ertragsvergleich zwischen Naturfutterbau und Kunstfutterbau ist der Standort entscheidend, ganz abgesehen davon, daß die Versuche über mehrere Jahre hinweg und mit dem gleichen Mineraldüngeraufwand durchgeführt werden müssen. Vf. stellt auf Grund der Ergebnisse von Düngungs- und Sortenversuchen einen Vergleich zwischen beiden Formen der Futternutzung an. Es zeigt sich dabei, daß im Mittelland und in den mittleren Berglagen die Kleegrasbestände den Naturwiesen ertragsmäßig überlegen sind, in den höheren Lagen dagegen beide etwa den gleichen Ertrag bringen. Hinsichtlich des Nährstoff- und Mineralstoffgehaltes sind Natur- und Kunstwiesen etwa gleich einzuschätzen. Der Anteil von Wirkstoffen ist im Futter der Naturwiesen höher. Der Naturfutterbau hat in den Lagen eine uneingeschränkte Bedeutung, wo kein Ackerbau möglich ist. Somit entscheiden die Standortverhältnisse über die Verteilung von „Naturfutterbau“ und „Kunstfutterbau“.
Ch. Grunert. 901.

2-64/01-0587 Guyer, H.; Zürich-Oerlikon, Arbeitsgemeinsch. zur Förder. des Futterbaues. **Fragen des Futterbaues in Berglagen.** Grüne [Zürich] **91** (1963) Nr. 20. S. 595–602. – 2 Abb.,

Vf. berichtet über die Ergebnisse der Europäischen Konferenz über Naturfutterbau in Berglagen in Chur 1962, die sich bes. mit den Maßnahmen zur Steigerung der Ertragsfähigkeit des Grünlandes befaßte. Da Wiesen und Weiden natürlich entstandene Pflanzengesellschaften sind, kann die pflanzensoziolog. Forschung wertvolle Grundlagen für die Durchführung von Versuchen über die Beeinflussung von Wiesen- und Weidebeständen liefern. In der DBR und in der Schweiz ist man der Auffassung, daß sich die Produktivität des Grünlandes nur durch indirekte Beeinflussung der botan. Zusammensetzung, d. h. durch Düngungs- und Nutzungsmaßnahmen steigern läßt. Rasche Umstellung des Pflanzenbestandes ist auch durch die Nachsaat in Verbindung mit ausreichender mineral. Düngung möglich. In England und Frankreich zieht man den Umbruch mit nachfolgender Neuansaat oder die Nachsaat nach vorheriger Anwendung von Herbiciden zur Bekämpfung minderwertiger Arten vor. Die Gründe für die unterschiedlichen Meinungen sind in der Art der zu verbessernden Pflanzenbestände und in den unterschiedlichen klimatischen und topographischen Verhältnissen zu sehen.
Ch. Grunert. 901.

B. Wiesen

2-64/01-0588 Smika, D. E., Haas, H. J. und Rogler, G. A.; Mandan, N. Dak., U. S. Dep. of Agric. Native grass and crested wheatgrass production as influenced by fertilizer placement and weed control. **(Der Einfluß des Dünger-Einbringens und der Unkrautbekämpfung auf die Ertragsleistung einheimischer Gräser und Kammquecke.)** J. Range Management **16** (1963) Nr. 1. S. 5–8. – 7 Tab., 6 Lit.

Auf zwei Weiden (1. einheimische Gräser, vorwiegend *Bouteloua gracilis*; 2. Kammquecke, *Agropyron desertorum*) wurden in 3jähr. Versuchen die Wirkung einer einmaligen Düngergabe (0, 40, 80 und 160 lb./acre N und 0, 40 und 80 lb./acre P_2O_5 in Kombinationen) bei unterschiedlicher Ausbringung (a oberflächlich gestreut; b eingedrillt in 4 in. Tiefe) sowie der Effekt einer einmaligen Herbicid-Anwendung (2.4-D-Ester) auf die Ertragsleistung der Grasnarben und auf den Unkrautbesatz (vorwiegend *Artemisia frigida*) geprüft. Die Erträge stiegen mit zunehmender Intensität der N-Düngung. Das Eindrillen des Düngers erbrachte Mehrerträge, die aber ausschl. durch die Bodenlockerung hervorgerufen wurden. Durch Herbicidanwendung gelang eine wirkungsvolle Unkrautbekämpfung, verbunden mit einer bedeutenden Ertragssteigerung.
E. Kreuz. 940.

2-64/01-0589 Walker, William M., Pesek, John und Heady, Earl O.; Ames, Iowa, Agric. and Home Econ. Exp. Stat. Effect of nitrogen, phosphorus and potassium fertilizer on the economics of producing bluegrass forage. **(Einfluß von Stickstoff-, Phosphor- und Kalium-Dünger auf die Wirtschaftlichkeit der Erzeugung von Wiesenrispenfutter.)** Agronomy J. **55** (1963) Nr. 2. S. 193–196. – 3 Abb., 4 Tab., 12 Lit.

Zur Ermittlung der wirtschaftlichen Höhe der mineral. Düngung von Weiden wurde auf natürlichem Grünland mit einem geschlossenen Bestand von Wiesenrispengras ein Düngungsversuch mit kombinierten N-, P, und K-Gaben angelegt und der in etwa 5wöchentl. Schnitten erzielte Ertrag ermittelt. Auf der Grundlage der Ergebnisse wurde eine Gleichung aufgestellt, mit deren Hilfe es möglich ist, bei wechselnden Preisen für Dünger, Futter und Rindfleisch die optimalen N- und P-Gaben zu errechnen. Weitere Gleichungen dienen der Ermittlung der max. möglichen Düngerkosten oder der min.

Futterverkaufspreise für eine wirtschaftliche Anwendung der Düngung. Das Arbeiten mit den Gleichungen wird an Beispielen erläutert.

V. Koepke. 940.

C. Weiden

2-64/01-0590 Yarlett, L. L.; Sebring, Fla. Soil Conserv. Serv. Some important and associated native grasses on Central and South Florida ranges. **(Einige wichtige und vergesellschaftete, einheimische Gräser von Hutungen in Zentral- und Süd-Florida.)** J. Range Management **16** (1963) Nr. 1. S. 25 bis 27. — 4 Abb., 7 Lit.

Verbreitung, botan. Eigenheiten, Wachstumsverlauf, Vergesellschaftung mit anderen Arten, Leistungspotential und Futterqualität folgender, für die Waldland-Hutungen Zentral- und Süd-Floridas wichtiger, heimischer Grasarten werden besprochen: *Andropogon stolonifer*, *Aristida rhizomophora. Andropogon capillipes*, *Panicum abscissum*, *Ctenium aromaticum*, *C. floridanum*, *Sorghastrum secundum* und *Amphicarpum muhlenbergianum*. An einem Beispiel wird gezeigt, wie mit Hilfe intensiver Weidewirtschaft das Ertragspotential der genannten Gräser ausgeschöpft werden kann. E. Kreuz. 955.

2-64/01-0591 Jackobs, J. A.; Univ. of Illinois, Dep. of Agronomy. A measurement of the contributions of ten species to pasture mixtures. **(Die anteilmäßige Entwicklung von 10 Arten in Weidemischungen.)** Agronomy J. **55** (1963) Nr. 2. S. 127–131. — 2 Abb., 3 Tab., 8 Lit.

Nach Ansaat 40 verschiedener Saatmischungen, in denen wechselnde Gras- und Leguminosenanteile enthalten waren, wurden diese Ansaaten 4 Jahre lang genutzt (3–4 × /Jahr) und auf ihre Bestandszusammensetzung geprüft. — Als ausdauerndste Leguminose erwies sich die Luzerne; Ladino-Weißklee litt unter harten Wintern, breitete sich durch Selbstaussamung jedoch stets wieder aus, während Rotklee, Schwedenklee und Hornklee nach 1–2 Jahren aus den Mischungen verschwanden. Bei den Gräsern zeigte sich Knaulgras als am widerstandsfähigsten und füllte entstandene Lücken schnell aus, Deutsches Weidelgras und Wehrlose Trespe waren nicht ausdauernd und winterhart genug, während Mischungen mit Lieschgras und Rohrschwingel einen zu dünnen Bestand lieferten. — Den höchsten Ertrag in 4 Jahren lieferte Luzernegras mit insges. 18,37 t./acre. H. Pätzold. 955.

2-64/01-0592 Campbell, J. B., Swift Current, Exp. Farm. Grass-alfalfa versus grass-alone pastures grazed in a repeated-seasonal pattern. **(Luzernegras gegenüber reinen Grasweiden unter wiederholter, jahreszeitlich abgestimmter Beweidung.)** J. Range Management **16** (1963) Nr. 2. S. 78–81. — 1 Abb., 5 Tab., 7 Lit.

Ansaaten von *Agropyron cristatum*, *A. intermedium* und *Elymus junceus* wurden mit und ohne *Medicago sativa* (1 lb./acre) 6 Jahre lang von Hammeln beweidet. Festgestellt wurden täglicher Verzehr, Lebendgewichtszunahme (wöchentliche Wägung) und Pflanzenertrag. — Beim Feldgras erwies sich *E. junceus* als am ertragreichsten und ausdauerndsten, während *A. intermedium* nach 4 Jahren völlig verschwunden war und durch *A. cristatum* oder *E. junceus* ersetzt wurde. Beimengungen von Luzerne erwiesen sich als vorteilhaft (höhere Erträge an Tr.-Subst. und Rohprotein). Die Erträge sanken generell mit zunehmender Lebensdauer der Pflanzen (im Mittel von 1630 auf 580 lb./acre Tr.-Subst.), im gleichen Maße sank der Verzehr von 1320 auf 480 lb./acre, je Tier und Tag von 3,1 auf 2,05 lb., während die Gewichtszunahme/acre von 35 auf 20 lb. abnahm. H. Pätzold. 955.

2-64/01-0593 Kreuz, E.; Leipzig, Univ., Inst. für Grünland und Feldfutter. **Probleme des wirtschaftlichen Einsatzes von Beregnungsanlagen auf Wiesen und Weiden.** Wiss.-techn. Fortschr. Landwirtsch. **4** (1963) Nr. 3. S. 123–127. — 4 Abb., 20 Lit.

Als günstigster Beregnungstermin gilt für die Wiesen für den 2. und 3. Schnitt 3–4 Wochen vor dem Schnitt. Auf Weiden wird die Klarwasserberegnung zum ersten Aufwuchs für nicht notwendig erachtet, spätere Aufwüchse sollen je Umtrieb 1–4 Gaben zu 20–30 mm erhalten. Die Betriebskosten je cbm betragen bei der Reinwasserberegnung je nach Anzahl der jährl. Betriebsstd. 12–28 Pfg. Die festen Kosten belaufen sich dabei auf etwa 50 %. Um die Beregnungskosten zu decken, sind bei Reinwasserberegnung 400–800 l Milch je ha notwendig (entspr. 200–400 kStE/ha). Die Verteilkapazität soll zwischen 80 und 200 cbm/AKh liegen. Die Steigerung der Arbeitsproduktivität darf nicht zur Überlastung der Pumpenaggregate führen. Eine Pumpe mit 50 cbm Stundenleistung darf nur mit einem EKM-Mittelstarkregner des Typs PR 52/2 belastet werden. Vor Verwendung der Pumpenaggregate für die Rohrverrieselung wird gewarnt, da sich die Pumpen in kurzer Zeit wegen Überlastung festfressen. Um Druckverluste in der Rohrleitung zu vermindern, sollen wenig T-Stücke und Bogen verwendet werden. Dreieckverband verdient den Vorzug vor Quadratverband. Für Grünland sind Mittelstarkregner von Vorteil. Die höchste Arbeitsproduktivität wird bei der rollenden Beregnung erzielt. W. Schönherr. 968.

2-64/01-0594 Gjurašin, Branimir; Križevci, Höhere Landw. Schule. Prilog istraživanju zasijanih travnjaka u području prvog poljoprivrednog rejona. **(Ein Beitrag zur Erforschung angesäter Grünlandflächen im Bereich des ersten Landwirtschaftsrajons Kroatiens.)** Savremena Poljoprivreda [Novi Sad] **11** (1963) N. 3. S. 167–180. – 10 Tab., 12 Lit.
In einem Weidedüngungsversuch 1957–58 in der Niederung von Slavonske Požege (155 m NN) auf schwerem, leicht podsoliertem Lehm der pH-Zahl 4,5 mit den Versuchsgliedern 0, N_1PK und N_3PK (N_1 = 50 kg N, P = 50 kg P_2O_5 und K = 80 kg/ha K_2O) erbrachte 1 kg N in der höchsten Gabe einen Mehrertrag von 140,3 kg Grünmasse. Die aus der Pflanzenmasse errechnete Weideleistung betrug für die 3 Varianten im Mittel der zwei Versuchsjahre 3772, 5336 und 6148 kStE/ha, und der Rohproteinertrag stieg von 689 über 1089 auf 1309 kg/ha. W. Lampeter. 968.

2-64/01-0595 Sluijsmans, C. M. J.; Groningen, Inst. voor Bodemvruchtbaarheid. Bemesting van grasland met magnesium op basis van grondonderzoek. **(Magnesiumdüngung auf Grünland auf der Grundlage von Bodenuntersuchungen.)** Landbouwvoorlichting **20** (1963) Nr. 4. S. 198–205. – 3 Abb., 4 Lit.
1962 wurde in den Niederlanden in Zusammenarbeit mehrerer Institute mit dem nationalen Landwirtschaftsberatungsdienst ein Beratungsschema für Mg-Düngung auf Grünland herausgegeben. Mg-Düngung wird als Mittel zur Verbesserung der chem. Zusammensetzung des Grases betrachtet. Als Grundlagen dienten die Beobachtungen von Kemp u. a., daß der Mg-Gehalt des Blutes bei Haustieren vom Mg-Gehalt des aufgenommenen Futters abhängt und die Resultate des Boden-Pflanzen-Tier-Versuches, der in Borculo auf Sandboden gemacht worden war. In Borculo wurden positive Korrelationen zwischen dem Mg- und Humus-Gehalt des Bodens und dem Mg-Gehalt des Grases sowie zwischen Rohproteingehalt und Anteil von Kräutern im Bestand gefunden. Ein negativer Zusammenhang bestand zwischen Mg- und K-Gehalt des Bodens. Von allen gefundenen Korrelationen war allein die mit dem Humusgehalt des Bodens nicht signifikant. Vf. betont, daß das Beratungsschema erst vorläufigen Charakter hat, da allein der Versuch von Borculo als Grundlage diente. E. M. Ardelt. 968.

2-64/01-0596 Walker, Charles F. und Williams, William A.; Davis, Univ. of California. Response of annual-type range vegetation to sulfur fertilization. **(Reaktion einjähriger Steppenvegetation auf Schwefeldüngung.)** J. Range Management **16** (1963) Nr. 2. S. 64–69. – 4 Abb., 5 Tab., 15 Lit.

Auf leicht sauren Steppenböden Kaliforniens (Niederschlagshöhe 35 in., vornehmlich im Winter) wurden verschiedene N-Gaben (0, 33, 66, 132 lb./acre) mit unterschiedlicher S-Gabe gekoppelt (0, 37, 75, 150 lb./acre). Hauptbestandsbildner waren die annuellen Gräser *Bromus mollis*, *B. rigidus*, *Avena fatua*, *Festuca megalura* sowie die Kräuter *Erodium botrys* und *Hemizonia virgata*. – Der Pflanzenertrag nahm mit steigender alleiniger N-Gabe zu, wobei die Art des Düngemittels belanglos blieb, und erfuhr durch S eine weitere Steigerung, die allein auf die Gras-Komponente zurückzuführen war. Der Rohproteingehalt war bei alleiniger N-Düngung höher (um 1,4–2,3% in der Tr.-Subst.) als bei entspr. N- und S-Gabe, so daß sich dadurch das Verhältnis N:S stark veränderte (alleinige N-Gabe 1:13,7–31,7, bei N + S 1:7,0 bis 7,9). – Bei ausreichender N-Zufuhr wird eine S-Düngung als sinnvoll erachtet. H. Pätzold. 968.

2-64/01-0597 Schmutz, Ervin M., Holt, Gary A. und Michaels, Charles C.; Tucson, Arizona Agric. Exp. Stat. Grazed-class method of estimating forage utilization. **(Eine Weide-Klassifizierungsmethode zur Bestimmung der Futternutzung.)** J. Range Management **16** (1963) Nr. 2. S. 54–66. – 2 Abb., 3 Tab., 18 Lit.

Das Ziel der neuen Methode liegt in einer zeitsparenden, statistisch gesicherten Handhabung zur Ermittlung von Futteraufwuchs, Futterverzehr und Weiderest. Dazu wurde eine schwarze Tafel benutzt, auf der vorher die Wuchshöhe der dort heimischen Leitgräser von 0–100% gekennzeichnet war. Vor und nach dem Auftrieb werden nun Futterangebot und Weiderest an 100 typischen Stellen der Weidefläche an dieser Tafel abgelesen, wobei vorteilhafterweise mehrere Leitgräser (und entspr. häufigeres Ablesen) in gemischten Beständen brücksichtigt werden sollten. – Diese Methode wurde am typischen Obergras *Bouteloua curtipendula* ebenso wie am ausläufertreibenden Untergras *B. eriopoda* mit Erfolg geprüft und durch Gewichtsanalyse bestätigt. Auch ungeübte Kräfte können diese Methode erfolgreich benutzen, wenn die Zahl der Messungen 100/Grasart nicht unterschreitet. Kalkulationen zur Besatzdichte sind ebenfalls möglich. H. Pätzold. 970.

2-64/01-0598 Esfeld, G. **Höhere Leistungen in der Rinderzucht durch richtige Grünlandbewirtschaftung.** Wiss.-techn. Fortschr. Landwirtsch. **4** (1963) Nr. 3. S. 134–135. 970.

2-64/01-0599 Riegel, D. A., Albertson, F. W., Tomanek, G. W. und Kinsinger, Floyd E.; Hays, Fort Hays, Kansas State Coll. Effects of grazing and protection on a twenty-year-old seeding. **(Die Auswirkungen von Beweidung und Beweidungsausschluß auf eine 20 Jahre alte Ansaat.)** J. Range Management **16** (1963) Nr. 2. S. 60–63. – 1 Abb., 5 Tab., 2 Lit.

Auf einem 40 Jahre unter Ackernutzung stehenden Feld wurden 1941 3 Grasansaaten mit den Hauptarten *Andropogon spp.*, *Bouteloua gracilis* und *Agropyron smithii* + *Bouteloua ssp.* durchgeführt und in der Folgezeit beweidet, wobei 2 größere Parzellen von der Beweidung ausgeschlossen wurden. Nach Ablauf von 17 Jahren zeigte sich, daß sich die *Andropogon ssp.* ohne Beweidung auf 90% der Fläche ausgedehnt hatten, auf der beweideten Fläche aber fast völlig von *Bouteloua gracilis* verdrängt worden waren. Die angesäten *Agropyron spp.* behaupteten sich auf „unbeweidet" und gingen auf der beweideten Fläche zurück. Ansaaten von *Bouteloua gracilis* blieben unter jeder Nutzung bestandsbildend. H. Pätzold. 970.

2-64/01-0600 McMurphy, W. E. und Anderson, K. L.; Manhattan, Kansas Agric. Exp. Stat., Dep. of Agronomy. Burning bluestem range-forage yields. **(Futtererträge von einer abgebrannten Bartgras-Hutung.)** Trans. Kansas Acad. Sci. **66** (1963) Nr. 1. S. 49–51. – 1 Tab., 9 Lit.

Von 1929 bis 1944 wurde in zwei Versuchsreihen (Abbrennen jährlich und alle zwei Jahre) mit je 5 Varianten (Abbrennen Anfang Dezember, um den 20. März, 10. April und Anfang Mai sowie unbehandelte Variante) die Wirkung des Abbrennens auf den Futterertrag einer Bartgras-Hutung untersucht. Bei der Wiederaufnahme der Arbeiten 1953 bis 1960 wurden alle Parzellen jährlich abgebrannt. Die unbehandelte Parzelle brachte in 16 Jahren den höchsten Futterertrag, durchschnittlich 272 lb./acre. mehr als die Anfang Mai abgebrannte Variante, die im Ertrag an zweiter Stelle stand. Wesentlich für die Ergebnisse war die jährliche Niederschlagsmenge, die zwischen den Extremen von 19,38 in. 1934 und 49,58 in. 1944 lag. Deshalb wurden Bodenfeuchtemessungen durchgeführt. Die abgebrannten Parzellen nahmen etwa 50% weniger Niederschlag auf als die unbehandelten, und ihr Feuchtigkeitsgehalt wurde viel schneller verbraucht. Besonders in trockenen Jahren reduziert das Abbrennen den Futterertrag. Wenn aus irgendeinem Grunde abgebrannt werden muß, dann schadet es Anfang Mai am wenigsten. Th. Hoffmann. 970.

2-64/01-0601 *Bender, Carl B.*, Ed. **New Holland Grassland Manual.** New Holland, Pa.: New Holland Machine Company. 1962. (186 S. m. Abb.) 8°. (Grünland-Handbuch für New-Holland.) Das für die praktische Landwirtschaft des mittleren Westens der USA bestimmte Handbuch behandelt alle Seiten des Anbaues, der Nutzung und Verwertung dort üblicher Feldfutterpflanzen (Luzerne, Kleegras, Mais, Grüngetreide). Hinweise werden erteilt über Bodenuntersuchung, Saatbettbereitung, Saatgutprüfung, Sortenwahl, mineral. und org. Düngung (letztere sollte täglich ausgebracht werden), Beregnung und Unkrautbekämpfung bei Futterpflanzen. Den Hauptanteil nehmen Schilderungen einer vollmechanisierten Futterwerbung ein, wobei der Heuwerbung in einem Tag (Mahd – Stengelquetschen – Wenden – Schwaden – Einballen bei 40-45% Wassergehalt) und der Silierung die größte Bedeutung zugemessen werden. Das Nachtrocknen des Ballenheues unter Plasthaut bei Warmluftzufuhr erbringt nach 24 Std. die abs. Lagerungsfähigkeit. Aufbewahrung des Futters wie auch Entnahme aus dem Silo erfolgen vollmechanisiert (Kostenvergleiche). Die Pillierung des Futters zur besseren Mechanisierung der Fütterung wird für die Milchleistung als günstig beurteilt, die Kosten für den bäuerlichen Betrieb werden jedoch als recht hoch erachtet. Die moderne Technik erlaubt das Ernten und Zubringen des Futters an die Krippe. Weidegang wird als überholt und zu verlustreich angesehen. H. Pätzold.

2-64/01-0602 *Klapp, Ernst.* **Gräserbestimmungsschlüssel.** Bestimmen im blühenden und blühlosen Zustand, Verbreitung und Wert. Berlin; Hamburg: Paul Parey. 1963. (62 S. m. 96 Abb.) 12,5 × 19 cm. DM 6,–. Beschrieben werden 46 der wichtigsten Grasarten (echte Gramineen) des Grünlandes in Mitteleuropa. Die Auswahl erfolgte nach der vom Vf. festgestellten Häufigkeit des Vorkommens. Die botan. Kennzeichnung wird bei jeder Art ergänzt durch Angaben über Häufigkeit des Vorkommens (5 Stufen von verbreitet bis selten), Feuchtigkeitslage, Reaktionsverhältnisse, typische Pflanzengesellschaft und den Futterwert. Eine allg. Erläuterung der Merkmale wird den Ausführungen vorangestellt. Die Originalzeichnungen vom Vf. (blütenloser Zustand + Blütenstand) sind als bes. gut gelungen anzusehen. H. Pätzold.

2-64/01-0603 *Jagtenberg, W. D.* **Vijftien jaar bruto-opbrengstbepaling op grasland.** T 3.: Het verband tussen de brutto -opbrengst van grasland en de belangrijkste bodemfactoren. Wageningen: Proefstation voor de Akker- en Weidebouw. 1962. (58 S.) 4° = Proefstation voor de akker- en weidebouw. Mededeling. 73. (SR 2649, 73)

2-64/01-0604 *Krüger, B.* **Taschenbuch der intensiven Weidewirtschaft.** Eine Anlage für Weidespezialisten in LPG und VEG. Hohenzieritz/Krs. Neustrelitz: Inst. f. Landw. beim Rat. d. Bezirkes Neubrandenburg. 1963. (22 S.) 8° = Schriftenreihe zur Einführung des wissenschaftlich-technischen Fortschritts in der Landwirtschaft. 1963. H. 4. (SR 3111, 1963, 4)

IX. GARTENBAU

A. Allgemeine Literatur, Berichte, Statistiken u. a.

2-64/01-0605 Krummsdorf, A.; Leipzig, Karl-Marx-Univ., Inst. für Landschaftsgestalt. **Zehn Jahre Institut für Landschaftsgestaltung der Karl-Marx-Universität Leipzig.** Dtsch. Gartenarchitektur **1963** Nr. 2. S. 38–39.
Die Arbeit des Inst., das 1952 gegr. wurde, gilt in erster Linie der angespannten landeskulturellen Situation des Leipziger Raumes. Aufgaben sind: rationelle Flurneuordnung, Sicherung labiler Landschaftsteile durch Wind- und Wasserschutz und Erosionsbekämpfung, damit verbunden Förderung des Holzanbaues und Obstbaues, Begrünung von Öd- und Unlandflächen und allg.

biol. Fragen der Verbesserung des Landschaftshaushaltes. Die Arbeit setzt eine enge Fühlungnahme zur Planungs-, Projektierungs- und Ausführungspraxis voraus. Ab 1959 konz. man sich mehr auf Probleme der Agrarlandschaft. Die Lehrtätigkeit des Inst. hat sich ständig erweitert. Es werden Vorlesungen für Gärtner, Landwirte und Biologen gehalten, Kolloquien durchgeführt, ein Lehrbrief bearbeitet, Exkursionen durchgeführt, Lehrgänge betreut und zahlreiche Fachvorträge gehalten. – Die Forschungstätigkeit erstreckt sich auf Rekultivierung von Braunkohlenkippen, Schaffung einer Beispielflur, Zustandsuntersuchungen der Agrarlandschaft, Wirkung meliorativer und landschaftspflegerischer Maßnahmen, Mitarbeit in der SF „Rekonstruktion ländlicher Siedlungen“, Standorterkundungen und Naturschutzfragen. Abschließend wird noch auf Veröffentlichungen, Informations- und Gutachtertätigkeit des Inst. hingewiesen. U. Walter. 1001.

2-64/01-0606 Chandler, G. L. Scoresby Horticultural Research Station, official opening of the field day on 5th March, 1963. **(Scoresby — Gärtnerische Versuchsanstalt, offizielle Eröffnung am 5. März 1963.)** Fruit Wld. Market Grower **64** (1963) Nr. 4. S. 29. 31. 1001.

B. Allgemeiner Gartenbau

2-64/01-0607 Ermittlung des Einflusses klimatischer und edaphischer Faktoren auf den Entwicklungsablauf gärtnerischer Kulturpflanzen als Voraussetzung für eine Verbesserung der Kulturmethoden. Dresden-Pillnitz, Inst. Obst- u. Zierpflanzenbau Dtsch. Akad. Landwirtsch.-Wiss. Berlin Plan-Nr.: 1701 14 h/2-14. 2 S. Abschlußber. (9/7. 1963). – 6 Anlagen.
Ein ergänzender Abschlußbericht (Zusammenstellung von Veröffentlichungen) über Entstehungsbedingungen, Verlauf und Keimruhe bei verschiedenen Pflanzenarten wird gegeben. 1011.

2-64/01-0608 Vogel, G.; Großbeeren, Inst. für Gemüsebau der Dtsch. Akad. der Landwirtsch.-Wiss. zu Berlin. **Ergebnisse aus den Arbeiten der Sozialistischen Arbeitsgemeinschaft „Verwertung von Industrienutz- und -abwärme im Gemüsebau“.** Dtsch. Gartenbau **10** (1963) Nr. 4. S. 103–105. – 2 Abb., 2 Tab.
Vf. berichtet über die wichtigsten Ergebnisse zum Stand und zur Perspektive der Nutz- und Abwärmeverwertung. Als größte Industriewärmemengen fallen 0,5 Mill. m^3/h niedrig temperiertes Wasser an. Die Temperatur liegt bei über der Hälfte dieser Menge zwischen 25 °C und 35 °C. Für den größten Teil der Industriebetriebe ergibt sich dabei eine Entfernung zur nächsten, für den Gemüsebau geeigneten Fläche von 200–1000 m. Nutz- und Abwärme in Form von Warm- und Heißwasser können von den Industriebetrieben nur in geringen Mengen abgegeben werden. Trotzdem können mit dieser Dampfmenge in Höhe von 500 t/h ca. 60–70 ha Glasfläche beheizt werden. Daher wurde beschlossen, den Bau eigener Heizanlagen für größere Gewächshauswirtschaften soweit wie möglich einzuschränken und schon bei der Neuprojektierung von Kraftwerken oder anderen größeren Industriebetrieben den Aufbau von Gewächshausflächen vorzusehen. Neben der Ermittlung der Industrieabwärme wurden Grundsätze für eine rationelle Ausnutzung der Industrienutz- und -abwärme für die Beheizung von Glasflächen in der DDR ausgearbeitet. In diesen Grundsätzen wurden die Möglichkeiten der Industriewärmenutzung sowie Standortfragen behandelt. Als Industrieabwärme wurde die Wärmemenge bestimmt, die in einem Produktionsprozeß anfällt und für den Industriebetrieb selbst wertlos oder aber nur bedingt verwertbar ist. Die Wärmeenergie geht dabei in irgendeiner Form ganz oder teilweise verloren. Der Vf. geht noch kurz auf die im VEB Kraftwerk Zschornewitz gebaute erste Bodenheizanlage ein, bei der echte Abwärme in Form von Wasser mit niedriger Temperatur (25–45 °C) verwendet wird. Ch. Förtsch. 1022.

2-64/01-0609 Drews, M.; Großbeeren, Inst. für Gemüsebau der Humboldt-Univ. zu Berlin. **Die Phosphorsäurebestimmung im Laktatextrakt gärtnerischer Erden nach der Vanadat-Molybdat-Methode.** Arch. Gartenbau **11** (1963) Nr. 4. S. 313–322. – 1 Ab., 4 Tab., 17 Lit. Zus. in Russ., Engl. – nach Zus.
Zur Bestimmung der Phosphorsäure in Laktatextrakten gärtnerischer Erden befriedigt die Photo-Rex-Zinn-II-chloridmethode nicht, da hierbei sehr hohe Phosphorsäuregehalte bestimmt werden müssen. Es wurden daher die Photo-Rex-Zinn-II-chlorid-, Molybdänblau-Ascorbinsäure- und Vanadat-Molybdat-Methode an verschiedenen Erden überprüft. Mit der Vanadat-Molybdatmethode wurden die besten Ergebnisse erzielt. Die Untersuchungen ergaben, daß bei der Vanadat-Molybdat-Methode die Kieselsäure in den vorkommenden Konz. bei den sehr phosphorsäurereichen Laktatextrakten gärtnerischer Erden nicht stört und daher ein Abrauchen mit HNO_3 nicht erforderlich ist. Da die Ausbildung des Phosphorsäure- und Kieselsäurefarbkomplexes zeitabhängig ist (der Phosphorsäurefarbkomplex bildet sich im Gegensatz zum Kieselsäurefarbkomplex sofort nach Zugabe des Reaktionsgemisches aus), empfielt es sich, die Messung kurze Zeit (etwa 5 Min.) nach dem Anfärben vorzunehmen. Gelöste Huminsäuren im Laktatextrakt können bei der Vanadat-Molybdat-Methode durch Mitmessen eines Blindwertes ausgeschaltet werden. Ein Abrauchen mit HNO_3 ist nur bei extrem stark angefärbten Filtraten notwendig. Eine Arbeitsvorschrift für die Untersuchung gärtnerischer Erden mit der Vanadat-Molybdat-Methode wird gegeben. 1030.

2-64/01-0610. Webber, J., Herbert, R. F., Rothwell, J. B. und Jones, D. A.; Leeds, Nat. Agric. Advisory Serv.; Fairfield, Exp. Horticult. Stat. Losses of nutrients in drainage from glasshouse soils. **(Nährstoffverluste im Sickerwasser aus Gewächshausböden.)** Exp. Horticult. **1963** Nr. 8. S. 19–26. – 1 Abb., 7 Tab., 6 Lit.
Die Sickerverluste von NO_3-N, NH_4-N, K, Ca, Mg und Sulfat-S wurden mit Hilfe von 6 Lysimetern in einem Gewächshaus bei Tomatenanbau über einen Zeitraum von 4 Jahren bestimmt. Dabei wurden sowohl die Verluste während der Vegetationsperiode als auch die durch Winterbewässerung verursachte Auswaschung erfaßt. Auf jedem Lysimeter standen jeweils 8 Tomatenpflanzen. Die gegebenen Wasser- und Düngermengen wurden festgestellt und sind aus der Arbeit zu ersehen. Die Nährstoffverluste bei Winterbewässerung waren den versickerten Wassermengen annähernd proportional. Je 10000 gal./acre Sickerwasser gingen 6–9 lb. N, 5–6 lb. K, 30–35 lb. Ca und 3,5–5 lb. Mg verloren. Die Nährstoffverluste während der Vegetationsperioden schienen mit Ausnahme von N von der Höhe der Sickerwassermengen mehr oder weniger unabhängig zu sein. Durchschnittl. gingen hier folgende Nährstoffmengen verloren: 60 lb./acre N, 58 lb./acre K, etwa 180 lb./acre Ca und ca. 20 lb./acre Mg. Jedoch traten z. T. recht erhebliche Abweichungen von den angegebenen Werten auf. H.-G. Kaufmann. 1030.

2-64/01-0611 Pudelski, T. ‹Obserwacje nad stosowaniem kultur hydroponicznych w szklarniowej uprawie warzyw. **(Untersuchungen über die Anwendung der Hydroponik beim Gemüsebau unter Glas.)** Owoce, Warzywa, Kwiaty **3** (1963) Nr. 4. S. 13–15. – 6 Abb.
0,5 m breite betonierte, trogförmige Beete werden im Gewächshaus angelegt. Ihre Seitenwände haben eine Höhe von 18–25 cm. In Richtung des Verbinders erfolgt eine Vertiefung durch Neigung des Bodens um 3 cm/10 lfd. m. Die betonierten Sammelbecken für die Nährlösung liegen unterhalb der Oberfläche des Gewächshauses. Die Nährlösung wird in die trogförmigen Beete hineingepumpt und dort mittels Vinidurrohren verteilt, in denen 4 Reihen Öffnungen sind. Die Ausgänge der Rohre sind mit Ventilen versehen, die während der Füllung der Behälter geschlossen werden oder geöffnet, wenn die

Nährlösung in die Sammelbecken zurückfließt. Es ist schädlich, die Pflanzen länger als eine ½ Std. in dem mit Wasser gefüllten Untergrund zu belassen. Beim Bau von mehr als 25 m langen Trog-Beeten werden statt des Bodengefälles Abflußrinnen verwendet. Nachdem die jeweiligen Pflanzen geerntet worden sind, wird der Untergrund jedesmal mit einer 2%igen Formalinlösung desinfiziert, die aus dem Sammelbecken in die Beete hineingepumpt wird, 3mal muß nachgespült werden. PRL/CBR. 1060

2-64/01-0612 *Wirth, A. G.* **Höchsterträge durch Mischkultur wahlverwandter Gemüsearten und Obstsorten.** 5. neubearb. Aufl. Stuttgart: Verlag Eugen Ulmer. 1962. (127 S. m. 60 Abb. u. 66 Lit.) 8°. DM 6,60. Die vorliegende Neuauflage wurde den neusten Erkenntnissen des Mischanbaus von Gemüse und Obst angepaßt. Neben der techn. Durchführung des Mischanbaus im Garten mit den verschiedenen Leitpflanzen gibt Vf. einen Überblick über die gegenseitige Beeinflussung der Pflanzenarten, wobei bes. auf die Verträglichkeit eingegangen wird. Ferner behandelt er die Bedeutung der Bodengare für die Gesunderhaltung des Bodens und ihre Beeinflussung durch die Mischpflanzung und die richtige Fruchtfolge. Zusammenstellungen geben Aufschluß über die Obstsortenwahl zur Schaffung guter Befruchtungsverhältnisse, über Kulturfolgen und empfehlenswerte Gemüsesorten. H. Ackermann.

C. Gemüsebau

2-64-/01-0613 Untersuchungen zur weiteren Verfrühung und Steigerung des Frühgemüseanbaues und Weiterentwicklung der Agrotechnik. Großbeeren, Inst. Gemüsebau Dtsch. Akad. Landwirtsch.-Wiss. Berlin Plan-Nr.: 1701 13 h-2-05/1. 131 S. Abschlußber. (31/5. 1963).

Zur Unkrautbekämpfung unter Folienzelten konnte ermittelt werden, daß der Wirkstoff Propazin eine gute Wirkung bei Möhre erzielt. Die Anwendung des „Mulchverfahrens" bei Gurke und Blumenkohl ist mit schwarzer Folie als brauchbar zu empfehlen. Um eine Ausnutzung von Wasser mit niedrigen Wärmegraden zu gewährleisten, wurden entspr. Versuche zur Bodenheizung in Kombination mit Plastfolienabdeckung durchgeführt. Dabei zeigte sich, daß eine Ertragsverfrühung von 4 Wochen gegenüber dem Freiland erreicht wird. Um eine Ertragssicherheit, bes. bei der frühen Gurke, im MZG 0/55 zu gewährleisten, wurden verschiedene Luftheizungssysteme überprüft. Dabei zeigte sich, daß das System des freien Einblasens und Absaugens der Luft als am günstigsten eingeschätzt werden mußte. Die ersten Untersuchungen zu Deckenheizgeräten ergaben, daß diese den gestellten Forderungen nicht entsprechen. Die ersten pflanzenbaulichen Untersuchungen im 12-m-Haus ergaben gute Ergebnisse, wobei es sich um mittelspäte Kulturen handelte. Hinsichtlich der Deckenheizgeräte werden augenblicklich solche mit verbessertem Heizregister überprüft. 1101.

2-64/01-0614 Reinhold, J. und Vogel, G.; Großbeeren, Inst. für Gemüsebau der Dtsch. Akad. der Landwirtsch.-Wiss. zu Berlin. **Betriebliche Gemüselagerung in der technischen Miete.** Arch. Gartenbau **11** (1963) Nr. 5. S. 377–402. – 12 Abb., 16 Tab., 29 Lit. Zus. in Russ., Engl. – nach Zus.

Mehrjährige Versuchsergebnisse zur betrieblichen Gemüselagerung werden mitgeteilt. Die herkömmliche Erdmiete wurde nach der techn. Seite hin verbessert und im Ergebnis von Vorversuchen eine techn. Miete entwickelt. Sie wurde konstruktiv im Detail besprochen und die Ergebnisse, die im Vergleich zur Lagerung in der Erdmiete und Kohlscheune erzielt wurden, dargelegt. Die techn. Miete, die zum überwiegenden Teil aus Plaststoffen gefertigt ist, zeigt sich in Kohllagerungsversuchen der Erdmiete eindeutig überlegen und der Kohlscheune ebenbürtig. Temperatur und Luftfeuchtigkeit in der techn. Miete können im Vergleich zur Erdmiete in Anpassung an die jeweiligen Witterungsverhältnisse infolge der geschaffenen Lüftungsmöglichkeiten besser reguliert und ausgeglichener gestaltet werden. Auch besteht bei der techn. Miete die Möglichkeit einer laufenden Kontrolle und Entnahme des Lagergutes. Der Material- und Kostenaufwand wurde für die techn.

Miete mitgeteilt und der Nachweis der Wirtschaftlichkeit dieser Miete geführt. Untersuchungen die im Zusammenhang mit der Erprobung der techn. Miete durchgeführt wurden, zeigten, daß durch die Behandlung des Lagerkohls mit fungiziden Mitteln (Pentachlornitrobenzol) die Lagerverluste beträchtlich herabgesetzt werden können. 1123.

2-64/01-0615 Birke, J.; Müncheberg, Inst. für Acker- und Pflanzenbau der Dtsch. Akad. der Landwirtsch.-Wiss. zu Berlin. **Wurzelmengenbestimmung an Feldgemüse auf Schwarzerde im Anbaugebiet Calbe/Saale.** Albrecht-Thaer-Arch. 7 (1963) Nr. 7/8. S. 625–632. – 1 Tab., 11 Lit. – nach Zus.

1957–59 unter Produktionsbedingungen durchgeführte Wurzelmengenbestimmungen an Karotten, Spätmöhren, Zwiebeln und Gurken auf Schwarzerde ergaben, daß die genannten Kulturen in der untersuchten Schicht von 0–30 cm nur sehr geringe Wurzelmengen ausbilden. Die festgestellte org. Wurzeltrockenmasse von Möhren betrug im 3jährigen Durchschnitt 2,41 dt/ha, die von Zwiebeln 2,39 dt/ha und im 2jährigen Durchschnitt von Gurken 1,57 dt/ha. Zwiebeln und Möhren wiesen dabei in den einzelnen Jahren deutliche Unterschiede auf, während die Wurzelmengen von Karotten und Spätmöhren etwa gleich sind. Der höchste Wurzelgehalt aller Kulturen wurde in den Schichten 0–10 und 10–20 cm festgestellt. Eine bes. starke Abnahme der Wurzelgewichte mit zunehmender Tiefe war bei Zwiebeln zu beobachten, während Möhren und Gurken eine bedeutend gleichmäßigere Verteilung aufwiesen. Die geringen gebildeten Wurzelmengen unterstreichen die große Bedeutung der org. Düngung zur Gewährleistung eines geregelten Humushaushaltes der Schwarzerde bei starkem Feldgemüsebau. 1130.

2-64/01-0616 Drews, M.; Großbeeren, Inst. für Gemüsebau der Humboldt-Univ. zu Berlin; Inst. für Gemüsebau der Dtsch. Akad. der Landwirtsch.-Wiss. zu Berlin. **Untersuchungen zur Ermittlung von Grenzzahlen für den Kali- und Phosphorsäuregehalt der Erden im Gemüsebau unter Glas.** Albrecht-Thaer-Arch. 7 (1963) Nr. 7/8. S. 587–613. – 21 Abb., 10 Tab., 31 Lit. – nach Zus.

Vegetationsversuche wurden in Mitscherlichgefäßen und im Frühbeet zur Aufstellung von K- und P-Grenzzahlen für Kohlrabi, Stutztomate und Salat beim Anbau unter Glas durchgeführt. Die Untersuchungen wurden mit der Doppellaktatmethode nach Egnér-Riehm und der Keimpflanzenmethode nach Neubauer vorgenommen. Es zeigte sich, daß für die Untersuchung der sehr humus- und nährstoffreichen gärtnerischen Erden die Keimpflanzenmethode nicht geeignet ist, für K nur dann, wenn der Gehalt der Erde < 70 mg K_2O/100 g Erde liegt. Mit der Doppellaktatmethode erhält man gut reproduzierbare Ergebnisse. Beim K konnte zwischen den Ergebnissen der Frühbeet- und Gefäßversuche eine gute Übereinstimmung festgestellt werden, während bei P die im Gefäßversuch ermittelten Grenzzahlen etwas niedriger lagen. Die in diesen Versuchen ermittelten Grenzzahlen zeigten bei P eine annähernde Übereinstimmung mit den in der Literatur angegebenen Gruppengrenzwerten, dagegen lagen die K-Grenzzahlen niedriger. Um für die praktische Anwendung eine Aussage geben zu können, wurde aus den Ergebnissen der Gefäß- und Frühbeetversuche eine gemeinsame Grenzzahl – angegeben als Grenzbereich – für das Jungpflanzen- und Ertragsstadium festgelegt, die den Charakter von Orientierungswerten hat. 1130.

2-64/01-0617 Baumann, E. und Lepiksaar, I.; Großbeeren, Inst. für Gemüsebau der Humboldt-Univ. **Versuche zur Verwendung von schwerlöslichen Stickstoffdüngern im Gemüsebau.** Albrecht-Thaer-Arch. 7 (1963) Nr. 9. S. 733–740. – 5 Abb., 3 Tab., 12 Lit. Zus. in Russ., Engl. – nach Zus.

Jungpflanzenanzucht- und Anbauversuche zu einigen Gemüsearten mit verschiedenen schwerlöslichen N-Düngemitteln auf der Basis kondensierter Harnstoff-Aldehyde (Ureaforme) wurden durchgeführt. Bei der Gemüsejungpflanzenanzucht brachten die schwerlöslichen N-Dünger im Vgl. zu Kalkammonsalpeter keine Vorteile. Eine deutliche Förderung des Wachstums der Gemüse nach dem Auspflanzen war durch Anreicherung der Anzuchtsubstrate mit den geprüften schwerlöslichen N-Düngemitteln sowohl im Anbau unter Glas als auch im Freiland nicht möglich. Auch bei der Düngung auf dem Felde konnte mit den schwerlöslichen N-Düngemitteln kein gesichert besseres Ergebnis als mit Kalkammonsalpeter erzielt werden. Für die Anwendung derartiger Dünger im Gemüsebau sind bisher gegenüber den herkömmlichen N-Düngemitteln keine Vorteile zu erkennen. 1130.

2-64/01-0618 Rathsack, K. und Schachtschabel, P.; Hannover, TH. Inst. für Pflanzenernähr.; Inst. für Bodenkunde. **Beziehungen zwischen den Ergebnissen von Bodenuntersuchungen und der Wirkung einer P- und K-Düngung auf den Ertrag von Gemüse.** Gartenbauwissenschaft **28(10)** (1963) Nr. 1. S. 1–18. – 3 Abb., 4 Tab., 10 Lit.

Bei 54, an verschiedenen Orten mit Blumenkohl, Salat, Sellerie, Freiland-Tomate, und Tomate unter Glas durchgeführten Feldversuchen wurden Beziehungen zwischen den Erträgen und den P- und K-Vorräten des Bodens gesucht. Die Bestimmung der P- und K-Gehalte wurde mit Hilfe mehrerer Methoden vorgenommen. Bei den Böden konnte mit fast allen Methoden ein meist hoher P- und K-Versorgungsgrad festgestellt werden, der mit rel. geringen Ertragssteigerungen bei der P- und K-Düngung in Einklang stand. – Zwischen den P-Werten der Bodenuntersuchung und den rel. Mehrerträgen sowie den K-Werten der Böden für den Bereich von 20–60 mg K_2O/100 g Boden (DL-Methode) und den Ertragssteigerungen wurden keine Beziehungen gefunden. Die durch P- und K-Düngung erzielten Mehrerträge ließen sich jedoch teilweise statistisch sichern und waren für K auch wirtschaftlich bedeutungsvoll. Vff. empfehlen daher, regelmäßig P und K zu düngen. Es wird vorgeschlagen, bezüglich des P- und K-Gehaltes gemüsebaulich genutzter Böden die in der Arbeit angegebenen landwirtsch. Richtwerte anzuwenden. H.-G. Kaufmann. 1130.

2-64/01-0619 Baumann, E.; Großbeeren, Inst. für Gemüsebau der Humboldt-Univ. zu Berlin. **Die organische Düngung als wichtige Maßnahme zur Steigerung der Bodenfruchtbarkeit.** Dtsch. Gartenbau **10** (1963) Nr. 1. S. 8 bis 10. – 4 Abb., 1 Tab., 9 Lit.

Nach Erläuterung der Bedeutung der org. Düngung für den Gemüsebau, wird der Bedarf an org. Düngemitteln für den Feldgemüsebau aufgezeigt. Es werden im 2jährigen Rhythmus 300 dt/ha Stalldung bzw. 600 dt/ha Kompost empfohlen. Ferner werden Hinweise über die Möglichkeiten der Gewinnung von org. Düngemitteln an Hand von verschiedenen Beispielen aus praktischen Betrieben gegeben, z. B. die Kompostierung von Müll und Klärschlamm, die Verwertung des Materials der Straßenränder und -gräben und die Verwertung von „abgebadetem Moor“. K. Krüger. 1130.

2-64/01-0620 Freymüller, Hubert. **Anbau- und Spurenelementprüfung bei Buschbohnen und Sellerie auf abgetorftem, mineralisiertem Niedermoor und ähnlichen Standorten.** Süddtsch. Erwerbsgärtner **17** (1963) Nr. 27. S. 781–783. – 6 Abb.

In 3 Versuchsjahren (1959–61) wurde auf Niederungsmoorboden des Versuchsgutes Schleißheim bei München der Einfluß der Spurenelemente Mn und B auf Ertrag und Qualität des Erntegutes bei einigen Buschbohnen- und Selleriesorten geprüft. Die Mn-Behandlung erfolgte durch mehrmalige Spritzung von $MnSO_4$ auf das Blatt (1,7–2%ig bei 600 l Wasser/ha). B wurde in Form von Boraxgrieß 25 kg/ha bei Buschbohne kurz vor dem Auflaufen, bei Sellerie Ende Juni gegeben. Die Versuche ergaben bei Buschbohne, daß

zur Erzielung von Höchsterträgen eine Mn-Behandlung erforderlich ist. Mn ergab eine Ertragserhöhung auf rel. 114 zu unbehandelt im Mittel aller Versuche und Sorten. Die Reife wurde leicht verzögert. Durch B wurde eine Ertragsdepression bei geringer Verfrühung der Reife erzielt. Die Sorten reagierten unterschiedlich. Für Anbau und Behandlung bes. geeignet waren: 'v. W. Favorit', 'Sotexa' und 'Schreibers Grandimuna'. Negativ reagierte die Sorte 'Corneli'. Bei Sellerie wurde durch die Behandlung von Mn und B nur bei der Sorte 'Oderdörfer' eine Ertragssteigerung festgestellt. Die anderen geprüften Sorten zeigten keine Wirkung. Der Schorfbefall wurde durch beide Spurenelemente erhöht und wird vom Kalkgehalt des Bodens beeinflußt. Die Hohlherzigkeit wurde durch die B + Mn-Behandlung oder B-Behandlung gemindert. Auch bei Sellerie zeigte sich eine starke sortenunterschiedliche Reaktion. Während die Sorten 'Oderdörfer' und 'Wiener Markt' sich für den Anbau und die Behandlung als geeignet erwiesen, waren 'Magdeburger Markt' und 'Hilds Neckarland' ungeeignet. Eine Behandlung mit B und Mn wird unter Beachtung der Anbaurichtlinien und Sorten für Niederungsmoorböden bei Buschbohne und Sellerie als lohnend empfohlen
P. Hahn. 1130.

2-64/01-0621 Bäz, H.; Nossen, Zentralstelle für Sortenwes. **Erfahrungen mit 'Likorischko'.** Dtsch. Gärtnerpost **15** (1963) Nr. 20. S. 3. — 1 Abb.

Über Anbauversuche der Weißkohlsorten 'Likorischko 7', 'Likorischko Bjalo', 'Glückstädter Mittelfrüher' und 'September' wird berichtet. In dem sehr trockenen Jahr 1959 brachte die bulgarische Sorte 'Likorischko 7' einen 20% höheren Ertrag als die Vergleichssorte 'Glückstädter Mittelfrüher'. 1960 brachte 'Likorischko Bjalo' einen Ertrag von rel. 70 zu 'September' 100 und 'Glückstädter Mittelfrüher' 143. In der Entwicklungszeit war 'Likorischko', 1960 gleich 'Glückstädter Mittelfrüher', 1959 14 Tage später erntereif. In Sortierung und Qualitätsmerkmalen der geernteten Köpfe konnten die 2 geprüften Herkünfte von 'Likorischko' die Vergleichssorten nicht erreichen. Die Sorte 'Likorischko' wird auf Grund der in Nossen, auf Lehmboden gewonnenen Versuchsergebnisse für trockenere Lagen, jedoch nicht für die typischen Kohlanbaugebiete empfohlen. P. Hahn. 1131.

2-64/01-0622 Skąpski, Henryk; Skierniewice, Zakład Warzywnictwa IUNG. Najlepsze odmiany kalafiorów na wczesny zbiór. **(Die besten frühen Blumenkohlsorten.)** Owoce, Warzywa, Kwiaty **3** (1963) Nr. 2. S. 7–8. — 1 Abb.

Auf Grund von Versuchen wurde eine Reihe von Sorten empfohlen. Die Frühbeetsorte aus Mor hat senkrecht wachsende Blätter, was einen engen Stand der Pflanzen ermöglicht. Die Blumen sind klein und neigen beim Anbau im Freiland zu „Knöpfigkeit". Die frühen Sorten 'Pionier' und 'Master' eignen sich zum Anbau im Frühjahr und Herbst. 'Pionier' ist sehr resistent gegenüber ungünstigen Boden- und Klimabedingungen. 'Stella Nova' ist qualitativ weniger gut als die vorgenannten 2 Sorten. Die mittelfrühe 'Zealandia' zeichnet sich durch gute Qualität der Blumen und wenig Neigung zu „Knöpfigkeit" aus, sie hat weiße, große und geschlossene Blumen. Sie eignet sich zum Anbau im späten Frühjahr oder im Herbst. Neue Sorten wie 'Quick', 'Erfurter 150', 'Brio', 'Idol' u.a. haben qualitativ gegenüber den Vorgenannten keine Vorzüge aufzuweisen. PRL/CBR. 1132.

2-64/01-0623 Fajkowska, Helena; Skierniewice, Zakład Warzywnictwa IUNG. Uprawa skorzonery. **(Der Anbau von Schwarzwurzel [Scorzonera L.].)** Owoce, Warzywa, Kwiaty **3** (1963) Nr. 5. S. 8. — 1 Abb.

Gegenüber der Vorfrucht ist die Schwarzwurzel nicht bes. empfindlich, bildet hingegen selbst eine gute Vorfrucht für Gemüse. Sie kann an 2 Terminen gesät werden, im März und Apr. zur Ernte im Herbst oder im Aug. zur Ernte im Frühjahr des folgenden Jahres. Die Abstände der Reihen sollen 30–40 cm, in der Reihe 8–10 cm betragen. Die Ernte mit der Hand erfolgt so, daß längs der Reihe, dicht neben den Wurzeln, ein kleiner 30–40 cm tiefer Graben ausgehoben wird. Von der anderen Seite der Reihe werden die Pflanzen samt der Erdscholle mittels eines Spatens oder einer Grabegabel angehoben und in den Graben gekippt. Unter günstigen Bedingungen erreichen die Erträge 200 dt/ha. PRL/CBR. 1145.

2-64/01-0624 Haworth, F. und Cleaver, T. J.; Wellesbourne, Warwick, Nat. Vegetable Res. Stat. The effects of the uptake of different amounts of potassium on the rate of growth of carrot seedlings. **(Der Einfluß der Aufnahme verschiedener Mengen Kalium auf die Wachstumsgeschwindigkeit von Möhren-Sämlingen.)** J. horticult. Sci. **38** (1963) Nr. 1. S. 40–45. – 2 Tab., 5 Lit.
In einem bereits früher durchgeführten Feldversuch hatte man beobachtet, daß Möhren-Sämlinge auf den mit Stallmist gedüngten Parzellen schneller wuchsen als auf solchen, die nur Mineraldünger erhielten. Die vorliegende Arbeit bringt entspr. bei der chem. Analyse von Sämlingen gewonnene Ergebnisse. Es zeigte sich, daß Möhren-Sämlinge aus den mit Stallmist gedüngten Parzellen mehr K enthielten als solche aus den übrigen Varianten. In einem Gefäßversuch mit steigenden K-Gaben erhöhte sich das Trockengewicht der Sämlinge deutlich mit steigendem K-Gehalt im Nährmedium und mit steigendem K-Gehalt der oberirdischen Pflanzenteile. Obwohl auch auf den nur mineral. gedüngten Parzellen des Feldversuches kein K-Mangel nachgewiesen werden konnte, wird angenommen, daß die größere Aufnahme von K durch die Sämlinge auf den Stallmistparzellen weitgehend für ihr schnelleres Wachstum verantwortlich war. H.-G. Kaufmann. 1146.

2-64/01-0625 Gaakeer, J.; Wageningen, Proefstat. voor de Akker en Weidebouw. De reactie van radijszaad op enkele teeltmethoden. **(Die Reaktion von Radiessamenträgern auf einige Kulturmethoden.)** Landbouwvoorlichting **20** (1963) Nr. 3. S. 137–140. – 2 Tab., 7 Lit.
Versuche mit Anhäufeln, bzw. verschiedenen Standweiten in mehreren Jahren ergaben, daß die Standfestigkeit stärker durch die Bestandsdichte als durch das Anhäufeln beeinflußt wird. Dabei wird die Bestandsdichte von der Menge des ausgebrachten Saatgutes (2, 4, 6, 8, 10, 12 kg/ha) bestimmt. Trotz lückigen Standes waren 2 kg/ha Saatgut in allen Versuchsjahren am besten (22 bis 13 Pflanzen/m² im Vergleich zu 74–58 Pflanzen/m² bei 10 kg/ha). Für praktische Verhältnisse sind 5 kg/ha zu empfehlen. Die Saatguterträge (jährlich sehr stark differierend) lagen bei niedrigeren Aussaatmengen pro ha höher und wurden ebenfalls durch Anhäufeln günstig beeinflußt (Saatguterträge je nach Versuchsjahr und -frage 507–1313 kg/ha). B. Spender. 1152.

2-64/02-0626 Lindemann, A. und Schickedanz, F.; Fünfhausen, Hamburg. Gartenbauversuchsanst. **Bodenentseuchungs- und Düngersteigerungs-Versuch bei Sellerie.** Süddtsch. Erwerbsgärtner **17** (1963) Nr. 25. S. 725–726. – 3 Tab.
In einem kombinierten Düngungs- und Bodenentseuchungsversuch zu Sellerie sollte die Wirkung des Bodenentseuchungsmittels Terabol (Methylbromid) (**I**) im Vergleich zu Kalkstickstoff (**II**) geprüft werden. Bei Terabolanwendung wurden gleichzeitig die Düngergaben variiert. Es kamen jeweils 5 kg von **I** oder 20 kg von **II** je 100 m² zur Anwendung. **I** wurde einen Monat, **II** knapp 2 Monate vor der Pflanzung ausgebracht. **I** wirkte stark herbizid. Eine unkrautbekämpfende Wirkung von **II** war vermutlich wegen der zeitigen Anwendung nicht deutlich nachweisbar. Die mit **I** oder **II** behandelten Varianten erwiesen sich gegenüber „unbehandelt" mehr oder weniger deutlich überlegen. Bei gleichen Düngergaben wurden nach Anwendung von **I** gegenüber **II** höhere Erträge und eine bessere Sortierung festgestellt.
H.-G. Kaufmann. 1158.

2-64/01-0627 Kartaloff, P.; Plovdiv, Bulgarien, Landwirtsch. Hochschule „W. Kolaroff", Abt. Gemüse und Zierpflanzen. **Prüfung einiger in- und ausländischer Gurkensorten und ihrer F_1-Kreuzungen unter Glas.** Arch. Gartenbau **11** (1963) Nr. 5. S. 325–338. — 11 Abb., 9 Tab., 6 Lit. Zus. in Russ., Engl. — nach Zus.
3 Jahre wurden die Gurkensorten 'Stara-Zagoraer Langi, 'Orion', 'Arader Form Muresch' und 'Saranda' sowie die beiden F_1-Kreuzungen 'Orion × Stara-Zagoraer Langi' und 'Stara-Zagoraer Langi × Spiers' beim Anbau unter Glas geprüft. Die Sorte 'Orion' zeichnete sich durch die beste Frühreife und den höchsten Ertrag aus, während 'Arader Form Muresch' und 'Saranda' die geringsten Erträge brachten und am spätesten reiften. An Qualitätsfaktoren wurden bes. Fruchtform, Gelbwerden der Schale, Vitamin- und Zucker- sowie Tr.-Subst.-Gehalt und Geschmack ermittelt. Die erwähnten F_1-Kreuzungen waren jeweils besser als der schlechtere Kreuzungspartner, aber schlechter als der bessere Elter. 1162.

2-64/01-0628 Smith, Francis L. und Pryor, Richard H. Effects of maximum temperature and age on flowering and seed production in three bean varieties. **(Einfluß der maximalen Temperatur und des Alters auf Blüten- und Samenproduktion von 3 Bohnensorten.)** Hilgardia [Berkeley, Calif.] **33** (1962) Nr. 12. S. 669–687. — 12 Abb., 9 Tab., 6 Lit.
Über einen 4jährigen Bohnenversuch mit 8 Pflanzzeiten und 5 Sorten wird berichtet, von denen jedoch nur 3 Sorten ('Small White', 'Sutter Pink', 'California Red') statistisch ausgewertet wurden. Folgende Werte wurden festgestellt: die max. Temperatur des Tages vor der Blüte, des Blühtages und des Tages nach der Blüte, Ertrag, prozentualer Fruchtansatz, Bohnen pro Hülse sowie Alter der Pflanzen bei Blühbeginn. Für jede mögliche Beziehung zwischen den einzelnen Faktoren wurden Regression und Korrelation errechnet. Die höchsten Erträge brachten Pflanzungen von Mitte Juni bis Mitte Juli. Hohe Temperaturen, bes. z.Z. der Vollblüte, führten zu geringerem Fruchtansatz, weniger Bohnen je Hülse und häufigem Absterben der Blüten. Im Ertrag und im Fruchtansatz am niedrigsten lag die Sorte 'Small White', sie hatte auch die wenigsten Bohnen pro Hülse. 'California Red' war in jeder Hinsicht die erfolgreichste Sorte. A. Mügge. 1170.

2-64/01-0629 Metel'kova, T. A.; Leningrad, Shdanow-Univ. Trechsemjadol'naja fasol' (Phaseolus vulgaris L.). **(Eine dreikeimblättrige Gartenbohne [Phaseolus vulgaris L.].)** Botaničeskij žurnal, Moskva–Leningrad 48 (1963) Nr. 1. S. 99–100. — 2 Abb., 6 Lit.
Bei Aussaat von *Phaseolus vulgaris* trat eine Pflanze mit 3 Keimblättern und mit später 3 ersten Laubblättern auf. Morphol. und anat. Einzelheiten dieser Pflanze werden beschrieben und die Entstehungsmöglichkeiten derartiger Formen besprochen. In der nächsten Generation trat dieses Merkmal nicht wieder auf (5 Samen wurden ausgesät und keimten). Das Auftreten dreikeimblättriger Pflanzen kann neben theoretischem Interesse auch eine praktische Bedeutung durch die Fixierung dieses Merkmals in der Nachkommenschaft haben, da eine korrelative Beziehung zwischen der Dreikeimblättrigkeit und gesteigerter Pflanzenmasse beobachtet wurde. Entspr. Ergebnisse aus der Lit. werden zitiert. H. Jank. 1170.

2-64/01-0630 Love, J. und Finch, C. G. Trials with runner and climbing French bean varieties, 1957–60. **(Versuche mit Feuerbohnen und grünen Stangenbohnen, 1957–60.)** Exp. Horticult. **1963** Nr. 8. S. 78–83. — 1 Abb., 2 Tab., 3 Lit.
Vff. führten 1957–60 Anbauversuche mit Feuerbohnen (Phaseolus coccineus L.) der Sorten 'Streamline', 'Kelvedon Marvel', 'Princeps', 'Prizewinner', 'Crusader' und 'Czar' sowie der grünen Stangenbohne 'Blue Lake No. 228' durch. Es handelt sich in allen Fällen um handelsübliche Sorten. Die an-

gegebenen Kulturmethoden weichen nicht von den üblichen ab. Die Versuchsparzellen bestanden z. T. aus sandigem Lehm mit tonigem, z. T. aus feinsandigem Lehm mit kiesigem Untergrund. An Schädlingen traten auf, ohne ernsthafte Schäden hervorzurufen: Rote Spinnmilbe (*Tetranychus telarius* L.), Schwarze Bohnenlaus (*Aphis fabae*) in der Parzelle Efford im Jahre 1959; im nassen Sommer 1960, ebenfalls in Efford, *Botrytis cinerea* Fr. Anfälligste Sorte war 'Blue Lake'. Gesät wurde in der Zeit vom 13.–16. Mai, Erntebeginn zwischen 20. Juli und 12. Aug., Ernteende zwischen 25 Sept. und 26. Okt. Es werden 3 Güteklassen angeführt: 1. Extra Selected R, Hülsen nicht kürzer als 7 in., davon 90% rel. gerade; 2. Selected R, Hülsen nicht kürzer als 4½ in., davon 75% rel. gerade; Non Standard, Hülsen kürzer als 4½ in. Die Sorten 'Streamline' und 'Prizewinner' brachten die höchsten Erträge bei den langhülsigen Sorten. Bei einem Durchschnittsertrag von 12,8 tons/acre der Sorte 'Streamline' brachten die übrigen Sorten folgende prozentualen Erträge: 'Prizewinner' 99%, 'Kelvedon Marvel' 110%, 'Princeps' 108%, 'Crusader' 91%, 'Czar' 95%, 'Blue Lake' 78%. Die Zahlen für die einzelnen Güteklassen werden nicht angegeben. Die Erträge der Stangenbohne 'Blue Lake' waren stark durch klimatische Bedingungen beeinflußt. Sie brachten gute Erträge in warmen, schlechte in kühleren Jahren. E. Kiehne. 1170.

2-64/01-0631 Haworth, F.; Wellesbourne, Warwick, Nat. Vegetable Res. Stat. The effects of different manurial treatments on the yield and mineral composition of runner beans (Phaseolus multiflorus). **(Der Einfluß verschiedener Düngung auf Ertrag und mineralische Zusammensetzung von Feuerbohnen [Phaseolus multiflorus].)** J. horticult. Sci. **38** (1963) Nr. 1. S. 26–39. – 1 Abb., 7 Tab., 5 Lit.
Die Wirkung und Nachwirkung einer Düngung mit Stallmist (30 tons/acre), Torf (8 tons/acre) und Mineraldünger auf Ertrag und mineral. Zusammensetzung von Feuerbohnen wurde in einem faktoriellen Feldversuch auf sandigem Lehmboden untersucht. Im Jahr der Anwendung war Stallmist deutlich überlegen. In der Folgezeit verringerten sich die Unterschiede und waren im 3. Jahr nach der Anwendung nahezu verschwunden. Mögliche Ursachen für die abweichende Wirkung der benutzten Düngemittel werden diskutiert. Durchgeführte Pflanzenanalysen lieferten keine Anhaltspunkte dafür, daß die höheren Erträge in den mit Stallmist gedüngten Parzellen auf eine stark abweichende Nährstoffversorgung hätten zurückgeführt werden können. Nur der K- und Mg-Gehalt der Blätter und der K-Gehalt der Hülsen wurden durch die Düngung stärker beeinflußt. Jedoch war eine Beziehung zwischen diesen Gehalten und dem Ertrag nicht nachweisbar. H.-G. Kaufmann. 1170.

2-64/01-0632 Cooper, A. J.; Littlehampton, Glasshouse Crops Res. Inst. A consideration of the seasonal trends in the growth of the fruit of glasshouse tomato plants in relation to day-length. **(Eine Betrachtung des jahreszeitlichen Verlaufs im Wachstum der Früchte von Tomate unter Glas in Beziehung zur Tageslänge.)** J. horticult. Sci. **38** (1963) Nr. 2. S. 95–108. – 8 Abb., 3 Lit.
In wöchentlichen Intervallen wurden Stufenaussaaten bei Tomate ('Potentate') 56 Wochen durchgeführt, an denen die jahreszeitlich und pflanzenphysiol. bedingte Dynamik des Fruchtwachstums studiert wurde. Als Maßstab des Fruchtwachstums diente die wöchentliche Zuwachsrate (wöchentliche Differenz des Fruchtvolumens der Früchte an der Pflanze plus dem der geernteten Früchte). Die Pflanzenentwicklung ließ sich unabhängig von den äußeren Einflüssen in folgende Perioden einteilen: 1. Von der Keimung bis zum Beginn der Fruchtentwicklung (**I**), 2. eine anfängliche Verzögerung in der Fruchtvolumenzunahme (**II**), 3. eine starke Steigerung (**III**), 4. abfallender Zuwachs (**IV**) und 5. Aufhören des Zuwachses (**V**). **I** wurde durch die mittlere Tageslänge während dieser Periode bestimmt. Die Fruchtentwicklung begann erst bei mittleren Tageslängen von 10–10,5 Std. (früheste Fruchtent-

wicklung nach 50 Tagen im 16-Std.-Tag beendet). Wenn die wöchentliche, anfangs geringe Zunahmerate 50 cm^3/Woche überschritten hatte, nahm das Fruchtvolumen für längere Zeit stetig stärker zu. **II** dauerte unterschiedlich, je nachdem die Pflanzen mittleren Tageslängen über oder unter 11,5 Std. ausgesetzt waren. (3–10 Wochen bei langem, 5–30 Wochen bei kurzem Tag). Bei Pflanzen, bei denen hohe Zuwachsraten vor Mitte Mai begannen, stieg die tägl. Zuwachsrate mit steigender Tageslänge und fiel dann. Die Pflanzen, die nach Mitte Mai mit **II** begonnen hatten, zeigten eine steigende Zuwachsrate trotz fallender Tageslänge. Die max. Zuwachsraten waren in der 2. Jahreshälfte ab Mitte Mai zu beobachten. **IV** setzte zwischen Juni und Nov. ein, jeweils nach der max. Produktion. Ansteigende mittlere Tageslänge während **III** ergab eine ansteigende wöchentliche Zuwachsrate. **IV** und **V** traten ausgeprägt während der Zeit der geringsten Tageslänge bei jungen Pflanzen auf (bei älteren zwischen Nov. und Mai) und hörten auf bei beiden, (alten und jungen Pflanzen), wenn die Tageslänge die Nachtlänge zu übersteigen begann. Die Wachstumsraten aller Aussaatdaten zeigten eine generelle Beziehung zur jahreszeitlich bedingten mittleren Tageslänge.

B. Spender. 1176.

2-64/01-0633 Tamássy, I. A paradicsom hidegtűrő képességének növelése irányitott neveléssel. **(Steigerung der Kälteresistenz der Tomate.)** Kísérletügyi Közlemények, Kertészet [Mitt. landwirtsch. Versuchsstellen Ungarns, Gartenbau] **55/C** (1962) Nr. 1. S. 39–58. – Aus: Ung. Agrar-Rdsch. **1963** Nr. 3.

Samen einer Frucht der Sorte 'Lucullus' wurden 10 cm tief gelegt. Jungpflanzen wurden im Frühjahr niedrigen Temperaturen und der Wirkung von kurzen Frühjahrsfrösten ausgesetzt. Die auf diese Weise erzielten, aus einer einzigen Beere stammenden Pflanzen wiesen bereits in der ersten Generation große Unterschiede in bezug auf Farbe, Beerengröße und -form auf. Es kamen verschiedene Varianten mit lila und roten, flachen und kugelförmigen, glatten und gelappten Beeren zustande. 12 Typen wurden ausgewählt, bei denen, im Vergleich zur Ausgangssorte, eine Heterosiswirkung zu beobachten war. Die Varianten, vor allem der Typ F12, beginnen gleichzeitig mit der mittelfrühen Sorte 'Turul' zu reifen. Der Ertrag des Typs F12 übertrifft aber den der Sorte 'Turul' um etwa 10% und ist beinahe so hoch wie der der Konservensorte 'Kecskemét-363'. Der Ascorbinsäuregehalt der einzelnen Typen übertrifft im Durchschnitt der 3 Jahre den der Standardsorten 'Turul' und 'Kecskemét-363'. Einer der Typen ('T-17') enthielt 41 mg% Ascorbinsäure. Die Freilandergebnisse und Laborversuche zeigten, daß Kälteresistenz und Frosthärte der erzeugten Typen bzw. Stämme die der bekannten Sorten weit übersteigen. Der Typ 'T-12' hält z. B. als Keimling im Freiland Fröste von −2 bis −3 °C aus. Auch in der Dürrefestigkeit übertreffen die erzielten Typen die Sorten 'Kecskemét-363' und 'Turul'. Diesen Umstand beweisen auch Freilandversuche mit Aussaat an Ort und Stelle. Unter den 12 verschiedenen Typen war eine weitere Spaltung nur bei 2 Typen zu beobachten, während die übrigen 10 sowohl morphol. als auch biochem. für konstant zu betrachten sind. 1176.

2-64/01-0634 Dimitrov, G. Vlijanie na sroka na seitba vŭrchu njakoi rastežni i reproduktivni projavi na domatite. **(Der Einfluß des Aussaattermins auf einige Wachstums- und Reproduktionserscheinungen der Tomate.)** Trideset godini Naučnoizsledovatelski institut za zelenčukovi kulturi „Marica". Jubileen sbornik – Plovdiv, Sofja **1962** S. 215–242. – 8 Abb., 8 Tab., 20 Lit.

1958–60 wurden Versuche mit den Sorten 'Rutgers' – spät, 'Nr. 10 × Bison' – früh und 'Nr. 10 × Rutgers' – mittelfrüh und der Sorte 'Isobilie' – mittelfrüh durchgeführt. Der Aussaattermin für Frühtomate ist der 5.–10.

Febr., für die mittelfrühen Sorten der 15.–20. März und für die Spätsorten der 1.–5. und 15.–20. Apr. bei einer Düngung von 40 t Stallmist, der bei der Winterfurche eingebracht wird und einer 2maligen Kopfdüngung mit je 150 kg Ammoniumnitrat und 300 kg Superphosphat je ha bei der ersten Bearbeitung, wenn die Früchte einen Dmr. von 1,5–2 cm erreicht haben. Es wurde festgestellt, daß die Pflanzen bei früher und mittelfrüher Aussaat eine große oberirdische Masse entwickeln und entspr. Früchte. Der Ertrag von einer Pflanze der frühesten Aussaat (5.–10. Febr.) wird für alle Sorten mit 100% angenommen. Die Sorte 'Rutgers' lieferte bei der spätesten Aussaat einen Ertrag von nur 26,4%, 'Nr. 10 × Bison' – 49,2%, 'Nr. 10 × Rutgers' – 45,2% und 'Isobilie' – 32,2%. Die Pflanzen der frühen Aussaat erreichen das max. Gewicht in 165–180 Tagen, die mittelfrühen in 135–150 Tagen und die späten in 90–120 Tagen. Es wird darauf hingewiesen, daß die Heterosissorten bei späten Aussaatterminen eine rel. geringere Senkung des Gewichtes der oberirdischen Masse und der Früchte zeigten. NRB/ZSNTI. 1176.

2-64/01-0635 Harrison, D. J.; Effort, Exp. Horticult. Stat. Incidence of hollow fruit in tomatoes under glass. **(Das Auftreten hohler Früchte bei Tomate unter Glas.)** Exp. Horticult. **1963** Nr. 8. S. 12–18. – 4 Abb., 3 Tab., 7 Lit.
An der Sorte 'Potentate' wurden im Frühanbau unter Glas auf Guernsey Untersuchungen über Auftreten und evtl. Ursachen hohler Früchte durchgeführt. Von den Früchten wurden Gewicht und Volumen (durch Wasserverdrängung) festgestellt. Es wurden keine Beziehungen gefunden zwischen Anteil großer bzw. kleiner (infertiler) Samen pro Frucht und hohlen bzw. normalen Früchten, Samenzahl bzw. Samengewicht und hohlen bzw. normalen Früchten. Der größte Anteil hohler Früchte trat am 3. Blütenstand auf. Mit steigendem Tr.-Subst.-Gehalt der Blätter fiel der Anteil hohler Früchte. An Pflanzen mit stärkerem Auftreten hohler Früchte zeigten sich auch andere Abweichungen in Blüten- und Fruchtbildung wie verzögerte Blüte, Blütenfall, langsamerer Ansatz. Der Nährstoffgehalt des Bodens hatte keinen Einfluß. Virus-infizierte Pflanzen (TM-Virus) hatten deutlich mehr hohle Früchte, diese Krankheit kann deshalb als ein Faktor für die Fruchtveränderungen angesehen werden. B. Spender. 1176.

2-64/01-0636 Timov, Angel und Vladimirov, Boris. Agroproizvodstveni i chimiko-technologičeski proučvanija na njakoi novi cheterozisni i drugi sortove domati za konservnata promišlenost. **(Agronomische und chemisch-technologische Untersuchungen einiger neuer Heterosissorten und anderer Tomatensorten für die Konservenindustrie.)** Selskostopanska nauka, Sofija **1**(7) (1962) Nr. 11. S. 1173–1188. – 1 Abb., 11 Tab., 13 Lit. Zus. in Russ., Engl.
1959–61 wurden Untersuchungen der Tomatensorten 'Rutgers × Kecskemet 363', 'Rutgers × Sarja' und 'Kecskemet 363' mit 'Rutgers' als Standard durchgeführt. Es wurde festgestellt, daß die neuen Sorten 8–10 Tage früher reifen und ertragreicher im Vergleich zum Standard sind. 'Rutgers × Kecskemet 363' ist am frühreifsten und ertragreichsten. Die Früchte dieser Hybridsorte sind groß, von intensiver roter Farbe, haben keinen grünen Ring am Stiel, platzen nicht, sind fleischig mit süßem Geschmack und Aroma, mit einem hohen Tr.-Subst.-, Zucker- und Vitamingehalt. Diese Sorte ist am geeignetsten für die Herstellung von Tomatenpüree und Konzentraten. 'Rutgers × Sarja' unterscheidet sich von den anderen Sorten durch Früchte mit einem grünen oder gelben Ring am Stiel, bei ihrer Verarbeitung wandelt sich das Chlorophyll in Phäophytin um, was dem Konz. eine orange Färbung und einen herben Geschmack verleiht. Die Früchte der Sorte 'Kecskemet' sind nicht für den Transport geeignet, und die Sorte 'Rutgers' bleibt in allen Kennziffern hinter der Kombination 'Rutgers × Kecskemet 363' zurück.
NRB/ZSNTI. 1176.

2-64/01-0637 Jannaccone, Amedeo; Catania, Univ. degli Studi, Ist. di Agronom. Gen. e Coltivazioni Erbacee. Direttive e compiti del miglioramento genetico nella coltivazione del pomodoro a mensa in Sicilia. **(Ziele und Aufgaben der genetischen Verbesserung der Tomate für den Anbau auf Sizilien.)** Sementi Elette [Milano] **9** (1963) Nr. 3. S. 186–195. 1176.

2-64/01-0638 Latyšev, G. Tomaty. **(Tomaten.)** Sel'skoe chozjajstvo Sibiri, Omsk **7** (1962) Nr. 2. S. 46–48. – 1 Tab.
Anzucht und Kultur der Treibtomate werden beschrieben, wobei auf die richtige Bodenzusammensetzung und Art der Kopfdüngung während der einzelnen Entwicklungsstadien bes. Wert gelegt wurde. Die Aussaat wird im Dez. vorgenommen, die Pflanzen dann 8 × 8 pikiert und unter Zusatzbelichtung herangezogen (vom 25. Dez. bis 15. Febr.). Das Auspflanzen erfolgt auf sandigem Lehmboden 70 × 70 × 40 cm. Anfangs betragen die Temperaturen 20–25 °C, später werden sie auf 15–17 °C gesenkt. Die Luftfeuchtigkeit beträgt 50–60%, die Bodenfeuchtigkeit 85%. Die Einhaltung einer konstanten Bodenfeuchtigkeit nach der Entwicklung der 4.–5. Traube wird als bes. wichtig erachtet. Die Untersuchungen erstreckten sich auf 3 Neuzüchtungen. Die erste Sorte mit 110–125 g schweren Früchten brachte einen Ertrag von 13,5 kg/m² Gewächshausfläche, die 2. mit 80–92 g schweren Früchten 12,6 kg/m² und die 3. Sorte mit 190–500 g schweren Früchten 11,3 kg/m².
I. Tunger. 1176.

2-64/01-0639 Solov'ev, P. Racional'nye priemy vygonki rassady. **(Rationelle Verfahren bei der Anzucht von Jungpflanzen.)** Kartofel' i ovošči, Moskva **8** (1963) Nr. 2. S. 23–24. – 1 Tab.
Die Benetzung von Tomatensamen mit einer 1%igen $MnSO_4$-Lösung (Dauer 48 Std.) bescheunigte die Reife der Früchte, steigerte den Ertrag um 10% und den Gehalt an Ascorbinsäure um 5,5 mg%. Mit dem Abhärten der Jungpflanzen begann man 8–10 Tage vor dem Auspflanzen ins Freie. Dieses Verfahren bestand darin, daß am Tage in den Frühbeetkästen eine Temperatur von 17–22 °C gehalten wird, die man in der Nacht auf 8–14 °C senkt. Sinkt die Außentemperatur unter 0 °C, so müssen die Fenster mit Matten zugedeckt werden. Durch diese „Abhärtung" wurde gegenüber der Kontrolle ein Mehrertrag von 38,1% erzielt. Durch Kopfdüngung der Tomatenjungpflanzen mit einer Gabe von 687,5 cm³ Azotobakterin je 12500 Pflanzen konnte der Ertrag an marktfähiger Ware um 10% gesteigert werden, wobei sich der Gehalt an Tr.-Subst. um 0,9% gegenüber der Kontrolle erhöhte.
E. Kahn. 1176.

2-64/01-0640 Borkowski, J. Jak wyprodukować ładną doniczkową rozsadę pomidorów nie mając doniczek ani doniczkarki. **(Die Anzucht von Tomatenjungpflanzen mit Ballen im Direktaussaatverfahren.)** Hasło ogrodniczo-rolnicze **20** (1963) Nr. 4. S. 131–132. – 1 Abb. PRL/CBR. 1176.

2-64/01-0641 Murtazov, T. Vlijanie na podchranvaneto vŭrchu dobiva i stopanskite kačestva na domatite za ranno polsko proizvodstvo. **(Einfluß der Kopfdüngung auf Ertrag und Wirtschaftlichkeit beim feldmäßigen Anbau der Frühtomate.)** Naučni trudove. Visš selskostopanski institut „Vasil Kolarov". Lozaro-gradinarski fakultet, Plovdiv **12** (1962, hrsg. 1963) S. 47–61. – 8 Tab., 9 Lit. Zus. in Russ., Dtsch.
1954–59 wurden Düngungsversuche zu den Tomatensorten 'Nr. 10 × Bison' durchgeführt. Es wurden pro ha 120 kg N als Ammonsalpeter, 180 kg P als Superphosphat, 120 kg K und 15 t Stalldung furchenweise verabreicht. Der 6jährige Durchschnitt der Tomatenerträge bis zum 25. Juli bei Frühtomate betrug für die Kontrolle (Streudüngung mit NPK vor der Auspflanzung) 100% = 580 dt/ha, bei der Variante einmalige, reihenweise, mit der Auspflanzung verabreichte NPK-Düngung 3,1% mehr, bei der Variante ½ NPK-

Düngung, reihenweise bei der Auspflanzung und ½ bei beginnender Fruchtfärbung ebenfalls reihenweise verabreicht – 3% mehr und bei der Variante 3malige NPK-Düngung zusammen mit dem Stalldung 3,5% mehr. Gegenüber der Kontrolle wurde die Frühreife um 3,9% erhöht. Als die günstigste Düngungsart wird die mittels 4–6 cm breiter, 6–8 cm von den Pflanzen entfernt auf der einen Dammseite liegender Streifen bezeichnet. Den höchsten wirtschaftlichen Nutzen brachte die einmalige, 4–6 cm tief, unmittelbar nach der Auspflanzung eingebrachte Mineralkopfdüngung. Nach Vorfrucht 2jähriger, umgebrochene Luzerne erhöht eine Gabe von Mineraldünger und Stalldung den Ertrag selbst bei hohen Gaben nicht und beschleunigt auch die Reife nicht. Die unterschiedlichen Düngungsvarianten bewirkten keine Erhöhung von Gewicht und Tr.-Subst. der Früchte. K. Tschanew. 1176.

2-64/01-0642 Manczak, M. Tani sposób palikowania i wiazania pomidorów. **(Ein billiges Verfahren zum Stäben und Anbinden der Tomate.)** Hasło ogrodniczo-rolnicze **20** (1963) Nr. 2. S. 54.
Bei dem neuen Verfahren zum Stäben und Anbinden der Tomate werden die niedrigen Sorten in Beete mit 80 und 50 × 40 cm Abstand gepflanzt. Bei hochwüchsigen Sorten betragen die Abstände 80 × 60 cm. In den nahe beieinander liegenden Reihen werden die Pflanzen wechselständig gepflanzt. Zwischen diesen Reihen werden in 2,8 m Abständen 110 cm lange Pflöcke eingerammt. Längs der Reihen wird weicher, 2 mm starker Draht gezogen und mit Klammern oben an den Pflöcken befestigt. Die Pflanzen 2er Reihen werden mit Schnüren an den Draht gebunden. Für 2- bis 3triebig gezogene Tomaten werden 2 Schnüre benötigt. Die Reihen sollen von Norden nach Süden ausgerichtet sein, damit alle Pflanzen, die an den gleichen Draht gebunden sind, die gleichen Lichtbedingungen haben. Dieses Verfahren ist billig und die Arbeit geht rasch, denn das 2. oder 3. Anbinden beruht auf dem Herumlegen des Triebes um die Schnur oder auf dem Hinüberwerfen über den Draht. PRL/CBR. 1176.

2-64/01-0643 Fukala, Eduard. Možnosti využití plastických hmot (fólií) v zahradnictví-polyetylénové rukávce. **(Möglichkeiten der Ausnützung von Kunstoffolien im Gartenbau [Polyäthylenschläuche].)** Vědecké Práce výzkumného Ústavu zelinářského Olomouci **2** (1963) S. 149–160. – 4 Abb., 3 Tab., 5 Lit. Zus. in Russ., Dtsch.
Eine ausführliche Beschreibung der Vorrichtung zur Erwärmung des Bodens zwischen den Gemüsereihen mit Abwärme (Wasser mit niedrigen Wärmegraden), das durch Polyäthylenschläuche fließt, wird gegeben. Diese Methode kann durch eine leichte Schutzbedeckung aus Polyäthylenfolie ergänzt werden. Es wurde ein Versuch mit Salatpflanzen durchgeführt, bei dem 50 cm breite Polyäthylenschläuche in eine flache Rinne zwischen den Salatreihen gelegt wurden. Die Temperatur des Wassers betrug 40,5 °C. Die Bodenwärme wurde in einer Tiefe von 10, 6 und 3 cm gemessen. Es zeigte sich, daß sie in einer Entfernung von 9 cm vom Schlauch um 2–3 °C höher war als auf der Kontrollparzelle. Die Lufttemperatur war in einer Höhe von 20 cm über der Beetoberfläche etwa um 1,2 °C höher als über dem Kontrollbeet.
ČSSR/ÚVTI. 1182.

2-64/01-0644 Steinberger, Josef; Wien, Bundesanst. für Pflanzenbau und Samenprüf. **Eine neue Methode zur Unterscheidung der Allium-Arten am Samen.** Angew. Bot. **37** (1963) Nr. 1/2. S. 7–13. – 9 Lit. Zus. in Engl.
Zwischen Saatgut von *Allium cepa*, *A. schoenoprasum* und *A. porrum* bestehen nur geringfügige Größenunterschiede, eine Trennung von vermischtem Saatgut dieser 3 Arten ist auf mechanischem Wege nicht möglich. Keimlinge von *A. schoenoprasum* unterscheiden sich von solchen von *A. cepa* und *A. porrum* bereits nach 9täg. Keimung. Sie werden gequetscht und NH_3-Dämpfe darüber geblasen. Unter einer Quarzlampe fluoreszieren sie dann intensiv schwefelgelb

im Gegensatz zu *A. cepa* und *A. porrum*, deren Keimlinge bei gleicher Behandlung hellblau bis grünblau aufleuchten. Eine Unterscheidung von *A. cepa* und *A. porrum* ist mit Hilfe von 10–12 Tage alten grünen Jungpflanzen möglich. Die Jungpflanzen werden gequetscht und mit NH_3-Dampf behandelt, es leuchten die von *A. ccpa* schwefelgelb, die von *A. porrum* blaugrün auf.
F. Fabig. 1193.

2-64/01-0645 Fröhlich, H. und Friedrich, R. **Fortschritte im Porreeanbau.** Dtsch. Gärtnerpost **15** (1963) Nr. 19. S. 3. – 1 Abb., 3 Tab.
Die Erzeugung von Porree ist von 1952–61 zurückgegangen. In den letzten Jahren sind zur Ausweitung des Porreeanbaus im Sortiment und in der Anbaumethodik gute Fortschritte erzielt worden. Die gute Vorfruchtwirkung des Porree bes. für Weißkohl, Spinat, Buschbohnen und Sellerie wird durch Versuchsergebnisse belegt. Für die Pflanzung wird eine Reihenweite von 41,7 cm und Einsatz der Pflanzmaschine empfohlen, zur Pflege Ackerbürste, Unkrautstriegel und als chem. Unkrautbekämpfungsmittel W 6658, 2–2,5 kg/600 l Wasser je ha spritzen, wenn die Porreepflanzen Bleistiftstärke haben. An Hand von Versuchsergebnissen wird das Sortiment diskutiert. Die in Bulgarien gezüchtete Sorte 'Kamusch' zeigt als Herbstporree eine überragende Leistung. Diese Sorte brachte fast den doppelten Ertrag wie die Sorte 'Carentan', besitzt einen langen Schaft, läßt sich leicht putzen und bringt nur geringen Putzabfall. 'Kamusch' verträgt nur kurzfristig Temperaturen von -5 bis -6 °C und ist als Sommerporree einzustufen. Ein erweiterter Anbau mit dieser Sorte für Herbsternte wird empfohlen.
P. Hahn. 1194.

2-64/01-0646 Litchfield, J. H., Overbeck, R. C. und Davidson, R. S.; Columbus, O., Battelle Memorial Inst., Biosci. Div. Factors affecting the growth of morel mushroom mycelium in submerged culture. **(Faktoren, die das Wachstum von Morchel-Pilzmycel in Tauchkultur beeinflussen.)** J. agric. Food Chem. **11** (1962) Nr. 2. S. 158–162. – 2 Abb., 6 Tab., 21 Lit.
Versuche zur Gewinnung von Protein durch die Kultur von Pilzmycel in Tauchkultur wurden durchgeführt. Als Pilze wurden *Morchella hortensis*, *M. crassipes* und *M. esculenta* verwendet. Die Nährlösung der Tauchkultur bestand aus Glucose, Lactose bzw. Maltose unter Zusatz von Ammoniumphosphat und K-Phosphat u. a. Die Versuchsergebnisse lassen erkennen, daß von den 3 überprüften Pilzen für die praktische Gewinnung von Protein nur *Morchella hortensis* in Frage kommt, da dieser Pilz bei Glucose, Maltose und Lactose die höchsten Proteinerträge bringt. Dieses Verfahren soll eine Verwertung von Maltose-, Glucose- bzw. Lactose-haltigem Abfallmaterial ermöglichen. K. Krüger. 1198.

2-64/01-0647 Eger, Gerlind; Hamburg-Volksdorf, Max-Planck-Inst. für Kulturpflanzenzücht. **Zur Champignonkultur.** Dtsch. Gartenbauwirtsch. **11** (1963) Nr. 4. S. 85–86. – 2 Abb., 8 Lit.
Zur Ermittlung der optimalen $CaCO_3$-Mengen bei der Verwendung von Torf bzw. Torfmischungen als Deckerde bei der Champignonkultur wurden in Petrischalen Versuche durchgeführt. Die Ergebnisse lassen erkennen, daß bei einer Zugabe von 5 g Schlämmkreide je l Torf eine lebhaftes Mycelwachstum einsetzt, bei 25 g Schlämmkreide beginnt eine Verlangsamung. Während bei 25 g Schlämmkreide-Zugabe eine starke Zunahme der Zahl der Fruchtkörperanlagen beobachtet wird, tritt ab 125 g eine Verringerung der Fruchtkörperanlagen ein. Auf Grund der Untersuchungsergebnisse wird die Empfehlung ausgesprochen, dem Torf nur soviel $CaCO_3$ beizugeben, bis der pH-Wert sich durch weitere Zusätze nicht mehr verändert. K. Krüger. 1198.

2-64/01-0648 Franken, E.; Hamburg, Dtsch. Wetterdienst, Agrarmeteorol. Versuchs- und Beratungsstelle. **Zum Raumklima bei Champignons.** Dtsch. Gartenbauwirtsch. **11** (1963) Nr. 6. S. 126–128. – 5 Abb.

Zur Überprüfung der Beziehungen der Meßergebnisse in Augenhöhe aufgestellter raumklimatischer Meßapparate mit den tatsächlichen allg. raumklimatischen Werten in Champignonkulturräumen wurden 3jährige vergleichende Messungen durchgeführt. Die Ergebnisse lassen erkennen, daß zwischen den überprüften Aufstellungsorten in 9 und 255 cm Höhe bei Temperatur und Luftfeuchtigkeit im Mittel rel. geringe Unterschiede auftreten. In weiteren Versuchen wurde der Temperaturverlauf in einem Humus- und einem Sandkulturkasten überprüft. Es zeigte sich, daß die anfänglichen Temperaturunterschiede von 3–4 auf 0,6–1,0 °C zurückgehen.

K. Krüger. 1198.

2-64/01-0649 *Karmacsi, Bertalan.* **A káposztafélek termesztése.** (Kohlsorten für den Anbau.) 2., überarb. u. erg. Aufl. Budapest: Mezögazdasági kiadó. 1962. (223 S.) 8°. (1962 A 1634)

2-64/01-0650 **A nagyüzemi zöldsegtermesztés szervezése.** (Die Organisation des Gemüseanbaues in Großbetrieben.) Budapest: Mezögazdasági kiadó. 1962. (146 S.) 8°. (1962 A 1641)

D. Obstbau

2-64/01-0651 Schuricht, R.; Dresden-Pillnitz, Inst. für Obst- und Zierpflanzenbau der Dtsch. Akad. der Landwirtsch.-Wiss. zu Berlin. **Einige pflanzenbauliche Probleme des Obstbaus im Lichte der internationalen Forschung und Praxis.** Obstbau [Berlin] **3** (1963) Nr. 6. S. 82–86. – 2 Lit.

Vf. stellt die grundlegenden Erkenntnisse von Wissenschaft und Praxis der im Obstbau fortgeschrittenen Länder dem gegenwärtigen Stand in der DDR gegenüber. 2 wesentliche Gebiete werden behandelt: 1. Bei den Pflanzsystemen entspricht die Rechteckpflanzung in Verbindung mit engen Pflanzabständen und geeigneter Kronenerziehung dem internationalen Stand. Man erzielt frühzeitig hohe Erträge, durch hohe Bestandsdichte höchste Flächenleistung und einen schnellen Umtrieb. 2. Die Bodenpflegesysteme entwickelten sich je nach Standort unterschiedlich und dürften grundsätzlich in der DDR klar sein (Offenhalten des Bodens, im Sommer Gründüngungseinsaat). Auf die Reserven der Bewässerung wird hingewiesen. Auf dem Gebiet der Düngung werden die verschiedensten Fragen bearbeitet. Die angewendeten Düngermengen sind in der DDR im Durchschnitt zu gering. Es wird auf die Notwendigkeit der Entwicklung der Forschung durch physiol. und andere neuartige Forschungsmethoden hingewiesen. M. Umhauer. 1201.

2-64/01-0652 Hilkenbäumer, F.; Bonn, Inst. für Obstbau. **Möglichkeiten des Obstabsatzes.** Erwerbsobstbau **5** (1963) Nr. 5. S. 90–91. – 1 Abb., 2 Lit.

Um im internationalen Wettbewerb um den Obstmarkt in Westdeutschland zu bestehen, muß das Obst mit noch besserer Qualität erzeugt, besser für den Markt hergerichtet und zum richtigen Zeitpunkt angeboten werden. Hinsichtlich der Geschmacksqualität erreichen die wesentlichen deutschen Anbaugebiete bei Äpfeln das Optimum. Die einzelnen Handelsstufen versuchen, immer mehr Funktionen auszuüben, z. B. Verkauf der Ernte am Baum im Gebiet Ferrara, dabei Übernahme des Pflanzenschutzes und Bestimmung des Erntetermins durch Händler. Andererseits hat sich die Lagerfunktion vom Großhandel zum Erzeugerbetrieb bzw. zur Erzeugergenossenschaft verschoben; ähnliches ist in Nordrhein-Westfalen auch beim Sortieren und Verpacken zu beobachten. Auch die Direktbelieferung von Einzelhändlern bzw. Fabrikbelegschaften durch den Erzeuger hat sich stellenweise eingebürgert; ferner gibt es Erzeugerläden. Die Hauptaufgabe der Erzeugergenossenschaften ist im Zusammenführen von Händler und Erzeuger zu sehen. Erwünscht sind feste Abnahmeverträge zwischenErzeuger und Händler.

R. Schuricht. 1201.

2-64/01-0653 Cahoon, G. A. und Morton, E. S.; Riverside, Univ. of California, Citrus Exp. Stat. An apparatus for the quantitative separation of plant roots from soil. **(Ein Apparat zur quantitativen Trennung der Pflanzenwurzeln vom Boden.)** Proc. Amer. Soc. horticult. Sci. **78** (1961) S. 593–596. 1201.

2-64/01-0654 Walker, David R. Reducing fruit tree breakage. **(Die Verminderung des Bruches bei Obstbäumen.)** Utah Farm Home Sci. **24** (1963) Nr. 1. S. 16. 28. 1201.

2-64/01-0655 Gorin, T. I.; Unions-Forsch.-Inst. für Forst- und Bodenmeliorat. Transpiracija u plodovych derev́ev letom. **(Die Transpiration der Obstbäume im Sommer.)** Vestnik sel'skochozjajstvennoj nauki, Moskva **8** (1963) Nr. 4. S. 114–117. – 1 Abb., 5 Tab., 5 Lit. Zus. in Engl., Franz., Dtsch.
Die Transpiration der Blätter, Sprosse und Zweige verläuft um so intensiver, je besser die Wasserversorgung gesichert ist. Jede Obstkultur hat eine spez. untere Grenze der optimalen Bodenfeuchtigkeit. Da beim Unterschreiten dieser Grenze eine Schwächung der Pflanze eintritt, muß die Bewässerung auf diesen Wert abgestimmt werden. Das meiste Wasser benötigt die Pflaume. Ihr folgen Quitte, Apfel, Birne, Kirsche und Aprikose. S. Frei. 1201.

2-64/01-0656 Aa. Christensen, Svend **Rentabilität im dänischen Obstbau.** Dtsch. Gartenbauwirtsch. **11** (1963) Nr. 6. S. 117–119. – 6 Abb., 1 Tab.
Von 1956–61 wurde eine 16 ha Demonstrationsanlage auf Fünen hinsichtlich ihrer Wirtschaftlichkeit untersucht. Aus einem ausführlichen Bericht (vgl. „Rentabilitet i frugtavl, 1, Demonstrationsfrugtplantage Fyn" **1962** 64 S. m. 49 Abb.) werden hier einige Kennziffern herausgegriffen. – Der Betrieb baut nur Äpfel an, Sorten: 'Ingrid Marie' und 'Cox Orangen'. Der 5jährige Durchschnittsertrag der Gesamtanlage lag bei 141,1 dt/ha (60–70% der Fläche im Vollertrag). 86% der Ernte werden genossenschaftlich abgesetzt. Der mittlere Umsatz lag bei 10975 dkr/ha. – Am Gesamtaufwand waren die einzelnen Kostenstellen wie folgt beteiligt: direkte Produktionskosten 24,8%, indirekte Produktionskosten 10,7%, errechnete Produktionskosten (Abschreibungen u. a.) 22,0%, Absatz 42,5%. M. Reichel. 1213.

2-64/01-0657 Lott, Richard V.; Urbana, Univ. of Illinois. A look at the Western apple industry. **(Ein Blick auf die westliche Apfelerzeugung.)** Trans. Illinois State horticult. Soc. **96** (1962) Nr. 107. S. 111–120.
Im Rahmen einer Studienreise durch die westlichen Apfelerzeugungsgebiete der USA wurde zunächst Bedeutung und Verbreitung einiger rotgefärbter, frühreifender Mutanten untersucht. Obgleich einige sich früher kräftig rotfärbten, war keiner der Mutanten eher reif als 'Delicious'. Über die Baumeigenschaften war noch nicht genügend bekannt. Es wird über eine Sortiermaschine mit selbsttätiger Auslese auf Fruchtfärbung durch eine photoelektrische Zelle (Tagesleistung 5400 bu.), über Reifestandards ('Gravensteiner' 10,5% lösliche Tr.-Subst.), Erfahrungen mit schwachwachsenden Unterlagen, Verpackungs- und Lagerungstechnik berichtet. Auch die Gaslagerung gewinnt zunehmend an Bedeutung. M. Brauns. 1213.

2-64/01-0658 Sarret, Yvan. L'arboriculture dans les Hautes-Alpes. **(Der Obstbau in den Hochalpen.)** Arboricult. fruitière [N.S.] **10** (1963) Nr. 111. S. 22–23. 25. 27. – 4 Abb., 4 Tab., 2 Lit.
Die Früchte aus dem Gebiet der Hochalpen erfreuen sich großer Beliebtheit, weil ihre Beschaffenheit bes. anspricht. Die Anlagen befinden sich in einer Höhe von 520–1200 m in den Tälern der Durance, des Buëch und in der Übergangszone um den Gapencais. Juli und Aug. sind die Monate mit den höchsten Temperaturen, wo es wenig regnet und die Erde schnell austrocknet. Die Wasservorräte werden im Winter nur teilweise ergänzt, so daß die Bewässerung für den Obstbauer dieser Gegend sehr wichtig ist. Die Sonneneinstrahlung hat für die Beschaffenheit der Früchte große Bedeutung. Als

Unterlagen bewähren sich bei den Äpfeln bes. 'Doucin', bei den Birnen Quitte. Von verschiedenen Apfelsorten ('Canada', 'Golden', 'Red' und 'Starking Delicious' ,'Pointues') scheint 'Pointues' als Lokalsorte für die dortigen Bedingungen sehr geeignet zu sein. An Birnensorten werden angebaut: 'Williams', 'Gute Luise', 'Alexandrines', 'Passe Crassane', 'Royale' und 'Curé'. An mikroklimatisch bes. geeigneten Standorten pflanzt man auch Pfirsiche, Aprikosen, Pflaumen und Nüsse an. Für die Früchte können wegen ihrer erstaunlichen Färbung und ihrer zarteren Schale höhere Preise erzielt werden als für das Obst aus den Anlagen der Umgebung. Der größte Teil der Ernte (z. Z. ungefähr 31 000 t) wird gelagert. Kühllager gibt es noch wenig. Die Obstbauer der Hochalpen müssen sich zusammenschließen, um Anbau und Lagerung gemeinsam zu organisieren. L. Dreibrodt. 1213.

2-64/01-0659 Greenhalgh, W. J., Holbeche, J. A. und Whittaker, E. C. The programme at Bathurst Experiment Farm. **(Der Arbeitsplan des Versuchsgutes Bathurst.)** Agric. Gaz. New South Wales **74** (1963) Nr. 1. S. 10–14. 18. – 3 Abb.

Der Arbeitsplan sieht die Schaffung von standort- und marktgeeigneten Sortenneuheiten vor. Neuheiten werden beschrieben und ihre Quellen angeführt. Bei Apfel sind 'Bonser', 'Canterbury', 'Starkrimson', 'Hi-Early', 'Royal Red', 'Richared', 'Redbow', 'Stark Earliest' und 'Earliblaze' wegen ihrer lebhafteren Farbe als entspr. reifende Sorten interessant. Ein Birnentyp und 2 Blutpflaumensorten befinden sich im Test. Die Pfirsichsorten 'Earlyvee', 'Somervee', 'Starking Delicious', 'Burbank July Elberta', 'Redhaven', 'Southland', 'Late J. H. Hale', 'Glenalton' werden besprochen und importierte Pfirsichsorten genannt. D. Stump. 1218.

2-64/01-0660 Erprobung der Apfel- und Pflaumenunterlagen von Prof. E. Maurer, Berlin-Dahlem, und Selektionen neuer frostharter und bestandssicherer Obstunterlagen. Dresden-Pillnitz, Inst. Obst- u. Zierpflanzenbau Dtsch. Akad. Landwirtsch.-Wiss. Berlin Plan-Nr.: 1701 14 h/2–23/6. 92 S. Abschlußber. (9/7. 1963). – 39 Abb.

Sämlings -und Klonausgangsmaterial von Kreuzungsnachkommen aus Wildformen × *Malus*-Unterlagen bzw. Edelsorten wurde selektiert. Es hat sich gezeigt, daß Wildarten und ihre Unterformen für die Gewinnung von vegetativ vermehrbaren Apfelunterlagen der mittleren Wuchsgruppe wenig geeignet sind. Die Sprühvermehrung gestattet gegenüber der Mutterbeetvermehrung eine schnellere Materialausweitung von Klonen zum Zwecke einer Prüfung und baldigen Selektion. Über die Prüfung auf Bewurzelungsfähigkeit, Affinität und Frostresistenz werden bisherige Teilergebnisse mitgeteilt. Austriebs-, Triebabschlußverhältnisse und vorzeitige Triebbildung wurden nach einzelnen Gruppen erfaßt. 1222.

2-64/01-0661 Metzner, Rudolf. **Die Längskrone.** Obstbau [Stuttgart] **82** (1963) Nr. 3. S. 45–46.

Zur Verkürzung der ertragslosen Zeit wird die Durchführung von geeigneten Schnittmaßnahmen empfohlen. Für diese ist der Aufwand an Arbeit je Flächeneinheit und die Möglichkeit der Alternanzabschwächung entscheidend. Nach einer kurzen Besprechung der Rundkrone wird auf die Vorteile der Längskrone eingegangen. Der einzige erwähnte Nachteil ist die Notwendigkeit, sie an einem Drahtrahmen heranzuziehen. Im einzelnen wird der Aufbauschnitt der Längskrone ausführlich beschrieben, wobei die Änderungen gegenüber dem bisherigen Kronenaufbau angegeben werden. W. Groh. 1222.

2-64/01-0662 Boer, W. C.; Wageningen, Landbouwhogeschool, Inst. voor Bewaring en Verwerking. **Kosten und Verluste bei der Kühllagerung von Kernobst.** Erwerbsobstbau **5** (1963) Nr. 4. S. 68–71. – 1 Abb., 4 Tab.

Die Lagerungskosten sind i. allg. bekannt und setzen sich aus festen und variablen Kosten zusammen. Letztere sind von der eingelagerten Menge abhängig. Es wird empfohlen, auch die Lagerungsverluste als Kosten zu betrachten. Dazu müssen sie vorher meßbar sein. Die Gewichtsverluste stellen einen ziemlich konstanten Faktor dar. Schwieriger ist der Qualitätsabfall zu berechnen. Da die Qualitätseinbuße sehr stark von Einlagerungsqualität, Art, Sorte und Herkunft der Früchte abhängig. ist, können die hierfür angegebenen Werte nicht als abs. angesehen werden. Die Lagerungsverluste, bes. die Qualitätsverluste, müssen für die Lagerungsdauer mit ausschlaggebend sein. M. Umhauer. 1223.

2-64/01-0663 Holfelder, E. und Eid, K. **Zur Klärung der Sortenfrage bei der Herstellung von Sauerkirsch-Süßmost.** Flüssiges Obst **30** (1963) Nr. 7. S. 22–23. 25–26. – 2 Tab.
Im Anschluß an frühere Arbeiten über die Eignung verschiedener Sauerkirschsorten für die Mostherstellung wurden von Vff. Versuche über die Saftausbeute bzw. Ergiebigkeit bei den einzelnen Sorten angestellt. Neben dem Saftreichtum wurden dabei Säuregehalt sowie Beziehungen des Steinanteiles am Fruchtgewicht zur Saftausbeute festgestellt. Geprüft wurden 10 Sauerkirschsorten, die auf Grund des günstigen Säuregehaltes für die Süßmostbereitung zu bevorzugen sind. Dazu wurden die Sorten 'Köröser' und 'Ostheimer Weichsel', die sich in den Voruntersuchungen als weniger geeignet erwiesen hatten, in Vergleich gestellt. An der Spitze der Ergebnisse dieser Versuche steht 'Heimanns Rubinwechsel'. W. Groh. 1225.

2-64/01-0664 Shallenberger, R. S., LaBelle, R. L. und Moyer, J. C. Upgrading commercial packs of Rhode Island Greening apple slices. I. Maturity and processing studies. **(Verbesserte Handelspackungen von 'Rhode Island Greening'-Apfelscheiben. 1. Mitt. Reife- und Verarbeitungsstudien.)** New York State horticult. Soc., Proc. annu. Meeting Nr. **106** (1961) S. 72–78. – 5 Abb., 1 Tab.
'Rhode Island Greening'-Äpfel verschiedener Erntezeitpunkte wurden auf ihren äußeren und inneren Wert für die Verarbeitung zu Apfelscheibenkonserven untersucht. Eine Verzögerung des Erntetermins bis in den Okt. ergab eine Farbänderung von mattgrün zu gelb und eine Geschmacksverbesserung von „sehr sauer" bis zu einem gutausgewogenen Apfelgeschmack.
D. Stump. 1225.

2-64/01-0665 Curtis, O. F. Upgrading commercial packs of Rhode Island Greening slices. II. Crop gain from delayed harvest. **(Verbesserte Handelspackungen von 'Rhode Island Greening'-Apfelscheiben. 2. Mitt. Ertragsvorteil durch verzögerte Ernte.)** New York State horticult. Soc., Proc. annu. Meeting Nr. **106** (1961) S. 78–83. – 1 Abb., 4 Tab. 1. Mitt. vgl. vorst. Ref.
Wird die Ernte von 'Rhode Island Greening' von Mitte Sept. bis Anfang Okt. verzögert, um eine hohe Qualität von Apfelscheiben in West New York zu erlangen, erhöht sich das Gewicht der Früchte vom 13. Sept. bis 4. Okt. um durchschnittl. 20%. Nach Abzug des Fruchtfalles in diesen 3 Wochen beträgt der Nettozuwachs etwa 17%. Neben der Zunahme des Gesamtertragsgewichtes und des Umfangs der Früchte nimmt auch der Wert des Ertrages zu.
D. Stump. 1225.

2-64/01-0666 Reinken, G.; Bonn, Univ., Inst. für Obstbau. **Der Einfluß verschiedener Faktoren auf die Transpiration von Obstgehölzen.** Erwerbsobstbau **5** (1963) Nr. 2. S. 21–22. – 4 Tab., 9 Lit.
Die Transpiration der Obstgehölze wird von einer Anzahl Faktoren maßgeblich beeinflußt. Unterschiede werden u.a. durch Obstart, Bestandsdichte, Gesamtblattfläche, Witterung, mineral. Düngung und Humusversorgung hervorgerufen. Die je kg gebildete Tr.-Subst. verdunstete Wassermenge (Transpirationskoeff.) liegt bei den Obstgehölzen unter der landwirtsch. Kulturpflanzen und etwa in der gleichen Größenordnung wie bei Forstgehölzen.
W. Fiedler. 1230.

2-64/01-0667 Friedrich, G. und Schmidt, G.; Halle, Martin-Luther-Univ., Inst. für Obst- und Gemüsebau. **Weitere Untersuchungen über das assimilatorische und respiratorische Verhalten der Obstgehölze.** Arch. Gartenbau **11** (1963) Nr. 3. S. 209–245. – 19 Abb., 37 Lit.
Eine verbesserte Apparatur zur Prüfung der Assimilationsleistung und Atmungsintensität von Blättern wird beschrieben. – Am Morgen geschnittene Blätter zeigen steigende, nachmittags geschnittene sinkende Assimilation, nachts geschnittene tendenzlose Abweichungen. Unterschiedliche Standortbedingungen können Veränderungen in der abs. Höhe, jedoch nicht im Assimilationsrhythmus bewirken. Da klimabedingte Impulse auch in der Assimilationskammer noch zum Ausdruck kommen, können Rückschlüsse auf die Größenordnung der Assimilation der am Baum befindlichen Blätter gezogen werden. An warmen Tagen mit großer Strahlungsintensität ist die Assimilation geringer als an kühlen Tagen. Bes. nach Süden gerichtete Blätter sind in ihrer Leistung gehemmt. An kühlen und bedeckten Tagen sind keine Unterschiede zwischen den Himmelsrichtungen zu erkennen. Die Assimilationsbereitschaft nimmt vom Morgen zum Nachmittag ab. Das Assimilationsvermögen ist bei den Sorten verschieden. Bedingt durch verstärkte Atmung ist die Nettoassimilation bei jungen Blättern geringer als bei älteren. N-Mangel und N-Überschuß bewirken in der Regel eine Senkung der Nettoassimilationsrate. Während bei P die Verhältnisse ähnlich liegen, sind sie mit anderen Nährstoffen unklar. Es wird festgestellt, daß ausreichend und harmonisch mit Nährstoffen versorgte Blätter die höchste Nettoassimilation aufweisen und gegenüber Temperaturanstieg die geringste Abnahme zeigen.
M. Umhauer. 1230.

2-64/01-0668 Colmant, Jacques M. Contrôle de fertilisation en arboriculture. **(Kontrolle der Fruchtbarkeitsfaktoren im Obstbau.)** Arboricult. fruitière [N. S.] **10** (1963) Nr. 111. S. 18–21. – 10 Tab.
Physiol. Beobachtungen an Obstbäumen ergänzten chem. Untersuchungen der Blätter. Erstere ergaben, daß die Eigenheiten der Organe nicht verändert sie selbst nicht verjüngt werden können. Blattanalysen zeigten unterschiedliche Mineralstoffgehalte nicht nur der Obstarten und -sorten, sondern auch der gleichen Obstsorte in Abhängigkeit von Unterlage und Alter. Die Blätter spiegeln die Nährstoffreserven wider, über die ein Baum zu Beginn der Vegetation verfügt. Junge Pfirsichblätter von Bäumen des gleichen Standortes enthielten u.a. mehr N, aber weniger Asche und Kationen. Dagegen war in den älteren Blättern mehr Kalk vorhanden. Zwecks Beweiskraft der Methode wurde hauptsächlich der Pfirsich untersucht, weil 5jährige Versuche im Labor, Vegetationsbeobachtungen, Ertragsermittlungen, Nährstoffgaben etc. vorlagen. Die Boden- und Pflanzenanalyse soll die notwendige Ergänzung der subjektiven Beobachtungen darstellen. Außerdem werden Blattanalysen einiger junger, aber voll entwickelter Apfel- und Birnenblätter angegeben, deren Ausgangsmaterial kurzfristiger beobachtet, aber charakteristisch sei. Vf. weist darauf hin, daß Blattanalysen wichtig seien, um noch nicht erkennbaren Mangelerscheinungen vorzubeugen. An Hand der Versuchsbeispiele entwickelt er ein Programm zur zweckmäßigen Ernährung der Obstbäume.
L. Dreibrodt. 1230.

2-64/01-0669 Hilkenbäumer, F. und Engel, G.; Bonn, Univ., Inst. für Obstbau. **Einfluß zusätzlicher Regengaben auf Kern- und Steinobstbäume.** Erwerbsobstbau **5** (1963) Nr. 2. S. 23–27. – 4 Abb., 4 Tab., 3 Lit.
In den Versuchsbetrieben Marhof und Kleinaltendorf wurden mehrjährige Beregnungsversuche mit Kern- und Steinobstbäumen durchgeführt. Die Wirkung der Beregnung auf den Boden und die vegetative und generative Leistung der Gehölze wurde untersucht. Die Bodenstruktur wurde auf den beregneten Teilstücken nicht wesentlich verschlechtert, während das Verhältnis Boden-

substanz : Bodenluft : Bodenwasser vorübergehend ungünstig beeinflußt wurde. Die Bodenfeuchte lag auf den beregneten Parzellen um durchschnittl. 2–6% höher. An der Ausdehnung der Wurzelkronen sowie der Zunahme der Wurzelstärke und des Gesamtgewichtes war der Einfluß größerer Regengaben deutlich zu erkennen. Der Jungtriebzuwachs konnte i.allg. durch Beregnung gefördert werden. Hinsichtlich des Kronenvolumens reagierten die einzelnen Sorten unterschiedlich. Der Einfluß der Beregnung auf die Höhe der Erträge war teils positiv, teils negativ. Der Anteil an Äpfeln der Handelsklasse A konnte durch die Beregnung gesteigert werden. W. Fiedler. 1230.

2-64/01-0670 Blasse, W.; Marquardt, Inst. für Obstbau der Humboldt-Univ. zu Berlin. **Beziehungen zwischen Durchfrostungstiefe und Bodenpflege im Obstbau.** Arch. Gartenbau **11** (1963) Nr. 1. S. 3–8. – 3 Abb. – nach Zus.
Die Durchfrostungstiefe wurde bei Barfrosteinwirkung in den Wintern 1959/60 und 1960/61 bei differenzierten Bodenpflegeverfahren und Reinaussaaten von Gründüngungspflanzen ermittelt. – 1. Die Durchfrostungstiefe nahm von „Bodenbedeckung“ über „Kleegrasdauerkultur“, „Gründüngung“, „offener Boden unbearbeitet“ und „offener Boden bearbeitet“ zu. 2. Ein guter Gründüngungsbestand übte im Vorwinter einen beachtlichen Barfrostschutz aus. Im Mitt- und Nachwinter war die Schutzwirkung durch die fortschreitende Verrottung geringer. Die Deckfruchtarten Winterwicke, Phazelia und Serradella minderten in beiden Jahren stärker das Eindringen des Frostes als Sonnenblume, Rübsen, Senf, Lupine und Klee. 3. Das Mähen oder Stehenlasssen der Deckfruchtbestände hatte keinen nennenswerten Einfluß auf die Frosteindringungstiefe. Nur grobstengelige Gründüngungspflanzen sind im Herbst umzuwalzen. 1230.

2-64/01-0671 Steyn, P. A. L. Rootstock problems with deciduous fruits. **(Unterlagenprobleme bei Obstbäumen.)** Deciduous Fruit Grower [Cape Town] **13** (1963) Nr. 5. S. 155–160. – 4 Abb.
Vf. schildert Forderungen, die an leistungsfähige Unterlagen gestellt werden müssen und diskutiert den Wert der in Südafrika verwendeten Unterlagen für Pfirsich, Aprikose, Pflaume, Birne und Apfel. Für Südafrika empfiehlt der Vf. Import, Züchtung und Selektion von Unterlagen und beschreibt geeignete Unterlagen aus Frankreich, Spanien und Israel. In Zukunft sollte häufiger auf Sämlingsunterlagen zurückgegriffen werden. D. Stump. 1230.

2-64/01-0672 Maurer, K. J.; Geisenheim/Rh. **Über einige Maßnahmen zur Aufhebung der Keimruhe bei Obstsamen.** Saatgut-Wirtsch. **15** (1963) Nr. 3. S. 74–76.; Nr. 4. S. 112–115. – 131 Lit.
Die Ergebnisse der Forschungen über Keimruhe und deren Aufhebung werden in einem Sammelreferat mitgeteilt. Die Keimhemmung bei *Prunus*-Samen hat verschiedene Ursachen. Suska nimmt 2 verschiedene Formen der Ruhe an: 1. Keimruhe, verursacht durch Steinschale und Samenhüllen, 2. Keimlingsruhe, verursacht durch die Unfähigkeit, normal wachsende Sämlinge zu entwickeln. Die Keimruhe kann man leicht durch Zerstören des Steines und Entfernen der Samenhüllen unterbrechen. Die Keimlingsruhe kann dagegen nicht beseitigt werden, ohne daß die ganzen Steine oder Keimlinge Bedingungen ausgesetzt werden, welche die inneren Vorgänge fördern, die zur Aufhebung des Ruhezustandes führen. Diese Bedingungen entstehen durch lange Einwirkung niedrigerer Temperaturen. Versuche zur Ermittlung von chem. Verbindungen als Ersatzfaktoren für die niedrigen Temperaturen waren meist wirkungslos. Nur mit Gibberellsäure konnte man in die Prozesse der Samenkeimruhe eingreifen. C. Tittel. 1230.

2-64/01-0673 /Witte, K. **Der Einfluß der Blütenfröste auf den Kernobstertrag.** Erwerbsobstbau **5** (1963) Nr. 1. S. 1–2. – 2 Abb.

Der 40jährige Ertragsverlauf einer Birnen- ('Alexander Lucas') und einer Apfelpflanzung ('Baumann') in der Kölner Bucht wird mit den jeweils niedrigsten und höchsten Lufttemperaturen der einzelnen Jahre während der Blütezeit verglichen. Bei 'Lucas' ist eine durch Frost verursachte Ertragsdepression nur für 4 Jahre wahrscheinlich; Totalausfall der Ernte durch Frost kam nicht vor. In 5 Jahren mit großer Frosthäufigkeit und sehr niedrigen Temperaturen wurden sogar sehr hohe Erträge erzielt. Ähnlich liegen die Verhältnisse bei 'Baumann'. R. Schuricht. 1231.

2-64/01-0674 Włodek, J. Nawożenie jabłoni i grusz. **(Das Düngen von Apfel- und Birnenbeständen.)** Owoce, Warzywa, Kwiaty **3** (1963) Nr. 2. S. 5–6. Im Frühjahr wird Schwarzbrache empfohlen und dann der Anbau von Gründüngungspflanzen. Das Düngen wirkt sich erst im 2., eigentlich erst im 5. oder 6 Jahre auf die Ertragshöhe aus. Deshalb müssen die Bestände systematisch von der Pflanzung an alljährlich gedüngt werden. Bei Birnbäumen soll die N-Gabe etwas größer als bei Apfelbäumen sein. Die Düngernormen werden bei jungen Apfel- und Birnbaumbeständen entspr. dem Alter festgesetzt. Bei dicht geschlossenen älteren Beständen werden mindestens 3 dt Salpeter und 1,5 dt Kalisalz je ha gegeben. Bei Stallmistdüngung älterer Bestände kann in dem betreffenden Jahre die mineral. Düngung eingeschränkt werden oder ganz unterbleiben. P-Gaben sind bes. bei jungen Apfelbeständen nicht erforderlich. PRL/CBR. 1231.

2-64/01-0675 Boulay, H., Leblond, Cl. und Mongruel, J. Étude comparative des fruits ensachés (poires et pommes) sous manchons de papier et de polyéthylène au cours de leur croissance et le leur conservation. **(Vergleichende Untersuchungen an Früchten [Birnen und Äpfeln] während ihres Wachstums und der Lagerung in Polyäthylen- und Papierbeuteln.)** Arboricult. fruitière [N. S.] **10** (1963) Nr. 111. S. 31–32.
Früchte wurden in Papier- und Polyäthylenbeuteln verschiedener Größe und Farbe eingepackt. Im Hinblick auf das Abwerfen der Früchte brachte das Einbeuteln vor der Ernte in Polyäthylen keine signifikanten Unterschiede im Vergleich zu denen in Papier. Die Äpfel und Birnen in Polyäthylenbeuteln hatten eine Zunahme des Fruchtgewichtes in Abhängigkeit von Art, Sorte und Standort zu verzeichnen. Die Früchte in den farblosen Beuteln wurden am größten, dann folgten die in den undurchsichtigen und roten, schließlich die in den orangefarbenen und blauen. Während der Lagerung waren die in Polyäthylen verpackten Früchte schwerer und wasserreicher, aber fäulnisanfälliger als die in Papier. Sie hatten außerdem höhere Gewichtsverluste. Der Geschmack der Früchte beider Verpackungsarten war wenig unterschiedlich. Die Schale der Äpfel und Birnen in farblosen Polyäthylenbeuteln war unansehnlich im Gegensatz zu der der Früchte in undurchsichtiger und roter Folie, die noch besser aussah als die der in Papier eingepackten. Nach den Untersuchungen scheinen sich die Beutel in den Abmessungen von 21 × 15 cm und einer Dichte von 38–40 microns, aus undurchsichtiger weißer oder roter Polyäthylenfolie am besten zu bewähren. Es wird jedem Obstbauer empfohlen, sich unter seinen Anbaubedingungen diese neue Technik zunutze zu machen. L. Dreibrodt. 1231.

2-64/01-0676 Karnatz, A. **Tastversuche zur Verkürzung des Primärstadiums bei Apfelsämlingen durch Gibberellin.** Erwerbsobstbau **5** (1963) Nr. 1. S. 8. – 3 Lit.
Untersuchungen über den Einfluß von Gibberellsäure (**I**) mit Konz. von 10–200 ppm und 8 bzw. 16 Spritzungen je Vegetationsperiode an Sämlingen der Sorten 'Goldparmäne', 'Ontario', 'Landsberger', 'Kleiner Langstiel' und 'Nordhausen' ergaben keine Beeinflussung des Primärstadiums durch **I**. Bei 16maliger Behandlung mit 200 ppm war eine deutliche Verminderung des Zuwachses zu beobachten, was offensichtlich auf eine **I**-Überdosierung zurück-

zuführen ist. Vf. weist jedoch darauf hin, daß durch diesen Tastversuch das Problem der Beeinflussungsmöglichkeit des Primärstadiums durch I noch nicht als abgeschlossen zu betrachten ist. H. Ackermann. 1232.

2-64/01-0677 Anonym. Snoei van Cox's Orange Pippin. **(Der Schnitt von 'Cox'-Orange Pippin'.)** Fruitteelt **52** (1962) Nr. 46. S. 1320–1322. – 8 Abb.
Für die Standortverhältnisse der Over-Betuwe wird für 'Cox' ein neues Schnitt- und Erziehungssystem in Vorschlag gebracht. Bei jungen Bäumen wird keinerlei Rückschnitt der 1- und 2jährigen Triebe vorgenommen. An der Stammverlängerung zu dicht stehende Triebe werden auf Astring entfernt. Die verbliebenen Triebe werden waagerecht gebunden und so zur baldigen Blütenknospendifferenzierung umgestimmt. Der Mitteltrieb wird in den ersten Jahren ebenfalls nicht zurückgeschnitten. In späteren Standjahren kann die Kronenhöhe begrenzt werden. Anstelle von Niederstämmen wird bei diesem Erziehungssystem eine Stammhöhe von 1,00–1,20 m gefordert, damit die herabhängenden Fruchttriebe den Boden nicht berühren. Als Pflanzabstand auf EM II werden 4,5 × 2 m vorgeschlagen. W. Blasse. 1232.

2-64/01-0678 Utermark, H.; York, Obstbauversuchsanst. **Die Weiterentwicklung des Schnittes insbesondere bei Cox' Orange und Ingrid Marie.** Mitt. Obstbauversuchsringes Alten Landes **18** (1963) Nr. 1. S. 15–23. – 10 Abb.
Zur Erzielung frühzeitiger Fruchterträge und zur Heranbildung niedriger Baumformen wird der Erziehungs- und Fruchtholzschnitt an Spindelbüschen im Marschboden des Alten Landes beschrieben und bes. auf die Sorten 'Cox' Orangen' und 'Ingrid Marie' abgestimmt. Es wird der Unterschied beim Erziehungsschnitt dieser beiden Sorten aufgezeigt, der sich aus der unterschiedlichen Wuchsintensität in den Jugendjahren ergibt. Der Vf. setzt sich für einen mäßigen Schnitt in den ersten Jahren ein, weil der starke Rückschnitt zur Verzögerung des Ertragsbeginnes führt. Weiterhin wird die Erziehung der breitpyramidalen, niedrigen Baumform dargestellt, für die innerhalb der Reihe größere Abstände gefordert werden als bisher üblich sind.
W. Groh. 1232.

2-64/01-0679 Haas, P. G. de und Jürgensen, C.; Hannover, TH, Inst. für Obstbau und Baumschule. **Untersuchungen über den Wurzelhabitus von Apfelbäumen auf Hochmoor.** Gartenbauwissenschaft **28(10)** (1963) Nr. 1. S. 65–94. – 14 Abb., 15 Tab., 46 Lit. Zus. in Engl., Franz.
An 3 Standorten wurden Bäume verschiedener Apfelsorten auf EM IX, II, IV, XI, XVI und Sämling mit der gesamten Wurzelkrone ausgegraben. Neben der Beurteilung des Wurzelkörpers wurden Wurzelgewicht, Wurzellänge, Gewicht von Krone, Stamm und Laub sowie Blattzahl und -fläche ermittelt. – Bei einem guten Wasser-Lufthaushalt dringen die Wurzeln ungehindert in unberührten, gewachsenen Hochmoortorf ein. Die Wurzelausdehnung und das Gewichtsverhältnis der ober- zu den unterirdischen Baumteilen, entsprechen etwa den von Apfelbäumen in Mineralböden. Der Einfluß der Unterlage auf den Wurzelhabitus war in den meisten Fällen signifikant nachzuweisen und ausgeprägter als derjenige der Sorte. Letztere wirkte vor allem auf das Wurzelbild des oberflächennahen Horizontes und auf die Bewurzelungstiefe. Die Sämlingsunterlage wurde häufiger signifikant durch die Sorte beeinflußt als die Unterlagen EM IV und XI. Ausgeprägte Beziehungen ließen sich u.a. zwischen Baumkrone und Wurzelkrone sowie zwischen Laubgewicht und Wurzellänge (Dmr. $<$ 2 mm) beobachten. M. Reichel. 1232.

2-64/01-0680 Sturm, M. und Hohmann, G.; Bonn, Friedrich-Wilhelm-Univ., Inst. für Obstbau. **Untersuchungen über die Assimilationsleistung unterschiedlich belichteter Blätter der Apfelsorte James Grieve auf M IV und M IX.** Gartenbauwissenschaft **28(10)** (1963) Nr. 1. S. 95–100. – 2 Tab., 17 Lit. Zus. in Engl., Franz.

An 8jährigen Bäumen der Apfelsorte 'James Grieve' auf EM IV und IX wurde die CO_2-Assimilation von Langtriebblättern im Freiland ermittelt. Die Luft wurde mittels einer Membranpumpe durch eine Küvette zum URAS gesaugt und damit eine fortlaufende Messung der Assimilationstätigkeit ermöglicht. Zur Kontrolle der Leistung bei unterschiedlicher Lichteinwirkung dienten Lange'sche Fotozellen, die unmittelbar neben den Küvetten angebracht waren. – Die bei unterschiedlichem Witterungsverlauf durchgeführten Beobachtungen ergaben, daß bei Abnahme der Lichtmenge um 50% sich die Assimilationsleistung um 75% verringert. Die stärkste CO_2-Assimilation wurde bei einer Durchschnittstemperatur von 19,4 °C und einer rel. Luftfeuchtigkeit von 46% gemessen. Die Assimilation der Blätter von 'Grieve' auf EM IX scheint etwas höher zu liegen als jene auf EM IV. M. Reichel. 1232.

2-64/01-0681 Kemmer, E. **Reizgänge im Wurzelraum von Apfelbäumen.** Erwerbsobstbau **5** (1963) Nr. 5. S. 93–96. – 6 Abb., 1 Lit.
Bei der Freilegung von Wurzelkörpern im Vollertrag stehender Obstbäume zeigten sich an bestimmten Stellen im Erdreich, in „Reizgängen", bemerkenswerte, wahrscheinlich bodenbedingte Sonderbildungen an den Wurzeln (Walzen, Quasten, Knoten, Wurzelwände, Kabel- und Spreizfußbildungen sowie moosartige Verpflechtungen). Unterlagen und Sorten hatten keinen ausschlaggebenden Einfluß auf das Auftreten dieser Einzelformen, die wegen ihrer umfangreichen Wurzelmassenbildung auf engstem Raum als sehr leistungsfähige Aufnahmeorgane gedeutet werden. Da sich solche Bildungen schon in den mulmgefüllten Gängen ehemaliger Bohrlöcher an 8jährigen Standbäumen fanden, werden techn. Hinweise für die Anlage derartiger künstlicher Reizstellen gegeben. Eine so erzielbare Wurzelanreicherung in tieferen Zonen kann für Versuchswesen und Praxis, bes. bei leichten Böden, Nachbau oder Grasunterkultur, Bedeutung bei der gezielten Wurzelförderung erlangen.
W. Schuricht. 1232.

2-64/01-0682 Matzner, F. **Einfluß der Düngung auf den Vitamin-C-Gehalt bei Äpfeln.** Erwerbsobstbau **5** (1963) Nr. 1. S. 2–4. – 5 Tab., 7 Lit.
Anhand der Ergebnisse von 2 Felddüngungsversuchen mit Apfelbäumen (1956–60) in Neufrankenroda und Schinditz werden Rückschlüsse über den Einfluß der Düngung auf den Vitamin-C-Gehalt der Früchte gezogen. Nach einer Beschreibung der Versuchsmethodik werden die Ergebnisse in Tab. zusammengestellt. Der Vf. kommt zu dem Ergebnis, daß Beziehungen zwischen Triebwachstum und Vitamin-C-Bildung bestehen. Starkes Wachstum, das einen größeren Beschattungseffekt bewirkt, vermindert den Vitamin-C-Gehalt. Alle das Triebwachstum bes. anregenden Düngungsmaßnahmen wirken auf den Vitamin-C-Gehalt ein. Es wird deshalb empfohlen, die N- und K-Düngung stets auf den Bedarf abzustimmen, da auch eine Überdüngung mit K ebenso wie eine unharmonische Verteilung der übrigen Mineralstoffe eine Minderung im Vitamin-C-Gehalt zur Folge haben kann. Eine Wirkung auf den Vitamin-C-Gehalt durch P- bzw. durch Stalldunggaben konnte nicht beobachtet werden. W. Groh. 1232.

2-64/01-0683 Tognoni, Franco. I portainnesti clonali del melo selezionati in Inghilterra. **(Die in England selektionierten Klonunterlagen des Apfels.)** Frutticoltura **24** (1962) Nr. 10. S. 657–664. 1232.

2-64/01-0684 Engel, G.; Bonn, Friedrich-Wilhelm-Univ., Inst. für Obstbau. **Leistungsvergleich von verpflanzten erwachsenen Apfelspindeln und Jungbäumen.** Erwerbsobstbau **5** (1963) Nr. 3. S. 44–46. – 2 Tab., 1 Lit.
5- und 6jährige Apfelspindeln auf EM IX und IV, die nachgepflanzt bzw. zu Neuanlagen umgepflanzt waren, wurden mit den entspr. 2jährigen Jungbäumen verglichen. Ältere Spindeln auf EM IX zeigten gegenüber den Jungbäumen weder im Wachstum noch Ertrag Unterschiede, auch wenn sie nach

der Umpflanzung noch umveredelt wurden. Bäume auf EM IV verhielten sich anders. Als Nachpflanzung liegen die älteren Bäume günstiger in der Trieb- und Ertragsleistung als Jungbäume. Als Neupflanzung sind „Altbäume" im Trieb unter- und im Ertrag überlegen. Es wird darauf hingewiesen, daß Depressionen nicht durch N-, jedoch durch Bewässerung verringert werden können. M. Umhauer. 1232.

2-64/01-0685 Kemmer, E. und Pfeffer, R.; Berlin, TU, Inst. für Obstbau. **Langfristige Grasunterkultur bei Apfelspindeln auf Zwergunterlage.** Erwerbsobstbau **5** (1963) Nr. 3. S. 41–44. – 4 Tab., 5 Lit.
In einem Apfelspindelquartier auf EM IX wurde Grasunterkultur (5–6malige Mahd) dem offenen Boden gegenübergestellt. Ein Teil des Grases wurde vor 16, ein anderer vor 10 Jahren eingesät. Die Bäume wurden im naturentfernten Kronenbau gehalten. Die Baumverluste und Stammumfänge lassen nur unbedeutende Nachteile erkennen. Im Ertrag sanken die Sorten 'Oldenburg', 'Goldparmäne' und 'James Grieve' ab, da sie verkümmert sind. Die anderen Sorten reagierten teils mit abnehmendem teils mit steigendem Ertrag. Die Autoren vertreten den Standpunkt, daß die Grasunterkultur zwar physiol. Nachteile zeigt, jedoch durch Arbeitsersparnis und Erleichterung einen wirtschaftlichen Vorteil bringt. M. Umhauer. 1232.

2-64/01-0686 Bünemann, G. **Untersuchungen über die CO_2-Lagerung der Sorten Jonathan und Golden Delicious.** Erwerbsobstbau **5** (1963) Nr. 1. S. 5–7. – 1 Abb., 3 Tab., 10 Lit.
Um die Eignung der Apfelsorten 'Jonathan' und 'Golden Delicious' für die Lagerung in gesteuerter Luftzusammensetzung zu prüfen, wurden in den Jahren 1959–61 Versuche zur CO_2-Lagerung durchgeführt. Sie wurden mit Früchten aus verschiedenen Herkünften und unter verschiedenen Lagerbedingungen angestellt. Es stellte sich heraus, daß 'Jonathan' gegen einen CO_2-Gehalt von 10% recht empfindlich ist, 'Golden Delicious' diesen gut vertragen hat. Die 'Jonathan'-Fleckenkrankheit wurde durch CO_2-Lagerung weitgehend verhindert. Darüber hinaus wurden die Möglichkeiten und Grenzen der Entfernung überschüssiger Mengen von CO_2 und O_2 mittels Maurerkalk kurz besprochen. Bei 2seitig gesteuerter Luftzusammensetzung ist vollständige Gasdichtigkeit des Raumes bes. wichtig. W. Groh. 1232.

2-64/01-0687 Stanton, B. F.; Cornell Univ., Dep. of Agric. Econ. Bruising and physical damage to apples during harvest. **(Quetschungen und Verletzungen von Äpfeln während der Ernte.)** New York State horticult. Soc., Proc. annu. Meeting Nr. **106** (1961) S. 113–120. – 3 Abb., 2 Tab.
In 9 Farmen wurden folgende Ernteverfahren verglichen: Pflücken in Körbe, Entleeren in Standardkisten, Kistentransport auf Anhängern (**I**); wie **I**, aber Kisten auf Paletten (**II**); Pflücken in 10-kg-Kartons, Kartons in Großkisten, Transport mit Schlepperladegabel (**III**); Pflücken in Körbe, Entleeren in 400-kg-Großkiste (**IV**). **III** wies deutlich geringere Fruchtschäden auf, am ungünstigsten schnitt **IV** ab. Der von den Pflückern verursachte Beschädigungsgrad ist sehr unterschiedlich; je 100 Äpfel gab es 72–232 Schadstellen nach dem Pflücken. Durch richtige Anleitung und Beaufsichtigung der Pflükker kann die Anzahl der Schadstellen stark reduziert werden. Eine weitere Ursache für Unterschiede im Beschädigungsgrad ist die Festigkeit der Früchte. R. Schuricht. 1232.

2-64/01-0688 Blanpied, G. D., Ludington, David C. und Potter, Martin I.; Cornell Univ. 1960 experiments with bulk boxes for McIntosh. **(Versuche mit Großkisten bei 'McIntosh' im Jahre 1960.)**. New York State horticult. Soc., Proc. annu. Meeting Nr. **106** (1961) S. 104–109. – 7 Tab.
Folgende Behälter wurden verglichen: 10-kg-Pappkartons (**I**), 20-kg-Steigen (**II**), Großkisten 120 × 120 × 50 (**III**) sowie 120 × 120 × 60 (**IV**). Beim

Entleeren der Behälter auf die Sortiermaschine wurden **I** und **II** ausgekippt; **III** und **IV** entweder durch Aufklappen einer Kistenwand und Neigung um 20° entleert oder in einen Wasserbehälter getaucht, so daß die Äpfel über den Kistenrand herausschwammen. Setzt man den Index der Fruchtbeschädigung während des gesamten Ernte- und Aufbereitungsprozesses bei **II** = 100, dann ergaben sich bei den übrigen Verfahren folgende Werte: **I** = 60, **IV** in Wasser entleert = 103, **III** gekippt = 124, **III** in Wasser entleert = 127; **IV** gekippt = 135. Beim Auskippen durch Aufklappen der Seitenwand sollte die Höhe der Klappe $^2/_3$ der Gesamthöhe der Wand betragen. Ferner wurde der Einfluß verschiedener Pflücker auf die Anzahl der Fruchtbeschädigungen verglichen. Der Streubereich beträgt ±50% des Mittelwertes.
R. Schuricht. 1232.

2-64/01-0689 Strydom, D. K., Thiele, Ilse und Nortjé, B. K.; Stellenbosch, Univ. The importance of cross-pollination, with special reference to the Bon Chretien pear. **(Die Bedeutung der Kreuzbestäubung insbesondere bei der Birnensorte 'Williams Christ'.)** Deciduous Fruit Grower [Cape Town] **13** (1963) Nr. 3. S. 106–109. – 4 Abb., 2 Tab., 9 Lit.
In einem Bestäubungsversuch mit 'Williams Christ' wurden 3 Varianten: Bestäubung mit einem passenden Pollenspender, Selbstbestäubung und unbestäubt auf ihre Wirkung hinsichtlich Fruchtansatz, Fruchtgewicht, Samenanzahl pro Frucht und Fruchtgröße geprüft. Der höchste Fruchtansatz (70,7%) die größten Früchte sowie die meisten Samen pro Frucht (durchschnittl. 5,5) ergaben sich durch Bestäubung mit einem passenden Pollenspender. Der Fruchtansatz der selbstbestäubten und der unbestäubten Blüten war etwa gleich hoch (33,9 bzw. 35,7%). Die Samenanzahl pro Frucht betrug bei der Selbstbestäubung durchschnittl. 0,4; die Früchte der unbestäubten Blüten waren völlig samenlos. Eine Korrelation zwischen Fruchtgröße und Samengehalt sowie ein deutlicher Einfluß des Samengehaltes auf die Fruchtform konnten nachgewiesen werden. Abschließend werden einige Empfehlungen im Hinblick auf passende Pollenspender und ihre Anordnung im Bestand sowie auf die Bedeutung der Bienenbestäubung gegeben. A. Mügge. 1235.

2-64/01-0690 Nyujtó, F. A kajszitermelés kérdései. Fagyhatás és gutaütés. **(Die Probleme des Aprikosenanbaus. Frostwirkung und Apoplexie.)** Kertészet és Szőlészet [Garten- u. Weinbau] **12** (1963) Nr. 4. S. 14–15. – Aus: Ung. Agrar-Rdsch. **1963** Nr. 3.
Der Aprikosenbaumbestand Ungarns belief sich 1959 nahezu auf 6 Mill. Der Ertrag betrug im Durchschnitt der letzten 10 Jahre 41000 t, erreichte z.Z. von Rekordernten 75000 t. Die Vorteile des ungarischen Aprikosenanbaus bestehen in der ausgezeichneten Qualität, der Anspruchslosigkeit und dem schnellen Ertragsbeginn der angebauten Sorten. Den Anbau verhindern Frostschäden und Alternanz. Jährlich werden 5% der gepflanzten Aprikosenbäume vollständig und 4% teilweise vernichtet. Bei der Auslösung der Apoplexie spielen die Frostschäden des Stammes und der stärkeren Äste eine wesentliche Rolle. Nach den statistischen Angaben sind auf 80% der betroffenen Bäume Frostplatten anzutreffen. Diese entstehen hauptsächlich durch Temperaturunterschiede zwischen Tag und Nacht. Temperaturermittlungen in Tiefen von 5, 15 und 25 mm an verschiedenen Stellen der Stämme mit Thermoelementen zeigten, daß der Temperaturunterschied der Nord- und Südseite zu gleicher Zeit 14 °C an der gleichen Stelle mittags und bei Anbruch des darauffolgenden Tages sogar 27–31 °C erreichen kann. Versuche mit Schutzmitteln deuteten darauf hin, daß Papier- und Schilfmäntel am Stamm die Temperaturschwankungen verringern, während die mit Kalk bestrichenen Bäume bei Tagesanbruch um 1–2 °C stärker abkühlen als die übrigen.
1242.

2-64/01-0691 Hrubý, K. Pollination interrelations in some sour cherry cultivars. **(Befruchtungsverhältnisse bei einigen Sauerkirschsorten.)** Biol. Plantarum [Praha] **5** (1963) Nr. 2. S. 124–128. – 2 Tab., 9 Lit. Zus. in Russ.

Die Befruchtungsverhältnisse von 7 Sauerkirschsorten wurden 6 Jahre untersucht. Zwischen den Sorten 'De Olivet' und 'Bruselská hnědá' wurde eine reziproke Inkompatibilität festgestellt, bei 'Köröška' und 'Bruselská hnědá' Selbststerilität, während 'Moreillská' und 'Vítova' in hohem Maße selbstfertil waren. Die beiden letzten Sorten bringen auch bei gegenseitiger Bestäubung hohe Erträge. 'De Olivet', 'Vackova' und 'Ostheimská' sind auf gute Pollenspender angewiesen. ČSSR/ÚVTI. 1245.

2-64/01-0692 Wirth, A. **Der Arbeitsbedarf in Süßkirschen- und Zwetschenanlagen.** Rhein. Mschr. Gemüse-, Obst- u. Gartenbau **51** (1963) Nr. 7. S. 220 bis 222. – 2 Abb., 2 Tab.

Als Fortsetzung einer Arbeit „Der Arbeitsbedarf in Spindelbuschanlagen" wird der Arbeitsbedarf in Süßkirsch- und Zwetschenanlagen besprochen. Dazu werden die gleichen Grundlagen wie in der erstgenannten Veröffentlichung verwendet. Nach einer Darlegung der Produktionsverhältnisse einer Pflanzung, die als Beispiel für die Beurteilung herangezogen wird, werden Arbeitsvorschläge für 1 ha Süßkirschen- bzw. für 1 ha Zwetschen- und Pflaumenanlage mit der für die einzelnen Arbeiten in Betracht kommenden Std.-Zahl angegeben und der Arbeitszeitbedarf graphisch dargestellt. Die Arbeit bezieht sich auf Verhältnisse in der Schweiz und enthält praktische Hinweise für die Produktion der beiden Obstarten, die sich aus den Untersuchungen ergeben. W. Groh. 1245.

2-64/01-0693 Seredenko, A. I.; Stawropol. Versuchsstat. für Gartenbau. O vlijanii sortov-opylitelej v gibridnom potomstve persika. **(Der Einfluß der Bestäubersorten auf die Nachkommenschaft der Pfirsichbäume.)** Vestnik sel'skochozjajstvennoj nauki, Moskva 8 (1963) Nr. 4. S. 118–120. – 1 Tab. Zus. in Engl., Franz., Dtsch.

Die Reifezeit der Hybriden von Pfirsichsorten liegt in der Regel zwischen den Reifezeiten der verwendeten Ausgangssorten. Ausschlaggebend für die Reifezeit ist jedoch die Reifezeit der Bestäubersorte. An einer Reihe von Beispielen wird diese Gesetzmäßigkeit nachgewiesen. S. Frei. 1248.

2-64/01-0694 Michieli, Igino; Padova, Univ., Ist. di Econ. e Politica Agraria. Panorama della peschicoltura italiana. **(Übersicht über die Pfirsichkultur in Italien.)** Frutticoltura **25** (1963) Nr. 3. S. 209–222. – 7 Abb., 8 Tab.

Der spezialisierte Pfirsichanbau ist in den letzten 25 Jahren in Italien auf 203% gestiegen, während Mischkultur und Mischpflanzungen auf 52% zurückgegangen sind. Neben den USA ist Italien der größte Pfirsichproduzent der Welt und erreichte im Durchschnitt der Jahre 1955–58 mit 4770 Tdt über 50% der eur. Produktion (ohne SU). Von 1910–14 bis 1960–61 stieg die Pfirsichproduktion auf 685%. Rund 25% der nationalen Erzeugung werden exportiert. Im Vergleich zu 1939 ist die Pfirsichproduktion bis 1961 um 399% gestiegen, dabei dehnten sich die spezialisierten Anbauflächen um 256% aus, während die Erträge um 474% stiegen. Bei den Sorten ist eine starke Wandlung von amer. Sorten zu eigenen Neuzüchtungen ('Morettini') zu verzeichnen. Die Hauptanbaugebiete für den Pfirsich befinden sich in Norditalien. In den beiden Provinzen Verona und Ravenna werden 27% der Gesamtproduktion Italiens erzeugt. Es folgen die Provinzen Bologna, Ferrara, Napoli usw. Die Erträge liegen im Landesdurchschnitt bei 102 dt/ha. An der Spitze liegt die Provinz Bologna mit 152 dt/ha, gefolgt von Caserta (142 dt/ha), Venezia (126 dt/ha) den Schluß bilden die Provinzen Napoli (71 dt/ha) und Roma (62 dt/ha). S. Kramer. 1248.

2-64/01-0695 Øhlers, H. Chemische bloemdunning bij pruimen. **(Chemische Ausdünnung bei Pflaumen.)** Fruitteelt **53** (1963) Nr. 23. S. 728. 1250.

2-64/01-0696 Sörgel, P.; Würzburg, Ref. Gartenbau. **Prüfung von Pflaumen-Sorten auf ihre Eignung als Stammbildner in der Baumschule.** Erwerbsobstbau **5** (1963) Nr. 3. S. 47–48. – 2 Tab., 11 Lit.
An verschiedenen Orten Bayerns wurden von 1949–56 Pflaumensorten auf ihre Eignung als Stammbildner geprüft. Als Ergebnis des Frostwinters 1953/54 und auf Grund der Erfordernisse der Baumschulen wurden folgende Sorten als geeignet herausgestellt: 'Oullins Reneklode', 'Geiselbacher Zwetsche', 'Weidenberger Spilling', 'Friedrichs Reneklode'. Über die obstbauliche Eignung der genannten Stammbildner können daraus keine Schlüsse gezogen werden. M. Umhauer. 1250.

2-64/01-0697 Zioni, Emilio; Genova, Centro di Assistenza Tecn. Agric. Influenza delle lavorazioni e dell'irrigazione sulla cascola pre-raccolta delle nocciole del Chiavarese. **(Der Einfluß der Bearbeitung und der Bewässerung auf den Vorernte-Fruchtfall der Haselnuß in Chiavarese.)** Frutticoltura **25** (1963) Nr. 4. S. 363–367. – 4 Tab., 5 Lit.
Der vorzeitige Fruchtfall bei der Haselnuß kann bis zu 20% betragen. Setzt man den Früchtefall unbehandelter Sträucher gleich 100, so vermindert er sich bei einer regelmäßigen Bodenbearbeitung (ca. 10 cm tiefes Fräsen aller 30 Tage) auf rd. 60%. Bei gleichzeitiger Bewässerung kann sich der Vorerntefrüchtefall auf rd. 38–44% vermindern. Am günstigsten wirkte sich eine wiederholte Bewässerung (aller 10 Tage) bei regelmäßiger Bodenbearbeitung aus. Der Früchtefall sank abs. auf 7–8% der Gesamterntemenge und betrug damit nur rd. 36–41% zur unbehandelten Kontrolle. Dabei waren die Ergebnisse bei der Sorte 'Dall Rosso' i.allg. etwas günstiger als bei der Sorte 'Dall Orto'. Für den gesamten Versuch standen nur 16 Sträucher zur Verfügung. S. Kramer. 1252.

2-64/01-0698 Taturov, N. S. Vyraščivanue černoj smorodiny i kryžovnika iz zelenych čerenkov. **(Die Anzucht von Schwarzen Johannisbeeren und Stachelbeeren aus Stecklingen.)** S. ch. Sev.-Zap. zony **1962** Nr. 5. S. 84. – Aus: Referativnyj žurnal Moskva. Rastenievodstvo **1963** Nr. 1. 55. 237.
Die Stecklinge wurden von den oberen Enden reichlich fruchtender Zweige genommen. Die Stecklinge der Schwarzen Johannisbeere hatten 4–5 Internodien, die der Stachelbeere 5–6. Sie wurden für 5–7 Std. 2–3 cm tief in eine 0,001%ige Heteroauxinlösung getaucht und danach ins Freiland gesteckt. Nach 25 Tagen hatten sich Faserwurzeln gebildet. Die Pflanzen wurden mit N (75 g/10 l Wasser) gespritzt. übersetzt v. G. Boetticher. 1257.

2-64/01-0699 Schimmelpfeng, H. **Frühlieferung von Erdbeerpflanzen durch Gibberellinsäurebehandlung während der Blütenknospendifferenzierung.** Erwerbsobstbau **5** (1963) Nr. 1. S. 11–13. – 3 Abb., 1 Tab., 7 Lit.
Für den einjähr. Erdbeeranbau ist die rechtzeitige Pflanzgutbereitstellung von entscheidender Bedeutung. Auf die Begünstigung der zeitigen Jungpflanzenbildung durch Entblüten der Mutterpflanzen, intermittierendes Besprühen, gesteigerte P-Gaben und auf die Überlagerung von Jungpflanzen wird hingewiesen. Die Hemmung der Blütenbildung durch Gibberellinsäure (GS) wurde im Gefäßversuch überprüft. Die Pflanzen wurden 1, 2 und 3mal mit 25 ppm GS-Lösung in der Zeit vom 23. Sept.–7. Okt.gespritzt. Mit zunehmender GS-Gabe hielt das herbstliche Wachstum länger an und die Zahl der Blätter je Pflanze nahm zu. Im Blüh- und Ertragsverlauf wurde eine Verfrühung bei gleichzeitig beträchtlichem Ertragsrückgang festgestellt. Die Ausläufer- und Pflanzenbildung setzte bei den mit GS behandelten Varianten früher ein und war mit zunehmender Anzahl der Behandlungen höher als bei „unbehandelt“ und „entblütet“. Durch die GS-Behandlung erscheint es

möglich, neben der rechtzeitigen Jungpflanzengewinnung die erforderliche Vermehrungsfläche zu vermindern. Die Ergebnisse des Gefäßversuches werden unter Freilandbedingungen überprüft. B. Borck. 1260.

2-64/01-0700 Bould, C.; Bristol, Univ., Long Ashton Res. Stat. Manurial experiments with strawberry under chloches. **(Düngungsversuche mit Erdbeeren unter Hauben.)** Exp. Horticult. **1963** Nr. 8. S. 56–61. – 3 Tab., 4 Lit.
Über 2 NPK-Düngungssteigerungsversuche im einjährigen Erdbeeranbau wird berichtet. Die Versuche fanden auf nährstoffarmem, schwach saurem Boden statt. Für die Versuche wurden die Sorten 'Royal Sovereign' und 'Cambridge Favourite' verwendet. Als Kriterium der Nährstoffwirkung werden Wuchs, Ertrag und Blattnährstoffgehalt herangezogen. – Aus den Ergebnissen ist ersichtlich, daß die unterschiedlichen Nährstoffgaben keinen Einfluß auf Ertrag, Wuchs und – mit Ausnahme des K – keinen signifikanten Einfluß auf den Blattnährstoffgehalt haben. Um hohe Erträge im einjährigen Erdbeeranbau zu erzielen, empfiehlt der Vf., nur Jungpflanzen aus reich mit Nährstoffen versorgten Vermehrungsbeständen zu entnehmen. R. Illge. 1260.

2-64/01-0701 Bötticher, Werner. **Die Kulturheidelbeere und ihre Inhaltsstoffe.** Ind. Obst- und Gemüseverwert. **48** (1963) Nr. 8. S. 224–228. – 4 Abb., 1 Tab., 10 Lit.
Der Mangel an Waldheidelbeeren führte in Amerika dazu, den Anbau von Kulturheidelbeeren auf etwa 8000 ha auszudehnen. In Europa befinden sich kleine Pflanzungen in den Niederlanden, in Österreich und ca. 50 ha in Westdeutschland in Grethem. Die Sträucher werden z.T. mannshoch und gedeihen insbes. auf sauren Böden mit einem pH-Wert zwischen 3,5 und 4,2. Die Beeren erreichen teilweise die Größe einer kleinen Kirsche. Fleisch und Saft sind farblos. Der Geschmack der Sorten variiert beträchtlich. Zuchtziel ist eine dem Charakter der Waldheidelbeeren nahe kommende Sorte. Seit 1957 wurde eine große Anzahl von Kulturheidelbeeren im Vergleich zur Waldheidelbeere analysiert. Die Untersuchungsergebnisse von 20 Proben aus einer Versuchsanlage werden genannt. Wie bei Waldheidelbeeren sind auch bei Kulturheidelbeeren erhebliche Schwankungen in der chem. Zusammensetzung je nach Bodenbeschaffung, Klima, geographischer Lage, Witterung und Reifezustand der Beeren festzustellen. S. Stritzke. 1261.

2-64/01-0702 Isoda, R. Amino acid and amide contents in petiole as an index of nitrogen requirement in grape vines. **(Aminosäure und Amidgehalt im Blattstiel als Kennziffer des Stickstoffbedarfs der Rebe.)** J. Jap. horticult. Sci. **31** (1962) Nr. 2. S. 123–126. – 8 Lit. Orig.: jap., Ausz.: engl. 1270.

2-64/01-0703 Čajlachjan, M. Ch. und Sarkisova, M. M.; Inst. für Weinbau, Weinbereit. und Obstbau des Min. für Landwirtsch. der Armen.SSR; Moskau, Pflanzenphysiol. Timirjasew-Inst. der Akad. der Wiss. der UdSSR. Vlijanie gibberellina na rost jagod vinogradnoj lozy. **(Der Einfluß von Gibberellin auf das Wachstum der Weinbeeren.)** Doklady Akademii nauk SSSR, Moskva **148(31)** (1963) Nr. 1. S. 219–222. – 1 Abb., 2 Tab., 12 Lit.
Vff. behandelten 3 samenlose und 2 samenenthaltende armenische Weinsorten mit Gibberellin (G.). Innerhalb von 10 Tagen wurden die Pflanzen 3mal mit G-Lösungen (0,01 und 0,005% bei samenlosen und 0,005 sowie 0,0005% bei den anderen Sorten) besprüht, zu Beginn der Blüte, während der Hauptblüte und gegen Ende der Blütezeit. In einigen Varianten wurden die samenlosen Sorten mit einer Mischung von 0,01% G mit 2% Vitamin-C behandelt. Die G-Behandlung führte bei allen samenlosen Sorten zu einer beträchtlichen Vermehrung der Beerenzahl der Trauben; das Gew. der Beeren stieg dabei auf das 2–3fache, das der ganzen Trauben auf das 4–6fache und der Gesamtertrag einer Pflanze erhöhte sich auf das 2–4fache. Die zusätzlich gebotenen Vitamine blieben ohne Wirkung auf das Wachstum der Trauben. Die Reife ver-

frühte sich um ca. 15–20 Tage. Zucker- und Säuregehalt sowie das Trockengewicht der Beeren lagen nur geringfügig unter den Werten der Kontrolle. Zusätzliche Vitamingaben bewirkten eine leichte Erhöhung von Zuckergehalt und Trockengewicht. Das Wachstum der Weintrauben mit Samen wurde durch G-Behandlung gehemmt. Der Ertrag einer Pflanze erniedrigte sich bei 0,005% G um 50–70%. Die Ergebnisse zeigen, daß G-Präparate für die Ertragssteigerung samenloser Weinsorten größte Bedeutung haben.
H. Leike. 1270.

2-64/01-0704 Zimmermann, J. **Zur Bestimmung des Wachstumsrhythmus von Unterlagen und Pfropfreben als Test für Adaption und Affinität.** Wein-Wiss. **18** (1963) Nr. 3. S. 117–124. Beil. zu: Dtsch. Weinbau. – 7 Abb., 2 Lit.
Der Wachstumsrhythmus der Jahrestriebe der Unterlagsreben und der Pfropfreben kann durch Längenmessungen erfaßt werden. Der Verlauf des Wachstums wird von der Witterung, dem Boden und der Unterlage stark beeinflußt. Der für die einzelnen Sorten charakteristische Verlauf der Wachstumskurve läßt ein bedingtes Urteil über die Eignung für bestimmte Lagen, Böden und Pfropfkombinationen zu und kann daher als Test für die Adaption und Affinität herangezogen werden. Durch die Kombinationszüchtung ergeben sich Typen mit unterschiedlichem Wachstumsrhythmus. K. Thiele. 1270.

2-64/01-0705 Claus, P. und Heimes, R.; Limburgerhof/Pfalz. **Wie kann Magnesiummangel bei Reben beseitigt werden?** Wein-Wiss. **18** (1963) Nr. 5. S. 201–209. Beil. zu: Dtsch. Weinbau. – 2 Abb., 10 Tab.
In langjährigen Untersuchungen wurden die Ursachen starken Mg-Mangels in den Verwitterungsböden der Pfalz sowie die Möglichkeiten zu seiner Beseitigung überprüft. Die sich in Blattschäden und Blattfall äußernden Mangelerscheinungen waren auf eine unzureichende Versorgung der Böden mit Mg und z.T. auch mit Kalk zurückzuführen. Eine Kalkung des Bodens und Volldüngung mit Nitrophoska blau führte zu einer deutlichen Besserung des Gesundheitszustandes der Reben. Die Zufuhr von Mg als Kieserit über den Boden konnte den Mg-Mangel nur sehr langsam beheben, während wiederholte Blattspritzungen mit Mg-Sulfat 3% eine schnelle und gute Wirkung zeigten. Nach Anwendung der Blattspritzungen traten im 2. und 3. Jahr, bedingt durch die bessere Ernährung der Trauben und des Holzes, beachtliche Ertragssteigerungen gegenüber unbehandelten Anlagen ein. K. Thiele. 1270.

2-64/01-0706 Kadisch, Erwin; Oppenheim, Landes-Lehr- und Versuchsanst. für Wein- und Gartenbau. **Kritische Betrachtungen zu Weitraumanlagen in technischer Sicht. I.** Dtsch. Weinbau **18** (1963) Nr. 8. S. 286–294. – 18 Abb.
Über die Anbautechnik in Weitraumanlagen im rheinhessischen Weinbaugebiet wurden weitere Erfahrungen gesammelt. Als Unterlage wird meist 5 BB, in triebigen Böden auch 5 C und SO 4 verwandt. Die Sorten 'Müller-Thurgau', 'Weissburgunder', 'Scheurebe' und 'Riesling' sind bes. geeignet; 'Riesling' verlangt jedoch als spätreifende Sorte einen sehr warmen Standort. 'Silvaner' scheidet wegen ungleichmäßiger Holzreife aus. Die Anlage von Weitraumpflanzungen an Steilhängen ist unvorteilhaft, da vor allem der Schleppereinsatz im Direktzug nicht möglich ist. Zur Bodenvorbereitung vor der Neuanlage ist der Anbau von Luzerne oder Bokharaklee ratsam. Die Reihenbreite richtet sich nach dem Schlepper; für Normalschlepper sind mindestens 3,20 m erforderlich. Der Stockabstand beträgt je nach der Tragholzlänge der Sorten 1,25–1,40 m. Nur bestes Pflanzmaterial sichert den Erfolg. Die Aufzucht wird eintriebig vorgenommen; im 3. Jahr kann bereits eine Bogrebe angeschnitten werden. Der Drahtrahmen muß sehr stabil sein. Als Schnittmethode hat sich der Bogrebenschnitt zweckmäßiger als der bisher angewandte Strekkerschnitt erwiesen. Die breiten Querjoche fallen hierbei fort. An dem aus dem Stamm gebildeten senkrechten Kordon werden je 2 Bogreben in 2 Etagen

übereinander angeschnitten und geheftet. Zur Gründüngung in Weitraumanlagen hat sich neben Lihoraps, Phazelia, Ölrettich und Sonnenblumen auch die Malve bewährt. Die Unterbringung der Gründüngungsmasse erfolgt mit der Scheibenegge. Der Boden wird vom Frühjahr bis zur Einsaat der Gründüngung im Aug. durch den Grubber offen gehalten. K. Thiele. 1270.

2-64/01-0707 Kadisch, Erwin; Oppenheim, Landes-Lehr- und Versuchsanst. für Wein- und Gartenbau. **Kritische Betrachtungen zu Weitraumanlagen in technischer Sicht. II.** Dtsch. Weinbau **18** (1963) Nr. 9. S. 320 bis 323. — 3 Abb., 1 Tab., 6 Lit. 1. Mitt. vgl. vorst. Ref.

In vergleichenden Untersuchungen wurde in Weitraumanlagen eine Verringerung des Gesamtarbeitsaufwandes um 30–40% gegenüber dem Aufwand in Normalanlagen ermittelt. Die Einsparungen wurden bes. bei den Laubarbeiten und der Bodenbearbeitung erzielt. Durch Begrünung der Rebgassen wird der Aufwand für die Bodenbearbeitung niedrig gehalten. Die mineral. Düngung läßt sich vollständig mechanisieren. Die Schädlingsbekämpfung stellt bei Weitraumanlagen keine Arbeitsspitze dar, da sie mit modernen Geräten auch ohne vorangegangene Laubarbeit durchführbar ist. Die Ernteerträge waren in den Weitraumanlagen meist ebenso hoch wie in Normalanlagen. Die Qualität ist bei frühreifenden Sorten wie 'Müller-Thurgau' durch längeres Hängenlassen der Trauben gleichwertig, nicht aber bei spätreifenden Sorten. Die Vorteile der Weitraumkultur liegen nur auf arbeitswirtsch. Gebiet. 2 AK können 5,5–6,2 ha Weitraumanlagen, dagegen nur 3,5–4,0 ha Normalanlagen bearbeiten. Die Ersparnisse bei Weitraumanlagen an Materialkosten und durch geringeren Zeitaufwand bei der Pflanzung und Pflege des Jungfeldes werden wieder dadurch aufgehoben, daß sie im 3. Jahr nur die Hälfte des Ertrages der Normalanlagen liefern. K. Thiele. 1270.

2-64/01-0708 Binstadt, A.; Oppenheim, Landes-Lehr- und Versuchsanst. für Wein- und Gartenbau. **Ergebnisse eines Pfropfrebensortierungsversuchs und die Folgerungen für die Praxis.** Dtsch. Weinbau **18** (1963) Nr. 11. S. 401 bis 404. — 2 Tab.

Zum Nachweis der Minderwertigkeit schlecht sortierter Pfropfreben wurde eine Versuchspflanzung mit Reben der 1., 2. und 3. Sortierung, Sorte 'Silvaner', angelegt. Bereits in den ersten Jahren zeigte die Mehrzahl der Reben der 2. und 3. Sortierung Erscheinungen der Rollkrankheit, während die Reben der 1. Sortierung gesund blieben. In den Ernteergebnissen waren die Parzellen der 1. Sortierung denjenigen der 2. und 3. Sortierung deutlich überlegen. Daher ist eine strenge Sortierung der ausgeschulten Pfropfreben zur Erzielung rentabler Ertragsanlagen unbedingt erforderlich. Von einer Qualitätseinteilung der Pfropfreben sollte abgesehen und nur einwandfreie Ware gepflanzt werden. K. Thiele. 1270.

2-64/01-0709 Tepe, W.; Geisenheim/Rh., Hess. Lehr- und Forsch.-Anst. für Wein-, Obst- und Gartenbau. **Untersuchungen in reblausbefallenen Weinbergen.** Wein-Wiss. **18** (1963) Nr. 4. S. 161–169. — Beil. zu: Dtsch. Weinbau. — 9 Abb., 4 Tab., 4 Lit.

Über den weiteren Anbau in reblausbefallenen Weinbergen entscheidet erst das Ergebnis gründlicher Untersuchungen. In den überprüften Anlagen ergaben die Bodenuntersuchungen meist einen starken Mangel an K und Ca, während die Werte für Mg, Mn und P günstiger lagen. Die Wasserabgabe war Anfang Juli in 50 cm Tiefe unter die Mindestgrenze abgefallen; damit wurde auch die Nährstoffaufnahme aus dieser Schicht unterbunden. Blattanalysen zeigten eine gute Übereinstimmung der K- und Ca-Werte mit den Werten der Bodenuntersuchungen. Reben mit Rückgangserscheinungen hatten Anfang Juli bei vorgenommenen Safttests nur wenig N im Blattstiel, Mitte Aug. nur noch Spuren. Anfang Sept. traten in einem Teil der befallenen Anlagen schwache bis starke Trockenschäden auf. Der Traubenbehang war mittel bis gut. Es wird empfohlen, Reben mit Rückgangserscheinungen sofort zu roden und den Boden zu entseuchen. In den übrigen befallenen Anlagen und in den angrenzenden Parzellen sind fehlende Nährstoffe im Boden zu ergänzen. Erst mit der Verbesserung der Ernährung ist mit der Zunahme der Widerstandsfähigkeit der Reben zu rechnen. Entscheidend ist hierbei die optimale Wasserversorgung. K. Thiele. 1270.

2-64/01-0710 Franz. G. **Arbeitstagebuchauswertung rheinhessischer Weinbaubetriebe. Ergebnisse und Folgerungen für die Betriebsplanung.** Wein-Wiss. 18 (1963) Nr. 5. S. 216–224. Beil. zu: Dtsch. Weinbau. – 2 Tab.
Der Arbeitsaufwand in Normalanlagen von 1500 Std./ha im Jahre 1950 konnte nach den Ergebnissen der Auswertung der Arbeitstagebücher bis 1962 auf etwa 1000 Std./ha gesenkt werden. Die Einsparung an Arbeitszeit beruht hauptsächlich auf der Mechanisierung der Bodenbearbeitung und Schädlingsbekämpfung. Bei der Lese wurden durch die Beschleunigung des Transportes von Arbeitskräften und Trauben ebenfalls Einsparungen erzielt. Ein Vergleich des Arbeitsaufwandes bei Weitraum- und Normalanlagen erweist zwar bei Weitraumanlagen eine Einsparung von etwa 20% gegenüber Normalanlagen; doch wären in den überprüften Normalanlagen noch Einsparungen bei Bodenbearbeitung, Düngung und Schädlingsbekämpfung möglich. Tab. geben Aufschluß über den Arbeitsaufwand in Ertragsanlagen verschiedener Betriebe sowie über den Arbeitsaufwand im Gesamtweinbau. K. Thiele. 1270.

2-64/01-0711 Olmo, H. P. und Koyama, A. Niabell and Early Niabell – new tetraploid varieties of the Concord type. **('Niabell' und 'Early Niabell' – neue tetraploide Weinsorten des 'Concord'-Typs.)** Calif. agric. Exp. Stat., Bull. **1962** Nr. 790. S. 1–10. – 4 Abb. 1270.

2 64/01 0712 Galoppini, C. und Lotti, G.; Pisa, Univ., Ist. di Chim. Agraria. La composizione dell'olio di vinaccioli nel corso della maturazione dell'uva. **(Die Zusammensetzung des Traubenkernöls im Laufe der Traubenreife.)** Riv. Viticolt. Enol. **16** (1963) Nr. 1. S. 24–28. 1270.

2-64/01-0713 *Blaser, G.* (neubearb. von *Martin, Adolf*). **Praktischer Obstbau.** Kurzgefaßte obstbauliche Anleitung für Landwirte, Baumwarte, Gartenfreunde und Schüler. 9. Aufl. Stuttgart: Verlag Eugen Ulmer. 1963. (104 S. m. 88 Abb.) 14,5 × 22 cm. DM 4,80. Vff. behandeln in diesem kleinen Leitfaden kurz die wichtigsten Fragen der obstbaulichen Praxis. Zum Verständnis notwendige Begründungen für die praktischen Maßnahmen werden jeweils den einzelnen Abschnitten vorangestellt. Die unter „Ernte, Sortierung, Lagerung und Verkauf des Obstes" gegebenen Hinweise sind noch die für den Obstbauer Westdeutschlands z.Z. geltenden Bestimmungen der Handelsklassen-Verordnung vom 1.8.55. Auf in Kürze zu erwartende Vereinbarungen innerhalb der EWG wird hingewiesen. F. P. Zahn.

2-64/01-0714 *Biró, József.* **A gyümölcs elökészitése értékesitésre.** (Die Vermarktung des Obstes.) Budapest: Mezögazdasági kiadó. 1962. (134 S.) 8°. (1962 A 1673)
2-64/01-0715 *Kroeske, D.* en *Minkema, D.* **Afstammelingenonderzoek van beren.** Zeist: Inst. voor veeteeltkundig onderzoek „Schoonoord". 1962. (33 S.) 4° = Rapport Schoonoord onderzoek Nr. B 42. (SR 2812, 42)
2-64/01-0716 *Reichel, Manfred.* **Beobachtungen über Blütendifferenzierung, Blühverlauf und Fruchtansatz bei Apfel und Schattenmorelle im Raum von Halle.** Diss. Landw. Fak. Halle-Wittenberg. 1963. (102 S.) 8°. (Diss. 9065)
2-64/01-0717 *Schuricht, Roland.* **Untersuchungen über die arbeitswirtschaftlichen Grundlagen der Produktion von Baumobst unter den Bedingungen der sozialistischen Großflächenproduktion.** Diss. Landw. Fak. Halle-Wittenberg. 1963. (138 S.) 4°. (Diss. 9060)

E. Zierpflanzenbau

2-64/01 0718 Puccini, Giulianc; Sanremo, Staz. Sperimentale di Floricolt. Possibilita' di sviluppo dell floricultura in Sardegna. **(Die Möglichkeiten der Entwicklung des Zierpflanzenbaus in Sardinien.)** Agric. ital. [N. S.] **18(63)** (1963) Nr. 3. S. 72–86. 1315.

2-64/01-0719 Terpinski, Z. Zastosowanie regulatorów wzrostu przy ukorzenianiu sadzonek. **(Die Anwendung von Wachstumsregulatoren zur Bewurzelung von Stecklingen.)** Owoce, Warzywa, Kwiaty **3** (1963) Nr. 4. S. 17 bis 19. – 2 Abb.
Die Anwendung von Wachstumsregulatoren erfolgt in Form von Puder oder von wässrigen oder alkoholischen Lösungen. Der Vorteil des Puders besteht in der Leichtigkeit und Schnelligkeit seiner Anwendung, derjenige der Lösungen in der Möglichkeit, eine gewünschte Konz. zu erhalten. In Polen wird „Pomonit" verwendet. Um es in Form von Puder zu gewinnen, wird es in einer kleinen Menge Alkohol gelöst, diese Lösung mit techn. Talg oder Holzkohle gemischt, getrocknet und zerkleinert. Die Adhäsionsfähigkeit des Puders aus Holzkohle ist geringer, dagegen besitzt er desinfizierende Eigenschaften. Die mit Wasser angefeuchteten Spitzen der Stecklinge werden in den Puder gelegt, abgeschüttelt und in vorbereitete Pflanzlöcher gesetzt. Am besten erfolgt die Lösung in heißem Wasser oder Alkohol und dann eine Verdünnung bis zur gewünschten Konz. Verholzte Stecklinge werden $\frac{1}{2}$–$\frac{3}{4}$ ihrer Länge eingetaucht und 24–48 Std. eingeweicht, grüne hingegen 2–4 cm tief eingetaucht und 3–24 Std. gewässert. Es ist wichtig, den Wachstumsregulator und seine Konz. der Art und Sorte anzupassen. Die Anwendung der Wachstumsregulatoren lohnt nicht nur bei schwer anwurzelnden Pflanzen. Alle Pflanzen wurzeln allg. rascher und in größerer Zahl an und bilden ein stärkeres Wurzelsystem. PRL/CBR. 1330.

2-64/01-0720 Rademacher, Hans,; Aurich, Lehr- und Versuchsanst. für Gartenbau. **Bodenbeheizung mit Kunststoffrohren bei Azaleen.** Gartenwelt **63** (1963) Nr. 8. S. 173–174. – 1 Abb.
Eine Bodenheizung mit Kunststoffrohren reichte im vergangenen strengen Winter nicht aus, um Azaleen in einfachen Betonkästen am Erfrieren zu hindern. Vf. glaubt an Vorteile, die eine Bodenheizung bei Azaleen ausübt. Die Anlagekosten schätzt Vf. auf 8–10 DM/m². Durch die Bodenheizung kann evtl. die Raumtemperatur etwas niedriger gehalten werden. W. Hiller. 1335.

2-64/01-0721 Harrison, A. D.; Wye, Kent, Nat. Agric. Advisory Serv. Production methods for earlyflowering chrysanthemums. **(Produktionsmethoden für frühblühende Chrysanthemen.)** Exp. Horticult. **1963** Nr. 8. S. 104–107. – 4 Tab.
Produktionskosten und Ertrag wurden in 2jährigen Versuchen an 5 Prüfstellen bei den Sorten 'Chatsworth' und 'Peach Blossom' bei 3 verschiedenen Vermehrungszeiten und Standweiten ermittelt. Bei der Vermehrungszeit vom 21. März und einem Pflanzenabstand von 12 × 12 in. wurden noch gute Erträge bei vertretbaren Kosten erzielt. Kulturmethoden und Erträge sind angegeben. I. G. Gründler. 1340.

2-64/01-0722 Pringle, T. W.; Cleppa Park, Exp. Horticult. Stat. Chrysanthemum spacing: Some observations. **(Chrysanthemum Standweiten: Einige Beobachtungen.)** Exp. Horticult. **1963** Nr. 8. S. 108–110. – 4 Tab., 1 Lit.
In einem Standweitenversuch bei Chrysanthemen wurden die höchsten Erträge bei einem Pflanzenabstand von 7 × 7 in. erzielt. Die Kulturdaten und Erträge sind angegeben. I. G. Gründler. 1340.

2-64/01-0723 Bosse, Gerhard. **Chrysanthemenkultur nach Friesdorfer Methode.** Gartenwelt **63** (1963) Nr. 5. S. 94–98. – 2 Abb., 1 Tab.
Für die schon früher beschriebene Friesdorfer Methode der optimalen Kulturzeit bei Chrysanthemen werden für die wichtigsten Sorten des westdeutschen Sortimentes Vermehrungstermine, Stutztermine, Blütezeiten und Kulturhinweise angegeben. Wichtig ist die Einhaltung des Auspflanztermins spätestens 4 Wochen nach dem Vermehrungstermin. Die Pflanzabstände liegen

bei 15 × 15 cm, 15 × 20 cm für Einstieler und 25 × 25 cm bei gestutzten Pflanzen. Auf die Notwendigkeit der strengen Auslese virusbefallener Pflanzen wird hingewiesen. Die angeführten Sorten werden nach Sommerblüher, Sorten unter Glas ohne Heizung und Sorten unter Glas mit Heizung unterteilt. Die Verwendung von Rollhäusern wird bei der Friesdorfer Methode für bes. geeignet gehalten. H. Jank. 1340.

2-64/01-0724 Kötz, J.; Bad Langensalza, GPG „Roter Oktober". **Neue Wege im Anbau von Chrysanthemum indicum.** Dtsch. Gartenbau **10** (1963) Nr. 5. S. 126–129. – 6 Abb.

Der Anbau erfolgt feldmäßig, ausgepflanzt mit der Manhardtschen Pflanzmaschine 'Pfl 5' in 62,5 cm Reihenabstand. Durch Verkleidung des Fahrwerkes der Hackfräse mit Leitdrähten wird eine Beschädigung der Triebe durch die Räder vermieden und der Einsatz der Hackfräse bis auf eine Handhacke möglich. Bei Sorten, die im Freiland überbaut werden müssen, werden im Stadium der farbezeigenden Knospe zwischen jeweils 2 Reihen 2 weitere eingeschlagen. Cyclamen-Schattenhallen werden ab Ende Sept. nach geringen baulichen Veränderungen durch Einschlagen mittelfrüher Chrysanthemen zusätzlich genutzt. Es wurde versucht, zeitweilige Absatzschwierigkeiten durch Kühllagerung bei 3 °C, 95% Luftfeuchtigkeit, etwas erhöhten CO_2-Gehalt der Raumluft im Gärkeller einer Brauerei zu überwinden. Die Blumen wurden mit und ohne Folie in Kartons gelagert. Die Lagerverluste betrugen nach 14 Tagen 2,3%. Haltbarkeit und Qualität wurden nicht gemindert. Vor dem Versand erfolgten langsame Temperaturgewöhnung und Einstellen in Wasser bei 8 °C. In der Versandzeit wird das Frischhalten am Vortage geschnittener und überbrauster Blumen durch Überdecken mit Klarsichtfolie erreicht. Die Mutterpflanzen werden im feldmäßigen Anbau mit dem Siebkettenroder aufgenommen. H. Jank. 1340.

2-64/01-0725 Wasscher, J. De produktie van anjerstekken. **(Die Produktion von Nelkenstecklingen.)** Vakbl. Bloemisterij **18** (1963) Nr. 18. S. 375–376.

1962 ist in Amsterdam die Carnation Propagation Association of Europe gegr. worden. Die Produktion von anerkanntem Stecklingsmaterial stieg in den Niederlanden von **1947–62** von **405000** auf **14,1** Mill. Stück. 63% der angezogenen Stecklinge werden exportiert. Westdeutschland ist mit 5,9 Mill. Stck. der größte Abnehmer. Während früher nur auf Schädlingsbefall getestet wurde, wird heute teilweise schon auf Virusfreiheit untersucht (anerkanntes Material). Die Vorteile der Errichtung von Zweigbetrieben im Mittelmeergebiet werden aufgeführt. Nach den Niederlanden ist Dänemark der größte Stecklingsproduzent. Hier ist es vor allem die Firma Stormly Hansen, die allein in Dänemark 8 Mill. getestete Stecklinge produziert. Diese Firma hat in den letzten Jahren Tochterbetriebe in England, Südfrankreich und Südafrika gegr. Die Zahl der in Südafrika produzierten und nach Dänemark geschickten Stecklinge erreichte in der letzten Saison 10 Mill. Auch die dänischen Chrysanthemenkulturen in Roshilde besitzen 2,4 ha Mutterpflanzen in Sardinien und 2 ha bei Pretoria. Weitere Stecklingsproduzenten von Bedeutung sind die Bundesrepublik, England, Frankreich und Belgien. Die engl. Firmen haben Zweigbetriebe auf Malta und den Kanarischen Inseln.
W. Hiller. 1340.

2-64/01-0726 Otto, A.; Wolbeck, Westfalen-Lippe, Gartenbauschule; Gärtner. Versuchsanst. der Landwirtsch.-Kammer. **Schnitt-Antirrhinum unter Glas und im Freien.** Rhein. Mschr. Gemüse-, Obst- u. Gartenbau **1963** Nr. 5. S. 155–158. – 1 Abb., 1 Tab.

Für die Blütezeiten von Ende Apr. bis Sept. werden die Kulturdaten angegeben. Für die Frühkultur eignen sich am besten die F_1-Treibhybriden. Auch im Freilandanbau setzen sich F_1-Hybriden immer mehr durch. Rechtzeitiges Entfernen der Seitentriebe ist für gute Einstieler Voraussetzung.

I. G. Gründler. 1340.

2-64/01-0727 Fritzsche, Günter; Weihenstephan, Staatl. Lehr- und Forsch.-Anst., Inst. für Zierpflanzenbau unter Glas. **Neuzeitliche Erkenntnisse und Kulturmethoden bei einigen wichtigen Topfpflanzen und Schnittblumen: A. Cyclamen.** Gartenbauwirtschaft [Wien] **1963** Nr. 6. S. 134–136. – 1 Abb., 2 Tab.

Eine Verkürzung der Kulturzeit wird erreicht durch Einhaltung optimaler Temperaturen (Keimung 20 °C, Jungpflanzen 20–22 °C), frühzeitiges Pikieren (ca. 2 Mon. nach der Aussaat) und Verwendung frühblühender Sorten. Die Kultur wird vereinfacht durch nur 2maliges Pikieren im Abstand von 5 und 10 cm und anschließendes Eintopfen in den Endtopf. Man kann bei sehr torfreichem Substrat sogar mit nur einmaligem Pikieren auskommen. Zum Pikieren sind in hellen, genügend beheizten Häusern Grundbeete vorteilhaft. Beim Eintopfen in den Endtopf ist es nicht nötig, die Knolle freizulegen, da sie durch das Schlauchgießen von selbst freigespült wird. Für mittlere Pflanzen verwendet man 11 cm-Töpfe, für Kleinpflanzen 9 cm. Bei guten Belüftungs- und Schattierungseinrichtungen sind im Gewächshaus mit seinen besseren Arbeitsbedingungen gute Kulturerfolge zu erzielen. Unter Berücksichtigung aller hier aufgeführten Gesichtspunkte ist es möglich, die Kulturdauer auf 7–9 Mon. herabzusetzen. Es wurde versucht, Cyclamen das ganze Jahr über auf den Markt zu bringen, indem jeden Monat ausgesät wurde. Für die Praxis empfiehlt sich aber nur eine Aussaat von Sept. bis Apr. Es wird empfohlen, mehrere kleine Sätze zu kultivieren, um Arbeitsspitzen zu brechen, Absatzschwemmen zu meiden, Kulturflächen besser auszunutzen. Für die übliche Kultur in 1–2 Sätzen soll nicht vor Sept. ausgesät werden.

U. Walter. 1355.

2-64/01-0728 Hume, W. G.; Wolverhampton, Nat. Agric. Advisory Serv. Pot sizes and fertilizer strengths for cyclamen. **(Topfgrößen und Düngermengen bei Cyclamen.)** Exp. Horticult. **1963** Nr. 8. S. 99–103. – 2 Tab., 2 Lit.

In 3jährigen Untersuchungen an 2 Standorten wurde der Einfluß der Topfgröße und des Nährstoffgehaltes der Substrate auf Wuchs und Blütenzahl von je 2 Cyclamen-Sorten untersucht. Als Ausgangssubstrat diente ein entseuchter Kompost, der mit steigenden Düngermengen versetzt wurde; teilweise erfolgten Nachdüngungen. Im Durchschnitt aller Düngungsvarianten brachten die Cyclamen in 4½ in.-Töpfen mehr Blüten als die Pflanzen in 3½ in.-Töpfen. In größeren Töpfen wurde eine Blüteverfrühung von 6 bis 18 Tagen beobachtet. Nachdüngungen waren bes. bei nährstoffärmeren Ausgangssubstraten und bei kleineren Töpfen wirksam. Der Pflanzengröße wurde geringe Bedeutung zugemessen. Bei einer Topfgröße von 4½ in. sollen Cyclamen in nährstoffreichen Substraten keine Zusatzdüngung erhalten.

H. Erfurth. 1355.

2-64/01-0729 Rademacher, Hans; Aurich, Lehr- und Versuchsanst. für Gartenbau. **Auricher Erfahrungen mit termingesteuerten Topf-Chrysanthemen.** Gartenwelt **63** (1963) Nr. 9. S. 194–196. – 4 Abb.

Die Kulturdauer termingesteuerter Topfchrysanthemen beträgt durchschnittl. 3 Monate. Benötigt werden für 100 Töpfe (12er) etwa 12,5 Monats/m² Netto-Stellfläche. Es wird mit 90% A-Ware gerechnet. Von Juni bis Nov. konnte ein auf den Netto-Umsatz bezogener Reinertrag von etwa 10% errechnet werden. Ganz frühe und ganz späte Partien lohnen sich nur bei entspr. Erzeugerpreisen. Als Sorten werden 'Mme. L. Bonnefonds', 'Blanche Poitevine', 'Yellow Delaware', 'Hartmanns Cochenille" und 'Hartmanns Magnoliapurpur' empfohlen. 3 Pflanzen stehen im 11er Topf. Je nach

Wüchsigkeit wird gestutzt oder eintriebig gezogen. Nach Durchwurzelung wird wöchentlich 2mal mit 4‰ NPK gedüngt. Töpfe dürfen nie trocken werden und wegen der Laubgesundheit nicht zu eng stehen.

H. Jank. 1355.

2-64/01-0730 Raalte, D. van. **Pelargonium-Prüfung in den Niederlanden.** Süddtsch. Erwerbsgärtner **17** (1963) Nr. 24. S. 696–698. – 4 Abb.
In den Niederlanden gibt es einen Anerkennungsdienst für Zierpflanzen, der 5 Abt. umfaßt. Die 5. Abt. beschäftigt sich mit *Pelargonium*. Alle *Pelargonium*-Züchter (143) Hollands sind Mitglied. 1962 wurden 195000 Pflanzen geprüft. 90% der geprüften Pflanzen wurden für gut befunden. Die wichtigsten geprüften Sorten sind 'Rubin' (67100), 'Jean Billes' (16100), 'Paul Crampel' (15400), 'Sophie Königer' (12500), 'Lerchenmüller' (9800). Die Prüfstelle des Anerkennungsdienstes befaßt sich auch mit Sortenbereinigung, Nomenklaturfragen, Welkekrankheit, Viruserscheinungen und der Wurzelbildung. 13 neue Sorten werden im Versuchsgarten von Lent geprüft. Gute Wurzelbildung wurde erzielt durch Behandlung der Stecklinge mit einer Kombination von Rhizopon AA 0,5% und Captan-Staub in der gleichen Menge. Die so behandelten Stecklinge waren in 14 Tagen bewurzelt. In 3–4 Wochen hatten sie einen sehr guten Wurzelballen gebildet. Zur Verminderung der Virusverseuchung wird empfohlen, die Stecklinge nicht zu schneiden, sondern von der Mutterpflanze zu brechen. P. Hahn. 1355.

2-64/01-0731 Wagner, A. **Cycocel als Wachstumsbremse.** Gartenwelt **63** (1963) Nr. 5. S. 84–85. – 1 Abb.
Cycocel, abgekürzt CCC, ist ein wuchshemmendes Mittel aus den USA, das dort entwickelt wurde, um das unerwünschte Längenwachstum von Poinsettien zu hemmen. Die behandelten Pflanzen blieben fast um die Hälfte kürzer. Hier wurden Versuche bei einer Hamburger Firma unternommen. Es kommen Stecklingssätze von Anfang Juli bis 20. Aug. in Frage. Die Pflanzen werden mit der CCC-Lösung gegossen, wenn sie den Endtopf zu durchwurzeln beginnen. Der erste Satz zeigte noch nicht den richtigen Erfolg, hätte evtl. noch einmal behandelt werden müssen, aber der Satz von Mitte Juli war nur 40–45 cm lang, prächtig entwickelt und gut belaubt. Die Brakteen waren ebenso groß wie unbehandelt und zeigten eine intensivere Färbung. Die Kultur wurde wie üblich durchgeführt.

U. Walter. 1355.

2-64/01-0732 Lees, P. D.; Rosewarne, Exp. Horticult. Stat. Observations on hot water treatment of narcissus bulbs. **(Beobachtungen über Heißwasserbehandlung von Narzissenzwiebeln.)** Exp. Horticult. **1963** Nr. 8. S. 84–89. – 3 Abb., 6 Lit.
Die benutzten Heißwassertanks hatten eine Wasserkapazität von 100 gal. und wurden erhitzt durch 7 kW Tauch-Heizkörper. Zur Kontrolle der Temperatur wurden während des ganzen Experimentes Wärmediagramme aufgezeichnet. In allen Versuchen wurden die Zwiebeln nach der Abkühlung und Trocknung auf übliche Art und Weise kultiviert. Verwendet wurden die Sorten 'Soleil'Or', 'Helios' bzw. 'Fortune', 'King Alfred' und 'Actae a'. Im ersten Versuch wurden die Zwiebeln in wöchentlichen Intervallen vom 1. Juni bis 31. Aug. bei Temperaturen von 110–130 °F 3 Std. lang behandelt. Eine Temperatur von 110–115 °F beeinträchtigte Wachstum und Vitalität nicht. Die optimale Zeit für eine Heißwasserbehandlung ist für jede Sorte unterschiedlich. In einem 2. Versuch wurden die Sorten in wöchentlichen Intervallen vom 17. Juni bis 22. Juli 3–6½ Std. bei 110 °F behandelt. Wachstum und Vitalität wurden durch die längere Behandlungszeit nicht beeinträchtigt. In einem 3. Versuch wurden 4 Sorten 15, 45 und 180 Min. bei Temperaturen von 113–130 °F behandelt. Bei 120 °F über 2 Std. behandelte Zwiebeln überlebten zwar, aber das Wachstum

war stark reduziert, bei 130 °F für 45 Min. blieben nur wenige Zwiebeln lebensfähig. In einem 4. Versuch wurde die Heißwasserbehandlung mit einem Zusatz von 0,25 und 0,5% Formalin gegen die Basalfäule (*Fusarium bulbigenum*) bei 110 °F 3 Std. lang durchgeführt. Die Behandlung erwies sich für das Wachstum der Pflanzen als sehr günstig. U. Bergner. 1360.

2-64/01-0733 Sakanishi, Y. Studies on the bulbil formation in the artificial propagation and on organic and inorganic matters in the amaryllis bulb. **(Untersuchungen über die Zwiebelbildung und über organische und anorganische Substanzen in der Amarylliszwiebel während der Vermehrung.)** J. Jap. Soc. horticult. Sci. **31** (1962) Nr. 2. S. 173–184. – 6 Abb., 8 Tab., 9 Lit. Orig.: jap., Ausz.: engl.

Vf. ermittelte die Regenerationsfähigkeit äußerer und innerer Zwiebelschuppen gepflanzter und gelagerter Schuppenteilstücke bei Raumtemperatur (I) und 32 °C (II), die Gesamtanzahl der gebildeten Brutzwiebeln sowie deren Gesamt- und mittleres Einzelgewicht und deren Blattwachstum. Ferner wurden Atmung der Stengel und Schuppen, Frischgewicht und Wassergehalt der Schuppen-Stengelfraktionen, Gehalt an reduzierenden und nichtreduzierenden Zuckern, Stärke und Mineralstoffen sowie die Veränderungen des C/N-Verhältnisses bestimmt. Bei **I** steigt die regenerative Reaktion bis Juli an, um dann stark abzufallen. Bei **II** ist ein späterer Anstieg der regenerativen Phase zu beobachten. Die Anzahl der gebildeten Zwiebeln sowie deren Gesamtgewicht ist zwischen den vergleichbaren Behandlungen an den äußeren Schuppen erhöht. H. Ackermann. 1360.

2-64/01-0734 Whitehouse, W. E., Creech, J. L. und Seaton, G. A. Bradford ornamental pear – a promising shade tree. **(Bradford-Zierbirne – ein verheißungsvoller Baum.)** Amer. Nurseryman **117** (1963) Nr. 8. S. 7–8. 56–60. – 8 Abb.

Bei Überprüfung von Sämlingen von *Pyrus calleryana* Decne. wurde unter den normalen, dornigen Sämlingen dieser Art ein nicht dorniger, wüchsiger Sämling ausgelesen und gesondert gepflanzt. Der jetzt 44jährige Baum ist 16 m hoch und hat einen Kronendurchmesser von 10 m. Orkanartige Stürme hinterließen nur geringe Spuren. Vermehrung dieser *P. calleryana* Bradford erfolgt seit Anfang der 30er Jahre. Sie ist rel. bodenvag, unanfällig gegen Krankheiten und Schädlinge. Die Blüten erscheinen bereits Ende März. Sie sind weiß, stehen in zahlreichen Büscheln und kontrastieren gut gegen gelb und rot der Frühjahrsblüher. Kalte Regen und starke Winde lassen die Blütenblätter braun werden und verkürzen die Blütezeit. Herbstfärbung der Blätter ist gelb bis braunrot. Die Blätter halten sich lange am Baum, fallen dann aber innerhalb eines kurzen Zeitraumes. Der Fruchtbehang hat Zierwert. Die dicht geschlossene Krone macht den Baum geeignet für Straßenbepflanzungen. Anzucht, Pflanzung und Pflegemaßnahmen werden eingehend beschrieben. F. H. Pfützner. 1370.

2-64/01-0735 Rupprecht, H. **Beiträge über die Ertragsbeeinflussung bei Rosen unter Glas. I.** Dtsch. Gartenbau **10** (1963) Nr. 7. S. 191–195. – 2 Abb., 2 Tab. – nach Zus.

Für den Anbau unter Glas entscheiden zunächst die spez. Eigenschaften der Sorten selbst. Der Ertragswert setzt sich zusammen aus Blütenertrag und qualitativer Leistung. Der Ertragswert kann durch geeignete Unterlagenwahl mehr oder weniger stark beeinflußt werden. Der wirtschaftliche Erfolg kann außer richtiger Unterlagenwahl abhängig sein vom spez. Standort, wie das Beispiel *R.* × *pollmeriana* lehrt. – Die Edelsorten 'Gretel Greul' und 'Rote Rapture' in rosa bis dunkelrosa und 'Geheimrat Duisberg' in gelb sind wegen ihrer hohen qualitativ wertvollen Blütenerträge und 'Red Better Times' (sicherlich auch 'Perle von Aalsmeer') in rot wegen ihrer gleichmäßig guten

Leistung dem Rosenanbau unter Glas als Hauptsorten zu empfehlen. Die bereits im Anbau ausgeschiedene 'Karl Herbst' ist auch nach unseren Ergebnissen nicht anbauwürdig. 'Gloria Dei' bringt trotz guter qualitativer Leistung zu geringe Blütenerträge und läßt nur unter bes. günstigen Kulturbedingungen befriedigende Ergebnisse erwarten. Von den Unterlagen scheidet *R. canina* 'Schmids Findling' für die Hausrosenkultur aus. *R. multiflora* dagegen verdient es, züchterisch bearbeitet zu werden, um einheitlich brauchbare Unterlagentypen zu entwickeln, die mit möglichst allen Edelsorten befriedigende Erträge erwarten lassen. Die übrigen geprüften Unterlagen *R. c. inermis*, *R. c.* 'Schmids Rekord', *R. c.* 'Brög' und *R.* × *pollmeriana* sind praktisch als gleichwertig zu beurteilen, wobei allerdings *R.* × *pollmeriana* nur für bindigere Böden eingesetzt werden sollte. 1380.

2-64/01-0736 Dänhardt, W. und Kühle, G.; Dresden-Pillnitz, Inst. für Gartenbau der Dtsch. Akad. der Landwirtsch.-Wiss. zu Berlin. **Über den Einfluß verschiedener Rosenunterlagen auf Rosen-Standardsorten im Freiland.** Arch. Gartenbau **11** (1963) Nr. 4. S. 249–281. — 62 Abb., 19 Lit. Zus. in Russ., Engl.

Im Versuch standen 9 Unterlagen und 8 Edelsorten, die von 1953–58 bonitiert wurden. Die Unterlagen 'Pollmer', 'Münchs Auslese', *Rosa coriifolia* var. *froebelii* und *Rosa eglanteria* zeigten schlechtere Anwachsergebnisse im Vergleich zu 'Schmids Ideal', 'Jägerbataillon', *R. multiflora* 'Koopmann II', *R. m.* 'Schm./K. stachellos' und *R. m.* 'Schm./K.'. Die auf *R. multiflora* veredelten Sorten erreichten das größte Wachstum. Die meisten Triebe erster Ordnung brachte die Sorte 'Kordes Sondermeldung', danach folgten mit Abstand 'Gretl Greul' und 'Mrs. Pierre S. Du Pont'. Die meisten Triebe 2. Ordnung zeigten 'Kordes Sondermeldung' und 'Virgo'. Die stärkste Bewurzelung zeigten die *R. multiflora*-Unterlagen. Vff. fanden eine Korrelation zwischen Pflanzenhöhe und Blütenanzahl. Bei Freilandrosen ist vom 3. Standjahr an mit Höchsterträgen an Blüten zu rechnen, vom 5. Standjahr ab erfolgte ein leichter Rückgang. Die Sorten auf *R. multiflora*-Unterlagen wiesen die höchste Blütenproduktion auf. *R. coriifolia* zeigte den geringsten Blütenertrag. Die meisten Blumen brachte die Sorte 'Mrs. Pierre S. Du Pont', gefolgt von 'Kordes Sondermeldung', die wenigsten 'Hens Verschuren'. Auf den zeitlichen Verlauf der Blüte zeigten die Unterlagen keinen Einfluß. Ein Teil der auf *R. multiflora* stehenden Sorten zeigten eine leichte Tendenz zur Farbaufhellung. Die stärksten Frostausfälle traten bei 'Münchs Auslese' ein, danach bei *R. coriifolia*. Die größte Frostresistenz zeigten die Sorten auf 'Schmids Ideal' und auf *R. multiflora* 'Schm./K.' Auch die Edelsorten zeigten in bezug auf Frostresistenz unterschiedliches Verhalten. Auf den Krankheitsbefall der Edelsorten übten die Unterlagen keinen Einfluß aus.

W. Hiller. 1380.

2-64/01-0737 Thomae, K. **Alldeutsche Rosen Prüfung 1962.** Dtsch. Baumschule **15** (1963) Nr. 6. S. 167–171.

Alljährlich werden Rosen-Neuheiten in den Prüfgärten Dortmund, Friesdorf, Hamburg, Hannover, Weihenstephan und Zweibrücken bewertet. Die Prüfung erstreckt sich auf einen Zeitraum von 2 Jahren. 1962 zeigte sich, daß Rosen unter ihnen nicht völlig zusagenden klimatischen Bedingungen auf ungünstige Witterung empfindlich reagieren können. In diesem Jahr wurden 19 Züchtungen endgültig bewertet. Keine der Neuzüchtungen erreichte die höchste Punktzahl von 80 Punkten, jedoch 57,8% der Sorten mehr als 70 Punkte. Die bewerteten Neuzüchtungen werden beschrieben.

F. H. Pfützner. 1380.

2-64/01-0738 Bartholomay, G. **Erfahrungen mit dem Sprühverfahren bei der Stecklingsvermehrung.** Obstbau [Berlin] **3** (1963) Nr. 6. S. 92–93. — 1 Tab.

Über die Erfahrungen bei der Anwendung des Sprühverfahrens in der Stecklingsvermehrung von Ziergehölzen wird berichtet. Die Anlage wird beschrieben, ebenso die Vermehrungsmethode, Pflege der Stecklinge sowie die Dichte der Stecklinge im Vermehrungsbeet. Die Vorteile der Anwendung des Sprühverfahrens werden kurz genannt. Von 33 Gehölzarten werden in einer Tab. die Angaben über die durchschnittl. Zeitdauer bis zur Bewurzelung und die Bewurzelungserfolge in % zusammengefaßt. F. H. Pfützner. 1380.

2-64/01-0739 Pauck, Paul; Dortmund. **Erfahrungen mit der Kühllagerung von Baumschulgehölzen.** Gartenbauwirtschaft [Wien] **1963** Nr. 7. S. 159 bis 160. — 4 Abb. 1380.

2-64/01-0740 Tinga, J. H.; Blacksburg, Dep. of Horticult. Winterized shelters for pyracanthas in containers. **(Überwinterungsschutz für Pyracantha in Töpfen.)** Amer. Nurseryman **117** (1963) Nr. 9. S. 9. — 4 Abb., 2 Tab.
In Töpfen angezogene *Pyracantha* sind gegen Frostschäden anfällig. Die Schädigungen werden durch Strahlung und durch Verdunstung der Blätter bei gefrorenem Boden erklärt. Um diese Faktoren zu beeinflussen, wurden im Winter 1961/62 in Piedmont/Virginia Versuche durchgeführt. Versuchsmethodik und -material werden beschrieben. Einstrahlung und Verdunstung der Blätter werden durch verschiedene Schattierung variiert. Bewertung erfolgte z. Z. des beginnenden Austriebs nach Blattfarbe und -zustand. Als am besten geeignet für die Abdeckung erwiesen sich Plastikfolie (mit Aluminium gespritzt, zur Erhöhung der Reflexion) mit 80% Schattenwirkung und eine auf Holzlattenauflage mit geringem Abstand der Latten aufgelegte Klarplastikfolie mit 90% Schattenwirkung. Gute Ergebnisse wurden noch bei grüner Plastikfolie und bei Klarplastikfolie mit 75 bzw. 50% Schattenwirkung erzielt. Die besseren Überwinterungsmöglichkeiten werden im Verdunstungsschutz, Windschutz und in der Unterbindung konvektiverVorgänge durch die Plastikfolie gesehen. F. H. Pfützner. 1380.

2-64/01-0741 *Keskevič, Viktor.* **Ruže.** (Rosen). Praha: Orbis. 1963. (176 S.) 8°. (1963 A 588)

X. PFLANZENZÜCHTUNG

B. Allgemeine Pflanzenzüchtung

2-64/01-0742 Anonym. **Wissenschaftliche Konferenz über das Problem der gelenkten Vererbung bei landwirtschaftlichen Kulturpflanzen.** Int. Z. Landwirtsch. [Sofia/Berlin] **1963** Nr. 2. S. 115–116.
Mehr als 600 Wissenschaftler nahmen an der Konferenz teil, auf der 76 Vorträge gehalten wurden. Awakjan berichtete über die gelenkte Umwandlung von Winter- in Sommerformen bei Weizen, Mussiko über die Wirksamkeit der gelenkten Auswahl des Ausgangsmaterials für die Zücht. und die Ausnutzung der Selektivität bei der Befruchtung sowie über die von Lyssenko vorgeschlagene Kreuzung südlicher Zahnmaisformen mit nördlichen Hartmaissorten. Mit Hilfe von geeigneten Linien lassen sich neue leistungsfähige Sorten züchten. Remeslo berichtete über die Zücht. von Wi-Weizen durch Erziehung (Sommer- in Winterform). Hervorgehoben wird, daß das Licht im Herbst eine große Rolle bei der Jarowisation und folglich auch bei der Zücht. von Winter- aus Sommerformen spielt. Die Bodenverhältnisse im Spätherbst spielen keine Rolle. Durch diese Zuchtmethode ist die Sorte 'Mironowskaja 264' entstanden. Auch Chitrinski berichtete über diese Probleme bei Hartweizen, Erbsen und 2zeiligen Gersten. Über die Möglichkeiten einer gelenkten Formbildung trug Faworow vor. Schain behandelte das Problem der erblichen Veränderung durch unterschiedliche Belichtung der Pflanze. Diese Veränderungen sind gerichtet. Shdanow sprach über zusätzliche Fremdbestäubung in der Sonnenblumenzücht. Weiterhin berichteten Kusmin

(gelenkte Veränderung bei So-Hartweizen) und Feiginson (Überblick über die ausländischen Arbeiten zur gelenkten Veränderung). Lyssenko faßte die Ausführungen zusammen. Im Beschluß der Konferenz wird auf die Bedeutung dieser Untersuchungen für die Pflanzen- und Tierzücht. hingewiesen. K. Bellmann. 1515.

2-64/01-0743 Seufert, Rudolf; Erlangen-Nürnberg, Univ., Bot. Inst. **Dominanzumkehr durch Tetraploidisierung.** Z. Vererbungslehre **94** (1963) Nr. 1. S. 112–114. – 8 Lit.
Bei der diploiden *Oenothera berteriana*, einer isogamen Komplexheterozygoten, bedingt der Faktor T einen intensiv rotbraunen Tupfen am Grund der Petalen, wobei T über t dominiert. Vf. fand 1958 eine tetraploide, ungetupfte Form durch Genomverdoppelung. Aus den Kreuzungsergebnissen der Tetraploiden geht eindeutige Dominanzumkehr hervor: t dominiert über T. Die möglichen Ursachen werden besprochen. K. Bellmann. 1515.

2-64/01-0744 Lawrence, C. W.; Wantage, Berks., Wantage Res. Lab. The orientation of multiple associations resulting from interchange heterozygosity. **(Die Orientierung der auf Austauschheterozygotie zurückzuführenden multiplen Verbindungen.)** Genetics **48** (1963) Nr. 3. S. 347–350. – 1 Tab., 13 Lit.
Der Anteil von Assoziationen, die eine alternative Orientierung zeigen, schwankte bei verschiedenen Roggenfamilien zwischen 50 und 90%. Die F_1-Pflanzen, bei denen die Austauschrate beobachtet wurde, hatten eine Disjunktionshäufigkeit von nahezu 90%. Wenn die Orientierung nicht grundsätzlich durch die Chromosomenmorphol. zusammen mit der Zahl und der Lage der Chiasmata bestimmt ist, erhebt sich die Frage nach der Ursache der gefundenen gerichteten Spaltung. Offenbar gibt es genetisch kontrollierte Mechanismen, die zu einer geringen oder hohen Disjunktionsfrequenz führen können. 2 alternative Erklärungsmöglichkeiten hierfür werden betrachtet: Einfluß auf die Orientierung kann ein Sekundäreffekt von Faktoren sein, deren primärerer Effekt von selektiver Bedeutung bei normalen Individuen (Typen ohne Austausch) ist. Andererseits kann eine direkte Selektion auf hohe Disjunktionshäufigkeit in der Art der Evolution von Dominanz (Theorie von Fisher) stattgefunden haben. Aus vorliegenden Ergebnissen kann man keiner der beiden Annahmen den Vorzug geben. K. Bellmann. 1515.

2-64/01-0745 Li, C. C.; Pittsburgh, Pa., Univ., Graduate School of Public Health. Decrease of population fitness upon inbreeding. **(Abnahme der Populationseignung nach Inzucht.)** Proc. nat. Acad. Sci. USA **49** (1963) Nr. 4. S. 439–445. – 2 Lit.
Nach Inzucht zeigen Populationen, die sich im heterotischen Gleichgewicht befinden (AA < Aa > aa), eine größere Abnahme der Populationseignung als Populationen, die sich im mutativen Gleichgewicht befinden (AA > Aa > aa). Werden sehr seltene Gene beobachtet, ist dieser Unterschied jedoch sehr gering. Man kann also nicht aus Inzuchtexperimenten auf den einen oder den anderen Typ des Populationsgleichgewichtes schließen, wenn Mortalitäts- und Mobiditätsdaten ausgewertet werden. Vf. betont ausdrücklich, daß die Inzucht vor allem zum Erkennen seltener Gene in einer Population benutzt werden sollte. Weitere Schlüsse sind problematisch.
K. Bellmann. 1515.

2-64/01-0746 Pirovano, Alberto. Modificazioni ereditarie provocate da innesto. **(Durch Pfropfung hervorgerufene Veränderungen der Erblichkeit.)** Frutticoltura **24** (1962) Nr. 10. S. 665–672. 1515.

2-64/01-0747 Veleminský, Jiří und Gichner, Tomáš; Praha, Inst. of Exp. Bot. of Czechoslov. Acad. of Sciences. Cytological and genetic effects of the insecticide systox on Vicia faba L. and Arabidopsis thaliana L. (Heynh.).

(Cytologische und genetische Wirkung des Insekticides Systox auf Vicia faba L. und Arabidopsis thaliana L. [Heynh.].) Biol. Plantarum [Praha] **5** (1963) Nr. 1. S. 41–52. – 15 Abb., 5 Tab., 11 Lit. Zus. in Russ., Tschech.
Die Primärwurzeln von *Vicia faba* Sorte 'Chlumecky' wurden 3,6 oder 9 Std. in eine 0,02% Systoxlösung oder in aqua dest. getaucht. An mazerierten Präparaten wurde die Wirkung des Insekticides auf die charakteristischen Zelleigenschaften verfolgt. Systox inhibierte die Mitose nicht, behinderte jedoch die Bildung der Spindel und steigerte die Häufigkeit der Chromosomenaberrationen. Das Entstehen dieser Aberrationen wird offenbar durch Bildung von Systoxisomeren im Wasser beeinflußt. Das Isomer II ist wirksamer als normales Systox. Durch 6, 48 und 72-std. Wirkung von 0,2 und 1%iger Systoxlösung auf die Samen von *Arabidopsis thaliana* L. (Heynh.) wurden in 2 weiteren Generationen weder Chlorophyll- noch andere Mutationen erzielt. ČSSR/ÚVTI. 1530.

2-64/01-0748 Pavate, M. V.; Rajahmundry, India, Centr. Tobacco Res. Inst. On a routine method of detection of linkage in segregations involving three or more characters. **(Eine Schnellmethode zur Bestimmung der Koppelung bei Spaltungen hinsichtlich drei oder mehr Merkmale.)** Indian J. Genetics Plant Breeding **22** (1962) Nr. 3. S. 263–266. – 1 Tab., 4 Lit.
Vf. legt die Analogie zwischen der Aufteilung von x^2 bei Spaltungsergebnissen, die 3 oder mehr Merkmale betreffen, und der Aufteilung der Totalvariation in einem 2^n-faktoriellen Experiment in Hauptwirkungen und Interaktionen dar. Hierauf fußt die beschriebene Methode, deren Vorteil es ist, daß ein Auffinden von Merkmals-(nicht Gen-)verbindungen unabhängig von der Genwirkung für ein 3. Merkmal möglich ist, bes. dann, wenn diese Genwirkungen die phänotypischen Häufigkeiten der verbundenen Merkmale verändern.
K. Bellmann. 1550.

2-64/01-0749 Bonin, S. G. und Goplen, B. P.; Canada Dep. of Agric. Evaluating grass plants for seed shattering. **(Die zahlenmäßige Bestimmung der Festigkeit des Kornsitzes bei Gräserpflanzen.)** Canad, J. Plant Sci. **43** (1963) Nr. 1. S. 59–63. – 2 Abb., 7 Lit.
In der Gräserzücht. auf festen Kornsitz befriedigten die bisher bekannten Methoden zur zahlenmäßigen Erfassung dieses Merkmals nicht. Vf. beschreibt ein Schüttelgerät, das sich zur Ermittlung der Festigkeit des Kornsitzes bei Rohrglanzgras-Einzelpflanzen gut bewährt hat. Es besteht aus einer Federklammer, die auf einer senkrechten Halterung federnd angebracht ist und einem doppelten Exzenter auf einer Kurbelwelle darunter. Bei jeder Umdrehung der Kurbel wird die Halteklammer 2mal angehoben und durch eine Druckfeder in die ursprüngliche Lage zurückgestoßen. Die in die Federklammer senkrecht eingehängten Ähren erleiden dabei Stöße gleicher Stärke, so daß die zu prüfenden Ähren verschiedener Pflanzen oder Klone gleichen Erschütterungen ausgesetzt werden können. Um die Messungen auch im gleichen Reifestadium durchzuführen, wird vorgeschlagen, von jeder Pflanze oder jedem Klon 5 Ähren abzuschneiden, noch bevor Streuverluste eintreten können und die Nachreife im Labor vorzunehmen, indem die abgeschnittenen Ährenproben in Wasser gestellt werden. Die Messungen der einzelnen Proben werden dann vorgenommen, wenn die im Zuchtgarten verbliebene dazugehörige Einzelpflanze oder der Klon zu streuen beginnt. W. Lampeter. 1550.

2-64/01-0750 Šain, S. S.; Lugowaja, Gebiet Moskau, Williams-Unions-Forsch.-Inst. für Futtermittel. Napravlennoe izmenenie nasledstvennosti rastenij pod vlijaniem režimov osveščenija. **(Gelenkte Veränderungen der Vererbung bei Pflanzen durch Einfluß der Belichtungsart.)** Vestnik sel'skochozjajstvennoj nauki, Moskva **8** (1963) Nr. 3. S. 42–46.
Die Versuchspflanzen wurden gegensätzlichen Belichtungsarten ausgesetzt, und zwar a) Halbtagsbelichtung (Verdunkelung in den Morgen- und Abend-

stunden) mit intensiver kurzwelliger Bestrahlung; b) Morgen- und Abendbelichtung (Verdunkelung in den Mittagsstunden) mit rel. geringer Intensität und schwacher Kurzwellenbestrahlung. Südliche Maissorten, die 5–10 Tage nach b, anschließend 10–15 Tage nach a und dann bis zum Herbst bei normaler Belichtung aufgezogen waren, zeigten bei a eine Verzögerung der Stadienentwicklung, die jedoch von einer Anreicherung an plastischen Stoffen begleitet war; diese werden dann von den Pflanzen bei der nachfolgenden Stadienentwicklung benötigt. Bei einer solchen wechselweisen Belichtung zeigten die Pflanzen hohen Wuchs, der dem der Kontrollpflanzen kaum nachstand, hatten aber zugleich Frühreife erlangt, so daß sie reife Samen in der Nichtschwarzerdezone ausbilden konnten. Nach a behandelte Kartoffeln waren nicht zur Blüte gekommen, während nach b behandelte reichlich blühten und eine lange Vegetationszeit aufwiesen. Dieses Verfahren der unterschiedlichen Belichtung läßt sich zur Verbesserung der züchterischen Arbeit mit Erfolg anwenden. E. Kahn. 1560.

2-64/01-0751 Avakjan, A. A.; Moskau, Lenin-Berge, Genet. Inst. der Akad. der Wiss. der UdSSR. Napravlennoe izmenenie nasledstvenno ozimych sortov v jarovye i jarovych v ozimye. **(Die gelenkte Veränderung von echten Wintersorten in Sommersorten und von Sommer- in Wintersorten.)** Vestnik sel'skochozjajstvennoj nauki, Moskva 8 (1963) Nr. 3. S. 13–19. 1560.

2-64/01-0752 Kiričenko, F. G.; Odessa, Lyssenko-Unions-Forsch.-Inst. für Zücht. und Genetik. Vlijanie otbora rastenij po moščnosti kornevoj sistemy na povyšenie urožaja i ulučšenie ego kačestva v potomstve. **(Einfluß der Pflanzenauslese auf Ertragssteigerung und Verbesserung der Qualität bei den Nachkommen in bezug auf die Größe des Wurzelsystems.)** Vestnik sel'skochozjajstvennoj nauki, Moskva 8 (1963) Nr. 4. S. 3–20. – 9 Abb., 15 Tab. Zus. in Engl., Franz., Dtsch.

Die mehrere Jahre lang durchgeführten Untersuchungen, inwieweit sich die Auslese auf die Größe der Wurzelmasse bei den Nachkommen auswirkt, ergaben bei allen geprüften landw. Nutzpflanzen die erwarteten Ergebnisse. Aus den vorliegenden Unterlagen geht eindeutig hervor, daß die Nachkommen solcher Pflanzen vitaler und leistungsfähiger sind sowie qualitativ bessere Erträge liefern. Aus den Ergebnissen läßt sich der Schluß ziehen, daß neben den Feldkulturen auch Obstbäume und Weinstöcke diesen Gesetzmäßigkeiten unterliegen. E. Kahn. 1562.

2-64/01-0753 Haniš, Miloš; Řepy, Šlechtitelský a Semenářský Podnik. Radiační šlechtění rostlin. **(Pflanzenzüchtung durch Bestrahlung.)** Studijní Inform., Základní a Pomocné Vědy v Zemědělství **1963** Nr. 1. S. 3–53. – 9 Tab., 133 Lit.

Es wird über die Auslösung von Mutationen durch ionisierende Strahlen berichtet. Die einzelnen Strahlenarten werden besprochen und ihre Wirkungen verglichen. Ferner werden Faktoren angeführt, die die Wirkung der Strahlen beeinflussen können (z. B. Alter der Pflanzen, Größe der Chromosomen und Samen, Umweltbedingungen, Temperatur). Der Einfluß der Lagerung bestrahlter Samen und der unterbrochenen Bestrahlung werden untersucht. Die am häufigsten vorkommenden Mutationstypen werden charakterisiert und der Anteil von Mutationen in Nachkommenschaften bestrahlter Pflanzen sowie die Wahrscheinlichkeit des Auftretens nützlicher Mutationen werden angeführt. Die Arbeit enthält eine Übersicht derjenigen Sorten, die mit Hilfe von Strahlen gezüchtet wurden. Außerdem wird der Bericht durch Tab. ergänzt, die sich hauptsächlich auf die biol. Wirkungen einzelner Strahlenarten, die Zahl der gewonnenen Mutationen und die Größe des Einflusses äußerer Faktoren auf die Wirkung der Strahlen beziehen. ČSSR/ÚVTI. 1565.

C. Spezielle Pflanzenzüchtung

2-64/01-0754 Rao, M. V. P. und Swaminathan, M. S.; New Delhi, Indian Agric. Res. Inst., Div. of Bot. Vaviloyoid mutant in Triticum aestivum and the origin of T. vavilovi. **(Vavilovoide Mutante bei Triticum aestivum und der Ursprung von T. vavilovi.)** Current Sci. [Bangalore] **32** (1963) Nr. 3. S. 132–133. – 1 Abb., 10 Lit.
Die für *T. vavilovi* charakteristische Streckung der Rachis (Ähre wirkt verzweigt), die durch Vergrößerung der Länge und der Zahl der Knoten hervorgerufen wird, wurde bei artifiziell entstandenen *vavilovoid*-Mutanten gefunden. Aus den Spaltungsergebnissen unter Berücksichtigung der einschlägigen Lit. schließen Vff., daß *Triticum vavilovi* als rezessive Mutation entweder in der ssp. *spelta* oder in einer speltioden Form der ssp. *vulgare* von *T. aestivum* entstanden sein kann. Letzteres ist am wahrscheinlichsten.
K. Bellmann. 1712.

2-64/01-0755 Nishikawa, Kózo. Hybrid lethality in crosses between Emmer wheats and degilops squarrosa. II. Synthesized 6x wheats employed as test varieties. **(Hybridenletalität in Kreuzungen zwischen Emmerweizen und Aegilops squarrosa. 2. Mitt. Synthetisierte 6x-Weizen, die bei Testsorten benutzt wurden.)** Jap. J. Genetics **37** (1962) Nr. 3. S. 227–236. Orig.: engl.
1712.

2-64/01-0756 Bočev, B.; Sofia, Inst. für Hydrotechn. und Meliorat. Proučvanija vŭrchu formoobrazovaneto pri meždurodovata vegetativna chibridizacija na pšenicata s oriza pri polivni uslovija. **(Untersuchungen über die Formenbildung bei Gattungskreuzungen von Weizen mit Reis unter Bewässerungsbedingungen.)** Izvestija na Naučnoizsledovatelskija institut po chidrotechnika i melioracii, Sofija **3** (1962) S. 165–180. – 2 Abb., 2 Tab., 16 Lit. Zus. in Russ., Engl.
Die Winterweichweizenhybride '038' (var. *erythrospermum*) × Roggen (F_4) wurde mit der italienischen Reissorte 'Maratelli' gekreuzt, indem Weizenkeimlinge auf Reisendosperm, nach Entfernung der eigenen Keime, gepfropft wurden. Die vegetativen Hybriden wurden unter trockenen Bedingungen angezogen. In der F_2 und F_3 wurden Unterschiede in mehreren Eigenschaften beobachtet. Es wird die Ansicht vertreten, daß der Formbildungsprozeß durch das Wasser- und Nährstoffangebot beeinflußt wurde. Gleichzeitig wird darauf hingewiesen, daß in den physiol.-biol. Vorgängen der Propflinge ernste Störungen beobachtet wurden, die zu vorzeitigem Absterben der Propfreiser, zur anormalen Entwicklung von Geschlechtsorganen, zum Auftreten von Sterilität sowohl bei den Weizenpfropflingen wie auch bei deren Hybriden führten.
K. Tschanew. 1712.

2-64/01-0757 Jakubciner, M. M. Mirovye resursy jarovych skorospelych pšenic kak ischodnyj material dlja selekcii. **(Das Weltsortiment früher Sommerweizen als Ausgangsmaterial für die Züchtung.)** Vestnik sel'skochozjajstvennoj nauki, Moskva **7** (1962) Nr. 12. S. 7–18. – 6 Abb., 2 Tab., 30 Lit.
Folgende Klimagebiete werden vom Vf. als Zentren für frühe So-Weichweizen herausgestellt: Polarrandgebiet, Monsungebiet, kontinentales subtropisches Gebiet, Hochgebirgszone sowie Mittelmeergebiet. Bes. Interesse hinsichtlich der Zücht. früher Weizen für die nördlichen Rayons sowie Neulandgebiete der SU besitzen frühe Formen und Sorten der nördlichen ökologischen Gruppe einschl. der auf sie zurückgehenden skandinavischen Bastardgruppe. Im Weltmaßstab war vor allem die indische Unterart bei der Zücht. früher Weizen beteiligt. Für die Gebiete jenseits der Wolga ist die hindustanische ökologische Gruppe wichtig, während für Usbekistan die pakistanische Gruppe in Frage kommt. Für die Neulandrayons sind nordamer. und sibirische Bastardgruppen von Bedeutung. Frühreife Formen des Mittelmeergebietes stellen die ökologischen Gruppen des Nahen Ostens, Ägyptens, des süd-

lichen Balkans sowie Afrikas. Einen bes. Platz unter den frühreifen Weizen nehmen die Weizen der australischen Bastardgruppe ein. Diese Weizen sind hauptsächlich auf der Grundlage der Sortimente Indiens, der Ukraine und des Mittelmeerraumes entstanden. Die frühreifen So-Weizen Südamerikas sind der australischen Bastardgruppe ähnlich. – Die Quellen für die Zücht. frühreifer So-Hartweizen beschränken sich auf das europäische Steppengebiet, kontinentale subtropische Gebiet, Monsungebiet und die Hochgebirgszone. Bei der Zücht. des So-Hartweizens werden in der SU auch andere Arten wie *Triticum äthiopicum* Jacubz., *T. carthlicum* Nevski, *T. dicoccum* Schrank sowie *T. turanicum* herangezogen. L. Rösler. 1712.

2-64/01-0758 Borojević, Katarina; Novi Sad, Landwirtsch. Fak., Inst. für Landwirtsch. Forsch. Delovanje x-zraka i termalnih neutrona na neke sorte Triticum speciesa. **(Die Wirkung von X-Strahlen und thermalen Neutronen auf einige Sorten von Weizenarten.)** Savremena Poljoprivroda [Novi Sad] **11** (1963) Nr. 3. S. 181–202. – 3 Abb., 6 Tab., 21 Lit.
Um festzustellen, in welcher Weise verschiedene Genotypen auf unterschiedliche Bestrahlungsdosen reagieren und um dabei die optimale Dosis zu ermitteln, hat Vf. die Sorten 'Mara' (*Triticum aestivum* var. *lutescens*), die ertragreiche ital. Sorte 'M-914' (*T. aestivum* var. *erythrospermum*], eine jugoslawische winterharte Sorte mit langem Halm und 'Vrapcanka' (*T. turgidum* var. *pseudocervinum*), eine jugoslawische Sorte mit langem Halm und geringer Winterhärte mit 15, 20 und 25 kr und 5.91×10^8 $n_{th}/cm^2/Sek.$ (4,5 und 6 Std.) bestrahlt. Aus den Ergebnissen geht hervor, daß X-Strahlen offenbar zu einem größeren Anteil an Kurzstrohmutanten führen als Behandlung mit thermalen Neutronen. – Die verschiedenen Genotypen reagierten auf die verschiedenen Behandlungen sehr unterschiedlich. 'M 914' war wenig strahlenempfindlich. K. Bellmann. 1712.

2-64/01-0759 Kohli, S. P. und Nambisan, P. M. N. Inheritance of resistance to bunt in hybrids of Hussar with Indian hill wheats. **(Die Vererbung der Brandresistenz bei Bastardierung von 'Hussar'- mit indischen Bergweizen.)** Indian J. Genetics Plant Breeding **22** (1962) Nr. 1. S. 20–25. – 1 Abb., 2 Tab., 16 Lit.
Durch Infektion des Saatgutes der Elternformen ('Hussar', 'Ridley' und 'N.P.770') sowie ihrer Bastarde und deren Nachkommenschaften mit Chlamydosporen von *Tilletia foetida* [Wallr.] Liro und Analyse des Brandbefalls der F_1 bis F_3 wurde die Vererbung der Brandresistenz untersucht. Es wurde festgestellt, daß ein Genpaar die Resistenz des untersuchten Materials gegenüber den im Infektionsmaterial vorhandenen Rassen des Erregers steuert. A. Meinel. 1712.

2-64/01-0760 Pokhriyal, S. C. und Kohli, S. P.; New Delhi, Indian Agric. Res. Inst. Inheritance of field reaction to brown rust and other characters in inter-varietal crosses of Triticum aestivum L. **(Vererbung der Feldreaktion gegenüber Braunrost und anderen Merkmalen bei Sortenkreuzungen von Triticum aestivum L.)** Indian J. Genetics Plant Breeding **22** (1962) Nr. 3. S. 173–180. – 4 Tab., 16 Lit.
Die Feldresistenz der geprüften Sorten gegen Braunrost wird durch 2 dominante, komplementäre Faktoren bedingt, wobei auch 2 dominante Hemmfaktoren wirksam sein können (bei einer Sorte nachgewiesen). Die Merkmale Spelzenfarbe und -behaarung, Öhrchenfarbe und Begrannung werden monogen vererbt. Der halb aufrechte frühe Wuchstyp ist dominant über den ausladenden, verzweigten Typ (monogen). Die Eigenschaft „grasblütig" wird durch ein einzelnes dominantes Gen und einen dominanten Hemmfaktor gesteuert. Die Sorten sind auch auf Kornfarbenfaktoren untersucht worden. K. Bellmann. 1712.

2-62/01-0761 Narula, P. N. und Upadhyaya, Y. M.; Pusa, Indian Res. Inst., Bot. Subst. of the Div. of Bot. Inheritance of stem and glume discolouration in wheat. **(Vererbung von Stengel- und Spelzenverfärbung bei Weizen.)** Current Sci. [Bangalore] **32** (1963) Nr. 2. S. 85–86. – 2 Tab.
Eine gegen Schwarz- und Braunrost resistente Sorte zeigte während der Milchreife Schwärzung der Stengel und Spelzen. Nach Kreuzung mit einer Normalform war die F_1 normal, die F_2 spaltete in 13 (normal): 3 (verfärbt). Damit liegt ein dominanter Erbgang vor, wobei die Normalform noch einen Hemmfaktor besitzen muß. K. Bellmann. 1712.

2-64/01-0762 Holienka, Ján und Hruška, Ladislav; Ruzyně, Výzkumný Ústav Rostlinné Výroby, Odd. Genetiky a Šlechtění; Havlíčkův Brod, Výzkumný Ústav Bramborářský. Odolnost proti poléhání u pšenice. **(Resistenz gegen das Lagern bei Weizen.)** Rostlinná Výroba **8(35)** (1962) Nr. 9. S. 1151 bis 1168. – 6 Abb., 12 Tab., 13 Lit. Zus. in Russ., Dtsch.
In den Jahren 1955 und 1956 wurden Versuche durchgeführt, die einige Ursachen des Lagerns und Methoden zur Feststellung der Resistenz gegen das Lagern bei Weizen an Hand anatomischer und morphol. Eigenschaften eruieren sollten. Es zeigte sich, daß die Beziehung zwischen der Wuchshöhe der Pflanzen und der Resistenz an sich kein Kriterium für die Bestimmung der Standfestigkeit ist. Durch künstliches, mit Drahtgeflecht verursachtes Lagern wurde festgestellt, daß der Kornertrag um so tiefer sinkt, je eher und stärker der Bestand nach der Blüte umgelegt wird. Dichte Aussaat in Holzkästen, Verfolgung der Biegegeschwindigkeit und des Biegewinkels von Pflanzen, die in waagerechte Lage gebracht werden und Messen des Widerstandes der Halme gegen das Biegen z. Z. der Milchreife können bei der Züchtung als Kriterien für die Selektion der am wenigsten resistenten Formen dienen. Je größer die Zahl der Gefäßbündel des Halmes ist, desto größer ist in der Regel die Standfestigkeit. V. Skládal. 1712.

2-64/01-0763 Stajkova, E.; Sofia, Forsch.-Inst. für Pflanzenbau. Vŭrchu predlaganija ot Babadžanjan metod na opraŝvane na pŝenicata. **(Über das von Babadshanjan vorgeschlagene Weizenbestäubungsverfahren.)** Izvestija na Naučnoizsledovatelskija institut po rastenievŭdstvo, Sofija **14** (1962) S. 63–66. – 1 Tab., 4 Lit. Zus. in Russ., Engl.
Von 1958–1961 wurde die Weizensorte 'Nr. 301' (var. *erythrospermum*) mit 'Lutescens 186' wie folgt gekreuzt: Nach dem klassischen Verfahren (**I**) (Kontrolle), durch künstliche Bestäubung ohne Isolation (nach Babadžanjan) (**II**) und durch beschränkt freie Bestäubung (nach Lukanenko) (**III**). Die 3jährigen Versuche ergaben, daß von den nach 2 gewonnenen 401 Pflanzen in der F_1 100 Pflanzen = 25% grannenlos, weißährig und der Sorte 'Lutescens' ähnlich sind. Nach **I** und **III** wurden Formen erhalten, die zu 100% bestimmte Hybrideigenschaften aufwiesen. Im 3jährigen Durchschnitt beträgt der Ansatz bei **II** 43,7%, während bei **III** 90% erzielt wurden. Es wird darauf hingewiesen, daß es bei der Kreuzung zweckmäßig ist, die bestäubten Ähren zu isolieren. K. Tschanew. 1712.

2-64/01-0764 Rajki, S. Adatok a buza öszietésének genetikájához és nemesitési jelentöségéhez. II. **(Beiträge zur Genetik der „Verwinterlichung" des Weizens und ihre Bedeutung für die Züchtung. 2. Mitt.)** Növénytermelés [Pflanzenbau] **11** (1962) Nr. 3. S. 233–248.–Aus: Ung. Agrar-Rdsch. **1963** Nr. 2.
Es wird über die Methodik der „Verwinterlichung" in Abhängigkeit vom Ausgangsmaterial, über den Vorgang der Verwinterlichung, bes. über die Beziehungen zwischen Frost- und Winterfestigkeit, Vegetationszeit und Ertragsfähigkeit sowie über den züchterischen Wert des Materials berichtet. Die Umwandlung in Winterformen macht die Anwendung bes. Methoden notwendig. Zur Ausbildung des Wintercharakters bei den untersuchten So.- und Halbwin-

terweizensorten erwies sich der 20. Okt. am erfolgreichsten. Durch die „Verwinterlichung" wurden auch zahlreiche andere Eigenschaften morphol. und physiol. Art verändert. U. a. fanden sich Pflanzen mit begrannten und unbegrannten Ähren. Die bisherigen Ergebnisse lassen darauf schließen, daß es mit der von Vf. angewendeten Methode der gelenkten Aufzucht und durch entspr. Selektionsmethoden gelingen könnte, eine neue, produktive, winterfeste, frühe, krankheitsresistente „intensive" Weizensorte mit festem Halm sowie entspr. Mehlqualität und backtechnischen Eigenschaften zu erzeugen. . 1712.

2-64/01-0765 Bočev, Bogdan; Sofia, Forsch.-Inst. für Hydrotechn. und Meliorat. Rezultati ot napravljavanoto vŭzpitanie na njakoi sortove zimna meka pšenica pri polivni uslovija. **(Ergebnisse der gelenkten Erziehung bei einigen Winterweichweizensorten unter Bewässerung.)** Selskostopanska nauka, Sofija **1(7)** (1962) Nr. 9. S. 911–920. – 2 Tab. Zus. in Russ., Engl.
Mit den Sorten 'Nr. 11', 'Nr. 301', 'Jubilejna III' und 'Åkerman' wurden in den Jahren 1957–1959 bei reichlicher Düngung Versuche folgender Art vorgenommen: Unbewässert, mit Saatgut aus 3 Jahren vorher unbewässerten Parzellen; bewässert, mit Saatgut aus 2 Jahren vorher unbewässerten Parzellen; unbewässert, mit Saatgut aus 2 Jahren vorher bewässerten Parzellen und bewässert, mit Saatgut aus 3 Jahren vorher bewässerten Parzellen. Es wurde festgestellt, daß die Sorten bei reichlichem Nährstoffangebot und Bewässerung unter dem Einfluß der langandauernden gelenkten Erziehung Saatgut mit guter Qualität und Pflanzen mit mehr Primärwurzeln, mit schnellerer und stärkerer Bestockung, stärkerer Ausbildung der Sekundärwurzeln, größerer Lagerfestigkeit und Rostresistenz, längerer Vegetationszeit sowie höheren und qualitativ besseren Erträgen hervorbringen. Erzogene Pflanzen der Sorte 'Nr. 301' hatten die beste Keimfähigkeit und keimten am schnellsten, gefolgt von 'Åkerman' und 'Jubilejna III'. K. Tschanew. 1712.

2-64/01-0766 Tumanov, I. I. und Trunova, T. I.; Moskau, Pflanzenphysiol. Timirjasew-Inst. der Akad. der Wiss. der UdSSR. Laboratornyj metod zakalivanija ozimoj pšenicy k morozam v temnote na rastvore sacharozy. **(Labormethode zur Abhärtung von Winterweizen gegenüber Frost im Dunkeln auf Saccharoselösung.)** Agrobiologija, Moskva **1963** Nr. 2. S. 278–281. – 1 Abb., 3 Tab.
Bisher war es schwierig, die erste Phase der Abhärtung im Labor durchzuführen, da hierfür helle Räume mit einer Temperatur von 0° erforderlich waren. Deshalb ging man dazu über, die Abhärtung im Dunkeln vorzunehmen, indem die Photosynthese durch Aufnahme des Zuckers aus einer Lösung ersetzt wurde. Auf diesemWege erzielte man bei der Wi-Weizensorte 'Uljanowka' eine derartig hohe Frostresistenz, daß die Pflanzen Minustemperaturen bis zu –32 °C überstanden. Um das zu erreichen, wurden die Pflanzen 2 Wochen lang auf einer 20%-igen Saccharoselösung bei 0° gehalten. Die 2. Phase der Abhärtung erfolgte im Kühlschrank bis auf –13 °C. Danach wurden die Pflanzen unter günstigen Bedingungen ausgepflanzt. E. Kahn. 1712.

2-64/01-0767 Truchinova, A. T.; Inst. für Genetik der Akad. der Wiss. der UdSSR. Izmenenie prirody rastenij. **(Veränderung der Natur der Pflanzen.)** Agrobiologija, Moskva **1963** Nr. 2. S. 262–271. – 3 Abb., 7 Tab.
Bei Herbstaussaat verwandelt sich die Erbanlage von So-Weizen in die von Wi-Weizen. Die F_1 aus der Kreuzung So-Weizen (Herbstaussaat) × Wi-Weizen ergab Wi-Weizen, während aus der gleichen Kreuzung von So-Weizen, (Aussaat im Frühjahr) wieder So-Weizen hervorging. Aus ein und derselben So-Weizensorte entsteht unter verschiedenen klimatischen Verhältnissen Wi-Weizen, der unterschiedliche Merkmale aufweist. So erzielte man nach Lyssenko aus der So-Weizensorte 'Moskowa' Wi-Weizen, der auch im Moskauer

Raum nicht auswintert, die Weizen-Queckenhybriden '599' und '186' ertraglich übertrifft und zugleich gute Mehl- und Backeigenschaften aufweist.
E. Kahn. 1712.

2-64/01-0768 Lysenko, O. T.; Gorki-Leninskije, Genet. Inst. der Akad. der Wiss. der UdSSR, Exp.-Stat. Ob izmenenii ozimych sortov pšenicy v jarovye. **(Über die Veränderung von Winterweizensorten in Sommerformen.)** Agrobiologija, Moskva **1962** Nr. 5. S. 676–685. – 3 Tab., 5 Lit.

Bei der Umwandlung von 6 westeuropäischen Wi-Weizensorten ('Hybride 46', 'Minister', 'Holdfast', 'Kapell Depre', 'Banko' und Nr. 16") in So-Weizen stellte man fest, daß dieser Prozeß um so günstiger verläuft, je länger die Jarowisation vor der Saat in der 1. Generation dauert. Ergänzende Versuche mit 3 sowjetischen Wi-Weizensorten ('Ukrainka 246', 'Luctescens17' und '329') ergaben außerdem, daß sich eine Jarowisation vor der Saat in der 2. Generation ungünstig auf die Umwandlung auswirkt. So wurde z. B. bei Frühjahrsaussaat in der 3. Umwandlungsgeneration (Sorte 'Lutescens 329', 1. Generation 77 Tage jarowisiert) ein Ährenschieben nur dann beobachtet, wenn in der 2. Generation lediglich 0 bzw. 4 Tage jarowisiert worden war. Das zeigt nach Meinung des Vf., daß die Sommerformen bei der Frühjahrsaussaat als Folge der Assimilation von Frühjahrsbedingungen aus erblich gelockerten Winterformen entstehen. Diese Vorstellungen stehen im Gegensatz zu früher geäußerten Ansichten, wonach die Eigenschaft, bei Frühjahrsaussaat zu schossen, bereits in der 1. Generation erworben wird und eine Folge der allmählich ausgebildeten Fähigkeit ist, das Jarowisationsstadium bei höheren Temperaturen zu durchlaufen. I. Schilowa. 1712.

2-64/01-0769 Orlov, V. N.; Kursk, Staatl. Landwirtsch. Versuchsstat. Polučenie ozimych zimostojkich pšenic i cholodostojkich form kukuruzy. **(Gewinnung von kälteresistenten Winterweizen und frostharten Maisformen.)** Vestnik sel'skochozjajstvennoj nauki, Moskva **8** (1963) Nr. 3. S. 86–88.

Im Gebiet Kuibyschev wurde So-Weizen vom 1. Sept. bis 10. Nov. alle 5 Tage in Frühbeetkästen ausgesät, die über Winter zugedeckt wurden. Im Frühjahr entwickelten sich diese Pflanzen weiter, zeigten aber deutliche Merkmale eines So-Weizens. Die von diesen Pflanzen geernteten Samen wurden im Herbst im Freiland ausgesät. Die aus der Aussaat vom 1., 10. und 20. Sept. stammenden Samen lieferten winterharte Pflanzen, die vom 5. und 10. Okt. überwinterten nicht und zeigten die morphol. Eigenschaften des Sommerweizens. Aus der Sorte 'Erythrospermum B-98' erzielte man bei Umwandlung in Wi-Weizen durch die vorwinterliche Aussaat zu verschiedenen Terminen Wi-Weizenformen mit unterschiedlicher Winterfestigkeit. – Um die Frostresistenz des Maises zu erhöhen, erwiesen sich folgende Methoden als am geeignetesten: a) Zunächst Benetzung mit einer 1%igen Tonerdealaun-Lösung und anschließend mit 0,01%iger Borsäurelösung (Dauer 24 Std.); b) Benetzung mit Hydrochinon- und Kupfersulfatlösungen von je 0,1%. Bei a betrug die Keimfähigkeit 60% und bei b 76%. (Kalte Aufzucht). E. Kahn. 1712.

2-64/01-0770 Bogomjagkov, S. T.; Altai, Forsch.-Inst. für Landwirtsch. Izmenenie nasledstvennosti pšenicy putem napravlennogo vospitanija. **(Die Veränderung der Erbanlagen des Weizens durch gelenkte Erziehung.)** Vestnik sel'skochozjajstvennoj nauki, Moskva **8** (1963) Nr. 3. S. 65–66. 1712.

2-64/01-0771 Fedotov, F. Ja.; Wologda, Staatl. Landwirtsch. Versuchsstat. Izmenenie biologičeskich i chozjajstvennych priznakov ozimych sortov pšenicy pri peredelke ich v jarovye. **(Veränderung der biologischen und wirtschaftlichen Merkmale von Winterweizensorten bei ihrer Umwandlung in Sommerweizen.)** Vestnik sel'skochozjajstvennoj nauki, Moskva **8** (1963) Nr. 3. S. 50–52. – 1 Tab. 1712.

2-64/01-0772 Gluchich, K. A.; Kirow, Landwirtsch. Inst. Izmenenie jarovoj pšenicy v ozimuju. **(Die Umwandlung von Sommerweizen in Winterweizen.)** Vestnik sel'skochozjajstvennoj nauki, Moskva 8 (1963) Nr. 3. S. 48–50. 1712.

2-64/01-0773 Kičigin, A. A.; Staatl. Pädagog. Inst. der ASSR der Komi. Polučenie ozimoj pšenicy iz jarovoj dlja severnych rajonov. **(Die Erzeugung von Winterweizen aus Sommerweizen für die nördlichen Gebiete.)** Vestnik sel'skochozjajstvennoj nauki, Moskva 8 (1963) Nr. 3. S. 46–48. 1712.

2-64/01-0774 Sikka, S. M. und Maini, Nirmal Singh; New Delhi; Patiala, Regional Res. Centre of Oilseeds. Correlation studies in some Punjab wheats. **(Korrelationsuntersuchungen bei einigen Punjabweizen.)** Indian J. Genetics Plant Breeding **22** (1962) Nr. 3. S. 181–186.

Der Ertrag war vorwiegend vom Ährengew., jedoch weniger von der Zahl ährentragender Halme/Pflanze abhängig. (r = 0,226 bzw. 0,008 i. J. 1950/51; 0,570 bzw. 0,325 i. J. 1951/52). Kornqualität und Kornertrag waren bei den verschiedenen Sorten zufällig gepaart. Daraus ergibt sich die praktische Möglichkeit, diese beiden Merkmale in einer Form in der gewünschten Weise zu vereinigen. Bei Korngröße und Ährchenfertilität liegen ähnliche Verhältnisse vor. – Die Strohstärke (Gewicht/cm Halm) war sehr eng mit Lagerresistenz korreliert (r = 0,344 i. J. 1950/51, 0,419 i. J. 1951/52). Je länger das Stroh war, desto mehr lagerten die einzelnen Sorten. Die Umweltfaktoren, die einen positiven Einfluß auf den Ertrag ausgeübt haben, beeinflußten die Anzahl ährentragender Halme nicht, bewirkten jedoch eine Vergrößerung der Körner. Diese Vergrößerung stand wiederum in Beziehung zur Fertilität.

K. Bellmann. 1712.

2-64/01-0775 Sayed, Abdel Fattah M. El und Dessouky, Said M.; Cairo, Dep. of Agric. Production of four new wheat varieties. **(Herstellung von vier neuen Weizensorten.)** Agric. Res. Rev. [Dokki, Cairo] **40** (1962) Nr. 1. S. 60–75. – 5 Tab.

Vff. berichten über die Züchtung von 4 neuen Hindi-Weizensorten für Gebiete des Nildeltas mit Resistenz gegen die physiol. Rassen des Schwarzrostes und guten technologischen Eigenschaften. Sie entstanden durch Rückkreuzung in den letzten 10 Jahren. Sie heißen 'Giza 144', 'Giza 145', 'Giza 146' und 'Giza 147'.

K. Bellmann. 1712.

2-64/01-0776 Khush, Gurdev S.; Davis, Univ. of California, Dep. of Genetics. Cytogenetic and evolutionary studies in Secale. III. Cytogenetics of weedy ryes and origin of cultivated rye. **(Zytogenetische und evolutionistische Untersuchungen bei Secale. 3. Mitt. Die Zytogenetik der Unkrautroggen und die Entstehung des Kulturroggens.)** Econ. Bot. **17** (1963) Nr. 1. S. 60–71. – C 3 Abb., 5 Tab., 27 Lit. 2. Mitt. vgl. LZ. Abt. II 8 (1963) Nr. 12. S. 3363.

Die verschiedenen Roggen kann man in Gruppen einteilen: Wild-, Unkraut- und Kulturroggen. Zu den Unkrautroggen zählt Vf. *Secale cereale afghanicum*, *S. cereale dighoricum* und *S. cereale segetale*, während der sog. Transkaukasische Roggen als Wildform und *S. cereale ancestrale* als Halbwildform bezeichnet werden. Diese Formen wurden mit der Kulturroggensorte 'Merced' gekreuzt. Die F_1 war normal, die Pollenfertilität fast so gut wie bei den Eltern. Vergleichende Untersuchungen der Ausgangsformen und deren F_1-Bastarden ergaben, daß alle Unkrautroggen als Subspecies von *Secale cereale* anzusprechen sind. Dabei wurden u. a. folgende Merkmale verglichen: Halm-, Ähren- und Blütenmorphol., Ährenfarbe, Korngröße, Wuchstyp, Kreuzbarkeit und meristematische Aktivität. Die Chromosomenuntersuchungen in Metaphase I sowie Anaphase I und II scheinen das Gleiche zu bewiesen. Für die Unkrautroggen werden 2 geographische Zentren, 1. Kleinasien, Nordwestiran und Transkaukasien, 2. Afghanistan, Nordostiran und Turkestan angenommen. Von dort kam der Roggen auf 2 Wegen, über den Kaukasus und über Zentralasien, nach Europa. G. Krauße. 1714.

2-64/01-0777 Kranz, Albert Richard; Frankfurt/M., Univ., Bot. Inst. **Die anatomischen, oekologischen und genetischen Grundlagen der Ährenbrüchigkeit des Roggens.** Beitr. Biol. Pflanzen **38** (1963) Nr. 3. S. 445–472. – 5 Abb., 5 Tab., 20 Lit.

Vf. unterscheidet auf Grund seiner Untersuchungen an F_1-, F_2- und F_3-Nachkommenschaften der Kreuzung *Secale sereale* × *S. vavilovii* zwischen einer anatomisch bestimmten stark umweltabhängigen und einer potentiellen Ährenbrüchigkeit (qualitative Eigenschaft). Die nach Vollreife eintretende Ährenbrüchigkeit ist damit eine quantitative Eigenschaft, die durch den Einfluß der rel. Luftfeuchte eine kontinuierliche Variation besitzt (Verminderung der Ährchenbrüchigkeit durch hohe Luftfeuchte). Vf. konnte als Ursache für die potentielle Ährchenbrüchigkeit das Meristem im basalen Bereich der Ährenspindelglieder verantwortlich machen. Diese Eigenschaft wird monogen dominant (firm$^+$) vererbt. Vf. betont, daß bei einem anderen Versuchsmaterial auch mit der Wirkung von Minorgenen gerechnet werden kann. K. Bellmann. 1714.

2-64/01-0778 Popov, G. I.; Nordwestl. Landwirtsch. Forsch.-Inst. Metod vegetativnych polovinok v selekcii ozimoj rži. **(Die Nutzung vegetativer Pflanzenhälften für die Winterroggenzüchtung.)** Vestnik sel'skochozjajstvennoj nauki, Moskva **7** (1962) Nr. 12. S. 101–106. – 7 Abb., 4 Tab. Zus. in Engl., Franz., Dtsch.

Roggenpflanzen wurden im Herbst in Hälften verklont und die Klonhälfte in verschiedenen Quartieren angepflanzt. Während die eine Klonhälfte im nächsten Jahr unter normalen Bedingungen aufwuchs und in die reproduktive Phase überging, wurde die andere Klonhälfte vom Erscheinen im Frühjahr bis Okt. durch Abdecken einem 10-Std.-Tag ausgesetzt und dadurch an der Reproduktion gehindert. Diese Klonhälften überstanden die 2. Überwinterung gut und entwickelten im nächsten Jahr normale Pflanzen. Die Anwendung vegetativer Hälften in der Roggenzüchtung erlaubt nach Beurteilung der Werteigenschaften der Roggenpflanzen an den generativen Hälften des 1. Jahres eine Bestäubungslenkung unter den ausgelesenen besten Pflanzen im nächsten Jahr. L. Rösler. 1714.

2-64/01-0779 Swaminathan, M. S., Chopra, V. L. und Bhaskaran, S.; New Delhi, Indian Agric. Res. Inst., Div. of Bot. Chromosome aberrations and the frequency and spectrum of mutations induced by ethylmethane sulphonate in barley and wheat. **(Chromosomenaberrationen und die Häufigkeit und das Spektrum von Mutationen, die durch Äthylmethansulphonat bei Gerste und Weizen erzeugt wurden.)** Indian J. Genetics Plant Breeding **22** (1962) Nr. 3. S. 192–207. – 16 Abb., 6 Tab., 26 Lit.

Samen von 2x- und 4x-Gersten sowie von 2x-, 4x- und 6x-Weizen wurden mit 4 verschiedenen Konz. von Äthylmethansulfat (ÄMS) behandelt. 24 Std. nach der Behandlung wurden Wurzelspitzen zur zytologischen Analyse fixiert. Es traten zahlreiche Brüche und Isochromosomen auf. Austausche gab es nur wenige. Nahezu 15% aller Brüche bei Gerste und 50% bei 4x- und 6x-Weizen lagen im Bereich primärer und sekundärer Einschnürungen. Disjunktionen unter Isochromosomen führten zur Bildung von Gameten mit Defizienz ganzer Chromosomenarme und zu Samensterilität. Unter den Chlorophyllmutationen befanden sich Typen, die noch nie nach Bestrahlung gefunden wurden. Durch die ÄMS-Behandlung werden Polyploide weniger beeinflußt als Diploide und Gene, die nahe dem Centromer liegen, stärker als weniger nahe liegende. Somit müßte es möglich sein, mit Hilfe von ÄMS-induzierten Mutationen Information über die Lage von Genen auf dem Chromosom zu erhalten.
K. Bellmann. 1716.

2-64/01-0780 Jain, K. B. L. und Upadhyay, M. K.; New Delhi, Indian Agric., Res. Inst., Div. of Bot. Location of the gene for leaf margin dentness in barley. **(Lage der Gene für Blattrandzahnung bei Gerste.)** Current Sci. [Bangalore] **32** (1963) Nr. 3. S. 134–135. – 1 Abb.
Die Blattrandzahnung wird monogen dominant vererbt. Es liegt sehr enge Koppelung mit R-r (harte-weiche Granne) vor. Beide Gene gehören zur Koppelungsgruppe V. Nach einer vorläufigen Übersicht lassen sich die Gerstensorten in 5 Bezahnungstypen einteilen. Grundlage der Einteilung ist die Verteilung der Zähne am Blattrand. Vff. schließen, daß es zusätzlich noch Hauptfaktoren für die Verteilung geben muß. K. Bellmann. 1716.

2-64/01-0781 Jain, S. K. und Jain, K. B. L.; New Delhi, Indian Agric. Res. Inst., Div. of Bot. The progress of inbreeding in a pedigree-bred population of barley. **(Der Verlauf der Inzucht bei einer Pedigree-Population von Gerste.)** Euphytica [Wageningen] **11** (1962) Nr. 3. S. 229–232. – 2 Tab., 9 Lit.
Das Material von 3 Elternsorten von Gerste (N.P.13; K 251; C 138-2) und je 40 F_4, F_5 und F_6-Familien aus Kreuzungen dieser Formen untereinander wurde hinsichtlich der Merkmale Pflanzenhöhe und Ährenlänge untersucht. Die Unterschiede zwischen den 3 Versuchsjahren waren nicht gesichert. Die Varianz innerhalb der Familien war für das Merkmal Pflanzenhöhe in der F_6-Generation nicht signifikant, für Ährenlänge jedoch signifikant höher als die der Eltern. Das wird auf das unterschiedliche Überleben von heterozygoten Nachkommen unter der Wirkung der Selektion zurückgeführt. G. Krauße. 1716.

2-64/01-0782 Nover, Ilse. **Resistenzeigenschaften im Gersten- und Weizensortiment Gatersleben. 4. Prüfung von Winterweizen auf ihr Verhalten gegen Erysiphe graminis DC. f. sp. tritici Marchal.** Kulturpflanze, Beih. **1962** Nr. 3. S. 86–92. – 3 Tab., 11 Lit. 3. Mitt. vgl. LZ. II **6** (1961) Nr. 4. S. 978.
2000 Winterweizenmuster wurden in 3 aufeinanderfolgenden Serien geprüft. Als Indikator wurde die hochanfällige Sorte 'Michigan Amber' benutzt. Zur Verseuchung wurden in den dichten stickstoffüberdüngten Beständen 17 bis 20 Infektionsherde (je 10 künstlich infizierte Pflanzen mit Topfballen) angelegt. 7 Wochen nach der Infektion konnten 150 Sortimentsproben als weniger anfällig erkannt werden. Sie wurden im Gewächshaus mit allen vorhandenen Mehltaurassen weiter geprüft. 22 Sortimentsproben erwiesen sich gegen alle und 7 gegen einen Teil der Mehltaurassen resistent. Bei den resistenten Sortimentsproben war kein hexaploider Weizen, wohl aber Proben der tetraploiden Formen, Proben von *Triticum dicoccum*, *T. durum*, *T. timopheevi* und *Triticale*. Die mehltauresistente Form des *T. timopheevi* ist auch gegen Flugbrand und Rostpilze wenig anfällig. Die Einkreuzung in andere Weizenformen machte aber wegen seiner nichthomologen Chromosomen Schwierigkeiten. E. Koch, Biendorf. 1712.

2-64/01-0783 Essen, A. van und Dantuma, G.; Wageningen, Foundation for Agric. Plant Breeding. Tolerance to acid soil conditions in barley. **(Widerstandsfähigkeit gegen saure Bodenbedingungen bei Gerste.)** Euphytica [Wageningen] **11** (1962) Nr. 3. S. 282–286. – 2 Abb., 1 Tab., 6 Lit.
Über 670 So- und einige Wi-Gerstensorten wurden sowohl im Freiland als auch im Gewächshaus hinsichtlich ihrer Widerstandsfähigkeit gegen einen niederen pH-Wert untersucht. Der pH-Wert (KCl) wurde von 5,5–4,3–3,9–3,7 variiert. Die meisten Gerstenformen zeigten in Abhängigkeit von der Verringerung des pH-Wertes starkes Vergilben, geringe Bestockung und schlechte Wurzelentwicklung. Die Wurzelentwicklung im Sämlingsstadium ist, wie Versuche im Gewächshaus ergaben, ein gutes Kriterium für den Grad der Empfindlichkeit gegen niederen pH-Wert. Von den geprüften Gersten erwiesen sich 61 als gut bis sehr gut widerstandsfähig. Die Resistenz gegen saure Bodenbedin-

gungen scheint erblich zu sein. Auslesen aus Kreuzungspopulationen, die aus Kreuzungen mit den resistenten Sorten 'Vega', 'Stella' und 'Halliko' hervorgegangen sind, zeigten bei niederem pH-Wert gute Wurzelentwicklung.
G. Krauße. 1716.

2-64/01-0784 McGinnis, R. C.; Winnipeg, Univ. of Manitoba, Dep. of Plant Sci. Aneuploids in common oats, Avena sativa A. **(Aneuploide bei Saathafer, Avena sativa A.)** Canad. J. Genetics Cytol. **6** (1962) Nr. 3. S. 296–301. – 1 Tab., 13 Lit.
Bei dem Versuch, eine Aneuploidenserie von *Avena sativa* herzustellen, wurden Linien (Wurzelspitzen) der Sorte 'Garry' zytologisch (Feulgenfärbung) untersucht. Vf. hat 2 nullisome, 17 monosome und 5 trisome Linien gefunden, die alle eine verminderte Fertilität zeigten. 3 der Monosomen und die 2 Nullisomen waren völlig steril. Es ist deshalb wohl leichter, eine trisome Serie aufzubauen. K. Bellmann. 1718.

2-64/01-0785 Hacker, J. B. und Riley, Ralph; Cambridge, Plant Breeding Inst. Aneuploids in oat varietal populations. **(Aneuploide in Populationen von Haferzüchtungen.)** Nature [London] **197** (1963) Nr. 4870. S. 924–925. – 1 Tab., 12 Lit.
In verschiedenen Haferzüchtungen wird der Anteil an Aneuploiden bestimmt. Das Ergebnis wird anhand der Literatur diskutiert. Die untersuchten Sorten haben offenbar einen charakteristischen Anteil an hexaploiden (2n = 42) und aneuploiden Pflanzen. E. Koch. Biendorf. 1718.

2-64/01-0786 McWhirter, K. S. und Brink, R. Alexander; St. Lucia, Queensland, Div. of Trop. Pastures; Wisconsin Dep. of Genetics. Paramutation in maize during endosperm development. **(Paramutation bei Mais während der Endospermentwicklung.)** Genetics **48** (1963) Nr. 2. S. 189–203. – 2 Abb., 5 Tab., 8 Lit.
Die Paramutation des R-Locus bei Mais kommt in vegetativen Zellen vor. Die paragenetischen Veränderungen, die die Wirkung des R-Gens beeinflussen, sind kumulativ. Scheinbar gibt es einen positiven Zusammenhang zwischen dem Grad der Paramutation von R^g und der Dauer der vegetativen Entwicklung (Zahl der Generationen der somatischen Zellen in denen R^g für einen paramutagenen Faktor heterozygot ist.) K. Bellmann. 1720.

2-64/01-0787 Untersuchungen über die erbliche und umweltspezifische Höhe der Stoffproduktion bei Mais mit dem Ziel, Frühteste auszuarbeiten. Groß-Lüsewitz, Inst. Pflanzenzücht. Dtsch. Akad. Landwirtsch.-Wiss. Berlin Plan-Nr.: 1701 05 g-2-35/9. Abschlußber. (10/5. 1963).
Durch Wachstumsuntersuchungen im Freiland und im Gefäßversuch wurden die Faktoren Blattmasse, Assimilationsleistung und Transpiration in ihrem Einfluß auf die Stoffproduktion der Maispflanze untersucht. Darüber hinaus erfolgten an einem umfangreichen Maissortiment aller Reifegruppen (insgesamt 60 Sorten) 3jährige phänometrische Untersuchungen, um die Umweltreaktionen der verschiedenen Genotypen zu ermitteln. Es wurde damit begonnen, die Erblichkeit dieser Umweltreaktionen und von Ertragsmerkmalen zu schätzen. 1720.

2-64/01-0788 Fawzi, Abdel Latif; Cairo, Min. of Agric., Maize Res. Inst. Effectiveness of early testing method of breeding in isolating better inbred lines of maize. **(Wirksamkeit der Frühtest-Zuchtmethode bei der Isolierung besserer Maisinzuchtlinien.)** Agric. Res. Rev. [Dokki, Cairo] **40** (1962) Nr. 1. S. 85–96. – 1 Tab., 12 Lit.
Um neue, bessere Inzuchtlinien aus frei abblühenden Sorten zu erhalten, wurden i. J. 1957 S_0-Pflanzen, 1950 die entsprechenden S_4-Nachkommen auf Kombinationseignung gestestet. Der gemeinsame Tester war die Einfachkreuzung 14 (G4 × G102). Die Ergebnisse beider Tests stimmen weitgehend überein. We-

sentlich war während der Linienentwicklung die Selektion auf Wüchsigkeit und auf Samenertragsfähigkeit der Inzuchten. Die Tests wurden in verschiedenen Landesteilen durchgeführt. K. Bellmann. 1720.

2-64/01-0789 Musijko, A. S.; Odessa, Unions-Forsch.-Inst. für Zücht. und Genetik. Ob upravlenii nasledstvennost'jupri selekcii kukuruzy. **(Steuerung der Vererbung bei der Maiszüchtung.)** Agrobiologija, Moskva **1963** Nr. 2. S. 183–191. – 4 Tab.
Neben der Auswahl des für die Kreuzung vorgesehenen Ausgangsmaterials mit erhöhtem Eiweißgehalt wurden auch Methoden der gelenkten Aufzucht angewendet, um den Eiweißgehalt im Mais zu steigern. Entspr. Versuche ergaben, daß durch Erhöhung der N-Gaben bzw. N im Gemisch mit P der Eiweißgehalt des Korns gesteigert werden kann. P- und K-Dünger hatten eine geringere Wirkung. Von den N-Gaben hatten Ammonsulfat und -salpeter den höchsten Eiweißgehalt von 11,7% bzw. 11,67% bewirkt. Saatgut der Hybride 'WIR 42', das von Pflanzen mit reichlicher N-Düngung stammte, lieferte neben erhöhtem Eiweißgehalt auch einen Mehrertrag von 1,9 dt/ha (bei Bewässerung bis 2,3 dt/ha). E. Kahn. 1720.

2-64/01-0790 Zweifler, Erich. **Die Entwicklung der Maiszüchtung seit 1945.** Bodenkultur [Wien], Sonderh. Nr. **13.** Jb. 1961 (hrsg. 1962) S. 91–98. – 1 Tab.
Bis zum Jahre 1946 wurden in Österreich frei abblühende Zuchtsorten und Landsorten angebaut, danach begann der Import neuer Hybriden aus den USA und aus Ungarn. Die Zuchtbetriebe Harrach und Gleisdorf betreiben derzeit die Erhaltungszücht. von 'Wisconsin 270', '355 A', '416 AA', '530' und 'Jowa 4316'. Aus eigener österreichischer Zücht. konnten inzwischen 'Hybrid Austria 420' und 'Harrach Hybrid 470' (1960) sowie 'Harrach Hybrid 272' und 'Hybrid Austria 390' (1961) als Hochzuchten in das Zuchtbuch eingetragen werden. Alle 4 Sorten stammen zu 50% aus amer. und 50% aus eigenen Inzuchtlinien. Im Vergleich mit den bisherigen Wisconsin-Sorten zeigten die neuen Sorten im Durchschnitt eine Ertragsüberlegenheit von 12,3% (Max.-Kornerträge um 90 dt/ha). – Erwünscht sind züchterische Bearbeitungen auf Kältetoleranz sowie erhöhte Resistenz gegenüber pilzlichen und tierischen Schädlingen. H. Pätzold. 1720.

2-64/01-0791 Lenkov, L.; Sofia, Höheres Landwirtsch. Dimitrow-Inst. Žiznesposobnost na blizalcata i prašera pri carevicata. **(Lebensfähigkeit der Narben und des Pollens bei Mais.)** Naučni trudove. Visš selskostopanski institut „Georgi Dimitrov". Agronomičeski fakultet, Sofija **11** (1962) S. 371–386. – 11 Abb., 7 Tab., 5 Lit. Zus. in Russ., Engl.
In den Jahren 1959–1960 wurden 4 aus verschiedenen Ländern stammende Hybridmaissorten untersucht: 'WIR-42', 'Wisconsin 464 A', 'Nebraska 301' und 'Tschirpan 96' × 'WIR-42' sowie die Mutterform 'Tschirpan 96'. Festgestellt wurde, daß die Lebensfähigkeit der Narben bei Isolation der Kolben 9 bis 15 Tage erhalten bleibt, wobei die Sorte 'Tschirpan 96' die Lebensfähigkeit ihrer Narben am längsten bewahrt. Die Bestäubungsfähigkeit der Narben geht von der Kolbenspitze her verloren. Die Narben der basalen Blüten bewahren ihre Bestäubungsfähigkeit am längsten. Unter Laborbedingungen bleibt in dünner Schicht aufbewahrter Pollen 2–3 Tage lebensfähig. Die längste Lagerfähigkeit besaß Pollen der amer. Hybridmaise, gefolgt von der bulgarischen Maissorte 'Tschirpan 96'. K. Tschanew. 1720.

2-64/01-0792 Ljubenov, Aleksandŭr; Sofia, Forsch.-Inst. für Hydrol. und Meteorol. Vŭrchu izbiratelnostta na oploždaneto pri carevicata. **(Über die Wahlbefruchtung bei Mais.)** Selskostopanska nauka, Sofija **1(7)** (1962) Nr. 7/8. S. 751–762. – 6 Abb., 2 Tab., 16 Lit. Zus. in Russ., Engl.

Die Untersuchungen wurden 1958/59 mit den Sorten 'Sedefena bjala' (*Zea mays L.* var. *indurata* Sturt.), 'Dubnischka bjala', 'Kitajska bjala' (*Z. mays* L. var. *identata* Sturt.)und 'Slaten Bantam' (*Z. mays* L. var. *saccharata* Sturt.) durchgeführt. Die Sorten wurden mit gemischtem Pollen von den Sorten 'Slaten konski sâb', 'A-26', 'Nr. 145' ('Konski sâb'), 'Kasitschenska shâlta', 'Russe 12' und 'Dobrudshanska shâlta' (Hartmais) und den Linien 'WF-9' und 'OH-7' bestäubt. Zur Bestäubung der Sorte 'Slaten Bantam' wurde ein Pollengemisch aus 'Dubnischka bjala', 'Sedefena bjala' und 'Kasitschenska shâlta' benutzt. Anhand der Xenienbildungen wurde festgestellt. daß der Pollen der Mutterpflanze bevorzugt wird. Ferner wurde bestätigt, daß der Pollen der Zahnmaissorten bevorzugter aufgenommen wird als der der Hartmaissorten. Die Suche nach Sorten, von denen Hybridsamen ohne Entfahnen der Muttersorte gewonnen werden kann, wird als aussichtslos bezeichnet.

K. Tschanew. 1720.

2-64/01-0793 Salama, Salama Ibrahim und Salama, Magdi Ibrahim; Cairo, Min. of Agric., Maize Res. Stat. The use of cytoplasmic-genic male sterility in the breeding of maize hybrids. **(Die Verwendung von zytoplasmatisch-genetischer Sterilität bei der Maiszüchtung.)** Agric. Res. Rev. [Dokki, Cairo] **40** (1962) Nr. 1. S. 97–113. – 7 Tab., 11 Lit.

Die zytoplasmatisch bedingte männliche Sterilität wurde erfolgreich in 17 lokale Inzuchtlinieneingeführt. Die sterilen Einfachkreuzungen waren unter verschiedenen Umweltbedingungen stabil. Die notwendigen Restorer sind vorhanden. Einige der neuen Hybriden auf männlich steriler Basis übertreffen die Handelssorte 'Giza Hybrid 51' um 2 ardebs/feddan.

K. Bellmann. 1720.

2-64/01-0794 Tobgy, H. A., Fawzi, A. L., Moustafa, Adly M. und Hindi, Lotfy A.; Cairo, Secretariat of Agric. Prediction of double cross performance in maize from single cross data involving 30 Egyptian and American inbred lines. **(Vorhersage der Leistung von Maisdoppelkreuzungen aus den Ergebnissen von Einfachkreuzungen aus 30 ägyptischen und amerikanischen Inzuchtlinien.)** Agric. Res. Rev. [Dokki, Cairo] **40** (1962) Nr. 1. S. 1–9. – 3 Tab., 10 Lit.

In 3 Gruppen wurden je 10 Inzuchtlinien zur Ermittlung ihrer Kombinationseignung geprüft. In der 1. Gruppe wurden 10 Lokallinien, in den beiden anderen Importlinien diallel geprüft. Die Vorhersage der Leistung der Doppelhybriden geschah mit Hilfe der Methode B von Jenkins. Die ertragreichsten Doppelhybriden entstanden durch Kreuzung von Inzuchtlinien mit verschiedenem genetischen Ursprung. In der 2. und 3. Gruppe gab es eine Beziehung zwischen Kolbenansatz und der Wurzel- und Stengelstandfestigkeit. Vf. schlagen ein Rückkreuzungsprogramm zur Verbesserung einiger I-Linien vor. Beim Vergleich der 3 Vorhersagemethoden von Jenkins zeigte sich, daß bei Methode B der größte Korrelationskoeffizient (Vorhersagewert/aktueller Wert) erzielt wurde ($r = 0{,}85$). Bei Methode A lautet $r = 0{,}59$, bei Methode C $r = 0{,}17$. Methode D wurde wegen fehlender Top-cross-Ergebnisse nicht angewendet.

K. Bellmann. 1720.

2-64/01-0795 Chočinov, E. R. Pokolenija gibridov i geterozis. **(Generationen von Hybriden und die Heterosis.)** Kukuruza, Moskva 8 (1963) Nr. 4. S. 41–42.

Die im Nichtschwarzerdegürtel (Gebiet Brjansk) durchgeführten Versuche zum Vergleich der Erträge von Maishybridsaatgut ('Bukowinski 3', 'Odesskaja 30', 'Odesskaja 31' und 'Odesskaja 33') der 1. und der 2. Generation nach dem Heterosiseffekt werden dargelegt. Verglichen wurden ein landwirtschaftlich günstiges (1961) und ein ungünstiges Jahr (1962). 1961 war der Unterschied zwischen den Erträgen von Saatgut der 1. und der 2. Hybridgeneration unbeträchtlich (412 bzw. 387 dt/ha). 1962 waren die Erträge bei der

1. Generation von 'Bukowinski 3' um 60–79% höher als bei der 2. Generation. Die 1. Generation war kältebeständiger und lebensfähiger. Dadurch wird bestätigt, daß im Nichtschwarzerdegürtel vorwiegend Hybridsaatgut der 1. Generation ausgesät werden muß. L. Rang. 1720.

2-64/01-0796 Sokolov, B. P.; Moskau, Lenin-Akad. der Landwirtsch.-Wiss. Dneprovskie gibridy kukuruzy. **(Die Dneprowsker Maishybriden.)** Kukuruza, Moskva 8 (1963) Nr. 4. S. 33–35. – 2 Tab.
Vf. beschreibt die Arbeiten des Unions-Inst. für Maisforsch. (der früheren Dneprowsker Versuchsstat. für Pflanzenzücht.) über Maiszücht. und -samenbau mit max. Ausnützung der Heterosis, die Einführung von Hybridmais in die Produktion und gibt Hinweise über die Richtung und die Methodik der Arbeiten bei der Schaffung von konstanten I-Linien. Durch Kreuzung von lokalen frühreifen, im Norden ausreifenden, wenig ertragreichen Hartmaissorten und -einfachhybriden (♀) mit hochwüchsigen, vielblättrigen, ertragreichen südlicheren späten Zahnmaissorten und -einfachhybriden (♂) wurden folgende Hybriden geschaffen: 'Dneprowski-56' (kälteresistent, hochertragreich, hoher Futterwert), die frühe Hartmaissorte 'Dneprowskaja' (in 78–80 Tagen reif, um 20 Tage früher als 'Woroneshskaja 76') sowie 'Dneprowski-98', 'Bukowinski-3', 'Dneprowski-156', 'Dneprowski-216' und '31M', '170 M', '241 M' u. a. Unter Ausnützung der zytoplasmatischen männlichen Sterilität züchtete das Institut männlich sterile Kreuzungspartner für eine Reihe von Sorten, Populationen und I-Linien. L. Rang. 1720.

2-64/01-0797 Roy, N. N. und Everett, H. L.; Ithaca, N.Y., Cornell Univ., Dep. of Plant Breeding. Production of single cross and double cross maize seeds at high and low levels of soil fertility and the evaluation of their performance. **(Herstellung von Einfach- und Doppelkreuzungsmaissaatgut bei hohem und geringem Nährstoffgehalt des Bodens und die Beurteilung der Leistung.)** Indian J. Genetics Plant Breeding **22** (1962) Nr. 3. S. 208–223. – 10 Tab., 18 Lit.
Der bedeutendste Effekt der Bodenqualität auf das Saatgut von Einfach- und Doppelkreuzungen besteht in einer Beeinflussung des Sämlingswachstums und der Reifezeit. Die Wirkung der Bodengüte ist nicht konstant, sondern je nach Genotyp sehr variabel (große Interaktion Genotyp × Bodengüte). Die Ergebnisse wiesen auf einen gewissen Übertragungseffekt guter und schlechter Bodengüte hin. Überraschend war weiterhin, daß sich die Bodenqualität auch über den Vater in der F_1 manifestiert. Hierfür geben Vff. eine Erklärung und diskutieren den Befund mit einem ähnlichen von Balint.
K. Bellmann. 1720.

2-64/01-0798 Jakuchina, A. F. Novoe v metodike vyraščivanija gibridnych semjan. **(Neues in der Gewinnung vom Hybridmais-Saatgut.)** Kukuruza, Moskva 8 (1963) Nr. 3. S. 32–33. – 1 Abb.
Die wichtigsten methodischen Anweisungen für die Gewinnung von Mais-Hybrid- und Sortensaatgut sowie von Elternformen für die Hybriden werden dargelegt. Bei der Produktion von Hybridsaatgut auf männlich steriler Grundlage wurden bestimmte Bezeichnungen für den Typ der Sterilität eingeführt (T = Texas-Typ, M = Moldau-Typ); wenn die Hybriden nach dem „Restorer"-Schema (d. h. ohne Entfahnen der Mutterpflanzen) produziert werden, so wird zum Sterilitätstyp der Buchstabe W hinzugefügt (TW oder MW). Wenn jedoch der Hybridsamenbau durch freie Bestäubung erfolgt, so wird zum Namen der Hybride nur ein Buchstabe hinzugefügt z. B. 'Bukowinski T' (Saatguterzeugung erfolgte unter Benutzung des Typs Texas). L. Rang. 1720.

2-64/01-0799 Brooks, Margaret H.; Stillwater, Oklahoma State Univ., Dep. of Bot. and Plant Pathol. Comparative analyses of some of the free amino acids in anthers of fertile and genetic cytoplasmic male sterile Sorghum.

(Vergleichende Analysen einiger der freien Aminosäuren in Antheren von fertilem und plasmatisch männlich sterilem Sorghum.) Genetics **47** (1962) Nr. 12. S. 1629–1638. — 8 Tab., 7 Lit.
Länge, Frisch- und Trockenmasse von fertilen und sterilen Antheren mehrerer Sorten sowie den Restorersorten wurden in verschiedenen Stadien untersucht (Vortetraden-, Mikrosporen- und Vorpollenstadium). Fertile Antheren waren in jedem Falle länger als sterile. Antheren von Restorerlinien waren in den beiden ersten Stadien kleiner und im letzten Stadium intermediär gegenüber fertilen und sterilen Antheren. Die Frischmassen waren bei allen fertilen Linien größer als bei den sterilen, bei den Restorerlinien intermediär. Das gleiche gilt für die Trockenmasse. Bei der Untersuchung auf Aminosäuren waren von 6 geprüften 5 überall vorhanden (Asparaginsäure, Glutamin, Serin, Glycin, Alanin), während Threonin fehlte. Asparaginsäure, Serin und Alanin hatten bei den fertilen Antheren einen höheren Anteil als bei den sterilen. Unerwartet war der hohe Glycingehalt in der Trockenmasse bei den sterilen Antheren von 4 Varietäten im Vorpollenstadium. Es ist denkbar, daß die Anhäufung dieser Aminosäure für die Entstehung der Pollensterilität verantwortlich ist. G. Bandlow. 1722.

2-64/01-0800 Singh, S. P. und Singh, R. V. S.; Bichpuri, Dep. of Bot. Technique of bulk emasculation in Sorghum. **(Technik der Massenkastration bei Sorghum.)** Sci. and Cult. [Calcutta] **29** (1963) Nr. 2. S. 100–101. – 1 Abb., 2 Lit.
Vff. beschreiben eine Kastrationstechnik mit Hilfe von heißem Wasser. An der Inflorescenz wird ein Kunststoffbeutel angebracht, der nach oben geöffnet und unten fest am Stengel anschließt. Im Innern des Beutels befindet sich der Blütenstand. Man gießt nun oben heißes Wasser hinein und läßt es 10 Min. einwirken. Durch Lockern der unteren Öffnung kann dann das Wasser leicht abfließen. Für indisches *Sorghum* werden 49 °C, für amerikanische Kombinehirsen nur 48 °C benötigt. Der Folienbehälter muß mit einem Deckel verschlossen werden, in dem das Thermometer eingelassen ist. K. Bellmann. 1722.

2-64/01-0801 Erichsen, A. W., Franzke, C. J., Sanders, M. E. und Ross, J. G.; Brookings, South Dakota Agric. Exp. Stat., Agronomy Dep. Colchicine-induced mutations in Sorghum. **(Colchicininduzierte Mutationen bei Sorghum.)** J. Heredity **53** (1962) Nr. 6. S. 304–308. 1722.

2-64/01-0802 Bono, M. und Leclercq, P. Méthodes d'amélioration variétale des mils et sorghos utilisées au CRA Bambey. **(Methoden zur Züchtung von Hirse- und Sorghumsorten des CRA-Bambey.)** Agronom. trop. **18** (1963) Nr. 1. S. 33–52. 1722.

2-64/01-0803 Pčelarov, V.; Sofia, Höheres Landwirtsch. Dimitrow-Inst. Vlijanie na prisaždaneto vŭrchu izmenenieto na njakoi priznaci i svojstva pri gracha. **(Einfluß der Pfropfung auf die Veränderung einiger Merkmale und Eigenschaften der Erbse.)** Naučni trudove. Visš selskostopanski institut „Georgi Dimitrov". Agronomičeski fakultet, Sofija **11** (1962) S. 333–337. — 6 Lit. Zus. in Russ., Franz.
Die Jungpflanzen wurden in Gewächshäusern angezogen. Als Unterlage diente die Sorte 'Najrann', mit gelben, runden Samen, sehr frühreif und als Reis die Sorte 'Delikateß', mit grünen, runzligen Körnern (spätreif). Die Pfropfung wurde am 14. Jan. 1959 vorgenommen, als die Pflanzen das 3. Laubblatt entwickelt hatten. Die Pfropfung wurde am 2. Blatt der Unterlage ausgeführt, während vom Reis das letzte Blatt genommen wurde. Von 2 veredelten Pflanzen wurden die Blätter, ohne die Nebenblätter, entfernt. Bei diesen Pflanzen wurde festgestellt, daß die ersten 2 Hülsen keine grünen, wie die des Reises, sondern gelbe Körner hatten. Die höher liegenden Hülsen besaßen

wieder grüne Körner. Die aus den getrennt ausgesäten gelben und grünen Samen des Reises hervorgegangenen Pflanzen entwickelten sich zuerst wie die Kontrolle ('Delikateß'). Der Unterschied in der Entwicklung trat zur Blütezeit ein. Die aus den gelben Samen hervorgegangenen Pflanzen blühten 2–3 Tage früher als Samen aus dem mittleren Stengelteil. Pflanzen aus Samen des oberen Stengelteiles blühten am spätesten. Vf. hebt hervor, daß die Veränderungen eine Folge tiefgreifender unter dem Einfluß der Unterlage im Reis stattfindender Umwandlungen sind. Es wird die Ansicht vertreten, daß durch die vegetative Hybridisation unter gewissen Voraussetzungen Veränderungen in den Erbanlagen der Erbsen eintreten können.
K. Tschanew. 1732.

2-64/01-0804 Vrzalová, J.; Brno, Vysoká Škola Zemědělská, Katedra Rostlinné Výroby. Studium vztahů některých znaků kvantitativních a kvalitativnych ukazatelů u sóje (Glycine hispida Max.). **(Untersuchungen der Beziehungen zwischen einigen quantitativen und qualitativen Merkmalen bei Sojabohnen [Glycine hispida Max.].)** Rostlinná Výroba **9(36)** (1963) Nr. 2. S. 143–156. – 1 Abb., 6 Tab., 15 Lit. Zus. in Russ., Dtsch.
Bei 27 Sojasorten wurden einige Merkmale und Eigenschaften untersucht, die für die Länge der Vegetationszeit, den Ertrag und die Qualität der Soja charakteristisch sind. U. a. wurden nachstehende wichtige Abhängigkeiten festgestellt: Pflanzen, die schwächer behaart waren, wiesen einen größeren Samenertrag mit niedrigem Fett- und hohem Eiweißgehalt auf. Kurz behaarte Pflanzen hatten einen um 0,50% niedrigeren Fett- und um 1,84% höheren Eiweißgehalt. Der Anteil der Samenschalen nimmt mit der Samengröße ab und erreicht bei kleinen Samen (bis 5 mm lang) 7,80%, bei mittelgroßen 7,24% und bei großen 6,49%. Samen bis zu 5 mm Länge besitzen mehr Eiweiß und weniger Fett. Dieser Unterschied macht beim Eiweiß 2,19 und beim Fett 1,06% aus. Enge Abhängigkeit wurde zwischen Samengew. und Samenzahl, Zahl der Zweige und Gew. der Pflanze festgestellt; die Abhängigkeit der Pflanzenhöhe war weniger eng. Die Samenzahl war von der Zahl der Hülsen, sowie von Gew. und Höhe der Pflanze abhängig. Eine positive Korrelation besteht auch zwischen Höhe und Gew. der Pflanze. Die negative Korrelation zwischen dem Fett- und Eiweißgehalt schwankt von 0,175 bis 0,501. Die Beziehungen zwischen dem Anteil der Samenschalen sowie Fett- und Eiweißgehalt waren nicht eindeutig. Die Ergebnisse lassen sich bei der Zücht. und Agrotechnik ausnützen. ČSSR/ÚVTI. 1742.

2-64/01-0805 Hanelt, Peter. **Die intraspecifische morphologische Variabilität von Ornithopus sativus Brot.** Kulturpflanze, Beih. **1962** Nr. 3. S. 134 bis 143. – 1 Abb., 1 Tab., 24 Lit.
Der Anbau der Serradella läßt sich nur wenig mehr als 160 Jahre zurückverfolgen. Zwischen den Kultur- und Wildformen der Art haben sich bisher nur quantitative Unterschiede ausgeprägt. Die Wildformen besiedeln ein submeridional-boreomeridional-atlantisches Areal in Europa; die Hauptanbaugebiete liegen ebenfalls in subatlantisch beeinflußten Gebieten Europas auf Sandböden. Die Variabilität einzelner Merkmale wird besprochen und auf die größere Variationsbreite der Kulturformen hingewiesen, die in der Blütenfarbe mit der Gesamtgattung identisch ist. Mitteleuropa muß mit seinem aus der züchterischen Tätigkeit hervorgegangenen Formenreichtum als sekundäres Mannigfaltigkeitszentrum der Art angesehen werden. Auf Grund von Blüten- und Samenfarben und der Hülsenbehaarung wird eine intraspez., der praktischen Übersicht dienende Gliederung von *Ornithopus sativus* (2 convar., 2 var., 8 formae) vorgenommen. Ch. Pfeffer. 1749.

2-64/01-0806 **Serradellazüchtung.** Karow, Versuchsstat. Inst. Pflanzenzücht. Groß-Lüsewitz Dtsch. Akad. Landwirtsch.-Wiss. Berlin Plan-Nr.: 170105 h-2-27/7. Abschlußber. (31/5. 1963).

Durch Polyploidisierung wurde von Serradella (*Ornithopus sativus* Brot.) neues Ausgangsmaterial geschaffen, welches eine hohe Leistungsfähigkeit erwarten ließ. Die Auslese in diesem Material führte zu frühen Stämmen mit guten Grün- und Trockenmasseerträgen als Unter- und Stoppelsaat. Die Fertilität war ungenügend. Die Beobachtung, daß bei tetraploider Serradella ein gewisser Prozentsatz Fremdbefruchtungen auftritt und die Entwicklung einer geeigneten Kreuzungstechnik für Handbestäubungen führte zu systematischen Kreuzungen und zur Schaffung neuer Populationen. Die Auslese in diesen Populationen ergab eine schnelle Verbesserung des Samenertrages. Während im Ausgangsmaterial 2,2 Glieder pro Hülse ermittelt wurden, beträgt heute die durchschnittliche Anzahl Glieder pro Hülse 4,3. Zwei tetraploide Serradellastämme mit hervorragender Jugendentwicklung, frühem Blühbeginn, hohen Trockenmasseerträgen als Stoppelsaat und nur unwesentlich geringerem Samenertrag im Vergleich zu diploiden Sorten werden in den staatl. Prüfungen auf ihre allgemeine Anbaueignung geprüft. 1749.

2-64/01-0807 Untersuchungen von Wild- und Primitivkartoffeln auf züchterisch wertvolle Eigenschaften. Groß-Lüsewitz, Inst. Pflanzenzücht. Dtsch. Akad. Landwirtsch.-Wiss. Berlin Plan-Nr.: 170105 h-2-5/6. Abschlußber. (31/5. 1963).

In diesem Forsch.-Auftrag wurden am Sortiment von wild- und Kulturkartoffelspecies des Inst. für Pflanzenzücht. Groß-Lüsewitz (G-LKS) Untersuchungen über das Vorhandensein von wertvollen, für die Kartoffelzücht. geeigneten Erbträgern durchgeführt. Es ging dabei in erster Linie darum, Ausgangsmaterial für Arbeiten der Virusresistenzzücht., der Zücht. auf Resistenz gegenüber pilzlichen Erregern wie Krebs und Schorf, *Phytophthora infestans*, sowie um die Erhöhung bes. Inhaltsstoffe wie Stärke und Eiweiß und die Verbesserung von bestimmten Speiseeigenschaften, wie insbes. der Rohverfärbungstendenz, zu schaffen. Darüber hinaus ergab sich die Notwendigkeit, daß einige Fragen, die von grundlegender Bedeutung für die weiteren Arbeiten waren, bearbeitet wurden. Es waren dies Untersuchungen über Polyhaploidie, Chloroplastenzahl in Beziehung zur Valenzstufe, Pollenkühllagerung, Atmungsintensität von Knollen in Abhängigkeit unterschiedlicher Photoperioden und populationsanalytische Untersuchungen an verschiedenen Bastardpopulationen. Es wurden für die weitere züchterische Bearbeitung Bastarde mit Resistenz gegenüber Y- und X-Virus, Krebsbiotypen, die bisher bekannten Rassen von *P. infestans* sowie mit hohem Stärkegehalt und die Kombination geringer Roh- und Gekochtverfärbung geschaffen. Die Arbeiten über Resistenz gegenüber Blattroll- und S-Virus, Schorf, *Phoma*-Fäule und zur Verbesserung des Eiweißgehaltes der Knollen haben dagegen das Stadium der Suche nach geeignetem Ausgangsmaterial für die Züchtung noch nicht überschritten. 1772.

2-64/01-0808 Atanasov, Dimitŭr; Sofia, Inst. für Pflanzenschutz. Spontanni mutacii pri kartofite i laletata i tjachnata pričina. **(Spontan auftretende Mutationen bei Kartoffeln und Tulpen und ihre Ursache.)** Selskostopanska nauka, Sofija **1 (7)** (1962) Nr. 7/8. S. 805–815. — 23 Lit. Zus. in Russ., Engl.

Untersucht wurden spontane Mutationen bei den Kartoffelsorten 'Deodara' und 'Erstling' sowie bei den Tulpensorten 'Sinfonie', 'W. Pitt', 'Pride of Haarlem' und Landsorten. Vf. nimmt an, daß zum Auftreten der spontanen Mutationen dieselben Faktoren eine Rolle spielen, die auch die künstlich hervorgerufenen Änderungen der Erbanlagen verursachen, nämlich verschiedene chem. Verbindungen, die gelegentlich auf der Erdoberfläche vorkommen. Als weitere Ursachen werden genannt: Vitamine, Strahlungen, plötzliche Temperaturänderungen, Viren, starke elektrische Beleuchtung (bei Tomaten und Paprika beobachtet), elektrische Entladungen (Gewitter).

Abschließend wird darauf verwiesen, daß zwecks künstlicher Auslösung von Mutationen die Einwirkung des elektrischen Stromes auf den pflanzlichen und tierischen Organismus untersucht werden muß. K. Tschanew. 1772.

2-64/01-0809 Schaffung von Ausgangsmaterial für Nematodenresistenzzüchtung. Groß-Lüsewitz, Inst. Pflanzenzücht. Dtsch. Akad. Landwirtsch.-Wiss. Berlin Plan-Nr.: 170105h-2-2/9. Abschlußber. (31/5. 1963).
In den vorliegenden Untersuchungen wurde das Sortiment von Wild- und Primitivkartoffelspecies des Inst. für Pflanzenzücht. Groß-Lüsewitz (G-LKS) hinsichtlich seiner Reaktion gegenüber dem Kartoffelnematoden untersucht. Dabei konnten neben der Bestätigung der Resistenz in den bekannten Arten noch Resistenz in den Species *Solanum tarijense, S. aracc-papa, S. sparsipilum, S. neohawkesii, S. canasense, S. marinasense* nachgewiesen werden. Daneben wurde Resistenz in mehr als 20 verschiedenen Mustern der Subspecies *andigenum* und in einem Muster der kultivierten Species *S. phureja* (*S. rybinii*) ermittelt. Dieses resistente Material wurde zum größten Teil in Zücht.-Arbeiten alsResistenzbasis für neu zu schaffende nematodenwiderstandsfähigeSorten und Stämme aufgenommen. Im besonderen wurde neben der Subspecies *andigenum* die Resistenz der Species *S. vernei, S. microdontum, S. multidessectum, S. catarthrum* und *S. tarijense* bearbeitet. Diese Species wurden mit *S. tuberosum*-Formen gekreuzt. Dabei gab es folgende Kombinationsmöglichkeiten: Wildkartoffel × *S. tuberosum* (4x), Wildkartoffel × polyhaploides *S. tuberosum* (2x), Wildkartoffel – polyploidisiert (4x) – × *S. tuberosum* (4x) und Wildkartoffel × Wildkartoffel – teilweise polyploidisiert – × *S. tuberosum* (4x). In größerem Umfange wurde Bastard-Samenmaterial von *S. vernei*-Kreuzungen an die Züchter zur weiteren Bearbeitung abgegeben. 1772.

2-64/01-0810 Míča, Bojumil; Havlíčkův Brod, Výzkumný Ústav Bramborářský. Vliv odrůdy a jiných faktorů na obsah čisté bílkoviny u brambor. **(Einfluß der Sorte und anderer Faktoren auf den Gehalt an Reineiweiß bei Kartoffeln.)** Rostlinná Výroba **8 (35)** (1962) Nr. 11/12. S. 1401–1412. – 10 Tab., 8 Lit. Zus. in Russ., Franz., Dtsch.
Eine Analyse von Proben des Kartoffelweltsortiments hat bestätigt, daß die bisherige Zücht.-Methode auf hohen Bruttoproteingehalt richtig ist und daß sich durch Steigerung des Brutto-N-Gehaltes auch der Nettoeiweißgehalt erhöht. Die Beziehung zwischen Gesamt-N- und dem Nettoeiweißgehalt wurden errechnet und festgestellt, daß bei Steigerung des Netto-N-Gehaltes die Tr.-Subst. um 0,1% und der Nettoeiweißgehalt der Tr.-Subst. um 0,03% ansteigt. Nach der Multiplikation mit dem Eiweißfaktor 6,25 und durch Erhöhung des Gesamt-N-Gehaltes um 0,625 in der Tr.-Subst. nimmt auch der Nettoeiweißgehalt der Tr.-Subst. um 0,187 % zu. Außerdem wurde festgestellt, daß die Sorte auf den Nettoeiweißgehalt positiv einwirkt uud daß der Standort den Nettoeiweißgehalt nicht beeinflußt. M. Pštross. 1772.

2-64/01-0811 Ivančenko, G. Z. und Ivančenko, E. A.; Forsch.-Inst. für Kartoffelwirtsch. O selekcii techničeskich i stolovych sortov kartofelja ustojčivych k raku i fitoftore. **(Züchtung krebs- und phytophthoraresistenter Industrie- und Speisekartoffelsorten.)** Vestnik sel'skochozjajstvenoj nauki, Moskva 7 (1962) Nr. 10. S. 14–17. – Zus. in Engl., Franz., Dtsch.
Es wird über Ergebnisse der ehemaligen Versuchsstat. der Spiritusind. aus den letzten 15 Jahren berichtet. Als günstigste Stärkekombinationen erwiesen sich: 'Ostbote' × 'Stärkeragis', 'Weljaminowski' × 'Oktjabrenok', 'Ostbote' × 'St. 1975c/46', 'St. 2332c/44' × 'Stärkeragis', 'St. 3000c/44' × 'Stärkeragis' u. a. Der St. 3000c/44 ('Ostbote × 'Kathadin') zeigte 3–6% höheren Stärkegehalt als die Standards. Die frühreife, krebs- und *Phytophthora*-feste Stärkekartoffel 'Ljubimez' ('Glückspilz' × 'Michnewski') konnte zugelassen werden. Die Methode der vegetativen Annäherung ermöglichte es, *Solanum demissum* als Vater zu verwenden. Zur Stolonenverkürzung wurden mit Er-

folg die Mentormethode bei *S. curtilobum-* und *S. leptostigma*-Hybriden angewendet. Die Bestäubung mit Pollengemischen steriler und schwach fertiler Sorten führte zu guten Befruchtungsergebnissen, was bei sortenreinem Pollen dieser Sorten nicht möglich war. Insgesamt wurden 15000 Sämlinge auf *Phytophthora*-Resistenz untersucht. Günstige Kreuzungspartner waren: 'Moskowski', 'Weljaminowski', 'Jaroslawski', 'Robusta' und einige *demissum*-Zuchtstämme. Ertrags- und Stärkebestimmungen erwiesen sich bei den Sämlingen als unnötig. Beide Merkmale können erstmalig an den A-Klonen bonitiert werden. Dagegen ist es möglich, folgende Merkmale an den Sämlingen zu bonitieren: Knollenlage und -form, Schalenfarbe, Augenfarbe, Augentiefe und Krankheitsresistenz. H. Grieß. 1772.

2-64/01-0812 Feddersen, H. D. Clonal selections — new source of foundation seed for potato seed certification. **(Die Klonauslese — eine neue Möglichkeit der Pflanzguterzeugung für die Kartoffelpflanzgutanerkennung.)** J. Dep. Agric. South Australia **66** (1963) Nr. 10. S. 386–389. 1772.

2-64/01-0813 Prüfung aller in der DDR anfallenden Kartoffelzuchtstämme auf Krankheitsresistenz, Qualitätseigenschaften und Ertragsfähigkeit. Groß-Lüsewitz, Inst. Pflanzenzücht. Dtsch. Akad. Landwirtsch.-Wiss. Berlin Plan-Nr.: 17010 5h-2-6. Abschlußber. (10/5. 1963).

Die Prüfung der in der DDR gezüchteten Kartoffelstämme wurde auf 6 Stat. fortgesetzt. Zur besseren Ermittlung der Virusresistenz wurden 1962 erstmalig 3jährige Infektionsversuche angelegt. Die Leistungsprüfungen erstrecken sich über 2 Jahre. Es laufen Untersuchungen zur Bestimmung einer optimalen Anlage und Parzellengröße im Hinblick auf die weitere Mechanisierung der Erntearbeiten und auf die varianzanalytische Auswertung. Die aussichtsreichsten Zuchtstämme wurden für die Vorprüfung vorgeschlagen. Die Prüfungen zur Feststellung von Speisequalitätseigenschaften wurden durch Untersuchungen über die Eignung der Stämme zur Herstellung von Kartoffelchips ergänzt. 1772.

2-64/01-0814 Berežko, S. T. **Möglichkeiten der Auslese tetraploider Pflanzen in der C_0 bei monokarpen Zuckerrüben mittels anatomisch-morphologischer Merkmale.** Sbornik naučnych rabot Belocerkovskoj opytno-sel'skochozjajstvennoj stancii, Kiev **1962** Nr. 2. S. 75–80.

In Abhängigkeit von der Genomstufe wurden untersucht: a) an Pflanzen des ersten Vegetationsjahres Größe der Schließzellen sowie Zahl der Spaltöffnungen je Flächeneinheit, b) an Samenträgern neben den genannten Merkmalen die Pollengröße. Auf Grund seiner Untersuchungen kommt Vf. zu dem Schluß, daß keine signifikante Korrelation zwischen Genomstufe und den beiden erstgenannten Merkmalen weder bei Rüben noch bei Samenträgern besteht. Eine gewisse Bedeutung wird der Selektion auf tetraploide Formen nach der Pollengröße beigemessen, wobei diese Methode nur dazu dienen kann, die Ergebnisse der Chromosomenzählung zu erhärten. Bei der Pollenentnahme ist darauf zu achten, daß dieser aus Blüten gleichen Entwicklungsstadiums und gleicher Lage am Samenträger genommen wird.

W. Schröter. 1774.

2-64/01-0815 Röstel, H.-J. **Möglichkeiten zur Ermittlung der Ploidiestufe von Zuckerrüben auf Grund von Blattuntersuchungen.** Z. landwirtsch. Versuchs- u. Untersuchungswes. **9** (1963) Nr. 2. S. 139–150. — 8 Abb., 8 Tab., 16 Lit. — nach Zus.

Es wurden Untersuchungen an Zuckerrüben angestellt um festzustellen, ob die zur Bestimmung der Ploidiestufe rel. arbeitsaufwendige Methode der Chromosomenzählung durch andere arbeitsproduktivere Methoden ersetzt werden kann. — 1. Auf Grund der Unterschiede in der Pollengröße innerhalb derselben Ploidiestufe ließ sich die Genomzahl der Einzelrübe nicht einwandfrei bestimmen. Zudem können Pollenmessungen oft sehr spät vorgenommen werden, so daß ein rechtzeitiges Eliminieren unerwünschter Samenträger nicht mehr möglich ist. — 2. Morphol. Merkmale, wie Blattspreitenbreite, Blattflächenindex und Blattzahl, eignen sich nicht für exakte Bestimmungen der Ploidiestufe trotz teilweise signifikanter Unterschiede der Mittelwerte. — 3. Die Unterschiede in der rel. Transpiration zwischen den einzelnen Ploidiestufen reichen ebenfalls nicht aus, um danach Selektionen vornehmen zu können. — 4. Mit Hilfe der Stomatazahl je Blattflächeneinheit konnten diploide Zuckerrüben von tetraploiden exakt unterschieden werden, wenn die Pflanzen das 8-Blattstadium erreicht hatten. Die Ploidiestufe junger Pflanzen (2- bis 4-Blattstadium) ließ sich mit der Methode nicht einwandfrei bestimmen. Triploide Zuckerrüben waren nicht exakt bestimmbar. 1774.

2-64/01-0816 Griňko, T. F. und Peretjat'ko, V. G.; Tscherkassk, Staatl. Landwirtsch. Versuchsstat. Linejno-geterozisnyj metod v selekcii sacharnoj svekly. **(Linien-Heterosismethode in der Zuckerrübenzüchtung.)** Vestnik sel'skochozjajstvennoj nauki, Moskva **7** (1962) Nr. 8. S. 43–49. — 6 Tab. Zus. in Engl., Franz., Dtsch.
Da die Ausnutzung der Heterosis bei der Zuckerrübe durch Sortenhybriden kaum Erfolge zeitigt, müssen Linien- und Sortenlinienhybriden geschaffen werden. Die negative Reaktion der Zuckerrübe auf die Selbstung kann dabei durch gerichtete, über 3–4 Generationen wiederholte Individualauslese mit ausschließl. Vermehrung der Eliten und Nachkommenschaften unter sich überwunden werden. Auf diese Weise differenziert sich das Zuchtmaterial sehr schnell nach den einzelnen Merkmalen und Eigenschaften, und es entstehen Formen mit Liniencharakter. Der Rübenertrag sinkt dabei auf 90–97% der Standardsorte, während der Zuckergehalt um 1–6% steigt. Durch nachfolgende Kreuzung wird der Rübenertrag des Ausgangsmaterials erreicht und übertroffen, während der Zuckergehalt in der Mehrzahl der Fälle das Niveau der mütterlichen Ausgangsform behält. Demnach wird bei der Linien-Heterosiszücht. der höhere Ertrag durch die Kreuzung und der höhere Zuckergehalt durch die Auslese erzielt. Die beiden Linienhybriden lagen im Rübenertrag bei 98,1–104,9% der Standardsorten (R 06), im Zuckergehalt bei 101,7–106,7% und im Zuckerertrag bei 103,6–108,8%. Die Linien-Heterosismethode wurde auch bei der Züchtung monocarper Formen mit Erfolg angewendet.
I. Schilowa. 1774.

2-64/01-0817 Kolomiec, O. K. und Ustimenko, S. P. **Veränderungen der Leistungen monokarper Zuckerrüben nach Kreuzung mit polykarpen Sorten.** Sbornik naučnych rabot Belocerkovskoj opytno-sel'skochozjajstvennoj stancii, Kiev **1962** Nr. 2. S. 59–64.
Zwecks schnellerer Steigerung der Leistungseigenschaften monokarper Zuckerrübensorten wird als vorübergehende Maßnahme der Verwendung von Heterosissaatgut (F_1), erzeugt durch Kreuzung mit polykarpen Sorten, große Bedeutung beigemessen. Vff. berichten über in den Jahren 1957 bis 1959 durchgeführte Kreuzungen zwischen monokarpem Zuchtmaterial und polykarpen Sorten verschiedener Zuchtrichtungen. Sie kommen zu dem Schluß, daß bei geeigneter Auswahl der Kreuzungspartner eine Leistungssteigerung durchaus zu erreichen ist. In ihren Versuchen erwiesen sich die Sorten 'WO 38' (N-Typ) und 'Janasz Z' als Komponenten mit guter Kombinationseignung. Als Ursache des Fehlens einer Leistungssteigerung in der F_1 in den vorhergehenden Jahren wird die Nichtübereinstimmung in der Blütezeit der Kreuzungspartner angegeben. W. Schröter. 1774.

2-64/01-0818 Csitkovics, A. und Magassy, L. Cukorrépanemesitésünk eddigi eredményei és további lehetőségei. **(Bisherige Erfolge und weitere Möglichkeiten der Zuckerrübenzüchtung in Ungarn.)** Növénynemesítési és Növénytermesztési Kutató Intézet Közleményei, Sopronhorpács [Mitt. Forsch.-

Inst. Pflanzenzücht. u. Pflanzenbau Sopronhorpács] **1** (1961, hrsg. 1962) S. 25–65. — Aus: Ung. Agrar-Rdsch. **1963** Nr. 2.
Die Zuckerrübenzücht. wurde in Ungarn von Sedlmayr in Sopronhorpács i. J. 1930 aufgenommen. Es gelang, hervorragende ungarische Rübensorten zu erzeugen. Die Anwendung der Heterosis gab der Zuckerrübenzücht. einen neuen Ansporn. Die Pärchenzüchtung führte zwar zu keinen unmittelbaren Ergebnissen, förderte aber die Weiterentwicklung der Heterosismethoden, so daß neue, den bisherigen überlegene Hybriden erzeugt wurden. Parallel mit der praktischen züchterischen Arbeit liefen die grundlegenden theoretischen Forsch., die sich auf die Physiol. der Entwicklung, Vermehrungs- und Keimungsbiol. sowie auf die Phytopathol. der Rübe erstreckten. Die größten Erfolge der letzten Jahre sind durch polyploide Rübensorten erzielt worden. Mit den Hybriden gelang es, die zwischen Zuckergehalt und Wurzelertrag bestehende negative Korrelation zu brechen und bei den Hybriden beide Eigenschaften gleichzeitig zu steigern. Die Erzeugung von monogermen Rübensorten wurde eingeleitet. Vff. berichten danach über die Anwendung der reziproken rekurrenten Selektion in der Zuckerrübenzücht. Die Methode ist ein nützliches Mittel zur Erzeugung neuer Sorten, die auch bei der Erhaltungszücht. mit Erfolg angewendet werden kann. Die Ausnutzung der Pollensterilität wird u. a. die Erzeugung von neuen Hybriden fördern. Die Möglichkeiten der Inzucht-Heterosiszücht. und der Artbastardierung werden behandelt. Die Zücht. auf Resistenz gegen Pilzkrankheiten und Virosen ist ebenfalls Zuchtziel. Des weiteren werden die Aussaatzeit, Schoßfestigkeit, Erhöhung des Zuckergehaltes, Verbesserung technologischer Eigenschaften sowie die Auslösung wirtsch. wertvoller Mutationen behandelt. 1774.

2-64/01-0819 Varga, A. A poliploid cukorrépa előállítása és nemesitése. **(Erzeugung und Züchtung der polyploiden Zuckerrübe.)** Növénynemesítése és Növénytermesztési Kutató Intézet Közleményei, Sopronhorpács [Mitt. Forsch.-Inst. Pflanzenzücht. u. Pflanzenbau Sopronhorpács] **1** (1961, hrsg. 1962) S. 67–93. — Aus: Ung. Agrar-Rdsch. **1963** Nr. 2.
In Sopronhorpács wurde die Erzeugung von polyploiden Zuckerrüben in größerem Umfang i. J. 1946 aufgenommen. Ausgangsmaterial waren die besten diploiden *Beta*-Sorten. Von den Chem. erwies sich Colchicin am wirksamsten. Der Polyploidiegrad wurde verläßlich durch Chromosomenauszählung ermittelt und Samenrüben mit ausreichendem Ploidiegrad werden noch vor dem Blühen selektiert. Die Selektion der Rüben erfolgt im 1. Jahr mit der von B. Györffy ausgearbeiteten Schnellmethode. Primäres Ziel der Zücht. ist die Erzeugung von Tetraploiden. Die zytologische Stabilität und die Verbesserung des wirtsch. Wertes wird durch Selektion auf Grund individueller Chromosomenauszählungen gesichert. Gegenwärtig laufen ausgedehnte Versuche zum Vergleich von Individualauslese in Familien- und Massenauslese in verschiedenen Phasen der Zücht. Triploidie an und für sich genügen nicht, um hohe Leistungen zu garantieren. Der Triploidhybriden-Anteil im Saatgut ist für die Leistung entscheidend. Die besten Elternpaare werden durch zyklische Bestandeskreuzungen ermittelt. Die Kombinationsfähigkeit der elterlichen Partner wird mit der für die Rübe ausgearbeiteten reziprokrekurrenten Selektionsmethode gesteigert. 1774.

2-64/01-0820 Csapody, M. Monogerm répanemesités. **(Züchtung monogermer Rüben.)** Növénynemesítése és Növénytermesztési Kutató Intézet Közleményei, Sopronhorpács [Mitt. Forsch.-Inst. Pflanzenzücht. u. Pflanzenbau Sopronhorpács] **1** (1961, hrsg. 1962) S. 95–113. — Aus: Ung. Agrar-Rdsch. **1963** Nr. 2.
Die monogerme Rübenzücht. wurde in Sopronhorpács im Jahre 1954 aufgenommen. Grundmaterial der Zücht. bildeten die bei der Sichtung des Stammmaterials ausgewählten 3 monogermen Linien. Parallel mit der Stabilisierung

der monogermen Eigenschaft setzte das zur Erhöhung der Leistungsfähigkeit und der Resistenz geplante Hybridisationsprogramm ein. Die nach 6maliger Rückkreuzung selektierten und stabilisierten di- und tetraploiden Monogermlinien bilden die Grundlage der triploiden Monogermrübe. Nach der Kreuzung von monogermen und multigermen Linien zeigt die Zahl der die Frucht bildenden Blüten intermediäre Vererbung. Mittels künstlicher Kühlung, Samenbau im Gewächshaus und Auswahl von Hybridpflanzen nach der Zahl der fruchtbildenden Blüten läßt sich der Generationswechsel wesentlich beschleunigen. Die Leistungsfähigkeit der aus den Sopronhorpácser Sorten selektierten Monogermlinien war zunächst ziemlich schwach, wies aber im Verlauf der Rückkreuzung eine ständige Steigerung auf. Die monogermen Samenträger sind spätreifend und enthalten eine große Zahl semivegetativer Typen. Die Zahl der Früchte ist gering, das Fruchtsgew. niedrig, das Samengew. aber bedeutend größer als bei den Multigermrüben. Das Verhältnis zwischen Samen und Perikarp. ist sehr unterschiedlich. Die Keimfähigkeit ist um so höher, je größer das Samengew. im Verhältnis zum Perikarp. ist. Durch Selektion wurde jedoch Verbesserung erzielt. Die Keimenergie kann durch Polieren erhöht werden. Bei einzelnen Linien kommen Zwillingskeime in großer Zahl vor. 1774.

2-64/01-0821 Peretjat'ko, V. G.; Tscherkassk, Staatl. Landwirtsch. Versuchsstat. O samoopylenii u sacharnoj svekly. **(Über die Selbstbefruchtung bei Zuckerrüben.)** Sacharnaja svekla, Moskva 8 (1963) Nr. 3. S. 30–31. – 2 Tab.

Nach Selbstbefruchtung unter Isolatoren wurden bei Hybriden ('Ramonskaja') schlechte Ergebnisse erzielt (nur 9,8–16,7% Befruchtung), bei monokarpen Zuckerrüben ('Belozerkowskaja' und 'Jaltuschkowskaja') waren die Befruchtungsergebnisse noch schlechter. Ab 1959 wurden Versuche mit Selbstbefruchtung durch räumliche Isolation durchgeführt, wobei 74,5 bis 94,7% Ansatz erzielt wurde. Das Saatgut hatte hohe Triebkraft und Keimfähigkeit. Eine der Linien war der Sorte 'R 06' im Zuckergehalt um 5% überlegen. Die Hybriden dieser Linie übertrafen die Standardsorte 'R 06' im Ertrag um 3,2 und im Zuckergehalt um 8,3%. Alle Versuche zeigten eindeutig, daß die Selbstbefruchtung unter natürlichen Bedingungen der unter Isolierung überlegen ist. G. Jury. 1774.

2-64/01-0822 Zajkovskaja, N. E.; Kiew, Unions-Inst. für Zuckerrübenforsch. Razvitie i vschožest' semjan sacharnoj svekly. **(Entwicklung und Keimfähigkeit von Zuckerrübensaatgut.)** Vestnik sel'skochozjajstvennoj nauki, Moskva 7 (1962) Nr. 8. S. 50–53. – 6 Abb., 2 Tab. Zus. in Engl., Franz., Dtsch.

Das Saatgut von 2 polykarpen Zuckerrübensorten ('R 632', 'R 06') und 1 monokarpen ('Belozerkowskaja odnosemjannaja') wurde 2 bzw. 7 Jahre lang auf Qualität und Keimfähigkeit untersucht. Die Grenzwerte der Tausendknäuel bzw. Tausendfruchtmasse der Sorte 'R 06' lagen zwischen 16,6 g (1955) und 24,7 g (1961), die der Sorte 'Belozerkowskaja' zwischen 11,1 g (1956) und 17,2 g (1961). Das Vorhandensein von nicht keimfähigen, normal entwickelten Samen ist als Folge nicht erreichter physiol. Reife infolge verspäteten Blühens zu betrachten. Die Analyse der Qualität der Knäuel bzw. Früchte in Abhängigkeit von ihrer Lage am Stengel ergab, daß sowohl bei 'R 06' als auch 'Belozerkowskaja' das höchste Tausendknäuel- bzw. Tausendfruchtgewicht und der höchste Anteil der Keime aus normal entwickelten Samen im unteren Stengelteil zu finden sind. Bei 'R 06' befindet sich auch der größte Teil normal ausgebildeter Samen am unteren Stengelteil, bei der Sorte 'Belozerkowskaja' dagegen am mittleren Stengelteil. Vf. führt letzteres auf Pollenmangel bei Blühbeginn zurück. Durch Zusatzbestäubung und Ausgeizen läßt sich die Qualität der Früchte am unteren und mittleren Stengelteil von 'Belozerkowskaja' verbessern. I. Schilowa. 1774.

2-64/01-0823 **Futterrübsenzüchtung.** Groß-Lüsewitz, Inst. Pflanzenzücht. Dtsch. Akad Landwirtsch.-Wiss. Berlin Plan-Nr.: 170105 h-2-18/9. Abschlußber. (10/5. 1963).
Im Rahmen des Forschungsthemas Futterrübsenzücht, konnte wertvolles Ausgangsmaterial für die Züchtung eines massenwüchsigen, spez. für den Winterzwischenfruchtanbau geeigneten Futterrübsens auf tetraploider Basis erstellt werden. Die neuen tetraploiden Formen zeichnen sich durch gute Grünmassen- und Samenertragsleistung, längere Schnitteignung und langsamere Verholzung als das diploide Ausgangsmaterial sowie hohe Winterfestigkeit aus. Durch Entwicklung einer Laborfrühselektionsmethode wurden die Voraussetzungen für Serienuntersuchungen zur Erhöhung der Tr.-Subst.-Leistung dieser Form geschaffen. 1754.

2-64/01-0824 Varga, A. A sopronhorpácsi takarmányrépanemesités. **(Futterrübenzüchtung in Sopronhorpács.)** Növénynemesítése és Növénytermesztési Kutató Intézet Közleményei, Sopronhorpács [Mitt. Forsch.-Inst. Pflanzenzücht. u. Pflanzenbau Sopronhorpács] **1** (1961, hrsg. 1962) S. 337 bis 362. – Aus: Ung. Agrar-Rdsch. **1963** Nr. 2.
Nach einer Übersicht über die Geschichte der Runkelrübenzücht. in Ungarn wird die Zücht. diploider Runkelrüben beschrieben. Diese stimmt mit dem Verfahren überein, welches bei der Erzeugung der in Sopronhorpács gezüchteten 'Beta-Rosa' angewendet wurde. Ausgangsmaterial war eine spontan entstandene Landsorte. Inzucht brachte keinen Erfolg; die I-Linien verschlechterten sich in fast allen Eigenschaften und die Hybriden ließen keine Heterosiswirkung erkennen. Die in der F_1 der familiengezüchteten Mutterrübe beobachteten hervorragenden Leistungen wiederholten sich in der 2. Generation nicht mehr. Auch die Pärchenzücht. war nicht erfolgreich. Erfolgreicher war Massenauslese. Die Erhaltungszücht. erfolgt mit der intravarietalen und regionalen Heterosismethode. 1946 wurde die Erzeugung und Zücht. der polyploiden Futterrüben auf Grund des besten diploiden Ausgangsmaterials von Sopronhorpács in Angriff genommen. Es gelang, die Tetraploiden durch Selektion innerhalb kurzer Zeit zytologisch zu stabilisieren und gleichzeitig ihre Leistung zu erhöhen, so daß sie in der C_6 bereits die Leistungen des Ausgangsmaterials übertreffen. Die höchsten Leistungen werden von den Triploid-Hybriden erzielt. Der Wert der di- und tetraploiden Sorten als Heterosispartner wird durch zyklische Massenkreuzungen geprüft, die gegenseitige Kombinationsfähigkeit der am besten bewährten elterlichen Partner wird durch die reziproke rekurrente Selektionsmethode gesteigert. 1774.

2-64/01-0825 Ludván, G. und Halász, T. Háromsziklevelü Beta vulgaris L. növények. **(Dreikeimblättrige Beta vulgaris-L.-Pflanzen.)** Növénynemesítése és Növénytermesztési Kutató Intézet Közleményei, Sopronhorpács [Mitt. Forsch.-Inst. Pflanzenzücht. u. Pflanzenbau Sopronhorpács] **1** (1961, hrsg. 1962) S. 139–148. – Aus: Ung. Agrar-Rdsch. **1963** Nr. 2.
Im Frühjahr 1957 wurden in Sopronhorpács unter 1489 Pflanzen des Runkelrübenstammes 'Beta Sárgatakaró 113' 108 3keimblättrige Pflanzen gefunden. Die Erblichkeit dieser Eigenschaft wurde untersucht. Nach einmaliger Auslese erhöhte sich die Häufigkeit an 3keimblättrigen Rüben von 7,25 auf 22,69%. Von den 4 Keimblättern war eins kleiner als die anderen. Bei der Mehrzahl der Individuen (82%) haben sich auch die echten Laubblätter zu dritt entwickelt, wobei 1 in der Entwicklung zurückblieb. Die 3keimblättrigen Individuen zeichneten sich schon im Jugendstadium durch reichlichere Belaubung und raschere Entwicklung aus. Eine Genomabweichung konnte nicht nachgewiesen werden. Bei 78% des Bestandes waren am sonst regelmäßigen pfahlförmigen Rübenkörper die Seitenwurzeln nicht in 2, sondern in 3 longitudinalen Reihen angeordnet; dementspr. war auch die Wurzelseitenfurche 3fach. Anatomische Untersuchungen ergaben, daß auch die

Transportbündel dreifach sind. Das dreifache Gepräge der Wurzelbündel ist klar erkenntlich. In der Ertragsfähigleit konnte keine signifikante Veränderung festgestellt werden. Bis jetzt hat die Erscheinung nur bot. Bedeutung. Sie kann aber für die Zücht. dadurch von Wert sein, daß 3keimblättrige Rüben infolge ihrer rascheren Entwicklung Krankheiten und Schädlingen kürzere Zeit ausgesetzt sind und die sich rascher entwickelnde und umfangreichere Laubkrone den Boden früher beschattet. 1774.

2-64/01-0826 Štereva, R.; Sofia, Inst. für Pflanzenbau, der Akad. der Landwirtsch.-Wiss. Njakoi vŭprosi ot biologijata na cŭfteža i oprašvaneto na ljucernata. **(Einige Fragen der Biologie des Blühens und der Bestäubung der Luzerne.)** Izvestija na Dobrudžanskija selskostopanski naučnoizsledovatelski institut-Tolbuchin, Sofija **3** (1962) S. 177–189. — 5 Tab., 11 Lit. Zus. in Russ., Engl.

Zur Feststellung des Anteils offen abblühender Inflorescenzen bei Luzerne wurden 2 × 8 Blütenstände 8–25 Tage lang beobachtet. Die Zahl der untersuchten Blüten schwankte in den einzelnen Jahren (1956–60) zwischen 171 und 455, wovon 4,1–25,6% offen abblüten. Das Öffnen der Blüten wird durch hohe Temperatur und hohe Luftfeuchte bei wolkenlosem Himmmel sowohl beim 1. als auch 2. Schnitt gefördert. Der Hülsenansatz war bei den selbstausgelösten Blütchen geringer als bei den durch Insekten ausgelösten Blütchen. K. Tschanew. 1780.

2-64/01-0827 Nikolov, Ch.; Sofia, Forsch.-Inst. für Pflanzenbau. Citologičesko proučvane vŭrchu edna cheksaploidna forma ot Medicago sativa L. **(Zytologische Untersuchungen über eine hexaploide Form von Medicago sativa L.)** Izvestija na Naučnoizsledovatelskija institut po rastenievŭdstvo, Sofija **14** (1962) S. 31–45. — 16 Abb., 16 Lit. Zus. in Russ., Engl.

Mit Colchicinlösung (0,20–0,50%) wurden Luzernesamen behandelt, um daraus Pflanzen zu erhalten, die in Habitus, Entwicklung und Grünmasse variierten. Durch die karyokinetische Untersuchung einer dieser Pflanzen von dunkelgrüner Farbe sowie mit vielen Stengeln und großen, ovalen Blättern wurde festgestellt, daß sie 2n = 48 Chromosomen besaß, d. h. hexaploid (Grundzahl n = 8) und dabei vollkommen steril war. Als Ursache der Sterilität werden Störungen bei der Ausbildung ♀- und ♂-Gameten angegeben. In den Samenanlagen wurden Tendenzen zur Erhöhung der Anzahl der die Meiose durchlaufenden sporogenen Zellen beobachtet, doch ging nach voller Ausbildung des Embryosacks die Mehrzahl der Eizellen zugrunde. Trotz der großen Anzahl bivalenter Chromosomen (± 20) war die Meisoe in den Pollenmutterzellen stark gestört. Vf. folgert aus den Untersuchungsergebnissen, daß es zur Schaffung stabilisierter polyploider Formen von Luzerne nicht genügt, auf diese oder andere Weise nur die Chromosomenzahl zu erhöhen, sondern viele derart gewonnene Biotypen mit gesteigerter Chromosomenzahl zu verschiedenen Hybridkombinationen zu benutzen sind. K. Tschanew. 1780.

2-64/01-0828 **Cruciferen-Futterpflanzenzüchtung.** Groß-Lüsewitz, Inst. Pflanzenzücht. Dtsch. Akad. Landwirtsch.-Wiss. Berlin Plan-Nr.: 170105 h-2-22/6. Abschlußber. (10/5. 1963).

Durch Kreuzung verschiedener Subspecies von *Brassica oleracea* untereinander wurde neues Ausgangsmaterial für die Züchtung von Futterkohl geschaffen und daraus in verschiedenen Merkmalen leistungsfähige Populationen selektiert. Die besten werden in der staatlichen Stammprüfung geprüft. Zu Fragen der Züchtungsmethodik, Stoffproduktion, Phänometrie und Ertragsanalyse wurden umfangreiche Untersuchungen durchgeführt, deren Ergebnisse zum Teil abgeschlossen vorliegen und veröffentlicht werden. Mit einer Reihe agrotechnischer Versuche zum Futterkohlanbau wurde begonnen. 1780.

2-64/01-0829 Bajlov, D. und Palakarčeva, M. K voprosu o preodolenii neskreščivaemosti meždu vidami Nicotiana tabacum L. i N. debneyi D.

(Zur Frage der Überwindung der Kreuzungsbarriere zwischen den Arten Nicotiana tabacum L. und N. debneyi D.) Doklady Bolgarskoj akademii nauk, Sofija **15** (1962) Nr. 5. S. 571–574. – 1 Tab., 10 Lit. Orig.: russ., Ausz.: dtsch.
Zur Schaffung von *Peronospora tabacina*-Adam-Resistenten Sorten wurden zwischen den Arten *Nicotiana tabacum* L. und *N. debneyi* D. '5 933' Kreuzungen (auch reziprok) vorgenommen. Es wurde festgestellt, daß bei Verwendung von *N. tabacum* L. als ♀ die Kreuzung kaum und bei *N. debneyi* als ♀ die Kreuzung leicht gelang. Die Kreuzung von *N. tabacum* L. × *N. debneyi* D. wurde durch 2 mal tägl. Spritzen der Blütenstände mit 0,05%iger Borsäure, innerhalb von 1–2 Wochen vor und nach der Bestäubung, ermöglicht. Es wird betont, daß sich *N. debneyi* D. mit den bulgarischen Sorten 'Dshebel', 'Stanimaschko pembe' und 'Newrokopska basma' verhältnismäßig leicht kreuzen läßt. K. Tschanew. 1800.

2-64/01-0830 Dulieu, Hubert-Louis. Sur la fécondation in vitro chez le Nicotiana tabacum L. **(Über die Befruchtung in vitro bei Nicotiana tabacum L.)** C. R. hebd. Séances Acad. Sci. **256** (1963) Nr. 15. S. 3344–3346. – 7 Lit.
Tabakblüten wurden vor der Anthese isoliert, bei 70° in Alkohol getaucht – die Narben und Antheren ausgenommen – in einer Lösung von Calciumhypochlorit desinfiziert und mit aqua dest. gewaschen. Der Fruchtknoten wurde aus der Blüte herauspräpariert, in einen Tubus 1×7 cm übertragen und dort mit frischem Pollen an einer Nadel bestäubt. 3–4 Tage danach begannen 25% der Fruchtknoten zu wachsen. Diese Exemplare wurden erneut in einen Tubus von 16×2 cm übertragen. 40 Tage nach der Bestäubung wurden 10–25 Samen je Fruchtknoten herauspräpariert. Daraus erwuchsen junge Pflänzchen, die wieder in ein neues Nährmedium versetzt wurden und normal verzweigte Wurzeln und 2–4 Blättchen entwickelten. Es ist also möglich, Fruchtknoten von *Nicotiana tabacum* in vitro zu befruchten und daraus Pflänzchen zu ziehen. G. Bandlow. 1800.

2-64/01-0831 Chládek, Miloš. Šlechtění ibišku (Althaea officinalis L.) s využitím polypoidizace a křížení. **(Die Züchtung des echten Eibisches [Althaea officinalis L.] mittels Polyploidisierung und Kreuzung.)** Vědecké Práce výzkumného Ústavu zelinářského Olomouci **2** (1963) S. 177–191. – 10 Abb., 8 Tab., 16 Lit. Zus. in Russ., Dtsch.
Beschrieben werden das Kolchizinieren (0,5 bis 0,05%) und die Auslese bei *Althaea*. Eine ausgelesene, vom übrigen Material abweichende Pflanze wurde von Klon Nr. 50 beschrieben. Diese Pflanze zeichnet sich durch größere Blüten aus und hat starke Wurzeln, die spärlichere Nebenwurzeln besitzen. Um den Heterosiseffekt zu untersuchen, benutzte man 6 Klone eigener Zücht. (*A. officinalis* var. *sativa*) und 1 aus der Slowakei stammenden Klon (*A. officinalis* var. *micrantha*). Im J. 1957 kam es zur Kreuzung. Zur Auswahl neuer Klone verwendete man Bestände, die von 1959 ausgesäten Samen stammten. Es wurden neue Eibischtypen, mit großen Blüten, höherem Wuchs und günstigen wirtsch. Eigenschaften gewonnen. Die Technik der Eibischkreuzung, die Beschreibung neuer Hybriden sowie Ergebnisse der zytologischen Forschung werden angegeben. Die Kreuzungsprodukte stellen das Material für die weitere Zücht. dar. Bei der Qualitätsbestimmung der 1960 in der CSSR gezüchteten Eibischklone wurde der Gehalt an Schleim- und Zuckerstoffen, Stärke und Asche der Wurzeln festgestellt.
ČSSR/ÚVTI. 1800.

2-64/01-0832 Žečeva, Ž.; Plowdiw, Bulgarien Zentr. Forsch.-Inst. für Gemüsekulturen „Maritza". Osnovni napravlenija i metodi pri selekcijata na zelenčukovite kulturi v Bŭlgarija. **(Grundsätzliche Richtungen und Methoden bei der Züchtung der Gemüsekulturen in Bulgarien.)** Meždunarodno selskostopansko spisanie, Sofija **1962** Nr. 4. S. 58–61.

Die Gemüsezücht. hat in Bulgarien 3 Entwicklungsperioden durchlaufen. Ursprünglich trug sie den Charakter einer Liebhaberei, wobei die Massenauslese angewendet wurde. Die 2. Entwicklungsperiode ist mit der Erweiterung der wiss. Forsch. bei Gemüse verbunden. Es wurden die klassischen Methoden der Zücht. angewendet und der Grund zur Heterosiszücht. und der Erarbeitung biochem. Kennwerte in der Produktion gelegt. In der 3. Entwicklungsperiode stellt sich die Zücht. auf die Anforderungen der Großproduktion in bezug auf Ertragsfähigkeit, Frühreife, Krankheitsresistenz und niedrige Produktionskosten sowie die gesteigerten Erfordernisse des Exportes und der Verwertungsindustrie hinsichtlich Tr.-Subst.-, Vitamin-, Zucker-, Eiweiß-, Farbstoff-, Mineralsalzgehalt u. a. Eigenschaften ein. Mit Hilfe der Artkreuzung wurdenTomatensorten mit über 7,5% Tr.-Subst.-Gehalt gezüchtet und durch Heterosis frühreife, qualitativ gute und ertragsmäßig leistungsfähige Sorten von Tomaten, Paprika, Gurken, Kohl, Zwiebel u. a. geschaffen. T. Dankow. 1810.

2-64/01-0833 Daskalov, Ch. Izpolzuvane na cheterozisa pri selekcijata na visokokačestveni domati s visoka biologična stojnost. **(Die Ausnutzung der Heterosis bei der Züchtung von qualitativ hochwertigen Tomaten mit hohem biologischem Wert.)** Trideset godini Naučnoizsledovatelski institut za zelenčukovi kulturi „Marica". Jubileen sbornik – Plovdiv, Sofija **1962** S. 27 bis 32. – 4 Tab., 4 Lit.
Es wird eine kurze Übersicht über die Hybridisierung großfrüchtiger Tomatensorten mit der wildwachsenden Form *Solanum racemigerum* gegeben, die schon im Jahre 1935 begonnen wurde. Es wird gezeigt, daß eine außerordentlich große Vielfalt der Formen erhalten wird, bes. bezüglich der Frühreife und einer hohen biol. Wertigkeit. Das Entstehen neuer Formen in den Nachkommenschaften der einzelnen Linien dauert lange, was die Auslese in diesen Linien in der gewünschten Richtung gestattet. So bildet z. B. die Linie Nr. 2870/1-XXIV, die i. J. 1936 isoliert wurde, immer noch neue Formen, die es ermöglichten, alle wertvolleren Linien – XXIV-2, XXIV-a, XXIV-13 – zu züchten. Es wird darauf hingewiesen, daß man durch kombinierte Anwendung von Artkreuzung und Heterosiszucht. Tomatensorten mit einer hohen biol. Wertigkeit, hohem Gehalt an Tr.-Subst., Vitamin C, Vitamin A, Zucker, Lycopin u. a. erhalten kann.
NRB/ZSNTI. 1810.

2-64/01-0834 Dorosiev, L.; Sofia, Inst. für Pflanzenbau. Eksperimentalno polučavane na determinantni formi pri domatite črez vŭzdejstvie s niski temperaturi. **(Experimentelle Gewinnung von determinanten Formen bei Tomaten durch Einwirkung niedriger Temperaturen.)** Izvestija na Naučnoizsledovatelskija institut po rastenievŭdstvo, Sofija **14** (1962) S. 47–61. – 10 Ab., 1 Tab., 11 Lit. Zus. in Russ., Engl.
Untersucht wurde die Kreuzung 'Komet' × 'Sarja'. Gut in Gazesäckchen angefeuchtete Samen wurden innerhalb von 16 Std. Wechseltemperaturen von 0, –5 und –10 °C im Kühlschrank, sodann 8 Std. bei 16–18 °C ausgesetzt. Nach Ablauf von 8 Std. wurden sie wieder in den Kühlschrank gestellt. Diese Behandlung dauerte 20 Tage. Als Kontrolle dienten unbehandelte Samen. Festgestellt wurde, daß durch die Einwirkung niedriger Temperaturen auf die auskeimenden Hybridsamen das Erbbild stark labil und ein intensiver formenbildender Prozeß ausgelöst wird. Es entstehen stark unterschiedliche Formen, von denen manche ihren labilen Habitus, in einen determinanten umändern. Es wird betont, daß diese Prozesse bis zum Abschluß der Ontogenese anhalten, sich auf die Samen auswirken und diese Merkmale auf die Nachkommen übertragen werden. K. Tschanew. 1810.

2-64/01-0835 Hujieda, K. und Akiya, R. Inheritance of powdery mildew resistance and spine color of fruit in cucumber. **(Vererbung der Resistenz gegen**

Sphaerotheca fuliginea [Schl. Pollacci] und der Schalenfarbe der Frucht der Gurke.) J. Jap. Soc. horticult. Sci. **31** (1962) Nr. 1. S. 30–32. – 1 Abb., 1 Tab., 8 Lit. Orig.: jap., Ausz.: engl.

Die neue Sorte 'Natuhusinari' ist gegenüber *Sphaerotheca fuliginea* hochresistent. Diese Resistenz wird in der Kreuzung der neuen Sorte mit 'Kurumeotiai No. 1' monogen rezessiv vererbt. Die Eltern dieser Kreuzung unterscheiden sich auch in der Farbe der Rückennaht (weiß bzw. schwarz). In der F_1 gibt es eine 3 (schwarz): 1 (weiß) -Spaltung. Beide Faktoren sind nicht gekoppelt. K. Bellmann. 1810.

2-64/01-0836 Kul'čyćka, Z. L. Mižvydova, gibrydyzacija garbuziv. **(Die Artenkreuzung bei Kürbis.)** Nauk. praci. Zaporižka derž. sil'škogospod. dosl. st. **1962** Nr. 1. S. 41–47. – Orig.: ukrain., Ausz.: russ. Aus: Referativnyj žurnal Moskva. Rastenievodstvo **1962** Nr. 1.55.30. S. 7.

Bei der Bestäubung der weiblichen Blüten ein und derselben Kürbisart mit dem Pollen 2 anderer Arten wurde die sonst vorhandene Kreuzungsbarriere überwunden und i. J. 1957 normale Früchte des Kürbisses bei 5 Artkreuzungskombinationen erhalten. Die F_1-Hybriden entsprachen dem väterlichen oder mütterlichen Typ oder waren intermediär. In F_2 traten zahlreiche Formen mit neuen Merkmalen auf: mit normaler und verminderter Fertilität oder völliger Sterilität. Manche Nachkommen der F_2-Hybriden aus der Kombination 'Wolshskaja seraja' × ('Dnepropetrowskaja kustowaja Nr. 1' × 'Witaminnaja') waren bei freier Bestäubung morphol. ausgeglichen und ertragreich. Sie können zur Züchtung einer neuen Sorte verwendet werden. übersetzt G. Boetticher. 1810.

2-64/01-0837 Kalia, H. R., Vasudeva, R. S. und Bharti, S. P.; Ludhiana, Government Agric. Coll.; Res. Inst. Evidence of sex regulating property of Asafoedita in some monoecious cucurbits. **(Beweis für die geschlechtsregulierende Eigenschaft von Asafoedita bei einigen monöcischen Cucurbitaceen.)** Current Sci. [Bangalore] **32** (1963) Nr. 3. S. 136.

Bei *Lagenaria siceraria* und *Cucurbita moschata* haben Vff. *Asafoedita*-Sporen (70 mg/Pflanze) in den Stengel injiziert oder Blüten mit einer 0,1%igen *Asafoedita*-Lösung vor dem Blühen (2×) besprüht. Es kam zu einer starken Verschiebung zugunsten der weibl. Blüten (Kontrolle: männlich/weiblich = 1/7,1, Insertion: 1/4,1; Besprühen: 1/2,7.) Die weibl. Blüten erschienen bes. weit oben am Stengel. K. Bellmannn. 1810.

2-64/01-0838 Iizuka, Muneo und Janick, Jules; Lafayette, Ind., Purdue Univ., Dep. of Horticult. Sex chromosome translocations in Spinacea oleracea. **(Translokationen von Geschlechtschromosomen bei Spinacea oleracea.)** Genetics **48** (1963) Nr. 2. S. 237–282. – 2 Abb., 4 Tab., 4 Lit.

Chromosom 1 ist das längste Chromosom und enthält die genetischen Faktoren für die Geschlechtsbestimmung. Dieses Chromosom ist heterobrachial mit einer Armaufteilung von 1:2. Ein längeres heterobrachiales Chromosom I (zusätzliches Segment am kurzen Arm) scheint eine reziproke Translokation mit Chromosom II zu sein. Eine andere reziproke Translokation (langer Arm von Chromosom I – langer Arm von Chromosom IV) wurde durch X-Strahlen induziert. Kreuzungen zeigten, daß die Geschlechtsgene auf dem kurzen Arm von Chromosom I liegen. K. Bellmann. 1810.

2-64/01-0839 Popova, D.; Sofia, Forsch.-Inst. für Pflanzenbau. Izsledvane na vlijanieto na njakoi faktori vŭrchu cheterozisnija efekt pri pipera (Capsicum annuum L.). **(Untersuchung des Einflusses einiger Faktoren auf den Heterosiseffekt bei Paprika [Capsicum annuum L.].)** Izvestija na Naučnoizsledovatelskija institut po rastenievŭdstvo, Sofija **14** (1962) S. 239–247. – 4 Abb., 2 Tab., 13 Lit. Zus. in Russ., Dtsch.

Zur Feststellung des Einflusses der Menge und Art des Blütenstaubes und der Bestäubung auf die Frühreife und den Ertrag bei Paprika wurde die F_1 der Kreuzung 'Kalinkow 805' × 'Sivrija 600' untersucht. Man fand, daß nach Bestäubung mit wenig Pollen der Ertrag 45 300 kg/ha betrug (Frühreifeindex = 100), während nach Bestäubung mit viel Pollen 51300 kg/ha erzielt wurden und der Frühreifeindex bei 116 lag. Bei Bestäubung mit Pollengemisch aus mehreren Pflanzen wurden 33780 kg (Frühreifeindex = 123,6) erzielt, nach Verwendung von Pollen von 1 Pflanze nur 27320 kg/ha (Frühreifeindex = 100). K. Tschanew. 1810.

2-64/01-0840 Tatebe, T. Studies on the genetics of self- and cross-incompatibility in the Japanese radish. IV. **(Genetische Untersuchungen der Selbst- und Kreuzungsunverträglichkeit bei japanischem Radies. 4. Mitt.)** J. Jap. Soc. horticult. Sci. **31** (1962) Nr. 2. S. 127–133. – 8 Tab., 22 Lit. Orig.: jap., Ausz.: engl. 3. Mitt. vgl. LZ. Abt. II **6** (1961) Nr. 5. S. 1248.

In Fortführung seiner Untersuchungen mit der Radiessorte 'Tenma' stellt Vf. erneut fest, daß die Selbst- und Kreuzungsunverträglichkeit durch eine Reihe multipler Allele an einem Locus (S_1-S_{10}) bedingt wird; im Gegensatz zur vorhergehenden Arbeit kommt er jedoch zu dem Ergebnis, daß die Pollenreaktion sporophytisch bestimmt wird (*Crepis*-Typ). F. Fabig. 1810.

2-64/01-0841 Tatebe, Tamio. Studies on the genetics of self- and cross-incompatibility in the Japanese redish. V. **(Genetische Untersuchungen der Selbst- und Kreuzungsunverträglichkeit bei japanischem Radies. 5. Mitt.)** J. Jap. Soc. horticult. Sci. **31** (1962) Nr. 3. S. 185–192. – 10 Tab., 18 Lit. Orig.: engl., Ausz.: jap. 4. Mitt. vgl. vorst. Ref.

In vorliegender Arbeit gibt Vf. eine Zusammenfassung seiner bisher veröffentlichten Ergebnisse. Diese sind: 1. Die Pollenreaktion wird sporophytisch bestimmt; 2. für die Selbst- und Kreuzungsunverträglichkeit bei japanischem Radies ist eine einfache Serie multipler Allele an einem Locus (S_1–S_{10}) verantwortlich. 3. Zwischen den S-Genen des Pollens und der Narbe besteht eine dominante Beziehung. F. Fabig. 1810.

2-64/01-0842 Atanasov, D.; Sofia, Inst. für Pflanzenschutz. Vŭzmožnosti za sŭzdavane na ustojčivi na bolesti i mraz sortove ovoštni dŭrveta. **(Möglichkeiten zur Schaffung krankheitsresistenter und frostfester Obstsorten.)** Izvestija na Naučnoizsledovatelskija institut za zaštita na rastenijata, Sofija **3** (1962) S. 183–196. – 1 Tab., 7 Lit. Zus. in Russ., Engl.

Durch Aufzucht von Sämlingen auch von den empfindlichsten frei bestäubten Obstsorten ist es Vf. gelungen, krankheitsresistente Sorten zu erhalten. Es wurden rotflecken- und sharkaresistente Pflanzen von der 'Kjustendiler blauen Pflaume' gezüchtet. Die Resistenz gegen *Polystigma rubrum* wird durch mechanische Widerstandsfähigkeit und durch Überempfindlichkeit der infizierten Gewebe bedingt. Diese Arten der Resistenz sind in ihrer Ausprägung umweltabhängig. Die Resistenz kann sich bereits beim Sämling äußern. Die Wurzeln resistenter Sorten können empfindlicher sein und werden mit zunehmendem Alter resistent. Bei starker Infektion befällt die Sharkakrankheit empfindliche Sämlinge bereits in den ersten 3 Jahren. Nicht erkrankte Sämlinge sind als resistent zu bezeichnen. Bei allen Steinobstarten, insbes. aber Aprikose, tritt Erfrieren der Stämme und Knospen auf. Meistens ist das Erfrieren mehr auf dem Frost vorausgegangene Ursachen, als auf extrem niedrige Temperaturen zurückzuführen. D. Dodow. 1820.

2-64/01-0843 Ivanovskaja, E. V. Ob ėmbriologii jabloni. Soobšč. I. **(Über die Embryologie des Apfels. 1. Mitt.)** Naučn. dokl. vysš. Školy. Biol. n. **1962** Nr. 1. S. 109–115. – Aus: Referativnyj žurnal. Biologija, Moskva **1962** Nr. 20. B 125. S. 126.

Aus Literaturquellen erhielt man Angaben über die Embryologie des Apfels. Vf. beschränkte sich hauptsächlich auf die Untersuchungen von Abweichungen in der embryologischen Entwicklung beim Apfel, dessen meiste Sorten hybriden Ursprung haben und unfähig zur generativen Vermehrung sind. Besonders viel Aufmerksamkeit wird der oft beim Apfel beobachteten Aposporie geschenkt, d. i. das Auftreten zusätzlicher diploider Fruchtknoten aus Archesporen oder somatischen Zellen der Samenknospe, die am Anfang einen Keimling ergibt, wenn keine Befruchtung des normalen Fruchtknotens erfolgt. übersetzt v. E. Fröhmcke. 1820.

2-64/01-0844 Michajlov, E. Zimostojkie gibridy vinograda. **(Winterfeste Hybriden der Weinrebe.)** Vinogradarstvo i sadovodstvo Kryma **1962** Nr. 8. S. 46. — Aus: Referativnyj žurnal Moskva. Rastenievodstvo **1963** Nr. 1. 55. 242. S. 36.
Im Forsch.-Inst. für Acker- und Waldmelioration Wolgograd wurden folgende hochertragreiche Hybridsorten der Weinrebe gezüchtet (200 bis 300 dt/ha), die 20 bis 28% Zucker bei einer Azidität von 3 bis 6% enthalten und winterfest sind: 'Muskat woskowoi', 'Drushba', 'Premjer', 'Muskat fioletowy', 'Perwaja lastotschka', 'Sini ranni chrustjashtschi', 'Detski ranni', Muskat wolgogradski' und 'Puchljakowski muskatni'. übersetzt v. G. Boetticher. 1820.

2-64/01-0845 Peyer, E.; Wädenswil, Eidg. Versuchsanst. für Obst-, Wein- und Gartenbau. **Eine zwölfjährige Leistungsprüfung von 44 Klonenselektionen der Sorte Blauer Burgunder, Pinot noir.** Schweiz. landwirtsch. Forsch. **2** (1963) Nr. 1. S. 64–82. — 6 Abb., 6 Tab., 5 Lit. Zus. in Engl., Franz. 1820.

2-64/01-0846 Becker, Helmut; Neustadt/Weinstraße, Inst. für Reblausbekämpf. und Wiederaufbau. **Über die Reblausanfälligkeit der Wildrebe (Vitis silvestris Gmelin).** Wein-Wiss. **18** (1963) Nr. 3. S. 112–116. Beil. zu: Dtsch. Weinbau. — 3 Abb., 21 Lit.
Die Feldresistenz von *Vitis silvestris* für Wurzelrebläuse beruht offenbar auf optimaler Anpassung an den Standort (Pfahlwurzel). Nach vorliegenden Untersuchungen verfügt *V. silvestris* über keine physiol. bedingte Resistenz gegenüber der Reblaus, wie das von amerikanischen Reben bekannt ist. Es wurden häufig Knotenbildung an der Wurzel nach künstlicher Infektion beobachtet. Bedenklich ist vor allem die Tuberbildung (ähnlich *V. vinifera*). Als Folge tritt häufig Fäulnis auf. K. Bellmann. 1820.

2-64/01-0847 Dunstan, Robert T.; Greensboro, N. C., Greensboro Coll. Some fertile hybrids of bunch and muscadine grapes. **(Einige fertile Hybriden von Wein- und Muskattrauben.)** J. Heredity **53** (1962) Nr. 6. S. 299–303. 1820.

2-64/01-0848 Kondarew, M. und Matewska, N.; Plovdiv, Landwirtsch. Hochschule. **Beobachtungen über die Vererbung einiger Merkmale bei der Kreuzung von Rebsorten.** Wein-Wiss. **18** (1963) Nr. 3. S. 105–111. Beil. zu: Dtsch. Weinbau. — 1 Abb., 3 Lit.
Durch Individualauslese sind neue Sorten nur in sehr beschränktem Umfang zu erhalten, obgleich es Kondarew gelungen ist, eine wertvolle Form ('Mawrud 1') zu selektieren. Erfolgversprechender sind Kreuzungen. Hinsichtlich der Merkmalsvererbung ergab sich aus den Ergebnissen der Kreuzung 'Bolgar' × 'Perle von Csaba': 1. runde Beerenform dominiert über längliche; 2. die Beerengröße liegt zwischen beiden Elternformen (partiell dominant); 3. die F_1-Beeren besitzen oft Muskataroma; 4. geringer Zuckergehalt ist dominant; 5. die Schalendicke wird intermediär vererbt; 6. die Frühreife der Sorte 'Perle von Csaba' ist dominant, ebenso ihre Fruchtbarkeit; 7. schnelles Überreifwerden scheint sich nicht dominant zu manifestieren. Da die Mehrzahl der guten Eigenschaften von 'Perle von Csaba' in der F_1 wieder zu finden ist,

eignet sie sich sehr gut als Kreuzungspartner. Die Sorte 'Weißer Gutedel' ist nach den Erfahrungen der Vff. für Kreuzungen mit dem Ziel, neue Sorten zu schaffen, kaum geeignet. Vff. beschreiben weiterhin die Vererbung zahlreicher morphol. Merkmale bei zahlreichen Kreuzungen. Muskataroma und Purpursaft sind dominant. Es werden Kreuzungen angeführt, die mit dem Ziel, geeignete Unterlagen zu erhalten, vorgenommen worden sind.
K. Bellmann. 1820.

2-64/01-0849 Aalders, L. E. und Hall, I. V.; Kentville, Nova Scotia, Canada Dep. of Agric., Res. Stat. Note on aeration of colchicine solution in the treatment of germinating blueberry seeds to induce polyploidy. **(Bemerkungen über die Durchlüftung von Colchicinlösungen zur Behandlung von keimenden Blaubeerensamen, die polyploidysiert werden sollen.)** Canad. J. Plant. Sci. **43** (1963) Nr. 1. S. 107.
Um auch bei kleinen Samen das Colchicinierungsverfahren mit besserem Erfolg als bisher anwenden zu können, wurden Verbesserungen der Methodik bei *Vaccinium boreale* und *V. myrtilloides* erprobt. Das Saatgut wird auf Filterpapier zum Keimen gebracht und nach Erscheinen der Wurzel in eine 0,5%ige Colchicinlösung überführt. Durch diese Lösung wird ein Luftstrom geleitet. Ein Luftstrom von 100–200 Blasen/min ergab einen ausreichenden Durchlüftungseffekt ohne Schäden zu verursachen. Nach 4tägiger Behandlungsdauer waren 5% der Sämlinge tetraploid, nach 7tägiger 50%.
W. Blasse. 1820.

2-64/01-0850 Gadella, T. W. J.; Utrecht, Bot. Museum and Herbarium. A cytotaxonomic study of Viola in the Netherlands. **(Zytotaxonomische Untersuchung der Gattung Viola in den Niederlanden.)** Acta bot. neerl. **12** (1963) Nr. 1. S. 17–39. – 8 Abb., 2 Tab., 45 Lit.
In den Niederlanden wurden mit Ausnahme von *Viola stagnina* alle Arten der Gattung *Viola* zytologisch geprüft, um ein vollständiges Bild der Zytogeographie dieser Arten zu erhalten. Bei 10 in Holland wachsenden Arten wurden die Chromosomenzahlen ermittelt, die in den meisten Fällen mit anderen europäischen Ergebnissen übereinstimmen. Die Art *V. riviniana* wird eingehend beschrieben und mit *V. reichenbachiana* in einigen Merkmalen verglichen. Die verschiedenen Chromosomenzahlen von *V. riviniana* gleichen den britischen Untersuchungen, nur ist infolge der morphol. Variabilität der Art in Holland eine Gliederung in die Unterarten *nemorosa* und *minor* nicht möglich. Im Gegensatz zu dänischem Material ist *V. canina* zytologisch nicht variabel. Die Chromosomenzählungen 2 n = 52 für *V. calaminaria* stellt die erste für diese Art in den Niederlanden dar. Da *V. calaminaria* viele morphol. Merkmale mit *V. tricolor* gemeinsam hat, wird sie nicht mehr auf *V. lutea*, sondern auf *V. tricolor* bezogen. Man nimmt an, daß sie von *V. tricolor* L. var. *alpestris* abstammt. Ch. Döhler. 1830.

2-64/01-0851 Jain, H. K. und Basak, S. L.; New Delhi, Indian Agric. Res. Inst., Bot. Div. Genetic interpretations of chiasmata in Delphinium. **(Genetische Interpretation von Chiasmata bei Delphinium.)** Genetics **48** (1963) Nr. 3. S. 329–339. – 12 Abb., 2 Tab., 18 Lit.
Um die Beziehungen zwischen Chiasmata und crossing over bei *Delphinium* zu klären, wurden asymetrische Karyotypen, kombiniert mit X-strahleninduzierten Austauschheterozygoten, verwendet. 2 hierfür bes. geeignete Heterozygoten sind näher untersucht worden. Bei der einen Heterozygoten gab es einen engen Zusammenhang zwischen der Häufigkeit von Chiasmabildungen und der äquationalen Chromatidenteilung. Bei der 2. gab es eine Beziehung zwischen fehlender Chiasmatabildung in den Interstitialregionen und fehlender Variation in der Reduktionsteilung der betr. Chromosomen. Die Beobachtungen zeigen 1:1-Beziehung zwischen Chiasmata und genetischer Rekombination. K. Bellmann. 1830.

2-64/01-0852 Horn, W. **Induzierte Tetraploidie bei Sparaxis Ker. und Ixia L.** Z. Pflanzenzücht. **49** (1963) Nr. 1. S. 87–90. – 1 Abb., 2 Tab., 11 Lit.

Vf. berichtet über Versuche einer Colchicinbehandlung zur Erzeugung tetraploider Formen der Iridaceen *Sparaxis* und *Ixia*, die der Entwicklung verbesserter gartenbaulicher Sorten dienen sollen. Samen, Sämlinge, blühreife Sprosse und Knollen wurden mit 0,05–1,25%igen Cholchicinlösungen behandelt. Bei *Ixia* ergaben zytologische Wurzelspitzenuntersuchungen ein Optimum der Behandlung von 0,5% bei 48 Std. Tetraploide und mixoploide Wurzelspitzen wurden gefunden. Bei Erreichung der Blühreife hatte sich meist der diploide Zustand wieder eingestellt. Die Polyploidisierung generativen Gewebes wurde nicht erreicht. Bei *Sparaxis* war nur die Sämlingsbehandlung erfolgreich. Das Optimum betrug 0,3%. Die Untersuchungen ergaben tetra- und mixoploide Wurzelspitzen. Obgleich auch hier Mixoploidie und das Wiedereinstellen des diploiden Zustandes beobachtet wurden, fand man Pflanzen mit tetraploiden Blütenorganen, die sich durch größere Blüten, stark reduzierte Fertilität, stärkere vegetative Organe sowie größere Stomata und Pollendmr. von den diploiden unterschieden. Polyploidierungsversuche bei Blumenzwiebeln werden als schwierig angesehen. Trotzdem können stabile tetraploide Formen selektiert werden, die den diploiden überüberlegen sind und durch die Entwicklung tetraploider Klone gartenbaulichen Wert erlangen. Für zücht. Bearbeitung ist die Wiederherstellung der Fertilität der Tetraploiden Voraussetzung. Ch. Döhler. 1830.

2-64/01-0853 Tandon, S. L. und Rao, G. R.; Delhi, Univ., Dep. of Bot. Naturally occurring polyploidy in Achyranthes aspera L. **(Natürlich auftretende Polyploidie bei Achyranthes aspera L.)** Sci. and Cult. [Calcutta] **29** (1963) Nr. 4. S. 210–211. 1830.

2-64/01-0854 Iizuka, Muneo und Janick, Jules; Kyoto, Japan, Univ., Res. Inst. for Food Sci., Lab. of Appl. Genetics. Induced tetraploidy in Philodendron. **(Induzierte Tetraploidie bei Philodendron.)** J. Heredity **54** (1963) Nr. 1. S. 37–38. 1830.

2-64/01-0855 Shahare, M. L. und Shastry, S. V. S.; New Delhi, Indian Agric. Res. Inst. Meiosis in garden roses. **(Mitose bei Gartenrosen.)** Chromosoma [Berlin] **13** (1963) Nr. 6. S. 702–724. – 31 Abb., 4 Tab., 67 Lit.

Vff. haben die Meiose von 96 Gartenrosen untersucht. Nur in bes. Fällen wurden aneuploide Formen beobachtet. Zwischen den Sorten war die Expression von Univalenten, heteromorphen Bivalenten, Bivalenten mit sekundären Zusammenschnürungen und Multivalenten verschieden. Bei 3 Sorten gab es überzählige Fragmente als Hinzufügung zu einem euploiden Satz. 3 Sorten der Floribunda- und 1 Sorte der Hybridpolyantha-Rosen waren chromosomal „numerische Mosaiks". K. Bellmann. 1840.

2-64/01-0856 Stajkov, V.; Kasanlâk, Bulgarien, Versuchsstat. für Pflanzenzücht. Proučvane vŭrchu žiznenostta na cvetnija prašec i priematelnata sposobnost na blizalceto na Kazanlŭškata roza. **(Untersuchungen über die Lebensfähigkeit des Pollens und die Empfangsfähigkeit der Narbe bei der Kasanlâker Rose.)** Izvestija na Naučnoizsledovatelskija institut po rastenievŭdstvo, Sofija **14** (1962) S. 23–30. – 7 Tab., 1 Lit. Zus. in Russ., Franz.

In Petrischalen und Exsikkator wurden i. J. 1956–1960 Versuche zur Aufbewahrung des Pollens von *Rosa damascena* unternommen. Als Mutterpflanze wurde *R. gallica* f. *panonica* Br. benutzt, die sich durch guten Ansatz auszeichnet. Es wurde festgestellt, daß der im Zimmer aufbewahrte Pollen ca. 15 Tage und im Exsikkator 45-55 Tage lebensfähig bleibt. Die Narbe bleibt ca. 5 Tage nach der Kastration empfängnisfähig. K. Tschanew. 1840.

2-64/01-0857 Lavarenne-Allary, Suzanne und Chabredier, Christiane. Substances de croissance et dormance des bourgeons du lilas. **(Substanzen des Knospenwachstums und der Knospenruhe bei Flieder.)** C. R. hebd. Séances Acad. Sci. **256** (1963) Nr. 14. S. 3176–3178. – 2 Abb. 1840.

2-64/01-0858 Physiologische Untersuchungen über den individuellen Wachstumsgang, seine Beziehungen zur Wuchsleistung und Blühwilligkeit sowie Untersuchungen zur Entwicklung von Frühtesten. Zytologische Untersuchungen über Artbastarde. Eberswalde, Inst. Forstwiss. Dtsch. Akad. Landwirtsch.-Wiss. Berlin Plan-Nr.: 1701 21/05i–3–01/0. Teil-Abschlußber. (20/6. 1963)
Durch Ausschaltung der Einflüsse wechselnder Temperatur- und Feuchtigkeitsverhältnisse während der Versuchszeit konnte der Keimlingstest für den individuellen Wachstumsgang von Schröck und Stein methodisch so entwickelt werden, daß die Ergebnisse reproduzierbar und die Beobachtungen zeitlich weit auseinanderliegender Versuchserien miteinander vergleichbar geworden sind. Die während der Vorversuche vermuteten korrelativen Beziehungen zwischen demWachstumsgang und der Samengröße sowie dem Zeitpunkt der Samenkeimung waren nicht zu bestätigen. Auch zwischen dem Wurzel- und Hypokotylwachstum besteht keine Beziehung. Durch Anwendung einer graphischen Auswertung war es aber möglich, in Verbindung mit der Entwicklung einer Ableseschablone eine 61%ige Zeitersparnis bei der Auswertung der Versuchsergebnisse zu erzielen. 1850.

2-64/01-0859 Yim, K. B.; Suwon, Korea, Coll. of Agric.; Stockholm, Roy. Coll. of Forestry, Genetics Dep. Karyotype analysis of Pinus rigida. **(Karyotypenanalyse bei Pinus rigida.)** Hereditas [Lund] **49** (1963) Nr. 1/3. S. 274–276. – 1 Abb., 1 Tab., 4 Lit. 1850.

2-64-01/0860 Hoffmann, J.; Erlau, Außenstelle des Inst. für Forstwiss. Tharandt der Dtsch. Akad. der Landwirtsch.-Wiss. zu Berlin. **Möglichkeiten und Erfolgsaussichten in der Buchenzüchtung.** Arch. Forstwes. **12** (1963) Nr. 6. S. 643–654. – 5 Abb., 10 Lit. – nach Zus.
Unsere Rotbuchenbestände stellen in der Regel Wildpopulationen mit einer großen genetischen Variationsbreite dar. Aus diesem Grunde bieten sich günstige Möglichkeiten für die Auslesezücht. Durch systematische Provenienzforschung gilt es, die Rasseneigenschaften der bedeutendsten Herkünfte im Bereich des natürlichen Verbreitungsgebiets der Rotbuche zu erkunden. Die wenigen Versuche haben bereits ergeben, daß sich Buchen verschiedener Herkunftsgebiete in ihrem phänologischen Verhalten (Blattaustrieb und Laubfall) sowie in bezug auf Wuchsleistung und Qualitätseigenschaften (Stamm-, Verzweigungs- und Kronenform) deutlich unterscheiden können. Mit der Saatguterzeugung in Samenplantagen ist mit großer Wahrscheinlichkeit auch ein positiver züchterischer Effekt verbunden. Wegen der überwiegenden natürlichen Verjüngung ist aber die Bedeutung forstlicher Samenplantagen für die Rotbuche wesentlich geringer als für andere Baumarten. An den in Dänemark hergestellten Artbastarden konnten bisher keine eindeutigen Heterosiserscheinungen nachgewiesen werden. Für eine endgültige Klärung sind weitere Versuche auf breiter Basis – verbunden mit langfristigen Beobachtungen – unumgänglich. 1850.

2-64/01-0861 Morphologische Untersuchungen zur Verbesserung der Sortenkenntnis bei Schwarzpappelhybriden. Graupa, Abt. Forstl. Pflanzenphysiol. Inst. Forstwiss. Dtsch. Akad. Landwirtsch.-Wiss. Berlin Plan-Nr.: 1701 22/01i-3-01/6. Abschlußber. (31/5. 1963).
Die Bestimmbarkeit einjähriger Pflanzen konnte bedeutend verbessert werden. Für den Sommerzustand wurden Gestalt, Stellung und Größe der Nebenblätter als wertvolle neue Merkmale erkannt. Für einige Sorten werden Son-

dermerkmale mitgeteilt. Für den Winterzustand wurden neben den bereits bekannten Sproßachsen-Merkmalen insbes. Knospenform sowie Menge, Konsistenz und Farbe des ausgeschiedenen Balsams als brauchbar empfunden. Damit wird eine Sortenkontrolle einjähriger Aufwüchse im Winter möglich. Bei Untersuchungen an jungen Bäumen erwiesen sich die Nebenblätter ebenfalls als brauchbar. Die – bestimmten Regeln folgende – Variabilität der Blattform an Seitenzweigen ist entgegen einer holländischen Angabe zur Sortenkennzeichnung nicht verwendbar. Ein neu entwickelter Lochkartenschlüssel erleichtert den Bestimmungsgang. 1850.

2-64/01-0862 Bennion, Glynn Colin, Vickery, Robert K. und Cottam, W. P.; Univ. of Utah. Hibridization of Populus fremonti and Populus angustifolia in Perry Canyon, Box Elder County, Utah. **(Kreuzung von Populus fremonti und Populus angustifolia in Perry Canyon, Box Elder County, Utah.)** Proc. Utah Acad. Sci., Arts, Letters **38** (1960/61, hrsg. 1961) S. 31–35. – 7 Lit. 1850.

2-64/01-0863 Roy, Subodh Kumar; Calcutta, Indian Statistical Inst. The variation of organs of individual plants. **(Die Variation von Organen einzelner Pflanzen.)** J. Genetics **58** (1963) Nr. 2. S. 147–176. 1880.

2-64/01-0864 Borasio, L.; Vercelli, Italie, Staz. Sperimentale di Risicolt. Qualité et évaluation des paddy et des riz usinés. Méthodes d'analyse et d'appréciation des caractéristiques physico-organoleptiques. **(Qualität und Wertbestimmung von Reiskorn und geschältem Reis. Methoden der Analyse und Bestimmung von physikalisch-organoleptischen Merkmalen.)** Agronom. trop. **17** (1962) Nr. 11. S. 979–1010. – 30 Tab., 13 Lit.

Die Arbeit umfaßt 2 Teile: handelsmäßige Einschätzung des Reiskorns und des geschälten Reises. Im ersten Teil werden die hauptsächlichen Bestimmungsmethoden vorgeführt: 1. Feuchtigkeit durch die offiziellen Methoden der Trocknung bei 105 °C. 2. Der Zustand der Samen wird an der Keimfähigkeit, -energie, an der genetischen und handelsmäßigen Reinheit sowie am Gesundheitszustand bestimmt. 3. Für die physikal.- organoleptischen Eigenschaften sind biometrische, Massen- und volumetrische Merkmale maßgebend. 4. hl- und 5. spez. Masse. 6. Ausbeute bei maschineller Schälung. – Einschätzung und Beurteilung der Qualität von geschältem Reis basieren auf verschiedenen Faktoren: 1. Grad und Typ des Maschinenbetriebes. 2. Qualität und Ästhetik des Produktes nach vielfachen Gesichtspunkten. 3. Organoleptische Qualitäten. – Vf. führt eine Methode an, die es erlaubt, Kocheigenschaften zu bestimmen. G. Bandlow. 1880.

2-64/01-0865 Kacarov, K. und Milev, V. Po vŭprosa za červenozŭrnestite orizovi formi v Bŭlgarija. **(Zum Problem der rotkörnigen Reisformen in Bulgarien.)** Trideset godini Naučnoizsledovatelski institut za zelenčukovi kulturi „Marica". Jubileen sbornik – Plovdiv, Sofija **1962** S. 157–172. – 5 Abb., 7 Tab., 15 Lit.

In den Jahren 1953–56 wurden Feldversuche durchgeführt a) mit reinem Saatgut der Sorte 'Pierrot', die in veschiedenen Gebieten des Landes angebaut wurde, b) mit weißen und roten Körnern der Sorten 'Pierrot', 'Marateli', 'Alorio', 'Kendzo' und 'Pembe-2', die auf einzelnen Parzellen ausgesät wurden, und c) mit weißen und roten Körnern der Sorten 'Marteli', 'Pierrot' und 'Alorio', die auf Parzellen in Reihen nebeneinander ausgesät und der freien Bestäubung ausgesetzt wurden. In Vegetationsgefäßen wurde für die Untersuchung auf dieselbe Art und Weise Saatgut der meisten Sorten ausgesät, wobei auch künstlich bestäubt wurde. Es wurde festgestellt, daß rotkörniger Reis bei verschiedenen Varietäten und Sorten auftreten kann, und die rote Farbe dominant ist. NRB/ZSNTI. 1880.

2-64/01-0866 Hinata, Kokichi und Oka, Hikolchi; Misima, Nat. Inst. of Genetics. A survey of hybrid sterility relationships in the Asian forms of Oryza perennis and O. sativa. **(Eine Betrachtung der Bastardsterilitätsbeziehungen bei den asiatischen Formen von Oryza perennis und O. sativa.)** Jap. J. Genetics **37** (1963) Nr. 4. S. 314–328. – 1 Abb., 6 Tab., 22 Lit. Orig.: engl. 1880.

2-64/01-0867 Butany, W. T. und Bhattacharyya, R. K.; Cuttack, Centr. Rice Res. Inst. Inheritance of glume length and pistil number in rice and their relationship with the occurrence of anthocyanin pigment in certain plant parts. **(Vererbung der Spelzenlänge und Griffelzahl bei Reis in Beziehung zum Auftreten von Anthocyanpigment in bestimmten Pflanzenteilen.)** Indian J. Genetics Plant Breeding **22** (1962) Nr. 1. S. 12–19. – 9 Tab., 20 Lit. 1880.

2-64/01-0868 Savov, P.; Pavlikene, Bulgarien, Hydromeliorat. Stat. Vegetativna chibridizacija meždu vidovete pamuk Gossypium barbadense i Gossypium chirsutum. **(Vegetative Hybridisation zwischen den Arten Gossypium barbadense und Gossypium hirsutum.)** Izvestija na Naučnoizsledovatelskija institut po chidrotechnika i melioracii, Sofija **3** (1962) S. 117–127. – 4 Abb., 2 Tab., 12 Lit. Zus. in Russ., Engl.
Die Sorte '5904-I' (*Gossypium barbadense*) wurde (Vegetationsperiode von 144 Tagen = Unterlage) und die Sorte 'Nr. 2362' (*G. hirsutum*) (Wachstumszeit 124 Tage = Pfropfreis) vegetativ hybridisiert. Die erste Pfropfung wurde 1955 vorgenommen. Die erhaltenen Pfropflinge wurden 1956 auf die Sorte '5904-I' wieder aufgepfropft. Die aus den Samen der wiederholten Pfropfung erhaltenen Pflanzen unterschieden sich morphol. und physiol. von der Ausgangssorte. Es gelang, aus diesem Material neue frühreifere und ertragreichere Linien auszulesen. K. Tschanew. 1880.

2-64/01-0869 Savov, P.; Pavlikene, Bulgarien, Hydromeliorat. Stat. Proučvanija vŭrchu chibridnite pokolenija pri meždusortovoto krŭstosvane na pamuka ot vida Goss. hirsutum. **(Untersuchungen über die Hybridnachkommenschaften bei der Sortenkreuzung bei Baumwolle der Art Gossypium hirsutum.)** Izvestija na Naučnoizsledovatelskija institut po chidrotechnika i melioracii, Sofija **3** (1962) S. 181–203. – 8 Abb., 12 Tab., 16 Lit. Zus. in Russ., Engl.
Es wurde festgestellt, daß bei der Kreuzung von Sorten von *Gossypium hirsutum* in der F_1 morphol. ausgeglichene Pflanzen erhalten werden, die Heterosis z. T. auch in der F_2 aufweisen. Es wurde beobachtet, daß bei Verwendung von Sorten mit größeren Kapseln und längeren Fasern als Mutter deren Hybridnachkommen größere Kapseln und längere Fasern aufwiesen, als wenn Sorten mit kleinen Kapseln und kurzen Fasern benutzt wurden. Abschließend werden 2 aus der Kreuzung von 'Nr. 2362' × '147-F' entstandene, aussichtsreiche Linien ('Nr. 72 und '73') beschrieben.
K. Tschanew. 1880.

2-64/01-0870 Ter-Avanesjan, D. V. und Semenova, I. V.; Taschkent, Mittelasiat. Versuchsstat. des Unions-Forsch.-Inst. für Pflanzenzücht. Chimičeskij metod polučenija mužskoj steril'nosti u chlopčatnika. **(Eine Methode zur Erzeugung männlicher Sterilität.)** Chlopkovodstvo, Moskva **13** (1963) Nr. 2. S. 31–34. – 2 Abb., 1 Tab.
Seit 35 Jahren ist man bemüht, den Heterosiseffekt der ersten Generation nach Kreuzung von *Gossypium hirsutum* und *G. barbadense* zu nutzen. Es wird über die Methode berichtet, mit Hilfe verschiedener Chemikalien männliche Sterilität zu induzieren. 26 Sorten von *G. hirsutum*, 16 von *G. barbadense* und je 4 von *G. herbaceum* und *G. arboreum* sowie eine Reihe industrieller Sorten wurden überprüft. Folgende Chemikalien kamen zur Anwendung: a) Dichlorbernsteinsäure, b) Dichlorpropionsäure, c) Dichlorisobuttersäure,

d) Trichloressigsäure, e) Trichlorakrylsäure und f) das Herbicid Dalapon. Die Behandlung erfolgte früh oder abends durch Spritzen im Knospenstadium. Während sich a und d nicht eigneten, bewirkten b und c in 1, 2 und 3%iger wäßriger Lösung fast völlige männliche Sterilität. Die meisten morphol. und Ertragsmerkmale (Vegetationsdauer, Ertrag, Faserlänge, Zahl der Kapseln) waren nicht beeinflußt worden. Kreuzungen dieser Pflanzen mit rotblättrigen Formen ergaben 80–90% Pflanzen mit rotem Hypokotyl, d. h., der Kastrationserfolg lag bei 80–90%. Präparate bewirkten in 1 und 3%iger Konz. bes. schnelle Entwicklung der weiblichen Blütenanlagen, ohne jedoch den Pollen zu zerstören. Dalapon brachte nach Aufstäuben im Gemisch mit Tonstaub bes. bei späten Sorten gute Erfolge. Der Anwendung von Chemikalien bei der Heterosiszüchtung von Baumwolle wird große Bedeutung beigemessen. G. Krauße. 1880.

2-64/01-0871 Božinov, M.; Tschirpan, Bulgarien, Forsch.-Inst. für Baumwolle. Proučvane vŭrchu efekta ot vŭtresortovoto krŭstosvane pri pamuka. **(Untersuchungen über die Wirkung der Innersortenkreuzung bei Baumwolle.)** Izvestija na Naučnoizsledovatelskija institut po pamuka — Čirpan, Sofija **2** (1962) S. 45–54. — 1 Abb., 5 Tab., 7 Lit. Zus. in Russ., Engl.
Auf Grund der Versuchsergebnisse wird empfohlen, zur Bestäubung der Baumwolle etwa 10 Bienenvölker/ha einzusetzen. K. Tschanew. 1880.

2-64/01-0872 Brown, Meta S. Anomalous flowering in Gossypium australe F. Muell. **(Anomales Blühen bei Gossypium australe F. Muell.)** J. Heredity **53** (1962) Nr. 4. S. 139–141. 1880.

2-64/01-0873 Ahluwalia, M., Shankar, K., Jain, S. K. und Joshi, A. B.; New Delhi, Indian Agric. Res. Inst. Div. of Bot. A diallel cross study of combining ability for some quantitative characters in Pearl Millet. II. Tillering, height and yielding ability. **(Eine Untersuchung der Kombinationseignung quantitativer Merkmale bei Negerhirse mit Hilfe der diallelen Kreuzung. 2. Mitt. Bestockung, Pflanzenhöhe und Ertragsfähigkeit.)** Indian J. Genetics Plant Breeding **22** (1962) Nr. 1. S. 45–53. — 6 Abb., 4 Tab., 13 Lit. 1880.

2-64/01-0874 Ledingham, G. F. und Rever, B. M.; Regina Campus, Regina, Univ. of Saskatchewan. Chromosome numbers of some Southwest Asian species of Astragalus and Oxytropis (leguminosae). **(Chromosomenzahlen von einigen südwestasiatischen Arten von Astragalus und Oxytropis [Leguminosae].)** Canad. J. Genetics Cytol. **5** (1963) Nr. 1. S. 18–32. — 72 Abb., 3 Tab., 18 Lit. 1880.

2-64/01-0875 Gillier, P. Utilisation des diverses méthodes de sélection pour l'amélioration des arachides de bouche au Congo. **(Die Anwendung verschiedener Selektionsmethoden bei der Züchtung von Erdnüssen in Kongo.)** Oléagineux **18** (1963) Nr. 5. S. 295–300. — 5 Abb., 6 Tab. 1880.

2-64/01-0876 Davis, T. A.; Calcutta, Indian Statistical Inst. The dependence of yield on asymmetry in coconut palms. **(Die Abhängigkeit des Ertrages von der Asymmetrie bei Kokospalmen.)** J. Genetics **58** (1963) Nr. 2. S. 186 bis 215. 1880.

2-64/01-0877 Price, Sam; Beltsville, Md., U.S. Dep. of Agric., A.R.S., Crops Res. Div. Cytological studies in saccharum and allied genera. VIII. F_2 and BC_1 progenies from 112- and 136-chromosome S. officinarum × S. spontaneum hybrids. **(Zytologische Untersuchungen an Saccharum und verwandten Gattungen. 8. Mitt. F_2- und BC_1-Nachkommenschaften von 112- und 136chromosomigen Bastarden aus S. officinarum × S. spontaneum.)** Bot. Gaz. **124** (1963) Nr. 3. S. 186–190. — 1 Abb., 3 Tab., 22 Lit. 7. Mitt. vgl. LZ. Abt. II **7** (1962) Nr. 7 S. 1957.

Die Chromosomenzahlen von F_1-Bastarden zwischen *S. officinarum* (2n = 80) und *S. spontaneum* (2n = 64) betragen 2n = 112 oder bei Verwendung von *S. spontaneum* mit 2n = 112 Chromosomen 2n = 136. Beide Bastard-Typen bestehen aus den Chromosomensätzen 2n + n. Pollenmutterzellen der 112-chromosomigen F_1-Bastarde zeigten in der Regel 56_{II} oder $55_{II} + 2_I$. Nur vereinzelt traten Trivalente auf. In den 136chromosomigen F_1-Pflanzen schwankten die Chromosomenverbände von $66_{II} + 4_I$ bis zu $61_{II} + 14_I$. Die Chromosomenzahlen in der F_2-Generation betrugen nach Selbstbestäubung der 112chromosomigen F_1-Bastarde 2n = 109–113, nach Selbstbestäubung der 136chromosomigen Bastarde 2n = 109–139. Die variablen Chromosomenzahlen sind auf Meiosestörungen zurückzuführen. Nach Rückkreuzung von *S. officinarum* mit 112chromosomigen F_1-Bastarden traten Chromosomenzahlen von 2n = 120–141 auf. Eine Pflanze der Kreuzung *S. officinarum* × 136chromosomiger F_1-Bastard hatte 2n = 144 Chromosomen. *S. officinarum* überträgt auch bei Rückkreuzung mit F_1-Bastarden seine somatische Chromosomenzahl. Die Schwankungen der Chromosomenzahlen nach Rückkreuzung sind durch Meiosestörungen in den F_1-Bastarden zu erklären.

J. Endlich. 1880.

2-64/01-0878 *Atanasov, P. G.* Hrsg.: Akademija na selskostopanskite nauki v Bŭlgarija. **Prinos vurchu chibridizacijata selekcioniraneto i prisaždaneto na topolite.** (Ein Beitrag zur Hybridisierung, Züchtung und Propfung von Pappeln.) Sofija: Izd. na Bŭlg. akad. na naukite. 1962. (146 S.) 8°. (1963 A 3)

2-64/01-0879 *Jablokov, Aleksandr Sergeevič.* **Selekcija drevesnych porod.** (Züchtung der Holzarten.) Moskva: Sel'chozizdat. 1962. (486 S.) 8°. (1962 A 1361)

2-64/01-0880 *Lukjanenko, P. P.* **Die Züchtung von Winterweizensorten für den intensiven Ackerbau.** Aus: Zemledelie, Moskva **1962** Nr. 12. (Übers. aus d. Russ., Maschinenschr.) 4° – TO 635.

2-64/01-0881 *L'vova, Irina Nikolaevna.* Hrsg.: Minist. vysšego i srednego special'nogo obrazovanija RSFSR. **Pol u rastenij.** (Das Geschlecht bei den Pflanzen.) Moskva: Izd. Moskovskogo univ. 1963. (54 S.) 8°. (1963 A 639)

2-64/01-0882 *Muchin, N. D.* und *Rosenkova, V. E.* **Der Nutzeffekt der Auslesemethode von Sommergetreide bei der Aufzucht von Elitesamen.** (Übers. aus d. Russ., Maschinenschr.) 4°. – TO 631.

2-64/01-0883 *Pjatnickij, Sergej Sergeevič.* **Praktikum po lesnoj selekcii.** (Praktikum in der Forstpflanzenzüchtung.) Moskva: Sel'chozgiz. 1961. (270 S.) 8°. (1962 A 1325)

2-64/01-0884 *Rosentreter, N. A.* **Zum Problem des Pflanzens ungedroschener Ähren in Zuchtgärten.** Aus: Selekcija i semenovodstvo **1962** Nr. 6. 4°. (Übers. aus d. Russ., Maschinenschr. vervielfält.) – TO 630.

2-64/01-0885 *Ržanova, Evdokija Ivanovna.* **Predmet metody i zadači biologii razvitija vysšich rastenij. Lekcija iz kursa „Biologija razvitija rastenij".** (Gegenstand, Methoden und Aufgaben der Entwicklungsbiologie der höheren Pflanzen.) Moskva: Izd. Moskovskaja univ. 1962. (30 S.) 8°. (1963 A 637)

2-64/01-0886 **Genetika i citologija rastenij.** (Genetik und Cytologie der Pflanzen.) Hrsg.: Akad. nauk Beloruss. SSR, Inst. biologii. Minsk: Izd. Akad. nauk BSSR. 1962. (121 S.) 8°. (1963 A 465)

XI. PHYTOPATHOLOGIE UND PFLANZENSCHUTZ

A. Allgemeine Literatur, Berichte, Statistiken u. a.

2-64/01-0887 Krey, N. G.; Magdeburg-Südost, VEB Fahlberg-List, Wiss.-Techn. Zentrum der Chem. Ind. für Pflanzenschutz- und Schädlingsbekämpfungsmittel. **Dokumentation und Information auf dem Gebiet der Pflanzenschutz- und Schädlingsbekämpfungsmittel.** Nachrichtenbl. dtsch. Pflanzenschutzdienst [Berlin] [N. F.] **16(42)** (1963) Nr. 12. S. 255–259. – Zus. in Russ., Engl. 1901.

B. Krankheiten und ihre Ursachen

2-64/01-0888 Peresypkin, V. F. und Goculjak, V. D.; Ukrain. Forsch.-Inst. für Pflanzenschutz. K voprosu o biochimičeskoj charakteristike ustočivosti pšenicy k buroj ržavčine. **(Zur Frage der biochemischen Charakteristik der Resistenz des Weizens gegen Braunrost.)** V. sb.: Materialy Simpoziuma po primeneniju biofiz. v obl. zaščity rast., Leningrad **1961** S. 35–37. – Aus: Referativnyj žurnal. Biologija, Moskva **1962** Nr. 20. G 102. S. 16–17.

Untersuchungen über die biochem. Prozesse gegen Braunrost resistenter und anfälliger Weizenpflanzen (durchgeführt während der Jahre 1957–1960), die auf verschiedenen Parzellen angebaut wurden, zeigten eine unmittelbare Korrelation zwischen der Resistenz der Sorte und dem Gehalt an Nichteiweiß-N der Pflanze. Der Gehalt an Nichteiweiß-N steht im umgekehrten Verhältnis zur Resistenz der Sorte. Zwischen dem Gehalt an K in Weizenblättern und der Resistenz besteht ein direktes Verhältnis. Bei resistenten Sorten mit sehr hohem K-Gehalt in den Blättern tritt die Krankheit schwächer auf. Anfällige Sorten weisen im Vergleich zu den resistenten gesteigerte Atmung und Katalase-Aktivität auf. Resistente Sorten sind durch höheren Wassergehalt in den Blättern, anfällige Sorten durch höheren Gehalt an Trockenmasse gekennzeichnet. E. Fröhmcke. 1911.

2-64/01-0889 Gaskin, Timothy A. und Schafer, John F.; Lafayette, Ind. Purdue Univ., Dep. of Bot. and Plant Pathol. Some histological and genetic relationships of resistance of wheat to loose smut. **(Einige histologische und genetische Beziehungen der Resistenz gegen Weizenflugbrand.)** Phytopathology **52** (1962) Nr. 7. S. 602–607. — 6 Tab., 14 Lit.

Die 6 Weizensorten 'Knox' ('C. I. 12798'), 'Kawvale' ('C. I. 8180'), 'Hope-Hussar' ('C. I. 11682'), 'Tremezino' ('P. I. 191704'), 'Rieti' ('P. I. 191749') und 'P. I. 191533' wurden nach erfolgter Blütenbeimpfung mit *Ustilago tritici* Rasse 6 während verschiedener Entwicklungsstadien an bestimmten Organen und Geweben auf Vorhandensein von Brandmycel untersucht. Bei der anfälligen Sorte 'Knox' erstreckte sich die Infektion von 97% in der Samenhülle bis zu 72% in der reifen Ähre. Die übrigen 5 Sorten zeigten an den reifen Ähren Resistenz, aber in anderen Gewebepartien bei verschiedenen Entwicklungsstadien konnte Pilzmycel nachgewiesen werden. Bei der Sorte 'Hope-Hussar' blieb der Embryo pilzfrei, im Perikarp wurden jedoch hohe Prozente nachgewiesen. Rückkreuzungen von 'Knox' mit 'Tremezino' brachten bei den F_1-Pflanzen geringere Brandprozente, wenn die resistente Sorte die Mutter war. Auf Grund der F_1-, F_2- und F_3-Daten ist die Resistenz bei diesen Sorten bei Kreuzungen mit 'Knox' rezessiv. Für 'Hope-Hussar' sowie 'P. I. 191533' wird ein einzelnes Faktorenpaar für Resistenz, für Kawvale', 'Tremezino' und 'Rieti' werden 2 Faktorenpaare angenommen. W. Gottschling. 1911.

2-64/01-0890 Šeludjakova, R. M. Nekotorye osobennosti agrometeorologičeskich uslovij razvitija fitoftory kartofelja na Ukraine. **(Einige Besonderheiten agrometeorologischer Bedingungen für die Entwicklung der Krautfäule der Kartoffel in der Ukraine.)** Tr. Ukr. n.-i. gidrometeorol. in-ta **1962** Nr. 28. S. 77–84. — 24 Lit. Aus: Referativnyj žurnal. Biologija, Moskva **1962** Nr. 22. G 506. S. 64.

Die angeführten Ergebnisse basieren auf dem Beobachtungsmaterial der Stationen des Hydrometeorologischen Dienstes der Ukrain. SSR und der Sortenprüfstellen des Staatlichen Sortenprüfnetzes (Gossortosetj) der Jahre 1954–1958. Eine Charakteristik der meteorol. Bedingungen für die optimale Entwicklung von *Phytophthora* sowie dieser Bedingungen für das Territorium der Ukraine wird dargestellt. Ausschlaggebend erwies sich die rel. Luftfeuchtigkeit. Ihre Erhöhung beschleunigt den Infektionsprozeß. E. Fröhmcke. 1915.

2-64/01-0891 Simons, Roy K. Bitter pit in apples. **(Stippigkeit bei Äpfeln.)** Trans. Illinois State horticult. Soc. **96** (1962) Nr. 107. S. 106–111. — 12 Abb.

Diese physiol. Störung ist über die Welt verbreitet und kann zu großen Ertragseinbußen führen. Als Ursachen werden u. a. wechselnder Vorrat an Bodenwasser, Unstimmigkeiten der Ernährung und Schnitt angegeben. Die

Symptome und die Befallszonen innerhalb der Apfelbäume werden geschildert. Dem Obstbauer wird beim Auftreten der Erkrankung ein Wechsel der Plantage empfohlen. D. Stump. 1930.

2-64/01-0892 Maynard, D. N., Gersten, B., Vlach, E. F. und Vernell, H. F.; Amherst, Univ. of Massachusetts. The effects of nutrient concentration and calcium levels on the occurence of carrot cavity spot. **(Die Wirkungen der Nährstoffkonzentration und des Calciumspiegels auf das Auftreten der Hohlfleckigkeit der Möhre.)** Proc. Amer. Soc. horticult. Sci. 78 (1961) S. 339–342. – 1 Abb., 4 Tab.

Die nichtparasitäre Hohlfleckigkeit äußert sich in lochartigen Läsionen, die bald von Sekundärparasiten besiedelt werden. Bei anderen Krankheitserscheinungen nichtparasitärer Natur (Schwarzherzigkeit des Selleries, Blütenendfäule an Tomaten und Stippigkeit der Äpfel) konnten in letzter Zeit Zusammenhänge mit der Ca-Versorgung festgestellt werden. Deshalb wurden bei Möhren Versuche mit verschieden hohen Ca-(20, 200 und 400 ppm) und Nährstoffmengen (0,5-, 1- und 2-fache Menge einer Standardlösung) durchgeführt. Mit steigenden Ca- und Nährstoffgaben sanken das Gesamtpflanzen- und Wurzelfrischgewicht. Der Ca-Gehalt der Blattstiele und der Wurzeln erhöhte sich mit steigenden Ca-Gaben, während Mg- und K-Gehalt sich verringerten. Lediglich der K-Gehalt der Wurzeln wurde nicht beeinflußt. Das Ausmaß der Hohlfleckigkeit war bei den niedrigsten Ca- und höchsten Nährstoffgaben am stärksten. Die Ursache der Hohlherzigkeit scheint demnach Ca-Mangel zu sein, der entweder durch geringeren Ca-Gehalt des Bodens oder durch hohe Nährstoffkonz. entstanden sein kann. Ch. Janke. 1930.

2-64/01-0893 Lipton, Werner J.; Fresno, Calif., U. S. Dep. of Agric. Anatomical observations on russet spotting and pink rib of lettuce. **(Anatomische Beobachtungen über die Braunfleckigkeit und die rötliche Verfärbung der Adern an Salat.)** Proc. Amer. Soc. horticult. Sci. 78 (1961) S. 367–374. – 7 Abb., 8 Lit.

An geerntetem Kopfsalat treten während Transport und Lagerung oft unerwünschte Veränderungen auf, die beträchtliche Verluste verursachen. Die Veränderungen äußern sich in zahlreichen braunen Flecken und Adern entlang der Mittelrippe oder in einer rötlichen Verfärbung der Hauptadern, die auch schon kurz vor der Ernte zu beobachten ist. Beide Erscheinungen sind nichtparasitärer Natur und scheinen auf physiol. Störungen zu beruhen. Die Braunfleckigkeit läßt sich künstlich durch Behandlung mit Äthylen erzeugen. Die anatomischen Untersuchungen ergaben, daß von der Braunfleckigkeit Epidermis und Mesophyll angegriffen werden. Sowohl die Hauptadern als auch die Interkostalfelder zeigen Befall. Der Zusammenbruch der Zellen in der Nähe der Oberfläche verursacht charakteristische Einsenkungen. Bei der rötlichen Verfärbung ließen sich 3 verschiedene Typen ermitteln: einmal wurde hauptsächlich das Parenchym der Mittelrippen betroffen, zum anderen die Milchsaftröhren und 3. das Xylem. Ch. Janke. 1930.

2-64/01-0894 Paxman, G. J.; Bayfordbury, Hertford, Herts., England, John Innes Inst. Variation in Phytophthora infestans. **(Variation bei Phytophthora infestans.)** Europ. Potato J. [Wageningen] **6** (1963) Nr. 1. S. 14–23. – 5 Tab., 28 Lit. Zus. in Franz., Dtsch.

Die Versuche wurden mit 5 Stämmen von *Phytophthora infestans* auf Kartoffelknollengewebe durchgeführt. Es zeigten sich signifikante Unterschiede in der Wachstumsgeschwindigkeit der Pilzstämme, die auch von den geprüften Kartoffelsorten unterschiedlich beeinflußt wurde. Von 3 Stämmen wurden Subisolate angelegt und mit den Ausgangskulturen fast 2 Jahre auf Knollen kultiviert. Die Variationen zwischen den Ursprungskulturen blieben bestehen, dagegen ergaben sich in einigen Fällen signifikante Unterschiede in der Wachs-

tumsgeschwindigkeit zwischen Stamm und Subisolat. Eine Anpassung des Pilzes an eine bestimmte Wirtssorte konnte nicht beobachtet werden.
G. Zahn. 1950.

2-64/01-0895 Weltzien, H. C. und Yarwood, C. E.; Stuttgart, Inst. für Pflanzenschutz; Berkeley, Univ. of Calif., Dep. of Plant Pathol. The conidial stage of Uncinula necator. **(Das Konidienstadium von Uncinula necator.)** Mycologia [New York] 54 (1963) Nr. 3. S. 342–351. – 31 Abb., 2 Tab., 28 Lit.
Anhand von Konidienmaterial des Pilzes *Uncinula necator* (Echter Mehltau der Weinrebe) aus Deutschland und den USA (Kalifornien) untersuchten Vff. die Unterschiede im Konidienstadium. Die Variationen im Konidienstadium des Pilzes gehen bereits aus einer Reihe von Abb. aus den Arbeiten älterer Autoren (1847–1931) hervor, die für die vorliegende Arbeit zum Vergleich mit ausgewertet wurden. Es konnte festgestellt werden: Die Konidiophoren des untersuchten Materials gehören zum *Erysiphe-polygoni*-Typ. Die aus Deutschland waren im Vergleich zu denen aus Kalifornien kürzer (dtsch.: 48–116 μ, $\varnothing = 84\ \mu$, kalif.: 68–73 μ, $\varnothing = 175\ \mu$) und wiesen eine Kette reifer Konidien auf. Der größte Unterschied bestand in der Länge des Stiels (dtsch.: 20–70 μ, $\varnothing = 43\ \mu$; kalif.: 40–234 μ, $\varnothing = 131\ \mu$), der gelegentlich 2- und selten 3zellig sein kann. Außerdem waren bei den Proben aus Deutschland die Stielzellen an der Basis immer gebogen, während das bei denen aus Kalifornien nur in einigen Fällen zu beobachten war. G. Zahn. 1950.

2-64/01-0896 Richardson, Lloyd T. und Thorn, G. D.; London, Ontario, Canada, Agric. Pesticide Res. Inst. Stimulation of spore germination and growth of Glomerella cingulata by copper and other heavy metal ions. **(Stimulierung der Sporenkeimung und des Wachstums von Glomerella cingulata durch Kupfer und andere Schwermetallionen.)** Phytopathology **52** (1962) Nr. 9. S. 865–869. – 3 Abb., 3 Tab., 14 Lit.
In einer früheren Arbeit war festgestellt worden, daß in wäßrigen $CuSO_4$-Lösungen häufig eine stärkere Keimung und ein stärkeres Wachstum von *Glomerella cingulata* Spauld et Schrenk. als in auqa dest. auftreten. Weitere Untersuchungen dieser Erscheinung führten zu folgenden Ergebnissen: In aqua dest. nahm mit der Konz. der Konidien deren Keimungsrate ab. Bei Konz. über 10^6 ml keimte nur ein unbedeutender Teil. In bestimmten $CuSO_4$-Lösungen keimten bei dieser Konidienkonz. 50%, in größeren Wasservolumina durch schlechte O_2-Versorgung allerdings nur 5%. Für das Mycelwachstum ergaben sich entspr. Ergebnisse. Die stimulierende Wirkung erfolgte in Cu-Konz. von 2,2–35 μ mol/je g Sporen. Über und unter dieser Konz. trat totale Hemmung auf. Die Wirkung war auch abhängig von der Konidienkonz. $CuSO_4$ bewirkte bei den Konidien von *G. cingulata* die Ausscheidung größerer Aminosäuremengen. Da die Nährstoffreserven einzelner Konidien für das auf eine Cu-Behandlung folgende Mycelwachstum nicht ausreichen, wird angenommen, daß die Ausscheidungen nichtgekeimter Konidien eine wichtige Nährstoffquelle darstellen. Verschiedene Aminosäuren, die in den Konidienausscheidungen nachgewiesen wurden, fördern das Wachstum von *G. cingulata*. Auch andere Cu-Salze hatten eine stimulierende Wirkung. Wegen der bes. Wirkung von $CuSO_4$ wird eine Beteiligung des Anions an der Stimulierung angenommen. Hg-, Ag-, Co- und Ni-Ionen wiesen ebenfalls eine stimulierende Wirkung auf. Fe-, Mg- und Zn-Ionen ergaben keine Wirkung.
G. Otto. 1950.

2-64/01-0897 Skalický, Vladimír und Starý, František; Praha, Karls-Univ., Forsch.-Inst. für Natürl. Arzneimittel. **Beitrag zur Taxonomie und Nomenklatur der Gattung Claviceps Tul.** Preslia [Praha] **34** (1962) Nr. 3. S. 229–244. – 39 Lit.
Vff. überprüften die Richtigkeit der Bezeichnung *Claviceps* Tul. (1853), ordneten bestimmte Arten (überwiegend parasitierende Arten der Unterfamilie

Panicoideae) in die Gattungen *Balansia* und *Balansiella* ein und revidierten andere Arten (Identifizierung und Vereinigung von Arten). Bei *Claviceps purpurea* gibt es physiol., phänol. sowie geograph. Rassen und klimatische Typen. Bei kultiviertem Mutterkorn sind wertvolle chem. abweichende Stämme anzutreffen, die oft auch nach der morphol. Seite hin typisch sind. Der Arbeit sind 2 Bestimmungschlüssel für Gattungen der Ordnung *Clavicipitales* und für Arten von *Claviceps* Tul. beigefügt. Z. Šesták. 1950.

2-64/01-0898 Taber, W. A. und Vining, L. C.; Saskatoon, Saskatchewan, Nat. Res. Council of Canada, Prairie Regional Lab. Physiology of alkaloid produktion by Claviceps purpurea (Fr.) Tul. Correlation with changes in mycelial polyol, carbohydrate, lipid, and phosphorus-containing compounds. **(Physiologie der Alkaloidbildung durch Claviceps purpurea [Fr.] Tul. Beziehung zwischen Veränderungen von Polyol, Kohlenhydrat und Fett im Pilzgeflecht und phosphorenthaltenden Verbindungen.)** Canad. J. Microbiol. **9** (1963) Nr. 1. S. 1–14. 1950.

2-64/01-0899 Černý, Alois. Rezavec Andersonův - Inonotus andersonii (Ellis et Everhart) Černy comb. nov. — vový choroš pro ČSSR. **(Inonotus andersonii [Ellis et Everhart] Černý comb. nov. — eine neue Polyporus-Art in der ČSSR.)** Česka Mycol. **17** (1963) Nr. 1. S. 1–8. — 9 Abb., 14 Lit. 1950.

2-64/01-0900 Kotlaba, František und Pouzar, Zdeněk; Průhonice u Prahy, Bot. Ústav ČSAV. Nový rod chorošovitých hub, dubovnice — Pachykytospora gen. nov. **(Eine neue Polyporus-Gattung — Pachycytospora nov. gen.)** Česká Mycol. **17** (1963) Nr. 1. S. 27–34. — 1 Abb., 17 Lit. Zus. in Engl. 1950.

2-64/01-0901 Seinhorst, J. W.; Wageningen, Inst. voor Plantenziektenkunding Onderzoek. Enkele aspecten van het onderzoek over plantenparasitaire aaltjes. **(Einzelne Ansichten von der Forschung über pflanzenparasitäre Nematoden.)** Meded. Directeur Tuinbouw ['s-Gravenhage] **26** (1963) Nr. 6. S. 349–358. 1960.

2-64/01-0902 Weischer, B.; Münster, Biol. Bundesanst. **Pflanzenschädigende Nematoden als natürlicher Bestandteil der Bodenfauna.** Wein-Wiss. **18** (1963) Nr. 257–260. Beil. zu: Dtsch. Weinbau. 1960.

2-64/01-0903 Vilarbedo, A. Les nématodes parasites des agrumes au Maroc. **(Parasitische Nematoden der Citrus-Kulturen in Marokko.)** Fruits d'outre Mer **18** (1963) Nr. 5. S. 267. 1960.

2-64/01-0904 Katznelson, H. und Henderson, V. E.; Ottawa, Canada Dep. of Agric., Microbiol. Res. Inst.; Entomol. Res. Inst. Studies on the relationships between nematodes and other soil microorganisms. I. The influence of actinomycetes and fungi on Rhabditis (Cephaloboides) oxycerca de Man. **(Untersuchungen über die Beziehungen zwischen Nematoden und anderen Bodenmikroorganismen. 1. Mitt. Der Einfluß von Actinomyceten und Pilzen auf Rhabditis [Cephaloboides] oxycerca de Man.)** Canad. J. Microbiol. **8** (1962) Nr. 6. S. 875–882. — 4 Abb., 4 Tab., 20 Lit.
Actinomycetenherkünfte, die im üblichen Sinne (Nahrung, räuberisch, parasitisch) Nematoden nicht beeinflussen, aus der Wurzelzone von Weizen und aus wurzelfreiem Boden wurden auf 2 Hefeagar-Nährböden kultiviert. Die Kulturen wurden später mit Merthiolat behandelt, so daß das Bakterienwachstum für etwa 5 Tage unterbunden wurde, und danach mit Nematoden versehen. Parallel erfolgten Untersuchungen mit Kulturfiltraten von Actinomyceten, die Wasseragar (1,5%) zugegeben wurden. Trotz Behandlung der Kulturen und der Nematoden mit Antibiotica konnte die Entwicklung von Bakterien nicht vermieden werden. — Wenige Std. nach Zugabe der Nematoden hatten sich diese in Nähe der Actinomyceten bzw. deren Filtraten versammelt. Wurden

von Actinomyceten auf Bakterien antibiotisch wirkende Stoffe ausgeschieden, so bildeten letztere im Abstand um die Actinomyceten eine ringförmige Kultur, zu der dann die Nematoden wanderten (Nahrung). – 20 von 56 Pilzkulturen (38 Gattungen) wirkten anlockend auf Nematoden, 2 (*Mortierella* sp. und *Thielaviopsis* sp.) hatten eine deutliche Repellentwirkung. Die Arten einer Gattung verhielten sich unterschiedlich. Auf die offenbar vielfältigen Wechselbeziehungen zwischen den Bodenorganismen sowie zwischen diesen und dem Pflanzenbewuchs wird hingewiesen. H. Stelter. 1960.

2-64/01-0905 Hawn, E. J.; Lethbridge, Alberta, Canada Agric. Res. Stat. Transmission of bacterial wilt of alfalfa by Ditylenchus dipsaci (Kühn). **(Übertragung der Bakterienwelke der Luzerne durch Ditylenchus dipsaci [Kühn].)** Nematologica [Leiden] **9** (1963) Nr. 1. S. 65–68. – 1 Tab., 8 Lit. Zus in Dtsch.
Im Süden von Alberta (Kanada) wird häufig ein gemeinsames Vorkommen von *Ditylenchus dipsaci* und *Corynebacterium insidiosum* (McCull), dem Erreger der Bakterienwelke, an Luzerne beobachtet. In Versuchen wurde der Einfluß der Nematoden und der Bakterien bei getrennter und kombinierter Beimpfung sowohl bei unverletzten als auch künstlich verletzten Luzernepflanzen geprüft. Dabei zeigte sich, daß bei den unverletzten Pflanzen der Anteil der welkekranken Pflanzen von 0% in der Kontrolle auf 3,8% bei Bakterienzugabe und auf 27,0% bei der Kombination von Nematoden und Bakterien anstieg. Bei künstlich verletzten Pflanzen ergab sich ein Ansteigen der Infektionsrate bis auf 88,8 bzw. 82,1%. *D. dipsaci* ist in der Lage, den Welkekrankheitserreger in die Kronenknospen zu tragen. Die Übertragung erfolgt vermutlich durch äußerlich anhaftende Bakterien. H. Decker. 1960.

2-64/01-0906 Loof, P. A. A.; Wageningen, Nederland, Landbouwhogeschool. A new species of Telotylenchus (Nematoda: Tylenchida). **(Eine neue Telotylenchus-Art [Nematoda: Tylenchida].)** Nematologica [Leiden] **9** (1963) Nr. 1. S. 76–80. – 1 Abb., 6 Lit. Zus. in Dtsch.
Es wird eine neue Nematodenart, *Telotylenchus ventralis* n. sp., beschrieben. Diese in Gedreidefeldern im Süden der Niederlande gefundene *Telotylenchus*-Art ist vor allem durch das Vorhandensein einer vor der Vulva gelegenen Cuticulaverbreiterung mit nachfolgender leichter Einschnürung des Körpers auf der Ventralseite charakterisiert. Von *T. indicus* Siddiqi, 1960, der einzigen bisher beschriebenen *Telotylenchus*-Art, unterscheidet sich *T. ventralis* außerdem, dadurch, daß sie etwas größer ist, längere Spiculae und ein Gubernaculum besitzt. Die Gattung *Telotylenchus* ist nahe verwandt mit *Tylenchorhynchus*. Deshalb wird die von Siddiqi (1960) vorgenommene Vereinigung der Gattungen *Telotylenchus* und *Pseudhalenchus* Tarjan, 1958 in einer neuen Unterfamilie *Telotylenchinae* abgelehnt. H. Decker. 1960.

2-64/01-0907 Vilardebo, A.; Note sur Tylenchulus semipenetrans et Radopholus similis nematodes parasites des agrumes. **(Bemerkung über Tylenchulus semipenetrans und Radopholus similis, parasitische Nematoden der Citrus-Kulturen.)**. Fruits d'outre Mer **18** (1963) Nr. 5. S. 265–266. 1960.

2-64/01-0908 Harrison, B. D. und Hooper, D. J.; Harpenden, Herts., England, Rothhamsted Exp. Stat. Longevity of Longidorus elongatus de Man) and other nematodes in soil kept in polythene bags. **(Lebensdauer von Longidorus elongatus [de Man] und anderen Nematoden im Boden, der in Kunststoffbeuteln aufbewahrt wurde.)** Nematologica [Leiden] **9** (1963) Nr. 1. S. 158–160. – 1 Tab., 7 Lit.
Boden, der 29 Mon. bei Zimmertemperatur (ca. 18 °C) in Polythenbeuteln aufbewahrt wurde, enthielt noch mehr oder weniger zahlreiche Exemplare von *Pratylenchus crenatus*, *Tylenchorhynchus dubius*, *Aphelenchus avenae*, *Tylenchus* sp., *Acrobeloides* sp., *Rhabditis*-Larven und *Longidorus elongatus*. In den

feuchteren Bodenproben (1–1,5 l Boden) fanden sich meist Larven von *L. elongatus*, während in den trockenen Böden durchweg Adulte gefunden wurden. Die vor der Einlagerung des Bodens nachgewiesene Übertragungsfähigkeit des Virus der Schwarzringfleckigkeit der Tomate durch *L. elongatus* war in den 29 Mon. verloren gegangen. H. Decker. 1960.

2-64/01-0909 Sturhan, D.; Erlangen, Univ., Zool. Inst. **Beitrag zur Systematik der Gattung Longidorus.** Nematologica [Leiden] **9** (1963) Nr. 1. S. 131 bis 142. – 4 Tab., 31 Lit. Zus. in Engl.
Populationen von *Longidorus elongatus* aus Süddeutschland besitzen gegenüber den aus Großbritannien beschriebenen Vertretern dieser Art eine kürzere Körperlänge und einen kürzeren Mundstachel. Manche älteren Beschreibungen von *L. elongatus* beziehen sich auf andere Arten. Die von Altherr (1953) beschriebene Art *L. monohystera* wird als Synonym zu *L. elongatus* erklärt. Drei weitere in Bayern gefundene Arten, *L. leptocephalus* Hooper, 1961, *L. caespiticola* Hooper, 1961 und *L. goodeyi* Hooper, 1961, stimmten gut mit der Originalbeschreibung überein, während eine belgische Population von *L. caespiticola* kürzere Mundstachel und kürzere Schwänze aufweist. Eine aus Italien stammende von Meyl (1954) als *L. maximus* angesehene Art wird als *L. meyli* neu beschrieben. Andere besprochene *Longidorus*-Arten wie *L. sylphus* Thorne 1939,, *L. striola*, Merzheevskaja, 1951 und *L. georgiensis* sind ungenügend bekannt bzw. es liegen nur unvollständige Beschreibungen vor.
H. Decker. 1960.

2-64/01-0910 Cotten, John; Aberystwyth, Wales, Welsh Plant Breeding Stat. Resistance in barley and oats to the cereal root eelworm Heterodera avenae Wollenweber. **(Resistenz gegen den Hafernematoden, Heterodera avenae Wollenweber, bei Gerste und Hafer.)** Nematologica [Leiden] **9** (1963) Nr. 1. S. 81–84. – 2 Tab., 7 Lit. Zus. in Dtsch.
Mit 7 Nematodenherkünften aus verschiedenen Teilen des Landes wurden die Resistenzeigenschaften von 4 Hafer- und 5 Gerstensorten überprüft. Die Hafersorte 'Milford' wurde von allen Nematodenherkünften stark befallen, an den Arten *A. abyssinica* (tetraploid) und *A. sterilis* (hexaploid), einer für die Züchtung vorteilhaften Art, entwickelten sich gelegentlich Zysten, während an *A. strigosa* (diploid) nur von 2 Herkünften je ein und 2 Zysten gebildet wurden. Die Gerstensorte 'Rika' wurde von allen Herkünften stark befallen, die Zuchtklone Nr. 14 und Nr. 91 (Andersen, 1961) dagegen waren allen Herkünften gegenüber hoch resistent. Eine deutliche biol. Spezialisierung des Hafernematoden ließ sich durch die Sorten 'Drost' und 'Fero' nachweisen, von 6 Herkünften wurden sie stark befallen, gegenüber einer Herkunft waren sie resistent. H. Stelter. 1960.

2-64/01-0911 Jones, F. G. W. und Pawelska, Krystyna; Harpenden, Herts., England, Rothamsted Exp. Stat. The behaviour of populations of potato-root eelworm (Heterodera rostochiensis Woll.) towards some resistant tuberous and other Solanum species. **(Das Verhalten von Populationen des Kartoffelnematoden [Heterodera rostochiensis Woll.] gegenüber einigen resistenten knollenbildenden und anderen Solanum-Arten.)** Ann. appl. Biol. **51** (1963) Nr. 2. S. 277–294. – 2 Abb., 6 Tab., 19 Lit.
Die resistenten Arten *Solanum tuberosum* ssp. *andigenum*, *S. multidissectum*, *S. sanctae rosae*, *S. famatinae*, *S. juzepczukii* sowie *S. nigrum*, *S. sarachoides* und *Nicotiana* sp. wurden mit 47 britischen Zystenpopulationen hinsichtlich ihrer Wirtseigenschaften im Vergleich mit der anfälligen Sorte 'Arran Banner' überprüft. – Die Zystenbildung an den *andigenum*-Bastarden war von den einzelnen Populationen unterschiedlich und betrug von $>1\%$ bis 133% der an 'Arran Banner' gebildeten. Von wenigstens 50% der Populationen betrug die Zystenbildung an *andigenum*-Bastarden mehr als 10% der Kontrollsorte. Die Zystenbildung an *S. famatinae*, *S. miniatum*, *S. sarachoides* und einer *nigrum*-

Herkunft glich derjenigen an *S. andigenum*. *S. vernei* war gegenüber allen Populationen hoch resistent. Von Populationen, die 3–4 Jahre an *S. andigenum* vermehrt waren, wurde S. *juzepczukii* geringer befallen als *S. andigenum*, von nichtselektierten Populationen (überwiegend Typ A) dagegen wesentlich höher. An *S. vernei* bildeten beide Varianten wenig Zysten. An *S. multidissectum* war die Zystenbildung von selektierten und nichtselektierten Populationen gleich hoch, vergleichsweise mit *S. andigenum* von selektierten jedoch niedriger und von nichtselektierten deutlich höher. – Die Vererbung der resistenzbrechenden Biotypen wird in Mischpopulationen näher untersucht. Es war festzustellen, daß die Annahme eines dominanten Erbganges den Versuchsergebnissen besser entspricht als der bisher angenommene rezessive Erbgang. Es wird vermutet, daß *H. tabacum* sich bei näherer Untersuchung als ein gut unterscheidbarer Biotyp des Kartoffelnematoden herausstellt. H. Stelter. 1960.

2-64/01-0912 Moriarty, F.; Cambrigde, Univ., School of Agric. The decline of a beet eelworm (Heterodera schachtii Schm.) population in microplots in the absence of host plants. **(Die Abnahme einer Population des Rübennematoden [Heterodera schachtii Schm.] in Kleinstparzellen beim Fehlen von Wirtspflanzen.)** Nematologica [Leiden] **9** (1963) Nr. 1. S. 24–30. – 4 Abb., 3 Tab., 12 Lit. Zus. in Dtsch.

Von 20 Kleinstparzellen wurde in den Jahren 1955 bis 1958 die natürliche Verminderung der Bodenverseuchung ermittelt. Zur Verjüngung und Steigerung des Verseuchungsgrades erfolgte 1955 der Anbau einer Wirtspflanze, von 1956 bis 1958 blieben 10 Parzellen brach, auf den restlichen 10 wurde die Fruchtfolge Mais–Brache–Möhren eingehalten. Der Zystenbesatz verminderte sich im ersten Jahr (1956) unwesentlich und in den beiden folgenden Jahren um je etwa 30%. Die Verminderung des Eibesatzes betrug 1956 = 61, 1957 = 36 und 1958 = 58%. Der Reduzierungsgrad (Zysten und Eier) war unabhängig von der Höhe der Anfangsverseuchung. H. Stelter. 1960.

2-64/01-0913 Grisse, A. De und Gillard, A.; Gent, Rijkslandbouwhogeschool. Morphology and biology of hop cyst eelworm (Heterodera humuli Filipjev 1934). **(Morphologie und Biologie des Hopfenzystennematoden [Heterodera humuli Filipjev 1934].)** Nematologica [Leiden] **9** (1963) Nr. 1. S. 41–48. – 6 Abb., 5 Tab., 31 Lit. Zus. in Franz.

H. humuli wurde in allen untersuchten Hopfengärten Belgiens festgestellt. Der Verseuchungsgrad schwankte zwischen 5 und 390 Zysten/100 g Boden. Junge Zysten beinhalteten 194 bis 263 Larven. In Feldversuchen wurden Zysten nur an Hopfen und *Urtica dioica*, nicht aber an *U. urens* gefunden; an Hanf in Gewächshausversuchen erfolgte ebenfalls keine Zystenbildung. (Sher und Raski [1956] haben *H. fici* Kirjanova nicht mit *H. humuli* Filipjev, wie hier angegeben, identifiziert.) Auf den Inhalt junger Zysten wirkten Wurzeldiffusate von Hopfen stark schlüpffördernd, während der Schlupf in Diffusaten von Nessel und *Ficus* sp. weit unter der Wasserkontrolle lag. Die Maße von Eiern, Larven und Zysten der belgischen Herkünfte sind mit denen anderer Autoren verglichen. Zysten von *U. dioica* sind etwas kleiner als die von Hopfen. Wechselbeziehungen zwischen der Zystengröße und den Maßen der Vulvaregion wurden nicht festgestellt. H. Stelter. 1960.

2-64-/01-0914 Shepherd, Audrey M.; Harpenden, Herts., England, Rothamsted Exp. Stat. The emergence of larvae of Heterodera goettingiana Liebs. in vitro and a comparison between field populations of H. goettingiana and H. rostochiensis Woll. **(Das Schlüpfen der Larven von Heterodera goettingiana Liebs. in vitro und ein Vergleich zwischen Feldpopulationen von H. goettinggiana und H. rostochiensis Woll.)** Nematologica [Leiden] **9** (1963) Nr. 1. S. 143–151. – 5 Abb., 1 Tab., 10 Lit. Zus. in Dtsch.

Mit Wurzeldiffusaten von 15 verschiedenen Pflanzenarten, Kulturextrakten von 5 Pilzen aus der Wurzelzone und ca. 180 chem. Verbindungen konnte der Larvenschlupf beim Erbsennematoden nicht ausgelöst werden. Ebenso unwirksam erwiesen sich Feuchtigkeitsunterschiede während der Lagerung der Zysten, Licht- und elektrische Einwirkungen. Lediglich ein Aufweichen der Zysten mit 5% Calciumhypochlorid für etwa 30 Min. hatte einen Larvenschlupf von 30% zur Folge, wenn die Zysten danach in Erbsen-Wurzeldiffusate kamen. Es wird jedoch bezweifelt, ob der Larvenschlupf nach dieser Behandlung normal ist. – In Kleinstparzellen, die mit *H. goettingiana* verseucht waren, wurde der natürliche Larvenschlupf bei Anbau von Erbsen, Neutralpflanzen (Weizen) und Brache mit dem von *H. rostochiensis* (Wirt: Kartoffeln) verglichen. Die Anzahl der im Boden und in den Wurzeln befindlichen Larven wurde wöchentlich, die enzystierten Larven monatlich festgestellt. Die Tendenz der Populationsveränderungen war bei beiden Arten gleich. Bei Anbau von Wirten folgten einem allmählichen Anstieg freier Larven ein Maximum etwa Ende Mai und danach eine Verminderung. Bei den Neutralpflanzen- und Bracheparzellen war die Anzahl freier Larven im Boden gering. Anteilmäßig drangen mehr Larven des Erbsennematoden als vom Kartoffelnematoden in die Wirtswurzeln ein. Mit diesen Versuchen ist bewiesen, daß Wurzeldiffusate von Erbsen den Larvenschlupf auslösen können.

H. Stelter. 1960.

2-64/01-0915 Moriarty, F.; Cambridge, Univ., School of Agric. A population experiment with Heterodera goettingiana Lieb. and a relatively inefficient host, broad bean. **(Ein Populationsversuch mit Heterodera göttingiana Lieb. und der Ackerbohne, einem wenig geeigneten Wirt.)** Nematologica [Leiden] **9** (1963) Nr. 1. S. 152–156. – 4 Abb., 12 Lit. Zus. in Dtsch.

In 24 Versuchskästen mit einem jeweiligen Verseuchungsgrad von 13 bis etwa 400 Larven/g Boden wurden Ackerbohnen (*Vicia faba* L.) kultiviert. Es bestand eine negative lineare Regression der Erträge zum Logarithmus der anfänglichen Verseuchungshöhe. In allen Parzellen entwickelte sich eine geringe neue Zystengeneration. Das Maximum der Neubildung erfolgte wahrscheinlich bei mittlerer Anfangsverseuchung, während bei Anfangsverseuchungen von 400 Larven/g Boden sich nur wenige Eier bildeten.

H. Stelter. 1960.

2-64/01-0916 Khera, S. und Zuckerman, B. M.; East Wareham, Univ. of Massachusetts, Cranberry Exp. Stat. In vitro studies of host-parasite relationships of some plant-parasitic nematodes. **(Untersuchungen in vitro der Wirt-Parasit-Beziehungen einiger pflanzenparasitärer Nematoden.)** Nematologica [Leiden] **9** (1963) Nr. 1. S. 1–6. – 1 Abb., 2 Tab., 16 Lit. Zus. in Franz.

Das Verhalten bei der Nahrungsaufnahme einiger ektoparasitischer Nematoden verschiedener Gattungen wurde vergleichend in vitro untersucht. Gleichzeitig wurde die Resistenz von 13 Pflanzenarten gegen Befall durch verschiedene Nematodenarten geprüft. *Hemicycliophora similis* Thorne befällt bevorzugt Deutsches Weidelgras (*Lolium perenne*) und Kohlrabi, geht jedoch nicht an Salat und *Tagetes*-Arten. *Tylenchorhynchus claytoni* Steiner bevorzugt verschiedene *Brassica*-Arten sowie Möhren und Salat; Rüben und *Tagetes*-Arten stellen keine Wirtspflanzen dar. *Trichodorus christiei* Allen befällt bevorzugt Radies, Dill und Tomaten, während Möhren, Luzerne und Welsches Weidelgras nicht befallen werden. *Helicotylencush erythrinae* (Zimmermann) Golden wurde nichtsaugend an den geprüften Pflanzen beobachtet. Dagegen konnte nachgewiesen werden, daß *Tylenchus bryophilus* und *T. agricola* an den Wurzeln verschiedener Pflanzen saugen und demnach Parasiten darstellen.

H. Decker. 1960.

2-64/01-0917 Lima, M. B. und Siddiqi, M. Rafiq; Harpenden, Herts., England, Rothamsted Exp. Stat. Boleodorus volutus n. sp. (Nematoda: Nothotylenchinae) found in soil about grass roots in England. **(Boleodorus volutus n. sp. [Nematoda: Nothotylenchinae], in der Rhizosphäre von Gräsern in England gefunden.)** Nematologica [Leiden] **9** (1963) Nr. 1. S. 19–23. – 1 Abb., 1 Tab., 5 Lit. Zus. in Dtsch.

Boleodorus volutus n. sp. wurde in der Rhizosphäre von Gräsern bei Rothamsted gefunden. Diese neue Art unterscheidet sich von den anderen *Boleodorus*-Arten, *B. thylactus* Thorne, 1941 und *B. clavicaudatus* Thorne, 1941 durch die Spiralform des Körpers im abgetöteten Zustand, breite, schiefe Amphidenöffnungen, kürzeren Mundstachel, mehr nach hinten gelegene Vulva und die abgerundete Schwanzspitze. Es wird vermutet, daß *B. clavicaudatus* nicht zur Gattung *Boleodorus* gehört. H. Decker. 1960.

2-64/01-0918 Seinhorst, J. W.; Wageningen, Nederland, Inst. voor Plantenziektenkundig Onderzoek. A redescription of the male of Trichodorus primitivus (de Man), and the description of a new species T. similis. **(Eine Neubeschreibung des Männchens von Trichodorus primitivus [de Man] und Beschreibung einer neuen Art, T. similis.)** Nematologica [Leiden] **9** (1963) Nr. 1. S. 125–130. – 3 Abb., 5 Lit. Zus. in Deutsch.

Das von Allen (1957) als *Trichodorus primitivus* (de Man) neubeschriebene Männchen wird als nicht zu dieser Art, sondern wahrscheinlich als zur Art *T. similis* n. sp. gehörig betrachtet. Die Männchen von *T. primitivus* besitzen dünnere Spiculae als die der anderen *Trichodorus*-Arten. Die hier neubeschriebene Art *T. similis* unterscheidet sich von *T. primitivus* durch den kürzeren Mundstachel (40 μ: 50 μ), die kräftigeren Spiculae und die Lage des Gubernaculum, das bei *T. primitivus* zwischen den Spiculae liegt, während es bei *T. similis* dorsal von diesen zu finden ist. Die von Allen (1957) als Synonym zu *T. primitivus* angesehene Art *T. obtusus* Cobb, 1913 besitzt einen längeren Mundstachel (65 μ) und kann deshalb nicht identisch sein. H. Decker. 1960.

2-64/01-0919 Dittrich, Volker; Ithaca, New York, Cornell Univ., Dep. of Entomol. A recessive factor for organophosphate-resistance in populations of the two-spotted spider mite, Tetranychus telarius. **(Ein rezessiver Faktor für Resistenz gegen organische Phosphorsäureverbindungen in Populationen der Spinnmilbe Tetranychus telarius.)** J. econ. Entomol. **56** (1963) Nr. 2. S. 182–184. – 1 Abb., 10 Lit.

Vf. untersuchte an einer Population von *Tetranychus telarius* (L.) die Signifikanz eines rezessiven Resistenzfaktors (r-Faktor) gegen phosphororg. Verbindungen. Durch Inzucht wurden alle anderen Resistenz bedingenden Faktoren aus der Population eliminiert. In homozygotem Zustand mindert der r-Faktor die Vitalität seines Trägers. Ist das Gen in heterozygotem Zustand vorhanden, dann liegt die Vitalität ein wenig über der normaler homozygoter Tiere oder sie ist dieser zumindest gleich. E. Königsmann. 1960.

2-64/01-0920 Conkovski, K. Izsledvanija vŭrchu biologijata na akara Phyllocoptes (Vasates) fockeui Nal. et Trt. i ustanovjavane na sredstva za borba. **(Untersuchungen über die Biologie der Milbe Phyllocoptes [Vasates] fockeui Nal. et Trt. und Ermittlung von Bekämpfungsmitteln.)** Izvestija na Naučnoizsledovatelskija institut po ovoštarstvo – Kostinbrod, Sofija **3** (1962) S. 217–247. – 4 Abb., 15 Tab., 13 Lit. Zus. in Russ., Dtsch.

Die Pflaumengallmilbe *Phyllocoptes fockeui* ist ein gefährlicher Schädling der Pflaumenbäume, vor allem in Baumschulen und jungen Pflaumenbeständen. Sie befällt auch Aprikose, Pfirsich Süßkirsche, Sauerkirsche, Türkische Kirsche, Zwetsche, Schlehe und *Prunus mahaleb*. In Bulgarien treten jährlich 14 Generationen auf. Die Milbe vermehrt sich parthenogenetisch. Von den chem.

Bekämpfungsmitteln bewährten sich am besten Schwefelmittel wie Thivovit, 0,5%, Kolloidschwefel und Schwefelkalkbrühe 25° Bé, 2%. E-Mittel lieferten gute Ergebnisse gegen die beweglichen Stadien, wirkten aber weniger ovicid. Von den Winterspritzmitteln haben sich Selinon, Gebutox-flüssig und Obstbaumkarbolineum gut bewährt. A. Balewski. 1960.

2-64/01-0921 Hinckley, Alden. D.; Nausori, Fiji, Koronivia Res. Stat. Lepidopterous leafminers on sweet potato in Fiji. **(Schmetterlinge als Blattminierer an Süßkartoffel auf den Fidschi-Inseln.)** Bull. entomol. Res. **53** (1963) Nr. 4. S. 665–670. – 4 Tab., 4 Lit. 1960.

2-64/01-0922 Fankhänel, H.; Berlin-Friedrichshagen, Dtsch. Entomol. Inst. der Dtsch. Akad. der Landwirtsch.-Wiss. zu Berlin. **Zu Fragen der Massenvermehrung und des Gesundheitszustandes der Gammaeule, Autographa gamma L., in der DDR im Spätsommer 1962.** Beitr. Entomol. **13** (1963) Nr. 3/4. S. 291–310. – 8 Abb., 2 Tab., 31 Lit. Zus. in Russ., Engl.
Anlaß zu diesen Untersuchungen gab das starke Schadauftreten von *Autographa gamma* L. im Spätsommer 1962 im mittleren und südlichen Teil der DDR. Die Beobachtungen erstreckten sich vor allem auf den Verlauf des Massenwechsels (Gesundheitszustand, Verlauf des Falterfluges, natürliche Sterblichkeit u. a.). Insgesamt wurden 5000 Tiere (Falter, Puppen und Raupen) aus 32 Gebieten untersucht. Bei hoher Populationsdichte ergab sich, unabhängig von der Futterpflanze, eine erhöhte Sterblichkeit. Zwischen Puppengewicht, Schlüpfdatum und Eizahl bestehen Relationen. Sehr hohe Ausfälle bei Raupen und Puppen verursachten Polyder- und Bakterienkrankheiten, während die Parasitierung durch Tachinen und Schlupfwespen mit 2,0 bzw. 0,3% als unzureichend zu bezeichnen ist. Im Labor.-Versuch parasitierte *Trichogramma evanescens* Westw. erfolgreich Eier des Schädlings. K. Geißler. 1960.

2-64/01-0923 Stanev, M. und Kajtazov, A. Proučvanija vŭrchu biologijata i ekologijata na kartofenija molec v Bŭlgarija Gnorimoschema (Phthorimaea) opercullela Zeller i sredstvata za borba sreštu nego. **(Untersuchungen über die Biologie und Ökologie der Kartoffelmotte Gnorimoschema [Phthorimaea] operculella Zeller in Bulgarien und Mittel zu ihrer Bekämpfung.)** Izvestija na Naučnoizsledovatelskija institut za zaštita na rastenijata, Sofija **3** (1962) S. 49–89. – 17 Abb., 13 Tab., 33 Lit. Zus. in Russ., Engl.
Vff. berichten über mehrjährige Untersuchungen über die Kartoffelmotte, die i.J. 1961 in den bulg. Grenzgebieten an der griech. und türk. Grenze auftrat. Systematische Stellung und Synonyme des Insekts werden besprochen. Vff. behandeln Morphologie, Verbreitung und Nährpflanzen in anderen Ländern und Bulgarien, verursachte Schäden sowie die Biologie des Schädlings. Es wurden folgende Entwicklungsnullpunkte und effektive Temperatursummen ermittelt: Embryo 10° und 80,1 °C, Larve 10° und 238,3 °C, Pupppe 9,6° und 139,1 °C. Auf dem Speicher ließen sich bis 6, im Freiland nur 4 Generationen beobachteten. An den Larven und Puppen parasitieren *Apanteles sculellaris* M. und *Campoplex phthorimaeae* Cushm. Vorherrschend ist die erstgenannte Art. Zur Bekämpfung im Freiland empfehlen Vff. bei Kartoffeln Stäubung mit DDT 5% oder Spritzungen mit DDT und E 605 forte; bei Tabak Spritzung mit E 605 forte oder Aerosolbehandung mit Duotex-Nebelmittel (letzteres nur in den Anzuchtbeeten). A. Balewski. 1960.

2-64/01-0924 Nikolova, V. Vredni listozavivački (Lep. Tortricidae) i vdlŭbnatokrili molci (Lep. Gelechiidae) po ovoštnite dŭrveta i technite paraziti. **(Schädliche Blatt- und Knospenwickler [Lep. Tortricidae] und Palpenmotten [Lep. Gelechiidae] an den Obstbäumen und ihre Parasiten .)** Izvestija na Naučnoizsledovatelskija institut za zaštita na rastenijata, Sofija **3** (1962) S. 91–116. – 22 Abb., 18 Lit. Zus. in Russ., Engl.

In Bulgarien wurden folgende Blatt- und Knospenwickler an Obstbäumen, insbes. an Apfelbäumen, festgestellt: *Cacoecia rosana* L., *C. xylosteana* L., *C. podana* Scop., *C. lecheana* L., *C. sorbiana* Hbn., *C. crataegana* Hbn., *C. (Capua) reticulana* Hbn., *Pandemis ribeana* Hbn., *P. heparana* Schiff., *Acalla holmiana* L., *Cnephasia nubilana* Hbn., *Olethreutes variegana* Hbn., *Tmetocera ocellana* F. und *Laspeyresia woeberiana* Schiff. Aus der Familie der *Gelechiidae* waren *Recurvaria nanella* Hbn. und *R. leucatella* Clerck anzutreffen. Vf. behandelt Morphologie und Biologie von *T. ocellana*, *O. variegana*, *P. ribeana*, *R. nanella* und *R. leucatella*. Die Parasitierung wird besprochen.
A. Balewski. 1960.

2-64/01-0925 Herfs, Walter; Köln, Univ., Zool. Inst. **Laboratoriums-Untersuchungen zur Biologie des Nelkenwicklers (Tortrix pronubana Hb.). 1. Teil.** Z. Pflanzenkrankh. (Pflanzenpathol.) Pflanzenschutz **69** (1962) Nr. 9. S. 533–541. – 3 Abb., 2 Tab., 17 Lit. Zus. in Engl.
In der vorliegenden Arbeit berichtet Vf. über seine systematischen Beobachtungs- und Versuchsreihen unter Labor.-Bedingungen an *Tortix pronubana* unter dem Aspekt einer möglichen Einbürgerung in Deutschland. Die Versuchsmethode wird beschrieben. Unter Labor.-Bedingungen (23°–25 °C, 65 bis 75% r.F.) betrug die Entwicklungsdauer einer Generation 28 Tage (8 Tage Embryonalentwicklung, 13 Tage Raupenstadium, Puppenruhe 7 Tage). Es betragen die Generationenzahl/Jahr 10–12, Lebensdauer der Weibchen 7,7, die der Männchen 8,9 Tage. Das Verhältnis Weibchen : Männchen 1 : 1,3. Die Kopulation erfolgt nach dem Schlüpfen. Die Eiablage dauert 2–5 Tage. Die Eizahl/Weibchen erreicht im Labor. 240. Von den Eiern sind ca. 74% entwicklungsfähig. K. Geißler. 1960.

2-64/01-0926 Herfs, Walter; Köln, Univ. Zool. Inst. **Laboratoriums-Untersuchungen zur Biologie des Nelkenwicklers (Tortrix pronubana Hb.). 2. Teil. Einfluß der Temperatur auf die Biologie des Nelkenwicklers.** Z. Pflanzenkrankh. (Pflanzenpathol.) Pflanzenschutz **70** (1963) Nr. 2. S. 73–81. – 2 Abb., 8 Lit. Zus. in Engl. 1. Mitt. vgl. vorst. Ref.
Die Versuche wurden im Thermostaten unter verschiedenen Temperatur- und Feuchtigkeitsbedingungen, die aber innerhalb jeder Variante konstant gehalten wurden, durchgeführt. Die Vorzugstemperatur der Raupen wurde in einer Temperaturorgel ermittelt. Die optimalen Entwicklungsbedingungen liegen bei 25°–27 °C, was auch mit der Vorzugstemperatur der Raupen übereinstimmt. Die Minimaltemperaturen von für die Entwicklung bedeutungsvollen biol. Vorgängen (Kopulation, Eiablage usw.) liegen zw. 10 und 14 °C, während bei Temperaturen über 30 °C die Funktionen schon gestört werden.
K. Geißler. 1960.

2-64/01-0927 Herfs, Walter; Köln, Univ., Zool. Inst. **Laboratoriums-Untersuchungen zur Biologie des Nelkenwicklers (Tortrix pronubana Hb.). 3. Teil. Einfluß von Feuchtigkeit und Licht auf die Biologie des Nelkenwicklers.** Z. Pflanzenkrankh. (Pflanzenpathol.) Pflanzenschutz **70** (1963) Nr. 4. S. 193–198. – 2 Abb., 1 Tab., 10 Lit. Zus. in Engl. 2. Mitt. vgl. vorst. Ref.
Die Feuchtigkeitsversuche wurden in modifizierten Zwölfer-Schalen durchgeführt. Die Lichtversuche fanden bei 23–25 °C und 65–75% r.F. statt. Im Verlauf der Untersuchungen zeigte es sich, daß die Luftfeuchtigkeit die Entwicklungsdauer kaum beeinflußt, wogegen die Entwicklungsfähigkeit bei höherer r.F. wesentlich besser ist. Das Minimum für eine normale Entwicklung liegt bei 50% r.F., das Optimum bei 70–90% r.F. Starke Trockenheit wird von den Raupen rel. lange ausgehalten. Das Tageslicht ist gleichfalls nur von untergeordneter Bedeutung für die Entwicklungsdauer. Eiraupen und Falter sind ausgesprochen positiv phototaktisch. K. Geißler. 1960.

2-64/01-0928 Dirimanov, M. und Sengalevič, G.; Plowdiw, Bulgarien, Höheres Landwirtsch. Inst. „W. Kolarow". Korestata zavivačka (Laspeyresia woeberiana Schiff.). Morfoligčeski, biologičeski osobenosti i vŭzmožnosti za borba. **(Der Rindenwickler [Laspeyresia woeberiana Schiff.]. Morphologische, biologische Eigenheiten und Bekämpfungsmöglichkeit.)** Rastitelna zaštita, Sofija **10** (1962) Nr. 5. S. 33–46. – 9 Abb., 1 Tab., 20 Lit. Zus. in Russ., Engl.

Vff. beschreiben morphol. Merkmale der einzelnen Entwicklungsstadien, ferner die Biologie des Schädlings, der zusammen mit dem Apfelbaumglasflügler, *Synanthedon myopiphormis*, ernste Schäden an Obstgehölzen anzurichten vermag. Vff. nehmen an, daß der Rindenwickler unter den Bedingungen Bulgariens nur eine Generation/Jahr entwickelt, während der Flugzeit ließen sich 2 Maxima beobachten. Mit Hexatin 1, Hexatin 2 und Gartolit 54 (Konz. 2–3%) ließen sich gute Spritzerfolge erzielen. Je nach dem Alter der zu behandelnden Bäume betrugen die Anwendungsmengen 2–8 l/Baum. Der günstigste Spritztermin liegt Ende Apr.–Anfang Mai. Eine Spritzung genügt. A. Balewski. 1960.

2-64/01-0929 Dustan, .G G.; Vineland Station, Ontario, Canada Dep. of Agric. The effect of standard cold storage and controlled atmosphere storage on survival of larvae of the oriental fruit moth, Grapholitha molesta. **(Die Wirkung von standardisierter Kaltlagerung und Lagerung unter kontrollierter Atmosphäre auf das Überleben der Larven des Pfirsichtriebbohrers Grapholitha molesta.)** J. econ. Entomol. **56** (1963) Nr. 2. S. 167–169. -- 1 Tab., 6 Lit.

Bei einer Temperatur von 32° ± 1 °F und einer kontrollierten Atmosphäre mit einem Gehalt von 2–5% CO_2 und 3% O_2 überstanden Larven des 2. bis 4. Stadiums von *Grapholitha molesta* die Versuchszeit von 56 Tagen nicht. Bei 28 Tagen Versuchsdauer überlebten 22,5% der Tiere. Von Kokonlarven überlebten wenige Tiere die längste Versuchszeit (140 Tage); 2,6% überstanden 114 Tage Versuchsdauer, während nach 126 Tagen noch über 25% der Tiere lebten. Kokonlarven überstehen die Lagerungsbedingungen für Äpfel demnach besser als Larven, die während dieser Zeit keine Diapause durchmachen. K. Geißler. 1960.

2-64/01-0930 Cloutier, Elmer J. und Beck, Stanley D.; Madison, Univ. of Wisconsin. Spermatogenesis and diapause in the European corn borer, Ostrinia nubilalis. **(Spermatogenese und Diapause bei Ostrinia nubilalis.)** Ann. entomol. Soc. America **56** (1963) Nr. 3. S. 253–255. – 8 Abb., 9 Lit.

Für die Untersuchungen wurden Larven verwendet, die entweder unter den Bedingungen einer Diapause (30 °C und tägl. Photoperiode von 13 Std. Licht und 11 Std. Dunkelheit in ständigem Wechsel) gehalten wurden oder keine Diapause durchliefen (30 °C und ständige Abdunkelung). Die Tiere wurden nach Bestimmung des Stadiums durch Kopfkapselbreitenmessung in Bouin'-schem Gemisch fixiert. Die Schnittdicke betrug 7–10 μ, als Färbemittel wurde Eisen-Hämatoxylin verwendet. Bei Larven, die keine Diapause durchlaufen hatten, begann die Spermatogenese im 4. Larvenstadium, Spermatozoa wurden in der Präpuppe gefunden. Unter den Bedingungen der Diapause verzögert sich die Spermatogenese, während die Spermatocyten, die sich im Ruhestadium gebildet haben, nach dem Einsetzen der Diapause Degenerationserscheinungen zeigen. K. Geißler. 1960.

2-64/01-0931 Szontagh, P. A gyürüslepke (Malacosoma neustria L.) tömegszaporodása és károsítas tölgyeseinkben. **(Massenvermehrung und Schädigung des Ringelspinners [Malacosoma neustria L.] in den ungarischen Eichenwäldern.)** Erdészeti Kutatások [Forstwirtsch. Forsch.] **58** (1962) Nr. 1/3. S. 125–142. – Aus: Ung. Agrar-Rdsch. **1963** Nr. 3.

In Ungarn setzten Schadwirkung und Massenvermehrung des Ringelspinners i.J. 1955 im NNO ein, und zwar im Flachland Szatmár-Bereg, und währten bis Ende 1957. Dann drang die Massenvermehrung auf das Gebiet zwischen Tisza und Bodrog bis zur Stadt Sátoraljaujhely. Sie erreichte 1958 die Orte Karcsa und Györgytarló. Dort erfolgte 1959 ihr endgültiger Zusammenbruch. Die Gradation des Ringelspinners war teilweise autochthon, teilweise stellte sie eine nördliche Weiterverbreitung der in Rumänien i.J. 1953 begonnenen Massenvermehrung dar. Die Untersuchung der Gradation in der Nähe der Ortschaften Révleányvár und Györgytarló zeigte, daß die Massenvermehrung in erster Linie durch Klimafaktoren gefördert wird. Beim Zusammenbruch kommen biotische Faktoren zur Geltung (beteiligt sind zu 70% Tachiniden, Schlupfwespen, Hungertod, Virus- und Pilzkrankheiten spielen eine geringe Rolle). Nach dem Zusammenbruch vernichten die Eiparasiten 90–98% der Eier. — Das Schadbild der Raupe wird beschrieben. 1960.

2-64/01-0932 Neunzig, H. H.; Raleigh, North Carolina State, Coll. Wild host plants of the corn earworm and the tobacco budworm in Eastern North Carolina. **(Wildpflanzen als Wirte von Heliothis zea [Boddie] und Heliothis virescens [Fabricius] im östlichen Nordkarolina.)** J. econ. Entomol. **56** (1963) Nr. 2. S. 135–139. — 6 Abb., 1 Tab., 6 Lit.

Heliothis zea (Boddie) ist als Parasit von Pflanzen bekannt, die 9 Familien angehören, während *H. virescens* (Fabricius) auf Angehörigen von 12 Familien lebt. Die Wirtspflanzen können dabei in Abhängigkeit von der geographischen Lage wechseln. Vf. fand im östl. Nordkarolina Larven von *H. virescens* auf 9 Wildpflanzenarten; als häufigste Wirte wurden *Linaria canadensis* var. *texana* (Scheele) Pennel und verschiedene *Rhexia*-Arten ermittelt. *L. canadensis* ist zu Saisonbeginn Wirt für beide Arten. Die Parasiten *Campoletis perdistinctus* (Viereck) und *Netelia* sp. traten bei *H. zea*-Larven auf *L. canadensis* auf, während *Cardiochiles nigripes* Viereck in Larven von *H. virescens* auf *Rhexia* sp. parasitiert. K. Geißler. 1960.

2-64/01-0933 Gersdorf, E. **Über „Rübenfliege" und ihre Verwandten.** Anz. Schädlingskunde verein. Schädlingsbekämpf. **36** (1963) Nr. 5. S. 65–67. — 10 Lit.

Auf Grund eigener Untersuchungen bestätigt Vf. die Angaben von D'Aguilar und Missonnier, daß durch biol. und morphol. Unterscheidungsmerkmale 2 Arten von Rübenfliegen (*Pegomya hyoscyami* Pz. und *P. betae* Curt.) auftreten. Die Färbung der Imagines von *P. hyoscyami* wird als „helle Form" und von *P. betae* als „dunkle Form" angegeben. Wesentliche Unterscheidungsmerkmale wurden bei den Eiern, Larven und Puparien beobachtet. Sie werden ausführlich beschrieben. Während sich *P. betae* ausschl. im Boden verpuppt, können sich dagegen unter bestimmten Bedingungen Larven von *P. hyoscyami* in Wirtspflanzen verpuppen. Beide Arten stellen unterschiedliche Anforderungen an den Wirtspflanzenkreis und an das Klima. E. Zesewitz. 1960.

2-64/01-0934 Gersdorf, E.; Ahlem bei Hannover, Pflanzenschutzamt. **Das Auftreten der Rübenfliege im niedersächsischen Raum im Frühjahr 1963.** Zucker **16** (1963) Nr. 6. S. 143–144.

In Schwimmschlammproben aus 33 Zuckerfabriken wurden rund 111000 intakte Puparien (2790/10 l) gewonnen, von denen 50% schlüpften. 30% der Puparien waren parasitiert. Während im nordhannoverschen Raum keine Zunahme des Rübenfliegenauftretens gegenüber dem Vorjahr zu erwarten ist, muß in Südhannover, bes. im Raum Braunschweig, mit einem starken Auftreten im Frühjahr 1963 gerechnet werden. Von den Parasiten stellten *Opius nitidulator* und *O. spinaciae* den Hauptanteil. K. Wiesner. 1960.

2-64/01-0935 Peck, Oswald; Ottawa, Ontario, Canada Dep. of Agric., Entomol. Res. Inst., Res. Branch. A catalogue of the nearctic Chalcidoidea (Insecta: Hymenoptera). **(Ein Katalog nearktischer Chalcidoidea [Insecta: Hymenoptera].)** Cand. Entomologist, Suppl. **1963** Nr. 30. S. 1–1092. 1960.

2-64/01-0936 Zwölfer, W.; München, Inst. für Angew.Zool. **Über Abwehreinrichtungen unserer Waldbäume gegen Insektenschäden.** Z. angew. Entomol. **51** (1963) Nr. 4. S. 364–370. 1960.

2-64/01-0937 Schwenke, W.; München, Inst. für Angew. Zool. **Über die Beziehungen zwischen dem Wasserhaushalt von Bäumen und der Vermehrung blattfressender Insekten.** Z. angew. Entomol. **51** (1963) Nr. 4. S. 371–376. 1960.

2-64/01-0938 Schönherr, J. **Ein häufiger Samenschädling des Roten Holunders.** Z. angew. Entomol. **52** (1963) Nr. 1. S. 84–91. 1960.

2-64/01-0939 Balevski, A.; Sofia, Inst. für Pflanzenschutz. Proučvanija vŭrchu biologijata na ljucernovata 24-točkova kalinka Subcoccinella vigintiquattuorpunctata L. (Coleoptera, Coccinellidae) i sredstva za borba s neja v Bŭlgarija. **(Untersuchungen über die Biologie des Luzernemarienkäfers [Subcoccinella vigintiquattuorpunctata L. — Coleoptera, Coccinellidae] und dessen Bekämpfung in Bulgarien.)** Izvestija na Naučnoizsledovatelskija institut za zaštita na rastenijata, Sofija **3** (1962) S. 5–26. – 8 Abb., 10 Tab., 17 Lit. Zus. in Russ., Dtsch.

Der Luzernemarienkäfer hat sich bes. auf Luzernesamenfeldern als gefährlicher Schädling erwiesen. In Bulgarien treten 3 Generationen auf. Der Artikel enthält Angaben über die Biologie des Schädlings, die von ihm verursachten Schäden sowie die Ergebnisse der durchgeführten chem. Bekämpfungsversuche. Folgende Daten wurden ermittelt: Entwicklungsnullpunkt für den Embryo 8,6 °C; effektive Temperatursumme für dessen Weiterentwicklung 90,6 °C; Entwicklungsnullpunkt für Larve 8,1 °C und für Puppe 11,1 °C; effektive Temperatursummen für deren Weiterentwicklung 248,7° bzw. 87,99 °C. Höchstzahl der von einem Individuum abgelegten Eier bei der 3. überwinternden Generation (Legeperiode 129 Tage, Lebensdauer 302 Tage) 617 und bei der 1. Generation (Lebensdauer 64 Tage) 597 Stck. Mittlere Legeleistung 354,7 $\pm$ 4,6 Eier. – Von den chem. Mitteln haben sich DDT-Staub 5% (20–30 kg/ha), E 605-Staub (25 kg/ha) und E 605 forte, 0,03%, 600–1000 l/ha gut bewährt. A. Balewski. 1960.

2-64/01-0940 Dogger, J. R. und Hanson, C. H.; Fargo, North Dakota State Univ., Dep. of Entomol.; Beltsville, Md., U. S. Dep. of Agric., A. R. S., Crops Res. Div. Reaction of alfalfa varieties and strains to alfalfa weevil. **(Die Reaktion von Luzernesorten und -stämmen gegenüber Hypera postica.)** J. econ. Entomol. **56** (1963) Nr. 2. S. 192–197. – 2 Abb., 5 Tab., 1 Lit.

Hypera postica (Gyllenhal) wurde erstmalig i. J. 1951 im Osten der USA gefunden; in Nordkarolina trat er 1955 auf. Bis 1957 hatte er sich über den größten Teil des Staates Karolina ausgebreitet und wurde zu einem Problem für den Luzerneanbau. Chem. Bekämpfung im Frühjahr und Sommer mit Heptachlor war sehr wirkungsvoll,doch erschien es angebracht, Unterlagen für eine gerichtete Bekämpfung zu erarbeiten. Im Frühjahr 1957 wurden daher 4 Feldversuche mit insgesamt 294 Luzernesorten und -stämmen durchgeführt, um deren Verhalten gegen den Schädling zu prüfen. Die Parzellen wurden ausgezählt und im Labor. auf Käferbefall untersucht. Die Daten der Larvalentwicklung und der Wuchshöhe der Pflanzen wurden notiert. Als Standard diente die Sorte 'Atlantic'. Es traten zwar geringfügige Unterschiede in der Larvenzahl, bezogen auf 10 Stengel, und im Blattbefall zutage, doch konnte in keinem Fall von einer wirklichen Resistenz einer Sorte oder eines Stammes gegen *H. postica* gesprochen werden. K. Geißler. 1960.

2-64/01-0941 Popov, P. Njakoi bioekologični osobenosti na jabŭlkovija cvetoprovivač (Anthonomus po,orum L.) v Bŭlgarija. **(Einige bio-ökologische Besonderheiten des Apfelblütenstechers [Anthonomus pomorum L.] in Bulgarien.)** Izvestija na Naučnoizsledovatelskija institut za zaštita na rastenijata, Sofija **3** (1962) S. 117–141. — 9 Abb., 2 Tab., 31 Lit. Zus. in Russ., Engl.
Es werden Untersuchungsergebnisse über die Biologie des Apfelblütenstechers sowie Angaben über die Art der von ihm verursachten Schäden, ferner Empfehlungen für Prognose und Warndienst mitgeteilt. Als Parasiten waren *Pimpla pomorum* Ratz. und *Habrocytus tenuicornis* Foerst. zu beobachten. In manchen Bezirken trat der Stieglitz (*Carduelius carduelius balcanica* Sachtl.) als Vertilger auf und vernichtete bis zu 74% der Larven, Puppen und Imagines, die die vertrocknete Blüte noch nicht verlassen hatten.
A. Balewski. 1960.

2-64/01-0942 Boller, E.; Wädenswil, Eidg. Versuchsanst. **Zum Massenauftreten des Buchenspringrüßlers in Jahre 1963.** Schweiz. Z. Obst- u. Weinbau **72** (1963) Nr. 15. S. 349–350. 1960.

2-64/01-0943 Sandner, Henryk; Warschau, Inst. für Ökol. **Untersuchungen über Biologie und Ökologie von Calandra granaria L. und Sitophilus oryzae L.** Beitr. Entomol. **13** (1963) Nr. 3/4. S. 465–475. — 8 Tab., 7 Lit. Zus. in Russ., Engl.
Die Untersuchungen zur Biologie und Ökologie der beiden Arten wurden mit einer veränderten Methode durchgeführt. Die Vermehrungspotenz wurde nicht mittels isolierter Paare bestimmt, sondern eine bestimmte Anzahl Imagines wurde eine gewisse Zeit in einer abgewogenen Kornmenge gehalten, die ausschlüpfenden Imagines wurden tägl. abgefangen. Die Versuchszeit kann dabei variiert werden, um den Zeitpunkt von Kopula, Eireife und -ablage zu ermitteln. Diese Methode berücksichtigt natürlichere Bedingungen. Danach beträgt die Lebensdauer der Imagines 9 Tage, die Eiablage beginnt z.T. bereits am 3. Tag. Populationsüberdichte führt zu einem Weibchenüberschuß. Einfluß auf die Vermehrungspotenz wurde nicht beobachtet. Für die Vermehrungspotenz ist die Nahrungsmenge für die Larven ausschlaggebend. K. Geißler. 1960.

2-64/01-0944 Surtees, Gordon; Slough, Bucks., A. R. C., Pest Infestation Lab. Laboratory studies on dispersion behaviour of adult beetles in grain. I. The grain weevil, Sitophilus granarius (L.) (Coleoptera, Curculionidae). **(Laboratoriumsuntersuchungen über das Verhältnis des Auftretens von erwachsenen Käfern in Getreide. 1. Mitt. Sitophilus granarius [L.] [Coleoptera, Curculionidae].)** Bull. entomol. Res. **54** (1963) Nr. 1. S. 147–159. — 9 Abb., 1 Tab., 21 Lit.
Zu den gefährlichsten Schädlingen in Lagergetreide gehört *Sitophilus granarius* (L.). Sämtliche Stadien leben an oder im Getreide. In der vorliegenden Arbeit wird der Einfluß der Populationsstärke, der Temperatur und der Feuchtigkeit auf die Ausbreitung der Imagines im Weizen unter kontrollierten Bedingungen überprüft. Bei Getreide mit einer Temperatur von 25 °C und 14% Feuchtigkeit befinden sich 17% der Tiere auf dem Getreide. Sinkt die Feuchtigkeit auf 9%, bewegen sich die Tiere nach unten. Bei einer Temperaturerhöhung auf 35 °C sind die Tiere rel. unbeweglich; der Zustand ändert sich erst bei Wasserzufuhr. K. Geißler. 1960.

2-64/01-0945 Jamnický, Július; Štatne Lesy; Liptovský Mikuláš, Lesný Závod. Vplyv vysokej hustoty požerkov na rozmnožovanie kórovca Leperisinus fraxini Panz. (Scolytidae, Col.). **(Einfluß der hohen Fraßdichte auf die Fortpflanzung von Leperisinus fraxini Panz. [Scolytidae, Col.].)** Biológia [Bratislava] **17** (1962) Nr. 10. S. 738–743. — 1 Tab., 6 Lit. Zus. in Russ., Dtsch.

Der Einfluß der Fraßdichte auf die Vermehrung des Borkenkäfers *Leperisinus fraxini* Panz. wurde durch eine Analyse von Eschenrindenproben (*Fraxinus excelsior* L.) auf einer slowakischen Lokalität i. J. 1956 untersucht. Außerdem wurden der Anflug dieses Borkenkäfers sowie der Besatz der Eschenrinde auf verschiedenen tschechoslowakischen Standorten in den Jahren 1954–1961 verfolgt. Die Zahl der Fraßstellen je Rindenflächeneinheit beeinflußte stark die Larvenmortalität, hatte jedoch keinen Einfluß auf die Mortalität der Eier, Puppen und Imagines. Eine erhöhte Larvenmortalität zeigte sich bereits bei 20–30 Fraßstellen/2 dm^2 Rinde. Die größte Anzahl von Imagines schlüpfte bei 30–40 Fraßstellen/2 dm^2 Rinde. Mehr als 60 Fraßstellen/2 dm^2 Rinde, die jedoch in der Natur nur selten vorkommen, führten dazu, daß die Zahl der Jungkäfer, die im folgenden Frühjahr sich zu vermehren beginnen, kleiner ist als die Zahl der Eltern. Mit zunehmender Dichte der Fraßstellen stiegen die Gesamtlänge der Muttergänge und die Gesamtzahl der Eier, die Durchschnittslänge/Muttergang und die Durchschnittszahl der in einem Muttergang befindlichen Eier gingen jedoch zurück.
J. Bartoš. 1960.

3-64/01-0946 Mamedov, S. G. Vredonosnaja cikadka. **(Die Zikade Lygina moczaryi.)** Kukuruza, Moskva 7 (1962) Nr. 12. S. 50. – 1 Abb.
In den Jahren 1955–60 schädigte in der ASSSR Nachitschewan von den 21 Zikadenarten vor allem *Lygina moczaryi* die Maissaaten. Die Lebensweise des Schädlings, seine Vermehrung und die Schadsymptome werden beschrieben. Frühe Aussaat (Apr.) senkt den Befall auf 66 bis 50% im Vergleich zur Maisaussaat. Die Bekämpfungsmaßnahmen mit Insekticiden (60%iges Methylmerkaptophos und 94%iges Chlorophos in Form einer 0,2%igen Lösung sowie Thiophos- und DDT-Staub, Chlorthen oder Polychlorpinen) werden besprochen.
L. Rang. 1960.

2-64/01-0947 Straka, F. Proučvanija vŭrchu biologijata na obiknovenata polevka (Microtus arvalis Pall.) v Bŭlgarija (Laboratorni izsledvanija vŭrchu razmnožavaneto). **(Untersuchungen über die Biologie der Feldmaus [Microtus arvalis Pall.] in Bulgarien [Laboratoriumsuntersuchungen über ihre Vermehrung].)** Izvestija na Centralnija naučnoizsledovatelski institut za zaštita na rastenijata, Sofija 2 (1962) S. 15–35. – 5 Abb., 10 Tab., 14 Lit. Zus. in Russ., Dtsch.
Vf. stellte fest, daß das Körpergewicht kein Kriterium zur Altersbestimmung der Feldmaus ist. Die Mehrzahl (54,88%) der Weibchen beginnt mit 2–3 Mon. sich zu vermehren. Einzelne Tiere werfen schon mit 33 Tagen. Die Tragzeit dauert 19–22 Tage, wobei ein Zeitraum von 17–18 Tagen zwischen zwei Würfen liegt. Die mittlere Wurfstärke beläuft sich auf 4,61. Das Geschlechtsverhältnis beträgt 47,38 : 52,52. Die Art zeichnet sich durch ein hohes Fortpflanzungspotential aus. Das Verhältnis des Wurfgewichts zum Muttergewicht beträgt durchschnittl. 27,7%. Sehr verbreitet unter den Feldmäusen ist die postpartum-Empfängnis. Von den geschlechtsreifen Weibchen waren 61,21% während der Laktation bereits wieder trächtig. Die Feldmaus zeigt ein ausgesprochenes Territorialverhalten.
D. Zwetkow. 1960.

2-64/01-0948 Bremer, H. **Zur geographischen Verbreitung pflanzlicher Virosen.** Z. Pflanzenkrankh. (Pflanzenpathol.) Pflanzenschutz 70 (1963) Nr. 1. S. 1–3. – 2 Abb., 4 Lit. Zus. in Engl.
Um festzustellen, ob es primär virusarme Gegenden und Gradienten im Massenauftreten von Virosen gibt, wurde aus den Jahrgängen 1935–1954 des Review of Applied Mycology die Zahl der Arbeiten ermittelt, die einerseits bestimmten mykologischen und bakteriologischen, andererseits bestimmten Virusproblemen gewidmet war. Die Herkunft dieser Literatur wurde nach Ursprungsländern festgestellt und für bestimmte, klimatisch ähnliche Ländergruppen

der Prozentsatz der Virusliteratur an der gesamten so gekennzeichneten Literatur ermittelt und in Landkarten eingetragen. Für Europa ergab sich dabei, daß das Interesse und damit wohl auch die Bedeutung pflanzlicher Virosen von einem Maximum in Nordwesteuropa nach Nordost, Südost und Süd hin abnahmen und im ostmediterranen Raum ein auffällig tiefes Minimum erreichten. Eine ähnliche, wenn auch nicht so deutliche Abnahme von Nordwest nach Südost ließ sich auch für Nordamerika nachweisen.
H. H. Schimanski. 1970.

2-64/01-0949 Cunningham, V. D. und Schulz, J. T.; Fargo, North Dakota Agric. Exp. Stat. Transmission of virus Y by instars of Myzus persicae (Homoptera: Aphidae). **(Die Übertragung des Y-Virus durch Larven von Myzus persicae [Homoptera: Aphidae].)** Ann. entomol. Soc. America **56** (1963) Nr. 3. S. 334–336. — 2 Abb., 2 Tab., 4 Lit.
Alle Larvenstadien der Grünen Pfirsichblattlaus, *Myzus persicae* (Sulz.), erwiesen sich bei gestaffelten Virusaufnahme- (acquisition feeding) und Virusabgabesaugzeiten (infection feeding) von 15–35, 36–55 und 56–75 Sek. als Überträger des Y-Virus der Kartoffel. Der Übertragungserfolg stieg, mit Ausnahme der Tiere des 3. Larvenstadiums, bei fortschreitender Entwicklung und bei Verlängerung der Saugzeiten an. Die höchste Infektionshäufigkeit erbrachten die gerade adult gewordenen Tiere. Messungen der in das pflanzliche Gewebe eingedrungenen Stechborsten ergaben, daß die Epidermis des Kartoffelblattes nie von den Stechborsten der Tiere des 1. und 2. Larvenstadiums durchdrungen wurde. Dagegen erreichten die Stechborsten aller älteren Larvenstadien das Mesophyll bei einer Saugzeit von 56–75 Sek. und die adulter Tiere bereits bei 36–55 Sek. Saugdauer. B. Hinz. 1970.

2-64/01-0950 Vulič, Marko; Freising-Weihenstephan, Inst. für Acker- und Pflanzenbau; Bayer. Landessaatzuchtanst. **Konzentrations- und Infektionsverhältnisse des Y-Virus in Kartoffelpflanzen bei primärer und sekundärer Infektion und Arbeitstechnik zur serologischen Diagnostizierung in der Beschaffenheitsprüfung an Kartoffelpflanzgut und Zuchtmaterial.** Z. Acker- u. Pflanzenbau **117** (1963) Nr. 2. S. 155–169. — 5 Abb., 1 Tab., 9 Lit. Zus. in Engl.
Ausgehend von der Mikropräzipitationsmethode nach van Slogteren und der Objektträgermethode nach Bartels wurde eine verbesserte serologische Untersuchungstechnik für die Y-Virus-Bestimmung in Kartoffeln erarbeitet (Beschreibung der Versuche mit Preßsaftverdünnung und Zentrifugation, Einfluß von Licht und Temperatur auf die Präzipitation, Auftreten „unspezifischer" Reaktionen; Darstellung der neuen Arbeitsweise). — Die Y-Virus-Konz. ist nicht nur in den einzelnen Organen verschieden hoch, sondern schwankt auch je nach Alter, Entwicklungsstadium, Vegetationsbedingungen und Jahreszeit. Während sich das Y-Virus bei sekundär kranken Pflanzen in allen Teilen nachweisen läßt (im Knollenpreßsaft nicht serol., nur durch A 6-Test greifbar), ließ es sich in primär infizierten Pflanzen fast ausschl. in den nach der Infektion neugebildeten Teilen feststellen. Da das vorhandene Y-Virus in Serologie und A 6-Test nichtäquivalent faßbar war, spricht Vf. von einer „infektiösen" (Nachweis nur mit A 6-Test; bei Knollen und jüngsten Teilen junger Pflanzen) und „serologischen" (Y in sichtbares Präzipitat zu überführen; bei älteren Teilen jüngerer Pflanzen und älteren Pflanzen) Phase. Beide Phasen besitzen zwar Spezifität für Antikörper, doch scheint bei der infektiösen Phase (nichtpräzipitierend) ein nach Masse „kleineres" Y-Virus vorzuliegen. Vf. nennt es „initiales Virus", während er das der serologischen Phase als „intaktes (fertiges) Virus" bezeichnet. R. Kämmerer. 1970.

3-64/01-0951 Vulič, Marko und Arenz, Bruno; Freising-Weihenstephan, Bayer. Landessaatzuchtanst. **Die Nachweisbarkeit des Y-Virus in den verschiedenen**

Pflanzenteilen sekundär infizierter Kartoffelpflanzen (Methodischer Vergleich von Serologie und A-6-Test). Bayer. landwirtsch. Jb. **40** (1963) Nr. 2. S. 151 bis 159. – 7 Abb., 6 Tab., 4 Lit.

Mit Beginn der dritten Alterswoche ließ sich das Y-Virus der Kartoffel in allen Teilen latent verseuchter Augenstecklinge im A-6-Test nachweisen. Die Viruskonz. erhöhte sich mit zunehmendem Pflanzenalter, erreichte ein Optimum in der 5. Woche und sank danach ab. An verseuchtem Knollenmaterial konnte kein serologischer Virusnachweis geführt werden. Nur mit großer Unsicherheit gelang dieser an jungen Pflanzen. Das Optimum der Präzipitationen lag in der 5.–7. Alterswoche. In jungen Pflanzenteilen, Wurzel- und Sproßspitzen entsprach die Präzipitationsstärke nicht der im A-6-Test ermittelten Konz. des Y-Virus. H. E. Schmidt. 1970.

2-64/01-0952 Lysogorova, Z. S.; Cherson, Forsch.-Inst. für Bewässer.-Ackerbau. Bolezni sacharnoj svekly. **(Krankheiten der Zuckerrübe.)** Zaščita rastenij ot vreditelej i boleznej, Moskva **8** (1963) Nr. 4. S. 54–55.

Das Virus der Vergilbungskrankheit der Rübe ist im Süden der Ukraine allg. verbreitet. Untersuchungen der Jahre 1958–1960 zeigten, daß das mittlere Gewicht der erkrankten Rüben um 15–31% und der Zuckergehalt um 0,17% verringert waren. Durch Spätpflanzung (1. Aug.-Dekade) der Samenrüben ließ sich der Befall auf ein unbedeutendes Maß herabsenken (0–1,4% gegenüber 20,7–68,6% bei der Auspflanzung im Apr.). H. Decker. 1970.

2-64/01-0953 Meier, W.; Zürich-Oerlikon, Eidg. Landwirtsch. Versuchsanst. **Beobachtungen über das Auftreten der Vergilbungskrankheit bei Zuckerrüben in den Jahren 1959 bis 1962 und Ergebnisse von Bekämpfungsversuchen.** Mitt. schweiz. Landwirtsch. **11** (1963) Nr. 4. S. 53–58. – 3 Tab.

In der deutschsprachigen Schweiz betrug der durchschnittl. Vergilbungsbefall in den Jahren 1959 bis 1962: 6,9; 2,8; 6,8 bzw. 23,2% (je 100 Felder bonitiert). Neben bestimmten Anbaulagen waren Felder in der Umgebung von Ortschaften stärker befallen. Im Durchschnitt von 27 Bekämpfungsbereichen mit ein- bis dreifacher Anwendung von je 1 l/ha Metasystox i bzw. 1 bis 2 l/ha Ekatin wurden folgende Differenzen gegenüber der unbehandelten Kontrolle erzielt: Rübenertrag + 1,4%, Zuckergehalt + 0,02 °S, bereinigter Zuckerertrag + 1,6% und Krautertrag + 2,8%. In keinem Versuch ergab sich ein signifikanter Mehrertrag zugunsten der Behandlung. K. Wiesner. 1970.

2-64/01-0954 Książek, Danuta; Warszawa, Zakład Ekol. PAN. Koniczyna czerwona źródłem wirusów porażających rośliny motylkowe. **(Rotklee als Herd für Viren, die Leguminosen befallen.)** Ochrona Roślin **7** (1963) Nr. 1. S. 15–20. – 6 Abb.

Rotklee neigt bes. zu virösen Infektionen. Am häufigsten begegnet man dem Rotkleeadernmosaikvirus sowie dem Mosaikvirus. Erbse, Gartenbohne, Platterbse, Peluschke und Bohne zählen zum Wirtspflanzenkreis. Bei Rotklee tritt auch eine starke Verunstaltung der Blätter ohne Fleckenbildung auf. Am stärksten werden die Pflanzen an den Feldrändern befallen und bilden die Quelle einer Infektion, die wahrscheinlich durch Zikaden oder Blattläuse übertragen wird. Trotz mehrfacher Versuche, Testpflanzen im Gewächshaus zu impfen, gelang es nicht, das Virus auch auf Rotklee zu übertragen. Forschungen über die Identifizierung Leguminosen befallender Viren werden in verschiedenen Ländern durchgeführt. Die Bekämpfung der Viruskrankheiten beruht auf prophylaktischen Maßnahmen. Chem. Bekämpfung der übertragenden Insekten ist schwierig und unwirtschaftlich. Den besten Infektionsschutz bietet der Anbau resistenter Sorten. Die Züchtung resistenter Kleesorten ist wegen der Fremdbestäubung äußerst schwierig. Das Auftreten von Viruskrankheiten könnte durch 2jährigen Kleeanbau mit anschließ. Unterpflügen eingeschränkt werden. PRL/CBR. 1970.

2-64/01-0955 McRitchie, John J. und Alexander, Leonard J.; Wooster, Ohio Agric. Exp. Stat., Dep. of Bot. und Plant Pathol. Host-specific Lycopersicon strains of tobacco mosaic virus. **(Wirtsspezifische Lycopersicon-Stämme des Tabakmosaikvirus.)** Phytopathology **53** (1963) Nr. 4. S. 394–398. – 2 Abb., 2 Tab., 13 Lit.
Auf Grund der spez. Reaktion verschiedener Tomatenzuchtstämme von *Lycopersicon esculentum* ('Bonny best', 'CSt MW-18'), und *L. peruvianum* ('P. I. 126 945', 'P. I. 127 832' und 'P. I. 128 650') ließen sich 4 Stämme des Tabakmosaikvirus unterscheiden. Symptomatologisch konnte keine Differenzierung an *Nicotiana tabacum* oder an im Handel befindlichen Tomatensorten vorgenommen werden. Indessen gelang die Differenzierung serologisch im Ouchterlony-Geldiffusionstest. In Prämunitätsversuchen mit *N. longiflora* schützte der Stamm III gegen Infektionen durch die Stämme I, II und IV. Gleichermaßen schützte der Stamm IV *N.-sylvestris*-Pflanzen gegen die Stämme I, II und III. H. E. Schmidt. 1970.

2-64/01-0956 Holoubek, V.; Berkeley, Univ. of California, Virus Lab. Mixed reconstitution between protein from common tobacco mosaic virus and ribonucleic acid from other strains. **(Gemischte Rekonstitution aus dem Protein des Tabakmosaikvirus und der Ribonucleinsäure anderer Stämme.)** Virology **18** (1962) Nr. 3. S. 401–404. – 2 Tab., 15 Lit. 1970.

2-64/01-0957 Rohloff, Ingeborg; Hannover, TH, Inst. für Pflanzenkrankh. und Pflanzenschutz; Samenprüfstelle der Landwirtsch.-Kammer Westfalen-Lippe. **Versuche zur Inaktivierung des Salatmosaikvirus (SMV) im Saatgut.** Gartenbauwissenschaft **28(10)** (1963) Nr. 1. S. 19–28. – 1 Abb., 6 Tab., 12 Lit. Zus. in Engl., Franz.
Mit Salatmosaikvirus (SMV) infizierter Salatsamen wurde mit Methanol oder trockener Wärme behandelt, um eine Inaktivierung des SMV zu bewirken. Eine Senkung des prozentualen Virusbefalls des Samens war selbst mit Methanolbehandlungen, die die Keimfähigkeit erheblich beeinträchtigten, nicht zu erreichen. Eine Einwirkung von Temperaturen über 100 °C auf trockene Samen hatte eine Herabsetzung des prozentualen Verseuchungsgrades virusinfizierter Salatsamenproben unter mäßiger Beeinträchtigung der Keimfähigkeit des Saatgutes zur Folge. H. H. Schimanski. 1970.

2-64/01-0958 Hollings, M. Cucumber stunt mottle, a disease caused by a strain of Arabis mosaic virus. **(Die Gurken-Stauchfleckung — eine Krankheit, verursacht durch einen Stamm des Arabis-Mosaikvirus.)** J. horticult. Sci. **38** (1963) Nr. 2. S. 138–149. – 8 Abb., 1 Tab., 25 Lit.
Bei Treibgurken verursachte ein Stamm des *Arabis*-Mosaikvirus große Ertragsverluste. Die Pflanzen hatten gelb gesprenkelte Blätter und gestauchten Wuchs. Das Virus konnte auf 42 von 73 Pflanzenarten durch Preßsaftabreibung übertragen werden. Wurden infizierte *Nicotiana-clevelandii*-Pflanzen 3 Wochen lang bei 38 °C gehalten, so ließen sich Heilerfolge erzielen. Der von Gurke isolierte Stamm des *Arabis*-Mosaikvirus ist serologisch verwandt zu den von *Sambucus nigra* und Himbeere erhaltenen AMV-Isolaten. In Prämunitätsversuchen wurde jedoch keine Schutzwirkung gegenüber dem *Sambucus*-Isolat beobachtet. Gereinigte Viruspräparate enthielten isodiametrische Partikeln mit einem Drm. über 30 mμ und erzeugten bei der Zentrifugierung im Dichtegradienten spez. Licht-Streuungszonen. H. E. Schmidt. 1970.

2-64/01-0959 Treggi, Giancarlo. Un caso di virosi del sedano: Californian aster yellow virus? (Celery yellow virus Severin). **(Ein Fall von Virose beim Sellerie: Virus der Kalifornischen Vergilbungskrankheit der Aster? [Celery yellow virus Severin].)** Agric. ital. [N. S.] **18(63)** (1963) Nr. 2. S. 57–61. 1970.

2-64/01-0960 Dunez, J.; Versailles, Centre Nat. de Rech. Agronomiques, Stat. Centr. de Pathol. Végétale. Une maladie à virus rencontrée récemment en

France: le „ring spot“ de l'hortensia. **(Eine kürzlich in Frankreich angetroffene Viruskrankheit: Die Ringfleckenkrankheit der Hortensie.)** Ann. Épiphyties **14** (1963) Nr. 2. S. 103–108. 1970.

2-64/01-0961 Fritzsche, R. und Schmidt, H. B.; Aschersleben, Inst. für Phytopathol. der Dtsch. Akad. der Landwirtsch.-Wiss. zu Berlin. **Xiphinema paraeolongatum Altherr und Xiphinema n.sp., zwei Vektoren des Arabis-Mosaikvirus.** Naturwissenschaften **50** (1963) Nr. 5. S. 163. – 5 Lit.

Versuche zur Übertragung des Gelbverzwergungsvirus der Himbeere (GVV), einem Stamm des Arabis-Mosaikvirus, wurden mit *Xiphinema paraelongatum* Altherr und *Xiphinema* n.sp. (inzwischen bestimmt als *X. coxi* Tarjan) durchgeführt. Die Nematoden wurden mit Oostenbrink-Kannen bzw. der Seinhorst-Apparatur gesammelt, in aqua dest. gewaschen und für 8–10 Tage in Töpfe mit GVV-infizierten Petunien eingebracht. Anschließend wurden die Tiere ausgewaschen und an gesunde Petunien angesetzt. Nach weiteren 8–10 Tagen konnte durch Wurzelabreibungen auf *Chenopodium quinoa* Willd. und *C. murale* L. das GVV in den Testpflanzen nachgewiesen werden. Die Reaktion mit dem Antiserum des Arabis-Mosaikvirus verlief positiv. *X. paraelongatum* wurde bisher nur an feuchten, schattigen Stellen in der Nähe eines Bachrandes gefunden. *X. coxi* kam sowohl auf humosem als auch auf sandigem Lehm vor. Heinz Schmidt. 1970.

2-64/01-0962 *Bärner, J.* **Bibliographie der Pflanzenschutzliteratur 1958. 1. Teil.** Berlin; Hamburg: Paul Parey. 1962. (356 S.) 19 × 27,5 cm. DM 75,– –. Diese auf ihrem Gebiet einmalig umfassende Literatursammlung, die bereits in 30 Bänden die Pflanzenschutzliteratur der Jahre 1914-54 nachweist, wurde jetzt um den vorliegenden Band erweitert, der 20000 Zitate des Jahres 1958 enthält. Das Inhaltsverzeichnis weist 3 große Hauptteile auf: I. Allg. Teil, II. Krankheiten und Ursachen, III. Krankheiten und Wirtspflanzen. Die weitgehende Unterteilung von II behandelt in Kapiteln 1. die Allg. Krankheitslehre, 2. Krankheiten mit verschiedenartigen und unbekannten Ursachen, 3. Nichtparasitäre Krankheiten, 4. Pflanzliche Feinde, 5. Tierische Feinde und 6. Virus. Der III. Teil enthält 1. Übersicht über das Auftreten von Pflanzenkrankheiten und Schädlingen, 2. Getreide, 3. Kartoffeln und Rüben, 4. Hülsenfrüchte und Gräser, 5. Handelspflanzen und 6. Obst. Titel, Einleitungen, Kapitelüberschriften und „lebende Kolumnentitel“ werden in 3 Sprachen (dtsch., engl., franz.) wiedergegeben. Erläuterungen zur Quellenangabe, wie Seitenzahlen, Abb. usw. erscheinen bei Literaturzitaten deutscher Arbeiten in dtsch. Sprache, bei ausländischen in lateinischer. Zitate in kyrillischer Schrift werden nach der deutschen, wiss. Transliteration eingesetzt (DIN 1460).
E. v. Wangenheim.

2-64/01-0963 *Habermann, H.* Hrsg.: Ēesti NSV teaduste Akad. zool. jabotaanika inst. **Ēesti hüpikpoilased. Chrysomelidae, Halticinae.** (Estnische Erdflöhe.) Tartu. 1962. (217 S.) 8°. (1963 A 491)

2-64/01-0964 *Köstlin, Hans-Helmut.* **Weitere Untersuchungen über das bodengebundene Ratel-Virus an Kartoffeln.** Diss. Landw. Fak. Gießen. 1962. (86 S.) 8°. (Diss. 9134)

2-64/01-0965 *Rose, D. J. W.* **Pests of maize and other cereal crops in the Rhodesias.** Salisbury: Gov. printer. (23 S. m. Abb.) 8° = Bulletin, Ministry federal agriculture Nr. 2163. (SR 3076, 2163)

C. Krankheiten und Wirtspflanzen

2-64/01-0966 Parmelee, J. A.; Ottawa, Ontario, Canada Dep. of Agric., Plant Res. Inst. Puccinia phragmitis in Canada. **(Puccinia phragmitis in Kanada.)** Mycologia [New York] **55** (1963) Nr. 2. S. 133–141. – 9 Abb., 2 Tab., 17 Lit.

Puccinia phragmitis (Schum.) Koern. wurde in Kanada bis auf einige Ausnahmen an allen Vorkommen von *Phragmites communis* Trin. gefunden. Gleichzeitig beobachtete Vf. in den Befallsgebieten das Auftreten von *Polygonum*-Arten mit Aecidienlagern. Da bisher als Aecidienwirte des genannten Rostpilzes nur Arten der Gattungen *Rumex* und *Rheum* bekannt geworden waren, prüfte er durch Infektionsversuche die Beziehungen zwischen den auf *Polygonum* und den auf *Phragmites* auftretenden Rostpilzen. Vf. konnte nachweisen, daß es sich in beiden Fällen um den Pilz *P. phragmitis* handelte. Die Keimung der Teleutosporen bereitete Schwierigkeiten und gelang nur nachweisbar, wenn im Herbst mit Sporen bedeckte Grasblätter in weitmaschige Beutel eingefüllt und im Freien, leicht mit Erde bedeckt, überwintert wurden. Die Basidiosporen wurden Mitte Mai gebildet. Die ersten Pyknidien und Aecidien waren ab Ende Mai auf *Polygonum*-Pflanzen zu finden. Die ersten Uredosporenlager zeigten sich auf den Gräsern in der 2. Junihälfte. Als beste Infektionsmethode erwies sich das Bestreuen der Pflanzen mit rostbefallenen Strohstücken. Vf. gibt eine zus. Darst. über die bisher in Kanada an *Phragmites* und an *Polygonum* bekanntgewordenen Vorkommen von Rostpilzen und führt 35 als Aecidienwirte von *P. phragmitis* bekannte Pflanzenarten auf.

K. Frauenstein. 2000.

2-64/01-0967 Louis, Denise; Versailles, Seine-et Oise, Centre Nat. de Rech. Agronomiques, Stat. Centr. de Pathol. Végétale. Les modalités de la pénétration du Botrytis cinerea Pers. dans les plantes. **(Die Infektionswege von Botrytis cinerea Pers. beim Befall von Pflanzen.)** Ann. Épiphyties **14** (1963) Nr. 1. S. 57–72. – 17 Abb., 13 Lit. Zus. in Engl.

Mit Hilfe von Objektträgerkulturen wurde festgestellt, daß die Sporen von *Botrytis cinerea* Pers. dann optimal keimen, wenn sie nicht älter als 8 Tage sind, die Temperatur bei 18 °C und die rel. Luftfeuchtigkeit bei 95% gehalten werden. Unter diesen Bedingungen wurden Infektionsversuche durch Besprühen folgender Pflanzen mit Sporensuspensionen durchgeführt: *Vicia faba* L., *Lycopersicon esculentum* Mill., *Allium cepa* L., *Cyclamen persicum* Mill., *Pelargonium peltatum* Ait., *Fuchsia globosa* Lindl., *Hydrangea hortensia* Sieb., *Syringea vulgaris* L., *Fragaria* L. u.a. 48 Std. nach dem Aufbringen der Sporen wurden Epidermisstücke der Wirtspflanzen nach Louvet gefärbt [Differenzierung des Pilzmycels unter und auf der Epidermis: Einlegen des ganzen Objekts in lactique-Blau (Mycel im Gewebe = blau); anschließend nach Erhitzung Auftropfen von Fuchsinlösung (Rotfärbung des Mycels auf der Epidermis) und der Infektionserfolg mikroskopisch untersucht. – 3 Wege der Infektion ließen sich unterscheiden: 1) Direktes Eindringen der Keimhyphen: a) Bei Blättern von *Vicia faba* und Flieder sowie Früchten von Tomate und Erdbeere verursachte jede einzelne Keimhyphe eine Nekrose. (Nur Tomaten unter 3 cm Dmr. konnten infiziert werden, da größere Früchte wahrscheinl. eine dichtere Cuticula besitzen; außerdem bleibt bei Tomaten die Infektionsstelle lokalisiert, um die bei reifen Früchten ein heller Ring erscheint. Bei Erdbeeren tritt die Infektion im Stadium der roten Früchte ein). Bei *Cyclamen*- und *Pelargonium*-Blüten sowie den Blättern von *Fuchsia* drang dagegen die Masse der Keimhyphen ein und führte erst in ihrer Gesamtheit zur Bildung eines Fleckes. Beide Infektionsarten stehen in Beziehung zur Dicke der Cuticula der Wirtspflanzen. b) Die Infektion mit Keimhyphen durch die Spaltöffnungen wurde bei Blättern von *V. faba* und *Dahlia* beobachtet. 2) Infektion mittels vegetativen Mycels: dieses Mycel hat eine größere Infektionskraft (z. B. durch Berührungskontakte als die Sporen. 3) Infektion durch beschädigtes Gewebe: das Eindringen und die Entwicklung von *B. cinerea* erfolgen leichter in beschädigtem Gewebe. (Entfernung der epidermalen Fette und Wachse durch Chloroform führte zu ähnlichem Verhalten wie beschädigtes Gewebe).

R. Ritter. 2000.

2-64/01-0968 Hobbs, C. D. und Futrell, M. C. Influence of vitamins and other compounds on the degree of infection of wheat by Puccinia graminis tritici. **(Einfluß von Vitaminen und anderen Verbindungen auf den Infektionsgrad von Puccinia graminis bei Weizen.)** Phytopathology **53** (1963) Nr. 2. S. 230–231. – 2 Tab., 5 Lit.

Von den geprüften Vitaminen und verwandten Verbindungen förderten Calciumpantothensäure (**I**), Kaliumnitrat (**II**) und Calciumchlorid (**III**) bei Zusatz zur Uredosporensuspension von *Puccinia graminis tritici* den Infektionsgrad bei verschiedenen Weizensorten. **I** rief in 3 verschiedenen Versuchen die

höchste Anzahl der Pusteln hervor. Diese fördernde Wirkung war auch zwischen verschiedenen Konz. von **I** signifikant. Insofern konnte bes. dieses Vitamin für die Erhöhung der Infektionsrate in Versuchen Bedeutung erlangen, jedoch sind die Nachwirkungen auf den Erreger noch nicht geklärt.
O. Saß. 2020.

2-64/01-0969 Heitefuss, R. und Fuchs, W. H.; Göttingen, Univ., Inst. für Pflanzenpathol. und Pflanzenschutz, Lab. für Biol. Med. Isotopenforsch. **Phosphatstoffwechsel und Sauerstoffaufnahme in Weizenkeimpflanzen nach Infektion mit Puccinia graminis tritici.** Phytopathol. Z. **46** (1962) Nr. 2. S. 174 bis 198. — 11 Abb., 4 Tab., 45 Lit. Zus. in Engl.
Untersuchungen über den Phosphatstoffwechsel und die Sauerstoffaufnahme mit Schwarzrost (*Puccinia graminis tritici*) infizierter Weizenpflanzen unter Verwendung von ^{32}P-markiertem Phosphat brachten folgende Ergebnisse: Bei hoher Infektionsdichte steigt die O_2-Aufnahme schnell an und erreicht am 5. und 6. Tag nach der Infektion ein Maximum, um dann wieder abzunehmen. Dem Maximum der O_2-Aufnahme entspricht ein Minimum der Aktivität von anorg. P und ein Maximum des Einbaus von ^{32}P in höhermolekulare Phosphate (Phosphatide, Phosphorproteide, Nucleinsäuren). Das gleiche Ergebnis liegt bei niederer Infektionsdichte vor, nur daß das Maximum auf den 8. Tag verschoben und weniger stark ausgeprägt ist. Zur Zeit des post-infektionellen Respirationsmaximums ist die Aktivität der niedrigmolekularen, org. P-Verbindungen bei den kranken Pflanzen höher als bei den gesunden. Ebenfalls ein Maximum an Aktivität zeigt die Nucleotidfraktion, wo der Quotient ATP/ADP im Zuge der Respirationssteigerung verdoppelt wird. Die Ergebnisse, die deutliche Wechselbeziehungen zwischen O_2-Aufnahme und Phosphathaushalt der Pflanzen erkennen lassen, werden von Vff. in ihrer Bedeutung für das Zusammenleben von Wirt und Parasit besprochen. G. Zahn. 2020.

2-64/01-0970 Ehrlich, Howard G. und Ehrlich, Mary A.; Pittsburgh, Pa. Duquesne Univ., Dep. of Biol. Electron microscopy of the host-parasite relationships in stem rust of wheat. **(Elektronenmikroskopie des Wirt-Parasit-Verhältnisses beim Weizenschwarzrost.)** Amer. J. Bot. **50** (1963) Nr. 2. S. 123 bis 130. — 10 Abb., 15 Lit.
Von *Puccinia graminis* f.sp. *tritici*, Rasse 111 × 36, wurden Mycel, Haustorienmutterzellen, verschiedene Stadien der Hautorienbildung und Haustorien innerhalb der Wirtszellen der Weizensorten 'Little Club', 'Reliance', 'Chinese' und 'Timstein X' untersucht und elektronenoptisch abgebildet. Bes. Beachtung verdient eine Hüllschicht von 800–3400 Å Dicke, die die Haustorien, aber nicht die intercellularen Hyphen umgibt. Diese Hüllschicht wird innen von der Zellwand des Haustoriums begrenzt und liegt mit der dünnen Außenmembran direkt dem Wirtsplasma an. Ihre Zusammensetzung ist noch unbekannt, doch scheint sie vom Haustoriumprotoplasten abzustammen und z.T. aus Pilzcytoplasma zu bestehen. Kleine Vesikel, die von der Außenmembran der Hüllschicht abzustammen scheinen, werden mitunter im Wirtsplasma in unmittelbarer Nähe der Haustorien gefunden. Sie sind durch eine Membran abgegrenzt und enthalten particulares Material.
M. Schmiedeknecht. 2020.

2-64/01-0971 Loegering, William Q. und Powers jun., H. R. Inheritance of pathogenicity in a cross of physiological races 111 and 36 of Puccinia graminis f.sp. tritici. **(Die Vererbung der Pathogenität in einer Kreuzung der physiologischen Rassen 111 und 36 von Puccinia graminis f.sp. tritici.)** Phytopathology **52** (1962) Nr. 6. S. 547–554. — 4 Abb., 4 Tab., 18 Lit.
Durch Vermischen des Sporennektars künstlich auf *Berberis vulgaris* induzierter Pyknidien und Überimpfen der Aecidiosporen auf 'Little Club' stellten Vff. 108 F_2-Uredokulturen aus der Kreuzung Rasse 111 (avirulent) × Rasse 36 (virulent) her. In Infektionsversuchen wurde das Verhalten der 108 F_2-

Linien auf 20 Weizensorten untersucht. Es ließen sich anhand des Infektionstypes 8, als P_1–P_8 bezeichnete Gene für die Pathogenität nachweisen. Die Differenzierung der 8 Pathogenitätsgene war auf folgenden Sorten möglich: P_1 auf 'Hope XVII', 'Marquis', 'Reliance' und 'Kota'; P_2 auf 'Marquis' und 'Reliance'; P_3 auf 'Reliance'; P_4 auf 'Kota'; P_5 auf 'Chinese Spring'; P_6 und P_7 auf 'Acme' und P_8 auf Einkorn. Avirulenz war bei P_0 teilweise, bei den übrigen Pathogenitätsgenen vollständig dominant gegenüber Virulenz. Neben den nachgewiesenen Pathogenitätsgenen scheinen noch einige andere Gene die Wirt-Parasit-Wechselbeziehungen zu beeinflussen.

K. Wiesner. 2020.

2-64/01-0972 Király, Z. und Farkas, G. L.; Budapest. Relation between phenol metabolism and stem rust resistance in wheat. **(Die Beziehung zwischen Phenolstoffwechsel und Schwarzrostresistenz bei Weizen.)** Phytopathology **52** (1962) Nr. 7. S. 657–664. – 4 Abb., 3 Tab., 40 Lit.

Es wurde von 13 Sorten das Blattmaterial sowohl von künstlich infizierten als auch von gesunden Weizensämlingen verschiedenster Entwicklungsstufen auf den Phenolgehalt hin untersucht. Zwischen der Schwarzrostresistenz der einzelnen Sorten und dem Phenolgehalt bestehen keine deutlichen Zusammenhänge. Die Anhäufung von Phenolverbindungen erfolgt jedoch in infizierten Geweben bei resistenten Sorten eindeutig schneller. Desgl. steht die Veränderung in der Konz. reduzierender Verbindungen in den infizierten Geweben mit dem Reaktionstyp in Korrelation. Anfällige Formen reichern sich mit Ascorbinsäure an, während bei resistenten die Konz. abnimmt. Die Dehydrogenaseaktivität nimmt offenbar in von Rost befallenen Geweben zu. Vff. kommen zu dem Schluß, daß die Überempfindlichkeitsreaktion mit der Preisgabe des normalen Gleichgewichts zwischen Oxydation und Reduktion verbunden ist. W. Gottschling. 2020.

2-64/01-0973 Ismajlov, Ch. A. O vrede tverdoj golovni pšenicy v gornych rajonach. **(Über den Schaden des Weizenflugbrandes in den Gebirgsgegenden.)** Tr. In-ta genetiki i selekcii. AN AzerbSSR **2** (1962) S. 28–33. – Aus: Referativnyj žurnal Moskva. Rastenievodstvo **1963** Nr. 1.55.358. S. 49.

Die in Aserbaidshan durchgeführten Untersuchungen zeigten, daß Flugbrand den Weizen in den Gebirgsgegenden stark schädigt. Zur Ermittlung einzelner gegen Flugbrand immuner Weizenformen und deren Verwendung in der züchterischen Arbeit fand eine Auslese auf stark zur Infektion neigendem Material statt. Als Grundlage dienten 14 neue, aussichtsreiche Weizensorten und -hybriden. Ausnahmslos alle Sorten wurden in starkem Maße befallen. Dies entsprach nicht der Charakteristik der Sorte in der Beurteilung ihrer Anfälligkeit unter Produktionsbedingungen. Bei weniger zur Infektion neigendem Material erweisen sich viele der geprüften Sorten als wenig anfällig, unter Produktionsbedingungen wurden manche der Sorten kaum vom Flugbrand befallen. übersetzt v. G. Boetticher. 2020.

2-64/01-0974 Valle Ribeiro, M. A. M. do; Oeiras, Portugal, Estacao Agronomica Nac. Investigations into the pathogenicity of certain races of Ustilago nuda. **(Untersuchungen über die Pathogenität verschiedener Rassen von Ustilago nuda.)** Trans. Brit. mycol. Soc. **46** (1963) Nr. 1. S. 49–62. – 1 Abb., 6 Tab., 38 Lit.

Vf. berichtet über Untersuchungen zur Pathogenität der Rassen C1 und C2 von *Ustilago nuda* gegenüber den Weizensorten 'Capelle' (I), 'Staring' (II), 'Hybrid 46' (III), 'Kota' (IV), 'Picardie' (V), 'Peragis' (VI) und 'C. I. 12 633' (VII). Gegenüber Rasse C1 waren immun **VII**, hoch resistent **I**, **II** sowie **VI** und anfällig **III**, **IV** und **V**. Für C2 ergab sich folgendes Bild: immun **VII**, resistent **VI**, anfällig **II**, **III** und feldresistent (inkompatibel) **I**, **IV** und **V**. In weiteren Versuchen wurde die Variabilität der Pathogenität innerhalb C1 mit

7 Einzelsporenkulturen (**ESK**) an den Sorten **IV** und 'Ceres' (**VIII**) geprüft. Hochvirulent für **IV** und **VIII** waren **4 ESK**, hochvirulent für **IV** und mäßig virulent für **VIII** eine und mäßig virulent für **IV** und hochvirulent für **VIII** ebenfalls 1 **ESK**. G. Zahn. 2020.

2-64/01-0975 Hoffmann, J. A., Kendrick, E. L. und Meiners, J. P.; Pullman, Washington State Univ., Dep. of Plant Pathol. Pathogenic races of Tilletia controversa in the Pacific Northwest. **(Pathogene Rassen von Tilletia controversa im Pazifischen Nordwesten.)** Phytopathology **52** (1962) Nr. 11. S. 1153–1157. – 1 Abb., 1 Tab., 17 Lit.
In den Jahren 1957–61 wurden mittels eines aus 7 Weizensorten bestehenden Testsortimentes 49 Herkünfte von *Tilletia controversa* auf das Vorliegen unterschiedlicher Rassen geprüft. Es wurden hierbei 8 pathogene Rassen identifiziert. Davon zeigten 4 Rassen (D-1, D-4, D-2 und D-5) übereinstimmende Pathogenität zu Rassen des gewöhnlichen Steinbrandes, *Tilletia caries* und *T. foetida*. D-1 erwies sich als identisch mit den Rassen T-1, L-1 und L-2; D-4 mit T-5 und L-5; D-5 mit T-18; D-2 ähnelte T-16. 4 Rassen (D-3, D-6, D-7 und D-8) erwiesen sich als neue pathogene Typen. Unter letzteren besitzt die Rasse D-3, gegen die keine der im Anbau befindlichen brandresistenten Weizensorten resistent ist, die weiteste Verbreitung im Pazifischen Nordwesten. Als hoch resistent gegen Rasse D-3 erwies sich allein die Sorte 'Hohenheimer', die bisher aus wirtsch. Gründen nicht zur Resistenzzüchtung herangezogen wurde. W. Kühnel. 2020.

2-64/01-0976 Swinburne, T. R.; London, Imperial Coll., Bot. Dep. Infection of wheat by Tilletia caries (DC.) Tul., the causal organism of bunt. **(Infektion von Weizen durch Tilletia caries [DC.] Tul., den Erreger des Steinbrandes.)** Trans. Brit. mycol. Soc. **46** (1963) Nr. 1. S. 145–156. – 6 Abb., 2 Tab., 16 Lit.
Die Versuche mit den künstlich infizierten Weizensorten 'Fylgia', 'Capelle Desprez' und 'Atle' brachten folgende Ergebnisse: 3 Tage nach der Aussaat keimen bereits zahlreiche Brandsporen aus, am 4. Tag sind auf der Fruchtwand (Perikarp) viele Eintrittsstellen der Infektionshyphen zu beobachten. Erst am 7. Tag dringen die Pilzhyphen in die Basis der Koleoptile ein, die sie inter- und intracellular durchwachsen. In der weiteren Entwicklung werden die Basen der ersten und zweiten Blätter besiedelt. Der Pilz erreicht den Vegetationspunkt der Pflanzen, indem er direkt über aufeinanderfolgende Blattbasen einwächst oder von der Basis des 4. oder 5. Blattes in das Gewebe direkt unter dem Vegetationspunkt gelangt. In der Regel wird der Vegetationspunkt im 5-Blattstadium von den Pilzhyphen erreicht. In keinem Fall konnte beobachtet werden, daß Hyphen durch Leitbündelgewebe wuchsen. Tiefe Saat verstärkt den Befall mit Steinbrand. G. Zahn. 2020.

2-64/01-0977 Rabie, C. J. und Dippenaar, B. J.; Pretoria, Univ., Pretoria Landboufak. Fisiologiese rasse van stinkbrand van koring in Suid-Afrika. **(Physiologische Rassen des Steinbrandes in Südafrika.)** South African J. agric. Sci. **5** (1962) Nr. 4. S. 643–649. – 3 Tab., 9 Lit.
In Südafrika konnten bei Untersuchungen über die Zusammensetzung und Anzahl der dort vorkommenden Steinbrandrassen 5 Rassen von *Tilletia foetida* und 2 Rassen von *T. caries* festgestellt werden. Als Testsortiment dienten 10 Weizensorten. 85% der 65 Isolierungen aus dem Hauptweizenanbaugebiet der Republik Südafrika gehörten zu den Rassen T.c-1, T.c.-2 und T.f.-2. Diese 3 Rassen stimmen wahrscheinlich mit den 3 in den USA vorherrschenden Steinbrandrassen überein. O. Saß. 2020.

2-64/01-0978 Sinickij, V. S. Ob iskusstvennom zaraženii rži sporyńej. **(Über die künstliche Infektion des Roggens durch Sporen.)** Botaničeskij žurnal, Moskva–Leningrad **48** (1963) Nr. 2. S. 219–222. – 2 Tab., 14 Lit.

Vf. untersuchte die künstliche Infektion des Roggens zur Mutterkornkultur (*Claviceps purpurea*) auf spez. Feldern. Er konnte feststellen, daß die Infektion mit Sklerotialsporen keine Gefahr für die Ausbreitung des Parasiten auf die Graskulturen benachbarter Produktionsbetriebe darstellt. Untersucht wurden vor allem Kulturen von *Agropyron repens*, *Bromus secalinus* sowie *Festuca*- und *Poa*-Arten. Rolf Kießig. 2020.

2-64/01-0979 Wood, Leon S.; St. Paul, Univ. of Minnesota, Inst. of Agric., Dep. of Plant Pathol. and Bot. Relation of variation in Helminthosporium sativum to seedling blight of small grains. **(Die Beziehung der Variation bei Helminthosporium sativum zur Keimlingskrankheit des Getreides.)** Phytopathology **52** (1962) Nr. 6. S. 493–498. – 1 Abb., 6 Tab., 21 Lit.
Vf. prüfte 103 Einsporkulturen unterschiedlicher Herkunft von *Helminthosporium sativum* auf ihre Pathogenität gegenüber Gerste, Hafer und Weizen. Die in 70%igem Alkohol desinfizierten und in Töpfen ausgelegten Getreidekörner wurden mit 50 cm³ einer Mycelsuspension (1 Petrischale/300 cm³ Wasser) je Topf übersprüht. 28% der Herkünfte waren gegenüber Gerste, Hafer und Weizen pathogen, 19% gegenüber Gerste und Weizen, 1% gegenüber Hafer und Weizen, 15% nur gegenüber Weizen, 5% nur gegenüber Gerste, 1% nur gegenüber Hafer sowie 31% apathogen. Zwischen Herkunft und Pathogenität bestand keine Beziehung. Die Nachkommen einer Einsporkultur unterschieden sich deutlich in der Pathogenität. Bei Gerste trat die Keimlings-Helminthosporiose am stärksten bei 10° und 34 °C Bodentemperatur in Erscheinung. E. Wiesner. 2020.

2-64/01-0980 Glynne, Mary D.; Harpenden, Herts., Rothamsted Exp. Stat. Eyespot (Cercosporella herpotrichoides) and other factors influencing yield of wheat in the six-course rotation experiment at Rothamsted (1930–60). **(Der Einfluß der Halmbruchkrankheit [Cercosporella herpotrichoides] und anderer Faktoren auf den Weizenertrag in einem sechsgliedrigen Fruchtfolgeversuch in Rothamsted während der Jahre 1930–60.)** Ann. appl. Biol. **51** (1963) Nr. 2. 189–214. -- 4 Abb., 19 Tab., 10 Lit.
Vf. berichtet über das Auftreten von *Cercosporella herpotrichoides* in einem langfristigen Düngungsversuch mit sechsgliedriger Fruchtfolge und den Einfluß des Befalls auf die jährliche Ertragsleistung. Von den in den Jahren 1937–60 insgesamt ausgezählten 91 248 Strohhalmen waren bei der Ernte durchschnittl. 34% mit *Cercosporella* infiziert, davon 19% schwer. Der jährliche Halmbefall schwankte von 2–99% (1–81% mit schwerem Befall). Als verantwortlich für die jährl. hohen Befallsschwankungen erwiesen sich der Grad der Bodenverseuchung und die Witterung. Der Befall war im ersten 6-Jahreszyklus gering, da auf der Fläche vor Versuchsbeginn 11 Jahre lang kein Weizen angebaut worden war. In den nachfolgenden 5 Zyklen stieg der Befall um jeweils 7% an. Während des 5jährigen Aussetzens des Weizenanbaues hielt sich der Pilz auf So-Gerste und Wi-Roggen am Leben. Obwohl der Befall an diesen Getreidearten gering war, genügte er zur Anreicherung von Infektionsmaterial im Boden. Lagerung trat nur bei hohen N-Gaben oder schwerem *Cercosporella*-Befall auf. Letzterer wirkte sich stärker auf den Korn- als auf den Strohertrag aus. Der Kornertrag lag im Durchschnitt dieser 30 Jahre bei der Sorte 'Yeoman' bei 28,5 ctw./acre (Normalsleistung dieser Sorte unter örtlichen Gegebenheiten über 40 ctw./acre). Der Einfluß der Witterung auf den Ertrag wirkte sich über eine Beeinflussung des Krankheitserregers aus wie Vergleiche der Ertragsleistung auf gesunden und mit *Cercosporella* verseuchten Flächen ergaben. W. Kühnel. 2020.

2-64/01-0981 Last, F. T.; Harpenden, Herts., Rothamsted Exp. Stat. Effects of nutrition on the incidence of barley powdery mildew. **(Wirkungen der Ernährung auf das Auftreten des Gerstenmehltaues.)** Plant Pathol. **11** (1962) Nr. 3. S. 133–135. – 1 Abb., 1 Tab., 10 Lit.

In Feldversuchen mit So-Gerste wurde der Einfluß einer N-, P- und K-Düngung auf den Kornertrag und das Auftreten von *Erysiphe graminis* DC. untersucht. Durch die N- und P-Düngung erhöhte sich der Ertrag. Während jedoch die N-Düngung gleichzeitig zu einer starken Zunahme des Mehltauauftretens führte, setzte P-Düngung den Mehltaubefall erheblich herab. Die K-Düngung übte sowohl auf den Ertrag als auch auf den Mehltaubefall keinen Einfluß aus. H. Bochow. 2020.

2-64/01-0982 Benada, Jaroslav; Kroměříž, Výzkumný Ústav Obilnářský. Padlí travní (Erysiphe graminis DC.) na ječmeni. II. Příspěvek k epidemiologii padlí. **(Getreidemehltau [Erysiphe graminis DC.] auf Gerste. 2. Mitt. Beitrag zur Epidemiologie des Mehltaues.)** Rostlinna Výroba **8(35)** (1962) Nr. 10. S. 1287–1304. – 4 Abb., 4 Tab., 16 Lit. Zus. in Russ., Engl. 1. Mitt. vgl. LZ. Abt. II **8** (1963) Nr. 2. S. 547.

Vf. stellte eine Kurve der Inkubationszeiten für Getreidemehltau auf Gerste in Abhängigkeit von der Temperatur auf. Er verfolgte die potentielle Zahl von Infektionen in einem So-Gerstenbestand zwischen dem 18. Apr. und 6. Juni von Infektionen in einem So-Gerstenbestand zwischen dem 18. Apr. und 6. Juni. Vf. vermochte nicht, die Abhängigkeit von Tagestemperatur, nächtlicher Mindesttemperatur, Luftfeuchtigkeit und Taudauer festzustellen. Nur starker Regen hatte in den meisten Fällen verringerte Konidienzahlen zur Folge. Es ließen sich bedeutende Unterschiede in bezug auf die rel. Konidienzahl zu bestimmten Tageszeiten an verschiedenen Tagen ermitteln. Die potentielle Infektionszahl wies im So-Gerstenbestand 2 Maxima auf, und zwar während der ersten 3 Wochen der Entwicklungsphase der Gerste und nach dem Ährenschieben. Es zeigte sich, daß für das Entstehen einer Epidemie 2 Mehltaugenerationen genügen. Zur Zeit des Schossens zeichnen sich die Gerstenblätter durch eine bes. Widerstandsfähigkeit gegen Getreidemehltau aus, die offenbar durch veränderten Stoffwechsel der Pflanzen beeinflußt wird. Für die Epidemie auf So-Gerste ist der Befall der Wi-Gerste von Bedeutung. Auf Grund des Herbstbefalls und des Ausgleichs im Frühjahr ist eine Prognose möglich. P. Bartoš. 2020.

2-64/01-0983 Schafer, John F., Dickson, J. G. und Shands, H. L.; Madison, Univ. of Wisconsin, Dep. of Plant Pathol. and Agronomy. Effects of temperature on covered smut expression in two barley varieties. **(Einflüsse der Temperatur auf den Gedeckten Brand, aufgezeigt an zwei Gerstensorten.)** Phytopathology **52** (1962) Nr. 11. S. 1161–1163. – 1 Abb., 1 Tab., 7 Lit.

Die Untersuchung wurde mit der hoch anfälligen Sorte 'Odessa' und der mäßig resistenten Sorte 'Persicum' durchgeführt. Inokuliert wurde durch Bestäuben der entspelzten Samen mit trockenen Brandsporen der Rasse 6 von *Ustilago hordei*. Es wurden 5 verschiedene Temperaturkombinationen geprüft (12 °C Boden- und 16 °C Lufttemp., 20 °C und 24 °C Boden- und Lufttemp., 10 Std. Tag mit 12 °C Boden- und 16 °C Lufttemp. und 14 Std. Nacht mit 24 °C Boden- und Lufttemp., 10 Std. Tag mit 24 °C Boden- und Lufttemp. und 14 Std. Nacht mit 12 °C Boden- und 16 °C Lufttemp.). Beide Sorten reagierten unter Kurztagsbedingungen auf die Temperaturverhältnisse gleichartig, wenn auch mit sehr unterschiedlicher Anfälligkeit. 'Odessa' reagierte auf fast sämtliche Temperaturverhältnisse mit der Ausbildung von Brandsori an Ähren und Blättern in Höhe von 95–100%. Allein kühlere Temperaturbedingungen (12 °C Boden- und 16 °C Lufttemp.) bewirkten eine starke Reduktion der Blattsori. 'Persicum' blieb bei konstant tiefen Temperaturen (12 °C Boden- und 16 °C Lufttemp.) brandfrei. Höhere Temperaturen bis 24 °C bewirkten Befall in Höhe von 5–28%. Die Brandsori beschränkten sich hierbei fast ausschließl. auf die Ähren. Wechseltemperaturen bewirkten bei beiden Sorten keine Veränderung ihrer Anfälligkeit. W. Kühnel. 2020.

2-64/01-0984 Schafer, John F., Dickson, J. G. und Shands, H. L.; Madison, Univ. of Wisconsin, Dep. of Plant. Pathol. and Agronomy. Barley seedling response to covered smut infection. **(Reaktion von Gerstenkeimpflanzen auf die Infektion mit Gedecktem Brand.)** Phytopathology **52** (1962) Nr. 11. S. 1157–1161. – 2 Abb., 5 Tab., 17 Lit.

Als Ursache der stark verminderten Auflauffähigkeit entspelzter und mit *Ustilago hordei* inokulierter Gerstensamen wurde die Infektion in Verbindung mit Tiefsaat (2 ½–3 in.) ermittelt. Die Infektion hemmt das Längenwachstum der Koleoptile, so daß sie bei Tiefsaat die Bodenoberfläche nicht erreicht. Die Keimblätter dieser Sämlinge sind durch starke Blattverdrehungen charakterisiert. Alle getesteten bespelzten Gerstensorten reagierten auf die Inokulation in Verbindung mit Entspelzung und Tiefsaat gleich, ohne Rücksicht auf ihr Resistenzverhalten gegenüber *U. hordei*. Der Auflauf von 3 getesteten Nacktgerstensorten wurde durch die Inokulation nicht beeinflußt, wahrscheinlich durch Verhinderung des frühzeitigen Kontaktes der Koleoptile mit den Brandsporen durch das Perikarp. W. Kühnel. 2020.

2-64/01-0985 Zimmer, David E., Schafer, John F. und Patterson, Fred L.; Lafayette, Ind., Purdue Univ., Dep. of Bot. and Plant Pathol. Mutations for virulence in Puccinia coronata. **(Mutationen der Virulenz bei Puccinia coronata.)** Phytopathology **53** (1963) Nr. 2. S. 171–176. – 5 Tab., 31 Lit.

Monouredosporidiale Klone der Rassen 202, 203 und 290 wurden in der 5. bis 9. Generation auf 5 hochresistente Sorten übertragen. Bei der Rasse 202 traten auf 'Ascencao' und 'Ukraine', bei 209 nur auf 'Ukraine' neue Varianten auf. Die auf 'Ascencao' selektierten Varianten der Rasse 202 wiesen bis auf ihre Virulenz gegenüber 'Ascencao' keine weiteren Unterschiede zu dem Elternklon auf, während die der Rassen 202 und 290 von 'Ukraine' auch noch Virulenz gegenüber 'Green Russian' und 'Ukraine'-Abkömmlingen zeigten. Die Varianten der Rasse 290 waren untereinander nicht einheitlich. Das Auftreten der Varianten wird auf Mutation zurückgeführt. Die Mutationsrate der Rasse 202 für Virulenz gegenüber 'Ascencao' beträgt etwa 1:2200, für Virulenz gegenüber 'Ukraine' 1:6450 und die der Rasse 290 für Virulenz gegenüber 'Ukraine' 1:7900. E. Wiesner. 2020.

2-64/01-0986 Fleischmann, G., Samborski, D. J. und Peturson, B.; Winnipeg, Manitoba, Canada Dep. of Agric., Res. Stat. The distribution and frequency of occurrence of physiologic races of Puccinia coronata Corda f. sp. avenae Erikss., in Canada, 1952 to 1961. **(Die Verteilung und Häufigkeit des Auftretens physiologischer Rassen von Puccinia coronata Corda f. sp. avenae Erikss. in Kanada während der Jahre 1952–1961.)** Canad. J. Bot. **41** (1963) Nr. 4. S. 481–487. – 2 Abb., 2 Tab., 5 Lit.

Aus 1325 Isolaten des Pilzes konnten 43 verschiedene physiol. Rassen identifiziert werden. Alle 43 Rassen waren in Ostkanada vertreten, während in Westkanada 32 davon vorhanden waren. Die 11 Rassen, die lediglich in Ostkanada vorkommen, stellten 7% der Gesamtisolate aus dem Osten des Landes und 25% aller isolierten Rassen dar. Bis zum Jahre 1957 herrschten die für die Sorte 'Victoria' avirulenten Rassen 201, 202 und 203 vor. Da seit 1957 in starkem Maße die Sorten 'Garry' und 'Rodney' angebaut wurden, die ihre Resistenz von der Sorte 'Victoria' haben, erlangten seit dieser Zeit die für 'Victoria' virulenten Rassen 216 und 274 große Bedeutung. 7 Rassen in Westkanada bildeten 75% der Gesamtrostpopulation, während in Ostkanada 10 Rassen 63% der Gesamtisolate in dem10jährigen Berichtsraum ausmachten. G. Zahn. 2020.

2-64/01-0987 Grimm, Robert B. und Wheeler, Harry; Baton Rouge, Louisiana State Univ., Dep. of Bot. and Plant Physiol. Respiratory and enzymatic changes in Victoria blight of oats. **(Veränderungen der Atmung**

und Enzymtätigkeit bei der Viktoria-Krankheit des Hafers.) Phytopathology **53** (1963) Nr. 4. S. 436–440. – 4 Abb., 3 Tab., 11 Lit.
Mit *Helminthosporium victoriae* infizierte Haferpflanzen zeigen an den ersten beiden Tagen nach der Infektion keine Veränderung in der Respirationsrate, am 3. Tage nimmt diese jedoch stark zu, erreicht am 4. Tage das Maximum und nimmt danach wieder ab, bis sie am 8. Tage unter die der Kontrolle sinkt. In Homogenaten infizierter Pflanzen ist die Oxydationsrate der Ascorbinsäure in den ersten 4 Tagen nach der Infektion ziemlich konstant und liegt nur wenig über der der Kontrolle, am 5. Tag nimmt sie bis zum 4fachen Kontrollwert zu, fällt jedoch wieder ab und verbleibt ab 6. Tag etwa auf der Höhe des doppelten Kontrollwertes. Umgekehrt proportional der Respirationsrate ist die Reaktion der Pflanzen auf 2.4-Dinitrophenol (DNP): Nimmt die Respirationsrate zu, sinkt die Empfindlichkeit für DNP. Gleiche Veränderungen können auch durch Victorin, dem Toxin von *H. victoriae*, hervorgerufen werden. Dadurch wird die maßgebliche Rolle dieses Toxins bei der Pathogenese der Viktoria-Krankheit des Hafers bestätigt.

M. Schmiedeknecht. 2020.

2-64/01-0988 Šnejder, Ju. I. Bakterial'nye zabolevanija. **(Bakterielle Erkrankungen des Maises.)** Kukuruza, Moskva 8 (1963) Nr. 4. S. 51–52. – 5 Abb.
Beschrieben werden: 1. Bakteriose der Kolben 2. bakterielle Stengelfäulen (Erreger: *Erwinia disolvens* und *E. carotovora* var. *zeae*), 3. Bakterienwelke (wilt), deren Erreger sich sowohl auf der Samenoberfläche als auch im Innern des Samens befinden (daher durch Beizen des Saatgutes keine Gesundung) und die in der UdSSR Gegenstand strengster Quarantäne, in den USA, Kanada und Italien aber verbreitet sind, 4. bakterielle Braunfleckigkeit. Das Hauptbekämpfungsmittel ist (außer bei wilt) das Beizen des Saatgutes mit kombinierten Präparaten (je t Saatgut 1–2 kg 50%iges TMTD + 20%iges γ-Isomer von Hexachlorcyclohexan oder 20%iges Heptachlor).

L. Rang. 2020.

2-64/01-0989 Kuporickaja, K. I. Immunitet kukuruzy k puzyrčatoj golovne. **(Die Immunität des Maises gegen Beulenbrand.)** V sb.: Materialy Naučno-otčetn. konferencii prof.-prepodavat.' sostava Kišinevsk. s.-ch. in-ta **1960** (hrsg. 1962) S. 77–83. – Aus: Referativnyj žurnal Moskva. Rastenievodstvo **1963** Nr. 1.55.368. S. 50. 2020.

2-64/01-0990 Dolinka, B. und Manniger, I. Adatok a fritlégy (Oscinella frit L.) és a golyvás üszög (Ustilago maydis Cda.) kukoricán okozott közös kártételéhez. **(Über die gemeinsame Schädigung des Maises durch Fritfliege [Oscinella frit L.] und Maisbeulenbrand [Ustilago maydis (DC.) Cda.].)** Növénytermelés [Pflanzenbau] **11** (1962) Nr. 3. S. 267–282. – Aus: Ung. Agrar-Rdsch. **1963** Nr. 2.
In den Jahren 1959 und 1960 verursachte das gemeinsame Auftreten von Fritfliegen und Brandbefall schwere Verluste. Es ließen sich 4 Stufen der Schädigung ermitteln: Fl_0 = geringer Fritfliegenschaden, Pflanzen erholen sich; Fl_1 = Schädigung der Blattanlagen, Brandbeulen an Blatträndern, die Pflanzen gehen nicht ein; Fl_2 = Schädigung von Blattanlagen und Vegetationskegel führt zu verkümmerten Pflanzen ohne generative Organe, teilweise gehen die Pflanzen ein; Fl_3 = gemeinsame Schädigung zerstört Haupttrieb der sich entwickelnde Nebentrieb bildet keine Kolben; oft gehen die Pflanzen ein. Bei der Maishybride 'Mv-40' schwankte der Ernteausfall bei Fl_0 zwischen 0 und 5, bei Fl_1 zwischen 5 und 20, bei Fl_2 zwischen 20 und 50, bei Fl_3 erreichte er 100%. Die verschiedenen Sorten, Hybriden und Stämme zeigten unterschiedliche Anfälligkeit gegenüber dem gemeinsamen Befall. Von den untersuchten Hybriden erwiesen sich 'Mv-59', 'Mv-48' und 'Mv-57' als praktisch widerstandsfähig; 'Mv-40', 'Mv-1' und 'Mv-2' dagegen als anfällig. 2020.

2-64/01-0991 Becerescu, D. Rezistenţa unor soiuri şi hibrizi de porumb la atacul ciupercii Diplodia zeae (Schw.) Lév. **(Die Widerstandsfähigkeit einiger Maissorten und -hybriden gegen Befall durch Diplodia zeae [Schw.] Lév.)** Comun. Acad. Republ. Populare romîne **12** (1962) Nr. 4. S. 441–446. — 1 Abb., 5 Lit. Zus. in Russ., Franz.

Die Versuche wurden unter Gewächshausbedingungen und unter Anwendung der vom Vf. angegebenen Infektionsmethode durchgeführt. Als Infektionsmaterial wurde ein aus Maissaatgut isolierter Pilzstamm verwendet. Auf Grund der erzielten Ergebnisse wurde festgestellt, daß alle im Sämlingsstadium untersuchten 16 Maissorten und 15 Maishybriden von *Diplodia zeae* befallen werden. Die Befallshäufigkeit ist aber bei den einzelnen Sorten und Hybriden verschieden. Dadurch ergibt sich die Möglichkeit einer Selektion weniger dem Befall ausgesetzter Sorten oder Hybriden. Im allg. werden die Sorten und Hybriden, die der Gruppe *Zea mays* var. *dentiformis* angehören, weniger befallen als die der Gruppe *Zea mays* var. *indurata*. C. Ilchievici. 2020.

2-64/01-0992 Nemli'enko, F. E. und Grisenko, G. V.; Dnepropetrowsk, Unions-Inst. für Maisforsch. Vyživaemost' vozbuditelja diplodioza kukuruzy i vlijanie na nego nekotorych počvennych mikroorganizmov. **(Die Lebensfähigkeit des Erregers der Mais-Diplodiose und seine Beeinflussung durch einige Bodenmikroorganismen.)** Mikrobiologija, Moskva **31** (1962) Nr. 5. S. 891–894. — 3 Abb., 1 Tab., 9 Lit. Zus. in Engl.

Unter der Voraussetzung geringer Niederschläge gehen die auf Ernterückständen verbliebenen Sporen von *Diplodia zeae* gegen Juni-Juli des nächsten Jahres ein. Bei reichlichen Niederschlägen kann es dagegen durch Bildung neuer Pyknidien auf den Pflanzenresten sogar zu einer Vermehrung der Pilzsporen kommen. Einige Bodenbakterien und -pilze besitzen eine antagonistische Wirkung gegen *D. zeae* und können die Sporen abtöten. Die Bakterien wurden nicht näher bestimmt. Unter den Pilzen ragen bes. *Penicillium*-Arten hervor, jedoch zeigen auch Parasiten wie *Ustilago zeae* einen deutlichen antagonistischen Effekt. Rolf Kießig. 2020.

01-2-64/0993 Focke, I.; Bernburg/Saale, Inst. für Pflanzenzücht. der Dtsch. Akad. der Landwirtsch.-Wiss. zu Berlin. **Saprophyten an Maiskolben und -körnern.** Dtsch. Akad. Landwirtsch.-Wiss. Berlin, Tagungsber. **1961** (hrsg. 1962) Nr. 47. S. 195–197. — Zus. in Russ., Engl. — nach Zus.

Saprophytenbesatz an Maiskolben und -körnern wirkt sich nachteilig vor allem beim Auflaufen des Maises unter feuchtkühler Frühjahrswitterung aus. Von den in unserem Beobachtungsbereich häufig auftretenden saprophytischen Pilzen werden Vertreter der Gattungen *Cladosporium*, *Alternaria*, *Penicillium*, *Trachoderma*, *Nigrospora* und *Botrytis* genannt. — Bei unvorschriftsmäßiger Behandlung des Saatgutes z. Z. der Ernte und Lagerung können diese Saprophyten Schäden vom Umfang eines echten Parasiten verursachen. 2020.

2-64/01-0994 Kingsland, Graydon C. und Wernham, Clifford C.; Pennsylvania State Univ., Dep. of Bot. and Plant Pathol. Etiology of stalk rots of corn in Pennsylvania. **(Ätiologie von Maisstengelfäulen in Pennsylvanien.)** Phytopathology **52** (1962) Nr. 6. S. 519–523. — 1 Abb., 2 Tab., 26 Lit.

Mit Hilfe näher beschriebener Methoden der künstlichen Infektion und der histologischen Untersuchung gefärbten Stengelgewebes konnten Krankheitsbilder und Zeitpunkte der stärksten Schadwirkung einiger in Pennsylvanien hervortretender Erreger von Maisstengelfäule aufgeklärt werden. Als Infektionsmaterial dienten 3 aus älteren stengelfäulekranken Maispflanzen häufig isolierte Pilze. Unter 1024 Isolaten fanden sich 38,5% *Fusarium moniliforme* var. *subglutinans*, 16,2% *F. moniliforme*, 16,8% *Gibberella zeae* und 28,5% verschiedene Pilze. *Diplodia zeae* (Schw.) Lev. wurde nicht festgestellt. Inokulationen, Anfang Aug. ausgeführt, ergaben signifikant höheren

Prozentsatz der Stengelfäule als solche vom Sept. – Die äußerlich erkennbare Verfärbung der Nodien läßt nicht mit Sicherheit auf Pilzinfektion des darunterliegenden Gewebes schließen. K.-H. Kuhfuß. 2020.

2-64/01-0995 Morton, Donald J.; Fargo, Northern Agric. Exp. Stat. Influence of temperature, humidity, and inoculum concentration on development of Helminthosporium sativum and Septoria passerinii in excised barley leaves. **(Der Einfluß von Temperatur, Luftfeuchtigkeit und Inokulationskonzentration auf die Entwicklung von Helminthosporium sativum und Septoria passerinii in abgeschnittenen Gerstenblättern.)** Phytopathology **52** (1962) Nr. 7. S. 704–708. – 1 Abb., 3 Tab., 9 Lit.

Die inokulierten Blätter wurden in Reagenzröhrchen mit 5 ml Wasser im Wasserbad bei 15°, 20°, 25° und 30 °C inkubiert und durch verschieden langes Verschließen der Reagenzröhrchen unterschiedlich lange Perioden hoher Luftfeuchtigkeit induziert. Zur Infektion dienten trockene Sporen/Talkum-Gemische oder wäßrige Sporensuspensionen. Die Testsorten waren die anfällige Sorte 'Traill' (**I**) und die resistenten Sorten 'NDB 112' (**II**) sowie 'C.I. 4439' (**III**). Auf **I** verursachte *Helminthosporium sativum* die stärksten Symptome bei 30 °C und 1 Tag Verschluß, auf **II** bei 30 °C und 2–3 Tage Verschluß. Bei beiden Sorten war die zur Infektion notwendige Verschlußzeit beim Sporen/Talkum-Gemisch länger als bei der wäßrigen Sporensuspension, 150000 Sporen/ml. ergaben schnellere und stärkere Symptome als 15000 Sporen/ml. Bei *Septoria passerinii* setzte auf **I** die Pyknidienbildung am frühesten ein bei 30 °C, 2täg. Verschleiß und der höheren Sporenkonz. Niedrigere Temperaturen und längere Verschlußzeiten verzögerten sowohl Blattalterung als auch Pyknidienbildung. Ohne Verschluß der Reagenzröhrchen kam die Infektion nicht zum Haften. Auf **III** wurden unter keiner Bedingung Pyknidien gebildet. K. Wiesner. 2020.

2-64/01-0996 Malca, Isaac und Zscheile jun., F. P.; Davis, Univ. of California, Dep. of Agronomy. Effect of the Helminthosporium leafspot disease on organic acid content of corn seedlings. **(Wirkung der Helminthosporium-Blattfleckenkrankheit auf den Gehalt an organischen Säuren bei Maissämlingen.)** Phytopathology **53** (1963) Nr. 3. S. 341–343. – 1 Tab., 7 Lit.

Sämlinge einiger im wesentlichen genetisch gleichartiger Maislinien wurden mit 2 Rassen von *Helminthosporium carbonum* künstlich infiziert. Mit Hilfe chromatographischer Analyse konnten Aufschlüsse über die Abhängigkeit des Wirt-Parasit-Verhältnisses vom Gehalt der Pflanzen an einer Reihe org. Säuren gewonnen werden. Fumar-, Bernstein-, Malein-, Aconit- und Citronensäuregehalt zeigten beim Vergleich von infizierten mit Kontrollpflanzen keine deutlichen Unterschiede. Sämlinge mit Resistenzreaktionen ergaben nur einen wenig niedrigeren Maleinsäurespiegel als gesunde, während solche mit Anfälligkeitsreaktionen fast 50% mehr Maleinsäure aufwiesen als die Kontrolle. Der Gehalt an Citronensäure lag bei nichtinokulierten Pflanzen erheblich niedriger als bei der Infektionsreihe. K.-H. Kuhfuß. 2020.

2-64/01-0997 Samra, A. S., Sabet, K. A. und Hingorani, M. K.; Giza-Orman, Cairo, Egypt. Min. of Agric. Late wilt disease of maize caused by Cephalosporium maydis. **(„Späte Welke"-Krankheit des Maises durch Cephalosporium maydis.)** Phytopathology **53** (1963) Nr. 4. S. 402–406. – 2 Abb., 2 Tab., 15 Lit.

Cephalosporium maydis n.sp. wurde i.J. 1960 zuerst von Stengeln und Wurzeln welkender Maispflanzen in Ägypten isoliert. Der Gefäßparasit vermag die ganze Pflanze zu durchwachsen; er konnte seltener auch an Körnern festgestellt werden. Temperaturansprüche für sein Wachstum sind: 36° max., 30° opt. und 12° min. Gewächshausinfektion verlief positiv. Die Durchdringung des Wirtes scheint etwa 6 Wochen nach der Aussaat zu erfolgen; die

Symptome treten jedoch erst in der Periode zwischen Fahnenschieben und Reife zutage. – Konidienträger sind 30–250 μ lang, hyalin, meist septiert, verzweigt und gerade. Konidien entstehen am Ende der Träger und bilden falsche Köpfchen. Die einzelligen Konidien messen 3,6–14 × 3–3,6 μ.

K.-H. Kuhfuß. 2020.

2-64/01-0998 Noll, Alfred; Braunschweig, Biol. Bundesanst. für Land- und Forstwirtsch., Inst. für Bot. **Möglichkeiten zu Versuchen mit Streptomyces scabies und anderen Krankheitserregern an Kartoffeln ohne Licht.** Angew. Bot. **37** (1963) Nr. 1/2. S. 1–6. – 2 Abb., 13 Lit.

Bei Knöllchensucht werden an Stelle von Laubtrieben Knollen direkt an den Augen der Mutterknolle oder an ganz kurzen Stolonen ausgebildet. Offenbar ist für diesen Vorgang kein Licht notwendig; die Anomalie wurde an Pflanzknollen beobachtet, die von der Ernte–Mitte Mai in Säcken bei 5°–15° C im Kartoffelkeller und nach Abkeimung für 3 Mon. bei durchschnittl. 7,8 °C im Kühlraum lagerten, und erheblich gefördert, wenn man die kühlgelagerten Knollen in schwach angefeuchteten Sand auslegte. Nach dem Vermischen des Bodens mit künstlichen Kulturen von *Streptomyces scabies* verschorften sich die dazu neigenden Sorten bereits nach 3–4 Wochen beträchtlich (Beschreibung der Methode). Daraus ergibt sich die Möglichkeit, unter Verwertung der Knöllchensucht Schorfuntersuchungen außerhalb der vom Licht abhängigen, auf normaler Knollenbildung beruhenden Methoden durchführen zu können. Solche Untersuchungen wären unabhängig von Jahreszeit und Gewächshäusern (beliebige Räume) und würden u.a. die Beleuchtungs- und Düngungskosten senken, die Versuchsdauer abkürzen sowie den Arbeitsaufwand verringern.

R. Kämmerer. 2030.

2-64/01-0999 Petróczi, I. A burgonya ökológiai leromlásának kimutása ujabb módszerekkel. **(Nachweis des ökologischen Abbaues der Kartoffel mit neuen Methoden.)** Agrártudományi Egyetem Mezögazdságtudományi Karának Közleményei, Gödöllö [Mitt. landwirtsch.-Wiss. Fak. Univ. Agrarwiss., Gödöllö] **1962** S. 379–391. – Aus: Ung. Agrar-Rdsch. **1963** Nr. 3.

Es ist wahrscheinlich, daß der ökologische Abbau infolge der z.Z. des Knollenansatzes herrschenden hohen Luft- und Bodentemperaturen sowie infolge plötzlich eintretenden Wassermangels zustande kommen kann. Dieser Abbau ist das Ergebnis der komplexen Wirkung mehrerer Jahre und ist mit dem virösen Abbau verflochten. 1) In 3jährigen Gefäßversuchen wurde der Einfluß hoher Bodentemperatur z.Z. des Knollenansatzes (32° bzw. 20 °C) geprüft. Die Versuchsergebnisse blieben jedoch unbefriedigend, da der Ertrag der Knollen, die sich bei 20 °C entwickelt hatten, nur um 7 bis 50% höher war als der Ertrag der Knollen, die sich bei 32° gebildet hatten. 2) Wärmebehandlung (32 °C) der Knollen nach der Ernte minderte den Pflanzgutwert: Im folgenden Jahr ging der Ertrag um 4 bis 53% zurück. 3) Die Untersuchung der Zwillingsknollen bietet eine Möglichkeit, die individuellen Unterschiede der einzelnen Pflanzen und der latenten Virusinfektion auszuschalten, da in diesem Falle Knollen verglichen werden können, deren „A"-Teil während einer Trokken- oder Dürreperiode sich entwickelte, ihr „B"-Teil dagegen nach größeren Niederschlägen, also unter günstigeren Bedingungen gebildet wurde. In den Versuchen des Vf. entwickelten die „A"-Teile häufig Fadenkeime. Das Ausmaß der Fadenkeimigkeit – abgesehen von den sog. Stolburgebieten – weist auf den ökologischen Abbau hin. Durch geeignete Umweltbedingungen läßt sich der Abbau vermindern bzw. die Ertragsfähigkeit teilweise wiederherstellen.

2030.

2-64/01-1000 Howard, F. D., Laborde, J. F., Yamaguchi, M. und Knott, J. E.; Davis, Univ. of California Studies of internal black spot of California-grown White Rose potato tubers. **(Untersuchungen über die innere Schwarzfleckigkeit von in Kalifornien angebauten Kartoffelknollen der Sorte**

,White Rose'.) Proc. Amer. Soc. horticult. Sci. 78 (1961) S. 406–412. – 1 Abb., 5 Tab., 13 Lit.
Die Anfälligkeit von Kartoffelknollen der Sorte ,White Rose' gegenüber der Schwarzfleckigkeit wurde in den Jahren 1958 bis 1960 geprüft, indem die Knollen sofort nach der Ernte und nach einer kurzen Lagerungszeit künstlich einem mechanischen Druck ausgesetzt wurden und nach 24 Std. geschält und visuell nach der Skala 0–9 bonitiert wurden. Variierung des Erntezeitpunktes (91, 97, 104, 108, 115 Tage nach dem Auflauf) erbrachte keine Befallsunterschiede, alle Proben zeigten nach der Ernte starke Anfälligkeit gegenüber der Schwarzfleckigkeit. Eine Lagerung nach der Ernte bei 0 °C hatte die stärksten Schäden zur Folge, während Lagerung bei 10° bis 25 °C schon nach 4 Tagen die Anfälligkeit minderte. Veränderung der Luftfeuchtigkeit während der Lagerung erbrachte keine Unterschiede. Beschickung der Lagerräume mit 5% CO_2 hatte schon nach 4 Tagen eine sehr hohe Anfälligkeit gegenüber der Schwarzfleckigkeit zur Folge. Zur Klärung der Frage, ob CO_2 die Schwarzfleckigkeit induzieren kann, wurden die Knollen zunächst 4 Tage bei 20 °C aufbewahrt und anschließend mit 0,5 bis 5% CO_2 behandelt. Alle CO_2-Konz. erhöhten das Auftreten der Schwarzfleckigkeit. Kamen die Knollen wieder in normale Luftverhältnisse, sank die Anfälligkeit wieder auf den Wert der Kontrolle ab. Vff. entwickeln daraufhin die Hypothese, daß der CO_2-Gehalt der die Knollen umgebenden Bodenluft eine maßgebliche Rolle bei der starken Anfälligkeit gegen Schwarzfleckigkeit frisch geernteter Knollen spielen kann. Diesbez. Untersuchungen sind eingeleitet. Ch. Janke. 2030.

2-64/01-1001 Langbein, H. und Pehl, P. **Einfluß der Stickstoffversorgung auf den Phytophthora-Befall der Kartoffeln.** Meded. Landbouwhogeschool Opzoekingsstat. Staat Gent **27** (1962) Nr. 3. S. 1186–1198. – 7 Abb., 7 Tab.
Durch N-Steigerungsversuche wird die von Grümmer getroffene Feststellung bestätigt, daß Eiweißabbau bzw. Absinken des N-Spiegels auf den Blättern eine *Phytophthora*-Anfälligkeit hervorrufen. Von der Bildung der Knollen an beginnt der Eiweißabbau. Sind für die Virulenz der Pilze auch gleichzeitig die meteorol. Voraussetzungen gegeben, so beginnt auch der Pilzbefall. In entspr. Menge und zur rechten Zeit führt reichliche N-Düngung zu hohem N-Spiegel und damit gegen zu frühen und übermäßigen *Phytophthora*-Befall. Um das Absinken des N-Spiegels bes. um die Zeit des Reihenschließens, die meist auch die Zeit der Knollenbildung ist, zu verhindern, kann eine Düngung mit schnell aufnehmbarem N erfolgen. Harnstoff wurde als bes. geeignet angesehen, weil er in gelöster Form infolge seiner guten Pflanzenverträglichkeit gemeinsam mit Fungiciden angewendet werden kann. (Aufwandmenge 20 kg/ha). Harnstoff führt nicht zur Einsparung von Fungiciden, aber steigert die Wirkung. H. Tielecke. 2030.

2-64/01-1002 Partyka, R. E. und Mai, W. F. Effects of environment and some chemicals on Sclerotinia sclerotiorum in laboratory and potato field. **(Einflüsse der Umwelt und einiger Chemikalien auf Sclerotinia sclerotiorum im Laboratorium und auf dem Kartoffelfeld.)** Phytopathology **52** (1962) Nr. 8. S. 766–770. – 2 Tab., 26 Lit.
Sclerotinia sclerotiorum (Lib.) de Bary verursacht an zahlreichen Kulturpflanzen vieler Gebiete der Welt schwere wirtsch. Verluste. Bei Kartoffeln sind die Verluste umso größer, je früher die Pflanzen infiziert werden. Für die Überwinterung und Keimfähigkeit der Sklerotien sind Bodentiefen von 4–7 in. günstiger als solche von 2 in. Sklerotien, die während des Winters im Boden vergraben waren, keimten innerhalb von 4–13 Tagen, im Labor. benötigten sie 21–63 Tage. Tagesdurchschnittstemperaturen von 60 °F und darüber in 2 in. Bodentiefe waren notwendig für die Apothecienbildung. Die Lebensdauer der Ascosporen war bei 60% rel. Luftfeuchtigkeit größer als bei 80 und 89%. Terraclor (75% PCNB) wirkte im Labor. eher fungistatisch als fungicid auf

Sklerotien, war aber unwirksam im Freiland. Vapam, Chlorpikrin, Methylbromid und Mylone töteten unter Labor.-Bedingungen die Sklerotien ab. Vapam-Begasung des Bodens vernichtete alle Sklerotien in 1–8 in. Bodentiefe. Die Wirkung von Vapam war bei 92,6% rel. Luftfeuchtigkeit größer als bei 78%. O. Saß. 2030.

2-64/01-1003 Bubencov, S. T. Fuzarioznoe uvjadanie kartofelja. **(Die Fusarium-Welke der Kartoffel.)** Zaščita rastenij ot vreditelej i boleznej. Moskva 8 (1963) Nr. 2. S. 24–25.

Die *Fusarium*-Welke der Kartoffel ist in den südlichen und südöstlichen Bezirken von Kasachstan stark verbreitet, bes. auf Flächen mit mehrjährigem Kartoffelanbau. Die *Fusarium*-Welke senkt den Knollenertrag erheblich und verringert den Stärkegehalt um etwa 4%. Nach Luzernevorfrucht waren 10% der Pflanzen befallen; nach 3maligem Kartoffelanbau stieg der Befall auf 82,5% nach 4maligem Anbau auf 100%. Der Ertrag ging dabei von 15 auf 7 t/ha zurück. H. Decker. 2030.

2-64/01-1004 Gorovec, V. K.; Minsk, Beloruss. Univ. Bolezni sacharnoj svekly. **(Krankheiten der Zuckerrübe.)** Zaščita rastenij ot vreditelej i boleznej. Moskva 8 (1963) Nr. 4. S. 54.

In Belorußland wurde der Echte Mehltau, *Erysiphe communis* Grev., an Zuckerrüben erstmals i.J. 1961 festgestellt. Die Perithecien überwintern an Pflanzenresten. Die freiwerdenden Ascosporen infizieren im Sommer neue Pflanzen. Durch den Befall wird der Rübenertrag gesenkt. H. Decker. 2030.

2-64/01-1005 Rădulescu, Eug., Nestor, I. und Koloszy, E. Contribuţii la cunoaşterea bacteriilor care produc boli na fasole în R.P.R. **(Beiträge zur Kenntnis der Bakterien, die Erkrankungen der Bohnen in der RVR verursachen.)** Comun. Acad. Republ. Populare romîne 12 (1962) Nr. 4. S. 435–439. – 8 Lit. Zus. in Russ., Franz.

Im Jahre 1959 wurden in der landwirtsch. Versuchsstat. Cluj in Zusammenarbeit mit dem Inst. für Hygiene Cluj Untersuchungen über Bohnenbakteriosen zwecks Ausarbeitung und Anwendung geeigneter Bekämpfungsmethoden (chem. Behandlungen, Anbau widerstandsfähiger Sorten) in Angriff genommen. Es wurden aus den Proben befallener Bohnenpflanzen, die aus 19 Ortschaften der RVR gesammelt wurden, 51 Stämme pathogener Bakterien isoliert und geprüft. 24 dieser Stämme, aus Proben von 12 Ortschaften isoliert, gehören der Art *Xanthomonas phaseoli* an, während 14 andere Stämme aus Proben von 6 Ortschaften der Art *Pseudomonas phaseolica* zuzuordnen sind. C. Ilchievici. 2040.

2-64/01-1006 Cunningham, J. L. und Hagedorn, D. J.; Madison, Univ. of Wisconsin, Dep. of Plant Pathol. Penetration and infection of pea roots by zoospores of Aphanomyces euteiches. **(Durchdringung und Infektion der Erbsenwurzeln durch Zoosporen von Aphanomyces euteiches.)** Phytopathology 52 (1962) Nr. 8. S. 827–834. – 4 Abb., 2 Tab., 5 Lit.

Zoosporen von *Aphanomyces euteiches* durchdringen mit Hilfe ihrer Keimschläuche Erbsenwurzeln innerhalb von 2 Std. Gewöhnlich intercellular können sie gelegentlich aber auch direkt über die Zellwände der Epidermis oder Wurzelhaare in die Wurzeln Eingang finden. Apressorien-ähnliche Gebilde wurden nicht beobachtet. Nach 8 Std. befanden sich die Hyphen 7 Zellschichten tief im Gewebe, nach 24 Std. bereits in der Endodermis. Schädigende Reaktionen traten in den Zellen erst 12 Std. nach dem Eindringen auf, danach waren auch keine Hyphen in den Zellen mehr zu finden, sondern nur zwischen den Zellen der Wurzelrinde. Nach 61 Std. hatten sich die Hyphen auch im Phloëm und Zentralzylinder ausgebreitet. Innerhalb der verschiedenen physiol. Rassen bestanden hinsichtlich der Tiefe des Eindringens keine Unterschiede. Wohl aber unterschieden sich die Erbsensorten in ihrer Fähigkeit, dem Erreger als Wirt zu dienen. O. Saß. 2040.

2-64/01-1007 Lloyd, A. B. und Lockwood, J. L.; East Lansing, Michigan Univ., Dep. of Bot. und Plant Pathol. Effect of soil temperature, host variety, and fungus strain on Thielaviopsis root rot of peas. **(Die Wirkung der Bodentemperatur, der Wirtspflanzensorte und des Pilzstammes auf die Thielaviopsis-Wurzelfäule an Erbsen.)** Phytopathology **53** (1963) Nr. 3. S. 329 bis 331. – 1 Abb., 1 Tab., 15 Lit.

Bei einem Bodentemperaturoptimum von 17°–25 °C ruft *Thielaviopsis basicola* (Berk. et Br.) Ferr. häufig Wurzelfäulen an Pflanzen mit hohen Temperaturansprüchen (26°–31 °C) wie Tabak, Baumwolle, Poinsettien und Orangen hervor. An Erbsen wird der Pilz in Michigan seltener beobachtet. Festzustellen war, welche Bodentemperaturen die Krankheit an einer Wirtspflanze mit niedrigen Temperaturansprüchen (13°–17 °C) begünstigen. Verwendet wurden 3 Pilzisolate von Erbsen sowie die Temperaturstufen 16°, 20°, 24°, 28° und 32 °C. Die Krankheit trat bei allen 3 Isolaten am stärksten bei 28 °C auf. Dieses Optimum liegt über dem Optimum für das Mycelwachstum in Kultur (20°–24°) und unter dem der Erbse (13°–17°). Der Pilz scheint demnach immer am stärksten bei den für die Wirtspflanze ungünstigen Temperaturen zu schädigen. Der durchschnittl. Krankheitsindex (Skala 0–9) von 29 geprüften inländischen Sorten betrug 8,2, von 8 ausländischen Sorten bzw. Stämmen 5,9. Isolate von Orangen und Poinsettien zeigten an Erbsen eine mittlere bis starke Pathogenität, während Isolate von Tabak entweder gar keine oder nur leichte Infektionen verursachten. Ch. Janke. 2040.

2-64/01-1008 Čurakov, I. I. Mučnistaja rosa podsolnečnika. **(Der Falsche Mehltau der Sonnenblume.)** Zaščita rastenij ot vreditelej i boleznej, Moskva 8 (1963) Nr. 2. S. 44. 2045.

2-64/01-1009 Hoffmann, G. M., Menzinger, W. und Weltz, P.; Hannover, TH, Inst. für Pflanzenkrankh. und Pflanzenschutz. **Zur Keimungsphysiologie von Polyspora lini Laff.** Z. Pflanzenkrankh. [Pflanzenpathol.) Pflanzenschutz **70** (1963) Nr. 2. S. 65–72. – 5 Abb., 2 Tab., 7 Lit.

Der Erreger des Stengelbruches, der Stengel- und Blattbräune des Leins, *Polyspora lini* Laff., keimt im Gegensatz zur überwiegenden Mehrzahl parasitischer Pilze nicht in Wasser. Vermutlich benötigt der Erreger für die Keimung seiner Vermehrungsorgane die stimulierende Wirkung bestimmter Stoffe. In vorliegender Arbeit werden Untersuchungen über die stoffliche Grundlage dieses Stimulationseffektes beschrieben. Die Ergebnisse zeigten, daß der Erreger zur Quellung und Keimung seiner Konidien niedere Kohlenhydrate benötigt. Günstig sind hochprozentige Zuckerlösungen mit einem osmotischen Wert bis zu 130 atm. Bei geringeren Zuckerkonz. erfolgt eine Vermehrung durch hefeartige Sprossung, mit steigendem osmotischen Wert nimmt die Mycelbildung zu. Dies ist eine physiol. Besonderheit, da i. allg. das Wachstum von Pilzen in hohen Zuckerkonz. gehemmt wird. Die Konidien von *P. lini* keimten nicht in Lösungen mit org. Säuren, Aminosäuren, Bioswirkstoffen oder Neutralsalzen. *P. lini* muß in die Gruppe der saccharophilen Pilze eingeordnet werden. L. Rath. 2045.

2-64/01-1010 Mead, H. W.; Saskatoon, Canada, Agric. Res. Stat. Comparison of temperatures favoring growth of Ascochyta imperfecta Peck and development of spring black stem on alfalfa in Saskatchewan. **(Vergleich zwischen den für das Wachstum von Ascochyta imperfecta Peck günstigen Temperaturen und der Entwicklung der Stengelschwärze an Luzerne in Saskatchewan.)** Canad. J. Bot. **41** (1963) Nr. 2. S. 312–314. – 1 Abb., 2 Lit.

Das Temperaturoptimum für das Mycelwachstum von *Ascochyta imperfecta* Peck betrug auf Agar-Nährboden 68°–72 °F. Neben der Temperatur ist für die Sporenkeimung der pH-Wert des Mediums entscheidend. Bei pH 3, 4, 5, 6 und 7 betrug das Temperaturoptimum für die Sporenkeimung 80°, 90°,

72,5°, 61°, 72,5° bzw. 72,5 °F. Zur Zeit des stärksten Auftretens der Stengelschwärze im Frühjahr (Ende Mai/Anfang Juni) liegen die Tagesdurchschnittstemperaturen in Saskatchewan bei nur 53 °F. Erst Ende Juli/Anfang Aug. werden Temperaturwerte von 68 °F erreicht, aber zu dieser Zeit ist das Krankheitsauftreten nur schwach. Es wurde festgestellt, daß die Infektionsbedingungen im Frühjahr günstiger sind, da sich dann viele Pyknidien an Stoppeln und anderen Pflanzenrückständen befinden und außerdem optimale Feuchtigkeitsbedingungen gegeben sind. O. Saß. 2050.

2-64/01-1011 Lovrekovich, L., Klement, Z. und Farkas, G. L.; Budapest, Res. Inst. for Plant Protection. Effect of Pseudomonas tabaci on the metabolism of starch in tobacco leaves. **(Die Wirkung von Pseudomonas tabaci auf den Stärkestoffwechsel in Tabakblättern.)** Nature [London] **197** (1963) Nr. 4870. S. 917. – 1 Abb., 1 Tab., 5 Lit.
Im Gegensatz zu zahlreichen anderen Pflanzenkrankheiten ist der toxininduzierte, chlorotische Hof bei Infektionen von Tabak ('White Burley') mit *Pseudomonas tabaci* stärkefrei. Eine Abnahme des Stärkegehalts kann auch mit bakterienfreien Kulturfiltraten erzeugt werden. In kranken Blättern ist die Amylase-Aktivität nicht, die Phosphorylase-Aktivität jedoch stark vermindert. *P. tabaci* hydrolysiert die Stärke nicht, das Kulturfiltrat verändert in vitro die Phosphorylase-Aktivität ebenfalls nicht. Deshalb kann die Abnahme der Phosphorylase-Aktivität nur eine indirekte Wirkung von *P. tabaci* auf den Wirtsstoffwechsel sein. Dagegen lassen die Stärkeabnahme und die Hemmung der Phosphorylase-Aktivität auf kausale Zusammenhänge schließen. M. Schmiedeknecht. 2065.

2-64/01-1012 Čermák, J., Škula, K. und Balcar, J. Výskyt peronospory tabáku v ČSSR v r. 1961. **(Vorkommen der Blauschimmelkrankheit des Tabaks in der Tschechoslowakei im Jahre 1961.)** Bull. tabakovêho Priemyslu **5** (1962) Nr. 1/2. S. 11–28. – 11 Tab.
Vff. berichten über Vorkommen und Massenverbreitung in Europa und spez. in der ČSSR in den Jahren 1960 und 1961, ferner über wirtsch. Schäden, Ergebnisse der Resistenzzüchtung, Einfluß von Feuchtigkeit, Temperatur, Licht auf die Verbreitung von *Peronospora*, über agrotechn. Maßnahmen (Herbstaussaat ins Frühbeet, unterschiedl. Pflanztermin und Pflanzweite, unterschiedl. Nährstoffversorgung). Vorteilhaft erwiesen sich Herbstaussaat und zeitige Pflanzung im Apr. Die Anfälligkeit der Pflanzen gegenüber dem Erreger wird durch Faktoren erhöht, die die Pflanzen schwächen oder ihre Sukkulenz fördern. ČSSR/ÚVTI. 2065.

2-64/01-1013 Godlewska-Lipowa, Wacława; Zakład Ekol. PAN, Prac. Fitopatol. O występowaniu Xanthomonas carotae w Polsce. **(Das Auftreten von Xanthomonas carotae in Polen.)** Ochrona Roślin **7** (1963) Nr. 2. S. 17–21. – 4 Abb.
Xanthomonas carotae tritt bei Möhre, Koriander und anderen Doldengewächsen an Blättern, Blütenständen und Wurzeln auf. Die bakterielle Krankheit bedingt den Ausfall des Samenertrages. Infizierte Samen weisen wesentlich verminderten Gehalt an wertvollen Ölen auf. Die Krankheit tritt gewöhnlich Mitte oder Ende des Sommers auf und befällt die Blütenstände am stärksten in der Zeit des Fruchtansatzes (trockene Nekrose der Dolden). Eine experimentelle Infektion reifer Blütenstände des Korianders hat gezeigt, daß die Bakterien zusammen mit dem keimenden Pollen in den Embryo eindringen und seine Degeneration sowie eine Unterentwicklung des Endosperms hervorrufen. Isolierte Bakterien des Stammes *X. carotae* waren mit Bakterien identisch, die den Brand der Blütenstände wildwachsender Doldengewächse verursachten. In morphol. Sicht handelt es sich um gramnegative Stäbchen. Der Krankheitserreger wurde bereits an 51 Pflanzen gefunden. PRL/CBR. 2070.

2-64/01-1014 Termohlen, G. P.; Naaldwijk, Proefstat. voor de Groenten- en Fruitteelt onder Glas. Onderzoekingen over kurkwortel van tomaat en over de kurkwortelschimmel. **(Untersuchungen über die Korkwurzel der Tomate und über den Korkwurzelpilz.)** Tijdschr. Planteziekten **68** (1962) Nr. 6. S. 295–367. – 17 Abb., 17 Tab., 42 Lit. – Zus. in Engl.

Korkwurzel (Wurzelbräune) ist eine unter Glas und im Freiland in Westeuropa häufig beobachtete Erkrankung der Tomate, die bei starkem Befall bis zu 75% Ertragsverlust bedingt. Über die Ursachen dieser Erkrankung bestehen unterschiedliche Auffassungen. Nach Beschreibung der Krankheitssymptome berichtet Vf. über seine Versuche zur Ätiologie. Aus korkwurzelkranken Proben aus Holland wurde ein steriler, Sclerotien bildender Pilz isoliert, mit dem in künstlichen Infektionsversuchen die typischen Krankheitssymptome reproduziert werden konnten. Andere isolierte Pilze, unter ihnen *Colletotrichum atramentarium* und *Cylindrocarpon radicicola*, Bakterien sowie das Tomatenmosaik- und das Tabaknekrosevirus vermochten in den Infektionsversuchen keine Korkwurzelsymptome zu induzieren. Hinsichtlich Morphologie und Pathogenität unterschieden sich die Herkünfte des Korkwurzelpilzes. In künstlicher Kultur erfolgte schnellstens Wachstum bei 26 °C und pH 4,7. Zwischen der Pathogenität einzelner Herkünfte und der „Pilzkonzentration" in der Pflanze bestanden keine, zwischen dieser und der Stärke der Infektion dagegen positive Korrelationen. Der Pilz dringt direkt durch die Epidermis ein und wächst meist intracellular. Nekrosen im Phloëm und Xylem konnten nur vereinzelt in älteren Wurzeln beobachtet werden. Das Temperaturoptimum der Infektion liegt zwischen 15 und 20 °C. Im Boden überlebt der Korkwurzelpilz als Mycel in Pflanzenresten und für längere Zeit wahrscheinlich als Sklerotium. Torf erhöhte nicht die Befallsstärke. Von 37 geprüften Solanaceen-Arten reagierten die meisten mit Symptomausbildung. *Physochlaena orientalis* ist ein latenter Träger des Korkwurzelpilzes. Von den *Lycopersicum*-Arten sind *L. glandulosum*, *L. peruvianum* und *L. hirsutum* hochresistent. Die F_1 von *F. esculentum* × *L. hirsutum* war ebenfalls resistent und wird als aussichtsreiche Basis einer Resistenzzüchtung angesehen. Für die Resistenzprüfung sind nur bewurzelte Triebstecklinge geeignet, da resistente Pflanzen in jugendlichem Stadium ebenfalls anfällig sind. In Gewächshausversuchen war ein Einfluß verschiedener Vorfrüchte auf das Auftreten der Korkwurzel nicht festzustellen. Dagegen konnte durch Verbesserung der Bodenstruktur, durch regelmäßige Zufuhr kleiner Wassermengen und durch Bedeckung des Bodens mit org. Substanz der Befall reduziert werden. Die beste Bekämpfung wurde durch die Bodendesinfektion mittels Dampf oder Chlorpikrin erzielt. Von den Fungiciden war Captan am wirksamsten. K. Wiesner. 2070.

2-64/01-1015 Bucur, Elena und Lazăr, I. Cercetări asupra condiţiilor de infecţie a tomatelor cu bacteria Corynebacterium michiganense (E. F. Smith) Jensen. **(Untersuchungen über die Infektionsbedingungen von Tomaten mit Corynebacterium michiganense [E. F. Smith] Jensen.)** Comun. Acad. Republ. Populare romîne **12** (1962) Nr. 1. S. 129–135. – 4 Tab., 6 Lit. Zus. in Russ., Franz.

Die von *Corynebacterium michiganense* verursachte Bakterienwelke der Tomate wurde in letzter Zeit in der RVR beobachtet. Untersuchungen ergaben, daß im Falle vaskulärer Infektion Dürre und Hitze die Entwicklung der Krankheit begünstigen, während für das Erscheinen der lokalen Infektionen auf den Früchten erhöhte Luftfeuchtigkeit der entscheidende Faktor ist. Die kürzeste Inkubationsdauer und maximaler Befall bei lokalen Infektionen zeigten Früchte mit einem Drm. von 2,5 bis 3,5 cm. Die Inkubationsperiode schwankt je nach dem Alter der Kulturen und ist um so länger, je älter die Kulturen sind. Pathogenese und Virulenz der alten Kulturen sind geringer.
C. Ilchievici. 2070.

2-62/01-1016 Castellani, E.; Torino, Univ., Ist. di Patol. Vegetable. Problemi fitopatologici della coltura del peperone. **(Phytopathologische Probleme des Paprika-Anbaues.)** Riv. Ortoflorofrutticolt. ital. **47(88)** (1963) Nr. 2. S. 108–123. 2070.

2-64/01-1017 Behr, L.; Halle/S., Martin-Luther-Univ., Inst. für Phytopathol. **Über einen durch Colletotrichum dematium f.circinans (Berk.) v. Arx (comb. nov.) verursachten Totalschaden an keimenden Küchenzwiebeln (Allium cepa L.).** Zbl. Bakteriol., Parasitenkunde, Infektionskrankh. Hyg., II. Abt. **116** (1963) Nr. 5. S. 552–561. – 9 Abb., 17 Lit.
Vf. berichtet über das Auftreten von *Colletotrichum dematium* f. *circinans* (Berk.) v. Arx (comb. nov.) in der Umgebung von Staßfurt, das zu einem Totalverlust eines 3,25 ha großen Zwiebelfeldes führte. Diese „Schmutzfleckenkrankheit" ist in den USA ziemlich verbreitet, in Deutschland jedoch bis jetzt kaum bekannt. Die kulturellen Eigenschaften des isolierten Pilzes werden beschrieben. K. E. Lindner. 2070.

2-64/01-1018 Avundžjan, E. S. und Azatjan, S. A. K voprosu o fiziologičeskich osobennostjach fuzarioznogo uvjadanija rastenij. **(Zur Frage der physiologischen Besonderheiten des durch Fusarium bedingten Welkens der Pflanzen.)** Izv. M-vo s,ch. ArmSSR. S-ch. n. **1962** Nr. 2. S. 55–61. – Orig.: armen., Ausz.: russ. Aus: Referativnyj žurnal. Biologija, Moskva **1962** Nr. 20. G 111. S. 18.
In frischgewonnenem Saft gesunder und *Fusarium*-befallener Melonenpflanzen ermittelten Vff. die Aktivität einiger Atmungsfermente. Parallel zu dem *Fusarium*-Befall der Melonenpflanze verringerte sich die Menge des von den Wurzeln ausgeschiedenen Guttationssaftes. Wurzeln gesunder Pflanzen schieden fast 40 mal mehr Saft als die infizierter Pflanzen aus. *Fusarium*-Befall führt zur Färbung des Guttationssaftes. Die Aktivität der Ascorbinoxydase, Polyphenoloxydase, Peroxydase und Katalse nimmt im Saft kranker Pflanzen zu. Es wurde eine direkte Abhängigkeit zwischen der Aktivität der Atmungsfermente und dem Grad der Saftfärbung beobachtet. Dies läßt die Möglichkeit der Teilnahme dieser Fermente am Prozeß der oxydativen Kondensation der Phenole mit den gebildeten Melaninen offen.
übersetzt v. E. Fröhmcke. 2070.

2-64/01-1019 Hewett, P. D.; Cambridge, Off. Seed Testing Stat. Prevalence and importance of viable spores of Septoria spp. in samples of commercial celery seed. **(Verbreitung und Bedeutung von lebensfähigen Sporen von Septoria spp. in Proben von Sellerie-Handelssaatgut.)** Nature [London] **197** (1963) Nr. 4870. S. 918–919. – 4 Lit.
Im Verlauf der letzten 6 Jahre wurden bei der amtlichen Samenprüfung regelmäßig Proben gefunden, die mit Pyknidien und lebensfähigen Sporen von *Septoria*-Arten besetzt waren. Jedoch wurden nicht alle Keimpflanzen aus pyknidienbesetzten Samen krank, aber es ist eindeutig, daß die Samen häufig genug mit lebensfähigen Sporen behaftet sind, und diese eine wichtige potentielle Infektionsquelle darstellen. M. Schmiedeknecht. 2070.

2-64/01-1020 Čoleva, B.; Sofia, Lab. für Myzelgewinn. Fuzarijnoto uvjachvane po pečurkite u nas. **(Die Fusarium-Welke der Steinpilze in Bulgarien.)** Gradinarstvo, Sofija **4** (1962) Nr. 12. S. 25–27. – 3 Abb.
Beschrieben wird eine Welke der in Kulturen gezüchteten Steinpilze, die auf bisher noch nicht bestimmte *Fusarium*-Arten zurückzuführen ist. Zur Bekämpfung dieser Erkrankung werden einige vorbeugende Maßnahmen, einschließl. Spritzung der verseuchten Flächen mit 110 g Ammoniumcarbonat und 10 g Kupfersulfat in 1 l Wasser, empfohlen. D. Dodow. 2070.

2-64/01-1021 Tweedy, B. G. und Powell, Dwight. The role of pectinpolygalacturonase in expression of disease symptoms of cork rot. **(Die Rolle der Pektin-Polygalacturonase bei der Äußerung von Krankheitssymptomen der**

Korkfäule.) Contr. Boyce Thompson Inst. **22** (1963) Nr. 1. S. 9–16. – 5 Abb., 13 Lit.

Korkfäule an Apfel wird durch einen pathogenen Stamm von *Alternaria mali* verursacht. Das von diesem Pilze erzeugte Enzym Pektin-Polygalacturonase (I) ist für die Entwicklung der Krankheitssymptome verantwortlich. Die optimale Temperatur für die Enzymaktivität liegt zwischen 50° und 55 °C, der optimale pH bei 3,4. Polyphenoloxydase hemmt die Aktivität von I. D. Stump. 2080.

2-64/01-1022 Bömeke, H. **Wichtige Erkenntnisse aus der Forschung des Apfelmehltaues unter besonderer Berücksichtigung des niederelbischen Obstbaugebietes während der Jahre 1961 und 1962 sowie ihre Folgerungen für die Praxis.** Mitt. Obstbauversuchsringes Alten Landes **18** (1963) Nr. 3. S. 93–107. – 12 Abb., 14 Lit.

Vf. wertet 2jährige Untersuchungen über die Biologie des Mehltaupilzes aus auf die Methode und den Zeitraum des Sporenfanges, auf die Infektionsbedingungen und den Zeitraum der Sporeninfektionen. Bekämpfungsmöglichkeiten des Mehltaupilzes durch Spritzmittel gegen den Knospenbefall und gegen den Sekundärbefall, durch Schnitt und durch Frost werden besprochen. Die Notwendigkeit der Einrichtung eines Warndienstes für den Mehltaupilz wird abgelehnt. D. Stump. 2080.

2-64/01-1023 Trifonov, D. Brašnesta mana po jabŭlkata (Podosphaera leucotricha [Ell. et Ev.] Salm.). 1. Razvitie na parazita i načini i sredstva za borba. **(Apfelmehltau [Podosphaera leucotricha (Ell. et Ev.) Salm]. 1. Mitt. Entwicklung des Erregers und Mittel zu seiner Bekämpfung.)** Rastitelna zaštita, Sofija **10** (1962) Nr. 6. S. 24–36. – 6 Abb., 1 Tab., 13 Lit. Zus. in Russ., Engl.,

Untersuchungen über die Biologie des Erregers und Mittel zu seiner Bekämpfung wurden durchgeführt. Unter günstigen Entwicklungsbedingungen belief sich die Inkubationsperiode auf 4 Tage. Rückschnitt infizierter Jung- und Kurztriebe sowie Spritzung mit geeigneten Fungiciden befriedigten nur teilweise. Eine Kombination beider Maßnahmen war zwar von besserer Wirkung, doch führte auch sie nicht zur vollen Gesundung befallener Bäume. Von den geprüften Präparaten Karathan, Solvitene, Thiovit und Netzschwefel war TOP Netzschwefel-Schering von bester Wirksamkeit. D. Dodow. 2080.

2-64/01-1024 Trifonov, Dimitŭr; Kostinbrod, Bulgarien, Forsch.-Inst. für Obstbau. Brašnestata mana po jabŭlkata u čuvstvitelnostta na njakoi sortove kŭm pričnitelja na bolestta. **(Der Apfelmehltau und die Anfälligkeit einiger Apfelsorten gegenüber dem Krankheitserreger.)** Selskostopanska nauka, Sofija **1(7)** (1962) Nr. 9. S. 953–960. – 1 Abb., 2 Tab., 4 Lit. Zus. in Russ., Engl.

Mit dem verstärkten Anbau der Sorte 'Jonathan' begann seit dem Jahre 1950 auch das massenhafte Auftreten des Apfelmehltaus (*Podosphaera leucotricha*) auf anderen Apfelsorten. Bisher fehlt es an befriedigend wirksamen Bekämpfungsmitteln. Es wurden 34 gegenüber der Krankheit verhältnismäßig resistente Apfelsorten ermittelt. Voll immune Sorten wurden jedoch nicht festgestellt. Keinen Befall an kurzen Fruchtzweigen sowie Jungtrieben und nur einen mäßigen an den Blättern wiesen die Apfelsorten 'Golden Delicious', 'Schöner von Boskoop', 'Starking', die 'Kanadarenette' und 'Kandille' auf. Schwacher Befall der kurzen Fruchtzweige und der Jungtriebe sowie schwacher bis starker sekundärer Befall der Blätter in aufsteigender Ordnung wurden bei, 'Kasseler Renette', 'Ontario', 'Ajwanija', 'Kantarka', 'Holandska simna'. 'Antonowka', 'Borowinka' u. a. festgestellt. Sehr stark anfällig erwiesen sich die Sorten 'Weißer Winterkalvill', 'Jonathan', Boiken', 'Dietzer Goldrenette' und 'Roter Herbstkavalier'. Daher sollen diese Sorten in neuen Obstanlagen nur in geringer Anzahl und an für die Entwicklung der Krankheit günstigen Standorten überhaupt nicht angebaut werden. D. Dodow. 2080.

2-64/01-1025 White, L. J. und Wilkinson, E. H. Pathogenicity of Gloeosporium album to maiden shoots of Cox's Orange Pippin. **(Pathogenität von Gloeosporium album zu Erstlingsaustrieben von 'Cox Orangen Renette'.)** Plant Pathol. **11** (1962) Nr. 3. S. 110–114. – 4 Abb., 2 Tab., 9 Lit.

Aus beobachteten Impfungen von Erstlingsaustrieben wird gefolgert, daß die Sporenkeimung von *G. album* an geschnittenen Wunden bei der Sorte 'Cox Orange' nichtparasitisch ist. Das höchste Infektionsvorkommen und die größten Schädigungen resultierten aus Impfungen, die während der Wintermon. vorgenommen wurden. Früchte von im Apr. geimpften Bäumen hatten den höchsten Fäuleanteil. Induzierte Schädigungen können auch in kleiner Anzahl bedeutend an der Sporenbelastung der Früchte vor der Ernte beteiligt sein. D. Stump. 2080.

2-64/01-1026 Holowczak, J., Kuć, J. und Williams, E. B.; Lafayette, Ind., Purdue Univ., Dep. of Biochem.; Dep. of Bot. and Plant Pathol. Metabolism of DL- and L-phenylalanine in malus related to susceptibility and resistance to Venturia inaequalis. **(dl- und l-Phenylalaninstoffwechsel beim Apfel in Beziehung zur Anfälligkeit und Resistenz gegen Venturia inaequalis.)** Phytopathology **52** (1962) Nr. 7. S. 699–703. – 2 Abb., 12 Lit.

Je 4 junge Apfelbäumchen der Sorten 'Russian', 'Geneva' und 'Jonared' wurden 15 cm unterhalb der Triebspitze unter Wasser abgeschnitten und unmittelbar mit der Schnittfläche in ein Testrohr mit 1 ml der dargereichten dl-Phenylalanin-3-^{14}C- bzw. l-Phenylalanin-^{14}C-Lösung übertragen. Nur die dl-Razemmixtur verursachte die Anhäufung von Phenolverbindungen bei den Sorten 'Russian' und 'Geneva'. Zwei von ihnen konnten als Phloretin und Phloretinsäure identifiziert werden. Bei 'Jonared'-Gewebe blieb jegliche Anhäufung von Phenolverbindungen aus. Vff. kommen zu dem Schluß, daß die Phenolanhäufung im Gewebe der Sorten 'Geneva' und 'Russian' bei Verwendung von Phenylalanin die den Sorten induzierte Schorfresistenz erklären kann. W. Gottschling. 2080.

2-64/01-1027 Vlasveld, W. P. N. Echte kankers, oppervlakkige kankers en vruchtrot. **(Echter Krebs, Rindenbrand und Fruchtfäule.)** Fruitteelt **53** (1963) Nr. 6. S. 143–145.; Nr. 7. S. 184–186.; Nr. 8. S. 214–216.; Nr. 9. S. 250–252. – 26 Abb.

Seit dem Jahre 1958 hat in Holland der Krebsbefall der Obstbäume zugenommen. Außer dem bekannten Erreger des Obstbaumkrebses, *Nectria galligena* (*Cylindrocarpon mali*), werden nachfolgende Pilze, die Krebs, Rindenbrand oder Fruchtfäulen an Apfel- und Birnbäumen verursachen können, besprochen *Pezicula malicorticis* (*Gloeosporium perennans*), *P. alba* (*G. album*), *Glomerella cingulata* (*G. fructigenum*), *P. corticola* (*Cryptosporiopsis corticola*), *Sclerotinia fructigena* (*Monilia fructigena*), *Sclerotinia laxa* (*Monilia cinerea*), *Physalospora obtusa* (*Sphaeropsis malorum*), *Diaporthe perniciosa* (*Phomopsis mali*), *Phytophthora cactorum*, *P. syringa* und *Botrytis cinerea*. – Von den 3 *Gloeosporium*-Arten – bekannt als Erreger von Fruchtfäulen auf dem Lager – vermag *G. perennans* an den Trieben *Nectria*-ähnliche Krebswunden zu verursachen. *G. alba* und *G. fructigenum* sind dagegen vornehmlich an abgestorbenen Baumteilen zu finden. – An Frostplatten erinnert das durch *Pezicula corticola* hervorgerufene Kranheitsbild eines typischen Rindenbrandes. Da der Pilz nur die oberen Rindenschichten zum Absterben bringt, wird er als rel. harmlos betrachtet. – Weniger bekannt als die beiden *Monilia*-Arten ist *Physalospora obtusa*, der in Holland hauptsächlich eine Blattfleckenkrankheit, in England und USA dagegen auch in stärkerem Maße eine Fruchtfäule (black rot) und einen Rindenbrand verursacht. – Als Schwächeparasit ist

Phomopsis mali zu bezeichnen. Der Pilz bewirkt neben rindenbrandartigen Wunden auch eine Fruchtfäule (Stengelgrundfäule). – Eine Stammbasisfäule, wie sie durch *Phytophthora cactorum* hervorgerufen wird, konnte nur in den seltensten Fällen auf *P. syringae* zurückgeführt werden. – Die Bedeutung von *B. cinerea* liegt neben einem nicht allzu häufigen Befall jüngerer Triebe in der Erzeugung einer als Kelchfäule bezeichneten Fruchterkrankung. Sie hat gewisse Ähnlichkeit mit einer *Nectria*-Fruchtfäule. – Von den Bekämpfungsmaßnahmen wird einer sorgfältigen Pflege der Bäume bes. Bedeutung beigemessen. F. Daebeler. 2080.

2-64/01-1028 Oatman, Earl R. und Ehlers, Clifford C.; Madison, Agric. Exp. Stat. Cherry insects and diseases in Wisconsin. **(Kirscheninsekten und -krankheiten in Wisconsin.)** Univ. Wisconsin, agric. Exp. Stat., Bull. **1962** Nr. 555. S. 1–43. – 25 Abb.

Für die Zwecke der Praxis werden in Form eines Bestimmungsbuches die wichtigsten Krankheiten und Schädlinge der Kirsche zusammengestellt. Schadbild und Biologie der Erreger sowie Bekämpfungsmöglichkeiten werden beschrieben. Die Beschreibung enthält Angaben über 28 Insekten bzw. Milben und 5 Pilzkrankheiten. Von bes. Bedeutung für Wisconsin sind die Insekten *Conotrachelus nenuphar* Herbst, *Rhagoletis cingulata* Loew, *Aspidiotus perniciosus* Comst. und Tetranychiden. Von den Pilzkrankheiten besitzen Bedeutung: *Monilinia fructicola* (Wint.) Honey, *M. laxa* (Aderh. et Ruhl) Honey, *Podosphaera oxycanthae* (D.C.) de By. und *Stereum purpureum* Pers. R. Fritzsche. 2080.

2-64/01-1029 Czaplińska, Stanisława; Wrocław, WSR. Cylindrosporium padi Karsten – przyczyną plamistości i masowego opadania liści w szkółkach wiśni w okolicach Wrocławia. **(Cylindrosporium padi Karsten als Ursache der Blattüpfelkrankheit und des Massenfalls von Blättern in Baumschulen für Sauerkirschen in der Umgebung von Wrocław.)** Ochrona Roślin **7** (1963) Nr. 1. S. 8–12. – 5 Abb.

C. padi ist auf den Blättern von *Prunus*-Arten insbes. auf *P. padus* anzutreffen. In Baumschulen richtet der Erreger große Schäden an. Die befallenen Sämlinge gehen zugrunde. Bei jungen Bäumen, die ihre Blätter verlieren, werden das Wachstums gehemmt, die Kälteresistenz geschwächt und die Knospenentwicklung gestört. Auf der Blattoberfläche sind rot-violette Flecke, auf der Blattunterseite schmutzig-weiße Sporenlager zu beobachten. Die erkrankten Blätter werden braun und fallen ab, die Triebe und Zweige hingegen vertrocknen rasch. Zur Bekämpfung wird die Entfernung vertrockneter Zweige und Blätter empfohlen. Sehr gute Erfolge ließen sich durch 4 maliges Spritzen der Bestände mit Cu- und S-haltigen Präparaten erzielen. In Deutschland und in der Schweiz liefert Captan die besten, Zineb hingegen etwas schlechtere Ergebnisse. Unter poln. Bedingungen ist Spritzen der jungen Blätter mit Thiuram-Z 75 im Frühjahr sowie zweimal vor der Ernte und einmal danach anzuraten. PRL/CBR. 2080.

2-64/01-0130 Michajlova, P.; Sofia, Inst. für Pflanzenschutz. Proučvanija vŭrchu sŭčmjankata po kostilkovite vidove v Bŭlgarija. I. Biologija na pričinitelja. **(Untersuchungen über die Schrotschußkrankheit der Steinobstarten. 1. Mitt. Biologie des Krankheitserregers.)** Izvestija na Naučnoizsledovatelskija institut za zaštita na rastenijata, Sofija **3** (1962) S. 27–47. – 11 Abb., 3 Tab., 23 Lit. Zus. in Russ., Engl.

Der Erreger der Schrotschußkrankheit, *Clasterosporium carpophilum*, kommt in 3 Typen vor, die sich nach der Größe der Sporen und nach der Art der Kolonien auf Hefeagar unterscheiden. Die Kolonien wachsen bei Temperaturen zwischen 0° bis 35 °C. Das Temperaturoptimum beträgt etwa 19 °C. Die Bildung der Sporen beobachtet man bei Temperaturen von 5° bis 30 °C. Niedrige Temperaturen sowie ununterbrochene Verdunkelung verursachen eine ausgiebigere Sporenbildung. Die Konidien sind schon vor ihrer vollständigen Ausbildung keimfähig. Bei Temperaturen von 1° bis 39 °C keimen sie nach 24 Std. Das entspr. Temperaturoptimum liegt zwischen 18° und 26,5 °C. Bei diesen Temperaturen keimen sie schon nach 30–60 Min., die Massenkeimung setzt nach 3–4 Std. ein. Die Sporen keimen auch bei 60% Luftfeuchtigkeit, doch wachsen die Keime langsamer. Die höchste Keimfähigkeit besitzen einen Tag alte Sporen. Unter natürlichen Verhältnissen läßt die Keimfähigkeit der Sporen außerhalb der Vegetationsperiode etwas nach, während sie bei 30 °C stark abfällt. An trockenen infizierten Organen hat Vf. unter Freilandbedingungen sowie bei Zimmertemperatur auch noch nach 2 Jahren keimfähige Sporen beobachtet. D. Dodow. 2080.

2-64/01-1031 Videnov, B.; Kjustendil, Bulgarien, Inst. für Obstbau. Prinos kŭm proučvane na bolestta červeni listni petna po slivata (Polystigma rubrum [Persoon] De Candolle), načinite i sredstvata za borba s neja. **(Beitrag zur Untersuchung der Rotfleckenkrankheit der Pflaume [Polystigma rubrum (Persoon) De Candolle], Bekämpfungsweise und Schutzmittel.)** Izvestija na Naučnoizsledovatelskija institut po ovoštarstvo – Kostinbrod, Sofija **3** (1962) S. 181–204. – 11 Tab., 35 Lit. Zus. in Russ., Dtsch.

In den Jahren 1948–1959 wurden biophänol. Untersuchungen und Versuche zur Bekämpfung der Krankheit durchgeführt. Die Reifung der Ascosporen fällt zeitlich nicht immer mit der Blüte der Pflaumenbäume zusammen und ist für den Warndienst ein wichtiges Kennzeichen zur Bestimmung des Spritzzeitpunktes. Sogar eine 80%ige Parasitierung der Stromata bietet keine Gewähr für eine schwache Entwicklung der Krankheit. Unter den geprüften fungiciden Mitteln haben sich 0,75- und 1%ige Kupferkalkbrühe bewährt. Das Spritzen mit Kupferoxychlorid ist wirksamer als Stäuben. Kupfersparmittel 6561, Cuprosan, Sumitol, Solbar und Barin befriedigten nicht. Gut bewährt haben sich Schwefelkalkbrühe, Kolloidschwefel, Thiovit, Calciumpolysulfid sowie die kupferfreien Mittel Fuklasin-Ultra, Orthozid 50, Nitritkonz. und Pomarsol Z-forte. Es wird empfohlen, die erste Spritzung nach der Blüte mit 1%iger Kupferkalkbrühe und die folgenden mit 1:40 Schwefelkalkbrühe oder Kolloidschwefel durchzuführen. Es genügen 2 Spritzungen, in manchen Jahren reicht auch nur eine Spritzung aus. Das Spritzen des Bodens im Frühjahr mit 1,5% Selinon vernichtet die Stromata des Pilzes. D. Dodow. 2080.

2-64/01-1032 Roth, Georg; Nelspruit/Transvaal, South Africa, Citrus and Subtrop. Fruit Res. Inst. **Der Pfirsichrost.** Mikrokosmos **52** (1963) Nr. 5. S. 135–141. – 9 Abb. 2080.

2-64/01-1033 Erdelská, Ol'ga und Nižňanský, Augustín; Bratislava, ČSAV, Biol. Ústav Slovenskej Akad. Vied, Oddelenie Fyziol. Rastlín. Vzťahy medzi schopnosťou regenerácie a odolnosťou voči umelej infekcii moníliou u marhule a červenej slivky. **(Beziehungen zwischen der Regenerationsfähigkeit und Widerstandsfähigkeit der Aprikose und Reneklode gegen eine künstliche Monilia-Infektion.)** Biológia [Bratislava] **17** (1962) Nr. 10. S. 719 bis 726. – 2 Abb., 3 Tab., 10 Lit. Zus. in Russ., Dtsch.

Es wurde die Reaktion von 2 Aprikosensorten einer nicht näher bestimmten chinesischen Sorte und Sorte 'Holubs') und der Pflaume *Prunus insititia* var. *rubra* auf künstliche Infektion mit *Monilia laxa* Aderh. et Ruhl geprüft. Die Infektionsmethode wird erläutert. Gleichzeitig wurde die Regenerationsfähigkeit der geprüften Sämlinge durch einen 1 cm breiten ringförmigen Einschnitt in der Mitte des Stämmchens verfolgt. Gegen die Infektion war die Pflaume am empfindlichsten, die sehr schwach regenerierte. Die beiden Aprikosensorten zeigten in der 2. Hälfte der Vegetationsperiode eine hohe Regenerationsfähigkeit. Dadurch wird die Beziehung zwischen der Regene-

rationsfähigkeit und der Infektionsresistenz bestätigt. Die histologischen Reaktionen auf die Infektion waren bei allen geprüften Sorten die gleichen.
P. Bartoš. 2080.

2-64/01-1034 Schimmelpfeng, H. **Der Einfluß gesteigerter Volldüngergaben auf Umfang und Intensität des Befalls mit Säulenrost (Cronartium ribicola Fisch.) bei Schwarzen Johannisbeeren.** Erwerbsobstbau **5** (1963) Nr. 3. S. 50–52. – 2 Abb., 3 Tab., 7 Lit.

Im Gefäßversuch wurde festgestellt, daß gut mit Nährstoffen versorgte Sträucher von Schwarzer Johannisbeere einen verzögerten und geringeren Säulenrostbefall aufweisen gegenüber der Kontrolle mit Nährstoffmangel. Neben dem Einfluß der Düngung zur Unterstützung pflanzenschutzlicher Maßnahmen für die Gesunderhaltung der Blattmasse werden die möglichen Ursachen der Hemmung des Säulenrostes besprochen. D. Stump. 2080.

2-64/01-1035 Trifonov, D.; Kostinbrod, Bulgarien, Inst. für Obstbau. Antraknoza po orecha – Gnomonia leptostyla (Fr.) Cs. et De Not. II. Čuvstvitelnost na njakoi cenni orechovi sortove i formi kъm pričintelja na bolestta. **(Anthraknose der Walnuß — Gnomonia leptostyla [Fr.] Cs. et De Not. 2. Mitt. Empfindlichkeit einiger wertvoller Walnußsorten und -formen gegen den Krankheitserreger.)** Izvestija na Naučnoizsledovatelskija institut po ovoštarstvo – Kostinbrod, Sofija **3** (1962) S. 205–216. – 7 Tab., 7 Lit. Zus. in Russ., Dtsch. 1. Mitt. vgl. LZ. Abt. II **8** (1963) Nr. 8. S. 2246.

In den Jahren 1955–1960 wurden unter natürlichen Verhältnissen 101 wertvolle Walnußsorten oder -formen in Südbulgarien auf ihre Anfälligkeit untersucht und der Befallsgrad von Laub und Frucht gesondert bewertet. Die Ergebnisse sind in einer Tab. zusammengefaßt. Als praktisch widerstandsfähig gegen Anthraknose erwies sich am Laub Nr. 156 K aus Schejnowo, Bezirk Kasanlâk. Mit Anthraknose-resistenten Früchten zeichneten sich die Formen Nr. 11 Sl, Nr. 9. Sl, Nr. 4 Sl, Nr. 7 Stz, Nr. 1 K, Nr. 156 K, Nr. 13 K und Nr. 159 K aus. D. Dodow. 2080.

2-64/01-1036 Šterenberg, P. M. O pjatnistom nekroze vinogradnoj lozy. **(Die Fleckennekrose der Weinrebe.)** Naučn. tr. Ukr. n.-i. in-t vinogradarstva i vinodelija **2** (1961) S. 128–170. -- 25 Lit. Aus: Referativnyj žurnal. Biologija, Moskva **1962** Nr. 5. G 511. S. 62–63.

Die Fleckennekrose der Weinrebe, die i. J. 1953 in der Ukraine festgestellt wurde, hat sich in den letzten Jahren in den Gebieten Odessa, Cherson und Nikolajew stark verbreitet. Infiziertes Pflanzgut wurde im Gebiet der Transkarpaten, an der Moldau, in Kirgisien und Kasachstan festgestellt. Der Befall äußert sich in dunkelbraunen Flecken abgestorbenen Gewebes auf Bast und Holz. Das kranke Pflanzgut wird unbrauchbar. An den Weinstöcken führt die Krankheit zu einer Ertragsminderung und zu Verkrüppelungen. Aus den nekrotischen und angrenzenden gesunden Geweben wurde ein Pilz isoliert, der mit dem Konidienstadium des Pilzes *Rhacodiella* identisch ist. Die Infektion mit der Reinkultur des Pilzes ruft eine typische Fleckennekrose hervor. Der Pilz siedelt sich gegen Ende des Sommers auf der Oberfläche der Triebe an, keimt bei hoher rel. Luftfeuchtigkeit und dringt in Bast und Holz ein. Infizierte Weinstöcke zeichnen sich durch verkürzte Internodien und kleine, mosaikartig gemusterte Blätter aus. Bei der Überwinterung ohne ein Bedecken mit Erde bleiben die einjährigen Ableger auch zum Frühjahr gesund, während eine mit Erde überdeckte Rebe sehr stark befallen wird. Beizen im Herbst mit 3- bis 5%igem Kupfersulfat, 30%igem Eisensulfat, 1%igem Selinon hemmte in Jahren mit trockenem Herbst die Entwicklung der Krankheit bei der Lagerung von Reben in feuchter Erde wesentlich. Das Spritzen der Weinstöcke vor dem Bedecken mit einer 5%igen Kupfersulfatlösung oder einer 4%igen Lösung des Präparates 125 verringert gleichfalls den Nekrosebefall. Am wirksamsten kann die Krankheit mit Formalin und Kupfersulfat bekämpft werden. übersetzt v. G. Boetticher. 2090.

2-64/01-1037 Bateman, D. F.; Ithaca, New York, Cornell Univ., Dep. of Plant Pathol. Relation of soil pH to development of poinsettia root rots. **(Beziehung zwischen Boden-pH und Entwicklung der Poinsettia-Wurzelfäule.)** Phytopathology **52** (1962) Nr. 6. S. 559–566. — 3 Abb., 2 Tab., 35 Lit.
Die Wurzelfäule der Poinsettien (*Euphorbia pulcherrima*) ist ein komplexes Problem. Mehrere Pilze sind an ihrer Entstehung beteiligt. Während *Thielaviopsis basicola* und *Pythium ultimum* bei einem pH-Wert des Bodens von 5,5 und darunter wenig Schäden verursachen, wird *Rhizoctonia solani* durch einen pH-Wert zwischen 4,5–7,5 wenig beeinflußt. Das Verhalten der Pilze auf künstlichen Nährmedien stimmt nicht immer mit den genannten Feststellungen überein, z. B. wächst *T. basicola* im neutralen oder alkalischen Medium sehr schlecht. Auch der Zeitfaktor spielt eine Rolle: *Pythium* wächst in Kurzversuchen (24–48 Std.) am besten bei pH 5, bei längerer Kulturdauer (10 Tage) erweist sich neutrales oder alkalisches Medium als optimal. *R. solani* zeigte in den meisten Experimenten eine Vorliebe für sauren oder alkalischen Nährboden, nicht für neutralen. Aber auch *Poinsettia* reagiert auf die Boden-pH-Werte und bevorzugt Werte um 4,5. Herta Schmidt. 2100.

2-64/01-1038 Igmándy, Z. A fekete lemezestapló (Lenzites reichardtii Schulzer). **(Der schwarze Blättling [Lenzites reichardtii Schulzer].)** Erdészettudományi Közlemények [Forstwiss. Mitt.] **1962** Nr. 1. S. 137–146. — Aus: Ung. Agrar-Rdsch. **1963** Nr. 2.
Die Morphologie von *Lenzites reichardtii* und die Artverschiedenheit vom Eichenwirrling (*Daedales quercina* L. Fr.) wurden von Nikolajewa (1938) geklärt. Vf. teilt auf Grund seiner Untersuchungen Angaben über die biol. Unterschiede beider Pilzarten mit. *D. quercina* kommt nur auf *Quercus*-Arten — mit Ausnahme von *Q. cerris* L. — und auf *Castanea* vor. Der Wirtspflanzenkreis von *L. reichardtii* ist viel größer. Dieser Pilz führt zu Schäden bei Silber- und Schwarzpappel, Buche, Esche, Ulme, Stieleiche, Robinie usw. Er zersetzt das Holz dieser Wirtspflanzen viel stärker als *D. quercina*. Der Temperaturanspruch der beiden Pilzarten ist verschieden. *D. quercina* verursacht Rotfäule (Destruktionsfäule), *L. reichardtii* dagegen Weißfäule (Korrosionsfäule). Das Enzymsystem der beiden Pilzarten ist also verschieden. *L. reichardtii* kommt in Ungarn am häufigsten in den Wäldern der unteren Donauniederung vor und wächst auf Stöcken, abgestorbenen oder liegenden Stämmen sowie auf Schlagabraum und führt zu Schäden. 2150.

2-64/01-1039 Příhoda, Antonín; Katedra Ochrany Lesů a Zool. Houbové nákazy jehličí. **(Infektiöse Pilzkrankheiten der Nadelgehölze.)** Sborník lesnické Fak. Vysoké Školy zemědělské Praze **4** (1961) S. 239–267. — 25 Abb., 54 Lit. Zus. in Russ., Franz.
Es werden einige Erreger, die in der ČSSR die Gattungen *Picea, Abies, Taxus, Pinus* und *Juniperus* befallen, ferner die Symptome der durch sie verursachten Krankheiten, makro- und mikroskopische Charakteristika (Sporendimensionen und andere morphol. Eigenschaften) beschrieben und Schlußfolgerungen für die Phytopathologie gezogen. Den Pilzbeschreibungen sind systematische Anmerkungen beigefügt, von denen die wichtigsten sich auf *Dothichiza acicola* [Lév.] comb.n. bezieht. Vf. hat die systematische Einteilung des Pilzes *Sphaeronema pythiophilum* Corda (enthalten im Corda'schen Herbarium des Nationalmuseums in Prag) einer Revision unterzogen und stellt fest, daß *S. pythiophilum* Corda 1840 und *Sphaeropsis acicola* Lév. 1848 2 verschiedene Arten darstellen. ČSSR/ÚVTI. 2150.

2-64/01-1040 Leontovyč, Roman; Banská Štiavnica, Výskumný Ústav Lesného Hospodárstva. Kalamitné odumieranie borovíc na Slovensku r. 1960 a jeho príčiny. **(Das Massensterben der Kiefern in der Slowakei im Jahre 1960 und seine Ursachen.)** Lesnícky Časopis 8 (1962) Nr. 6. S. 429–444. – 11 Abb., 2 Tab., 20 Lit. Zus. in Russ., Dtsch. 2150.

2-64/01-1041 Hodges, Charles S.; Raleigh, North Carolina State Coll., Dep. of Plant Pathol., U.S. Forest Serv. Fungi isolated from Southern forest tree nursery soils. **(Aus Böden von Forstpflanzgärten im Süden isolierte Pilze.)** Mycologia [New York] **54** (1962) Nr. 3. S. 221–229. – 4 Tab. 2150.

2-64/01-1042 Campana, Richard. Diseases of woody plants: a review. **(Gehölzkrankheiten: Ein Überblick.)** Amer. Nurseryman **117** (1963) Nr. 12. S. 14. 31–35. 2150.

2-64/01-1043 Sequeira, Luis; Coto, Comp. Bananera de Costa Rica, Res. Dep. Effect of urea applications on survival of Fusarium oxysporum f. cubense in soil. **(Die Wirkung von Harnstoff-Gaben auf das Überleben von Fusarium oxysporum f. cubense im Boden.)** Phytopathology **53** (1963) Nr. 3. S. 332–336. – 1 Abb., 3 Tab., 20 Lit.
Unterschiedlich hohe Mengen Harnstoff (1,75, 3,5, 7, 14 und 35 t/acre) wurden in ihrer Wirkung auf den Erreger der Panamakrankheit an Banane, *Fusarium oxysporum* f. *cubense* in Labor.-Testen geprüft. Nach 41 Tagen war der Pilz in allen Varianten nicht mehr nachweisbar. Bei der sehr hohen Aufwandmenge von 35 t/acre betrug die Lebensfähigkeit des Pilzes nach der Behandlung < 10 Tage. Die beiden niedrigsten Aufwandmengen führten im Feldversuch zu keinem Erfolg. Bei Verwendung von 7 t/acre trat die Welke nach 8 Mon. bei der sehr anfälligen Sorte 'Gros Michel' zu 34,6% auf, bei der Kontrolle zu 85,2%. Die toxische Wirkung hielt bis zu 4 Mon. nach der Behandlung an. Harnstoff selbst erwies sich auch in hohen Aufwandmengen gegenüber *F. oxysporum* nicht toxisch. Auch Zersetzungsprodukte wie Ammoniumhydroxyd, Ammoniumcarbamat, CO_2, NH_3 sowie 30 Isolate Harnstoff zersetzender Bakterien hatten keinerlei hemmenden Einfluß. Ebenso wirkte sich eine zeitweilige Erhöhung des pH-Wertes nicht vermindernd auf das Wachstum des Pilzes aus. Die Toxizität scheint mit der Anhäufung von Nitrit-Ionen über 700 ppm zusammenzuhängen. Ch. Janke. 2200.

2-64/01-1044 Bouriquet, G. Les principaux ennemis et maladies du sorgho et du mil en Afrique tropicale. **(Die hauptsächlichen Schädlinge und Krankheiten von Sorghum und Hirse im tropischen Afrika.)** Agronom. trop. **18** (1963) Nr. 1. S. 132–136. – Zus. in Engl., Span.
Eine große Zahl von Krankheiten und Schädlingen befallen Hirse und *Sorghum* auf dem Feld und während der Lagerung im tropischen Afrika. *Sphacelotheca sorghi* ruft neben anderen Kryptogamen bei beiden Pflanzen Brand hervor. Einige Jahre hindurch wurden die Felder von der zu den *Scrofulariaceae* gehörenden *Striga* geschädigt. Die Raupe des Nachtfalters *Sesamia cretica* Led. bohrt sich in die Stengel. Andere Insekten, bes. Wanderheuschrecken, fressen die Blätter ab. Insekten sind auch die Hauptschädlinge der lagernden Körner. Die größten Schäden an den Ähren richtet *Quelea*, ein Vogel, an. Die Bekämpfung ist verschieden nach der Art des Schädlings bzw. der Krankheit. Chem. Mittel werden angewendet. Bei den Insekten besteht die wichtigste Bekämpfungsmaßnahme darin, den biol. Zyklus zu unterbrechen.
E. M. Ardelt. 2200.

2-64/01-1045 Vanev, S.; Plewen, Bulgarien, Forsch.-Inst. für Weinbau und Weinbereit. Njakoi proučvanija vŭrchu biologijata na Sclerotinia ricini Godfrey, pričinitel na sivoto gniene na ricina. **(Einige Untersuchungen über die Biologie von Sclerotinia ricini Godfrey, Erreger der Rizinus-Graufäule.)** Izvestija na Botaničeskija institut. Bŭlgarska akademija na naukite, Sofija **10** (1962) S. 161–175. – 3 Abb., 7 Tab., 15 Lit. Zus. in Russ., Engl.

Krankheitssymptome und Schadbild sowie Biologie des Erregers werden beschrieben. Zur Konidienbildung und -keimung ist eine rel. Luftfeuchtigkeit von 93–95%, zur Infektion ist tropfenförmiges Wasser erforderlich. Die zur Entwicklung des Erregers notwendige Temperatur beträgt 22–25 °C. Die Inkubationsperiode schwankt zwischen 1 und 4 Tagen. Künstliche Infektion gelang bei Quitte, Erdbeere und *Pelargonium*, während sie bei Zuckerrübe, Kohl, Rose (Blüte), Zwiebel, Porree, Knoblauch, *Cyclamen*, Tulpe, Nelke, Begonie, Chrysantheme, Erbse und Sojabohne mißlang.
D. Dodow. 2200.

2-64/01-1046 Rothwell, A. Diseases of groundnuts in Southern Rhodesia. **(Krankheiten der Erdnüsse im südlichen Rhodesien.)** Rhodesia agric. J. **59** (1962) Nr. 4. S. 199–201. 2200.

2-64/01-1047 Golato, Celestino; Firenze, Ist. Agronomia per l'Oltremare, Lab. di Patol. Vegetale. Cercospora henningsii sulla manioca in Nigeria. **(Cercospora henningsii am Kassava-Strauch in Nigeria.)** Riv. Agric. subtrop. trop. **57** (1963) Nr. 1/3. S. 60–66. – 6 Abb., 11 Lit. Zus. in Engl., Franz. 2200.

2-64/01-1048 *Breyer, Harald.* **Beiträge zur Kenntnis von Phoma spec. an Linum usitatissimum.** Diss. Landw. Fak. Halle-Wittenberg. 1962. (90 S.) 4°. (Diss. 9062)
2-64/01-1049 *Mildner, Peter.* **Untersuchungen über die Eisen- oder Buntfleckigkeit der Kartoffel.** Diss. Landw. Fak. Gießen. 1962. (108 S.) 8°. (Diss. 9136)

D. Maßnahmen des Pflanzenschutzes

2-64/01-1050 Lacy, M. L. und Bridgmon, G. H.; Laramie, Univ. of Wyoming, Sect. of Plant Pathol. and Horticult. Potato-dextrose agar prepared from dehydrated mashed potatoes. **(Kartoffel-Dextrose-Agar, aus Trockenkartoffelpulver hergestellt.)** Phytopathology **52** (1962) Nr. 2. S. 173.
22 g Trockenkartoffelmehl, in 178 g dest. Wasser aufgeschwemmt, entspr. 200 g frischen Kartoffeln. Hieraus wurde mit 20 g Dextrose und 17 g Agar in 1 l Wasser ein Kartoffeldextroseagar hergestellt, der mit einem Nährboden aus frischen Kartoffeln sowie mit einem Fertigprodukt verglichen wurde. 5 Pilze, 1 Hefe, 1 Strahlenpilz und 1 Bakterium zeigten auf allen 3 Nährbodenvarianten ungefähr gleiches Wachstum. Die Kosten des Nährbodens aus Kartoffelmehl liegen kaum über denen des Nährbodens aus frischen Kartoffeln, aber wesentlich unter denen des fertig gelieferten Nährbodens. Der Arbeitsaufwand ist bei Verarbeitung roher Kartoffeln am höchsten.
M. Schmiedeknecht. 2420.

2-64/01-1051 Bohnen, K.; Dielsdorf, Biol. Lab. Dr. R. Maag; Hannover, TH, Inst. für Phytopathol. **Ein Verfahren zur Anzucht in vitro von Phytophthora infestans und die Verwendung des Pilzes im Sporenkeimtest zur Mittelprüfung.** Phytopathol. Z. **46** (1962) Nr. 2. S. 199–206. – 4 Abb., 2 Tab., 26 Lit.
Zur Durchführung von Sporenkeimtesten für die Mittelprüfung ist nach Herstellung eines brauchbaren Nährbodens für die Sporulation auch *Phytophthora infestans* als Testobjekt geeignet. Vf. prüfte 29 in der Zusammensetzung unterschiedliche Nährböden. Nur auf einem kam es bei 3 Klonen von *P. infestans* zur ausreichenden Zoosporangienbildung. Für die Herstellung dieses als „Nährboden 38" bezeichneten Substrates werden frische, grüne, entblätterte Stengel der Kartoffelsorte 'Bintja' zerkleinert und im Gewichtsverhältnis 1:1 mit Leitungswasser bei 100 °C 60 Min. im Dampftopf gekocht. Der abgepreßte Saft wird mit 2,5% Agar, 1,0% Dextrose, 0,1% Biomalz, 0,01% Aminoessigsäure und 0,03% Kaliumnitrat versetzt, 30 Min. gekocht und in sterilen Petrischalen (90 mm Dmr.) abgefüllt. Der Kartoffelstengelpreßsaft läßt sich durch 2maliges Sterilisieren mindestens 1 Jahr konservieren.

Es können auch Stengel der Sorte 'Bona' verwendet werden. Das optimale Kulturalter zur Anzucht eines geeigneten Sporenmaterials liegt zwischen 10–12 Tagen. Jüngere Kulturen liefern nicht genügend Sporangien. Mit zunehmendem Alter der Kultur nimmt die Zahl der direkt oder indirekt auskeimenden Zoosporangien ab. O. Saß. 2420.

2-64/01-1052 Buxton, E. W. und Kendrick jun., J. B.; Harpenden, Herts., Rothamsted Exp. Stat. A method of isolating Pythium spp. and Fusarium oxysporum from soil. **(Eine Methode zur Isolierung von Pythium spp. und Fusarium oxysporum aus dem Boden.)** Ann. appl. Biol. **51** (1963) Nr. 2. S. 215–221. — 7 Abb., 1 Tab., 8 Lit.
Zur Isolierung wurde abgewogener, leicht pulverisierter Boden in einem „Anderson air sampler" durch eine perforierte Aluminiumscheibe auf eine mit einem Nährboden gefüllte Petrischale gesaugt. Die Apparatur war so eingestellt, daß bei einer Saugleistung von 14 l Luft/Min. 400 gleich große Bodenklümpchen (Einzelgewicht 0,125 mg) gleichmäßig auf der Agaroberfläche verteilt wurden. Je 10 dieser Klümpchen wurden mit einem Agarstückchen in eine neue Petrischale gebracht, die mit einem anderen Nährmedium gefüllt war. Zur Isolierung der *Pythium* spp. wurden die Bodenklümpchen von Maismehlagar auf Wasseragar übertragen. Für *Fusarium oxysporum* wurde Dox-Hefeextrakt-Agar verwendet. Nach 3täg. bzw. nach 5täg. Kultur bei 26° wurden die Platten auf *Pytium* spp. bzw. *Fusarium oxysporum* untersucht. Mit dieser Methode wurden reproduzierbarere Ergebnisse erhalten als mit den üblichen Verdünngungsverfahren. Außerdem wurde eine größere Zahl nicht verunreinigter *Pythium*- und *Fusarium*-Kolonien erhalten. D. Seidel. 2420.

2-64/01-1053 Dimock, A. W.; Ithaca, N.Y., Cornell Univ. Obtaining pathogen-free stock by cultured cutting techniques. **(Erzielung krankheitserregerfreier Stecklinge durch eine geeignete Schnittechnik.)** Phytopathology **52** (1962) Nr. 12. S. 1239–1241. — 1 Abb., 13 Lit. 2420.

2-64/01-1054 Large, E. C. und Doling, D. A.; Harpenden, Plant Pathol. Lab. The measurement of cereal mildew and its effect on yield. **(Die Schätzung von Getreidemehltau und seines Einflusses auf den Ertrag.)** Plant Pathol. **11** (1962) Nr. 2. S. 47–57. — 4 Abb., 4 Tab., 4 Lit.
Es wurde eine Methode erarbeitet, die auf dem Feld eine Einschätzung der Höhe des Mehltaubefalls an Getreide ermöglicht. Die Bonitierung berücksichtigt die Oberseiten der 4 obersten Blattspreiten. Die Befallsprozente beziehen sich auf den prozentualen Anteil der Blattfläche (Gesamtfläche der 4 obersten Blätter), die mit Mehltaupusteln bedeckt, bzw. infolge Befalls vergilbt ist. Der prozentuale Blattbefall kann in jedem Entwicklungsstadium ermittelt werden. In den Jahren 1957–60 wurden an 9 verschiedenen Versuchsorten Englands Versuche mit 'Procto'-Gerste und 'Sun-II'-Hafer angelegt, um den Einfluß des Befalls auf den Ertrag festzustellen. Es konnte eine enge Beziehung zwischen der Stärke des Mehltaubefalls und der Ertragsleistung aufgedeckt werden, wenn die Befallsbonituren im Stadium zwischen Ährenschieben und Reifebeginn vorgenommen worden waren. Die Ertragsminderung (%) entspr. der Formel $2{,}5 \cdot \sqrt{\text{Befalls-\%}}$. W. Kühnel. 2420.

2-64/01-1055 Entwicklung eines Bonitierungsschlüssels für die Bewertung des Befalls von Pilzkrankheiten auf Getreide, Kartoffeln und Rüben. Kleinmachnow, Biol. Zentralanst. Dtsch. Akad. Landwirtsch.-Wiss. Berlin Plan-Nr.: 1701 10 h-2-02/0. 25 S. Wiss.-Ber. (31/5. 1963). — 8 Abb.
Der Bonitierungsschlüssel ist für die sichere und einheitliche Beurteilung folgender Krankheiten an Getreide, Kartoffeln und Rüben im Freiland entwickelt worden: Gelbrost (*Puccinia glumarum*), Braunrost (*P. triticina* bzw. *P. dispersa*), Schwarzrost (*P. graminis*), Zwergrost (*P. simplex*), Kronenrost

(*P. coronata*). Getreidemehltau (*Eryisphe graminis*), Weizensteinbrand (*Tilletia tritici*), Zwergsteinbrand (*T. contraversa*), Gerstenflugbrand (*Ustilago nuda*), Weizenflugbrand (*U. tritici*), Haferflugbrand (*U. avenae*), Maisbeulenbrand (*U. zeae*), Krautfäule der Kartoffeln (*Phytophthora infestans*) und Blattfleckenkrankheit der Rübe (*Cercospora beticola*). Dabei wurde die neue Bewertungsskala mit Befallsgraden 1–9 zugrunde gelegt. Für Rostkrankheiten, Mehltau, Krautfäule und Blattfleckenkrankheit wird eine kurze Charakteristik der einzelnen Reaktionsbildner gegeben, die z. T. durch farbige Zeichnungen unterstützt und ergänzt wird. 2420.

2-64/01-1056 Moriarty, F.; Cambridge, Univ., School of Agric. A nylon sieve for hatching Heterodera larvae. **(Ein Nylonsieb für das Schlüpfen von Heterodera-Larven.)** Nematologica [Leiden] **9** (1963) Nr. 1. S. 157–158. – 2 Abb., 3 Lit.

Für den Larvenschlupf aus größeren Zystenmengen hat sich ein Nylonsieb (60 μ Maschenweite) auf einem Aluminiumring (5 mm hoch, 76 mm Dmr.) befestigt, bewährt. Der Anteil geschlüpfter Larven von Zysten auf der Siebunterlage ist signifikant höher als derjenige in Uhrschälchen. Die Herstellung des Siebes wird beschrieben. H. Stelter. 2420.

2-64/01-1057 Šapiro, I. D. und Žukovskij, S. G.; Leningrad, Unions-Forsch.-Inst. für Pflanzenschutz. Ljuminescentnyj analiz v diagnostike povreždennych nasekomymi kološev. **(Luminescenzanalyse zur Diagnostik der Schäden, die von Insekten in den Ähren verursacht sind.)** Vestnik sel'skochozjajstvennoj nauki, Moskva **7** (1962) Nr. 12. S. 117–118. – 8 Lit. Zus. in Engl., Franz., Dtsch.

Zur Diagnostik von Insekten-geschädigten Ähren wird von Vff. das Luminescenzverfahren vorgeschlagen, das eine einwandfreiere Beurteilungsmöglichkeit als das rein visuelle Verfahren bietet. Untersuchungsobjekte waren vor allem *Meromyza saltatrix* und *Amanrosoma flavires*. Starke Fluorescenz weisen bes. die Exkrete dieser Schadinsekten auf. Rolf Kießig. 2420.

2-64/01-1058 Taylor, L. R.; Harpenden, Herts., Rothamsted Exp. Stat., Dep. of Entomol. The efficiency of cylindrical sticky insect traps and suspended nets. **(Die Wirksamkeit zylindrischer Insektenklebfallen und aufgehängter Netze.)** Ann. appl. Biol. **50** (1962) Nr. 4. S. 681–685. – 2 Abb., 8 Lit. 2420.

2-64/01-1059 Nyland, George und Milbrath, J.A.; Davis, Univ. of California; Corvallis, Oregon State Univ. Obtaining virus-free stock by index techniques. **(Gewinnung virusfreien Pflanzgutes mit Hilfe der Indexmethode.)** Phytopathology **52** (1962) Nr. 12. S. 1235–1239. – 29 Lit. 2420.

2-64/01-1060 Szirmai, J.; Budapest, Forsch.-Inst. für Pflanzenschutz. **Zusammenhang zwischen dem Kartoffelabbau und der Polyphenoloxydase-Aktivität.** Zbl. Bakteriol., Parasitenkunde, Infektionskrankh. Hyg., II. Abt. **116** (1963/ Nr. 3. S. 240–245. – 1 Abb., 1 Tab., 6 Lit.

Vf. fand, daß mit 0,5% Karbolsäure behandelte Seren, mit oder ohne Antikörper (möglichst Schafserum), mit dem Saft von Kartoffelknollen eine rote Farbreaktion geben können. Wenn kleine Glasröhrchen von 4 mm Dmr. und 2,5 cm Länge in Knollen zwischen den Augen hineingetrieben werden und an der Einstichstelle die Knollenhaut entfernt wird, findet diese Reaktion ebenfalls statt, wenn das Röhrchen mit 0,1 ml der behandelten Seren beschickt wird (KR-Verfahren). Die Farbstoffbildung wird auf eine erhöhte Polyphenoloxydase-Aktivität zurückgeführt. Es zeigte sich, daß wenig zum Abbau neigende Sorten vorwiegend mit Farbreaktionen reagieren, während abgebaute oder zum Abbau neigende Sorten kaum die Farbreaktion geben. Von 10 wenig zum Abbau neigenden Sorten (6,1% Virusbefall) wurden jeweils 10 Knollen getestet, wobei im Durchschnitt 8,2 Knollen Farbreaktionen ergaben, während bei gleicher Anzahl abbauender Sorten (⌀ 39% Virusbefall) im Durchschnitt Reaktionen erkennen ließen. Theoretische Fragen der Reaktion werden kurz erörtert. K. Zschau. 2420.

2-64/01-1061 Horváth, J. A levélsodródás virus (Corium solani Holmes) kimutatására alkalmazott Igel-Lange teszt megbizhatósága. **(Die Zuverlässigkeit des Igel-Lange-Tests bei der Identifizierung der Blattrollvirusinfektion [Corium solani Holmes].)** Növénytermelés [Pflanzenbau] **11** (1962) Nr. 3. S. 257–266. – Aus: Ung. Agrar-Rdsch. **1963** Nr. 2.

Infolge des Blattrollvirusbefalls häuft sich in den Tracheen der Kartoffel Kallose an, die mit ammoniakhaltigem Resorzinblau angefärbt werden kann. Auf diesem Verfahren beruht der Igel-Lange-Test. Von den untersuchten einheimischen Sorten ist er bei 'Goldapfel' und bei 'Kisvárdaer Rose' sowohl zur positiven als auch zur negativen Selektion verwendbar, während er bei den Sorten 'Margit', 'Ackersegen', 'Somogyer Gelbe' nur für die negative Selektion mit Sicherheit geeignet ist. Freilandversuche zeigten, daß mit Hilfe des Igel-Lange-Tests durchgeführte Selektionen die Ernteverluste bei der Sorte 'Lenino' von 1.5% auf 0%, bei der 'Kisvárdaer Rose' von 19,4% auf 0,7% bzw. von 17,5% auf 2,4% herabgesetzt werden können. 2420.

2-64/01-1062 Untersuchungen zur Methodik des serologischen und elektronenmikroskopischen Nachweises von Virus in Kartoffeln sowie zur Gewinnung von Antiseren zum Nachweis des Y- und S-Virus. Groß-Lüsewitz, Inst. Pflanzenzücht. Dtsch. Akad. Landwirtsch.-Wiss. Berlin Plan-Nr.: 1701 05 h-2-15/9. Abschlußber. (10/5. 1963).

Physalis floridana kann als Wirtspflanze zur Gewinnung von Y-Virus zur Antiserumgewinnung benutzt werden. Die Infektion der Pflanzen erfolgt zweckmäßigerweise 39–46 Tage nach der Aussaat. Den maximalen Y-Virustiter weisen die Pflanzen 18–25 Tage nach der Infektion auf. Der Zeitraum von der Aussaat bis zur Benutzung als Virusquelle beträgt etwa 58–73 Tage. Der Nachweis des Y-Virus ist durch Anwendung der in Weihenstephan ausgearbeiteten Methode gegenüber der von Bartels beschriebenen Methode sicherer geworden. Die Nachweissicherheit von S- und X-Virus wird mit der Methode nicht erhöht. Durch diese Methode wird vor allem das Auftreten unspez. Reaktionen sehr stark vermindert. Die in der Lit. beschriebene Differenzierung von stäbchenförmigen Pflanzenviren durch Vermessen ist für Serienuntersuchungen nicht geeignet. Nach vorliegenden Ergebnissen ist eine serienmäßige Differentialdiagnose stäbchenförmiger Pflanzenviren mit dem Elektronenmikroskop durch Einsatz homologer Antiseren möglich. Der Unsicherheit des elektronenmikroskopischen Nachweises der durch das sporadische Auftreten, bes. der Y-Viruspartikeln bedingt ist, kann durch Konz. der Viruspartikel mittels Y-Antiserum begegnet werden. Durch Ultraschallbehandlung kann die Beurteilung der Präparate erleichtert werden. Der Test kann an Knollen und Blättern erfolgen. 2420.

2-64/01-1063 Pag, Hansgeorg; Berlin-Dahlem, Biol. Bundesanst., Lab. für Zierpflanzenkrankh. **Stecklingstest bei Chrysanthemen in den USA.** Nachrichtenbl. dtsch. Pflanzenschutzdienstes [Braunschweig] **14** (1962) Nr. 12. S. 183–185. – 9 Abb. Zus. in Engl.

Fast alle Chrysanthemenstecklinge werden in den USA von der Fa. Yoder Brothers oder der California-Florida Plant Corporation bezogen, die ihre Mutterpflanzen auf *Verticillium*- und Virusbefall testen. Bei der Fa. Yoder werden die Verkümmerungskrankheit durch den Pfropftest mit der Sorte 'Blanche', die Mosaikkrankheiten durch den Pfropftest mit der Sorte 'Fanfare' und das Aspermievirus durch Abreiben mit Preßsaft auf der Tabaksorte 'Samsun' nachgewiesen. Der *Verticillium*-Test wird im Reagenzglas mit flüssigem Nährboden durchgeführt. Bei der California-Florida Plant Corp.

dient 'Pink Mistletoe' als Testsorte für die Verkümmerungskrankheit, mit der man zugleich einen großen Teil der Mosaikkrankheiten zu erfassen glaubt. H. H. Schimanski. 2420.

2-64/01-1064 Avens, A. W., Gibbs, S. D., Chapman, P. J. und Pearce, G. W.; Geneva, New York State Agric. Exp. Stat.; Savannah, Ga., U.S. Public Health Serv., Techn. Development Lab. A spectrophotometric method for determining petroleum oil deposits on plant surfaces with oil red dye. **(Eine elektrophotometrische Methode zur Bestimmung von Petroleumölablagerungen auf Pflanzenoberflächen mit Hilfe eines roten Ölfarbstoffes.)** J. econ. Entomol. **55** (1962) Nr. 5. S. 819–821. – 1 Abb., 1 Tab., 4 Lit. 2420.

2-64/01-1065 Middelem, C. H. van, Waites, R. E. und Wilson, J. W.; Gainesville, Univ. of Florida, Florida Agric. Exp. Stat. Extraction and cleanup studies for parathion residues on leafy vegetables. **(Untersuchungen über die Extraktion und Reinigung von Parathionrückständen an Blattgemüse.)** J. agric. Food Chem. **11** (1963) Nr. 1. S. 56–58. 2420.

2-64/01-1066 Kučura, T. L.; Dnepropetrowsk, Unions-Inst. für Maisforsch. Fitopatologičeskoe značenie prikatyvanija počvy. **(Die phytopathologische Bedeutung des Anwalzens des Bodens.)** Kukuruza, Moskva 8 (1963) Nr. 4. S. 53. – 2 Abb.
Die Resultate der Feld- und Labor.-Versuche über den Einfluß von Anwalzen des Bodens vor der Aussaat auf den Penicillium-Befall der Maiskeimlinge werden beschrieben. Die Labor.-Versuche wurden bei künstlicher Infektion der Samen mit *Penicillium martensii*, *P. purpurogenum* var. *rubri-sclerotium* und *P. urticae* durchgeführt. Ergebnis: Bei Anwalzen des Bodens kondensiert unter den Bedingungen eines trockenen Frühjahrs die Feuchtigkeit am Samen, wird der Kontakt dadurch der Samen mit dem feuchten Boden vergrößert. Das trägt zur schnellen, gesunderen Entwicklung der Keimlinge bei, die dann widerstandsfähiger gegen *Penicillium*-Befall sind. Gleichzeitig verschlechtert das Anwalzen auch die Bedingungen für die Entwicklung der *Penicillium*-Erreger (die Bodendurchlüftung wird verringert, die *Penicillium*-Erreger aber sind Aerobier). L. Rang. 2450.

2-64/01-1067 Nemlienko, F. E. und Sidenko, I. E.; Dnepropetrowsk, Unions-Inst. für Maisforsch. Rol' kombajnovoj uborki kukuruzy v bořbe s puzyrčatoj golovnej. **(Die Rolle der Combine-Maisernte bei der Bekämpfung des Beulenbrandes.)** Zaščita rastenij ot vreditelej i boleznej, Moskva 7 (1962) Nr. 8. S. 25–27. – 4 Abb.
Beim Einsatz der Combine zur Maisernte geraten 96% der Brandbeulen in die Maschine, davon werden 42 %unzerstört vom Felde gebracht, während 54% völlig zerstört werden, so daß die Sporen auf dem Felde verbleiben. Die freigesetzten Sporen verlieren während des Winters zum größten Teil ihre Lebensfähigkeit, während sie bei den in den unzerstörten Beulen verbliebenen Sporen größtenteils erhalten bleibt. Im Vorjahr verstäubte Sporen ergaben bei Infektionen im Juni 1,4–1,5% Befall, Sporen aus Beulen entspr. 32,5–39,7%. Demnach ist die Combineernte eine nützliche Maßnahme auch zur Bekämpfung des Beulenbrandes. H. Decker. 2450.

2-64/01-1068 Cox, Judith und Cock, L. J. Survival of Cercosporella herpotrichoides on naturally infected straws of wheat and barley. **(Die Lebensdauer von Cercosporella herpotrichoides auf natürlich infiziertem Weizen- und Gerstenstroh.)** Plant Pathol. **11** (1962) Nr. 2. S. 65–66. – 1 Tab., 2 Lit.
In den Jahren 1957–59 wurden an natürlich mit *Cercosporella herpotrichoides* Fron. infiziertem Stroh Untersuchungen durchgeführt, da bisher nur bekannt war, daß der Pilz auf künstlich infiziertem Stroh nach 34 Wochen noch Sporen bildet, wenn es auf dem Boden lag und nach 156 Wochen noch, wenn es erst

nach dieser Zeit wieder auf die Erdoberfläche gelangte. Der Befall im Apr. war in den einzelnen Jahren eng mit dem Sporenangebot der Stoppeln korreliert. Im Juli ging bereits ein Teil der Infektionen von früher erkrankten Pflanzen aus. 18 Mon. nach der Ernte wurden nur noch 2,1% der ursprünglichen Stoppelmasse gefunden und nur auf 8,9% davon erfolgte noch eine Sporenbildung. Bei günstigen Bedingungen reicht das Sporenangebot jedoch für einen starken Befall des Winterweizens aus. Durch eine einjährige Anbaupause von Weizen und Gerste ist der Befall nicht ausreichend zu mindern.
E. Vorsatz. 2450.

2-64/01-1069 Edward, J. C.; Allahabad, Agric. Inst., Biol. Dep. Rootstock trials for guava wilt control. **(Pfropfversuche zum Zwecke der Bekämpfung der Welke des Guajavenstrauches.)** Allahabad Farmer **35** (1961) Nr. 1. S. 5–9. – 5 Abb., 6 Lit.
Die Welke des Guajavenstrauches (*Psidium guayava*) wird durch *Fusarium oxysporum* f. *psidii* hervorgerufen und ist die am meisten verbreitete Krankheit dieses Strauches. Die angebauten Sorten sind mit Ausnahme der samenlosen Formen krankheitsanfällig. Der Grad der Anfälligkeit wurde durch künstliche Infektion der Wurzelstöcke mit einer 1%igen Lösung eines Filtrats von *F. oxysporum* f. *psidii* untersucht. Der Anteil der zerstörten Sträucher betrug bei der Sorte 'Rolf' 90%, 'Stone acid' 86%, 'Riverside' 80%, 'Chittidar' 70%, 'Safeda' 50% und 'Hafsi' 20%. Weitere Versuche wurden mit den in Indien wachsenden ebenfalls zu den Myrtaceen gehörenden Bäumen *Psidium cattleianum* var. *lucidum* (**I**) und *Syzigium cuminii* (**II**) durchgeführt. Beide gelten als resistent gegen *Fusarium*. Ein Reis von **I** wurde auf eine 6 Mon. alte Pflanze der Sorte 'Safeda' gepfropft. Beide sind verträglich und zeigten keine Anzeichen der Krankheit. Die Pfropfversuche mit **II** hatten ähnliche Ergebnisse. Damit ergibt sich die Möglichkeit einer Verminderung der *Fusarium*-Infektionen durch Pfropfung. E. M. Ardelt. 2450.

2-64/01-1070 Stout, Gilbert L. Maintenance of „pathogen-free" planting stock. **(Schaffung krankheitserregerfreien Pflanzgutes.)** Phytopathology **52** (1962) Nr. 12. S. 1255–1258. 2450.

2-64/01-1071 Smirnoff, W. A.; Sillery, Quebec, Forest Res. Lab. Tests of Bacillus thuringiensis var. thuringiensis Berliner and B. cereus Frankland and Frankland on larvae of Choristoneura fumiferana (Clemens). **(Versuche mit Bacillus thuringiensis var. thuringiensis Berliner und B. cereus Frankland und Frankland an Raupen von Choristoneura fumiferana [Clemens].)** Canad. Entomologist **95** (1963) Nr. 2. S. 127–133. – 5 Tab., 6 Lit.
Verschiedene Handelspräparate wurden in ihrer Wirksamkeit gegen Raupen von *Choristoneura fumiferana* geprüft, die günstigsten Dosierungen als Suspension und Staub in Labor.- und Freilandversuchen ermittelt und ihre Wirksamkeit (Infektiosität) auf der Blattoberfläche unter Witterungseinflüssen erprobt. Daß *Bac. cereus* bei niedrigen Temperaturen wirksamer ist als *Bac. thuringiensis*, wird als Vorteil für die Freilandanwendung angesehen.
G. Kerner. 2470.

2-64/01-1072 Žigaev, G. N. Vlijanie boverina na plodovitost' koloradskogo žuka. **(Der Einfluß des Biopräparates Boverin auf die Fruchtbarkeit des Kartoffelkäfers.)** Zaščita rastenij ot vreditelej i boleznej, Moskva **8** (1963) Nr. 2. S. 46.
Zur Bekämpfung des Kartoffelkäfers wurde das Biopräparat Boverin, das Sporen des Muscardinepilzes *Beauveria bassiana* enthält geprüft. Das Biopräparat ist wirksamer, wenn die Kartoffelkäfer durch Insekticide geschwächt sind. Aus diesem Grunde wurde das Biopräparat Boverin (3 kg/ha) mit subletalen Dosen von DDD (1,2 kg/ha) kombiniert. Neben einer hohen abtötenden Wirkung des kombinierten Präparates auf die Weibchen (bis 87%)

ist ein hemmender Einfluß auf die Fruchtbarkeit festzustellen. Im Vergleich zur Kontrolle betrug die Zahl der abgelegten Eier nur 16,4%. Nur aus 44% der abgelegten Eier schlüpften Larven während in der Kontrolle 73% der Eier Larven entließen. Die sich entwickelnden Jungkäfer besaßen eine geringe Lebensdauer. Innerhalb von 4 Wochen gingen 60% der Jungkäfer ein, in der Kontrolle keiner. H. Decker. 2470.

2-64/01-1073 Sikura, A. I. Introdukcija chiščnogo klopa perillusa. **(Die Einführung der räuberischen Wanze Perillus.)** Zaščita rastenij ot vreditelej i boleznej, Moskva 8 (1963) Nr. 2. S. 45–46.
Die Wanze *Perillus bioculatus* F. (*Pentatomidae*) wird im Ukrain. Inst. für Pflanzenschutz in Ushgorod gezüchtet. Die Wanze gehört zu den gefährlichsten natürlichen Feinden des Kartoffelkäfers. Ihre Einbürgerung – die Wanze stammt aus Kanada – wird nunmehr auch in der UdSSR versucht. Es entwickelten sich i. J. 1961 3 Generationen. Von anfangs 65 Larven im Frühjahr hatten sich bis Anfang Sept. 4400 Larven der 3. Generation entwickelt. Eine Wanze der 1. Generation vernichtete im Mittel 614 Eier, 70 Larven im L_1, 31 Larven im L_2, 13 Larven im L_3 und 2 Larven des Kartoffelkäfers im 4. Larvenstadium (L_4). H. Decker. 2470.

2-64/01-1074 Pritchard, A. Earl und Baker, Edward W.; Berkeley, Exp. Stat.; Washington, U.S. Dep. of Agric., Entomol. Res. Div. Mites of the family Phytoseiidae from Central Africa, with remarks on the genera of the world. **(Die Milben der Familie Phytoseiidae aus Zentralafrika, mit Bemerkungen zu den Gattungen der Welt.)** Hilgardia [Berkeley, Calif.] **33** (1962) Nr. 7. S. 205–309. – 70 Abb., 60 Lit.
Es werden insgesamt 31 neue Arten dieser Raubmilben beschrieben und abgebildet, und zwar aus folgenden Gattungen: *Typhlodromus* (3 Arten), *Phytoseius* (3 Arten), *Chantia* (1 Art), *Amblyseius* (22 Arten) und *Iphiseius* (2 Arten). 6 weitere Arten wurden schon früher aus Afrika beschrieben, eine Art ist auch aus dem Mittelmeerraum bekannt, so daß die Zahl der z. Z. aus Afrika bekannten Arten 38 beträgt. Die Arbeit gewinnt dadurch an Bedeutung, daß für die Weibchen vollständige Gattungs- und Untergattungsbestimmungsschlüssel gegeben werden, wohingegen die Artenschlüssel nur die afrikanischen Arten umfassen. E. Königsmann. 2470.

2-64/01-1075 Györfi, J. A Lymantria dispar L. parazitái a legujabb kutatások alapján. **(Die neuesten Forschungen über die Parasiten von Lymantria dispar L.)** Erdészeti Kutatások [Forstl. Versuche] **57** (1961) Nr. 1/3. S. 275–285. – Aus: Ung. Agrar-Rdsch. **1963** Nr. 7.
Das Hauptverbreitungsgebiet des Schwammspinners (*Lymantria dispar* L.) ist Mitteleuropa. In Ungarn richtet er die größten Schäden an. Er ist ein außerordentlich polyphager Forstschädling, dennoch zählen Stiel- und Traubeneiche zu den wichtigsten Wirtspflanzen. Die Vermehrung des Schwammspinners wird durch folgende Insekten gehemmt: *Trombidium holosericeum* L., *Calosoma sycophanta* L., *Dermestes lardarius* L., *Protichneunom disparis* Poda., *Theronia atalantae* Poda., *Hyposoter disparis* Vieill., *Apanteles fulvipes* Hal., *A. liparidis* Bouché, *A. porthetriae* Muesb., *A. melanoscellus* Rtzb., *A. lacteicolor* Vier., *Microgaster tibialis* Nees., *Brachymeria intermedia* Nees., *Aanastatus disparis* Rusch., *Compsillura concinnata* Meig., *Lydella nigripes* Fall., *Parasitigena segregata* Rond., *Sturmia scutellata* R. D., *Carcellia excisa* Fall., *Tachina larvarum* L. und *T. rustica* Meig. Die Neben- und Zwischenwirte dieser Insekten werden ebenfalls genannt. 2470.

2-64/01-1076 Holmes, N. D., Nelson, W. A., Peterson, L. K. und Farstad, C. W.; Lethbridge, Alta, Canada Agric. Res. Stat. Causes of variations in effectiveness of Bracon cephi (Gahan) (Hymenoptera: Braconidae) as a parasite of the wheat stem sawfly. **(Zur Ursache unterschiedlicher Wirksam-**

keit von Bracon cephi [Gahan] [Hym. Brac.] als Parasit der Weizenhalmwespe.) Canad. Entomologist **95** (1963) Nr. 2. S. 113–126. – 1 Abb., 10 Tab., 5 Lit.

An mehreren Weizensorten sowie an Gerste und einer *Bromus*-Art wurden die Beziehungen zwischen dem Wirt, *Cephus cinctus* Norton, und dem Parasit, *Bracon cephi* Gahan, untersucht in Abhängigkeit von den Aussaatterminen, Bodenbewässerung, Temperatur und Niederschlägen in den verschiedenen Entwicklungsabschnitten. Unterschiedliche Höhe der Parasitierung hing hauptsächlich von der Synchronisation der Entwicklung von *B. cephi* und *C. cinctus* ab. Längere Lebenszeit der Blattwespen infolge späteren Ausreifens der Pflanzen führte zu höherer Parasitierung und umgekehrt.
G. Kerner. 2470.

2-64/01-1077 Huba, Alexander. Druhy rodu Pteroptrix Westw. (Hymenoptera, Aphelinidae) na Slovensku. **(Arten der Gattung Pteroptrix Westw. [Hymenoptera, Aphelinidae] in der Slowakei.)** Práce Lab. Ochrany Rastlín [Bratislava] **1962** S. 103–132. – 19 Abb., 5 Tab., 13 Lit. Zus. in Russ., Engl.

Als Parasiten mehrerer Schildlausarten der Familie *Diaspididae* ermittelte Vf. etwa 40 Arten der *Chalcidoideae*. Bes. Aufmerksamkeit wurde den Vertretern der Gattung *Pteroptrix* Westwood gewidmet. In Mittel- und Osteuropa wurden 5 Arten dieser Gattung beschrieben: *Pteroptrix dimidata* Westwood, *P. longicornis* Nik., *P. maritima* Nik., *P. causasica* Jasnoš, *P. opaca* Erdös, wovon in der Slowakei die Arten *P. longicornis* Nik., *P. dimidiata* Westw., *P. opaca* Erd. festgestellt wurden. Alle 3 Arten sind wichtig für die Häufigkeit des Vorkommens von Schildläusen in der Slowakei. Beigefügt sind eine eingehende Beschreibung und ein Bestimmungsschlüssel für die 3 in der Slowakei vorkommenden Arten. P. Bartoš. 2470.

2-64/01-1078 Sugonjaev, E. S.; Zool. Inst. der Akad. der Wiss. der UdSSR. Parazit akacievoj ložnoščitovki. **(Ein Parasit der Gemeinen Napfschildlaus.)** Zaščita rastenij ot vreditelej i boleznej, Moskva 8 (1963) Nr. 3. S. 22–24. – 1 Abb., 1 Tab.

Die Gemeine Napfschildlaus (*Eulecanium corni*) verursacht im Süden der UdSSR ernsten Schaden. Bis vor kurzem wurde angenommen, daß in der UdSSR keine natürlichen Feinde vorkommen, die diesen Schädling ernsthaft reduzieren könnten. Im Jahre 1958 wurde in verschiedenen Gebieten der UdSSR ein Parasit, *Blastothrix confusa* Erd., entdeckt. In den letzten Jahren wurde die Biologie dieses Parasiten erforscht. *Blastothrix confusa* wird als aussichtsreiche Art zur biol. Bekämpfung angesehen. Der Parasitierungsgrad der Schildlausweibchen betrug i.J. 1959 80–100%, i.J. 1960 bis 78% und 1962 bis 87%. Der Einfluß weiterer Parasiten (*Microterys sylvius* Dalm. und *Coccophagus lycimnia* Wlk.) ist nicht konstant. H. Decker. 2470.

2-64/01-1079 Jourdheuil, P.; Versailles, Stat. Centr. de Zool. Agric. Influence de quelques facteurs écologiques sur les fluctuations de population d'une biocénose parasitaire: Étude relative à quelques Hymenoptères (Ophioninae, Diospilinae, Euphorinae) parasites de divers Coléoptères inféodes aux Crucifères. **(Einfluß einiger ökologischer Faktoren auf den Populationsverlauf einer Parasiten-Biozönose: Vergleichende Studie über einige Hymenopteren [Ophioninae, Diospilinae, Euphorinae], die als Parasiten verschiedener auf Cruciferen schädlicher Coleopteren auftreten.)** Ann. Inst. nat. Rech. agronom., Sér. C **11** (1960) Nr. 4. S. 445–660. – 42 Abb., 27 Tab., 241 Lit.

Die Arbeit geht auf Beobachtungen zurück, die in den Jahren 1952–1956 an verschiedenen Käfern (*Chrysomelidae*, *Curculionidae*, *Nitidulidae*) im Hinblick auf ihre natürlichen Feinde gemacht wurden. Die Räuber haben nur eine sehr sporadische Auswirkung (auf Jugendstadien). Von den verschiedenartigsten Parasiten, Pilze, Protozoen, Nematoden und vor allem Hymenopteren, wurden letztere (*Ichneumonidea, Chalcidoidea*, mehr ausnahmsweise auch *Serphoidea*) genauer untersucht, wobei die *Ichneumonidae* (bes. *Diospilinae, Euphorinae* und *Ophioninae*) die häufigsten und wirksamsten sind. In 8 größeren Abschnitten (1. Komplex Pflanze-phytophage Insekten-natürliche Feinde; 2. Morphol. und biol. Besonderheiten verschiedener Unterfamilien der parasitären Hymenopteren; 3. Einfluß klimatischer Faktoren auf die Imaginalaktivität von *Thersilochina* spp.; 4. Einfluß klimatischer Faktoren auf die Ovarialfunktion von *Thersilochina*; 5. Einfluß der Pflanzenwelt; 6. Beziehungen zwischen Wirt-Parasit; 7. Beziehungen zwischen Parasiten; 8. Einfluß ökol. Faktoren auf die Entwicklung der Population) wird der Versuch gemacht, eine kritische Übersicht von der Bedeutung und den Möglichkeiten der Parasiten-Populationen auf den Gradationsverlauf bestimmter phytophager Käfer zu geben. Weitere Einzelheiten müssen in der umfangreichen und ausführlichen Arbeit nachgelesen werden. W. Tannert. 2470.

2-63/01-1080 Otto. Diter, Keremidčiev, Marin und Vŭtov, Vasil. Gorskite mravki v Bŭlgarija i perspektivite za tjachnoto izpolzuvane v biologičnata borba sreštu vrednite nasekomi v gorite. **(Die Waldameise in Bulgarien und die Perspektiven für ihre Ausnutzung bei der biologischen Bekämpfung von schädlichen Insekten in Wäldern.)** Gorsko stopanstvo, Sofija **18** (1962) Nr. 12. S. 24–28. — 4 Abb.

In Bulgarien ist *Formica rufa* hauptsächlich in Nadelwäldern anzutreffen. Das gesammelte Material dieser Art wurde im nördlichen Teil des Rila-Gebirges, in den nördlichen und westlichen Teilen der Rhodopen sowie im nördlichen und östlichen Teil des Pirin-Gebirges gefunden. *F. lugubris* Zetterstede 1840 ist in den Eichenwäldern der Dobrudsha anzutreffen, im nördlichen Teil des Rila-Gebirges, an den nordöstlichen Hängen der West-Rhodopen, in den nördlichen Teilen des Pirin-Gebirges und der Rhodopen sowie in den mittleren Rhodopen und auf dem Witoscha-Gebirge. Die Ameisenhaufen dieser Gattung erreichen eine Höhe von 1,4 m und einen Dmr. von 2 m. In Bulgarien ist für die Bekämpfung von Waldschädlingen nur *F. lugubris* zu verwenden. NRB/ZSNTI. 2470.

2-64/01-1081 Rudenko, D. K.; Leningrad, Unions-Forsch.-Inst. für Pflanzenschutz der Lenin-Akad. der Landwirtsch.-Wiss. Povyšenie aktivnosti parakodrus. **(Die Aktivitätssteigerung von Paracodrus apterigonius Hall.)** Zaščita rastenij ot vreditelej i boleznej, Moskva **8** (1963) Nr. 3. S. 54.

Paracodrus apterigonius ist ein weitverbreiteter Parasit der Drahtwürmer im Nordwesten der UdSSR. Mehrjährige Gräser verringern die Aktivität der Parasiten, während andere Feldfrüchte zur Aktivitätssteigerung (von 12% Befall auf 60% Befall) führen. H. Decker. 2470.

2-64/01-1082 Poinar jun., George O. und Gyrisco, George G. A new mermithid parasite of the alfalfa weevil, Hypera postica (Gyllenhal). **(Eine neue parasitische Mermithide des Luzerneblattnagers, Hypera postica [Gyllenhal].)** J. Insect. Pathol. **4** (1962) Nr. 2. S. 201–206. 2470.

2-64/01-1083 Reinecke, Horst; Barterode. **Ergebnisse und Erfahrungen beim praktischen Einsatz chemischer Mittel.** Allg. Forst-Z. **17** (1962) Nr. 41. S. 651–653. — 3 Abb. 2500.

2-64/01-1084 Al'muratov, N. N. Polusuchoj sposob protravlivanija jačmenja. **(Das halbtrockene Verfahren bei der Beizung der Gerste.)** Zaščita rastenij ot vreditelej i boleznej, Moskva **8** (1963) Nr. 4. S. 22. — 1 Tab.

Die Trockenbeizung besitzt gewisse Mängel (geringe Haftfähigkeit, Staubentwicklung und damit Gefährdung des Arbeitspersonals). Daher wurde versucht Beizmittelsuspensionen (3% des Saatgutgewichtes als Wassermenge) zu verwenden. Die Prüfungen zeigten, daß TMTD (50 u. 75%ig), Granosan,

Merkuran und Agronal im halbtrockenen Verfahren fast die gleiche Wirkung besitzen wie bei der Trockenbeizung. Nur Hexachlorbenzol war im halbtrockenen Verfahren deutlich unterlegen. H. Decker. 2500.

2-64/01-1085 Ujević, Ivan; Ruzyně, Ústřední Výzkumný Ústav Rostlinné Výroby, Oddĕleni Ochrany Rostlin. Nové způsoby anaerobního moření semene ječmene proti prašné snĕti – Ustilago nuda (Jens.) Rostr. **(Neue Methoden der anaeroben Beizung der Gerste gegen Ustilago nuda [Jens.] Rostr.)** Rostlinná Výroba **9(36)** (1963) Nr. 1. S. 9–26. – 6 Abb., 13 Tab., 15 Lit. Zus. in Russ., Engl.
Während der Jahre 1958–59 wurde durch Feldversuche die Wirkung verschiedener Methoden der anaeroben Beizung bei Temperaturen von 0° bis 80 °C bei verschiedener Wirkungsdauer dieser Temperaturen und bei verschiedenem Feuchtigkeitsgehalt des Samens auf den Flugbrand der Gerste und die Keimfähigkeit der gebeizten Körner untersucht. Geeignet waren Varianten, die zum größten Teil auf Verkürzung der Vorquellzeit und Verlängerung der anaeroben Behandlung oder auf Temperaturerhöhung bei der anaeroben Behandlung gerichtet sind. ČSSR/ÚVTI. 2500.

2-64/01-1086 Korobejnikova, A. V. TMTD protiv boleznej kukuruzy. **(TMTD gegen Maiskrankheiten.)** Zaščita rastenij ot vreditelej i boleznej, Moskva 8 (1963) Nr. 2. S. 20. – 1 Abb.
Im mittleren Ural ist das Verschimmeln der Maissamen im Boden nach der Aussaat die gefährlichste Maiskrankheit. Als Erreger werden Pilze der Gattung *Penicillium* angenommen, die sich am Saatgut oder im Boden befinden. Die Beizung mit TMTD erwies sich als bedeutend wirksamer als die Behandlung mit dem Hg-haltigen Granosan. H. Decker. 2500.

2-64/01-1087 Kočetova, Z. N. und Troškov, N. B. Protravlivanie semjan morkovi v bor'be s černoj gnil'ju. **(Beizung von Möhrensamen zur Bekämpfung der Schwarzfäule.)** Dokl. Velikoluksk. s.-ch. in-ta **1961** S. 59–64. – Aus: Referativnyj žurnal. Biologija, Moskva **1962** Nr. 20. G 522. S. 69.
Die Heißwasserbeize von Möhrensamen (zuerst Einweichen nach der Jarowisationsmethode und daran anschließnd eine 10 Min. andauernde Erwärmung in bis zu 50 °C erhitztem Wasser) erwies sich im Vergleich zur chem. Beizung (4 g Merkuran auf 1 kg Samen) als bedeutend wirksamer bei der Bekämpfung der *Alternaria*-Schwarzfäule der Samen und Keimlinge. Der Ertrag an Wurzelfrüchten von ausgesäten Samen, die heißwassergebeizt wurden, war im Vergleich zum Ertrag von ausgesäten Samen, die chem. gebeizt waren, bedeutend höher. übersetzt v. E. Fröhmcke. 2500.

2-64/01-1088 Cetas, R. C. und Sawyer, R. L.; Long Island, Cornell Univ., Vegetable Res. Farm. Evaluation of uracide for the control of common scab of potatoes on Long Island. **(Bewertung von Uracid für die Bekämpfung des gewöhnlichen Kartoffelschorfes auf Long Island.)** Amer. Potato J. **39** (1962) Nr. 12. S. 456–459. – 3 Tab., 10 Lit.
Uracid ist eine Mischung aus Harnstoff und Formaldehyd. Vf. führten Feldversuche zur Überprüfung des Effektes von Bodenreaktion (pH 4,3–8,0), mineral. Düngung und Uracid durch. Aus den Ergebnissen geht hervor, daß Uracidbehandlungen keinen Effekt auf die Befallstärke der Knollen haben. Der Befall selbst wurde vermindert. Dabei gab es Unterschiede zwischen den Jahren. Bei den hohen pH-Werten war eine Bandbehandlung mit Uracid ohne bes. Effekt. K. Bellmann. 2500.

2-64/01-1089 Reich, R.; Erfurt, Pflanzenschutzamt beim Rat des Bezirkes. **Möglichkeiten der Bekämpfung des Nelkenrostes.** Dtsch. Gartenbau **10** (1963) Nr. 4. S. 109–111. – 3 Abb., 3 Tab.
In 14 Punkten werden die wichtigsten hygienischen und therapeutischen Maßnahmen zur Verhütung des Nelkenrostes zusammengefaßt. Eine Übersicht

über den unterschiedlichen Anfälligkeitsgrad von 16 Sorten wird gegeben. Zur prophylaktischen Behandlung werden Zineb 80, 0,2%, und Ferbam 50, 0,5%, empfohlen. Herta Schmidt. 2500.

2-64/01-1090 Fletcher, J. T.; Cheshunt, Landwirtsch. Beratungsdienst. Experiments on the control of mint rust. **(Untersuchungen zur Bekämpfung des Minzenrostes.)** Plant Pathol. **11** (1962) Nr. 3. S. 115–120. – 1 Abb., 5 Tab., 13 Lit.

Da in der Lit. sehr unterschiedliche Angaben über Verfahren der Heißwasserbehandlung zur Bekämpfung des Minzenrostes (*Puccinia menthae* Pers.) vorliegen, bemühte sich Vf., zunächst die Hitzeempfindlichkeit einzelner Sporenformen des Pilzes zu prüfen. Bei der Bestimmung des thermalen Tötungspunktes, d.h. der Temperatur, die bei 10 Min. langer Einwirkung auf die Sporen eine nachfolgende Keimung der Sporen unter optimalen Bedingungen verhindert, wurde sowohl für die Aecidiosporen als auch für die Uredo- und Teleutosporen eine Temperatur von 40 °C ermittelt. Die Untersuchungen erfolgten mittels Sporensuspensionen, die in beiderseitig verschlossenen, in einem bes. Gerät befestigten Kapillarröhrchen im Wasserbad auf verschiedene Temperaturen von 22–44 °C erhitzt und anschließend in Agarplatten (2%iger Wasseragar) ausgegossen wurden. Bei der Auswertung fanden der Prozentsatz gekeimter Sporen sowie die Dauer der Sporenkeimung Berücksichtigung. Auf Grund der Ergebnisse empfiehlt Vf. eine Warmwasserbehandlung kranker Stolonen von 10 Min. bei 110 °F (43 °C). Ein 30 Min. langes Eintauchen der Stolonen in kaltes Wasser, dem ein Entspannungsmittel zugesetzt wurde, soll ebenfalls zu einer Verminderung des Rostbefalls führen. Ein Zusatz von Formalin führte selbst bei geringen Mengen zu Pflanzenschäden. Eine weitere Möglichkeit der Bekämpfung des Pfefferminzrostes sieht Vf. in der Behandlung der Bestände im Herbst mit unverdünnter H_2SO_4 in einer Aufwandmenge von 250 l/ha. Diese Maßnahme stellt gleichzeitig eine sehr gute Unkrautbekämpfung dar. K. Frauenstein. 2500.

2-64/01-1091 Benc, Stanislav und Lapár, Miroslav; Semčice, Výzkumný Ústav Repařský, Pracoviště Stupice; Čiky, Výskumné Repárské Pracovisko. Výsledky pokusů s ochranou cukrovky proti Cercospora beticola Sacc. **(Ergebnisse der Bekämpfungsversuche gegen Cercospora beticola Sacc. an Zuckerrüben.)** Rostlinná Výrobá **9(36)** (1963) Nr. 1. S. 27–38. – 8 Tab., 9 Lit. Zus. in Russ., Dtsch.

In den Jahren 1953 und 1954 wurden 3 Spritzungen mit 1%igem Kuprikol durchgeführt. Die 1. Spritzung erfolgte bei den ersten Befallssymptomen Anfang bis Mitte Juli und blieb auf den Wurzelertrag, die Polarisation sowie auf den Blattertrag ohne nachweisbare Wirkung. Die 2. Spritzung (Ende Juli Anfang Aug.) z.Z. der stärksten *Cercospora*-Ausbreitung) steigerte sowohl den Rübenertrag als auch den Zuckergehalt und den Polarisationszuckerertrag. Die 3. Spritzung (Ende Aug./Anfang Sept.) brachte keine gesicherten Ertragserhöhungen. ČSSR/ÚVT I. 2500.

2-64/01-1092 Kráľovič, Ján, Weismann, Ľudovít und Hlavatý, Ján. Štůdium možností a rentability ochrany proti cerkosporióze na cukrovke. **(Studium der Möglichkeiten und der Rentabilität des Schutzes gegen Cercosporiose der Zuckerrübe.)** Práce Lab. Ochrany Rastlín [Bratsilava] **1962** S. 157 bis 167. – 8 Tab., 10 Lit. Zus. in Russ., Dtsch.

Geprüft wurden die Spritzmittel Banakobra (3 kg/ha, 50% Cu,) Kuprikol (8 kg/ha, 30% Cu). und das Stäubemittel Nitroxyd (40 kg/ha, 10% Cu). Alle Präparate waren in ihrer Wirksamkeit gegen *Cercospora* etwa gleich gut. Unterschiede bestanden nur hinsichtlich des Ausbringungstermines. Die 1. Spritzung, bei Sichtbarwerden der ersten Krankheitssymptome (Anfang Aug.), ist die wirksamste. Eine weitere Behandlung muß 15–17 Tagen danach erfolgen. Diese beiden Behandlungen sind ausreichend. In bestimmten Anbaugebieten genügt die einmalige Behandlung. P. Bartoš. 2500.

2-64/01-1093 Šumilenko, E. P. und Šaranova, A. I. ; Swerdlowsk, Ural. Inst. der Akad. für Kommunalwirtsch. Obezzaraživanie cvetočnogo posadočnogo materiala. **(Die Entseuchung von Blumen-Pflanzmaterial.)** Zaščita rastenij ot vreditelej i boleznej, Moskva 8 (1963) Nr. 4. S. 38.
Stark von *Sclerotinia* und *Penicillium* befallene Tulpenzwiebeln liefen nur zu 20% auf. Nach einer Behandlung mit 3% Mangansaurem Kali erhöhte sich das Auflaufergebnis auf 80%, nach Behandlungen mit 0,1% Granosan bzw. TMTD-Staub auf 55%. Gladiolen, die in der Kontrolle zu 100% von Schorf, *Fusarium* und *Penicillium* befallen waren, zeigten nach Behandlung in 0,2% Granosan (15 Min.) 12,45% Befall, in 0,2%iger Suspension von 50%igem TMTD (15 Min. 27,2% und nach einer Behandlung im Mangansauren Kali (30 Min.) 32% Befall. H. Decker. 2500.

2-64/01-1094 Hoffmann, G. M. und Kötter, C.; Hannover, TH, Inst. für Pflanzenkrankh. und Pflanzenschutz; Berlin-Frohnau, Schering AG, Forschungsstelle für Pflanzenschutz. **Bekämpfung von Welkekrankheiten im Freiland auf chemischem Wege.** Gartenwelt **63** (1963) Nr. 6. S. 123–124. – 7 Abb., 2 Tab.
Es wird durch 2jährige Versuche auf leichtem Sandboden (Berliner Raum) und auf lehmigem Sand (Hannover) nachgewiesen, daß es auch mit den modernen Bodenentseuchungsmitteln: Trapex. Vapam, Mylone und 2 Streupräparaten WN 2000 und WN 2050 (Schering) nicht möglich ist, die *Fusarium*-Welke der Sommerastern zu bekämpfen. Am Ende der Vegetationsperiode waren anfänglich beobachtete Erfolge nicht mehr erkennbar. Eine Erklärung für den Mißerfolg kann nicht gegeben werden, zumal bei der Bekämpfung anderer Welkefusarien und sonstiger widerstandsfähiger Pilze gute Erfahrungen gemacht worden sind. Herta Schmidt. 2500.

2-64/07-1095 Das, G. N. und Sen Gupta, P. K.; Calcutta, State Agric. Res. Inst. Evaluation of fungicides in the laboratory against Sclerotium rolfsii Sacc. and Rhizoctonia bataticola (Taub.) Butl. **(Bewertung von Fungiciden im Laboratorium gegen Sclerotium rolfsii Sacc. und Rhizoctonia bataticola [Taub.] Butl.)** Sci. and Cult [Calcutta] **29** (1963) Nr. 2. S. 101–103. – 1 Tab., 7 Lit. 2500.

2-64/01-1096 Guntz, M. La lutte contre la Rhizoctone de la pomme de terre. **(Der Kampf gegen die Rhizoctonia der Kartoffel.)** Phytoma [Paris] **14** (1962) Nr. 135. S. 16–19. – 4 Abb., 1 Tab.
Zur Bekämpfung des *Rhizoctonia*-Pilzes ist neben anbauhygienischen Methoden die chem. Behandlung des Pflanzgutes anzuwenden. Versuche, das rel. aufwendige Tauchverfahren durch Gasbehandlungen (Trioxymethylen) oder Anwendung von staubförmigen Präparaten (Trichlorphenat von Zink, TMTD) zu ersetzen, brachten unbefriedigende Ergebnisse. Am wirksamsten erwies sich das Tauchverfahren. Geprüft wurden Formol, Chlorderivate des Phenols (2.4.5-Trichlorphenat des Zink, Pentachlorphenol) und org. Hg-Verbindungen. Formol und Chlorderivate können nur im Herbst eingesetzt werden, da es bei Frühjahrsbehandlung zu Keimschäden kommt. Kurz vor der Pflanzung bewährten sich org. Hg-Verbindungen. Ein 15 bis 30 Min. andauerndes Bad in geringeren Konz. ist wirkungsvoller und phytotoxisch unbedenklicher als ein kurzes Tauchen in stärker konz. Lösungen. Alle 3 Wirkstoffe schließen eine Verwendung der behandelten Kartoffeln für die tierische und menschliche Ernährung aus. A. Ramson. 2500.

2-64/01-1097 Gould, H. J.; Cambridge, Nat. Agric. Advisory Serv. Tests with seed dressings to control grain hollowing of winter wheat by slugs.

(Versuche mit Saaatgutbehandlungen zur Verhütung von Kornbeschädigungen bei Winterweizen durch Schnecken.) Plant Pathol. **11** (1962) Nr. 4. S. 147 bis 152. – 3 Tab., 6 Lit. 2500.

2-64/01-1098 Oudinet, R., Cherblanc, G., Schneider, J. und Deloustal, J.; Rennes, Protection de Végétaux. Quatre années d'essais de traitements contre le nématode de la carotte. **(Vier Jahre Bekämpfungsversuche gegen Nematoden an Möhren.)** Phytoma [Paris] **14** (1962) Nr. 135. S. 11–15. – 5 Abb., 7 Tab.
Die Nematicide Dichlorpropan + Dichlorpropen (DD), Dibromäthylen oder Dibromäthan (DB) als Emulsion sowie 1.2 Dibrom-3-chlorpropan in Petroleum gelöst und als Granulat wurden von 1957 bis 1960 an 2 Versuchsorten hinsichtlich ihrer Wirkung gegen *Heterodera carotae* Jones geprüft. Die Ausbringung erfolgte jeweils in der ersten Maihälfte. Die Ergebnisse der Bodenprobenuntersuchungen sowie die Ernteermittlungen zeigten, daß die geprüften 3 Nematicide bei Ausbringung in flüssiger Form mittels Injektoren gleich gute Bekämpfungserfolge bewirkten. Dibromchlorpropan in Form eines Granulates war etwas weniger wirksam (schlechtere Verteilung). DB mittels Bewässerung in den Boden gebracht ergab keine befriedigenden Ergebnisse. Allg. bewährten sich die höheren Dosierungen – DD (600 l/ha), DB (300 kg/ha), Dibromchlorpropan (105 kg/ha) – am besten. Die günstigste Aufwandmenge wird jedoch jeweils vom Verseuchungsgrad und dem phys.-chem. Zustand des Bodens sowie von weiteren Faktoren mitbestimmt werden.
A. Ramson. 2500.

2-64/01-1099 Moreton, B. D. und John, Margarete E.; Wey, Nat. Agric. Advisory Serv. Chemical control of eelworm on outdoor chrysanthemums. **(Chemische Bekämpfung der Blattälchen bei Freilandchrysanthemen.)** Exp. Horticult. **1963** Nr. 8. S. 90–98. – 6 Tab., 3 Lit.
In 5jährigen Untersuchungen ergab sich, daß die Chrysanthemen im Freiland vom verseuchten Boden aus befallen werden. Jedoch geschieht dies in geringerem Maße, wenn die Flächen für etwa 3 Mon. zwischen dem Anbau der Chrysanthemen unkrautfrei gehalten werden, während sich andererseits der Befall verstärken kann, wenn die Unkräuter während des Winters auf den Flächen verbleiben. Die Warmwasserbehandlung der Mutterpflanze ist eine wirksame Maßnahme, um älchenfreies Pflanzenmaterial zu erhalten. Parathion-Behandlungen ergeben nur Teilerfolge. In normalen Jahren bringen sie einen wirtsch. Nutzen, aber nicht in feuchten Jahren, in denen die Älchenaktivität erhöht ist. Am zweckmäßigsten ist es, die bewurzelten Stecklinge einer intensiven Sprühbehandlung mit Parathion zu unterziehen, mit einer Wiederholung 10 Tage darauf. Konz.-Unterschiede zwischen 0,01 und 0,025% erwiesen sich als unwesentlich hinsichtlich ihrer Wirksamkeit. Demeton-Methyl (0,025%) zeigte eine ähnliche Wirkung wie Parathion, während Mevinphos (0,05%) und Fluoracetamid (0,05%) unterlegen waren. Dimethoate erwies sich als phytotoxisch. Eine gute nematicide Wirkung besaß auch Phorate (0,02%), jedoch muß diese Verbindung wegen seiner hohen Toxizität noch näher auf seine Anwendbarkeit im Gewächshaus geprüft werden. H. Decker. 2500.

2-64/01-1100 Butovskij, A. P. Bor̂ba s vrediteljami sacharnoj svekly. **(Die Bekämpfung von Zuckerrübenschädlingen.)** Sacharnaja svekla, Moskva 8 (1963) Nr. 2. S. 29–34. – 17 Abb.
Vf. berichtet über Verbreitung, Charakterisierung und Bekämpfungsmöglichkeit der wichtigsten Zuckerrübenschädlinge wie Drahtwurm, Larven des Blatthornkäfers, Moosknopfkäfer, Rübenfloh, Rübenderbrüßler, der Rübenblattlaus, Rübenblattwanze, Erdraupen, Rübenfliege u.a. G. Jury. 2500.

2-64/01-1101 Cook, William C., Butler, Lillian, Walker, Kenneth C. und Featherston, Paul E. Granular in-furrow treatments with phorate and

di-syston against the pea aphid on peas. **(Granulat-Furchenbehandlungen mit Phorate und Di-Syston gegen die Erbsenlaus an Erbsen.)** J. econ. Entomol. **56** (1963) Nr. 1. S. 95–98. – 5 Tab., 11 Lit.
Chem. Bekämpfung wird als notwendig erachtet, wenn der Befall zur Blütezeit 10 *Acyrthosiphon pisum* (Harris) je Erbsenpflanze beträgt. Die Furchenbehandlungen mit granuliertem Phorate (**I**) und Di-Syston (**II**), bei denen die Mittel zusammen mit den Samen in die Furchen gestreut wurden, hielten den Befall meist unter diesem Niveau. **II** war **I** überlegen und ergab bei 1,25 g auf 100 ft. Reihenlänge in 2 Fällen einen Schutz bis zur Konservenreife. Der Wirkstoff **II** erwies sich im unteren Drittel der Erbsenpflanzen konz. und war in den Spitzen der Pflanzen und in den Samen nur in einer Konz. von 0,07 bis 0,40 ppm nachweisbar. F. P. Müller. 2500.

2-64/01-1102 Tappan, William B.; Quincy, Fla., North Florida Exp. Stat. Insecticides for the control of the green peach aphid on shade-grown tobacco. **(Insekticide für die Bekämpfung der Grünen Pfirsichblattlaus an beschattet angebautem Tabak.)** J. econ. Entomol. **56** (1963) Nr. 1. S. 34–40. – 6 Tab., 13 Lit.
Der unter Schatten-Gewebe angebaute Tabak dient ausschl. zur Gewinnung von Zigarren-Deckblättern. Diese Blätter werden durch *Myzus persicae* (Sulz.) verfärbt, deformiert und durch Honigtau entwertet. Zur Verhinderung solcher Schäden wird in Florida seit 14 Jahren wöchentlich einmal mit 1% Parathion + 10% DDT gestäubt. Ein Zusatz von 6,5% Zineb dient zur Bekämpfung von *Peronospora tabacina* Adam. Anzeichen für Resistenz gegen org. Phosphor-Insekticide konnten im Tabakanbaugebiet von Quincy bei der dort nur parthenogenetisch lebenden Grünen Pfirsichblattlaus noch nicht ermittelt werden. Von 24 geprüften insekticiden Subst. erschienen 4% Diazinon, 1,5% Phosdrin, 4% Thiodan und 3% Trithion (chem. Bezeichnungen sind angegeben) bei wöchentlich einmaliger Bestäubung geeignet als Ersatz für 1% Parathion. Bodenbehandlung mit granuliertem Dimethoate und Verwendung von *Bacillus thuringiensis* Berliner waren unwirksam. Sevin 10% hatte phytotoxische Wirkung. Für Zineb wurde ein geringer aphicider Effekt festgestellt.
F. P. Müller. 2500.

2-64/01-1103 Weismann, L'udovít (unter techn. Mitarb. von Vallo, Vladimír und Linderová, Zuzana). Škodnost' vošky makovej (Aphis [Doralis] fabae Scop.) ako podklad pre určenie správneho termínu ochrany cukrovej repy. **(Die Schädlichkeit der Rübenblattlaus [Aphis (Doralis) fabae Scop.] als Grundlage zur Bestimmung des richtigen Termins der Schutzmaßnahmen von Zuckerrübe gegen die Blattlaus.)** Práce Lab. Ochrany Rastlín [Bratislava] **1962** S. 203–220. – 4 Abb., 4 Tab., 4 Lit. Zus in Russ., Dtsch.
Vf. prüfte die Wirksamkeit von Spritzungen gegen die Schwarze Bohnenblattlaus (*Aphis* (*Doralis*)*fabac* Scop.) in Zuckerrüben zu 4 Terminen. Die Versuchsparzellen wurden am 26.5. gleichmäßig mit Blattläusen versehen (40–60 Stück pro Zuckerrübe). Diese Zahl entsprach dem natürlichen Auftreten der Blattläuse auf den ursprünglich befallenen Beständen. Die Spritzungen erfolgten vom 2.6. an in einwöchigen Intervallen, so 1–4 Wochen nach der Beendigung des Gesamtanfluges der geflügelten Blattläuse vom Pfaffenhütchen. Die Wirksamkeit wurde auf Grund des Durchschnittsgewichtes der Rübenwurzeln auf den Versuchsparzellen bewertet. Die Spritzung zum 1. und 2. Termin verhinderte die Schäden; weitere Spritzungen verringerten sie nur. Der günstigste Spritztermin liegt 2 bis höchstens 3 Wochen nach Beendigung des Massenfluges der Blattläuse. Die Spritzung vor dessen Beendigung erfordert eine Wiederholung. Bei richtig gewähltem Spritztermin genügt eine Spritzung.
P. Bartoš. 2500.

2-64/01-1104 Sazonik, Ch. V.; Tschernowzy, Unions-Stat. für Kartoffelkrebs. Karbotion protiv koloradskogo žuka. **(Karbothion gegen Kartoffelkäfer.)** Zaščita rastenij ot vreditelej i boleznej, Moskva **8** (1963) Nr. 3. S. 26.

Zur Tilgung der Kartoffelkäferherde in den neuen Befallsgebieten der Ukraine ist HCH nicht ausreichend wirksam. Daher wurde seit dem Jahre 1961 die Anwendbarkeit von Karbothion (= Vapam) erprobt. Bei leichteren Böden hat sich die Anwendung von 2–2$^1/_2$ l/m^2 einer 1%igen Lösung, bei schweren Böden oder tiefer Lage der Käfer im Boden (> 10 cm) die von 5 l/m^2 einer 0,5%igen Karbothion-Lösung (verteilt in 2 Gaben) am vorteilhaftesten erwiesen. Karbothion kostet 110 Rubel/t. H. Decker. 2500.

2-64/01-1105 Berville, P. und Schaefer, L.; Montpellier, Serv. de la Prot. des Végétaux. Un nouvel ennemi du pommier en Languedoc. **(Ein neuer Schädling an Äpfeln im Gebiet von Languedoc.)** Phytoma [Paris] **14** (1962) Nr. 134. S. 20–22. -- 3 Abb., 7 Lit.
Es wird über Bekämpfungsversuche gegen die seit 1954 vom Wein auf den Apfel übergegangene *Eulia* (*Argyrotaenia*) *pulchellana* Hw. berichtet. Als günstigster Termin wird der Zeitpunkt des Schlüpfens der Raupen angegeben, da diese später an den Blattunterseiten unter Gespinsten leben und daher schwer zu bekämpfen sind. Sehr günstig erwies sich der Einsatz von Ölparathion (1 l mit 3% Wirkstoff in 100 l Wasser) vor und am Ende der Blüte. Der Schädling tritt in 3 Generationen auf, wobei die beiden letzten auch an Früchten schädigen. Hier hat sich das Methylparathion bes. bewährt. Zur Zeit der Entwicklung der Raupen ist eine wöchentliche Behandlung notwendig. Die Prüfungen werden i. J. 1962 mit weiteren Insekticiden fortgesetzt.
A. Ramson. 2500.

2-64/01-1106 Maxwell, C. W., Neilson, W. T. A. und Wood, F. A.; Fredericton, Canada Agric. Res. Stat., Entomol. and Plant Pathol. Sect. Evaluation of lead arsenate for control of the apple maggot, Rhagoletis pomonella, in New Brunswick. **(Einschätzung von Bleiarsenat bei der Bekämpfung der Apfelfruchtfliege, Rhagolitis pomonella in New Brunswick.)** J. econ. Entomol. **56** (1963) Nr. 2. S. 160–161. 2500.

2-64/01-1107 Fernow, K. H., Peterson, L. C. und Plaisted, R. L.; New York State Coll. of Agric., Dep. of Plant Pathol.; Dep. of Plant Breeding. Thermotherapy of potato leafroll. **(Thermotherapie des Kartoffelblattrollens.)** Amer. Potato J. **39** (1962) Nr. 12. S. 445–451. – 1 Abb., 1 Tab., 8 Lit.
Hitzebehandlung von Knollen bei 35 °C (56 Tage lang) oder bei 36 °C (39 Tage lang) führte bei verschiedenen Sorten zu völlig blattrollvirusfreiem Material. Die Knollengröße hatte keinen wesentlichen Einfluß auf den Erfolg. Die Kartoffeln waren in Kammern (216 und 340 cu.ft.) mit Heizkörper, Ventilator und Thermostat untergebracht. Auf die Kontrolle der rel. Luftfeuchtigkeit wurde kein Wert gelegt. Die Temperaturkontrolle erfolgt 3 × tägl. Der Verlust an Knollenmaterial (nicht überlebende Knollen) betrug ca. 10–20%.
K. Bellmann. 2500.

2-64/01-1108 Heathcote, G. D. und Ward, J.; Harpenden, Herts., England, Rothamsted Exp. Stat. The effect of DDT on Myzus persicae (Sulz.) and Brevicoryne brassicae (L.) (Aphididae) in relation to the spread of cauliflower mosaic and cabbage black ring spot viruses. **(Der Einfluß von DDT auf Myzus persicae [Sulz.] und Brevicoryne brassicae [L.] [Aphididae] im Hinblick auf die Verbreitung der Blumenkohlmosaik- und der Kohlschwarzringflecken-Viren.)** Bull. entomol. Res. **53** (1963) Nr. 4. S. 779–784. – 1 Tab., 4 Lit.
Wurden Blattläuse (*Myzus persicae*) bis zu 30 Min. an abgetrennten Kohlblättern angesetzt, die zuvor mit einer 0,2%igen DDT-Emulsion besprüht worden waren, so überlebte die Mehrzahl der Tiere. Bei *Breviroryne brassicae* war eine noch geringere Insekticidwirkung festzustellen. Die Virusausbreitung wurde durch DDT-Spritzungen eingeschränkt, jedoch nicht verhindert. Ungeflügelte *M. persicae* konnten das Blumenkohlmosaik – (BKMV) und das Kohlschwarzringflecken-Virus (KSRFV) nach einer DDT-Behandlung der in-

fizierten Pflanzen nicht, die geflügelten Formen das in den Versuchen ausschl. verwendete KSRFV nur zu einem geringen Prozentsatz auf Blumenkohlsämlinge übertragen. Geflügelte *M. persicae* übertrugen das BKMV von DDT behandelten infizierten Wasserrübensämlingen auf unbehandelte, jedoch nicht auf behandelte Testpflanzen. Bei Verwendung von ungeflügelten *M. persicae* war der Infektionserfolg im Anschluß an eine Behandlung der Infektionsquelle im Vergleich zur unbehandelten Kontrolle deutlich niedriger.

Heinz Schmidt. 2500.

2-64/01-1109 Richardson, H. P. und Westdal, P. H.; Winnipeg, Manitoba, Canada Dep. of Agric. Control of the six-spotted leafhopper, Macrosteles fascifrons, and aster yellows on head lettuce in Manitoba. **(Die Bekämpfung von Macrosteles fascifrons und der Asternvergilbung auf Kopfsalat in Manitoba.)** Canad. J. Plant Sci. **43** (1963) Nr. 1. S. 12–17. – 2 Tab., 10 Lit.

Die Asternvergilbung, eine weitverbreitete Viruskrankheit, die durch die Heuschrecke *Macrosteles fascifrons* (Stål) übertragen wird, ist von großer praktischer Bedeutung und hat z. B. i. J. 1954 die Erzeugung von Kopfsalat in Manitoba unmöglich gemacht. In den Jahren 1960 und 1961 wurden daher Versuche zur Bekämpfung des Vektors durchgeführt. Die besten Ergebnisse wurden mit Malathion in 3täg. Intervallen erzielt, während Sevin (R) und Bayer 39007 phytotoxisch wirkten. 9 Tage nach der letzten der insges. 15 Behandlungen mit Malathion wurden Rückstände von weniger als 0,5 ppm auf dem Salat festgestellt.

K. Geißler. 2500.

2-64/01-1110 Stephenson, J. W.; Harpenden, Herts., Rothamsted Exp. Stat. The molluscicidal properties of three fly repellants. **(Die molluscicide Wirkung dreier Fliegenrepellents.)** Plant Pathol. **11** (1962) Nr. 1. S. 25–27. – 3 Lit. 2505.

2-64/01-1111 Meyling, A. H., Schutte, C. H. J. und Pitchford, R. J.; Nelspruit, Eastern Transvaal, South African Council for Sci. and Ind. Res., Bilharzia Field Unit. Some laboratory investigations on Bayer 73 and ICI 24 223 as molluscicides. **(Einige Laborversuche an den Molluscididen Bayer 73 und ICI 24 223.)** Bull. Wld. Health Organization [Genève] **27** (1962) Nr. 1. S. 95–98. – 1 Abb., 3 Tab., 8 Lit.

Vff. prüfen physikochem. und biol. Eigenschaften von Bayer 73 (als 70%iges Spritzpulver) und ICI 24 223 (in Form des sauren Salzes und als Emulsion). Für letzteres wird eine colorimetrische Bestimmungsmethode dargestellt. Hinsichtlich der physikochem. Eigenschaften gleichen sich beide Stoffe weitgehend (Wasserlöslichkeit, Dispersibilität, Adsorption an Kaolin, Beständigkeit im Licht und bei einer Temperatur von 45 °C). Bayer 73 wirkt jedoch in hartem Wasser schlechter als ICI 24 223, eine Tatsache, die sich in Freilandversuchen bestätigte.

P. Müller. 2505.

2-64/01-1112 Lindgren, D. L. und Vincent, L. E.; Riverside, Univ. of California, Citrus Res. Center; Agric. Exp. Stat. Dosage applied and concentration obtained in the fumigation of various commodities with methyl bromide. **(Aufwandmenge und Konzentration für die Begasung verschiedener Erzeugnisse mit Methylbromid.)** J. econ. Entomol. **55** (1962) Nr. 5. S. 674–676. – 1 Abb., 1 Tab., 2 Lit. 2505.

2-64/01-1113 Zgerskaja, E. V. Ispytanija fosfamida i tediona. **(Prüfung von Phosphamid und Tedion.)** Zaščita rastenij ot vreditelej i boleznej, Moskva 8 (1963) Nr. 2. S. 30–31.

Im Jahre 1961 wurde Phosphamid und Tedion gegen Obstbaumspinnmilben geprüft. Phosphamid (0,05%ig) hatte am 2. Tag nach der Spritzung 86,6% und am 4. Tag 100% der Milben vernichtet. Tedion (0,4%) bewirkte innerhalb von 14 Tagen eine 85–100%ige Abtötung. Neben der acariciden Wirkung be-

sitzt Phosphamid eine gute insekticide Wirkung (bei Blattläusen, Schildläusen, Apfelbaumgespinstmotte, Apfelblattsauger u.a. festgestellt). Tedion zeigte diese insekticide Wirkung nicht. Das ist bes. bei der Apfellaus zu bemerken.
H. Decker. 2505.

2-64/01-1114 Poljakov, I. M., Vladimirskaja, M. E. und Popov, V. I. Počvennyj fumigant milon. **(Das Bodenentseuchungsmittel Mylone.)** Zaščita rastenij ot vreditelej i boleznej, Moskva 8 (1963) Nr. 2. S. 29–30.
Mylone (3.5-Dimethyltetrahydro-1.3.5.2-H-thiadiazin-2-thion) besitzt nematicide, herbicide, insekticide und fungicide Eigenschaften. Im feuchten Boden zerfällt Mylone in Methylisothiocyanat, Formaldehyd, Schwefelwasserstoff und Monomethylamin. Es ist nach amer. Angaben wirksam gegen *Pythium* sp. (38 g/m²), *Phytophthora citrophthora*, *P. parasitica* (53–55 g/m²), *Verticillium alboatrum* (45 g/m²), *Sclerotinia gladioli* (22,5 g/m²) und *Synchytrium endobioticum* (45 g/m²). In den Versuchen konnte *Rhizoctonia solani* bei Bodentemperaturen von 20 °C mit 20 g/m² völlig vernichtet werden, bei niederen Bodentemperaturen mußte die Aufwandmenge verdoppelt werden. Gegen *Fusarium oxysporum* f. *cucumerinum* mußten bei 10–20 °C 100–200 g/m², bei 4–5 °C sogar 300 g/m²) aufgewendet werden. Gegen *V. dahliae* waren bei 20 °C 13,5 g/m² und bei 4–5 °C 50 g/m² erforderlich zur völligen Abtötung.
H. Decker. 2505.

2-64/01-1115 Gračeva, L. P. Šlamovaja pyl' protiv sveklovičnoj blochi. **(Zementabfallstaub gegen den Rübenfloh.)** Sacharnaja svekla, Moskva 8 (1963) Nr. 4. S. 28.
Zementabfallstaub fällt bei der Zementindustrie in den Elektrofiltern in größeren Mengen an. Er erwies sich (40 kg/ha) als wirksames Mittel gegen den Rübenfloh. Die Behandlung kostet hierbei 8 Kop./ha gegenüber 2 Rbl. bei der Bekämpfung mit 5,5%igem DDT-Staub. G. Jury. 2505.

2-64/01-1116 Fiala, Václav und Hautke, Přemysl; Žatec, Výzkumný Ústav Chmelařský. Studium škodlivosti kysličníku siřičitého na chmel a některé jiné kulturní rostliny. **(Untersuchungen über den schädlichen Einfluß von Schwefeldioxyd auf Hopfen und einige andere Kulturpflanzen.)** Rostlinná Výroba **8(35)** (1962) Nr. 8. S. 1043–1052. – 7 Abb., 2 Tab., 11 Lit. Zus. in Russ., Dtsch.
Versuchsmaterial waren: Hopfen, Garten- und Ackerbohnen, Gerste und Futterpflanzengemenge. SO_2 wurde aus einer Druckflasche über einen Durchflußmesser zugeführt. Die Konz. in der Luft wurde teils brechnet, teils photocolorimetrisch mittels Fuchsin-Formaldehydreagens bestimmt. Die Wirkung von SO_2 wurde sowohl an jungen als auch reifen Pflanzen geprüft, wobei man mit höheren Konz. (3,48 mg/m³) begann und allmählich zu niedrigeren Gaben überging (0,36 mg). Bei den jungen Pflanzen dauerte die Behandlung tägl. 3 Std. (meistens zwischen 10–13 Uhr). An den darauffolgenden Tagen wurden die Symptome bestimmt. Bei den in Polyäthylensäcken verwahrten reifen Pflanzen betrug die Applikationszeit gleichfalls 3 Std. tägl., und zwar bis zum Eintreten von Beschädigungssymptomen. Die jungen Hopfenpflanzen wurden auch bei SO_2-Konz. von 0,36 mg geschädigt. Die älteren Hopfenpflanzen wiesen größere Resistenz auf, aber gegen Ende Juli wirkten auch 2 mg SO_2/m² schädigend, wodurch die brauereitechnisch wichtigen, in den Zapfen enthaltenen Stoffe abnahmen. J. Špinka. 2510.

2-64/01-1117 Kalašnikov, K. Ja.; Puschkin, Stat. des Unions-Forsch.-Inst. für Pflanzenschutz. Protravlivanie semjan kormovych bobov. **(Die Beizung der Ackerbohnensamen.)** Zaščita rastenij ot vreditelej i boleznej, Moskva 8 (1963) Nr. 3. S. 34.
Zur Bekämpfung von samenübertragbaren Krankheiten wurden verschiedene Beizmittel geprüft. TMTD (300–400 g/dt) brachte bessere Ergebnisse als die

Hg-haltigen Präparate Merkuran und Granosan (200 g/dt). Die Anwendung von Hexachlorbenzol + Lindan ergab in vielen Fällen negative Auswirkungen.
H. Decker. 2510.

2-64/01-1118 Šapova, A. P.; Taschkent, Usbek. Inst. für Pflanzenschutz. Dinitrorodanbenzol protiv mučnistoj rosy ogurcov. **(Dinitrorhodanbenzol gegen Gurkenmehltau.)** Zaščita rastenij ot vreditelej i boleznej, Moskva 8 (1963) Nr. 3. S. 25–26. – 1 Tab.
Zur Bekämpfung des Gurkenmehltaus wurde 20%iges Dinitrorhodanbenzol mit Kolloid-Schwefel eingesetzt. In den Jahren 1961–1962 ging bei Anwendung einer 0,5%igen Suspension der Befall von 92,3% bzw. 91,1% in der Kontrolle auf 7,1 bzw. 4,7% zurück; bei Anwendung einer 1%igen Suspension auf 10,2 und 2,4%. Nach Behandlungen mit Schwefelstaub wurden Befallswerte von 45,5 und 72,5% festgestellt. Durch den Einsatz von Dinitrorhodanbenzol erhöhte sich der Gurkenertrag um 10–30%. H. Decker. 2510.

2-64/01-1119 Mráz, František; Kroměříž, Výzkumný Ústav Obilnářský. Studium účinnosti mořidel na konidie houby Helminthosporium papaveris Hennig. **(Studium des Einflusses von Beizmitteln auf Konidien des Pilzes Helminthosporium papaveris Hennig.)** Rostlinná Výroba **9(36)** (1963) Nr. 1. S. 51–64. – 6 Abb., 2 Tab., 21 Lit. Zus. in Russ., Dtsch.
Es wurde die Beizung der Mohnsorte 'Eckendorfský' gegen den Pilz *Helminthosporium papaveris* Hennig mit nachstehenden Beizmitteln geprüft: Agronal, Chloranil, Dichlone, Tritisan, Agrosan, GN, Zyma 3 und Chinosol. Am wirksamsten war das tschechoslov. Beizmittel Agronal in Gaben von 0,5 und 1%. Die 1%ige Agronalgabe wirkte auf die Keimpflanzen nicht toxisch. Agronal blieb auch an beschädigten Samen sehr gut haften. Das mit Agronal gebeizte Saatgut verlor seine Keimfähigkeit bei entspr. Lagerung auch nach einem Jahr nicht, auch die Keimenergie wurde nicht schwächer. ČSSR/ÚVTI. 2510.

2-64/01-1120 Assaul, B. D. Obezzaraživanie kornej matočnoj svekly protiv ržavčiny. **(Die Desinfektion der Samenrübenwurzeln gegen Rost.)** Sacharnaja svekla, Moskva 8 (1963) Nr. 4. S. 28–31. – 3 Abb., 1 Tab.
Langjährige Versuche (1950–1962) mit verschiedenen Fungiciden zur Bekämpfung von *Uromyces betae* scheiterten hauptsächlich an den hohen Aufwendungen. In den Jahren 1959–1960 wurden erfolgreiche Versuche mit 0,4%iger Formalinlösung durchgeführt. In Großversuchen hat sich diese Methode bereits bewährt. Die Formalindesinfektion wird bei der Entnahme aus den Mieten durchgeführt. Hierzu bekommt das Beladegerät SNT-2,1 eine Zusatzeinrichtung. Je ha sind 400–450 l Lösung erforderlich, von denen bei einem durchschnittl. Rübengewicht von 300 g rund 60–70 l verbraucht werden.
G. Jury. 2510.

2-64/01-1121 Powell, Dwight. Botran, a new fungicide for controlling fruit rot diseases. **(Botran, ein neues Fungicid für die Einschränkung von Fruchtfäuleerkrankungen.)** Trans. Illinois State horticult. Soc. **96** (1962) Nr. 107. S. 60–66. – 1 Tab., 4 Lit.
Botran (50% aktive Formulierung von 2.6 Dichlor-4-nitroanilin) ist wirksam gegen Fruchtfäule bei Süßkirsche und Pfirsich sowie teilweise wirksam gegen Grauschimmelfäule von Erdbeeren. Es ist wirksamer als Captan bei der Verhütung der Pfirsichfruchtfäule. Zur Klärung des Einflusses auf *Botryosphaeria*-Fäule an Äpfeln sind weitere Untersuchungen notwendig. D. Stump. 2510.

2-64/01-1122 Baets, A. de. Hebben behandelingen met carbamaten invloed op de kwalität von droge tabak. **(Haben die Carbamate Einfluß auf die Qualität des getrockneten Tabaks?)** Meded. Landbouwhogeschool Opzoekingsstat. Staat Gent **27** (1962) Nr. 3. S. 1148–1163. – 15 Tab., 3 Lit.
In jeder Woche einmal wurden insgesamt 12mal im Freiland verschiedene Tabakpflanzensorten mit Zineb (2 kg/ha bzw. 4 kg/ha Wirkstoff) mit Maneb

(1 kg/ha bzw. 2 kg/ha Wirkstoff) behandelt. Die verschiedenen Tabaksorten wurden normal geerntet und getrocknet. Im Vergleich zur unbehandelten Kontrolle wurde der getrocknete Tabak verschiedenen Prüfungen unterzogen: Geschmacksprüfungen bezogen sich u.a. auf Geschmack des Rauches, Brennen auf der Zunge, Geruch des Rauches und Stärke sowie die Brennbarkeit. Weitere Untersuchungen dienten z. B. der Bestimmung der Blattoberfläche (cm^2) und des Blattgewichts. Chem. Bestimmungen stellten den Nicotin-, Eiweiß- und N-Gehalt fest. Durch die Behandlung waren Ertrag und Blattoberfläche größer. Blattgewicht und Gehalt an Eiweiß waren niedriger. Die Geschmacksbewertungen waren milder. Auf Blattfarbe, Rippen-, Nicotin-, N- und Aschegehalt wurde kein Einfluß festgestellt. H. Tielecke. 2510.

2-64/01-1123 Salunskaja, N. I., Škodenko, V. I., Rogačev, V. L. und Konaševič, V. A. Chimičeskaja bor'ba s puzyrčatoj golovnej kukuruzy. **(Die chemische Bekämpfung des Maisbeulenbrandes.)** Zaščita rastenij ot vreditelej i boleznej, Moskva 8 (1963) Nr. 4. S. 21–22. – 2 Tab.

Die Maisflächen wurden zu verschiedenen Zeiten mit 2% TMTD (500 l/ha) bespritzt und zwar nach dem Auflaufen (**I**), im 3- bis 4-Blattstadium (**II**), 10 Tage vor dem Rispenschieben (**III**) und zu Beginn des Rispenschiebens (**IV**). Der Befall ging von 32,9% in der Kontrolle auf 17,8 (**I**), 11,9% (**III**) und 7,1% (**I** + **III**) zurück. Die günstigere Wirkung später Behandlungen tritt auch bei Bestäubungen mit TMTD (15 kg/ha) ein. Weitere geprüfte Präparate (Ziram, Phygon, Fuklasin, Novosir) brachten weniger günstige Ergebnisse als TMTD (15,9–26,6% befallene Pflanzen). H. Decker. 2510.

2-64/01-1124 Rondomański, Władysław; Skierniewice, Zakład Warzywnictwa IUNG. Zwalczanie głowni cebuli. **(Die Bekämpfung des Zwiebelbrandes.)** Owoce, Warzywa, Kwiaty **3** (1963) Nr. 6. S. 6–7. – 1 Abb.

Das Auftreten des Zwiebelbrandes ist durch eine entspr. Fruchtfolge in der Zwiebel höchstens alle 4–5 Jahre auf dem gleichen Feld angebaut werden, zu verhüten. Am anfälligsten sind keimende Zwiebelsamen. Um die Keimzeit zu verkürzen, wird die Zwiebel im warmen, feuchten und garen Boden bis 1,5 cm tief ausgesät. Die Anwendung von Formalin hat viele Nachteile. Am geeignetsten sind die billigen und in der Anwendung einfachen Thiuram-Präparate, sie sind weniger phytotoxisch als Formalin und Tarrafun-Präparate. Auch die Samenbeize I und Sadoplon schützen die keimenden Samen vor Infektion. Das Saatgut wird unmittelbar vor der Aussaat behandelt, die Gaben betragen 100–300 g/kg Samen. Beim Anbau von Steckzwiebeln werden diese Präparate zusammen mit mineral. Düngemitteln angewendet. Beim Anbau von Konsumzwiebeln beschränkt man sich auf das Beizen des Saatguts in Verbindung mit der Bekämpfung der Zwiebelfliege. Zwecks Steigerung der Haftfähigkeit der Präparate werden die Samen mit Wasser angefeuchtet. Der Zwiebelbrand wird durch Wind, mit der Erde oder mit Kompost übertragen. Sowohl der Kompost als auch die Frühbeeterde können mit der Samenbeize I oder mit Sadoplon desinfiziert werden. Die Gaben betragen 0,5 kg eines dieser Präparate je 1 m^3 Kompost. PRL/CBR. 2510.

2-64/01-1125 Casanova, A., Lambert, J. und Lhoste, J. Le dapacryl – un acaricide nouveau. **(Dapacryl – ein neues Acaricid.)** Phytoma [Paris] **13** (1961) Nr. 129. S. 23–26. – 3 Abb., 5 Tab., 3 Lit.

Die acaricide Wirkung von Dapacryl (Ester des Dimethyl-acryl 4.6 dinitro-sec-butylphenol) wurde i. J. 1960 in Gewächshaus- und Freilandversuchen an Blumen,- Gemüse-, Wein- und Obstkulturen geprüft. Das Präparat enthält 25% Wirkstoff und wirkt als sofortiges Kontaktinsekticid sowie in der Gasphase bei Temperaturen um 20 °C auf alle beweglichen Milbenformen sowie auf Eier von *Tetranychus atlanticus*, *T. viennensis* und *T. cinnabarinus*. Die Anwendungskonz. betragen im Gewächshaus 0,05%, im Kalthaus 0,1%

und im Freiland zwischen 0,15 und 0,2% je nach Temperatur (bei niedrigen Temperaturen höhere Aufwandmenge). Bei hohen Temperaturen ist der Einsatz an Bohnen, Tomaten und Cucurbitaceen zu vermeiden. Eine mehrmalige Behandlung in 14täg. Abständen ist notwendig. Dapacryl bewährte sich gegen Phosphorsäureester-resistente Milbenrassen. Es ist verträglich mit den meisten Fungiciden und Insekticiden. A. Ramson. 2512.

2-64/01-1126 Whitney, W. Keith; Manhattan, Kansas State Univ., Dep. of Entomol. Inhibitors of carbon disulfide decomposition during gas chromatography of fumigant vapors. **(Inhibitoren des Schwefelkohlenstoffzerfalls während der Gaschromatographie von Begasungsmitteln.)** J. agric. Food Chem. **10** (1962) Nr. 6. S. 470–476. – 8 Abb., 2 Tab., 8 Lit.
Schwefelkohlenstoff (**I**) ist ein sehr gebräuchlicher Bestandteil von flüssigen Begasungsmitteln gegen Getreidevorratsschädlinge. Um die Feuergefährlichkeit der Mittel herabzusetzen, werden Tetrachlorkohlenstoff (**II**), Chloroform (**III**), n-Pentan oder geringe Mengen von Schwefeldioxyd zugesetzt. In gaschromatographischen Analysen wurde die Wirkung der unterschiedlichen Zusätze auf den **I**-Zerfall (Gasphase) in Luft untersucht. Ein **I**-Zerfall tritt bei 100° und einer Konz. von 6–100 mg/l ein, nicht dagegen unter 70 °C. Der Zerfall läßt sich an 2 chromatographischen Gipfeln erkennen. Weitgehende Verhinderung des **I**-Zerfalls (25 mg/l) läßt sich durch Zugabe von **II** (152 mg/l) oder **III** (75 mg/l) erreichen. P. Neubert. 2515.

2-64/01-1127 Archipov, G. E.; Tschuwasch. Landwirtsch. Versuchsstat., Lab. für Pflanzenschutz. Opyt bor'by s vrediteljami chmelja. **(Erfahrungen bei der Bekämpfung von Hopfen-Schädlingen.)** Zaščita rastenij ot vreditelej i boleznej, Moskva **8** (1963) Nr. 4. S. 24–25.
Zur Bekämpfung von Spinnmilben und der Hopfenlaus erwies sich eine 1%ige Lösung des 30%igen Methylmerkaptophos als hochwirksam. Eine einmalige Behandlung schützt die Hopfenanlage während der ganzen Vegetationsperiode vor den Schädlingen. Die Läuse waren am 6. Tag und die Spinnmilben am 8. Tag nach der Behandlung zu 100% vernichtet. Die Ertragssteigerung betrug 1,3–1,6 dt/ha. H. Decker. 2515.

2-64/01-1128 Finkenbrink, W. **Eine Möglichkeit zur Verbesserung der Austriebspritzung im Obstbau.** Meded. Landbouwhogeschool Opzoekingsstat. Staat Gent **27** (1962) Nr. 3. S. 845–849.
Einleitend wird über den Wirkstoff Thiodan berichtet. Zur besseren Bekämpfung der *Coccoidea* ist eine Kombination von Thiodan mit einem mineral. Öl das „Thiodan-Öl" entwickelt worden, das auch gegen die San-José-Schildlaus wirksam ist. Gegen andere Schädlinge wird mit dieser Kombination eine Wirkungssteigerung erzielt. Das Mittel kann vom Aufbruch der Knospen bis kurz vor dem Aufblühen (Austriebsspritzmittel) angewendet werden. Es werden die Obstbaumschädlinge aufgezählt, gegen die Thiodan-Öl wirksam ist. Beachtenswert ist die Angabe der Wirkung gegen die Wintereier der Spinnmilben. Ovicide Wirkungen ergeben sich auch bei Insekten. Weitere Angaben folgen u. a. über Anwendungskonz., Mischung mit Fungiciden, Phytotoxizität, Toxikologie gegen Warmblüter, Bienenungefährlichkeit; es wird der weite Spielraum in der Anwendungszeit betont. H. Tielecke. 2515.

2-64/01-1129 Moorefield, Herbert H., Weiden, Mathias H. J. und Hennessy, Douglas J. Relationship of the insecticidal and the free radical activities of DDT. **(Beziehung zwischen der insekticiden und der Wirksamkeit freier Radikale von DDT.)** Contr. Boyce Thompson Inst. **21** (1962) Nr. 8. S. 481–486. 2515.

2-64/01-1130 Ćwiertniewska, E., Nikonorow, M., Koślińska, M. und Łęski, R. Badanie pozostałości DDT na owocach czereśni opryskiwanych przeciwko nasionnicy trześniowce (Rhagoletis cerasi L.). **(Versuche über DDT-**

Rückstände an Kirschenfrüchten, die gegen Kirschfruchtfliege [Rhagoletis cerasi L.] mit diesem Mittel gespritzt wurden.) Roczniki Nauk rolniczych, Ser. A **86** (1962) Nr. 3. S. 533–547. – 2 Abb., 4 Tab., 14 Lit. Zus. in Russ., Engl.
Die Versuche wurden in den Jahren 1958–60 in den Obstgärten des Versuchsinst. für Obstzüchtung in Zawady, Nowa Wieś und Skierniewice durchgeführt. Man untersuchte die DDT-Rückstände an Früchten verschiedener Kirschensorten, bei Verwendung von verschiedenen Geräten und verschiedenen Insekticiden. Die DDT-Rückstände an Kirschen wurden i. J. 1959 im Verlauf von 17 Tagen, i. J. 1959 im Verlauf von 9 Tagen gänzlich abgebaut. Im Jahre 1960 betrugen sie dagegen z. Z. der Ernte 1,96 und 2,31 mg/kg. DDT-Rückstände wurden bei Verwendung von Emulsionen schneller abgebaut als bei Stäubemitteln. Temperatur und Regenfälle zeigten keinen wesentlichen Einfluß auf die Rückstandsmenge, wohl aber die Sonnenscheindauer. In einer regenlosen, stark sonnigen Periode erfolgte der Abbau des DDT-Rückstandes viel schneller als während Perioden bewölkter oder sogar regnerischer Witterung. Die kleinsten Mengen an DDT wiesen Kirschen bei Anwendung des Aerosol-Apparates „Swingfog" auf. Wegen der minimalen Rückstände sollte man vor allem die Verneblung in Obstgärten empfehlen. DDT-Rückstände nehmen bei Kirschen früher Sorten schneller ab als bei späten Sorten. Dies ist aber nur eine scheinbare Abnahme, die durch den schnellen Wuchs der Früchte kurz vor der Reife bedingt ist. J. Pragłowski. 2515.

2-64/01-1131 Dumas, Theodore; London, Canada Dep. of Agric. Determination of 1,2-dibromo-ethane in air and as residue in fruits. **(Bestimmung von 1.2-Dibromäthan in der Luft und als Rückstand in Früchten.)** J. agric. Food Chem. **10** (1962) Nr. 6. S. 476–477. – 1 Tab., 8 Lit.
Rückstände des Begasungsmittels (Getreidelagerung) 1.2-Dibromäthan sind schwierig zu bestimmen, da nur geringe Mengen angewendet werden. Zur Entnahme einer Luftprobe wird eine Flasche auf 0,2 mm Hg evakuiert und im betreffenden Raum belüftet. Als Absorptionsmittel dient methanolische Natronlauge (0,5 n), die gleichzeitig Bromid abspaltet (15 min. Erhitzen auf dem Wasserbad). Nach dem Abkühlen wird neutralisiert und das Bromid colorimetrisch titriert. Zur Bestimmung von Rückständen in Äpfeln wird auf die Kenneth-Methode zur Extraktion und Reinigung verwiesen und das abgespaltete Bromid ebenfalls colorimetrisch titriert. Mit der Methode wurden im Bereich von 0,75–30 mg 101–99,6% wiedergefunden (z. B. in Äpfeln 1,7 ppm 24 Std. nach der Behandlung). P. Neubert. 2515.

2-64/01-1132 Atanasov, Petar und Collingwood, C. A. Effects of metham sodium and other chemicals on potato root eelworm. **(Die Wirkung von Natriummethylat und anderen Chemikalien auf den Kartoffelnematoden.)** Plant Pathol. **11** (1962) Nr. 4. S. 153–159. – 4 Tab., 6 Lit. Zus. in Engl.
Nach einer neubeschriebenen Methode erfolgte die Testung von Nematiciden gegen *Heterodera rostochiensis* in Glaszylindern, die den Versuchsboden enthielten. Von den geprüften Chemikalien zeigten Natriummethylat (40%ig), Methylisothiocyanat (20%ig) und eine D-D-Emulsion (10%ig) die beste nematicide Wirkung (etwa 90%iger Abtötungserfolg bei einer Mitteldosierung von 1300 kg/ha). Mit Calciumcyanamid (2000 kg/ha) wurden ebenfalls günstige Ergebnisse erzielt. Schwefelkohlenstoff (1800 kg/ha), Xylenol (0,4%ig, 30 l/m^2) und bes. Zucker (5% des Bodengewichtes), wirkten nur schwach nematicid. Methoden zur Bestimmung der nematiciden Wirkung von Chemikalien wurden verglichen. Schlupfteste führten zu einer Überschätzung, Vitalitätsteste bei Larven, ausgewertet nach morphologischen Veränderungen des Körperinneren (kinking method), zu einer Unterschätzung der Zahl der getöteten Nematoden. Die Ergebnisse des Vitalitätstestes aber gaben eine bessere Beziehung zu der Zahl der in die Wurzeln eingedrungenen Larven. A. Dowe. 2520.

2-64/01-1133 Peachey, J. E.; Harpenden, Herts., Rothamsted Exp. Stat. The chemical control of plant-parasitic nematodes by soil fumigation. **(Die chemische Bekämpfung pflanzenparasitärer Nematoden durch Bodenbegasung.)** N.A.A.S. quart. Bull. [London] **14** (1962) Nr. 57. S. 34–45. – 2 Abb., 1 Tab., 20 Lit.

Verwendet werden flüchtige Verbindungen, wie Methylbromid, Methylisothiocyanat (**MIC**) und Dichlorpropan-Dichlorpropen-Gemische (DD), oder Na-Methyldithiocarbamat und Dimethyltetrahydrothiadiazinthion, die im Boden zu **MIC** abgebaut werden. Die Verteilung dieser Verbindungen im Boden ist abhängig von der Bodendichte, der Temperatur, dem Feuchtigkeitsgehalt und dem Dampfdruck des Mittels, was an einzelnen Beispielen demonstriert wird. Die Wirkung der einzelnen Mittel gegen die verschiedenen Nematodenarten ist unterschiedlich. Methylbromid scheint gegen alle Nematodenarten im Boden wirksam zu sein. **MIC** tötet den Kartoffelnematoden und die meisten freilebenden Nematoden ab, ist dagegen weniger wirksam gegen *Xiphinema*. DD entfaltet gegen *Xiphinema* und Wurzelgallenälchen eine größere Wirkung als **MIC**. Methylbromid und **MIC** töten außerdem keimende Unkräuter ab. Alle Mittel sind phytotoxisch, deshalb sollte die Behandlung möglichst im Herbst erfolgen. Ch. Janke. 2520.

2-64/01-1134 Moje, William. Toxicity of some halogenated hydrocarbon mixtures to larvae of the citrus nematode, Tylenchulus semipenetrans. **(Toxizität einiger chlorierter Kohlenwasserstoffgemische auf die Larven des Citrus-Nematoden Tylenchulus semipenetrans.)** Phytopathology **53** (1963) Nr. 4. S. 423–427. – 3 Abb., 1 Tab., 22 Lit.

In Labor.-Versuchen wurde geprüft, ob durch die Mischung verschiedener chlorierter Kohlenwasserstoffe eine synergistische Erhöhung der Toxizität bei den Larven von *Tylenchulus semipenetrans* eintritt. Es wurden die Gemische von cis-1.3-Dichlorpropen + Propargylbromid (1:1 und 3:1), 1.2-Dibrom-3-chlorpropan + 1.2-Dibromäthan (3:1 und 9:1, 1:5), Propargylbromid + 1.2-Dibromäthan (3:1 und 9:1), Propargylbromid + 1.2-Dibrom-3-chlorpropan (1:1 und 1:9) und cis-1.3-Dichlorpropen + trans-1.3-Dichlorpropen (1:7 und 1:2) jeweils mit den Einzelkomponenten verglichen. Wenn auch die Einzelkomponenten und die Mischungen entspr. dem Anteil der Einzelkomponenten eine unterschiedliche rel. Toxizität zeigten, so konnte doch keine gesicherte synergistische Wirkung festgestellt werden.
H. Decker. 2520.

2-64/01-1135 Gorlenko, M. V. und Kuricyna, D. S. Antibiotiki v bořbe s boleznjami rastenij. **(Antibiotica zur Bekämpfung von Pflanzenkrankheiten.)** Zaščita rastenij ot vreditelej i boleznej, Moskva **8** (1963) Nr. 2. S. 28–29. – 2 Abb.

In Untersuchungen des Inst. für Niedere Pflanzen der Moskauer Univ. erwies sich *Trichothecium* als wirksam gegen die *Penicillium*-Fäule der *Citrus*-Früchte (*Penicillium italicum*, *P. digitatum*), wenn die Apfelsinen 5 Min. in eine Antibioticum-Lösung (1:100) eingetaucht wurden. Trotz des anschließenden Besprühens mit Sporensuspensionen blieben die Apfelsinen mehrere Wochen gesund, während die Kontrollen völlig verfaulten. Das Antibioticum der Moskauer Univ. Kandizidin wirkt, wenn es als Spritzmittel eingesetzt wird (1000 bzw. 10000 Einh./cm³) befallssenkend auf *Cladosporium fulvum* an Tomaten. Kandizidin und Streptomycin erwiesen sich auch gegen den Rosenmehltau wirksam. H. Decker. 2535.

2-64/01-1136 Köhler, H.; Aschersleben, Inst. für Phytopathol. der Dtsch. Akad. der Landwirtsch.-Wiss. zu Berlin. **Die Wirkung von Streptomycinbehandlung auf die Fettfleckenkrankheit der Bohne [Pseudomonas phaseolicola (Burkholder) Dowson].** Albrecht-Thaer-Arch. **7** (1963) Nr. 4. S. 367–377. – 6 Tab., 23 Lit. Zus. in Russ., Engl. – nach Zus.

Unter Freilandbedingungen war es in den Jahren 1960–62 nicht möglich, den Fettfleckenbesatz der Bohnenblätter (*Pseudomonas phaseolicola*) durch Streptomycinbeizungen (bis 500 ppm Wirkstoff) und -spritzungen (3mal bis zu 600 ppm Wirkstoff) völlig zu eliminieren. Durch Tauchbeizen mit 200 ppm Streptomycin konnte der Ertrag an gesunden Bohnen bis zu 60% bei der Sorte 'Saxa' und 20% bei der Sorte 'Granda' gegenüber der unbehandelten Kontrolle gesteigert werden. Eine synergistische Wirkung von Streptomycin und Kupfer konnte für die Beizung nicht nachgewiesen werden. — Dreimalige Spritzung mit Streptomycin-Kupferchelat (200–400 ppm) brachte nur i. J. 1962 gegenüber der Beizung einen etwas höheren Ertrag an gesunden Bohnen. Einen gesicherten Vorteil besitzt die Spritzung gegenüber der Beizung nicht. Konz. bis 1000 ppm Streptomycin, als Beizmittel angewendet, werden von der Bohne gut vertragen, ab 2000 ppm tritt starke Hemmung des Aufgangs ein, beim Streptomycin-Kupferchelat schon ab 500 ppm. — Unter Gewächshausbedingungen unterdrückten 300 ppm Streptomycin, als Saatgutbeize angewendet, den Fettfleckenbefall völlig. — Die Temperatur hat auf die Streptomycinaufnahme in die Pflanze und die dadurch bedingte Wirksamkeit auf den Erreger Einfluß. 2535.

2-64/01-1137 Beratlief, C. und Năescu, E. Combaterea dăunătorilor din depozite cu aerosoli. **(Die Schädlingsbekämpfung in Lagerhäusern mit Aerosolen.)** Probleme agric. [București] **14** (1962) Nr. 9. S. 33–38. — 2 Tab. Zus. in Russ., Franz.
Die Aerosole Cometox und Detox 25 werden in leeren Getreidespeichern, in Mühlen und Reismüllereien zur Bekämpfung verschiedener *Calandra*-Arten und anderer Insekten geprüft. 1–2 g/m³ dieser Präparate lieferten gute Ergebnisse gegen den Kornkäfer, 4–5 g/m³ gegen die *Tribolium*-Arten. Zur Desinfektion leerer Säcke eigneten sich 10 g/m³. In Mühlen kann die wiederholte Behandlung mit Aerosolen gegen die erwachsenen *Tenebrio* spp. verwendet werden. N. Hulpoiu. 2540.

2-64/01-1138 Auswertung der Unterlagen und Ergebnisse des Warndienstes für die Erforschung von Prognosemöglichkeiten. Kleinmachnow, Biol. Zentralanst. Dtsch. Akad. Landwirtsch.-Wiss. Berlin Plan-Nr.: 1701 10 h-2-43/7. 30 S. Wiss.-Ber. (31/5. 1963). — 30 Abb.
Die Tätigkeit des Pflanzenschutz-Warndienstes ergab, daß man sich hinsichtlich der Biologie verschiedener Schädlinge nicht in jedem Falle mit den Ergebnissen bisheriger Forschungen begnügen kann. Die neue, von den praktischen Bedürfnissen gestellte Aufgabe erfordert auch neue Erkenntnisse. Das betrifft vor allem das großräumige Verhalten der Schädlinge, da frühere Untersuchungen fast stets nur an wenigen Untersuchungsorten durchgeführt wurden. Objekte der Untersuchungen des vorliegenden Forschungsthemas waren *Meligethes aeneus*, *Pegomyia hyoscyami* und *Leptinotarsa decemlineata*. Als Unterlagen dienten die von den Mitarbeitern des Warndienstes schriftlich vorliegenden Beobachtungsergebnisse über das Erstauftreten der einzelnen Arten aus den Jahren 1956 bis 1960 von durchschnittl. 600 Orten der DDR. Die Analyse der Unterlagen ergab wichtige Einblicke in das phänologische Verhalten der Schädlinge (Flug, Eiablage, Auftreten der verschiedenen Entwicklungsstadien) in den einzelnen Jahren und Gebieten der DDR, ließ die Gebiete frühesten und spätesten Auftretens erkennen und gestattete die Bildung 5jähriger Mittelwerte. Weiterhin erfolgte eine ebenfalls großräumige Überprüfung phänologischer Korrelationen zwischen Schädling und verschiedenen Pflanzenarten sowie die Überprüfung meteorol. Schwellenwerte. Die Ergebnisse sind als vorläufige zu betrachten. Die Untersuchungen bedürfen der Fortsetzung. 2550.

2-64/01-1139 Poljakov, I. Ja. und Čumakov, A. E.; Leningrad, Unions-Forsch.-Inst. für Pflanzenschutz der Lenin-Akad. der Landwirtsch.-Wiss.

Prognoz po vrediteljam i bolesnjam zernovych i zernobobovych. **(Prognose der Schädlinge und Krankheiten beim Getreide und bei Körnerleguminosen.)** Zaščita rastenij ot vreditelej i boleznej, Moskva 8 (1963) Nr. 3. S. 40–43. 2550.

2-64/01-1140 Harrison, Floyd P.; College Park, Univ. of Maryland. On the control of corn earworm, Heliothis zea, and dusky sap beetle, Carpophilus lugubris, in sweet corn. **(Über die Bekämpfung von Heliothis zea und Carpophilus lugubris an Zuckermais.)** J. econ. Entomol. **55** (1962) Nr. 5. S. 671–674. – 3 Tab., 7 Lit. 2570.

2-64/01-1141 *Brown jun., William L.* **Mass insect control programs: Four case histories.** New York: Conservation Foundation. 1961. (S. 75-109 m. 2 Abb. u. 27 Lit.) 8° = Psyche Vol. 68, Nr. 2-3, Juni-September 1961. Der Ablauf und die Ursachen von Insektengradationen sowie die Durchführung von Bekämpfungsmaßnahmen werden am Beispiel je eines Massenauftretens von *Porthetria dispar* (*Lymantria dispar*), *Ceratitis capitata, Solenopsis geminata* u. a. *Solenopsis*- Arten sowie *Callitroga hominivorax* eingehend beschrieben. Die Erfahrungen dieser Bekämpfungsaktionen zeigen, daß jede Bekämpfung die biol. und ökol. Bedingungen berücksichtigen muß und auf wiss. Forschung aufbauen sollte. Selektive Insekticide sollten den nichtselektiven vorgezogen werden. Dabei muß ein gesundes Gleichgewicht zwischen natürlicher und chem. Bekämpfung gewahrt werden. R. Fritzsche.

2-64/01-1142 *Holz, W.* und *Lange, B.* **Fortschritte in der chemischen Schädlingsbekämpfung.** 5., neubearb. Aufl. Oldenburg: Landwirtschaftsverlag Weser-Ems GmbH. 1962. (256 S.) 20,5 × 15 cm. DM 10,– –. In der 5. Auflage des seit Jahren in Fachkreisen geschätzten Buches wurde unter Beibehaltung der Aufteilung des Stoffgebietes der Umfang gegenüber der 4. Auflage um 65 Seiten erweitert und auf den neuesten Stand gebracht. Dies trifft bes. für das Kapitel „Herbicide" zu, da hier seit Erscheinen der 4. Auflage zahlreiche neue Mittel und Verfahren entwickelt wurden. Aus diesem Grunde haben Vff. nach der Mittelbesprechung noch einen bes. Abschnitt über die Unkrautbekämpfung in den einzelnen Kulturen eingefügt. – Nach einer kurzen Übersicht über die Amtliche Mittelprüfung und Erklärungen der Fachtermini im Pflanzenschutz enthält das Buch ausführliche Angaben über Fungicide, Insekticide, Acaricide, Nematicide, Molluscicide, Herbicide, Rodenticide sowie Mittel gegen Vorrats-, Material-, Holz- und Gesundheitsschädlinge. Dabei finden sich für jedes Pflanzenschutzmittel neben chem. Bezeichnung, Summenformel und Formulierung des Wirkstoffs auch Angaben über Temperaturabhängigkeit, Wirkungsweise, Umfang des Wirkungsbereiches gegen verschiedene Krankheiten und Schädlinge; Gefährlichkeit für Mensch, Wirbeltiere, Bienen, Fische; Verträglichkeit für Haut, Schleimhäute und Atmungsorgane; Giftstufen Karenzzeiten, Pflanzenverträglichkeit, Geschmacksbeeinträchtigungen und Herstellerfirma. Bes. wertvoll sind die neu aufgenommenen Hinweise für den Arzt bei Vergiftungsfällen durch Pflanzenschutz- und Schädlingsbekämpfungsmittel. O. Saß.

2-64/01-1143 *Gešele, E. E., Kukin, V. P.* und *Walter, O. J.* **Die Verwendung eines Vakuums bei der Sporeninfizierung von bespelzter Saatgerste.** Aus: Selekcija i semenovodstvo 1962 Nr. 6. (Übers. aus d. Russ., Maschinenschr. vervielfält.) – 4°. 622.

2-64/01-1144 *Hölzl, Heinrich.* **Betriebswirtschaftliche Analyse des Pflanzenschutzes in Österreich.** Diss. Hochschule f. Bodenkultur, Wien: 24/11. 1959. (282 Bl. m. 126 Bl. Kt., Tab. u. Diagr.) 4°.

2-64/01-1145 Unter d. Red. v. *Mel'nikov, N. N.* **Gerbicidy i insektofungicidy, Sbornik perevodov iz inostrannoj periodičeskoj literatury.** (Herbicide und Insektofungicide.) Moskva: Izd. inostr. lit. 1961. (290 S.) 8°. (1962 A 833)

2-64/01-1146 *Prochorov, Michail Il'ič.* **Mikrobiologičeskij metod bor'by s vrednymi gryzunami.** (Mikrobiologische Bekämpfungsmethode zur Bekämpfung schädlicher Nager.) Leningrad; Moskva: Sel'skochozizdat. 1962. (132 S.) 8°. (1963 A 408)

2-64/01-1147 **Evaluation of the toxicity of a number of antimicrobials and antioxidants.** 6th report of the Joint FAO/WHO expert Committee on Food Additives, Geneva, 5-12 June 1961. Rome: FAO. 1962. (104 S.) 8° = FAO nutriton meetings report series. No. 31. (SR 1661, 31)

2-64/01-1148 **Literatur über Zectran.** Hrsg. Instn.: WTZ f. Pflanzenschutz- und Schädlingsbekämpfungsmittel b. VEB Fahlberg-List. Magdeburg-SO, Alt Salbke 60/63. (Lit.-Nr.: 73/62. Titelanzahl: 9. Ber.-Zeit: 1956-1963.)

2-64/01-1149 **Literatur über die Anwendung von Sevin.** Hrsg. Instn.: WTZ f. Pflanzenschutz u. Schädlingsbekämpfungsmittel b. VEB Fahlberg-List. Magdeburg-SO, Alt Salbke 60/63. (Lit.-Nr.: 72/63. Titelanzahl: 159. Ber.-Zeit: 1956-1963.)

XII. UNKRAUTBEKÄMPFUNG

B. Unkrautbekämpfungsmittel

2-64/01-1150 Zemánek, J. Současná situace ve výrobě a používání herbicidů ve světě. **(Gegenwärtige Lage der Erzeugung und Verwendung von Herbiciden in der Welt.)** Agrochemie [Bratislava] **3** (1963) Nr. 3. S. 33–37.

Bes. die anorg. Herbicide werden in der Welt bereits seit 100 Jahren verwendet; einige davon noch heute mit Erfolg. Es handelt sich z. B. in der BRD um Kalkstickstoff und in den USA um Natriumchlorat sowie um Br- und As-Verbindungen. Bes. Bedeutung haben unter den org. Herbiciden vor allem 2.4-Dichlorphenoxy-(2.4-D) und 2-Methyl-4-Chlorphenoxyessigsäure (MCPA) sowie ihre Salze. Sie dienen hauptsächlich zur Bekämpfung von zweikeimblättrigen Unkräutern in Getreide, Mais, Reis und auf den Wiesen in flüssiger Form (Gabe 0,5–2 kg/ha). Es werden immer neue Herbicide entdeckt, wie Triazine, Carbamate, Harnstoffderivate usw. Die modernen Herbicide haben auch Nachteile. Ihre Wirkung hängt u. a. auch von der Witterung und der Bodenzusammensetzung ab. Ihre Residualwirkung im Boden ist oft langfristig, so daß für die Fruchtfolge nur solche Feldfrüchte in Betracht kommen, die gegen sie resistent sind u. a. m. ČSSR/ÚVTI. 2710.

2-64/01-1151 Ladonin, V. F.; Moskau, Unions-Forsch.-Inst. für Düng. und Bodenkunde. Gerbicidy. **(Herbicide.)** Zaščita rastenij ot vreditelej i boleznej, Moskva 8 (1963) N. 5. S. 36–38. 2710.

2-64/01-1152 Baldwin, B. C.; Bracknell, Imperial Chem. Ind., Ltd., Jealott's Hill. Res. Stat. Translocation of diquat in plants. **(Die Wanderung von Diquat innerhalb der Pflanzen.)** Nature [London] **198** (1963) Nr. 4883. S. 872–873. — 2 Abb., 7 Lit.
Diquatdibromid (1.1'-Äthylen-2.2'-dipyridyldibromid) gehört in die Gruppe der Dipyridyl-Herbicide, welche die Photosynthese beeinflussen und im Gegensatz zu anderen über die Photosynthese wirkenden Herbiciden (z. B. den substituierten Harnstoffen und Triazinen) außerordentlich schnell wirken. Versuche mit ^{14}C-markiertem Diquat an Tomaten zeigten, daß der Transport des Herbicids innerhalb der Pflanze nur bei Licht und dann sehr schnell erfolgt. Nach 5std. Belichtung ist der auf ein Blatt aufgetragene Stoff über alle Pflanzenteile verbreitet, und nach 24 Std. ist die Pflanze vollständig abgestorben. Es wird angenommen, daß bes. die vom Licht abhängige Transpiration den Transport von Diquat und damit die einhergehende Zerstörung des transpirierenden Gewebes bedingt, woraus sich die Eigenart der Wirkung erklären läßt. G. Kunert. 2710.

12-64/01-1153 Scott, M. R. und Scott, E. M.; York, England, Anderton-Richardson Fertilizers. Herbicides as fertilizer additives. **(Herbicide als Zusätze für Düngemittel.)** Weed Res. **2** (1962) Nr. 4. S. 247–263. — 8 Tab., 9 Lit.
Ca-MCPA, 2.4-D-Amin, 2.4-D, Propham, Chlorpropham, CDAA, CDEC, Na-TCA, Neburon, Diuron, Dalapon sowie Mischungen aus Propham + TCA, Propham + Diuron wurden an granulierte Mischdünger angelagert, um den Einfluß dieser Anlagerung auf die herbicide Wirkung und Aktivität zu untersuchen. Die Wirkung von 2.4-D und MCPA wurde dadurch bei Getreide- und Grünlandversuchen erheblich vermindert. TCA, Diuron und Propham behielten ihre Aktivität in Rübenkulturen. Die Mischung aus Diuron + Chlorpropham als Zusatz zu Granulatdünger wirkte in Möhrenkulturen gut. Der Zusatz dieser Herbicide zu den granulierten Düngern hat den Vorteil gegenüber der Anwendung granulierter oder Spritzherbicide, daß hier ein Arbeitsgang eingespart wird. G. Feyerabend. 2710.

2-64/01-1154 Day, B. E., Jordan, L. S. und Russell, R. C.; Riverside, Calif., Univ., Citrus Res. Center; Agric. Exp. Stat. Persistence of dalapon residues in California soils. **(Beständigkeit von Dalaponrückständen in kalifornischen Böden.)** Soil Sci. **95** (1963) Nr. 5. S. 326–330. — 1 Abb., 2 Tab., 13 Lit.
Schäden an Bäumen sind der begrenzende Faktor für die Anwendung von Dalapon (2.2-Dichlorpropionsäure) (**I**) zur Bekämpfung von Gräsern in *Citrus*-

und Avocado-Plantagen. 22 Bodenproben von je 20 g wurde **I** (50 ppm) zugesetzt und dieses im Abstand von 2, 4 und 6 Wochen nach Hydrolyse zu Brenztraubensäure als 2.4-Dinitrophenylhydrazon colorimetrisch bestimmt. Die Zersetzungsgeschwindigkeit des **I** war sehr unterschiedlich, vermutlich in Abhängigkeit von der Anwesenheit **I**-zersetzender Bodenmikroorganismen. Die Zersetzung war in einigen Böden nach 2 Wochen bereits vollständig, während in anderen nach 8 Wochen noch $^2/_3$ der gegebenen Menge vorhanden waren. Die **I**-Zersetzung ist offenbar unabhängig von der Bodenbeschaffenheit Bodenart, Austauschkapazität, org. Subst. und geograph. Gegebenheiten).
W. Schulze. 2710.

2-64/01-1155 Opsahl, Birger und Bylterud, Arne; Vollebek, Norwayen Inst. of Agric. Reåksjon pa økende mengder tca hos forksjellige sorter av rotvekster. **(Wirkung steigender TCA-Gaben auf Brassica rapa var. rapa, B. napus var. napobrassica und Beta vulgaris.)** Forskn. Forsøk Landbruket **13** (1962) Nr. 6. S. 465–480. – 4 Abb., 7 Tab., 9 Lit.
17 Versuche wurden während der Jahre 1958–60 auf schweren Böden Norwegens zur Verträglichkeit verschiedener Sorten von Stoppelrüben, Kohlrüben und *Beta*-Rüben gegenüber 20 und 40 kg/ha TCA anglegt. Die Anwendung erfolgte unmittelbar vor der Aussaat der Kulturen. Bei diploiden Sorten von Stoppelrüben erhöhten 20 kg TCA den Ertrag, 40 kg senkten den Ertrag etwas. Kohlrüben reagierten ähnlich. Bei den *Beta*-Rüben wurde eine Sorte durch TCA geschädigt, bei 2 weiteren Sorten wurden die Erträge erhöht. Die Zahl der Fehlstellen wurde bei Stoppel- und Kohlrüben durch TCA nur unwesentlich erhöht, bei einigen *Beta*-Rübensorten aber viel stärker. Der Tr.-Subst.-Gehalt wurde durch TCA bei Stoppelrüben um 0,2, bei Kohlrüben um 0,4 und bei *Beta*-Rüben um 0,7% verringert. Auf Grund der Versuchsergebnisse wird vorgeschlagen, nach TCA-Anwendung nach Möglichkeit den Stoppel- und Kohlrübenanbau der *Beta*-Rübenkultur vorzuziehen.
G. Feyerabend. 2710.

2-64/01-1156 Way, J. M.; Wellesbourne, Warnick, Nat. Vegetable Res. Stat. The effects of sub-lethal doses of MCPA on the morphology and yield of vegetable crops. I. Lettuce. **(Die Wirkungen subletaler Dosen von MCPA auf Morphologie und Ertrag von Gemüsekulturen. 1. Mitt. Salat.)** Weed Res. **2** (1962) Nr. 4. S. 233–246. – 18 Abb., 5 Tab., 21 Lit.
Um durch Abdrift oder schlecht gereinigte Geräte verursachte Wuchsstoffschäden an empfindlichen Kulturpflanzen einwandfrei diagnostizieren zu können, wurden Salatpflanzen bei verschiedener Wuchshöhe mit Gaben von 0,003–0,15 lb./acre MCPA-Natrium behandelt, die Wuchsanomalien beschrieben und die Erntegewichte sowie die Qualitätsmerkmale bestimmt. Gaben von 0,002 lb./acre MCPA verursachten leichte Epinastie. Durch Gaben um 0,01 lb./acre begannen sich Blattanomalien zu bilden. Pflanzen, die im Früh- oder Zwischenstadium behandelt waren, ließen 2 charakteristische Typen von Blattdeformationen erkennen. Mit 0,0025–0,03 lb./acre wurde eine Zone abnormer Blätter entwickelt. Diese setzten den Marktwert herab und verzögerten die Reife. Das Gewicht je Pflanze wurde nicht verringert. Bei höheren Dosen traten die abnormen Blätter nicht so deutlich auf, jedoch war die ganze Pflanze entstellt, der Wuchs war unterdrückt und nur wenig Pflanzen mit Marktwert wurden erzeugt. Während der Herzbildung behandelte Pflanzen waren in ihrem Marktwert durch Dosen von 0,01 lb./acre und mehr gemindert. Die Wirkungseffekte von MCPA beim Kopfsalat wurden mit denen von Pflück- und Schnittsalat verglichen. G. Feyerabend. 2710.

2-64/01-1157 Longchamp, R.; Versailles, Seines et-Oise, Centre Nat. de Rech. Agronomiques, Stat. Centr. de Physiol. Végétale. Les techniques d'essais des produits herbicides. **(Die Technik von Versuchen mit Herbiciden.)** Ann. Physiol. végétale **5** (1963) Nr. 1. S. 65–88. – 2 Abb. 2710.

C. Unkraut und Unkrautbekämpfung

2-64/01-1158 Welbank, P. J.; Harpenden, Herts., Rothamsted Exp. Stat. A comparison of competitive effects of some common weed species. **(Ein Vergleich der Konkurrenzwirkungen einiger verbreiteter Unkrautarten.)** Ann. appl. Biol. **51** (1963) Nr. 1. S. 107–125. – 8 Abb., 17 Lit.
Das Trockengewicht von Grünkohl-, Zuckerrüben- und Weizenpflanzen, die entweder allein oder mit 16 Unkrautpflanzen verschiedener Arten 7–11 Wochen in Töpfen wuchsen, wurde ermittelt. Die stärkste Konkurrenz auf Grünkohl übte *Sinapis arvensis* aus, danach folgten *Polygonum convolvulus* und *Alopecurus myosuroides*. Die geringste Wirkung zeigten *Capsella bursa-pastoris, Veronica persica* und *Anagallis arvensis*. Eine ähnliche Reihe ließ sich für Weizen aufstellen, nur zeigte hier *P. convolvulus* geringere Konkurrenzwirkung als *A. myosuroides*. N-Düngungsversuche ließen erkennen, daß die Konkurrenzwirkung gegen Weizen nicht allein auf einseitigem N-Entzug beruht. Vf. betont, daß die Ergebnisse nur bedingt auf Freilandbedingungen übertragbar sind. O. Saß. 2720.

2-64/01-1159 Hay, J. R.; Ottawa, Canada, Plant Res. Inst. Experiments on the relative susceptibility of weeds to auxin herbicides. **(Untersuchungen über die relative Empfindlichkeit von Unkräutern gegenüber Wuchsstoffherbiciden.)** Canad. J. Bot. **40** (1962) Nr. 11. S. 1401–1409. – 6 Abb., 5 Tab., 22 Lit.
Stengelteile von *Silene cucubalus, Galeopsis tetrahit* und *Phaseolus vulgaris* wurden unter sterilen Bedingungen in Medien mit anorg. Salzen, Agar und den Herbiciden MCPA, 2.4-D und 2.4.5-T kultiviert. Das unter Freilandbedingungen gegen das jeweilige Unkraut wirksamste Herbicid war auch unter den Versuchsbedingungen am wirksamsten. Es wurden Wurzelbildungen und Proliferationen an den Stengelteilen ausgelöst. Die durch die Wuchsstoffherbicide bedingten Reaktionen wurden geringer, wenn Stücke von älteren Stengelteilen verwendet wurden. Die aus behandelten Schossern dieser Pflanzen zurückgewonnene Herbicidmenge korreliert mit der Empfindlichkeit der jeweiligen Pflanzenart. Daraus wird gefolgert, daß die Empfindlichkeit einer Pflanzenart gegenüber einem Herbicid von der Affinität der Species zu der Molekularkonfiguration des Herbicides abhängt und von der rel. Menge und dem funktionellen Einfluß der unempfindlichen Gewebe während der Behandlungszeit. G. Feyerabend. 2720.

2-64/01-1160 Vodák, Aleš und Hron, František; Katedra Základní Agrotechn. a Agrometeorol. Biologie a hubení plevele (Bunium bulbocastanum L.). **(Biologie und Bekämpfung des Unkrautes Bunium bulbocastanum L.)** Sborník Vysoké Školy zemědělské Praha **1962** S. 45–74. – 9 Abb., 22 Tab., 58 Lit. Zus. in Russ., Dtsch.
Die Arbeit enthält Angaben über die Stellung dieser Unkrautpflanze im botan. System und über ihr Vorkommen, ferner Beschreibungen nach der in- und ausländischen Fachliteratur. In den Jahren 1954 und 1955 wurden Bekämpfungsversuche auf vernäßten Grundstücken unternommen, auf denen *Bunium bulbocatanum* stark verbreitet war. Bes. Aufmerksamkeit wurde der Biologie, Vermehrung, Verbreitung, Keimung sowie der Entwicklung der Pflanzen aus Samen und aus Knollen gewidmet. Gleichzeitig wurde die Resistenz gegen Herbicide untersucht. *B. bulbocastanum* ist in der Phase der Inflorescenzbildung (20 cm Wuchshöhe) gegen Kontaktherbicide (Plevex, Kainit, Kalkstickstoff, Eisensulfat) wenig empfindlich, dagegen sehr empfindlich gegen 2.4-D (Hormit) und MCPA (Dikotex) bei einer Gabe von 2 kg/ha. Mit Rücksicht auf die Biologie wurde die Wirksamkeit der wichtigsten agrotechnischen Maßnahmen (Schäl- und Tieffurche, Vorsaatbearbeitung des Bodens im Frühjahr, Pflege, Ernte und Saatfolge) im Kampf gegen dieses Unkraut bewertet. ČSSR/ÚVTI. 2720.

2-64/01-1161 Sannikov, G. P. Granulirovannye gerbicidy dlja bořby s vodnoj rastitel'nost'ju. **(Granulierte Herbicide zur Bekämpfung von Wasserpflanzen.)** Zaščita rastenij ot vreditelej i boleznej, Moskva 8 (1963) Nr. 1. S. 31–32. – 1 Abb.
Im Jahre 1961 wurden im Leningrader Gebiet Versuche zur Bekämpfung von Wasserpflanzen mittels granulierter Herbicide (Simazin + Atrazin) durchgeführt. Bei Dosen von 6 und 12 kg/ha Atrazin waren nach 4–5 Wochen in den Entwässerungsgräben alle Pflanzen abgestorben. Die Gräben blieben bis zum Aug. 1962 unkrautfrei. Erst dann kam Froschlöffel (*Alisma*) zur Entwicklung. Simazin zeigte in allen Versuchen eine geringereWirksamkeit. H.Decker. 2720.

2-64/01-1162 Matthews, L. J.; Wellington, Dep. of Agric. Weed control with substituted benzoic acids. **(Unkrautbekämpfung mit substituierten Benzoesäuren.)** New Zealand J. Agric. **115** (1962) Nr. 6. S. 507–509.
Tiefwurzelnde perennierende Unkräuter sind nicht durch 2.4-D und 2.4.5-T bekämpfbar. Als wirksam erwiesen sich aber 2-Methoxy-3.6-dichlorbenzoesäure und 2.3.6-TBA, die in der Pflanze in stärkerem Maße transportiert werden. Die Benzoesäuren wirken toxischer auf Dikotyle als auf Gräser. Die zur Bekämpfung tiefwurzelnder Unkräuter notwendige Aufwandmenge von 20–30 lb./acre wirkt mindestens 12 Mon. nach. Bisher wurden günstige Bekämpfungserfolge bei *Senecio mikanoides, Convolvulus arvensis, Lonicera japonica, Salpichroa rhomboides, Vinca major, Rosa rubiginosa, Lantana camara* u. a. erzielt. *Phragmites communis* konnte mit 30 lb./acre 2.3.6-TBA vernichtet werden, während andere Monokotyle sich als sehr widerstandsfähig erwiesen. Als Grünlandunkräuter ließen sich *Telanthera philoxeroides, Polygonum cuspidatum, P. lapathifolium* u. a. gut bekämpfen. H. Lehmann. 2740.

2-64/01-1163 Nasyrov, Z. Vyčesyvanie kornevіščnych sornjakov. **(Bekämpfung von Wurzelunkräutern.)** S. ch. Uzbekistana **1962** Nr. 3. S. 23–26. – Aus: Referativnyj žurnal. Biologija, Moskva **1962** Nr. 22. G 439. S. 57.
Die Anwendung des Grubbers und des Zweischarpfluges verminderte die Zahl der aufgewachsenen ein- und mehrjährigen Unkräuter auf $^1/_4$ gegenüber der Variante des Pflügens ohne Vorschäler. 65–68% der Unkräuter vernichtete der Kultivator KPN-4 A mit starren Zinken, 64% der Grubber mit Federzinken, 60–65% der Bodenlockerer und 40–55% die Egge BSR-4,5. Es wird empfohlen, den Bodenlockerer und die Egge gemeinsam einzusetzen und nach dem Grubbern mit dem Zweischarpflug zu pflügen. Die Versuche wurden im Gebiet Taschkent durchgeführt. übersetzt v. E. Fröhmcke. 2740.

2-64-01/1164 Sosnin, N. A. Agroėkonomičeskaja ocenka chimičeskoj propolki zernovych kul'tur v Celinnom krae. **(Ackerbauliche und wirtschaftliche Wirksamkeit der chemischen Unkrautbekämpfung in Getreidekulturen in der Neulandregion.)** Izvestija Timirjazevskoj sel'skochozjajstvennoj akademii, Moskva **1962** Nr. 4. S. 21–33. – 6 Abb., 10 Tab., 12 Lit. Zus. in Engl. 2740.

2-63/01-1165 Balîc, Gh., Bratu, Nona und Tuşa, Corina. Rezistenţa unor soiuri şi hibrizi de porumb la acţiunea erbicidelor aplicate în timpul vegetaţiei. **(Die Resistenz einiger Hybridmaissorten gegen die Wirkung angewendeter Herbicide im Laufe der Vegetation.)** Studii Cercetări Biol. [Bucureşti] Ser. Biol. vegetală **14** (1962) Nr. 1. S. 47–52. – 1 Tab., 7 Lit. Zus. in Russ., Franz.
Die Versuche wurden mit 20 Maissorten und Hybridmais, (in- und ausländischer Herkunft) durchgeführt, indem 2 Behandlungen mit Herbiciden im Laufe einer Vegetationsperiode angewendet wurden. Die 1. Behandlung erfolgte, als der Mais 20–35 cm Höhe erreicht und 4–6 Blätter hatte, die andere 3 Wochen später. Mit 2.4-D in Dosen bis 2 kg/ha können Unkräuter wie *Convolvulus arvensis, Cirsium arvense* usw., die resistent gegen Herbicide vom Typ Simazin sind, bekämpft werden. Sorten der Varietät *dentiformis* waren

allg. resistenter als jene der Varietät *indurata*. Die Unterschiede waren gering. V. Bontea. 2740.

2-64/01-1166 Burghausen, R.; Jena, Univ., Inst. für Acker- und Pflanzenbau. **Unkrautbekämpfungsversuche mit Triazinderivaten im Kartoffelbau.** Albrecht-Thaer-Arch. 7 (1963) Nr. 8. S. 645–666. – 18 Tab., 18 Lit. – nach Zus.
Aus den seit dem Jahre 1960 durchgeführten Unkrautbekämpfungsversuchen in Kartoffelbeständen von 4 LPG und 4 VEG Thüringens wird über vorläufige Ergebnisse mit den Triazinderivaten Simazin, Atrazin, Propazin und Prometyn berichtet. Im Mittel von 34 Versuchsergebnissen ließ das Simazinpräparat Unkrautbekämpfungsmittel W 6658 bei der Aufwandmenge von 1–2 kg/ha eine gute Wirkung erkennen, wenn die nötige Bodenfeuchtigkeit vorhanden war. Höhere Aufwandmengen führten zu Ertragsdepressionen und senkten den Stärkegehalt. Prometryn eignete sich gut für den Kartoffelbau. In mechanisch unkrautfrei gehaltenen Kartoffelbeständen wurde die Wirkung der Präparate auf die Kulturpflanze geprüft. Dabei wurde das gesamte DDR-Kartoffelsortiment untersucht. Die Reaktion der Sorten war unterschiedlich. In einem Komplexversuch zeigte sich auch ein signifikanter Einfluß der Mineraldüngung auf die Herbicidwirksamkeit. Aus den Untersuchungen über den Einfluß der Herbicide auf die Pflegearbeiten läßt sich die Möglichkeit der Einsparung von Arbeitsgängen folgern. In diesen Versuchen wurde gleichzeitig die Wirkung der Triazinderivate auf die Unkrautflora ermittelt. Bei Einhaltung der optimalen Aufwandmenge waren keine Folgeschäden an nachgebautem Getreide erkennbar. Die Untersuchungen über den Einfluß der Herbicide auf den Nachbauwert müssen wegen widersprüchlicher Ergebnisse fortgesetzt werden. 2740.

2-64/01-1167 Ziegenbein, Gerta. **Versuche mit Herbiciden im Grassamenbau.** Angew. Bot. 37 (1963) Nr. 3. S. 53–84. – 4 Abb., 13 Tab., 24 Lit.
Im Ansaatjahr der Gräser (Reinsaat) können sowohl Ätzmittel (DNC oder DNBP) als auch Wuchsstoffmittel (Amine, Ester) vom 3-Blattstadium an zum Einsatz gelangen. Ätz- und Wuchsstoffmittel eignen sich in Grasneuansaat unter Getreidedeckfrucht. Wuchsstoffmittel ziehen zwar Blattverschmälerungen und Wuchsdepressionen nach sich, jedoch keine Beeinträchtigung des Grassamenertrages im folgenden Jahr. Während in lückenfreien Beständen nach dem Ansaatjahr sich die chem. Bekämpfung der Unkräuter erübrigt, läßt sich der Einsatz der Herbicide im Samenerntejahr mehrjähriger Gräser nicht generell festlegen (unterschiedliche Erfahrungen lt. Lit.). Vf. empfiehlt, Wuchsstoffmittel in Grassamenbeständen erst nach Abschluß des vegetativen Entwicklungsstadiums einzusetzen. Ätzmittel hingegen erfordern keine Anpassung an eine bestimmte Entwicklungsphase. Sie sollten jedoch nur zur Anwendung kommen, wenn Nachtfröste nicht mehr zu befürchten sind. Bei *Lolium multiflorum* ist zu berücksichtigen, daß vegetative und reproduktive Phase in eine Vegetationsperiode fallen. Ätzmittel sind schon vom 3-Blattstadium an verwendbar, Wuchsstoffmittel sollten erst in der reproduktiven Phase Einsatz finden. – Vf. ermittelte ferner, daß sich 2.4.5-T-haltige Mittel am besten zur Vernichtung von *Trifolium pratense* in Grassamenbeständen eignen. CMPP erwies sich am besten und schnellsten wirksam gegen *T. repens* und *T. hybridum*. Falls *Medicago lupulina* und *Lotus corniculatus* aus Grassamenbeständen zu entfernen sind, ist dies durch Estermittel möglich. – Die geprüften Herbicide übten keinen Einfluß auf die Qualität des Saatgutes aus. W. Wolde. 2740.

2-64/01-1168 Frischknecht, Neil C.; Ogden, Ut., Intermediary Forest and Range Exp. Stat. Contrasting effects of big sagebrush and rubber rabbitsbrush on production of crested wheatgrass. **(Konkurrenzwirkungen von Artemisia tridentata und Chrysothamnus nauseosus auf den Ertrag von Agro-**

pyron cristatum.) J. Range Management **16** (1963) Nr. 2. S. 70–74. – 2 Abb., 3 Tab., 8 Lit.

Von den beiden genannten Kräutern übt *A. tridentata* eine stärkere Konkurrenz auf den Graswuchs in den Steppen aus. Die mechanische Entfernung von *A. tridentata* Mitte Apr. ließ die Erträge von *Agropyron cristatum* schon im Juli um 20% ansteigen. Wurzeluntersuchungen zeigten, daß gut entwickelte Pflanzen von *A. tridentata* stark verzweigte Seitenwurzeln aufweisen, während *C. nauseosus* Pfahlwurzler ist, so daß die Wasserkonkurrenz in der Krume durch *A. tridentata* stärker hervortritt. Im Gegensatz dazu ist der Graswuchs im Schutze von *C. nauseosus* sogar zeitweilig besser als in der offenen Steppe, da bes. im Herbst Feuchtigkeit in der unmittelbaren Nähe der Kräuter anfällt. Eine Bekämpfung wird deshalb nur für *A. tridentata* gefordert. H. Pätzold. 2750.

2-64/01-1169 Wilbert, Don E. Some effects of chemical sagebrush control on elk distribution. **(Einige Wirkungen chemischer Artemisia-Bekämpfung auf die Standortverteilung von Elchen.)** J. Range Management **16** (1963) Nr. 2. S. 74–78. – 2 Tab., 10 Lit.

In einem Naturschutzgebiet wurden 2 Flächen von je 25 acres Größe von der Luft aus mit 2.4-D Mitteln (2 lb./acre, in Dieselöl gelöst) zur Bekämpfung von *Artemisia tridentata* besprüht. In den 3 Folgejahren ging die *Artemisia*-Verunkrautung um rund 25% zurück, dafür stieg die Grasproduktion nahezu um das 3fache, wobei *Festuca idahoensis, Agropyron albicans, Poa* und *Carex spp.* den Hauptanteil bildeten. Als Folge des verstärkten Graswuchses nahm der Verbiß durch Elche auf den behandelten Flächen um 40–89% zu. H. Pätzold. 2750.

2-64/01-1170 Makosz, Eberhard; Brzezna, Zakład Naukowo Badawczy IS. Zwalczanie chwastów Simazinem w truskawkach i porzeczkach. **(Die Unkrautbekämpfung bei Gartenerdbeeren und Johannisbeeren mit Simazin.)** Owoce, Warzywa, Kwiaty **3** (1963) Nr. 6. S. 4–5.

In flüssiger Form angewendetes Simazin wird von den Pflanzen über die Wurzeln sowie von den Mikroorganismen des Bodens aufgenommen. Nach Bindung durch den Sorptionskomplex ist es für die Pflanzen nicht mehr toxisch. Die Empfindlichkeit der Pflanzen gegenüber Simazin ist sehr verschieden. Es sammelt sich in den Geweben der gespritzten Pflanzen nicht an. Nach einer gewissen Zeit zerfällt es jedoch in seine einfachen Bestandteile. Die Dosierung beträgt bei Gartenerdbeeren auf schwereren und humushaltigen Böden 1,5–2,0, auf leichteren Böden 1,0–1,5 kg/ha. Bei diesen Gaben wird einjähriges Unkraut vernichtet. Simazin soll im Frühjahr sofort nach Bereinigung des Bodens von trockenen Blättern und Unkraut sowie nach Lockerung zwischen den Reihen gleichmäßig verteilt gegeben werden. Die Wirkung der Präparate ist bei feuchtem Boden besser. Beim Spritzen soll möglichst wenig Flüssigkeit auf die Blätter oder die Triebe der angebauten Pflanzen gelangen. Junge, bis zu 6 Mon. alte Erdbeerpflanzen sind gegen Simazin empfindlich und gehen bei Gaben von 1,5–2,0 kg/ha zugrunde. älteren Pflanzen schadet es hingegen nicht. Die Johannisbeere ist gegen Simazin widerstandsfähiger, es können auf schweren Böden 3–4 kg/ha gegeben werden. Das Spritzen kann im 2. Jahre nach dem Pflanzen, und zwar im Frühjahr nach dem ersten Lockern der Erde, erfolgen. PRL/CBR. 2760.

2-64/01-1171 Roberts, H. A.; Wellesbourne, Nat. Vegetable Res. Stat. Studies on the weeds of vegetable crops. II. Effect of six years of cropping on the weed seeds in the soil. **(Studien über Unkräuter in Gemüsekulturen. 2. Mitt. Die Wirkung von 6jährigem Anbau auf die Unkrautsamen im Boden.)** J. Ecol. **50** (1962) Nr. 3. S. 803–813. – 2 Abb., 7 Tab., 8 Lit. 1. Mitt. vgl. LZ. Abt. II **4** (1959) Nr. 11. S. 2458.

In mehrfaktoriellen Versuchen erfolgte ein 6jähr. kontinuierlicher Anbau von Gemüse bei verschiedener Bodenbearbeitung, Düngung (N-Parzellen, NPK-

Parzellen) bei 3 verschiedenen Fruchtfolgen: a) Frühkartoffeln, Frühkohl, Porree, Möhren; b) Frühkartoffeln, Frühkohl, Möhren, Rote Rüben; c) Erbsen, Frühkohl, Porree, Rosenkohl. Von jeder Variante wurden im Herbst Bodenproben gezogen und die Lebensfähigkeit der Unkrautsamen ermittelt. Nach 6jähr. Anbau trat ein starkes, fast kontinuierliches Absinken der lebensfähigen Unkräuter bei den 3 Fruchtfolgen, bei verschiedener Düngung und Bodenbearbeitung ein. Nur 3 Unkrautarten zeigten ein leichtes zahlenmäßiges Ansteigen: *Senecio vulgaris, Poa annual* und *Stellaria media.* Die beiden letzteren reagierten bes. günstig auf NPK-Düngung. Stallmistgaben beeinflußten die Anzahl lebensfähiger Unkrautsamen wie die Mineraldüngergaben. Lediglich *S. media* wurde durch Stallmist begünstigt. H. Krüger. 2760.

2-64/01-1172 Roberts, H. A.; Wellesbourne, Nat. Vegetable Res. Stat. Studies on the weeds of vegetable crops. III. Effect of different primary cultivations on the weed seeds in the soil. **(Studien über Unkräuter in Gemüsekulturen. 3. Mitt. Die Wirkung verschiedener Bodenbearbeitungsmaßnahmen auf die Unkrautsamen im Boden.)** J. Ecol. **51** (1963) Nr. 1. S. 83–95. – 2 Abb., 6 Tab., 2. Mitt. vorst. vgl. Ref.
In Kombination mit 3 verschiedenen Düngergaben wurden 4 Bodenbearbeitungsmaßnahmen vor Aussaat der Gemüsekulturen durchgeführt: a) Tiefe Pflugfurche (36–41 cm); b) Flache Pflugfurche (15–18 cm); c) Flache Pflugfurche + Untergrundlockerung (41–46 cm); d) Fräsen (15–18 cm). Die mechanischen Pflegearbeiten waren auf allen Versuchsstücken gleich. Von allen Varianten wurden Bodenproben entnommen und davon die lebensfähigen Unkrautsamen ermittelt. Bei Aufnahme der Versuche wurden die meisten Unkrautsamen in den obersten Bodenschichten gefunden. Bei a und c nahmen die lebensfähigen Unkrautsamen in der oberen Bodenschicht gegenüber b ab. Bei d wurden demgegenüber die meisten lebensfähigen Unkrautsamen gefunden. Das betraf bes. *Poa annua.* H. Krüger. 2760.

2-64/01-1173 Mez, Emerico. Il diserbo delle colture di carota, sedano, prezzemolo, pisello e Vigna sinensis. **(Unkrautbekämpfung in Beständen von Möhren, Sellerie, Petersilie, Erbsen und Vigna sinensis.)** Italia agriv. **99** (1963) Nr. 9. S. 893–896. 2760.

2-64/01-1174 Burgis, D. S.; Bradenton, Gulf Coast Exp. Stat. Herbicides for cabbage, cauliflower and broccoli. **(Herbicide für Kopf-, Blumen- und Spargelkohl.)** Proc. Florida State horticult. Soc. **75** (1962, hrsg. 1963) S. 130–131. – 3 Tab. 2760.

2-64/01-1175 Merežinśkij, Ju. G. Chimičeskaja boŕba s sornjakami v posevach morkovi. **(Chemische Unkrautbekämpfung in Möhrensaaten.)** Nauk. praci. Ukr. nauk.-dosl. in-t zemlerobstva **11** (1962) S. 135–139. – Orig.: ukrain., Ausz.: russ. Aus: Referativnyj žurnal. Biologija, Moskva **1962** Nr. 22. G 461. S. 59.
Mit dem Traktor versprühtes Kerosin (**I**) in Gaben von 250–400 l/ha senkte die Menge der Unkräuter um 96,1–99,8%, der Ertrag erhöhte sich um 9–10% im Vergleich zur Kontrolle, die gehackt und von Hand gejätet wurde (**II**). **I** führte man in den Phasen 1–5 der Blattbildung der Möhren zu. Wiederholte Bearbeitung der Möhrensaaten bis zum Keimen mit Solarium (150 l/ha) und **I** in der Phase 3–5 der Blattbildung unterstützte sehr die Wirksamkeit bei der Unkrautvernichtung und erhöhte den Ertrag. Die Anwendung von Mineralölen beeinträchtigte den Geschmack der Möhren nicht. Das Spritzen mit PCP (10 kg/ha) bis zum Auftreten der Möhrenkeime führte zu starkem Saatgutausfall. übersetzt v. E. Fröhmcke. 2760.

2-64/01-1176 Neururer, Hans. **Chemische Unkrautbekämpfung in Knoblauch (Allium sativum).** Pflanzenazrt [Wien] **16** (1963) Nr. 5. S. 53–64. – 1 Tab.
Die von der Bundesanstalt für Pflanzenschutz in Wien durchgeführten Versuche weisen nach, daß für Knoblauch die in Zwiebeln benutzten Präparate

verwendet werden können. Der Einsatz der Herbicide ersparte die Handhacke. Zur Anwendung kamen 200 kg/ha Kalkstickstoff vor dem Auflaufen des Knoblauchs sowie die beiden CIPC-Präparate Nexoval, 8 l/ha, und Prevenol, 6 l/ha, bei 5 cm hohem, kaum verunkrautetem Knoblauch. Die Parzellen wurden zwischen den Reihen maschinell gehackt. An Unkräutern waren u. a. Melde, Einjähriger Ziest, Windender Knöterich, Hederich, Ackersenf, Taubnessel, Wolfskraut, Fuchsschwanz, Borstenhirse und Hühnerhirse vorhanden. Kalkstickstoff war sowohl hinsichtlich der Bekämpfungswirkung als auch der Ertragserhöhung der Handhacke und den CIPC-Mitteln unterlegen. Durch die Verunkrautung innerhalb der Reihen entstand ein Ertragsausfall von 16%. Welcher Methode der Unkrautbekämpfung der Vorzug zu geben ist, muß dem Betrieb überlassen bleiben. 2760.

2-64/01-1177 Grabowski, Kazimierz; Poznań, Katedra Roślin Ozdobnych WSR. Chemiczna walka z chwastami w uprawie ozdobnych roślin cebulowych. **(Die chemische Unkrautbekämpfung bei Zwiebelgewächsen im Zierpflanzenbau.)** Owoce, Warzywa, Kwiaty **3** (1963) Nr. 6. S. 13–15.
Die neuen, in der BRD produzierten Unkrautvernichtungsmittel zeitigten gute Ergebnisse. Sie vernichteten hauptsächlich zweikeimblättrige Unkräuter im Anbau von einkeimblättrigen Pflanzen. Alipur hemmt das Keimen der Unkrautsamen sowie den Wuchs der Unkräuter in ihrem ersten Entwicklungsstadium. Es wird gespritzt, wenn der Boden feucht und nicht verhärtet ist, in einer Menge von 5 kg in 600 l Wasser/ha. Nach dem Spritzen spült der Regen das Präparat in die tieferen Bodenschichten, wobei die Wurzeln geschädigt werden. Humusböden binden die aktiven Verbindungen des Präparates sehr stark und verringern seine Wirksamkeit. Bulpur hemmt nur das Keimen der Unkrautsamen. Die Gabe beträgt 15–20 kg in 1000 l Wasser/ha. Es darf nicht vor einem Regen oder wenn die Blätter der Pflanzen feucht sind, angewendet werden. Nexoval wirkt am erfolgreichsten lediglich auf die keimenden Unkräuter. Es muß an kühlen Tagen gespritzt werden, denn bei mehr als 20 °C verdunstet das Präparat rasch aus dem Boden. Es vernichtet die Mehrzahl der einjährigen Unkräuter. Je ha werden 8 kg Nexoval in 1000 l Wasser gegeben. Ähnlich wirkt Praevenol 56, bei Gaben von 12 kg in 600 l Wasser/ha. Das Herbicid „Praevenol spezial“ wirkt auf die Unkräuter über das Wurzelsystem. Die Gaben sind die gleichen wie bei Praevenol 56. Alle diese Präparate müssen im zeitigen Frühjahr, ehe sich die Blätter der Tulpen und Narzissen entwickeln, und bei Siegwurz gleich nach dem Pflanzen im Freiland angewendet werden. PRL/CBR. 2760.

Redaktionsschluß: 12. 10. 1963

Herausgeber: Deutsche Demokratische Republik · Deutsche Akademie der Landwirtschaftswissenschaften zu Berlin, Institut für Landwirtschaftliche Information und Dokumentation, Berlin W 8, Krausenstr. 38/39; Fernsprecher: 22 51 61. Chefredakteur: Dr. Ursula Wittbrodt, stellvertretender Chefredakteur: Dr. Werner Kleeberg, Berlin W 8, Krausenstr. 38/39; Fernsprecher: 22 51 61. Redaktion der Abteilung II – Pflanzliche Produktion: Bodenkunde, Pflanzenernährung und Düngung: Prof. Dr. Anton Arland, Leipzig; Phytopathologie und Pflanzenschutz: Prof. Dr. Alfred Hey, Berlin, und Prof. Dr. Maximilian Klinkowski, Aschersleben; Pflanzenbau: Prof. Dr. Gustav Könnecke, Halle; Gartenbau: Prof. Dr. Johannes Reinhold, Berlin; Pflanzenzüchtung: Prof. Dr. Rudolf Schick, Groß-Lüsewitz, Kreis Rostock. Hauptredakteur: Dr. Werner Kleeberg, Berlin W 8, Krausenstraße 38/39; Fernsprecher: 22 51 61. Verlag: Akademie-Verlag GmbH, Berlin W 8, Leipziger Straße 3–4; Fernsprecher: 22 04 41, Telex-Nr. 011773, Postscheckkonto Berlin 350 21. Bestellnummer dieses Heftes: 1030 II–IX/1. Das Landwirtschaftliche Zentralblatt, Abt. Pflanzliche Produktion, erscheint monatlich. Einzelheft DM 20,–, einseitig bedruckte Ausgabe DM 24,–. Jahresbezugspreis DM 240,–; einseitig bedruckte Ausgabe DM 288,– einschl. Register, zuzüglich Porto- und Versandkosten. Gesamtherstellung: VEB Druckerei „Thomas Müntzer“ Bad Langensalza. Veröffentlicht unter der Lizenznummer 1291 des Presseamtes beim Vorsitzenden des Ministerrates der Deutschen Demokratischen Republik.

ALBRECHT-THAER-ARCHIV

ARBEITEN AUS DEN GEBIETEN BODENKUNDE, PFLANZENERNÄHRUNG, ACKER- UND PFLANZENBAU

Herausgeber:
Deutsche Demokratische Republik
Deutsche Akademie der Landwirtschaftswissenschaften zu Berlin

Schriftleitung: E. Plachy

Das Albrecht-Thaer-Archiv erscheint in Heften mit einem Umfang von je 5 Druckbogen (80 Seiten). Die innerhalb eines Jahres herausgegebenen 10 Hefte bilden einen Band. Das letzte Heft jedes Bandes enthält Inhalts- und Sachverzeichnis

Der Bezugspreis beträgt DM 5,— je Heft

Seit dem Jahre 1959 gibt die Deutsche Akademie der Landwirtschaftswissenschaften zu Berlin im Einvernehmen mit der Landwirtschaftlich-Gärtnerischen Fakultät der Humboldt-Universität zu Berlin das von dieser Fakultät begründete Albrecht-Thaer-Archiv heraus. Die Zeitschrift hat sich zur Aufgabe gestellt, über die neuesten wissenschaftlichen Probleme und Forschungsergebnisse auf den Gebieten Bodenkunde, Pflanzenernährung sowie Acker- und Pflanzenbau zu unterrichten. Damit schloß sich eine seit langem bestehende Lücke in der Reihe agrarwissenschaftlicher Zeitschriften der Deutschen Demokratischen Republik.

Dank der regen Mitarbeit zahlreicher Institute der Akademie sowie der Universitäten und Hochschulen konnte sich das Albrecht-Thaer-Archiv in der kurzen Zeit seines Bestehens zu einem Organ entwickeln, das nicht nur den Wissenschaftler, sondern darüber hinaus auch alle fachlich Interessierten anspricht. Dabei sind Herausgeber und Schriftleitung bemüht, die aktuellen Erfordernisse der Agrarwissenschaft in den Vordergrund zu stellen. Mit dem Abdruck von Autorreferaten bietet das Albrecht-Thaer-Archiv ferner dem Leser seit kurzem die Möglichkeit, sich über die neuesten Forschungsergebnisse der genannten Disziplinen bereits vor Erscheinen der betreffenden Arbeit zu orientieren.

Die bisherige Entwicklung der Zeitschrift berechtigt zu der begründeten Hoffnung, daß sie sich in ständig zunehmendem Maße zu einem Forum echten wissenschaftlichen Meinungsstreites herausbilde, zu einem immer festeren Bindeglied zwischen der deutschen Agrarwissenschaft und der internationalen landwirtschaftlichen Forschung werde und die fortschreitende Entwicklung auf diesem Gebiet widerspiegele.

Fortsetzungsbestellungen durch eine Buchhandlung erbeten

A K A D E M I E - V E R L A G · B E R L I N

FSC
www.fsc.org
MIX
Papier | Fördert gute Waldnutzung
FSC® C083411

Kolibri 360 GmbH
Ferdinand-Jühlke-Straße 7
99095 Erfurt, Deutschland
produktsicherheit@kolibri360.de